IUPAC 元素周期表

1	2	3	4	5	6	7	8	9	10	11	12	13	14	15	16	17	18
1 **H** hydrogen [1.007; 1.009]																	2 **He** helium 4.003
3 **Li** lithium [6.938; 6.997]	4 **Be** beryllium 9.012											5 **B** boron [10.80; 10.83]	6 **C** carbon [12.00; 12.02]	7 **N** nitrogen [14.00; 14.01]	8 **O** oxygen [15.99; 16.00]	9 **F** fluorine 19.00	10 **Ne** neon 20.18
11 **Na** sodium 22.99	12 **Mg** magnesium 24.31											13 **Al** aluminium 26.98	14 **Si** silicon [28.08; 28.09]	15 **P** phosphorus 30.97	16 **S** sulfur [32.05; 32.08]	17 **Cl** chlorine [35.44; 35.46]	18 **Ar** argon 39.95
19 **K** potassium 39.10	20 **Ca** calcium 40.08	21 **Sc** scandium 44.96	22 **Ti** titanium 47.87	23 **V** vanadium 50.94	24 **Cr** chromium 52.00	25 **Mn** manganese 54.94	26 **Fe** iron 55.85	27 **Co** cobalt 58.93	28 **Ni** nickel 58.69	29 **Cu** copper 63.55	30 **Zn** zinc 65.38(2)	31 **Ga** gallium 69.72	32 **Ge** germanium 72.63	33 **As** arsenic 74.92	34 **Se** selenium 78.96(3)	35 **Br** bromine 79.90	36 **Kr** krypton 83.80
37 **Rb** rubidium 85.47	38 **Sr** strontium 87.62	39 **Y** yttrium 88.91	40 **Zr** zirconium 91.22	41 **Nb** niobium 92.91	42 **Mo** molybdenum 95.96(2)	43 **Tc** technetium	44 **Ru** ruthenium 101.1	45 **Rh** rhodium 102.9	46 **Pd** palladium 106.4	47 **Ag** silver 107.9	48 **Cd** cadmium 112.4	49 **In** indium 114.8	50 **Sn** tin 118.7	51 **Sb** antimony 121.8	52 **Te** tellurium 127.6	53 **I** iodine 126.9	54 **Xe** xenon 131.3
55 **Cs** caesium 132.9	56 **Ba** barium 137.3	57-71 lanthanoids	72 **Hf** hafnium 178.5	73 **Ta** tantalum 180.9	74 **W** tungsten 183.8	75 **Re** rhenium 186.2	76 **Os** osmium 190.2	77 **Ir** iridium 192.2	78 **Pt** platinum 195.1	79 **Au** gold 197.0	80 **Hg** mercury 200.6	81 **Tl** thallium [204.3; 204.4]	82 **Pb** lead 207.2	83 **Bi** bismuth 209.0	84 **Po** polonium	85 **At** astatine	86 **Rn** radon
87 **Fr** francium	88 **Ra** radium	89-103 actinoids	104 **Rf** rutherfordium	105 **Db** dubnium	106 **Sg** seaborgium	107 **Bh** bohrium	108 **Hs** hassium	109 **Mt** meitnerium	110 **Ds** darmstadtium	111 **Rg** roentgenium	112 **Cn** copernicium	113	114 **Fl** flerovium	115	116 **Lv** livermorium		

57 **La** lanthanum 138.9	58 **Ce** cerium 140.1	59 **Pr** praseodymium 140.9	60 **Nd** neodymium 144.2	61 **Pm** promethium	62 **Sm** samarium 150.4	63 **Eu** europium 152.0	64 **Gd** gadolinium 157.3	65 **Tb** terbium 158.9	66 **Dy** dysprosium 162.5	67 **Ho** holmium 164.9	68 **Er** erbium 167.3	69 **Tm** thulium 168.9	70 **Yb** ytterbium 173.1	71 **Lu** lutetium 175.0
89 **Ac** actinium	90 **Th** thorium 232.0	91 **Pa** protactinium 231.0	92 **U** uranium 238.0	93 **Np** neptunium	94 **Pu** plutonium	95 **Am** americium	96 **Cm** curium	97 **Bk** berkelium	98 **Cf** californium	99 **Es** einsteinium	100 **Fm** fermium	101 **Md** mendelevium	102 **No** nobelium	103 **Lr** lawrencium

Key:
atomic number
Symbol
name
standard atomic weight

注記

本表は国際純正・応用化学連合(IUPAC)2009による4桁の標準原子量である(*Pure Appl. Chem.*, **83**, 359-396 (2011)の表4, doi: 10.1351/PAC-REP-10-09-14). 標準原子量の信頼性は4桁の有効数字が記載されていない場合は4桁目の有効数字の±1である。カッコ内の数字の後のカッコ( )内に示した。角カッコ [ ] 内の値は、その元素の標準原子量の上限と下限を示している。天然に同位体が存在しない元素については値を示していない。詳細はPACを参照のこと。

- アルミニウム (aluminum) とセシウム (caesium) はaluminiumあるいはcaesiumとも記される。
- 本表の最後の列の元素(原子番号が113, 115, 117, 118の元素の発見の主張については、IUPACとIUPAPの合同作業部会で審査中である。(原子番号113の元素は日本の理化学研究所の発見と認められ、命名権が与えられた。)
- この表の最新版については、iupac.org/reports/periodic_table/を参照のこと。この表は2012年6月1日版である。

Copyright©2012 IUPAC, 国際純正・応用化学連合

INTERNATIONAL UNION OF
PURE AND APPLIED CHEMISTRY

Solid State Chemistry and its Applications

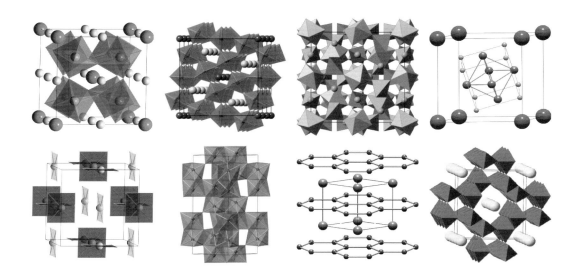

ウエスト
固体化学
基礎と応用

[著]
A. R. ウエスト

[訳]
TAKASHI GOTO　　KO IKEDA
後藤 孝　　池田 攻

YASUO TAKEDA　　SHINICHI KIKKAWA
武田保雄　　吉川信一

NOBORU KIMIZUKA　　KOHEI KADONO
君塚 昇　　角野広平

RYOJI KANNO　　MASAKI KATO
菅野了次　　加藤将樹

講談社

Solid State Chemistry and its Applications

Second Edition

Student Edition

ANTHONY R. WEST
Department of Materials Science and Engineering
University of Sheffield, UK

Copyright © 2014 by John Wiley & Sons Ltd.

All Rights Reserved. Authorised translation from the English language edition published by John Wiley & Sons Limited. Responsibility for the accuracy of the translation rests solely with Kodansha Ltd. and is not the responsibility of John Wiley & Sons Ltd. No part of this book may be reproduced in any form without the written permission of the original copyright holder, John Wiley & Sons Ltd.

日本語版への序文

この 30 年間のうちに，世界中で高 T_c 超伝導体，導電性高分子，巨大磁気抵抗材料，発光ダイオードなどの物理的性質をはじめとして，新物質の化学および物理について多くの驚くべき発見がありました．固体化学は，従来的な新物質の合成および構造解析に関わる化学の一分野から，物性の測定や構造と性質の関係の解明に関わる物理学の分野，およびバルクセラミックス，膜，ナノ粒子などの種々の形態への成形加工に関わる物質科学の分野を融合した分野へと広がっています．原子，単位格子，ナノ，ミクロ，マクロなどの広範囲なスケールにわたる特徴づけ（キャラクタリゼーション）とともに，上であげた多くの新発見の中心的な役割を担っています．

日本の科学者，技術者，研究者は，その一端をあげただけでも，リチウム電池技術，燃料電池の材料・電気化学，MgB_2 などの超伝導体の発見，スパークプラズマ焼結によるセラミックスの作製，青色半導体レーザーの開発など，世界に誇る輝かしい成果をあげています．もちろん断言はできませんが，今後も多くの発見がなされると思います．そして，それは，明日を担う研究者，今日懸命に学び研究している学生の能力にかかっています．特に，研究における予想外の結果を，既存の枠にとらわれず，新しい発想で考えることによって誕生するセレンディピティ（serendipity）が鍵になります．そうした発見は，新しい太陽電池，光触媒，エネルギー貯蔵材料，ナノエレクトロニクスによる新しい情報記録システム，新しいマルチフェロイック材料における磁気－電気相互作用などの特性を利用した多機能材料の「スマートな」応用などに関するものかもしれません．

本書の改訂にあたっては，最先端の機能材料に関する最近の進展を数多く書き加えました．また，主に無機固体における材料合成，構造，性質と応用の背景にある科学的側面の理解に重点を置きました．この本は，日本の固体化学のさまざまな分野で著名な専門家たちによって翻訳されました．それぞれの分野で総合的な知識を有し，固体化学の重要性を理解している方々です．英語版を出版したすぐ後に熱心に翻訳してくださっただけではなく，原著における多くの誤りも修正してくれました．心から感謝します．

Anthony R. West（トニー西）

シェフィールドにて

2016 年 1 月

原著序文

　本書（原著タイトル "Solid State Chemistry and its Applications, 2nd Edition, Student Edition"）は，2016年に出版を予定している "Solid State Chemistry and its Applications, 2nd Edition" を概括した学生版である．"Basic Solid State Chemistry, 2nd Edition" をもとにして全面的に改訂し，40％を加筆するとともに，すべての図をカラーで専門の方に書き直していただいた．"Basic Solid State Chemistry, 2nd Edition" は全9章構成であったが，本書は磁気的および光学的性質を2つの章に分けた全10章構成になっている（訳者注：1996年講談社刊行『ウエスト固体化学入門』は "Basic Solid State Chemistry" の 1st Edition を翻訳したものである．1st Edition は「合成，プロセッシング，製造法」を含まない全8章構成であった）．

　1999年に "Basic Solid State Chemistry, 2nd Editions" が発刊された後，無機材料に関する固体化学の分野では，巨大磁気抵抗，マルチフェロイクス，発光ダイオード，グラフェンなどの多くの重要な発見や進歩があった．また，メカノケミカル合成，マイクロ波—水熱合成，原子層堆積法など種々の新物質合成方法が開発されるとともに，シンクロトロンを用いた回折法や分光法，原子レベルで物質の同定や結晶構造を描画できる高分解能走査型電子顕微鏡をはじめ，固体物質を特徴づける（キャラクタリゼーション）ための技術が数多く発達した．筆者にとって，"Basic Solid State Chemistry, 2nd Edition" と "Solid State Chemistry and its Applications" の改訂は長い間の懸案であった．

　本書では，一連の重要な無機固体の結晶構造に関する記述を追加した．この本を購入した人は，CrystalMaker®で作成した図版を自由に簡単に見ることのできるソフトウェア，CrystalViewer を無料でダウンロードすることができる．CrystalViewer プログラムとともに100以上の結晶構造のファイルを提供しており，各自のコンピューター上で結晶構造を回転したり，結晶構造の一部を強調もしくは隠したりしながら，種々の角度から見ることができる．

　CrystalViewer と付録の結晶構造は，関連ウェブサイト（Companion Website）

　　http://www.wiley.com/go/west/solidstatechemistrystudent/

からダウンロードすることができる．

　ジョン・マッカラム（John McCallum）には多くの結晶構造をパソコンで作図していただいた．フランシス・カーク（Frances Kirk）には原稿の電子ファイルを作成していただいた．ワイリー（Wiley）のスタッフ，サラ・ホール（Sarah Hall）には CrystalMaker®による結晶構造の作図に協力していただき，サラ・ティリー（Sarah Tilley）にはすべての図面を監督していただいた．心から感謝する．

Anthony R. West
シェフィールドにて
2013年7月

原著者略歴

トニー・ウエスト(Tony West)は，スウォンジー(Swansea)大学で化学の学士号を取得した後，アバディーン(Aberdeen)大学でF. P. グラッサー(Glasser)教授に師事し，ケイ酸塩化学に関する研究でPhD を取得．1971 年からアバディーン大学の講師となり，新酸化物材料の合成，その結晶構造と電気的性質の研究に従事．当時黎明期にあった固体化学分野を発展させた．1984 年にはアバディーン大学から理学博士(DSc)を授与．1989 年にアバディーン大学，化学の教授に昇任．1999 年にシェフィールド(Sheffield)大学の材料科学・工学科に学科長として異動．2007 年まで同学科長を務めた．

トニーは Journal of Materials Chemistry の創刊者兼編集者であり，さらに，王立化学協会の材料化学部門の前身である材料化学フォーラム(Materials Chemistry Forum)を設立した人でもある．1993 年にはアバディーンで第 1 回材料化学国際会議(MCI)を主催，1998 年にはボルドーで第 1 回材料化学討論会(MDI)を共催．2004〜2007 年は国際純正・応用化学連合(IUPAC)の無機化学部門会長を務めた．

トニーは，王立化学協会，物理学会，IOM³(材料・鉱物・鉱山学会)およびエジンバラ王立協会のフェローである．1996 年には王立化学協会から固体化学産業賞，2008 年には IOM³ からグリフィス(Griffith)メダル賞，2007 年には日本化学会ケミカルレコード・レクチャーシップなど，受賞歴は多数．2013 年には王立化学協会から材料化学分野で長年顕著な功績を残した研究者に与えられるジョン B. グッドイナーフ(John B. Goodenough)賞を受賞した．

訳者序文

　本書は A. R. ウエスト教授による "Solid State Chemistry and its Applications, 2nd Edition, Student Edition" を翻訳したものである．ウエスト教授により "Solid State Chemistry and its Applications" が 1984 年に，そしてその姉妹本である "Basic Solid State Chemistry" の初版（これを翻訳したものが講談社より 1996 年刊行の『ウエスト固体化学入門』である）が 1988 年に出版されてから，約 30 年が経過した．この間，固体化学の分野では高温超伝導，フラーレン，巨大磁気抵抗，導電性高分子，グラフェン，準結晶，青色発光ダイオードなど数々の新物質，新現象，新材料が生まれ，また，多くの新しい材料合成手法が開発された．電子顕微鏡をはじめとする分析手法も飛躍的に発展し，結晶構造の精密な解析も容易にできるようになった．固体化学はこの 30 年間で著しく発展し，現在もっとも進歩し続けている学問分野の 1 つになっている．上であげたウエスト教授による 30 年前の本を初めて目にしたときにはとても新鮮に感じ，これらの本によって固体化学の分野を志した人も多いと思う．このたび，旧版がほぼ全面的に改訂され，第 2 版・学生版として出版されたのは，たいへん時宜を得たことである．ウエスト教授は固体化学の指導的な学者であると同時に，すぐれた教育者でもある．本書は固体化学を専攻する学部生・大学院生だけでなく，固体化学に興味を持つ研究者にとっても最良の入門書である．

　今回の改訂版では，すべての図がカラーになりたいへん理解しやすくなっている．「第 1 章　結晶構造と結晶化学」は分量を大幅に増し，多くの結晶構造が追加された．これは，この 30 年の間に新しい物質が数多く発見されたことや，結晶構造の解析法が発達したこと，コンピューターにより容易に結晶構造を描画できる技術が進歩したことによる．固体化学において結晶構造の理解は基本であり，物性と密接に関係している．関連ウェブサイト（Companion Website）に多くの結晶構造があるので参照してほしい．また，「第 4 章　合成，プロセッシング，製造法」が新たに加わった．これも，この間における固体の合成・製造方法が大きく進歩したことによる．

　内容の細部の翻訳にあたっては，訳者間で必ずしも一致した解釈ではないところや，そのまま訳すことが困難なところがあったため，随所に訳者注を示した．また，現在焦眉の研究課題もあり，翻訳に苦慮した箇所もある．そのため，巻末の参考文献も参照してほしい．監修にあたっては，全体として言葉や表現が統一されるよう，また原著よりもわかりやすくなるよう努めたつもりであるが，まだまだ不十分であるかもしれない．読者のご批判をいただければ幸いである．

　この本はウエスト教授がアバディーン大学で書かれた旧版を，シェフィールド大学で改訂したものである．この間，筆者自身を含めて多くの日本人研究者がウエスト教授の研究室の門を叩いた．ウエスト教授の優しい心遣いは今も忘れることができない．今回の翻訳には，ウエスト教授の門下生や親交の深い研究者も含まれている．日本語への翻訳を快諾してくれた A. R. ウエスト教授，原出版社である Wiley，ならびに翻訳にご協力くださった講談社サイエンティフィクの五味研二氏に感謝の意を表する．

訳者を代表して
東北大学金属材料研究所
後藤　孝

翻訳分担

第 1 章　　武 田 保 雄

第 2 章　　武 田 保 雄

第 3 章　　加 藤 将 樹

第 4 章　　君 塚　昇

第 5 章　　菅 野 了 次

第 6 章　　池 田　攻

第 7 章　　後 藤　孝

第 8 章　　後 藤　孝

第 9 章　　吉 川 信 一

第10章　　角 野 広 平

目　　次

第 1 章　結晶構造と結晶化学 ··· 1

1.1　単位格子と晶系 ·· 1

1.2　対　称 ·· 4

　1.2.1　回転対称，対称要素，対称操作 ································· 4

　1.2.2　準結晶 ·· 5

　1.2.3　鏡面対称 ·· 6

　1.2.4　対称中心と回反軸 ·· 7

　1.2.5　点対称と空間対称 ·· 8

1.3　単位格子の対称性と選択 ·· 9

1.4　格子，ブラベー格子 ·· 10

1.5　格子面とミラー指数 ·· 12

1.6　方位指数 ·· 15

1.7　d 間隔の式 ·· 15

1.8　結晶の密度と単位格子の内容 ·· 16

1.9　結晶構造の記述 ·· 17

1.10　最密充填構造——立方最密充填と六方最密充填 ···························· 17

1.11　立方最密充填と面心立方格子の関係 ······································ 19

1.12　六方晶単位格子と最密充填 ·· 20

1.13　最密充填構造の密度 ·· 22

1.14　単位格子の投影と原子座標 ·· 23

1.15　最密充填で記述できる物質 ·· 23

　1.15.1　金　属 ·· 23

　1.15.2　合　金 ·· 24

　1.15.3　イオン性結晶 ·· 24

　　1.15.3.1　四面体位置と八面体位置　24

　　1.15.3.2　四面体位置と八面体位置の大きさ　26

　　1.15.3.3　面心立方単位格子中の四面体位置と八面体位置：結合長の計算　27

　　1.15.3.4　結晶構造の記述：原子の分率座標　28

　1.15.4　共有結合性の網目構造 ·· 28

　1.15.5　分子性結晶の構造 ·· 29

　1.15.6　フラーレンとフラライド化合物 ·································· 29

1.16　多面体から構成される構造 ·· 31

1.17　主要な構造 ·· 33

　1.17.1　岩塩構造，セン亜鉛鉱構造，蛍石構造，逆蛍石構造 ·············· 33

　　1.17.1.1　岩塩構造　35

　　1.17.1.2　セン亜鉛鉱構造　36

ix

目　次

　　　1.17.1.3　逆蛍石構造と蛍石構造　　37

　　　1.17.1.4　結合距離の計算　　39

　　1.17.2　ダイヤモンド構造 ………………………………………… 40

　　1.17.3　ウルツ鉱構造とヒ化ニッケル構造 ……………………… 40

　　1.17.4　塩化セシウム構造 ………………………………………… 44

　　1.17.5　その他の AB 組成の化合物 ……………………………… 45

　　1.17.6　ルチル構造，ヨウ化カドミウム構造，塩化カドミウム構造，酸化セシウム構造 … 45

　　1.17.7　ペロブスカイト構造 ……………………………………… 51

　　　1.17.7.1　許容因子　　53

　　　1.17.7.2　$BaTiO_3$　　54

　　　1.17.7.3　八面体が傾いたペロブスカイト構造：グレーザーの表記法　　54

　　　1.17.7.4　$CaCu_3Ti_4O_{12}$（CCTO）　　56

　　　1.17.7.5　陰イオン欠損のあるペロブスカイト　　57

　　　1.17.7.6　化学量論と性質　　58

　　1.17.8　ReO_3 構造，ペロブスカイト型タングステンブロンズ構造，

　　　　　正方晶タングステンブロンズ構造，トンネル構造 …………… 58

　　1.17.9　スピネル構造 ……………………………………………… 62

　　1.17.10　オリビン構造 ……………………………………………… 65

　　1.17.11　コランダム構造，イルメナイト構造，ニオブ酸リチウム構造 …………… 66

　　1.17.12　蛍石関連構造とパイロクロア構造 ……………………… 68

　　1.17.13　ガーネット構造 …………………………………………… 71

　　1.17.14　ペロブスカイト─岩塩混成構造（K_2NiF_4 構造）：ルドルスデン・ポッパー相 …… 72

　　1.17.15　二ホウ化アルミニウム構造 ……………………………… 74

　　1.17.16　ケイ酸塩構造──その理解のための秘訣 …………… 75

第 2 章　結晶の欠陥，非化学量論性および固溶体 …………… 77

　2.1　完全結晶と不完全結晶 ………………………………………… 77

　2.2　欠陥の型：点欠陥 ……………………………………………… 78

　　2.2.1　ショットキー欠陥 …………………………………………… 79

　　2.2.2　フレンケル欠陥 ……………………………………………… 79

　　　2.2.2.1　結晶中の欠陥に関するクレーガー・ビンクの表記法　　80

　　　2.2.2.2　ショットキー欠陥およびフレンケル欠陥の生成に関する熱力学　　81

　　2.2.3　色中心 ………………………………………………………… 84

　　2.2.4　非化学量論性結晶における空孔と格子間原子：外因性と内因性の欠陥 ………… 85

　　2.2.5　欠陥のクラスター（集合体） ………………………………… 85

　　2.2.6　置換原子：規則─不規則転移現象 ………………………… 88

　2.3　固溶体 …………………………………………………………… 89

　　2.3.1　置換型固溶体 ………………………………………………… 90

　　2.3.2　侵入型固溶体 ………………………………………………… 92

　　2.3.3　さらに複雑な固溶体形成機構：異原子価置換 …………… 93

　　　2.3.3.1　イオンによる補償の機構　　93

　　　2.3.3.2　電子による補償：金属，半導体，超伝導体　　96

目　次

2.3.4	熱力学的に安定な固溶体，準安定な固溶体	98
2.3.5	固溶体を研究するための実験的方法	99
2.3.5.1	粉末 X 線回折法　99	
2.3.5.2	密度測定　99	
2.3.5.3	他の性質の変化──熱的な活性と示差熱分析および示差走査熱量測定　101	

2.4　複合欠陥 ·· 102
  2.4.1　結晶学的剪断構造 ·· 102
  2.4.2　積層欠陥 ·· 104
  2.4.3　亜粒界と逆位相境界 ·· 104
2.5　転位と固体の機械的性質 ·· 105
  2.5.1　刃状転位 ·· 106
  2.5.2　らせん転位 ··· 107
  2.5.3　転位ループ ··· 108
  2.5.4　転位と結晶構造 ··· 110
  2.5.5　金属の機械的性質 ·· 112
  2.5.6　転位，空孔，積層欠陥の関係 ·· 113
  2.5.7　転位と結晶粒界 ··· 116

第 3 章　固体における化学結合 ·· 117

3.1　固体における化学結合：イオン結合，共有結合，金属結合，
　　　ファンデルワールス結合，水素結合 ·· 117
3.2　イオン結合 ··· 118
  3.2.1　イオンとイオン半径 ·· 118
  3.2.2　イオン性結晶構造──一般則 ·· 122
  3.2.3　半径比則 ·· 125
  3.2.4　臨界半径比と歪んだ構造 ·· 127
  3.2.5　イオン性結晶の格子エネルギー ·· 128
  3.2.6　カプスティンスキーの式 ·· 132
  3.2.7　ボルン・ハーバーサイクルと熱化学計算 ·· 133
  3.2.8　実在するあるいは仮想的なイオン性化合物の安定性 ······························ 135
    3.2.8.1　希ガス化合物　135
    3.2.8.2　低原子価および高原子価化合物　136
  3.2.9　部分的な共有結合性が結晶構造に及ぼす影響 ·· 137
  3.2.10　有効核電荷 ··· 139
  3.2.11　電気陰性度と原子の部分電荷 ·· 139
  3.2.12　配位縮合構造──サンダーソンの配位縮合モデル ······························· 141
  3.2.13　ムーサー・ピアソンプロットとイオン性 ·· 141
  3.2.14　結合原子価と結合長 ··· 143
  3.2.15　非結合電子の効果 ··· 145
    3.2.15.1　d 電子の効果　145
    3.2.15.2　不活性電子対効果　152

xi

目　次

　　3.3　共有結合 ･･ 153
　　　3.3.1　粒子と波動の二重性，原子軌道，波動関数とその節 ････････････ 153
　　　3.3.2　軌道の重なり，対称性，分子軌道 ･････････････････････････････ 156
　　　3.3.3　原子価結合理論，原子価電子対反発則，軌道混成と酸化状態 ･･･ 161
　　3.4　金属結合とバンド理論 ･･･ 164
　　　3.4.1　金属のバンド構造 ･･･ 170
　　　3.4.2　絶縁体のバンド構造 ･･･････････････････････････････････････ 170
　　　3.4.3　半導体のバンド構造：シリコン ･･･････････････････････････････ 171
　　　3.4.4　無機固体物質のバンド構造 ･･･････････････････････････････････ 172
　　　　3.4.4.1　III–V, II–VI, I–VII 族化合物　172
　　　　3.4.4.2　遷移金属化合物　173
　　　　3.4.4.3　グラファイトとフラーレン　175
　　3.5　バンドかボンド（結合）か：まとめ ･･･････････････････････････････ 177

第4章　合成，プロセッシング，製造法 ･･････････････････････････････ 179
　　4.1　概　要 ･･･ 179
　　4.2　固相反応：「混ぜて焼く」方法 ･････････････････････････････････ 179
　　　4.2.1　核生成と成長，エピタキシーとトポタキシー ･･･････････････････ 180
　　　4.2.2　固相反応において実際上考慮すべきことおよび固相反応の実例 ･････ 183
　　　　4.2.2.1　Li$_4$SiO$_4$　184
　　　　4.2.2.2　YBa$_2$Cu$_3$O$_{7-\delta}$　184
　　　　4.2.2.3　Naβ/β''–アルミナ　185
　　　4.2.3　燃焼合成 ･･･ 186
　　　4.2.4　メカノケミカル合成 ･････････････････････････････････････ 187
　　4.3　低温合成：ソフト化学的手法 ･･････････････････････････････････ 188
　　　4.3.1　アルコキシドを用いたゾル–ゲル法 ･････････････････････････ 188
　　　　4.3.1.1　MgAl$_2$O$_4$ の合成　189
　　　　4.3.1.2　シリカガラスの合成　189
　　　　4.3.1.3　アルミナファイバーの紡糸　189
　　　　4.3.1.4　酸化インジウムスズ（ITO）の調製とコーティング　190
　　　　4.3.1.5　YSZ セラミックスの製造　190
　　　4.3.2　オキシ水酸化物を用いたゾル–ゲル法とコロイド化学 ･･････････ 190
　　　　4.3.2.1　ゼオライトの合成　191
　　　　4.3.2.2　アルミナベースの研磨材と膜の調製　192
　　　4.3.3　ペチーニ法とクエン酸ゲル法 ･････････････････････････････ 192
　　　4.3.4　均質な前駆体を1つだけ利用する方法 ･･････････････････････ 193
　　　4.3.5　水熱合成および溶媒熱合成 ･･･････････････････････････････ 194
　　　4.3.6　マイクロ波合成 ･･･ 196
　　　4.3.7　インターカレーションとデインターカレーション ･････････････ 197
　　　　4.3.7.1　インターカレーション化合物としてのグラファイト　199
　　　　4.3.7.2　柱状化粘土および層状複水酸化物　200
　　　　4.3.7.3　グラフェンの合成　202

4.3.8　ソフト化学的手法により合成が容易になった化合物の例：$BiFeO_3$ ･･････････････ 203

4.3.9　溶融塩法 ･･ 205

4.4　気相法 ･･ 205

4.4.1　気相輸送法 ･･ 205

4.4.2　化学気相析出法 ･･ 208

4.4.2.1　アモルファスシリコン　210

4.4.2.2　ダイヤモンド膜　211

4.4.3　スパッタリングと蒸着 ･･ 213

4.4.4　原子層堆積法 ･･ 214

4.4.5　エアロゾル合成と噴霧熱分解法 ･･ 215

4.5　高圧法 ･･ 217

4.6　結晶成長 ･･ 218

4.6.1　チョクラルスキー法 ･･ 218

4.6.2　ストックバーガー法およびブリッジマン法 ･･････････････････････････････ 218

4.6.3　帯域溶融法 ･･ 218

4.6.4　液体あるいは融体からの結晶化：フラックス法 ･････････････････････････ 219

4.6.5　ベルヌーイ火炎溶融法 ･･･ 220

第5章　結晶学と回折法 ･･･ 221

5.1　概論：分子性および非分子性固体 ･･ 221

5.1.1　結晶性固体の同定 ･･ 221

5.1.2　非分子性の結晶性固体の構造 ･･ 221

5.1.3　結晶性固体の欠陥，不純物，化学量論組成 ･･････････････････････････････ 222

5.2　固体のキャラクタリゼーション ･･･ 223

5.3　X線回折法 ･･ 223

5.3.1　X線の発生 ･･ 223

5.3.1.1　内殻電子遷移を利用するための実験室レベルでのX線源　223

5.3.1.2　放射光X線源　226

5.3.2　X線と物質の相互作用 ･･ 227

5.3.3　回折格子による光の回折 ･･ 228

5.3.4　結晶によるX線の回折 ･･ 229

5.3.4.1　ラウエの式　230

5.3.4.2　ブラッグの法則　230

5.3.5　X線回折実験 ･･ 231

5.3.6　粉末法——原理と利用法 ･･ 232

5.3.6.1　X線の集中：円周角の定理　235

5.3.6.2　結晶モノクロメーター　235

5.3.6.3　粉末回折計　236

5.3.6.4　集中カメラ　237

5.3.6.5　粉末回折図形は結晶の「指紋」である　238

5.3.6.6　粉末回折図形と結晶構造　238

5.3.7　強　度 ･･ 240

5.3.7.1　原子によるX線の散乱：原子散乱因子もしくは形状因子　　241

5.3.7.2　結晶によるX線の散乱——消滅則　　243

5.3.7.3　位相差 δ に対する一般式　　245

5.3.7.4　回折強度と構造因子　　246

5.3.7.5　温度因子　　249

5.3.7.6　R 因子と構造解析　　250

5.3.7.7　粉末回折データによる構造解析：リートベルト解析　　250

5.3.8　X線結晶学と構造決定——何ができるか ···························· 252

5.3.8.1　パターソン法　　254

5.3.8.2　フーリエ法　　255

5.3.8.3　直接法　　255

5.3.8.4　電子密度図　　255

5.4　電子線回折法··· 256

5.5　中性子回折法··· 257

5.5.1　結晶構造解析 ·· 258

5.5.2　磁気構造解析 ·· 258

5.5.3　非弾性散乱，ソフトモード，相転移 ································ 260

第6章　顕微鏡法，分光法，熱分析法 ································· 261

6.1　回折法と顕微鏡法：共通点と相違点 ···································· 261

6.2　光学顕微鏡法と電子顕微鏡法 ·· 262

6.2.1　光学顕微鏡法 ·· 262

6.2.1.1　偏光顕微鏡　　263

6.2.1.2　反射顕微鏡　　266

6.2.2　電子顕微鏡法 ·· 266

6.2.2.1　走査型電子顕微鏡（SEM）　　270

6.2.2.2　電子線プローブ微小分析（EPMA）およびエネルギー分散X線分析（EDS）　　271

6.2.2.3　オージェ電子分光法（AES）　　272

6.2.2.4　カソードルミネッセンス　　274

6.2.2.5　透過型電子顕微鏡（TEM）および走査透過電子顕微鏡（STEM）　　275

6.2.2.6　電子エネルギー損失分光法（EELS）　　277

6.2.2.7　高角環状暗視野（HAADF）および Z コントラストSTEM　　279

6.3　分光法 ··· 280

6.3.1　振動分光法：赤外分光法とラマン分光法 ························· 281

6.3.2　紫外・可視（UV–VIS）分光法 ····································· 285

6.3.3　核磁気共鳴（NMR）分光法 ··· 287

6.3.4　電子スピン共鳴（ESR）分光法 ···································· 289

6.3.5　X線分光法：XRF, XANES, EXAFS ······························ 291

6.3.5.1　放射スペクトル　　293

6.3.5.2　吸収スペクトル　　294

6.3.6　電子分光法：ESCA, XPS, UPS, AES, EELS ···················· 296

6.3.7　メスバウアー分光法 ··· 300

6.4　熱分析法 ･･･ 302

　　6.4.1　熱重量分析（TG）･･･････････････････････････････････ 303

　　6.4.2　示差熱分析（DTA）および示差走査熱量測定（DSC）･････････････ 303

　　6.4.3　応　用 ･･･ 305

　6.5　未知の固体物質を同定，分析，キャラクタリゼーションするための戦略 ･･････ 309

第7章　相図とその解釈 ･･･ 313

　7.1　相律，凝縮相律，用語の定義 ･････････････････････････････････ 313

　7.2　一成分系 ･･･ 318

　　7.2.1　H_2O 系 ･･ 318

　　7.2.2　SiO_2 系 ･･･････････････････････････････････････ 319

　　7.2.3　一成分凝縮系 ･････････････････････････････････････ 320

　7.3　二成分凝縮系 ･･･ 320

　　7.3.1　単純共晶系 ･･･････････････････････････････････････ 320

　　　7.3.1.1　液相線と固相線　322

　　　7.3.1.2　共　晶　322

　　　7.3.1.3　テコの法則　322

　　　7.3.1.4　共晶反応　323

　　　7.3.1.5　液相線，飽和溶解度，凝固点降下　323

　　7.3.2　化合物を含む二成分系の相図 ･･･････････････････････････ 324

　　　7.3.2.1　合致溶融　324

　　　7.3.2.2　分解溶融，包晶点，包晶反応　325

　　　7.3.2.3　非平衡効果　326

　　　7.3.2.4　安定性の上限と下限　326

　　7.3.3　固溶体を含む二成分系の相図 ･･･････････････････････････ 326

　　　7.3.3.1　全率固溶系　326

　　　7.3.3.2　分別結晶化　327

　　　7.3.3.3　熱的極大と極小　328

　　　7.3.3.4　部分固溶系　329

　　7.3.4　固相–固相転移をともなう二元系の相図 ･･･････････････････ 331

　　7.3.5　相転移と固溶を示す二元系の相図：共析と包析 ･･･････････････ 331

　　7.3.6　不混和液相を含む二元系の相図：$MgO–SiO_2$ 系 ･･･････････ 333

　　7.3.7　工業的に重要な相図の例 ･･･････････････････････････････ 333

　　　7.3.7.1　$Fe–C$ 系：鉄および鋼の製造　333

　　　7.3.7.2　$CaO–SiO_2$ 系：セメント製造　335

　　　7.3.7.3　$Na–S$ 系：Na/S 電池　336

　　　7.3.7.4　$Na_2O–SiO_2$ 系：ガラス製造　337

　　　7.3.7.5　$Li_2O–SiO_2$ 系：準安定相分離と人工オパール　338

　　　7.3.7.6　帯域溶融精製による半導体 Si の高純度化　339

　　　7.3.7.7　$ZrO_2–Y_2O_3$ 系：固体電解質のためのイットリア安定化ジルコニア（YSZ）　339

　　　7.3.7.8　$Bi_2O_3–Fe_2O_3$ 系：マルチフェロイック物質 $BiFeO_3$　340

目　次

$\qquad$ 7.4　二元系相図を作成するための方法と助言 ·················· 341

第8章　電気的性質 ································· 343

8.1　電気的性質とは ······························· 343

8.2　金属伝導 ·································· 345

　8.2.1　有機金属：共役系 ························· 346

　　8.2.1.1　ポリアセチレン　346

　　8.2.1.2　ポリ$(p-$フェニレン$)$とポリピロール　348

　8.2.2　有機金属：電荷移動錯体 ····················· 348

8.3　超伝導性 ·································· 350

　8.3.1　ゼロ抵抗の性質 ·························· 350

　8.3.2　完全反磁性：マイスナー効果 ···················· 352

　8.3.3　臨界温度，臨界磁場，臨界電流 ··················· 352

　8.3.4　第1種と第2種超伝導体：量子渦(混合)状態 ············ 352

　8.3.5　超伝導物質のまとめ ························· 354

　8.3.6　ペロブスカイト型銅酸化物の結晶化学 ··············· 358

　8.3.7　$YBa_2Cu_3O_{7-\delta}$(YBCO) ····················· 359

　　8.3.7.1　結晶構造　360

　　8.3.7.2　原子価数と超伝導の機構　361

　　8.3.7.3　$YBa_2Cu_3O_{7-\delta}$の酸素量　362

　　8.3.7.4　酸素量$(7-\delta)$の決定　362

　8.3.8　フラライド ···························· 362

　8.3.9　超伝導体の応用 ·························· 364

8.4　半導体特性 ································· 366

　8.4.1　ダイヤモンドおよびセン亜鉛鉱構造の元素，化合物半導体　367

　8.4.2　半導体の電気的性質　369

　8.4.3　酸化物半導体　371

　8.4.4　半導体の応用　372

8.5　イオン伝導 ································· 375

　8.5.1　アルカリ金属ハロゲン化物：空孔伝導 ··············· 376

　　8.5.1.1　ホッピングの活性化エネルギー：幾何学的考察　377

　　8.5.1.2　NaCl結晶のイオン伝導　379

　　8.5.1.3　NaCl結晶の外因性伝導：異原子価ドーピングによる制御　379

　8.5.2　塩化銀：格子間伝導 ························ 381

　8.5.3　アルカリ土類金属フッ化物 ···················· 383

　8.5.4　固体電解質(高速イオン伝導体，超イオン伝導体) ·········· 384

　　8.5.4.1　一般的考察　384

　　8.5.4.2　β-アルミナ　386

　　8.5.4.3　ナシコン　391

　　8.5.4.4　ホーランダイトとプリデライト　393

　　8.5.4.5　銀と銅イオン伝導体　393

　　8.5.4.6　フッ化物イオン伝導体　395

8.5.4.7　酸化物イオン伝導体　396

8.5.4.8　Li^+イオン伝導体　399

8.5.4.9　プロトン伝導体　402

8.5.4.10　イオン／電子混合伝導体　403

8.5.4.11　固体電解質と混合伝導体の応用　404

8.6　誘電体 ··· 412

　8.6.1　誘電体と導電体およびその中間の物質 ················· 414

8.7　強誘電体 ·· 418

8.8　焦電体 ··· 423

8.9　圧電体 ··· 423

8.10　強誘電体，焦電体，圧電体の応用 ····························· 424

第9章　磁気的性質 ·· 427

9.1　物理的性質 ·· 427

　9.1.1　磁場中における物質の挙動 ····························· 428

　9.1.2　温度依存性：キュリー則およびキュリー・ワイス則 ···· 429

　9.1.3　磁気モーメント ··· 430

　9.1.4　強磁性的および反強磁性的に秩序配列する機構：超交換相互作用 ···· 433

　9.1.5　その他の定義 ··· 433

9.2　磁性体の構造と特性 ·· 435

　9.2.1　金属と合金 ··· 435

　9.2.2　遷移金属一酸化物 ······································· 439

　9.2.3　遷移金属二酸化物 ······································· 439

　9.2.4　スピネル ··· 439

　9.2.5　ガーネット ··· 442

　9.2.6　イルメナイトとペロブスカイト ························· 443

　9.2.7　マグネトプランバイト ··································· 444

9.3　応用：構造と性質の関係 ·· 445

　9.3.1　変圧器用磁心 ··· 445

　9.3.2　永久磁石 ··· 445

　9.3.3　磁気記録 ··· 446

9.4　最近の発展 ·· 448

　9.4.1　巨大磁気抵抗 ··· 448

　9.4.2　マルチフェロイクス ····································· 449

第10章　光学的性質：発光とレーザー ····································· 451

10.1　可視光と電磁波のスペクトル ···································· 451

10.2　光源，熱源，黒体放射と電子遷移 ································ 451

10.3　散乱過程：反射，回折，干渉 ···································· 453

10.4　発光および蛍光体 ·· 454

10.5　配位座標モデル ·· 456

目　次

10.6　蛍光体の例 ··· 458
10.7　反ストークス蛍光体 ··· 459
10.8　誘導放出，光の増幅，レーザー ····························· 460
　　10.8.1　ルビーレーザー ·· 462
　　10.8.2　ネオジムレーザー ······································ 463
　　10.8.3　半導体レーザーと発光ダイオード ··················· 464
10.9　光検出器 ·· 466
10.10　ファイバー光学 ··· 468
10.11　太陽電池 ·· 469

付録 A　面間隔と単位格子の体積 ···································· 471
付録 B　模型の製作 ··· 472
付録 C　結晶化学における幾何学的考察 ···························· 475
付録 D　どのような場合に最密充填構造あるいは eutactic 構造が存在すると
　　　　考えるのが適しているか？ ································· 478
付録 E　正と負の原子座標 ··· 480
付録 F　元素といくつかの性質 ······································· 481
演習問題 ··· 486
参考文献 ··· 498

化学における固体化学
——材料化学および物質科学との関係

　化学は進化し続けている！　化学は伝統的に，有機化学，物理化学，無機化学という 3 つの分野に分けられてきた(分析化学を 4 番目の分野とすべきとの議論はあるが)．一方，新たな分け方として(著者はこちらの方が好みだが！)，化学を大きく 2 つの領域，すなわち分子(液体状態と気体状態も含む)と非分子(すなわち固体状態)を扱う領域に分類する方法がある．分子性物質と非分子性物質では，それぞれの合成，分析，使用の際に用いる方法は，まったく異なっている．それぞれのカテゴリーに属する「基本的な」物質であるトルエンとアルミナ(酸化アルミニウム)を比較してみれば理解できるだろう．

　上に示したように，トルエンではその組成と分子構造が決定されているので，解決しなければならない事項はあまり残っていない．おそらく，低温でのトルエン結晶中の詳細な充填配列が明らかにされるか，あるいは今でもよくわかっていない純トルエンの化学的，生物学的あるいは薬学的な性質が新たに発見・評価される可能性があるくらいであろう．

　一方，アルミナは非常に複雑な物質である．その性質およびそれらが応用へ展開できるかどうかは，構造(バルク，欠陥，表面，ナノ)，さまざまな組織や形状に作り上げる方法，ドープにより性質を改良できるかどうか，あらゆるサイズレベルにおける特徴づけ(キャラクタリゼーション)および構造決定の結果(ドープした場合は，その組成およびそれらが均質か不均質かなども関係する)によって決まるのである．これこそが固体化学である！

　分子性物質と非分子性物質に見られる大きな違いは，後者はドープが可能で，例えば磁性，超伝導，色やバンドギャップなどの性質を，ドーピングによって変えたり制御したりできることである．それ

分子性物質と非分子性物質の化学的な比較

特　徴	トルエン	アルミナ(酸化アルミニウム)
化学式	$C_6H_5CH_3$ で不変.	通常は Al_2O_3 で不変．しかし，他の酸化物では変化するものもある(例えば $Fe_{1-x}O$).
欠陥は存在するか	存在しない：原子が欠損したり，別の位置にあったりすると，異なる分子になってしまう.	必ず存在する：空孔，格子間原子，転位が低濃度だが常に存在する.
ドープの可能性	不可能：別の分子になってしまう.	ドープや固溶体形成により，性質の制御や最適化ができる．例えば，ルビーは Cr がドープされた Al_2O_3 である.
構造と構造決定	分子構造は，NMR 分光法，質量分析法，赤外分光法などの分光学的手法で決定される．分子の配列の様子，結合長，結合角は，単結晶の X 線回折測定で決められる．通常は，以上の方法から構造に関する情報は 100％得られる.	固体を完全に特徴づけるには，原子から単位格子，ナノメートル，マイクロメートルスケールにわたる構造と組成に関する情報が必要である．それには，回折法，分光法，顕微鏡法などの多くの測定技術が必要である.
性質および応用	分子の組成と配置を変えることで制御される．ドープによって性質を変えることはできない．結晶中の分子の充填の状態によって変化する性質もある(例えば薬剤活性).	性質および応用は，結晶構造，欠陥，添加剤(ドーパント)，表面構造，粒子径，さらには形態が粉末か，単結晶か，膜かなどによって左右される．Al_2O_3 では，膜と焼結体は絶縁体として，粉体は研磨剤として，Cr^{3+} をドープしたルビーはレーザー媒質として，多孔質にした固体は触媒の担持体として応用される.

に対して，分子中で1つの原子を別の原子で置き換える，あるいは原子が欠損した欠陥を作ろうとすれば，まったく異なる分子になってしまう．分子にドープしようとする試みは間違いである．

　ここ数十年間で，材料化学（material chemistry）は，非分子性の固体物質（酸化物，ハロゲン化物など）と多数の分子性物質（特に，有用な物理的性質を備えた機能性高分子や有機固体）の両方をカバーする独立した化学の一分野となった．材料化学は有機化学，物理化学，無機化学のすべてにまたがっているばかりでなく，化合物や材料の物理的性質が興味の対象の1つになっている．これまでは，固体物理（solid state physics）と物質科学（material science）が，物理的性質を扱う中心分野であった．しかし，今や，物理的性質は固体化学と材料化学における本質的な部分となっている．

　材料化学と物質科学の違いはしばしば不明瞭ではあるが，以下のようなキーワードに要約することができよう．

材料化学

　合成―構造決定―物理的性質の評価―新物質の開発

物質科学

　プロセッシング（材料加工）と製造法の開発―キャラクタリゼーション―特性の最適化と検査―製品やデバイスとしての工業的応用に向けた材料の改良や新材料の開発

　物質科学では，すぐに役に立つとわかっている物質か，応用への可能性を秘めた物質を主たる対象とし，組成の制御による特性の最適化や，求められる組織・形状，あるいは製品に仕上げることが主眼である．したがって，物質科学は，目的を達成するために必要な化学，物理，工学のすべての側面を含んでいる．

　材料化学には，ある特定の応用を目指さなければならないという制約がないので，物質科学の一部分ではなく，かえって物質科学よりも範囲は広い．材料化学者は新物質の合成およびその性質の評価を好む．新たに作られた材料の中には，たいへん有用な結果をもたらし，新しい産業への発展につながるものもあるが，あくまでも彼らは，新たな化学的側面や，新しい構造，構造―組成―性質の関係を深く理解するという，より広範な興味に駆られて研究を行っている．

　化学の黎明期では，周期表の元素および酸化物やハロゲン化物のような自然界に存在している，もしくは簡単に作ることができる化合物が無機化学の主な対象であったことは興味深い．その後，無機化学は多様化して，有機金属化学と錯体（配位）化学を含むようになったが，面白いことに，多くの伝統的な無機物質が無機化学の舞台の中央に戻ってきて，現在は固体の材料化学の核心部分を占めるようになっている．レーザー用のCr添加Al_2O_3，マイクロエレクトロニクス用のSi半導体，固体酸化物燃料電池用のドープされたZrO_2，世界中で年間10^{12}個以上生産されているコンデンサー産業の基本物質である$BaTiO_3$，超伝導への応用が期待される銅酸化物ベースの物質など，例としてあげればきりがない．上で述べた「基本的な」Al_2O_3の例からわかるように，新しい固体物質の開発とその応用の範囲は無限である．このような物質の大部分は，しばしば分子性物質の欠点である揮発や劣化，大気の影響などの問題とは無縁である．通常の環境下で安全に使用できるものである．

　無機固体の物理的性質が，さまざまなスケールの構造に依存しているのを意識しておくことも重要である．以下に例を示す．

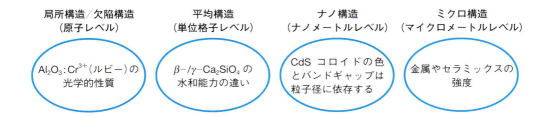

　ルビーは天然に宝石として産出し，レーザー作用(laser ; light amplification by stimulated emission of radiation：誘導放出による光増幅)が実証された最初の物質である．ルビーでは，2つの構造上の側面が重要である．1つはホストのコランダム α-Al_2O_3 の結晶構造であり，もう1つはコランダムの単位格子のおよそ1%の Al^{3+} をランダムに置換するドーパントの Cr^{3+} である．Cr-O の結合距離と八面体位置の対称性はホストの構造により規定され，この2つの組み合わせが，Cr の発色団内でのd-d 遷移による赤いルビーの色をもたらし，レーザー作用に必要な長寿命の励起状態を達成する．

　単位格子レベルでの細部の結晶構造の違いが，性質にどのような効果をもたらすかを示す際立った例が，室温で2種類の多形が簡単に生成するオルトケイ酸カルシウム Ca_2SiO_4 である．1つは β 型の多形で，水と反応して石のように硬く固まる半結晶性(semicrystalline)の水和ケイ酸カルシウムを生成する．もう1つの γ 型の多形は水とは反応しない．ここで考えてほしいのは，建設業界全体がこのオルトケイ酸カルシウムの微妙な多形の存在に依存していることである！ 鍵となるセメントの成分の1つである Ca_2SiO_4 が，正確な割合になっているだけでは十分でない．イオンを加えて固体状態に固めるための的確な方法が重要で，それが塊(コンクリート)になるかどうかを左右する．

　ナノメートルのスケールでは，結晶粒子には数百個の単位格子が含まれているが，同じ物質でありながら大きな粒径をもつ粉末，焼結体，単結晶は異なる性質を示す．これは単純に表面エネルギーの影響によるものである．小さいナノ粒子では，その物質の総自由エネルギーは表面自由エネルギーおよび表面の構造にきわめて影響される．CdS ナノ粒子(旧来の言い方ではコロイド)では，粒子サイズを変化させてバンドギャップを細かく調整することで色の変化を生じることができる．

　物質の性質はマイクロメートルオーダーの構造の違いで決まることがある．これが金属やセラミックスのキャラクタリゼーションにおいて，「ミクロ構造」がきわめて注目される理由である．こうしたキャラクタリゼーションにおいては，光学顕微鏡や電子顕微鏡が主として用いられる．しばしば，不純物やドーパントが粒界や表面に析出し，材料の機械的性質などに劇的な影響を与えることもある．

　上にあげた例は，無機固体の特性がすべてのスケールで完全に解明されたと言えるようになるまでには，立ち向かわなければならない畏怖さえ抱かせる素晴らしい課題があることを示している．こうしたことから，今までに膨大な量の無機結晶構造の情報が知られていること，ドーパントの導入によってその性質を変えることが可能であるという点を合わせて，なぜ固体化学が自然科学，工学，科学技術の多くの領域でその中心テーマとなっているのかが明確にわかる．

　本書のテーマは固体化学であり，無機固体に焦点を当てる．主に扱うのは無機固体の結晶構造，欠陥構造および化学結合，合成および構造決定法，物理的性質とその応用である．固体の性質を説明する際の補足となる場合や，無機固体の性質に関連がある場合には有機物質および他の分子性物質も取り上げている．構造と性質の関係を理解するには，物理的性質およびそれを制御する因子に関する知識だけでなく，物質の化学的な合成法および同定するための方法に関する知識が常に必要である．これらすべてに関係する「物理的性質」が固体化学の本質である．

関連ウェブサイト

　この本の付録として，以下のウェブサイトに本書のすべての図を含むパワーポイントと演習問題の解答を掲載した．
　　http://www.wiley.com/go/west/solidstatechemistrystudent
　このウェブサイトから CrystalMaker® で作成したファイルを閲覧できるソフトウェア CrystalViewer にアクセスできるようにもしてある．CrystalViewer は，Windows と Mac のいずれでも動作し，広範な種類の結晶構造を見たり，操作したりするのに役立つ．

CrystalViewer

　CrystalViewer は結晶構造の表示と種々の操作ができる可視化プログラムである．これを用いると，この本に掲載した結晶構造を三次元的に操作して，いろいろな角度から結晶構造を見たり，結晶構造のある部分を強調もしくは隠したりすることにより，より深く結晶構造を理解できるようになる．ウェブサイトには，CrystalViewer のソフトウェアとともに，100 以上の結晶構造を描いたファイルも提供している．それらの多くの結晶構造は，本書の内容と直接関連づけられるよう，ファイル名に節の番号を示している．本書で示したもの以外にも多くの結晶構造を追加しており，本文中で議論した考えや応用を補足説明している．

　結晶構造がどのように見えるのかは，どのような部分を強調するかによって大きく異なる．一例として，下には $CaCu_3Ti_4O_{12}$ の図を示す．左図および右図では，それぞれ TiO_6 八面体および CuO_4 正方平面の部分を強調している．（訳者注：パソコンの画面上ではカラーで表示される．本文 55 頁，図 1.42(a) に同じ図がカラーで示されている．）

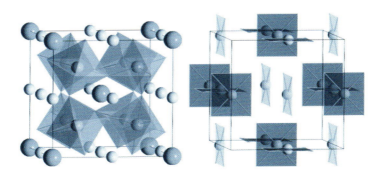

関連ウェブサイト

結晶構造ライブラリー

　関連ウェブサイトに掲載した結晶構造ライブラリーでは，100 以上の結晶構造を CrystalViewer で詳細に解析することができる．結晶構造は以下に示した本書における図の番号と直接対応している．ウェブサイト上にはこれら以外にも，他の鉱物や無機物の結晶構造など多くの結晶構造を掲載している．今後も随時，結晶構造を追加していく予定である．

主要な結晶構造型 （カッコ内は本書において関連する図の番号）

β-アルミナ $NaAl_{11}O_{17}$ (8.23, 8.24)

一酸化鉛 PbO (3.14)

イルメナイト $FeTiO_3$ (1.46)

ウルツ鉱 ZnS (1.35)

塩化カドミウム $CdCl_2$ (1.40)

塩化セシウム $CsCl$ (1.36)

黄銅 $ZnCu$ (2.11)

オリビン $LiFePO_4$ (1.45)

ガーネット $Y_3Fe_5O_{12}$ (1.49)

カルシウムカーバイド CaC_2 (1.10)

岩塩 $NaCl$ (1.2, 1.29, 1.31)

コランダム α-Al_2O_3 (1.46)

シェブレル相 $BaMo_6S_8$ (8.6)

スピネル (1.44)

正方晶タングステンブロンズ (1.43)

セン亜鉛鉱（スファレライト）ZnS (1.29, 1.33)

層状複水酸化物 (4.11)

ダイヤモンド (1.33)

チタン酸バリウム $BaTiO_3$ (8.40)

窒化リチウム Li_3N (8.32)

ニオブ酸リチウム $LiNbO_3$ (1.46)

二ホウ化マグネシウム MgB_2 (1.51)

パイロクロア (1.48)

ヒ化ニッケル $NiAs$ (1.35)

ブラウンミレライト $Ca_2(Fe, Al)_2O_5$ (1.42)

ペロブスカイト $SrTiO_3$ (1.41)

蛍石／逆蛍石 CaF_2 (1.29, 1.30, 1.34)

ホーランダイト (8.27)

マグネトプランバイト (9.14)

マトロッカイト $PbFCl$ (8.6)

ヨウ化カドミウム CdI_2 (1.39)

ルチル型 TiO_2 (1.37)

bcc 金属 (2.12)

fcc 金属 (1.20)

hcp 金属 (1.21)

$CaCu_3Ti_4O_{12}$ (1.42)

$GdFeO_3$ (1.41)

K_2NiF_4 (1.50)

$LiCoO_2$ (8.35)

$NaZr_2(PO_4)_3$ (8.27)

$YBa_2Cu_3O_6$ (8.8)

$YBa_2Cu_3O_7$ (8.8)

$ZrCuSiAs$ (8.6)

第1章 結晶構造と結晶化学

固体化学(Solid State Chemistry)は主に結晶性無機物質の合成，構造，性質および応用に関する事項を扱う学問である．その習得には，**結晶構造**(crystal structure)と**結晶化学**(crystal chemistry)を理解することから始めるのがよいだろう．必要な結晶構造の情報は，すべて**単位格子／単位胞**(unit cell[訳注1])に関するデータに含まれている．すなわち格子の寸法，格子内の原子の位置と配位である．結晶化学では，こうした基本的な結晶構造の情報と，元素の種類，元素の酸化状態，イオン半径，配位状態，結合の種類(イオン性，共有性，金属性)などの情報を結びつける．結晶化学を理解するうえでは，周期表と元素の性質に関するさまざまな知識を身につけることも，もちろんきわめて重要ではあるが，逆に，結晶構造ととりわけ結晶化学の知識を習得すれば，元素および化合物をより深く理解することができる．

多くの結晶性無機固体の物性や応用についての議論は，意外にもわずかな数の結晶構造を舞台に展開している．この章では，無機物質に見られる主な構造，特に，興味深い性質を示す重要な結晶構造について概観しよう．無数にある結晶構造のより詳しい情報は，ウェルズ(Wells)による百科事典的な著書やワイコフ(Wyckoff)による著書"*Crystal Structures*"のシリーズから得られる．まず各論に入る前に，**結晶学**(crystallography)の基本を理解することから始めることとしよう．

1.1 ■ 単位格子と晶系

結晶は三次元空間における原子の規則的な配列からなる．この配列は，単位格子とよばれる織物や壁紙の模様のような繰り返し単位で表される．単位格子は「結晶構造のもつ対称性を完全に表すことができる最小の繰り返し単位」と定義される．この意味を理解するために，まず二次元平面で考えてみよう．岩塩(NaCl)構造のある断面を**図1.1**(a)に示す．**図1.1**(b)から(e)には，可能な繰り返し単位の例が示されている．どれも繰り返し単位は正方形で，隣り合う繰り返し単位は，稜(＝辺)と頂点を共有している．単位格子の定義から，隣り合う正方形は等しい．したがって，(b)ではすべての正方形の頂点と中心にCl^-イオンが位置することになる．(b)，(c)，(d)では，繰り返し単位はすべて同じ大きさで，その相対位置が違うだけである．単位格子の大きさや形，あるいは並び方は変えようがないが，単位格子の原点をどこに置くかは，ある程度好みにまかされる．NaClの繰り返し単位には通常，(d)よりも(b)か(c)が採用される．原子やイオンが頂点や稜の中点のような特別な位置にある方が単位として描きやすく，全体の構造も頭に浮かべやすいからである．これ以外に，構造の対称性がはっきりするような点を原点にとることもよくある(次節参照)．

仮にNaClが二次元の結晶を形成したとすると，図1.1(e)に示すような繰り返し単位(Clが頂点にきてNaが中心にきても同じである)が基本単位の選択として正しいであろう．(e)と，例えば(c)とを比べてみると，両方とも繰り返し単位は正方形でその構造の二次元的な対称性を示しているが，(e)の大きさは(b)の半分である．上で述べた単位格子の定義からいうと，(e)の方が最適な単位格子であ

[訳注1] 現実に含まれている原子を主体とした「単位胞」と，抽象的な格子点の配列を主体とした「単位格子」は，ニュアンスの違いはあるものの unit cell に対応する用語としてともに使われている．本書では，第1章および第5章で「格子(lattice)」の概念に基づく用語が多数使われていることから，それらとの整合性を保つため「単位格子」を使用する．

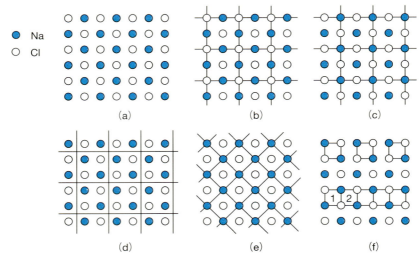

図 1.1 (a) NaCl の構造の断面. (b) から (e) には可能な繰り返し単位を示す. (f) は正しくない繰り返し単位のとり方.

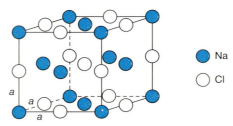

図 1.2 NaCl の立方晶単位格子. $a = b = c$.

る. しかし三次元の場合は, NaCl の単位格子は (e) ではなく, (b) や (c) である. (b) や (c) でないと NaCl 構造のもつ立方対称性を示すことができないからである (後述).

図 1.1 (f) に, 繰り返し単位になっていない 2 つの例を示す. (f) の上側に示した繰り返し単位は, (c) の場合の 1/4 の大きさの孤立した正方形の繰り返し単位である. それぞれの正方形は等価であるが, 図に示されるような, 単位格子あるいは単位領域が互いに離れている状態は許されない. (f) の下側は繰り返し単位が等価ではない例である. 例えば正方形 1 の右上は Na であるが, 正方形 2 ではその位置が Cl になっている.

三次元の NaCl 結晶の単位格子を**図 1.2** に示す. Na は頂点と面心に, Cl は稜の中点と体心にある. 単位格子の各面は, 図 1.1(c) の単位領域と同じである. 二次元の場合と同じく, 原点はある程度任意にとることができ, Na と Cl を入れ替えても単位格子としては有効である. NaCl の単位格子は**立方晶** (cubic) である. 単位格子の 3 つの稜 a, b, c は同じ長さである. 単位格子の頂点の 3 つの角度, α (b 軸と c 軸の間), β (a 軸と c 軸の間), γ (a 軸と b 軸の間) はすべて 90° である. 立方晶の単位格子にはいくつかの対称要素が含まれており, このような形状とそれらの対称要素から, 単位格子が定義される.

表 1.1 と**図 1.3**(a) に示す 7 つの**晶系** (crystal system：**結晶系**ともいう) は, 三次元の結晶構造で見られる独立した 7 種類の単位格子の型である. **図 1.3**(b) に示すように, このうち 6 つの単位格子の型は互いに密接な関係にあり, 1 つは立方晶で, 残り 5 つはその立方晶をいろいろな方法で変形してつくり出せるものである.

3 つの軸のうち, c 軸の長さが他の軸と異なると, **正方晶** (tetragonal) になる. 3 つの軸がすべて異なる長さだと, **斜方晶** (orthorhombic) となる. ここで角度の 1 つ β が 90° でなくなると**単斜晶** (mon-

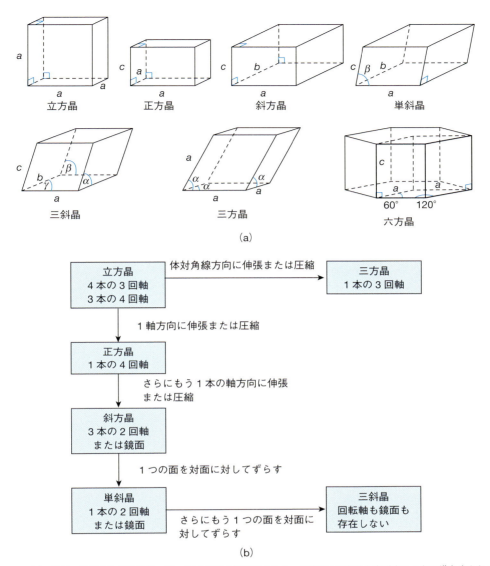

図 1.3 (a) 7 種類の結晶系と単位格子の型．(b) 7 種類の結晶系のうち，5 種類は立方晶を変形することで導き出される．

oclinic)になり，3 つの角度がすべて 90°でなくなると，**三斜晶**(triclinic)となる．一方，立方晶を体対角線軸上に沿って引き延ばすか，縮める操作をすると，3 つの角度は同じ値ではあるが 90°ではなくなり，形は**三方晶**(trigonal)^{訳注2} になる．

残る単位格子は**六方晶**(hexagonal)であり，その形を図 1.3(a)に示す．六方晶については，図 1.21 を参照しながら後ほど議論するが，図に示すように，その実際の単位格子は正六角柱の 1/3 の部分である．

単位格子は一般的に，その形によって記述されるが，対称性の有無で特徴づける方がより正確である．例えば，単位格子が相互に交差する 4 本の 3 回回転軸をもつならば，その格子は必ず立方体の

---

^{訳注2} このようにして導かれた三方晶は，菱面体晶(rhombohedral)ともいわれる．表 1.1 の三方②に対応する．菱面体の 3 回回転軸が c 軸となる六方晶格子でも構造を記述できる(図 1.12 の R 格子，格子点を 3 個含む)．一方，単純六方晶格子の結晶には，格子点の分子や原子団の形状によっては，6 回対称性がなくなり 3 回対称性の三方晶になっているものがある．この場合は単純六方晶格子でしか単位格子を記述できない(表 1.1 の三方①)．用語については 1.4 節参照．

第 1 章　結晶構造と結晶化学

表 1.1　7 つの晶系

晶　系	単位格子の形[b]	主な対称	可能な格子型
立　方	$a=b=c,\ \alpha=\beta=\gamma=90°$	4 つの 3 回軸	P, F, I
正　方	$a=b\neq c,\ \alpha=\beta=\gamma=90°$	1 つの 4 回軸	P, I
斜　方	$a\neq b\neq c,\ \alpha=\beta=\gamma=90°$	3 つの 2 回軸または 3 つの鏡面	P, F, I, A（B または C）
六　方	$a=b\neq c,\ \alpha=\beta=90°\ \gamma=120°$	1 つの 6 回軸	P
三　方①	$a=b\neq c,\ \alpha=\beta=90°,\ \gamma=120°$	1 つの 3 回軸	P
三　方②	$a=b\neq c,\ \alpha=\beta=\gamma\neq90°$	1 つの 3 回軸	R
単　斜[a]	$a\neq b\neq c,\ \alpha=\gamma=90°,\beta\neq90°$	1 つの 2 回軸または 1 つの鏡面	P, C
三　斜	$a\neq b\neq c,\ \alpha\neq\beta\neq\gamma$	なし	P

[a] 単斜晶単位格子には 2 種類の表し方がある．一般的なのはここにあげた b 軸を特殊軸（$\beta\neq90°$）とする表し方である．もう 1 つは c 軸を特殊軸とするもので，$a\neq b\neq c,\alpha=\beta=90°,\gamma\neq90°$ となる．
[b] 記号 $\neq$ は「必ずしも等しくない」という意味である．しばしば結晶には「擬似対称」というべき現象が見られる．例えば，幾何学的には立方晶に見えるが，立方晶系が満たすべき対称要素を完備していない単位格子がある．対称性がもっと低い正方晶などになっている．

形状をとる．しかし，その逆は必ずしも成り立たない．単位格子の形がたまたま立方体に見えても，原子の配列まで考慮すると 3 回の対称性が存在しない場合もある．それぞれの晶系を決定づける基本となる対称性を表 1.1 の 3 列目に示す．次の節では対称性について述べよう．

1.2 ■ 対　称

1.2.1 ■ 回転対称，対称要素，対称操作

対称を理解するには，例を見るのがもっとも手っ取り早い．**図 1.4**(a)に示すケイ酸塩の基本構造である SiO_4 四面体を見てみよう．垂直な Si–O 結合に沿った軸のまわりにこの四面体を回転したとすると，120° 回転するごとに四面体は同じ位置にあるように見える．実際には，3 個の底面の酸素は 120° 回転するごとに互いの位置を変えている．360° 回転する間に，四面体はこの 3 つの等価な位置を通過する．複数の等価な配置がとれるということは，SiO_4 四面体が何かしらの対称性をもっているということである．四面体が回転してもとの形と同じになるような軸を**回転軸**(rotation axis)という．回転軸は**対称要素**(symmetry element)の一例である．この「回転」は**対称操作**(symmetry operation)の一例である．

結晶学で重要な対称要素を**表 1.2** にあげる．対称要素を表すには 2 種類の表示法がある．すなわち，結晶学でよく使われるヘルマン・モーガンの表示法(Hermann-Mauguin notation)と，分光学で使われるシェーンフリースの表示法(Schönflies notation)である．誰にとっても普遍的な方式が 1 つだけあればよいのだが，今となっては，統一は不可能であろう．理由としては，(1)両方式ともすでに確立されてしまっていること，(2)結晶学者にとっては**空間群**(space symmetry)の対称要素が重要なのだが，分光学者にとってはそうではないこと，(3)逆に，分光学者は結晶学者に比べ**点群**(point symmetry)の対称要素をはるかに多用することなどがあげられる．

上でケイ酸塩四面体について述べた対称要素は回転軸で，記号 n で表す．この軸の回りに回転すると$(360/n)°$ ごとに同じ配列が得られ，n 回の操作の後，最初の配置に戻る．上の例は $n=3$ に相当し，この軸を **3 回回転軸**(threefold rotation axis)という．SiO_4 四面体はそれぞれの Si–O 結合を軸とする 4 個の 3 回回転軸をもっている．

見方を変えると，SiO_4 四面体は中心である Si を通り Si–O–Si 結合を二等分する 2 回回転軸をもつことがわかる（**図 1.4**(b)）．この軸を中心に 180° 回転すると，SiO_4 四面体の配置はもとのものと区別がつかなくなる．四面体はこのような 2 回回転軸を 3 本もっている．

結晶には 2, 3, 4, 6 回の回転対称が見られる．単位格子やその中の原子などが規則正しく三次元的

4

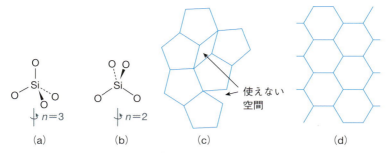

図 1.4 (a) 3 回回転軸．(b) 2 回回転軸．(c) 五角形で完全に詰まった充填層を作ることはできない．(d) 六角形が密に配列した充填層．

表 1.2 対称要素

	対称要素	ヘルマン・モーガンの記号（結晶学）	シェーンフリースの記号（分光学）
点対称	鏡　　面	m	σ_v, σ_h
	回　転　軸	$n = 2, 3, 4, 6$	$C_n (C_2, C_3,$ など$)$
	回　反　軸	$\bar{n} (= \bar{1}, \bar{2},$ など$)$	—
	回　映　軸[a]	—	$S_n (S_1, S_2,$ など$)$
	対称中心	$\bar{1}$	i
空間対称	映　進　面	a, b, c, d, n	—
	らせん軸	$2_1, 3_1,$ など	—

[a] 回映軸（alternating axis）は n 回の回転と回転軸に直交した鏡面を組み合わせた対称操作である．結晶学ではほとんど使われない．

に配列している結晶構造の中には，他の例えば $n=5$ や 7 のような回転対称は決して現れることはない．**図 1.4**(c) を見れば，五角形を隙間なく並べようとする努力が無駄であることがわかる．つまり，個々の五角形は 5 回の対称性をもってはいるが，それを並べた配列は 5 回の対称性をもち得ない．6 回回転軸をもつ六角形では，隙間なく埋まった充填層が簡単に作れるうえ，個々の六角形を並べてでき上がった配列も，6 回の対称性をもつ（**図 1.4**(d)）．このことは，5 回の対称性（$n=5$）をもつ分子が結晶状態では存在し得ないということを意味するわけではない．もちろん結晶状態としては存在するが，その 5 回の対称性が結晶全体には現れないのである．

1.2.2 ■ 準結晶

準結晶状態（quasicrystalline state）という新しい物質の状態が，1982 年にシェヒトマン（Schechtman）らによって発見されたとき（この発見により 2011 年のノーベル化学賞が授与された），一見すると，この状態は結晶格子に許される回転対称性の規則から逸脱しているのではないかと思われた．単結晶の X 線回折図形には，$n=5$ ばかりでなく，$n=10$ や $n=12$ などの回転対称も観察された．**図 1.4**(c) で示したように，5 回の回転対称をもつ規則的な結晶格子は存在できないはずであるにもかかわらずである．この困った問題に対する解答は，準結晶は 1 つのパターンからなる単位格子が規則的に繰り返し配列している結晶構造ではない，というものである．代わりに，複数の構成単位が，秩序性はあるが周期性のない配列を構成している（6.2.2.7 節参照）．

ペンローズのタイル張り（Penrose tiling）とよばれる，準対称性（quasisymmetry）をエレガントに表現した例を**図 1.5** に示す．図では，青とグレーの菱形を組み合わせることで空間が完全に埋められている．このタイルのパターンには，局所的な 5 回の対称性を数多く見出すことができるが，全体としての構造は周期的ではなく，5 回の対称性は示さないうえ，規則的な繰り返し単位も存在しない．準結晶は合金系で幅広く見出されており，有機高分子や液晶の系でも見つかっている．天然には，

第 1 章　結晶構造と結晶化学

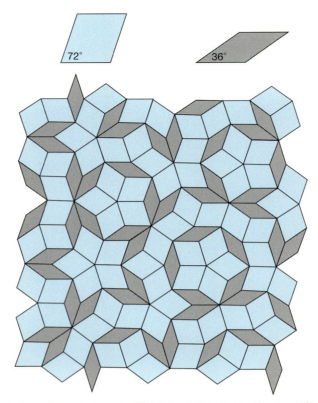

図 1.5　2 種類の菱形を互いに配列して作られた二次元のペンローズのタイル張り．
［C. Janot, *Quasicrystals*, Oxford University Press（1997）より許可を得て転載］

icosahedrite という名前の Al-Cu-Fe 系合金の鉱物として発見されており，この鉱物は隕石の一部らしく，10 億年の長きにわたり地球に存在していたと考えられている．天然あるいは合成の無機酸化物中に準結晶が多数見出されるのは，もはや時間の問題であろう．

　準結晶の研究が始まった初期の頃は，5 回の対称性には双晶（twin）の形成が関係しているとの解釈もあった．図 1.6 に概略図を示す．5 つの等価な結晶の領域が示されており，それぞれが面内に 2 回の回転対称性をもっている．隣どうしの結晶領域は，原子の配列が合致する界面（双晶面）どうしで対を形成し，双晶面の左右の 2 つの領域の構造は，互いに鏡像の関係になっている．5 つの結晶領域が 1 箇所に集まった中心点では，巨視的には 5 回の対称性を示しているが，個別の結晶領域には 5 回の対称性は明らかに存在しない．シェヒトマンは図 1.6 に示すような双晶モデルでは，準結晶状態を説明することはできないと結論づけた．

1.2.3　■　鏡面対称

　分子や錯イオン中のある面に対して，「鏡映（reflection）」という操作を行ったときに，分子や錯イオンが相互に重なり合う場合，**鏡面**（mirror plane）m が存在すると表現される．ケイ酸塩の四面体は 6 枚の鏡面をもっており，そのうちの 1 つとして紙面に垂直である鏡面を図 1.7(a)に示す．Si と 2 個の酸素 1, 2 は鏡面上にあり，鏡映の操作による影響を受けない．他の 2 個の酸素 3, 4 は鏡映の操作で互いに置き換わる．紙面上にある鏡面の場合には，Si と酸素 3, 4 が鏡面上にあり，酸素 2 が鏡面の手前，その鏡映像にあたる酸素 1 は裏側に存在する．

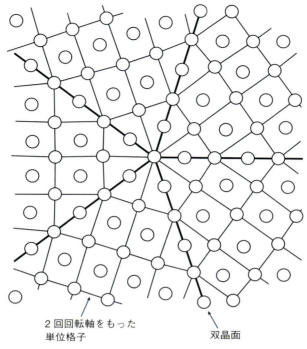

2回回転軸をもった単位格子　双晶面

図 1.6　5回の対称性が存在する仮想的な双晶構造.
［M. Dubois, *Useful Quasicrystals*, World Scientific Publishing（2005）, p. 10 より許可を得て改変］

1.2.4 ■ 対称中心と回反軸

　ある1点に対して分子やイオンのあらゆる部分を「反転」した結果，同じ配置が得られる場合には，**対称中心**（center of symmetry）$\bar{1}$ をもつと表現される．AlO_6 八面体は Al の位置に対称中心をもっている（**図 1.7**(b)）．1つの酸素（例えば酸素1）から対称中心を通る線を引き，同じ長さだけ反対側に伸ばすと，別の酸素（酸素2）に行き当たる．SiO_4 などの四面体では Si の位置に対称中心は存在しない（図 1.7(a)）．

　回反軸（inversion axis）は，n 回回転軸と対称中心に対する反転とを組み合わせた対称操作であり，$\bar{n}$ と表現される．**図 1.7**(c)に**4回回反軸**（fourfold inversion axis）$\bar{4}$ を示す．まず，360°/4 = 90°回転すると，例えば酸素2は 2′ の位置にくる．次に中心の Si に対して反転すると，酸素3の位置に行き当たる．したがって，酸素2と酸素3は $\bar{4}$ で関連づけられる．結晶において可能な回反軸は，$\bar{1}, \bar{2}, \bar{3}, \bar{4}, \bar{6}$ だけである．これは，回転軸の場合においてもある限られた種類だけが可能であったのと同じ理由

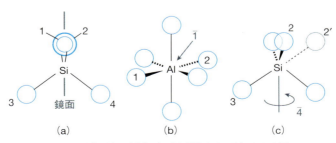

図 1.7　対称要素．(a)鏡面，(b)対称中心，(c)4回回反軸．

第1章 結晶構造と結晶化学

による．1回回反軸は対称中心とまったく同じで，2回回反軸も軸に垂直な鏡面と等価である．

1.2.5 ■ 点対称と空間対称

今まで議論してきた対称要素は，**点対称**(point symmetry)要素である．この場合，少なくとも1つの点は，対称操作において変化することがない．つまり，対称中心や回転軸あるいは鏡面上にある原子は，これらの対称操作の間，動くことはない．有限の大きさをもつ分子は点対称だけをもつが，結晶になると，対称操作に**並進**(translation)を含む特別な対称要素が加わる．これらは**空間対称**(space symmetry)要素といわれ，次の2つの種類がある．

1つは**らせん軸**(screw axis)で，並進とその移動軸のまわりの回転を組み合わせたものである．らせん軸をもつ結晶に含まれる原子やイオンは，らせん軸の回りにらせん状に配置しているように見える．図1.8(a)に模式的にそれを示そう．らせん軸がどのようなものかを示すために，硬貨を何枚か用意しよう．平らな面にそれらの硬貨を，表(H)か裏(T)を交互に上向きにして並べていく．らせん軸の表記 X_Y は，単位格子の稜の Y/X の長さだけらせん軸に沿って移動し，同時に $(360/X)°$ らせん軸のまわりで回転することを表している．例えば，a 軸に平行な 4_2 らせん軸には，軸に沿った $a/2$ の並進と，90°の回転が含まれる．図に示す 2_1 らせん軸では，この操作が各単位格子について2回繰り返される．

もう1つは**映進面**(glide plane)で，並進と鏡映を組み合わせた操作である．その概略を図1.8(b)に示す．並進の方向は，単位格子の軸(a, b, c)か，面対角線(n)か，体対角線(d)のいずれかに平行である(カッコ内はそれぞれの映進面の記号)．映進面 a, b, c および n の場合の並進距離は，単位格子あるいはその面対角線の半分である．また，映進面 d の場合の並進距離は，映進面の定義により体対角線の長さの1/4になる．格子軸に沿った映進面(axial glide plane) a, b, c の場合，並進方向とともに，鏡映面の位置も知る必要がある．例えば，映進面 a では，映進面 b に垂直(つまり ac 面を挟んでの鏡映)な場合も，映進面 c に垂直な場合(ab 面を挟んでの鏡映)もあるからである．

ほとんどの結晶構造には空間対称要素が実際に含まれているが，三次元の立体模型がない限り，イメージを頭に思い浮かべるのはおよそ無理であろう．らせん軸と映進面の簡単な例は図1.21に示し，

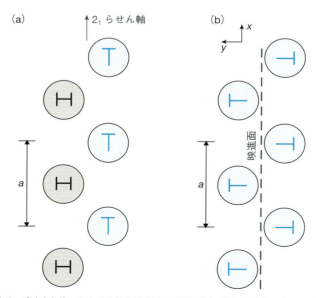

図1.8 硬貨の表(H)，裏(T)を使ったらせん軸と映進面の説明．(a) a 軸と平行な1本の 2_1 らせん軸，(b) b 軸に垂直な映進面．いずれの場合も対称操作で移動する距離は $a/2$ である．

1.12節で議論する．日々，遭遇するさまざまな対象にどのような対称性が見られるのか，注意して見るのは楽しいことである．今度駐車場に行くことがあれば，その駐車スペースの区切り方を注意して見てほしい．駐車場の対角線方向に沿って区切られているだろうか，また，向かいの区画どうしがずれて線引きされて，あたかも映進面をつくっているような配置だろうか．

結晶(crystal)と**準結晶**(quasicrystal)の違いの1つは，空間対称性と関係している．結晶では，最低でも，単位格子から隣の単位格子へ周期性を保ったまま移動できる．多くの場合，らせん軸や映進面などの並進対称要素も現れる．対照的に，準結晶は空間対称を示さない．準結晶は規則的な繰り返し単位をもたず，空間対称要素も見出せない．

1.3 ■ 単位格子の対称性と選択

いろいろな晶系(単位格子)の幾何学的な形は表1.1と図1.3に示した．しかし，これらの形により単位格子が定義されるのではない．これら幾何学的な形は，単にある対称要素が存在することによって現れた結果にすぎない．

立方晶は4本の3回回転軸をもつ単位格子として定義される．図1.9(a)に示すように，この軸は立方体の体対角線に沿っており，その結果，自動的に $a = b = c$, $\alpha = \beta = \gamma = 90°$ の条件が導き出される．表1.1にはそれぞれの晶系を決める基本となる対称要素をあげた．大半の晶系では，この基本となる対称要素以外に別の対称要素も現れる．例えば立方晶結晶は，向かい合った面の中心を通る3本の4回回転軸(図1.9(a))や，2種類の鏡面(図1.9(b, c))など，いろいろな対称要素をもつ．

正方晶の単位格子は，1本の4回回転軸をもち，立方体を1つの軸に沿って圧縮するか引き延ばすかしたものとみなすこともできる(表1.1)．したがって，立方晶に特徴的な3回回転軸のすべてと，3本の4回回転軸のうちの2本がなくなってしまう．カルシウムカーバイド CaC_2 がその好例である．この化合物は，NaClと類似の構造をとるが，カーバイドイオンは球形でなく葉巻型なので，単位格子の1つの軸が他の2つの軸より長くなる(図1.10(a))．NaClについても，NaClが実際にとる立方晶の単位格子に対して体積が半分になった同様の正方晶の単位格子を書くことができる(図1.10(b))．しかし，この単位格子はNaCl結晶の立方対称性を完全には示さない．つまり，3回回転軸をもたないので，NaClの単位格子を正方晶とすることは認められない．正方晶の単位格子では，1つの軸の長さが他の2つの軸と異なっている．便宜上，この異なる軸を c 軸と称している(表1.1)．

3回回転軸を1本もっているのが三方晶系の特徴である．1つの対角線方向に立方体を引き延ばすか圧縮するかすれば，その形を作ることができる(図1.10(c))．立方晶にあった3回回転軸のうち，この対角線に沿った軸は保存されるが，他の対角線に沿った3回回転軸は消滅してしまう．単位格子の3つの稜はすべて同じ長さのままであり，その頂点の3つの角度も同じであるが，もはや90°では

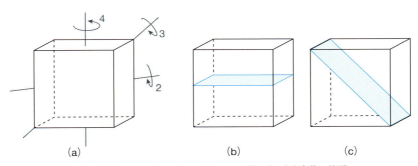

図1.9　(a)立方体の2回，3回，4回回転軸，(b, c)立方体の鏡面．

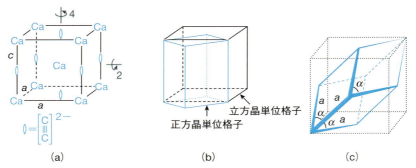

図 1.10 (a) CaC$_2$ の正方晶単位格子．葉巻型のカーバイドイオンが，c 軸に平行に配向していることに注意．(b) NaCl における「正方晶単位格子」と立方晶単位格子と関係．(c) 立方晶単位格子から三方晶単位格子へ変換した NaCl の単位格子．

ない．NaCl をこのような三方晶の単位格子で表すこともできる．つまり，$\alpha = \beta = \gamma = 60°$ とし，Na が頂点に，Cl が体心にくるようにすればよい（その逆でもよい）．しかし，NaCl は三方晶より高い対称性をもつので，この単位格子のとり方はやはり不適切である．

NaNO$_3$ の構造は，NaCl の構造が三方晶に歪んだものとみなすことができる．球形の Cl$^-$ イオンの代わりに三角形の硝酸基を含んでいて，それらが，単位格子の体対角線の 1 つに対して垂直な面に存在している．このことが，対角線の 1 つを圧縮する（あるいはその対角線に垂直な面を広げる）原因となる．その結果，1 つの 3 回回転軸を残して，残りの 3 回回転軸とすべての 4 回回転軸が失われる．

六方晶系については後で述べる（図 1.21）．

斜方晶の単位格子は靴箱のような形を想像すればよい．頂点の角度はすべて 90° であるが，稜の長さがどれも等しくない．一般には，鏡面と 2 回回転軸がそれぞれいくつかあるが，互いに直交する 3 つの鏡面か 2 回回転軸が斜方晶に最低限要求される対称要素である．

単斜晶の単位格子は，この斜方晶の靴箱が変形したものと考えればよい．箱の辺の 1 つと平行な方向に箱の上面部分を底面部分に対してずらすと作ることができる．その結果，頂点の角度の 1 つが 90° ではなくなり，1 枚の鏡面と 1 本の 2 回回転軸（あるいはどちらか）を除く大部分の対称要素が失われる．単斜晶の 3 つの軸のうちの 1 つの軸は特殊で，他の 2 軸と直交している．この軸を通常 b 軸としており，$\alpha = \gamma = 90°$ となる（別の定義もある．表 1.1 の注参照）．

三斜晶系は対称要素をまったくもたない．3 つの稜の長さはすべて異なり，3 つの角度はすべて 90° でなくなる．

ここまで，それぞれの晶系を特徴づける基本的な対称要素について述べてきた．対称の要素から，自動的に単位格子の形が決められる．しかし，**擬似対称**（pseudosymmetry）ともいうべき対称性が見られる結晶では，その逆は成り立たない．例えば，特殊な構造の単位格子の場合，見た目は立方晶でも，結晶中の原子の配列が立方晶の対称の条件を満たさず，より低い対称性の晶系に属することもある．

1.4 ■ 格子，ブラベー格子

結晶中の原子，イオン，分子の繰り返しの様子を点の配列で表現できればたいへん便利である．この配列のことを**格子**（lattice）といい，その点のことを**格子点**（lattice point）という．どの格子点も他の格子点と完全に同じ環境にあり，完全に同じ配列になっている．**図 1.11**(a) に NaCl の構造の 1 つの断面を示すが，この配列は**図 1.11**(b) に示す点の配列によって表現できる．この場合，それぞれの点は 1 組の Na と Cl の対を表しているが，この点が Na の上にあるのか，Cl の上にあるのか，あるい

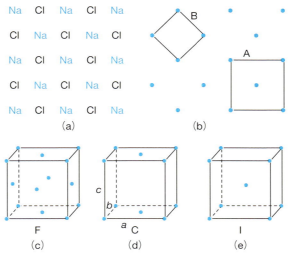

図1.11 (a)二次元面でのNaClの構造と(b)その格子点の配列．(c)面心格子，(d)底心格子，(e)体心格子．

は両者の中間にあるのか，などと問うことは意味がない．単位格子は，このような格子点を結んで作られる．図1.11(b)には，AとBの2通りの方法を示した．Bのように，格子点が頂点にだけある格子を**単純格子**(primitive lattice；Pと表す)といい，Aのように頂点以外にさらに別の格子点をもつ格子を**複合格子**(centered lattice)という[訳注3]．この複合格子としては次のような数種類の型が可能である．

面心格子(face centered lattice；Fと表す)は，それぞれの面の中心にさらに格子点をもつ(図1.11(c))．**面心立方**(fcc : face centered cubic)の構造をとる例としてはCu金属があげられる．**底心格子**(side centered lattice)は，向かい合う1組の面だけがその中心にも格子点をもっている．その格子点が単位格子のab面の中心にあるときはC底心格子と書き表す(図1.11(d))．同様に，A底心格子ではbc面の中心に格子点がある．

体心格子(body centered lattice；Iと表す)は，格子点を体心にももっている(図1.11(e))．α–Feは，鉄原子が頂点と体心にある立方晶であり，こうした構造を**体心立方**(bcc : body centered cubic)という．

CsClは立方晶で，Csが頂点に，Clが体心にあるが(あるいはその逆にとってもよいが)，この場合は体心格子ではなく，単純格子である．なぜなら，格子が体心であるためには，頂点にある原子あるいは原子団が，体心にあるそれらと同じものでないといけないからである．

上に述べたCuやα–Feのように単純な単原子金属の場合は，構造中の金属原子の配列は格子点の配列とまったく同じである．NaClのようなより複雑な構造では，格子点はNaとClのイオン対を表している．NaClはまだ簡単な例であり，大部分の無機物質の構造では，格子点は，多くの数の原子をひとまとめにして表している．有機分子であるタンパク質の結晶では，格子点は全タンパク質分子を代表しているのである．明らかに格子点は，個別の原子やその配置がどうなっているかというような点に関しては，何の情報ももたない．格子点が示しうるのは，こうした化学種が三次元空間に相互にどのように詰められているか，ということである．

このような格子の型と晶系を組み合わせて得られる格子を**ブラベー格子**(Bravais lattice)という．ブラベー格子は全部で14種類ある．それらを表1.1と**図1.12**に示す．図1.12は，表1.1の1列目の晶系と4列目の格子型を組み合わせて図示したものである．例えば，単純(P)単斜晶格子，底心(C)

[訳注3] 原著では「centered lattice」とあるが，適切な日本語訳がないため，一般に使われている用語である複合格子(complex lattice)をあてることにする．

第 1 章　結晶構造と結晶化学

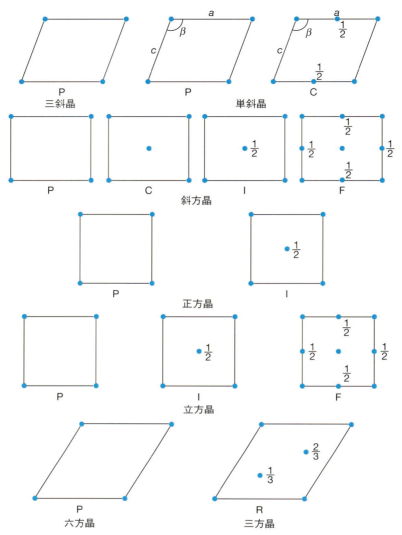

図 1.12 ab 面に投影した 14 種類のブラベー格子（単斜晶は ac 面に投影）の単位格子．格子点の高さは，表示していない場合は 0 と 1 である．
［D. McKie and C. McKie, *Essentials of Crystallography*, Blackwell（1986）より許可を得て改変］

単斜晶格子，単純（P）三斜晶格子は，14 種類あるブラベー格子のうちの 3 つであるが，単斜晶と三斜晶の 2 つの晶系で存在するのはこの 3 格子だけである．格子型と単位格子の組み合わせは他にも多数存在しそうだが，以下のような理由ですべてが可能なわけではない．(1) 対称の要求を満たしていない．例えば，底心格子は立方晶になり得ない．必要条件である 3 回回転軸をもたないからである．(2) より小さな別の格子で表せる．例えば，面心の正方格子は体心の正方格子で書き直すことができる．すなわち，対称は正方晶のままで単位格子の体積は半分になる（図 1.10(b)）．

1.5 ■ 格子面とミラー指数

格子面（lattice plane）の概念を理解しようとするとき，異なる 2 つの考えが混同されやすく，かなりの混乱が生じてしまう．金属やイオン性結晶のような単純な構造でも，ある方向から見れば，原子

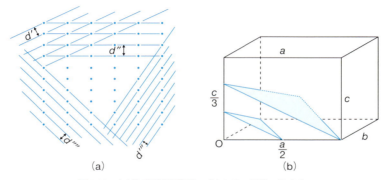

図1.13 (a)格子面(投影図), (b)ミラー指数の決め方.

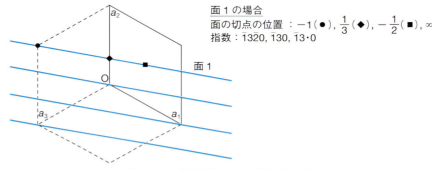

図1.14 六方晶格子のミラー指数の決め方.

の層や面が積み重なって,三次元構造を形づくっているとみなすことができる.しばしばこれらの層や面は,例えば,単位格子の面が原子の詰まった層と一致するというように,結晶の単位格子と単純に関連づけて考えられることが多い.しかし,この逆は必ずしも当てはまらない.特に,かなり複雑な構造では,単位格子の面やそれを単純に切断した断面と,結晶の原子層が一致しないことがしばしばある.格子面とは,ブラッグの法則(第5章)によって導入される概念で,単位格子の形と寸法から純粋に決められる.格子面はまったく任意に考えられたもので,地図での経緯度に相当し,結晶構造中の原子がどこにあるかの目安となるものである.ある格子面の組が原子の層と一致するときもあるが,必ず一致するというものではない.

二次元配列の格子点を考えてみよう(**図1.13**(a)).このように配列した点は,いろいろな列のグループに分割することができる.これらの列の間の距離 d は固有値である.三次元の場合,この列は格子面となり,これらが向かい合った面は**面間隔** d(interplanar d-spacing;d 間隔)により隔てられている(ブラッグの法則においては,X線はこれらのさまざまな格子面のグループから反射されるものとして扱う.それらの組に対応するブラッグ角 θ は,ブラッグの法則により面間隔 d と関連づけられる).

このような格子面は,**ミラー指数**(Miller index)として知られる3つの数字で表される.**図1.13**(b)にミラー指数の導き方を示した(六方晶格子の場合については**図1.14**に示す).原点がOにある単位格子を,2枚の平行な結晶面が斜めに横切っている様子が示されている.この格子面群は c 軸を1/3ごとに切っているので,3番目の面は原点を通らなければならない.これらの面は,結晶の表面まで続いており,したがって多くの単位格子を通ることになる.他にも,この2枚の面に平行な多くの面が同じグループに入るが,この単位格子を通るのはこの2面だけである.

こうした面のグループに対してミラー指数を当てはめるには,次の4つの段階を踏んでいく.

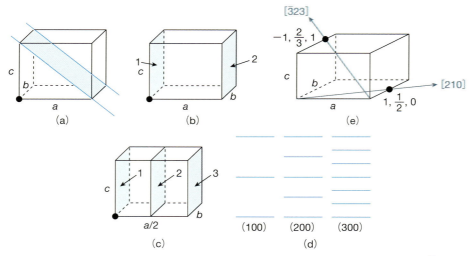

図1.15 ミラー指数の例：(a)(101), (b)(100), (c)(200), (d)(h00), (e)方位指数[210]と[$\bar{3}$23].

1. 格子点の配列あるいは結晶構造を見て，単位格子を確認し，原点を決め，3軸(a軸, b軸, c軸)と軸間の角 α(bとcの間), β(aとcの間), γ(aとbの間)を定める.
2. いま注目している面のグループについて，原点を通っている面に一番近い面を見つける.
3. この面が3つの軸を切っている位置を，軸長に対する分率(割合)で表す．図1.13(b)の面は，a軸を$\frac{a}{2}$, b軸をb, c軸を$\frac{c}{3}$で切っているので，**分率座標**(fractional coordinate)で表した切点は$\frac{1}{2}, 1, \frac{1}{3}$となる.
4. この分数の逆数をとり，並べてカッコで括る．つまり(213)である．この3つの整数(213)が，この面およびこれと平行で等しい間隔dで隔てられた他のすべての面のミラー指数である.

他の例を図1.15に示す．図1.15(a)では，青色の面は$1a, \infty b, 1c$の位置でそれぞれa, b, c軸を切る．つまり，面はb軸に平行である．$1, \infty, 1$の逆数をとるとミラー指数として(101)が得られる．したがってミラー指数の0は，面がその指数の軸に平行であることを示している．図1.15(b)では，注目している面は互いに向かい合った単位格子の面である．面1は原点を通るので，そのミラー指数を直接決定することはできないが，それと平行な面2は$1a, \infty b, \infty c$の切点をもっていて，ミラー指数は(100)となる.

図1.15(c)は(b)と似ているが，面の数が倍になっている．このミラー指数を決めるために，原点に一番近く，原点を通っていない面2に注目しよう．その軸の切点は$\frac{1}{2}, \infty, \infty$であり，したがってミラー指数は(200)である．ミラー指数の2は，面が格子軸の半分のところを切ることを示す．これは重要なことを意味している．逆数をとった後は，それらを決して共通因数で割ってはいけない．一般によくある間違いは，(200)面のグループを，(100), (200), (100), (200), (100), …というような，(100)面の間に差し込まれた配列とみなすことである．正しい表示を図1.15(d)に示す．もしその(100)面の間に差し込まれている余分な面があるのならば，すべての面は(200)と表示される.

ミラー指数の記号は(hkl)である．3つの文字あるいは数字は丸カッコ( )で囲み，コンマで区切る必要はない．波カッコ{ }は等価な面のグループを示すのに使われる．例えば，(100), (010), (001)は立方晶の結晶では等価であり，まとめて{100}と表すことができる．今まで示してきた例では，ミラー指数は0か正の数であった．しかし，後で示すように，負方向の軸を切る格子面も定義する必要が生じる場合がある．その場合，数字の上にバーを付けて表示し，$(\bar{h}\bar{k}\bar{l})$面は「hバー kバー

l バー」面という.

　六方晶の格子面を示すには，今までの方法を一部変更する必要がある．$a = a \neq c$ の六方晶の単位格子では，図 1.14 に示すように，底面の a_1, a_2, a_3 の軸から 2 本の軸を選ぶのに 3 通りの組み合わせがある．単位格子として，a_1 と a_2 を選んで原点を O としよう．次に，図に示す c 軸と平行な面のグループを考えよう．今までと同様にミラー指数を割り当てていくが，六方晶の場合は，面 1 が 3 つのすべての a 軸を切る点と c 軸を切る点を決める．ただ，図 1.14 の面 1 のグループは c 軸に平行なので，面 1 が c 軸を切ることはない．こうして，各 a_1, a_2, a_3, c 軸を切る点から 4 つの指数，$\overline{1}3\overline{2}0$ が導かれる．指数を $(hkil)$ と書き表したとき，

$$h + k + i = 0$$

が成り立つので（例えば，$-1 + 3 - 2 = 0$），3 番目の指数は，必ずしも必要ない．4 つの指数すべてが明確に示される場合もあるし，3 つだけの指数で済まされる場合もある（例えば $\overline{1}30$；これが一般的な表示形式である）．あるいは，3 番目の指数をドットで示すこともある（例えば $\overline{1}3{\cdot}0$）．

1.6 ■ 方位指数

　結晶や格子中での方位（direction）は，原点から注目している方向へ引いた線で表され，それと平行な線はすべて同じ方向である．この線が座標 x, y, z を通っているとすると，$2x, 2y, 2z$ および $3x, 3y, 3z$ なども通ることになる．これを角カッコで括って $[x, y, z]$ と書いたのが**方位指数**（index of direction）である．ここで，x, y, z は共通因子で割ったり掛けたりして，もっとも小さい整数の組にする．つまり $[\frac{1}{2}\frac{1}{2}0]$，$[110]$，$[330]$ はすべて同じ方向を示すが，一般表示では $[110]$ が使われる．

　立方晶では，$[hkl]$ の方向は，同じ指数をもつ (hkl) 面に常に垂直であるが，立方晶でない場合にはまれにしか垂直にならない．立方晶の $[100]$，$[010]$ などのように，対称性から等価となる方位指数の組は，山カッコで括って，$\langle 100 \rangle$ のように書く．方位指数と分率座標の関係を**図 1.15**(e) に例示する．$[210]$ の方位は，単位格子の左下手前の角を原点にとり，分率座標 $1, \frac{1}{2}, 0$ と結ぶことで示される．$[\overline{3}23]$ の方位については，バーのついた指数は負の方向なので，前者とは異なる右下手前の点を原点に選び，分率座標 $-1, \frac{2}{3}, 1$ と結ぶことで示される．

1.7 ■ d 間隔の式

　上ですでに格子面に垂直な格子面間距離を d 間隔（d-spacing）と定義し，ブラッグの法則で得られるのはこの d の値であることを述べた．立方晶格子では (100) 面は軸の長さ a と同じ d 値をもっている（図 1.15(b)）．立方晶格子の (200) 面では $d = a/2$ である．斜方晶結晶（すなわち，$\alpha = \beta = \gamma = 90°$）では，それぞれの面の d 間隔は次式で与えられる．

$$\frac{1}{d^2} = \frac{h^2}{a^2} + \frac{k^2}{b^2} + \frac{l^2}{c^2} \tag{1.1}$$

この式は正方晶結晶では $a = b$，立方晶結晶では $a = b = c$ となるのでもっと簡単になる．例えば，立方晶結晶の場合，

$$\frac{1}{d^2} = \frac{h^2 + k^2 + l^2}{a^2} \tag{1.2}$$

となる．立方晶結晶の (200) 面の場合，$h = 2, k = l = 0$ から $1/d^2 = 4/a^2$，よって $d = a/2$ となる．

　単斜晶系と，特に三斜晶系の結晶では，90° でない角度が現れるため，余分な変数が加わる．したがっ

第 1 章　結晶構造と結晶化学

て，d 間隔の式はかなり複雑になる．すべての晶系の d 間隔と単位格子の体積の式を付録 A に示す．

1.8 ■ 結晶の密度と単位格子の内容

単位格子には，その定義から，原子であれ，イオン対であれ，分子であれ，少なくとも化学式を 1 個分含んでいなければならない．面心，体心，底心の格子には，2 個以上の化学式が含まれる．単位格子の体積，単位格子中の化学式の数，化学式中の原子の原子量の総和である式量（formular weight，FW），結晶の密度 D の間に簡単な式が成り立つ．

$$D = \frac{質量}{体積} = \frac{FW}{モル体積} = \frac{FW}{化学式あたりの体積 \times N}$$

ここで，N はアボガドロ数である．体積 V の単位格子に Z 個の化学式が含まれるなら，

$$V = 化学式あたりの体積 \times Z$$

したがって，

$$D = \frac{FW \times Z}{V \times N} \tag{1.3}$$

V は通常，nm^3 の単位で表されるが，体積を cm^{-3}，密度を $\mathrm{g\,cm}^{-3}$ の単位で求める場合は，これに 10^{-21} を掛ければよい．アボガドロ数 N に値を代入して上の式を書き換えると

$$D = \frac{FW \times Z \times 1.66 \times 10^{-3}}{V} \tag{1.4}$$

となる．V が nm^3 の単位のとき，D は $\mathrm{g\,cm}^{-3}$ の単位になる．この簡単な式は，以下に示すようになかなか役に立つ．

（1）得られた結晶データが矛盾していないかどうか，例えば，間違った式量を仮定していないかどうかなどのチェックに使える．

（2）もし上式の 4 変数（V, Z, FW, D）のうち 3 つがわかっているならば，4 番目が決められる．一般には，Z（整数でなければならない）を求めるのに使われるが，FW, D を決めるのにももちろん使われる．

（3）D_{obs}（実測密度）と D_{calc}（上の式から計算した密度）を比べることで，空孔や格子間原子などの欠陥構造の存在，固溶体の形成機構，セラミックス中の多孔性などの情報が得られる．

単位格子中の Z の値を決める際に，しばしば起こる間違いがあるので注意しよう．すなわち，原子やイオンが単位格子の頂点，稜，面の上にあるとき，それらは隣の単位格子と共有されることになる．よって，1 つの単位格子に含まれる原子の正味の数を求めるには，その点を考慮しなければならない．

例えば，α-Fe（図 1.11(e) の格子）は $Z=2$ である．単位格子の頂点にある 8 個の鉄原子はそれぞれ，接している 8 個の単位格子にまたがっている．したがって，鉄原子 1 個が 1 つの単位格子に寄与する割合は 1/8 にしかならず，全体として正味 $8 \times 1/8 = 1$ 個の鉄原子が頂点にあることになる．体心にある鉄原子は完全に格子の中にあるので 1 個として勘定される．よって $Z=2$ である．

Cu 金属は図 1.11(c) に示す *fcc* 格子をとり，$Z=4$ である．頂点の Cu は Fe の場合と同じく全体として 1 である．面心の Cu 原子は全部で 6 個あるが，それぞれの寄与は 1/2 である．したがって，$1 + (6 \times 1/2) = 4$ 個の Cu が単位格子の中に存在する．

NaCl も *fcc* 格子をとり，$Z=4$ である．原点を Na の位置（図 1.2）にとると，Na の配列は図 1.11(c)

16

の Cu と同じになる．したがって，単位格子には 4 個の Na が含まれている．Cl は稜の中点にあり，全部で 12 個であるが，それぞれの寄与は 1/4 である．それと体心位置にある Cl とを加えると，合計 $12 \times (1/4) + 1 = 4$ となる．よって，単位格子には，実質上，NaCl が 4 個含まれることになる．もし，単位格子の中身をこのような方法で勘定せず，頂点，稜，面心にある原子を単純にそれぞれ 1 個と勘定してしまえば，単位格子中に Na が 14 個，Cl が 13 個含まれるという奇妙な結果になってしまう！

1.9 ■ 結晶構造の記述

　結晶構造はいろいろな方法で記述できる．単位格子をもとにする方法がもっとも一般的で，必要な情報をすべて与えてくれる．結晶構造についての情報は，単位格子の大きさと形，単位格子での原子の位置，つまり**原子座標**(atomic coordinate)により与えられるからである．しかし，単位格子と原子位置だけでは，三次元の構造の全体像を示すにはいささか不十分である．数個の単位格子からなるより大きな構造部分を考慮し，原子の相互の配列，配位数，原子間の距離，結合の形式などを考えに入れることで，初めて全体像が得られることになる．そこから，構造を視覚化する別の方法を見つけることができる，異なる型の構造を比較して相違を明らかにすることが可能となる．

　構造を記述するのに 2 つの便利な方法がある．**最密充填**(close packing)をもとにする方法と，多面体をつないで空間を埋めていく(space-filling polyhedra)方法である．どちらの方法も，あらゆる構造に使えるというものではなく，双方ともに利点も限界もある．しかし，いずれの方法も単位格子だけをもとにした方法よりもはるかに深い結晶化学的な理解を与える．色付きの玉を積んだり，多面体を組み立てたりして，自分専用の結晶構造模型を作ればたいへん便利である．模型を作る方法は付録 B に示した．さらに，結晶構造表示パッケージソフトを使えば，この本で記述されている結晶構造だけでなく，より多くの構造を見ることができる．こうしたソフトは，Wiley 社の Companion Website から無料でダウンロードできる．これを使えば，結晶構造を拡大したり，回転したり，色を変えたり，特定の原子や多面体を消して鍵となる構造の特徴を強調したりすることができる．

1.10 ■ 最密充填構造——立方最密充填と六方最密充填

　最密充填の概念を使って，多くの金属性，イオン性，共有結合性，分子性の物質の結晶構造が記述できる．その際には，最大密度となるように原子が並んで構造がつくられるということが基本となる．この方法の原理は，三次元空間に同じ大きさの球を，いかに互いに効果的に詰め込むかを考えることによって理解することができる．

　二次元平面に球をもっとも効果的に詰める方法を**図 1.16**(a)に示す．それぞれの球，例えば A は，6 個の球に接触して囲まれている．つまり，それぞれの球は 6 個の**最近接**(nearest neighbor)球をもっており，その**配位数**(coordination number, *CN*)は 6 である．これを繰り返すと，**最密充填層**(close packed layer, *cp* 層)とよばれる無限に続く広がりができる．6 という配位数は，同じ大きさの球を平面上で接触して並べる際の最大の値である．**図 1.16**(b)の配列のように 6 より小さい配位数ももちろん可能だが(ここではそれぞれの球の最近接球は 4 個である)，この層はもはや *cp* 層とはなっていない．*cp* 層内には 3 つの**最密充填方向**(closed packed direction)が現れることにも注意する必要がある．図 1.16(a)では，xx′, yy′, zz′ の 3 つの方向に球が接触して並び，球 A はこの 3 つの列のいずれにも属している．

　三次元空間に球をもっともうまく詰めて最密充填構造をつくるには，*cp* 層をそれぞれの上に積み重ねていけばよい．この積み重ね方には 2 通りあり，六方最密充填構造と立方最密充填構造が得られる．次にそれを示そう．

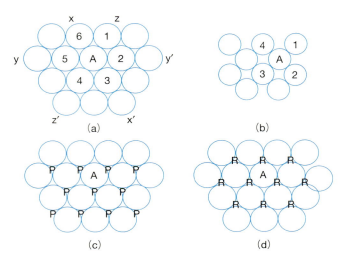

図 1.16 (a)同じ大きさの球の cp 層. (b)球が 4 配位で cp になっていない層. (c, d) 2 層目の cp 層で球が収まることが可能な 2 種類の位置 P および R.

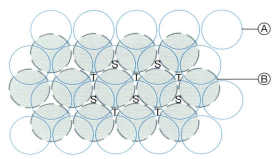

図 1.17 A および B の位置で積み重なった 2 枚の cp 層. B 層は図 1.16(c) の P 位置を占めている.

2 つの cp 層 A と B がうまく接触するには，1 つの層のそれぞれの球が，別の層の 3 個の球の間にできる窪みに収まる必要がある．**図 1.16**(c)と(d)の P か R の位置である．そのような位置に収まった 2 つの層の関係を**図 1.17**に示す．第 2 層の原子は P も R も占めることができるが，両方ともというわけにいかず，2 つの位置をとる原子が混在することもない．どの B 層の球(点線)も 3 個の A 層の球(実線)の間に収まっており，これは A と B を入れ替えても同じである．

3 番目の cp 層をこの 2 枚の層(図 1.17)に積み重ねるのにも 2 種類の方法があり，ここで六方最密充填と立方最密充填の違いが生じる．図 1.17 で，A 層が B 層の下にあるとし，B 層の上に第 3 層をのせるとしよう．第 2 層を第 1 層の上に置いたときと同様，この第 3 層の場合も置く位置を選ぶことができる．球は，新しく生じた S または T 位置のどちらかを占めることができるが，2 つが混ざることはない．もし，第 3 層が S に置かれると，それはちょうど A 層の真上にくることになる．同じことを繰り返してさらに積み重ねていくと，

$$\cdots ABABAB \cdots$$

のような繰り返しとなる．これは**六方最密充填**(hexagonal close packing, hcp)として知られているものである．もし，第 3 層が T の位置に置かれると，3 つの層は互いにずれて積み重なり，4 番目の層が A の上にきて初めて周期が閉じる．3 番目の層を C とすると，

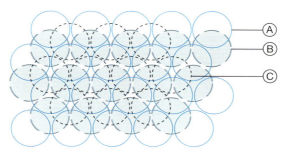

図 1.18　*ccp* 配列における 3 枚の最密充填層.

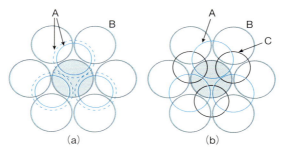

図 1.19　(a)*hcp* 構造と (b)*ccp* 構造に現れる 12 配位した球(グレーで塗りつぶした丸).この球は B 層にあり,その下は A 層,その上は *hcp* 構造の場合には A 層(a),*ccp* 構造の場合には C 層(b)となる.

…ABCABCABC…

となる(図 1.18).この配列は**立方最密充填**(cubic close packing, *ccp*)として知られている.*hcp* と *ccp* はもっとも単純な積み重なり方の例であるが,構造化学においてきわめて重要な位置を占める.もっと長い周期の(例えば ABCACB や ABAC のような)複雑な積み重なり方が見られる物質もある.こうした長周期の配列は,*ccp* や *hcp* の**多形**(polytypism)として現れる.

　三次元の *cp* 構造では,それぞれの球は 12 個の球と接触しているが,これは同じ大きさの球が接触できる最大の配位数である(*cp* 構造をとらないものに α–Fe などの体心立方構造が知られているが,これは 8 配位である.図 1.11(e)参照).これら 12 個の近接球のうち,6 個は中心球のまわりの同一平面上にある(図 1.16(a)).残り 6 個は,図 1.17 と図 1.18 から,3 個ずつの 2 つのグループに分かれ,一方のグループは上の面に,もう一方のグループは下の面にあるのがわかる(**図 1.19**).*hcp* と *ccp* の違いは,この上下の 3 個の近接球の相対的な配置である.

　金属や合金ばかりでなく,イオン結合性や共有結合性の物質の結晶,あるいは分子性結晶の構造まで,数多くの構造を最密充填の考えを使って記述することができる.*cp* 配列をつくる原子はできる限り密に詰まろうとする場合もあるが,一方で,配列は *cp* になっているものの互いの原子どうしが接触していない場合もある.そのような構造は *eutactic*[訳注4] 構造として知られている.どのような場合に,*cp* 配列の表現を使って構造を考えるのが適しているかという指針について付録 D に示す.

1.11 ■ 立方最密充填と面心立方格子の関係

　立方最密充填(*ccp*)配列の単位格子は,球が頂点と面心にある面心立方(*fcc*)格子(図 1.11(c))とし

[訳注4] 日本語になっていないのでそのまま *eutactic* と記す.M. O'Keeffe, On the Arrangements of Ions in Crystals, *Acta Cryst.*, **A33**, 924–927(1977)を参照.

第1章 結晶構造と結晶化学

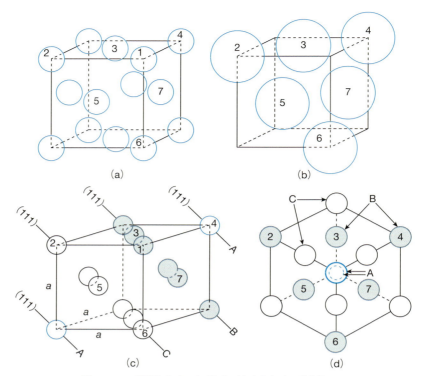

図1.20 ccp配列した球で表示した面心立方(fcc)の単位格子.

ておなじみである．fccの単位格子の面がcp層に対応していないことから，ccpとfccの関係は一目でわかるわけではない．cp層はfcc単位格子の{100}面には平行になっていないが，{111}面と平行である．**図1.20**と付録Bにこのことを示す．**図1.20**(a)で，2から7の番号をふった球はcp層の一部になっている．**図1.20**(b)はそのcp層のみを抽出した図であるが，この図を図1.16(a)と比較してみれば明らかである．図1.20の(a)と(b)では配置は同じだが，図1.20(b)では球を大きく描いてある．どの頂点の球を取り去っても図1.20(b)に示した配置が見られるから，ccp配列では4つの方向にcp層が配向していることになる．この面の方向は立方体の体対角線に垂直である(立方体は8個の頂点をもつが，体対角線は4本のみで，したがって4種類の異なった配向のcp層ができる)．**図1.20**(c)にこのcp層の配列を真横から見た状態で示した．**図1.20**(d)はこの層に垂直な別の方向から眺めた場合である．図1.20(c)は図1.20(a)と同じだが，少しだけ回転した状態になっている．図1.20(d)は図1.20(b)と同じだが，これも少し回転している．図1.20(d)には，fcc単位格子中の原子が4枚のcp層(ABCA)にまたがって配置している様子が，⟨111⟩方向から見下ろした投影図として示されている．

1.12 ■ 六方晶単位格子と最密充填

hcp配列の球は六方晶単位格子(**図1.21**(a))をつくる．球のcp層が単位格子の底面となる**図1.21**(b))．単位格子は2個の球のみを含み，1つは原点に(そして当然だがすべての頂点に)，他の1つは$\frac{1}{3}, \frac{2}{3}, \frac{1}{2}$の位置にある(図1.21(a)と(b)のグレーの丸)．底面の2つのa軸は等価であるが，原子の座標位置$\frac{1}{3}, \frac{2}{3}, \frac{1}{2}$を記述するために，$a_1$と$a_2$として区別する必要がある．このような分率座標を使って，単位格子中の原子の位置を表す方法については後ほど議論する．

hcp構造では，cp層には1種類の配向しかない．図1.21(b)にその1層だけを取り出して示すが，

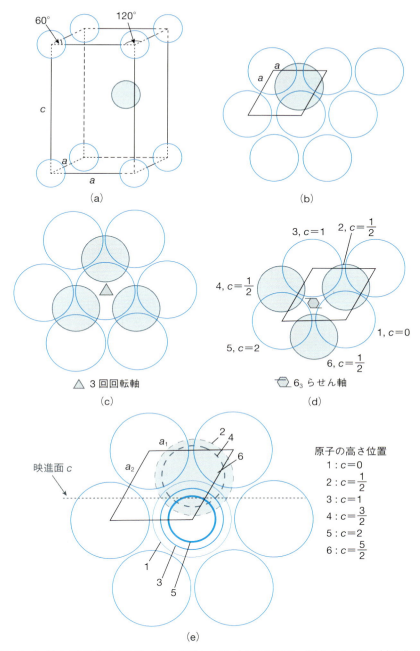

図 1.21 (a, b) 六方晶単位格子において hcp 配列した球．(c) 3 回回転軸．(d) 6_3 らせん軸．(e) 映進面 c．

この層は格子の底面に平行である．底面の 2 つの軸は同じ長さで，半径 r の球が互いに接触しているときは，$a = 2r$ となる．角度 γ は 120° である（表 1.1）．

六方晶単位格子の対称性は，一見すると簡単そうに見える．底面だけを見ると，6 回回転対称のように見えるが，c 軸方向に B 層が積み重なっているので，3 回回転対称となる（**図 1.21**(c)：グレーの三角形は結晶学で使われる 3 回回転軸の記号である）．

しかし一方で，この構造は，**図 1.21**(d) に示すように，底面を座標 $\frac{2}{3}, \frac{1}{3}, 0$ の位置で通過して c 軸

に平行な 6_3 のらせん軸をもつ．この対称軸は，$\frac{c}{2}$ 並進して 60°回転するという複合操作を含んでいて，1 から 6 まで番号を付けた原子は，底面から c 軸方向に移動しながら回るらせんの上に存在している．原子 3 は単位格子の上の面にくるが，原子 4 と 5 は c 軸方向の隣の単位格子に入っている．このように，hcp の結晶構造には，6 回のらせん軸と 3 回の回転軸の両方が存在するのがわかる．

hcp の結晶構造は，他にもたくさんの対称要素をもっている．図 1.21(e)に示す映進面はその好例である．この映進面 c は，c 軸方向に $\frac{c}{2}$ だけ移動し，座標 $\frac{2}{3}$ で a_2 軸を横切る a_1c 面を鏡面とした鏡映操作を含んでいる．図には，映進面 c を結晶学で使われる表示法により点線として示してある．このように，この映進面によって，1，2，3，4 などの原子の位置関係が互いに関連づけられる．

1.13 ■ 最密充填構造の密度

cp 構造では，全体積の 74.05% が球で占められる．これは同一サイズの球でつくられる構造では最大の密度である．この値は cp 構造の単位格子と含まれる球の体積から計算できる．ccp 配列をもつ fcc 単位格子は，4 個の球を含んでいる．1 つは頂点に，3 つは面心にある(図 1.20；この表現は，fcc 単位格子は 4 つの格子点をもっているという記述と同じである)．球が接触して列をなしている cp の方向(図 1.16(a)の xx′，yy′，zz′)は，単位格子の面の対角線に平行である．例えば，図 1.20(b)の球 2, 5, 6 は cp 列の一部を構成する．球の直径を $2r$ とすると，面の対角線の長さは $4r$ である．ピタゴラスの定理から，単位格子の稜の長さは $2\sqrt{2}r$ となり，単位格子の体積は $16\sqrt{2}r^3$ となる(図 1.22(a))．球の体積は $(4/3)\pi r^3$ なので，単位格子中の球の体積と単位格子の体積の比は，

$$\frac{4 \times \frac{4}{3}\pi r^3}{16\sqrt{2}r^3} = 0.7405 \tag{1.5}$$

となる．hcp 構造の場合も，六方晶単位格子(図 1.21)の体積と含まれる球の数をもとに計算すると，同じ結果が得られる．

cp 構造でない場合，密度は 0.7405 より小さい値になる．例えば，体心立方(bcc)格子の密度は 0.6802 である(これを求めるには，bcc 格子での cp 方向(球が密に配列した方向)が立方体の体対角線〈111〉と平行であることを理解しておく必要がある)．

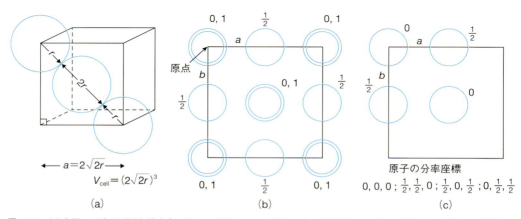

図 1.22 (a) 半径 r の球が面対角線方向で互いに接触している面心立方の単位格子の寸法．(b) 面心立方構造の単位格子面へ投影した図．(c) 1 つの単位格子に含まれる原子の位置．

1.14 ■ 単位格子の投影と原子座標

　結晶構造を立体的に見せるのに，図1.20(a)に示したような斜め方向から紙面に投影した図がしばしば使われる．しかし，正確さと明確さをもって構造を記述するには，結晶構造を特別な結晶学的方位に沿ってある結晶学的面上に投影する必要がある．**図1.22**(b)は，面心立方格子をz軸に沿って単位格子のab面に投影したものである．しかし，この図では構造の中身がすべて1つの面の上に投影され，垂直方向がどうなっているのかがまったくイメージできなくなる．そこで，垂直方向の情報を復元し原子の位置を明確にするために，単位格子中での垂直方向の高さをそれぞれの原子の横に示す（この図の場合，c軸長に対する分率で表示されている）．縮尺どおりの投影図になっていれば，x座標とy座標を表示する必要はない．原点は図の上方左側の頂点とする．

　この投影図では，z座標0と1にある2個の原子が各頂点を占め，同じく上下の面心位置にある原子が（z座標0と1として）投影された図の中心に示されている．側面の面心位置にある4個の原子は，$z=\frac{1}{2}$の座標をもつ球として描かれている．

　図1.22(b)のような図形は便利であるうえ，原子座標のデータと関連づけられるので重要である．実際，面心立方格子は，1つの頂点と3つの面心位置の4つの位置だけをもつ．それらは，$0, 0, 0$；$\frac{1}{2}, \frac{1}{2}, 0$；$\frac{1}{2}, 0, \frac{1}{2}$；$0, \frac{1}{2}, \frac{1}{2}$の分率座標で示され，それぞれ分率座標は，単位格子のa, b, c各軸の長さを1としたときの原点からの距離に相当する．この4つの位置を**図1.22**(c)に示すが，隣の単位格子の等価な位置（equivalent position）の原子をこの図に描き加えれば，完全な図1.22(b)の構造が簡単に得られる．

　このように，図1.22(b)も(c)も，面心立方の単位格子を表している．もし，図1.22(b)の単位格子で議論するならば，頂点にある原子のうち，わずか1/8のみがこの単位格子に属していて，残り7/8はまわりの単位格子のものであることに注意する必要がある．同様に，稜の中点にある原子は4個の隣接した単位格子に属しており，1つの単位格子にはそれぞれ1/4だけしか属していない．面心にある原子は隣り合う単位格子間で分割されていて，図1.22(b)に属しているのは，半分である．一方，この単位格子の中身を表すのに図1.22(c)の表示を使えば，描かれている4個の原子はすべてこの単位格子に含まれ，これ以外の，例えば別の頂点の原子は，隣接する単位格子の頂点の原子ということになる．図1.22(c)の表示は，結晶構造を説明するのに最小限必要なものだけを含んでいるが，図1.22(b)の表示は，詳細で，結晶の三次元の全体像をより明確に示している．単位格子の中身，原子座標，それと負の原子座標も可能かどうかなど，より詳しいことは付録Eに述べた．

1.15 ■ 最密充填で記述できる物質

1.15.1 ■ 金　属

　ほとんどの金属はccp, hcp, bcc構造のどれかをとる．ccp, hcp構造はcp構造である．金属がこの3つの構造のどれをとるかについては規則がなく（**表1.3**），明確な傾向は見られない．なぜ，ある金属がある構造をとって他の構造をとらないのかという点については，まだよくわかっていない．計算ではhcpとccp構造の格子エネルギーは同じである．したがって，ある物質において特定の構造が現れるのは，金属結合の状態やバンド構造の細かな部分の違いによるものと思われる．表1.3に示されていない元素の構造に関しては，付録Fに記載した．

第1章　結晶構造と結晶化学

表1.3　一般的な金属の構造と格子定数

ccp		hcp			bcc	
金属	a/nm	金属	a/nm	c/nm	金属	a/nm
Cu	0.36147	Be	0.22856	0.35842	Fe	0.28664
Ag	0.40857	Mg	0.32094	0.52105	Cr	0.28846
Au	0.40783	Zn	0.26649	0.49468	Mo	0.31469
Al	0.40495	Cd	0.29788	0.56167	W	0.31650
Ni	0.35240	Ti	0.29506	0.46788	Ta	0.33026
Pb	0.49502	Zr	0.32312	0.51477	Ba	0.5019

1.15.2 ■ 合　金

合金は金属間化合物相もしくは固溶体相であって，金属の場合と同じく，多くは cp 構造をとる．例えば，Cu と Au は純粋な金属のときにも，互いに混ざって Cu–Au 合金を形成したときにも ccp 構造をとる．高温では Cu と Au の間の全組成域にわたって固溶体が形成される．この場合には，Cu と Au の原子は fcc 単位格子の格子点に統計的に分配されており，ccp 層では Cu と Au がランダムに混ざっている．AuCu あるいは $AuCu_3$ の組成の合金を低温で焼きなます（焼鈍；annealing）と，Cu と Au の原子は規則的な配列になる．ccp 層ではあるが，層内での Cu と Au の配列はもはや統計的分布をしていない．そのような規則－不規則転移現象は，金属においてもイオン性結晶構造においても一般的に起こる．

1.15.3 ■ イオン性結晶

陰イオンが陽イオンより大きい NaCl, Al_2O_3, Na_2O, ZnO などの物質では，陰イオンの cp 層の隙間に陽イオンが入った構造となっている．その構造は，陰イオンの積み重なり方が hcp か ccp か，あるいは陽イオンが入る隙間の数や形がどうなっているかを考慮すると，かなりの種類が可能となる．また陽イオンが大きすぎるために指定された隙間には収まりきらず，陰イオン間を広げて入り込むこともよくある．したがって，陰イオンは，並び方が cp 配列と同じであっても，接触していないということがありうる．オキーフ（O'Keeffe）はこのような構造に対して eutactic という用語を当てはめることを提案した．これから行う議論では，「hcp, ccp の陰イオン配列」というような用語を使うが，この場合，陰イオンは必ずしも接触しておらず，eutactic である場合も含んでいる．後ほど議論するが，さらに事を複雑にしているのは，剛体球モデルが現実的には単純すぎることである．つまり，イオン構造においても，イオンの大きさは正確に規定できないのである．

1.15.3.1 ■ 四面体位置と八面体位置

cp 構造には，四面体と八面体の2種類の隙間が存在する（**図1.23**）．このことは，積み重なった2枚の cp 層間の隙間を考えれば理解できる．四面体位置では，四面体の底面となる3個の陰イオンが1つの cp 層に属し，頂点にあたる陰イオンが上の cp 層（**図1.23**(a)），または下の cp 層（**図1.23**(b)）に属している．頂点が上にあるか下にあるかで，この2種類の四面体位置 T_+ と T_- が生じる．**図1.23**(c)と(d)に層を真横から見た図でこのことを示す．四面体の重心は頂点よりも底面側にあるため，四面体位置にある陽イオンは陰イオン層間の中点にあるのではなく，どちらかの層に偏っている．ccp 構造では，cp 層の並びに4つの方向が存在するので，T_+ と T_- にも4つの等価な配列が存在する．

八面体位置 O にある陽イオンは，それぞれの層にある3個の陰イオンに配位し（**図1.23**(e)），2つの陰イオン層間の中点に位置する（**図1.23**(f)）．もっと一般的な八面体位置の表し方に，同一平面上に4個の原子を描き，面の上下に1個ずつ頂点原子を置く方法がある．この場合，図1.23(e)の1, 2, 4,

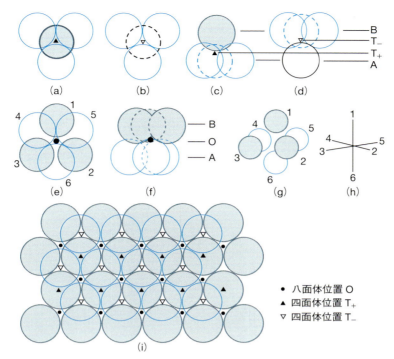

図 1.23 2つの *cp* 陰イオン層間に存在する四面体位置と八面体位置を異なる方向から眺めた投影図．(a, b) 3回軸方向に投影した T$_+$ と T$_-$ 位置．(c, d) 横方向から眺めた T$_+$ と T$_-$ 位置．(e) 3回軸方向に投影した八面体位置．(f) 横方向から眺めた八面体位置．(g, h) 広く使われている八面体位置の図．(i) 2つの *cp* 層間に生じる T$_+$，T$_-$，O 位置の分布状態．

6の原子が八面体の同一平面上にあり，3と5が頂点にあることになる．あるいは 2, 3, 4, 5 または 1, 3, 5, 6 の原子が平面上にあるとしてもよい．**図 1.23**(g) と (h) にこのことを示す．図 1.23(g) と (h) は図 1.23(e) と同じであるが，図 1.23(e) とは異なる方向から眺めており，こちらの方がより頻繁に使われている．

図 1.23(i) に，陰イオンの2つの *cp* 層間にできる隙間の分布を示す．この図を見ると，上の層をつくっている球の下にそれぞれ1つの T$_+$ 位置があり，同じように，下の層の球の上にも1つの T$_-$ 位置があるのがわかる．また，T$_+$ あるいは T$_-$ と同じ数だけの O 位置もある．図 1.23(i) に見られる隙間位置の分布は，どの *cp* 陰イオン層間にも見られるものである．それらの数を数えると，陰イオン1個あたりに対して，1つの八面体位置および，2つの四面体位置(T$_+$ と T$_-$，各1つずつ)があることがわかる．

cp 層間の隙間位置がすべて埋められてしまうことはめったにない．1つの位置が完全に，あるいは一部埋められて，他の2つは空のままというのが普通である．陰イオンの積み重なり方と隙間位置の占有状態をもとに分類した主な *cp* 構造のイオン性結晶の例を**表 1.4** に示す．個々の構造については，後でもっと詳しく述べる．ここでは，このような多様性に富んだ構造がどのようにして1つの大きなグループにまとめられるか，そしてそのことが互いの類似点と相違点をはっきりさせるのにどのように役立っているかについて，その例を簡単に述べることにしよう．

(1) 岩塩構造とヒ化ニッケル構造はいずれも，陽イオンは八面体配位であるが，陰イオンの積み重なり方が異なる．陰イオンの積み重なり方は異なるが，陽イオンは同じ配位数をとっているという構造は他にも見られる．例えば，オリビン構造とスピネル構造，ウルツ鉱構造とセン亜鉛

第 1 章　結晶構造と結晶化学

表 1.4　最密充填構造をもつイオン性結晶の例

陰イオン配列	隙間の位置			例
	T_+	T_-	O	
ccp	–	–	1	NaCl，岩塩
	1	–	–	ZnS，セン亜鉛鉱（スファレライト）
	$\frac{1}{8}$	$\frac{1}{8}$	$\frac{1}{2}$	MgAl$_2$O$_4$，スピネル
	–	–	$\frac{1}{2}$	CdCl$_2$，塩化カドミウム
	–	–	$\frac{1}{3}$	CrCl$_3$，塩化クロム
	1	1	–	K$_2$O，逆蛍石
hcp	–	–	1	NiAs，ヒ化ニッケル
	1	–	–	ZnS，ウルツ鉱
	–	–	$\frac{1}{2}$	CdI$_2$，ヨウ化カドミウム
	–	–	$\frac{1}{2}$	TiO$_2$，ルチル^a
	–	–	$\frac{2}{3}$	α–Al$_2$O$_3$，コランダム
	$\frac{1}{8}$	$\frac{1}{8}$	$\frac{1}{2}$	Mg$_2$SiO$_4$，オリビン
ccp 'BaO$_3$' 層	–	–	$\frac{1}{4}$	BaTiO$_3$，ペロブスカイト

^{a} ルチルの hcp 酸化物イオン層は平面ではなく，波打っている．このような配列を正方充填（tp）と表現することがある．

鉱構造，CdI$_2$ と CdCl$_2$ の関係である．

(2) ルチル（TiO$_2$）と CdI$_2$ はいずれも，陰イオンが hcp 配列になっていて（ルチルでは層は歪んでいる），その八面体の半分を陽イオンが占めている．しかし，その占有の仕方が異なっている．ルチルでは，Ti は cp 配列の陰イオン層間の八面体位置のうち，半分を規則的に占有している．CdI$_2$ では，完全に占有された八面体位置の層と完全に空の層とが交互に積み重なっている．したがって，CdI$_2$ は層状構造となる．

(3) いくつかの構造では，陽イオンが cp 層を形成し，陰イオンがその隙間の位置を埋めるとみた方がよい場合がある．蛍石構造の CaF$_2$ は，Ca が ccp 配列になっていて，すべての T$_+$，T$_-$ 四面体位置を F が占めているとみなすことができよう．逆蛍石構造の K$_2$O は，ccp 配列の酸素と T$_+$，T$_-$ 四面体位置にある K とで構成されていて，蛍石構造とは陽イオンと陰イオンの関係がまったく逆になっている（表 1.4 参照）．

(4) 陰イオンと大きめの陽イオンが混ざって充填層をつくり，小さい陽イオンが隙間の位置を占めている構造も最密充填の概念を拡張して扱うことができる．ペロブスカイト構造の BaTiO$_3$ では，'BaO$_3$' 組成からなる ccp 層があって，これらの層間にできる八面体位置の 1/4 を Ti が占める．その八面体位置だけは 6 個のすべての頂点が酸素だけで形成されている．

(5) 陰イオン欠損型の cp 配列とみなすことができる構造もある．三酸化レニウム（ReO$_3$）構造は O の 1/4 が欠損している ccp 層からできている．ちょうど，上のペロブスカイト構造で，Ti を Re と置換し，Ba を取り除いてその位置を空にした構造と同じである．β–アルミナの一般組成は NaAl$_{11}$O$_{17}$ と表され，cp 層でできているが，5 層おきにおよそ 1/3 の酸素が欠損した層がある．

1.15.3.2 ■ 四面体位置と八面体位置の大きさ

一般に，四面体位置の隙間は，八面体位置より小さく，その八面体位置もさらに配位の大きい多面体位置よりは小さい．ある陰イオンの配列の中で生じる多面体位置の相対的な大きさは，幾何学的な計算から正確に求めることができる（次節参照）．イオン性結晶では，陽イオン M はその大きさに適したサイズをもつ多面体の中心位置に収まっている．一見すると，陽イオンの占有している位置がその大きさに比べて小さすぎる場合も見られるが，陰イオンを押し離すか，構造を広げるかして収まって

いる(eutactic 構造のように). 逆に，大きすぎる空間にはそのままでは収まることができない．そのような場合，陰イオンの配列がねじれたり歪んだりして，結晶構造全体で調整が行われ，空間の大きさが実質上縮小する．その良い例が立方晶から対称性が低下した多くのペロブスカイト型化合物である．陽イオンは本来の12配位の位置を占有するには小さすぎるため，構造が一部変形している(1.17.7 節参照)．つまり，陽イオンが，中で「カタカタ」動けるような大きな空間に収まることはない．陽イオン位置が最適なサイズよりわずかに大きい結晶構造では，構造が変形するかしないかの中間的な興味深い状況が生じる場合がある．陽イオンが，収まっている空間の中心位置から少しだけずれて，高い分極率(polarizability)，高い誘電率(permittivity)，ひいては強誘電性(ferroelectricity)という現象がもたらされる(8.7 節参照)．

1.15.3.3 ■ 面心立方単位格子中の四面体位置と八面体位置：結合長の計算

これまでに 2 つの *cp* 層内で T_+, T_-, O 位置がどのように生じるか(図 1.23)，どのように見れば *fcc* と *ccp* が同じ構造であると納得できるのか(図 1.20)について論じてきた．したがって，**図 1.24** に示す頂点(A)と面心(B, C, D)に陰イオン X がある *fcc* 単位格子の中で，T_+, T_-, O がどこに位置するかはすぐにわかるであろう．八面体位置は特に簡単にわかる．稜の中点 1, 2, 3 と体心位置の 4 である．単位格子の長さを *a* とすると，八面体配位の M–X 間の距離は *a*/2 である．

T_+ と T_- 位置を明確にするため，単位格子の稜を二等分して，小さい 8 つの立方体に分けることにする(破線)．このミニ立方体には，8 個の頂点のうちの 4 個だけに陰イオンがあり，ミニ立方体の中心は T_+ か T_- のどちらかの四面体位置になっている．**図 1.25** に示すように，ミニ立方体には 2 種類

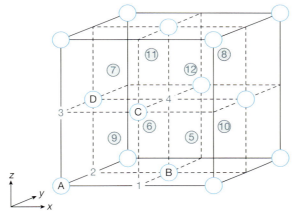

図 1.24 *fcc* 配列した陰イオンの中にできる陽イオン位置 1〜12.

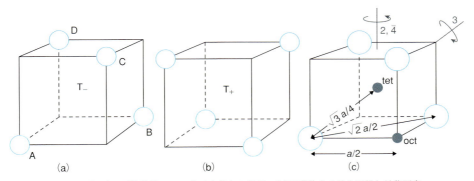

図 1.25 (a, b)四面体位置 T_+, T_- と立方体との関係．(c)四面体中の結合距離と対称要素．

第 1 章 結晶構造と結晶化学

の配列が存在する，すなわち 2 種類の T 位置がある．図 1.24 に示すもとの大きな構造と比較して見ると，T_四面体では $[\bar{1}\bar{1}\bar{1}]$ 方向に頂点が向いており，T$_+$四面体では $[111]$ 方向に頂点が向いているのがわかる．

図 1.25(a) と (b) に示す，頂点原子が 1 つおきに欠けた立方体で四面体を表すこの方法はたいへん便利である．四面体中の結合距離や結合角をすぐに計算できるだけでなく，四面体に付随する対称要素を簡単に示すこともできる（**図 1.25**(c)）．ミニ立方体の稜の長さは $a/2$ なので，M–X 間の距離は

$$M-X = \frac{1}{2}\left[3\left(\frac{a}{2}\right)^2\right]^{\frac{1}{2}} = \frac{\sqrt{3}}{4}a$$

である．

ミニ立方体では，稜に対して平行な 2 回回転軸と 4 回回反軸が存在する．これらは，向かい合う 2 つの面を通っており，それぞれ 3 本ずつ存在する（図 1.7(c) も参照）．鏡面は指数 $\{110\}$ をもつ格子面と平行に存在し，合計 6 面ある（図 1.9(c)）．3 回回転軸は $\langle 111 \rangle$ に平行であり，合計 4 本ある（図 1.9(a)）．詳しくは付録 C に示す．

1.15.3.4 ■ 結晶構造の記述：原子の分率座標

結晶構造を記述するには，(1) 単位格子の型，(2) その寸法，(3) 単位格子中の原子の分率座標を示す必要がある．頂点と面心に陰イオンがある fcc 単位格子は，前に述べたように，実質上，頂点に 1 個，面心に 3 個の計 4 個の陰イオンだけを含む．図 1.24 の単位格子中に A から D と示された 4 個の原子の分率座標は

$$0,0,0\;;\;\frac{1}{2},\frac{1}{2},0\;;\;\frac{1}{2},0,\frac{1}{2}\;;\;0,\frac{1}{2},\frac{1}{2}$$

である．頂点原子のうち，座標 $0,0,0$ の原子のみが単位格子に含まれている．$1,0,0$ や $0,1,0$ などの他の 7 つの頂点原子は等価であって，隣の単位格子の頂点原子とみなされる．8 個のすべての頂点原子の座標を記載し，実質上の寄与は 1/8 であるとすることも可能であろう．ただこの場合，1 つの頂点だけが，この単位格子に，特別に，完全に属しているとみなす場合に比べて，はるかに煩雑で扱いにくいものとなってしまう．向かい合う面にあるそれぞれの原子も，例えば，$\frac{1}{2},\frac{1}{2},0$ と $\frac{1}{2},\frac{1}{2},1$ のうち，$\frac{1}{2},\frac{1}{2},0$ だけがこの単位格子に完全に属しているとみなす方が便利である．$\frac{1}{2},\frac{1}{2},1$ は上の単位格子の底面の面心位置になる．

図 1.24 の陽イオンの座標は次のようになる．

八面体位置 O	$1:\frac{1}{2},0,0$	$2:0,\frac{1}{2},0$	$3:0,0,\frac{1}{2}$	$4:\frac{1}{2},\frac{1}{2},\frac{1}{2}$
四面体位置 T$_+$	$5:\frac{3}{4},\frac{1}{4},\frac{1}{4}$	$6:\frac{1}{4},\frac{3}{4},\frac{1}{4}$	$7:\frac{1}{4},\frac{1}{4},\frac{3}{4}$	$8:\frac{3}{4},\frac{3}{4},\frac{3}{4}$
四面体位置 T$_-$	$9:\frac{1}{4},\frac{1}{4},\frac{1}{4}$	$10:\frac{3}{4},\frac{3}{4},\frac{1}{4}$	$11:\frac{1}{4},\frac{3}{4},\frac{3}{4}$	$12:\frac{3}{4},\frac{1}{4},\frac{3}{4}$

単位格子中に陰イオンが 4 個あるので，陽イオン位置 O, T$_+$, T$_-$ がそれぞれ 4 個存在することに注意してほしい．その位置を陽イオンが種々に占めることにより表 1.4 に見られるさまざまな異なった構造が生じる．これについては，後ほど議論する．

1.15.4 ■ 共有結合性の網目構造

ダイヤモンドや炭化ケイ素 SiC などは方向性のある強い共有結合を含む物質だが，それらも cp 構造または eutactic 構造で記述できる．多くはイオン性結晶と同じ構造をもっている．SiC の多形の 1

つにウルツ鉱構造があるが，ケイ素と炭素のどちらの原子が充填層をつくるのかという問題は重要ではない．どちらも四面体の頂点を共有して三次元の骨格を形成するからである．ダイヤモンドは半分の炭素が ccp 配列をつくり，残りが T_+ の位置を占めるセン亜鉛鉱構造とみなすこともできる．しかし，この2種類の炭素は等価である．ダイヤモンドでは，すべての原子が同じ大きさで，充填原子と隙間の原子を区別する意味がないため，ダイヤモンドを eutactic 構造として分類すると便利である．

多くの構造は，イオン結合性と共有結合性が混ざった結合でできている．ZnS や $CrCl_3$ などがその例である．最密充填という観点でそれらの構造を記述すると，構造中にはどのような結合があるのかということに触れなくてすむという利点がある．

1.15.5 ■ 分子性結晶の構造

原子を効率的に詰め込むには，cp 構造は最適である．したがって，多くの分子性物質でも，弱いファンデルワールス力が分子間の支配的な結合ではあるものの，それらの結晶は cp 構造をとっている．もし，分子がおよそ球形である場合や，回転したり，異なる数種類の無秩序配向をとって見かけ上球形になったりする場合，単純な hcp 配列や ccp 配列になる．H_2，CH_4，HCl などの結晶がその例である．球形の分子でなくても四面体や八面体の形をしている場合は，やはり cp 配列をとりうる．例えば，Al_2Br_6 は二量体分子であるが，2つの $AlBr_4$ 四面体が稜を共有しているとみなすことができる（図 1.26 (a)）．Al_2Br_6 結晶では，Br 原子は hcp 配列をつくり，Al 原子は生成する四面体位置の 1/6 を占めることになる．図 1.26 (b) には，Al_2Br_6 分子 1 個分の臭素原子を太い線で描いた．Al 原子は向かい合った 1 対の T_+，T_- 位置を占めている．Br 原子 3 と 5 は，両方の四面体に共有されている．それらは図 1.26 (a) では架橋の原子となっているものである．hcp 配列の Br 原子は 1 つの Al_2Br_6 分子だけに属しており，隣の分子には共有されていない．$SnBr_4$ は四面体分子で，やはりその結晶では Br 原子の hcp 配列をつくるが，四面体位置の 1/8 は Sn 原子だけによって占められている．

1.15.6 ■ フラーレンとフラライド化合物

フラーレン（fullerene）のうち，もっともよく知られているのは C_{60} であり，もっとも単純な形をもち，高い対称性を示す．中が空洞である直径 0.71 nm の球状のかごのような形状で，3 配位の C 原子（近似的には sp^2 混成軌道をつくっている）が互いに結合して，12 個の五角形と 20 個の六角形で構成された網目構造を形成している（図 1.27 (a)）．サッカーボールのパターンとまったく同じで，「バッキーボール（Buckyball）」という愛称でよばれることもある．バッキーボールやフラーレンの名前の由来は，C_{60} と同じ網目（network）構造をもったジオデシックドーム（geodesic dome）[訳注5] を最初にデザインし

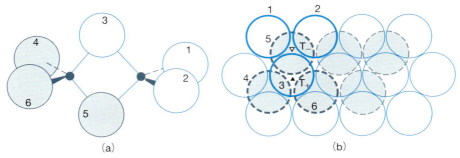

図 1.26 (a) Al_2Br_6 分子の結晶における Br 原子の hcp 配列．(b) アルミニウム原子は T_+ と T_- 位置を占める．点線の丸は紙面の下にある．

[訳注5] 多角形の部材を組み合わせて作られた建造物．

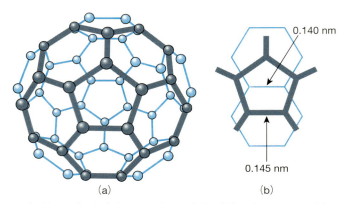

図 1.27 (a) C_{60} 分子．五角形とそのまわりを取り囲む 5 個の六角形が太線で示されている．(b) 2 つの C_{60} 分子がもっとも近い距離で接触している領域の一部．分子内の 2 つの六角形を区切っている短い C–C 結合が，隣の C_{60} 分子の五角形の中心と向かい合っている．
[W. I. F. David *et al.*, *Nature*, **353**, 147–149 (1991) より STM 条項に基づき転載]

たバックミンスター・フラー（Buckminster Fuller）に敬意を表したものである．

当然ながら，C_{60} 結晶では，C_{60} 分子は最密充填の基本に従って cp 配列をしている．室温では，C_{60} 結晶は $z=4$（C_{60} 分子が 4 個），$a=1.417$ nm の面心立方構造をとるが，C_{60} 分子自身はいろいろな方向を向いている．隣り合う C_{60} の間隔は，図 1.22(a) のように計算できる．立方体の面対角線は cp 層の球が並んでいる方向に一致するので，隣り合う分子の中心間の距離は 1.00 nm である．C_{60} 分子の「硬い部分の直径」は 0.71 nm と計算されており，この差 0.29 nm は分子間のファンデルワールス相互作用が原因で生じる．

図 1.27(a) に示す C_{60} 分子は完全な真球にはなっていないので，249 K 以下の温度になるとある方向を向いた規則配列が生じる．この規則化の要因は，隣り合う C_{60} 分子どうしの相互作用が最適になるように並ぶためである．cp 配列の球が並んでいる [110] 方向に電子密度が高く距離の短い C–C 結合がくる．この結合は C_{60} 分子内の 2 つの六角形に共有され，この六角形が隣接する C_{60} 分子の電子密度の低い五角形の中心と向かい合っているのが特徴である．**図 1.27**(b) にこの 2 種類の多角形の配列の一部を示す．

この配列は，C–C 結合どうしの電子密度の重なりを最小にし，隣り合う C_{60} 分子間の電子供与性の部分と電子受容性の部分の相互作用を最大にする．フラーレンの C–C 結合は，2 種類に分けられる．2 個の六角形に共有される 0.140 nm の結合と，六角形と五角形をつなぐ 0.145 nm の結合である．C_{60} では五角形どうしはつながらない．この 2 つの結合を，有機化合物で一般的な一重結合 (0.154 nm) と二重結合 (0.133 nm) と比べると，C_{60} の C–C 結合はそれらの中間的な状態とみることができる．

その他のフラーレンも cp 構造をとる．C_{70} は分子の形は球状ではないが，cp 構造である．C_{70} 分子は楕円体（長軸が 0.834 nm，短軸が 0.766 nm のラグビーボール形状）であるが，室温では，C_{70} 結晶中の楕円体分子は自由に回転し，時間平均をとると擬似的な球形分子となり，その結晶は $a=1.501$ nm の fcc 構造をとる．

cp 構造は当然，四面体と八面体の隙間位置があるので，C_{60} でもこれらの位置に大きなアルカリ金属イオンが入り込み，**フラライド化合物** (fulleride) として知られている物質を生じる．C_{60} のフラライド化合物の中でもっとも研究されているのは，Rb_3C_{60} や K_2RbC_{60} などの一般式 A_3C_{60} で表される物質で，すべての T_+，T_-，O 位置が占有されている．アルカリ金属はイオン化されて，その電子を C_{60} のネットワークがつくる伝導帯 (conduction band) に与えるので，これらの物質は金属的な性質を示す．A_3C_{60} では，伝導帯の半分が電子で満たされている．低温になると，多くが超伝導体に変化

する．現在，一番高い T_c（冷却時に金属－超伝導転移が起こる温度，第8章参照）を与える物質は Tl_2RbC_{60} で，$T_c = 45$ K である．

上とは異なる占有の仕方をするフラライド化合物も存在する．例えば，岩塩構造やセン亜鉛鉱構造と類似の構造をもつ AC_{60} や蛍石構造と類似の構造をもつ A_2C_{60} などである．1個の C_{60} 分子あたりの A の数を3以上にすることも可能である．A_4C_{60} では，A_4 のクラスターが形成されて八面体位置に収まっている．A_6C_{60} では，C_{60} の充填形式が ccp から bcc に変化している．bcc 構造には多くの隙間位置がある．例えば，bcc 配列の陰イオンがつくる立方体の表面には12個の歪んだ四面体位置が広く分布している（第8章図8.28の α-AgI のところで議論する）．このような非常に幅広い組成が実現するのは，C_{60} が多くの電子を受け入れることができて，C_{60}^{n-}（$n = 1, 2, 3, 4, \cdots$）のような陰イオンを形成するからである．C_{60} の電気的性質を n の数によって絶縁体から金属／超伝導体まで変化できることが，C_{60} の化学がたいへん魅力的な理由の1つである．

1.16 ■ 多面体から構成される構造

本節では，陽イオンの配位数を強調して結晶構造を記述する方法について述べる．ここでは，陽イオンおよびそれに近接する陰イオンで形成される多面体が，頂点，稜，面を共有して互いにつながることで結晶構造がつくられているとみなす．例えば，NaCl の Na のまわりには6個の Cl があり，八面体を形成する．これは，頂点に Cl，中心に Na がある八面体として表される．この八面体どうしが互いにつながっている様子を見ていけば，この構造の三次元的な全体像がわかる．NaCl では，それぞれの八面体の稜は2つの八面体間で共有され（図1.31，後述），その結果，稜を共有した八面体の無限骨格ができあがる．ペロブスカイト型化合物 $SrTiO_3$ では，TiO_6 八面体は頂点を共有しながらつながり，三次元の骨格（framework）構造を形成する（図1.41，後述）．ここでは，2つの例だけをあげたが，他にも数え切れない数の事例がある．大半は四面体と八面体を含んでいて，それらが非常に幅広い構造群をつくり出す．そのうちのいくつかを**表1.5**にあげる．

球が cp 構造をとるとした場合はその充填率を見積もることができたが，上記のような多面体で空間を埋めていく方法では不可能である．通常，もっとも大きいイオンである陰イオンが多面体の頂点にあるのだが，それを点で表しているからである．このように明らかに不適切な面があるにもかかわらず，この方式には骨格構造の状態やつながりがよくわかり，空の隙間の位置の所在がはっきりと示されるという利点がある．

ウェルズらによって，多面体構造を完全に分類するための体系が展開されてきた．ここでは最初に幾何学的な問題について考える．すなわち，多面体をつなげていくことでどのような構造が可能とな

表 1.5　多面体で空間を敷き詰めることでつくられる構造

構　　造	例
八面体のみ	
12 稜共有	NaCl
6 頂点共有	ReO_3
3 稜共有	$CrCl_3$,　BiI_3
2 稜と 6 頂点共有	TiO_2
4 頂点共有	$KAlF_4$
四面体のみ	
4 頂点共有（4 四面体間）	ZnS
4 頂点共有（2 四面体間）	SiO_2
1 頂点共有（2 四面体間）	$Si_2O_7^{6-}$
2 頂点共有（2 四面体間）	$(SiO_3)_n^{2n-}$，鎖またはリング

るかである.このとき,以下のようなことが考えられる.まず,多面体は四面体や八面体,三角柱などの可能性がある.また,隣接する多面体と頂点,稜,面を隣の多面体と共有する可能性があり,さらに隣接する多面体が同じ多面体である場合も,異なる多面体である場合もある.頂点や稜を2個以上の多面体が共有する可能性もある(面を共有できるのは2個の多面体だけである).このように,少なくとも理論的には,無限に近い数の構造が可能である.実際の構造がどれに分類されるかを調べるのは,おもしろい頭の体操である.

多面体をいろいろ並べるとどのような種類の構造が生じるのかという幾何学的な問題では,原子やイオンの間に働く結合力についてはまったく考慮されない.そうした情報は,別途考慮しなければならない.さらに,構造が多面体によって記述されているものの,必ずしも多面体自体が独立した存在である必要はない.例えば,NaClの結合は主にイオン性であり,物理的に独立したNaCl$_6$八面体が存在するわけではない.同じく共有結合の網目(network)構造であるSiCは,SiC$_4$四面体が独立した存在としてあるのではない.多面体が構造の中で独立した存在として認識されるのは,(1)分子性物質における多面体(例えばAl$_2$Br$_6$のような稜共有の四面体)や,(2)複イオンを含む化合物中の多面体(例えばケイ酸塩構造中でのSiO$_4$四面体など)である.ケイ酸塩構造では,独立した1つのSiO$_4$四面体単位から,無限に続く鎖状,二次元シート(層),三次元骨格に至る複雑なSiO$_4$四面体の陰イオンが形づくられる.

結晶構造中に起こりうる多面体の連結形態を考えるには,複合イオン性結晶の構造に関するポーリングの第三法則(Pauling third rule;第三法則以外については第3章参照)が有益な指針となる.この法則は,稜や,特に面を共有した多面体が構造中にあれば,その構造の安定性が低下するというものである.この効果は,価数が高く配位数が少ない陽イオン,すなわち高い価数の陽イオンが小さい四面体などにある場合に特に重要である.多面体が稜や,特に面を共有したとき,陽イオン間の距離(多面体の中心間の距離)は減少し,陽イオンは互いに静電的に反発する.**図 1.28**(a)と(b)に頂点共有と稜共有の八面体を示す.陽イオン間の距離は後者の方が明らかに短く,ここには示していないが,面共有の場合,陽イオンどうしはいっそう近くなる.稜共有した四面体と八面体を比較すると(**図 1.28**(b)と(c)),陽イオンどうしの距離M–M(陽イオン–陰イオン間の距離M–Xを基準に示す)は,四面体

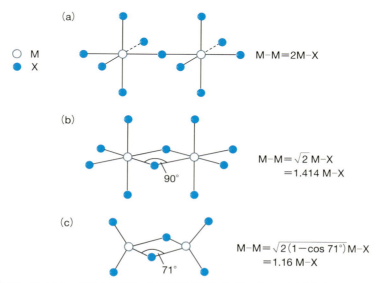

図 1.28　陽イオン–陽イオン距離.(a)頂点共有した八面体の場合,(b)稜共有した八面体の場合,(c)稜共有した四面体の場合.

表 1.6 X 原子を共有している MX_4 や MX_6 間の M–M 距離

	頂点共有	稜共有	面共有
2 つの四面体間	2.00 M–X(tet)[a]	1.16 M–X(tet)[a]	0.67 M–X(tet)
2 つの八面体間	2.00 M–X(oct)[a]	1.41 M–X(oct)[a]	1.16 M–X(oct)

[a] 可能な最大値.

の場合の方が短い．これは M–X–M の結合角が四面体では 71°で，八面体では 90°であることによる．同じ効果が面共有した四面体と八面体においても生じる．**表 1.6** に，いろいろな多面体が連結したときの M–M 距離を，M–X 距離に対して示す．M–M 距離は，四面体でも八面体でも頂点共有の場合が一番長く，面共有の場合が一番短い．表に示した頂点共有と稜共有の M–M 距離は，とりうる最大の距離である．多面体が共有する頂点や稜のまわりで回転すると距離は短くなる（例えば，頂点共有の多面体間の角が 180°以下になるように回転した場合）．

表 1.6 を見ると，面共有した四面体の M–M 距離は，M–X 距離に比べてかなり短くなる．これは，陽イオンどうしの大きな反発を引き起こし，非常に不安定な状態になるため現実的ではない．面共有した四面体が存在しないことを示す例として，ccp の蛍石（または逆蛍石）構造に対応する hcp の構造の結晶が存在しないことがあげられる．Na_2O は逆蛍石構造で，酸化物イオンは ccp 配列をし，NaO_4 四面体は稜を共有している．しかし，陰イオンが hcp 配列した構造中で，すべての四面体位置が陽イオンで占められると，MX_4 四面体は面を共有することになる．稜共有であれば四面体間の M–M 距離は M–X 距離よりたかだか 16%長いだけである（表 1.6）．したがって，蛍石構造をもつ化合物は普通に見られるが，面共有の四面体が存在する構造は，一般的には許容されない．

高原子価の陽イオンを含む四面体では，稜を共有することはエネルギー的に無理があり，頂点共有だけが見られる．例えば SiO_4 四面体からなるケイ酸塩構造に，稜共有の SiO_4 四面体は絶対に存在しない（注：純粋なイオン性構造であれば Si 原子上の電荷は +4 であろうが，実際の電荷は Si–O 結合の部分共有結合性のため，かなり小さくなっている）．二硫化ケイ素 SiS_2 では，稜共有の SiS_4 四面体が存在する．Si–S 結合は Si–O 結合より長い．したがって，稜共有の SiS_4 四面体では Si–Si 距離が長くなり，安定に存在できるのであろう．

1.17 ■ 主要な構造

1.17.1 ■ 岩塩構造，セン亜鉛鉱構造，蛍石構造，逆蛍石構造

岩塩（rock salt；NaCl）構造，セン亜鉛鉱（zinc blende あるいは sphalerite；ZnS）構造，蛍石（fluorite；CaF_2）構造，逆蛍石（antifluorite；Na_2O）構造は，陰イオンが ccp あるいは hcp 配列をしていて，陽イオンの位置だけが異なるので，ひとまとめに考えることにしよう．図 1.24 に fcc 単位格子の陰イオンと，陽イオンが占めることができる八面体 O 位置，四面体 T_+ 位置，四面体 T_- 位置を示した．四面体位置のどちらを T_+ にしてどちらを T_- にするかについては，規則はない．原点もどこにとってもよいが，ここでは説明の都合上，陰イオンを原点にとり，面心位置に陰イオンを置く．陽イオンの占める位置によって，以下の構造が導かれる．

・岩塩構造：O 位置は占有，T_+ と T_- 位置は空席
・セン亜鉛鉱構造：T_+（または T_-）は占有，O，T_-（または T_+）位置は空席
・逆蛍石構造：T_+，T_- 位置は占有，O 位置は空席

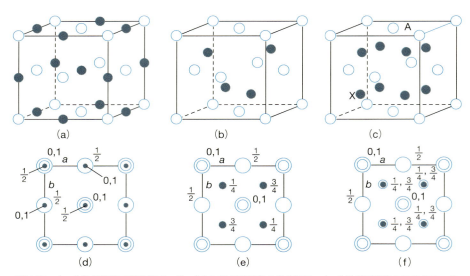

図 1.29 (a, d)岩塩構造の単位格子，(b, e)セン亜鉛鉱構造の単位格子，(c, f)逆蛍石構造の単位格子．塗りつぶした丸は陽イオン，白抜きの丸は陰イオンを表す．

表 1.7 2種類の逆蛍石構造の表示法

	旧格子	新格子
陰イオン	$0,0,0 ; \frac{1}{2},\frac{1}{2},0 ; \frac{1}{2},0,\frac{1}{2} ; 0,\frac{1}{2},\frac{1}{2}$	$\frac{3}{4},\frac{3}{4},\frac{3}{4} ; \frac{1}{4},\frac{1}{4},\frac{3}{4} ; \frac{1}{4},\frac{3}{4},\frac{1}{4} ; \frac{3}{4},\frac{1}{4},\frac{1}{4}$
陽イオン	$\frac{1}{4},\frac{1}{4},\frac{1}{4} ; \frac{1}{4},\frac{1}{4},\frac{3}{4} ; \frac{1}{4},\frac{3}{4},\frac{1}{4} ; \frac{3}{4},\frac{1}{4},\frac{1}{4}$	$0,0,0 ; 0,0,\frac{1}{2} ; 0,\frac{1}{2},0 ; \frac{1}{2},0,0$
	$\frac{1}{4},\frac{3}{4},\frac{3}{4} ; \frac{3}{4},\frac{1}{4},\frac{3}{4} ; \frac{3}{4},\frac{3}{4},\frac{1}{4} ; \frac{3}{4},\frac{3}{4},\frac{3}{4}$	$0,\frac{1}{2},\frac{1}{2} ; \frac{1}{2},0,\frac{1}{2} ; \frac{1}{2},\frac{1}{2},0 ; \frac{1}{2},\frac{1}{2},\frac{1}{2}$

　これら3種類の単位格子について**図 1.29**(a)から(c)には斜めから見た配置を，**図 1.29**(d)から(f)にはab面に投影した配置を示す．それぞれについては，後ほど詳しく述べる．

　組成A_xX_yの化合物の構造中では，配位数に関する一般則から，AとXの配位数は$y:x$の比になっていなければならない．岩塩構造でもセン亜鉛鉱構造でも$x=y$であるから，陽イオンも陰イオンも同じ配位数をもっている．

　逆蛍石構造の組成はA_2Xであるから，陽イオンと陰イオンの配位数は$1:2$の比になっている．陽イオンは四面体位置を占めているから，陰イオンの配位数は8でなければならない．陰イオンの配位数が8であることを確認するためには，単位格子の原点を，陰イオンではなく陽イオンの位置にとるとわかりやすい．それには，単位格子を対角線方向に$\frac{1}{4}$だけずらせばよい．図 1.29(c)でXと印を付けた$\frac{1}{4},\frac{1}{4},\frac{1}{4}$の陽イオンが，単位格子の新しい原点となる．**表 1.7**に示すように，新しい単位格子におけるすべての原子の座標はもとの値から$\frac{1}{4},\frac{1}{4},\frac{1}{4}$を差し引けば得られる．

　原点を移動させることによって，$-\frac{1}{4},-\frac{1}{4},-\frac{1}{4}$のような負の座標も生じる．この位置は新しい単位格子の外へ出てしまうことになり，等価な位置を新しい単位格子中で見つける必要がある．このような場合には，1, 1, 1を加える．すると，$\frac{3}{4},\frac{3}{4},\frac{3}{4}$となる．$x$座標に1を加えるということは，$x$方向の隣の単位格子の同じ位置に移動するということである．陽イオンXを原点に置いた，逆蛍石構造の新しい単位格子を**図 1.30**(a)に示す．この格子では，陽イオンが頂点，稜の中点，面心，体心にある．

　陰イオンの位置をもっとはっきりさせるために，単位格子を(図 1.24のように)8つの小さな立方体に分割したとする．図 1.30(a)を8分割したミニ立方体は，8つの頂点すべてに陽イオンをもっている．したがって，その中心は8配位位置になる．この8個のミニ立方体のうちの4個には陰イオンが含まれる．単位格子の軸に平行に，8配位位置が陰イオンにより1つおきに埋められていく．陰

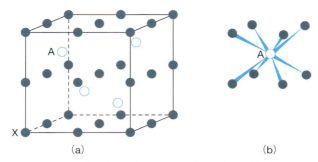

図 1.30 原点の位置を変えて描いた逆蛍石構造の単位格子．

イオン A の 8 配位の様子を図 1.30(b)に示した．

逆蛍石構造では，原点を陰イオンの位置から陽イオンの位置に移すことで，その構造がまったく違って見える．岩塩構造やセン亜鉛鉱構造ではこのようなことは起こらない．これらの構造では陽イオンと陰イオンが交換可能で，原点がどちらにあるかということはたいした問題ではないからである．

これまで岩塩構造，セン亜鉛鉱構造，逆蛍石構造を，cp 構造を基本とする方法と，単位格子を基本とする方法の 2 通りで記述してきた．3 つ目としては多面体で組み立てていく方法がある．この方法では中心イオンとそのまわりのイオンとを適当な多面体で表す．例えば，ZnS では，Zn と 4 個の近接する S とで四面体がつくられる（逆でも同じことである）．そのため，次は，隣どうしの多面体をいかに三次元的につなげていくかを考えることになる．以下にこうした構造について詳しく見ていくことにしよう．

1.17.1.1 ■ 岩塩構造

岩塩（NaCl）構造に関する今までの知見を整理すると，陰イオンは ccp 配列すなわち fcc 構造をとっており，すべての八面体位置が陽イオンで占有されていて，四面体位置はすべて空である．図 1.31 の 1，2，3 の陽イオンのように，すべての陽イオンは 6 個の陰イオンに囲まれている．同様に，すべての陰イオンも 6 個の陽イオンがつくる八面体の中にある（上の面の面心にある $\frac{1}{2}, \frac{1}{2}, 1$ 位置の陰イオンに注目しよう．この陰イオンは，同じ面の稜の中点にある 4 個の陽イオンと，単位格子の体心位置にある 1 個，および上の格子の体心位置の 1 個の陽イオンの合計 6 個に囲まれている）．

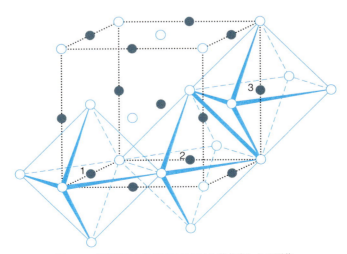

図 1.31 岩塩構造の単位格子における稜共有した八面体．

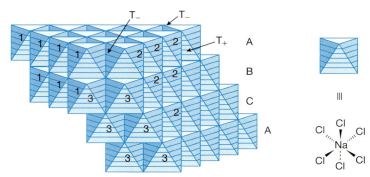

図 1.32 稜を共有した八面体の配列として描いた岩塩構造.

表 1.8 岩塩構造の化合物と格子定数 a

化合物	a/nm	化合物	a/nm	化合物	a/nm	化合物	a/nm
MgO	0.4213	MgS	0.5200	LiF	0.40270	KF	0.5347
CaO	0.48105	CaS	0.56948	LiCl	0.51396	KCl	0.62931
SrO	0.5160	SrS	0.6020	LiBr	0.55013	KBr	0.65966
BaO	0.5539	BaS	0.6386	LiI	0.600	KI	0.70655
TiO	0.4177	α-MnS	0.5224	LiH	0.4083	RbF	0.56516
MnO	0.4445	MgSe	0.5462	NaF	0.464	RbCl	0.65810
FeO	0.4307	CaSe	0.5924	NaCl	0.56402	RbBr	0.6889
CoO	0.4260	SrSe	0.6246	NaBr	0.59772	RbI	0.7342
NiO	0.41769	BaSe	0.6600	NaI	0.6473	AgF	0.492
CdO	0.46953	CaTe	0.6356	TiN	0.4240	AgCl	0.5549
TiC	0.43285	LaN	0.530	UN	0.4890	AgBr	0.57745

$NaCl_6$ および $ClNa_6$ 八面体は稜を共有する(図 1.31).それぞれの八面体には 12 の稜があって,それらすべてが 2 つの八面体の間で共有されている.この関係を十分納得しうる図として描くのは難しいが,そのうち 2 箇所だけを抽出して示したのが図 1.31 である.また,八面体の三次元的な配列に焦点を当てて岩塩構造を描いたのが**図 1.32** である.八面体の層が積み重なった構造とみることができ,陰イオンの層の積み重なり方と同じ ABC の積み重なり方になっている.それぞれの八面体の面は cp の陰イオンの層に平行である.図では,同一平面上の八面体の面に番号を付けるか,色を付けるかして示してある.この 4 つの異なる面は,それぞれ ccp/fcc 配列中の 4 つの cp 方向に対応している.図 1.32 では,空になっている四面体位置も矢印で示してある.

多くの AB 化合物が岩塩構造をとる.代表的な化合物を立方晶単位格子の格子定数 a の値とともに**表 1.8** にあげた.アルカリ金属や Ag の塩化物,多くの水素化物,多くの 2 価金属の酸化物や硫化物などのカルコゲナイド(chalcogenide;16 族元素(カルコゲン) O, S, Se, Te と,電気的に陽性な元素との化合物を指す)の多くがこの構造をとる.これらはイオン性のものが多いが,例えば TiO のように金属的な性質を示すものも,TiC のような共有結合性の化合物もある.

1.17.1.2 ■ セン亜鉛鉱構造

セン亜鉛鉱(ZnS)構造は,ccp/fcc 配列の陰イオンをもち,四面体位置の一方,すなわち T_+ か T_- のどちらかを陽イオンが占有した構造である.ZnS_4 四面体は他の 4 つの四面体と頂点を共有してつながっている.図 1.29(b)に示した ZnS の単位格子を,今度は頂点共有した ZnS_4 四面体として**図 1.33**(a)に示す.四面体の面は cp の陰イオン層,つまり {111} 面に平行である.**図 1.33**(b)は,もっと広い範囲でとった構造模型であり,つながった一連の四面体の面が平行になっているのがよくわかる.習慣上,ZnS の構造は陰イオンである硫黄の cp 層と,その間にできる四面体位置に収まった小さい陽

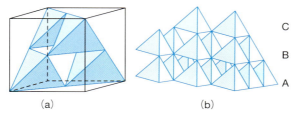

図1.33 セン亜鉛鉱構造．(a)単位格子の中身．(b)広い範囲まで描いた頂点共有した四面体の配列．

表1.9 セン亜鉛鉱構造の化合物と格子定数 a

化合物	a/nm	化合物	a/nm	化合物	a/nm	化合物	a/nm	化合物	a/nm
CuF	0.4255	BeS	0.48624	β–CdS	0.5818	BN	0.3616	GaP	0.5448
CuCl	0.5416	BeSe	0.507	CdSe	0.6077	BP	0.4538	GaAs	0.56534
γ–CuBr	0.56905	BeTe	0.554	CdTe	0.6481	BAs	0.4777	GaSb	0.6095
γ–CuI	0.6051	β–ZnS	0.54060	HgS	0.58517	AlP	0.5451	InP	0.5869
γ–AgI	0.6495	ZnSe	0.5667	HgSe	0.6085	AlAs	0.5662	InAs	0.6058
β–MnS(赤色)	0.5600	β–SiC	0.4358	HgTe	0.6453	AlSb	0.61347	InSb	0.64782
C[a]	0.35667	Si	0.54307	Ge	0.56574	α–Sn(灰色スズ)	0.64912		

[a] ダイヤモンド構造．

イオンの亜鉛からなるとみなされる．ZnとSを入れ替えても同じ構造が得られるから，この構造はZnの cp 配列内にできる同じ向きの四面体位置をSが占めているとみなすこともできる．さらに，ZnS$_4$(またはSZn$_4$)四面体が ccp 配列をしていると考えても，同じ構造を記述できる．

セン亜鉛鉱構造の化合物を**表1.9**に示した．岩塩構造の化合物と比べると，これらの化合物はイオン性の低い化学結合からなる．したがって，酸化物はほとんどセン亜鉛鉱構造をとらない(表にはあげていないが，ZnO は例外的にこの構造をとる．ZnO にはセン亜鉛鉱構造とウルツ鉱構造の2つの型がある)．アルカリ土類金属(Beを除く)のカルコゲナイドは岩塩構造をとるが，Be, Zn, Cd, Hg のカルコゲナイドはセン亜鉛鉱構造をとる．Cu(I)のハロゲン化物とγ–AgIもセン亜鉛鉱構造となる．さまざまなIII–V族化合物(周期表の族の旧式の呼称でIII族とV族の元素の化合物を表す．IUPACの新呼称では13族と15族)がこのセン亜鉛鉱構造をとる．このうち，例えばGaAsなどは重要な半導体材料である．

1.17.1.3 ■ 逆蛍石構造と蛍石構造

逆蛍石構造は，ccp/fcc の配列の陰イオンをもち，四面体位置(T$_+$とT$_-$)すべてに陽イオンが収まっている．逆蛍石構造と蛍石構造の違いは，逆蛍石構造では陰イオン配列の四面体位置に陽イオンが配位した構造を基本にしているが，蛍石構造は ccp 配列をした陽イオンの4配位位置に陰イオンが配位しているという逆の構造になっている．逆蛍石構造では，陽イオンと陰イオンの比が2:1なので，4配位した陽イオンと8配位した陰イオンから構成される(図1.30)．

このように陽イオンと陰イオンで配位の状態が大きく異なるので，描き方によって2通りのまったく印象の異なった構造が出現する．すなわち，四面体の三次元網目構造と，立方体の三次元網目構造である．**図1.34**(a)は，図1.29(c)と対応する四面体の配列が強調されているが，**図1.34**(b)は，図1.30(b)と対応する立方体の配列が強調された表示になっている．頂点と稜を共有した立方体のつながりをもっと広い範囲で示したのが，**図1.34**(c)である．これは逆蛍石構造の模型としては，世界最大規模のものである！

逆蛍石構造はアルカリ金属との酸化物やそれ以外のカルコゲナイドに多く見られ，組成式で示すと$A_2^+X^{2-}$となる(**表1.10**)．大きな2価の陽イオンのフッ化物や大きな4価の陽イオンの酸化物 $M^{2+}F_2$

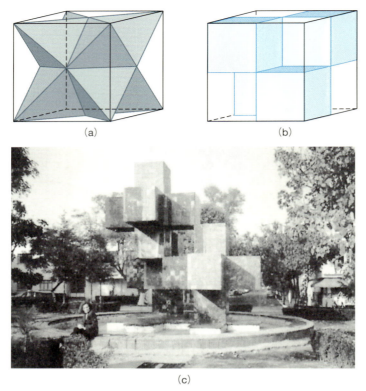

図 1.34 (a) NaO₄四面体を基本にした場合および (b) ONa₄立方体を基本とした場合の逆蛍石構造の単位格子. (c) 立方体を広い範囲まで並べた場合. メキシコシティーのロータリーにある.

表 1.10 蛍石構造と逆蛍石構造の化合物と格子定数 a (単位: nm)

蛍石構造				逆蛍石構造			
CaF₂	0.54626	PbO₂	0.5349	Li₂O	0.46114	K₂O	0.6449
SrF₂	0.5800	CeO₂	0.54110	Li₂S	0.5710	K₂S	0.7406
SrCl₂	0.69767	PrO₂	0.5392	Li₂Se	0.6002	K₂Se	0.7692
BaF₂	0.62001	ThO₂	0.5600	Li₂Te	0.6517	K₂Te	0.8168
CdF₂	0.53895	UO₂	0.5372	Na₂O	0.555	Rb₂O	0.674
β-PbF₂	0.5940	NpO₂	0.54334	Na₂S	0.6539	Rb₂S	0.765

や $M^{4+}O_2$ などは, 逆蛍石構造の逆にあたる, 蛍石構造をとる.

蛍石構造を記述するには, 図 1.34(b), (c) の構造が適当である. 陰イオンが頂点を占める単純立方体を積み重ねて, その立方体の体心にある 8 配位位置に陽イオンを 1 つおきに入れていく. 蛍石構造の格子型は *fcc* で, 単純立方ではないことに注意してほしい. ここで示されている単純立方体は *fcc* 単位格子のほんの一部 (1/8) にすぎない. 蛍石構造を, 陽イオンが 1 つおきに中心を占めた陰イオンの単純立方体の配列で表すと, 塩化セシウム構造 (後述) とよく似ている. この構造も陰イオンの単純立方体の配列でできているからであるが, 陽イオンは 1 つおきではなく, すべての立方体の体心位置に入っている.

陰イオンが単純立方体をつくって配列し, *fcc* を形成しているのは陽イオンであるという点から見れば, ほとんどの蛍石構造の化合物は eutactic 構造である. つまり, 通常の陰イオンにとっては, 陽イオンが密に詰まった理想的な *ccp* 配列の四面体位置は大きすぎて収まりきれず, 陰イオンどうしが密に接触している単純立方の 8 配位位置には, 今度は陽イオンが大きすぎて収まりきれない. 最高に密

に詰まった化合物は Li_2Te で，もっとも小さいアルカリ金属ともっとも大きいカルコゲンの組み合わせである．Te–Te 距離は 0.46 nm で Te^{2+} イオンの直径である 0.44 nm よりわずかに大きいだけである．

この節では，A_2X 組成の理想的な蛍石構造について述べた．類似の構造をもついくつかの化合物については，パイロクロア構造を含め 1.17.12 節で述べる．

1.17.1.4 ■ 結合距離の計算

結晶構造中の結合距離や原子間距離を知りたいことがしばしばある．直交する軸からなる単位格子（$\alpha = \beta = \gamma = 90°$）の結晶では，これは単純な三角関数の練習問題である．例えば，岩塩構造では陰イオン－陽イオン間距離は $a/2$ で，陰イオン－陰イオン間距離は $a/\sqrt{2}$ である．ccp/fcc の陰イオン配列内の T と O 位置の陽イオンに関係する結合距離は図 1.25(c) のように求められ，重要な構造についての公式は表 1.11 に示した．ある化合物についてその値を求めたければ，格子定数の表（表 1.9 など）と併用すればよい．すべての元素について，酸素やフッ素との標準的な結合距離を付録 F に示す．これらの値は，配位数や酸化数で異なるので，それらの値も示してある．

上に述べた 3 つの構造の陽イオンと陰イオンの配列を見てみると，陰イオンが cp 層を形成し，陽イオンがその空隙に存在するという考え方は，蛍石構造で破綻し始める．逆蛍石構造の Na_2O は，O^{2-} イオンが ccp 配列をし，Na^+ イオンが四面体位置にある構造とみなすことができる．しかし，蛍石構造の CaF_2 では，ccp 配列をつくるのは Ca^{2+} イオンであり，その四面体位置に F^- イオンが入るという状態を考える必要がある．Ca^{2+} イオンは eutactic な ccp 配列ではあるが，互いの Ca^{2+} イオンはかなり離れた位置にある．表 1.9 と表 1.10 より求めると，Ca–Ca 距離は 0.386 nm で，Ca^{2+} イオンの直径よりはるかに長い距離である（イオン半径はどの表を採用するかで異なるが Ca^{2+} イオンの直径は，およそ 0.22～0.26 nm）．

CaF_2 の F–F 距離は 0.273 nm で，F どうしはほぼ接触しているのがわかる（$r_{F^-} = 0.12～0.14$ nm）．CaF_2 の F^- イオンがつくる配列は cp 配列ではなく単純立方体の配列であるが，Ca^{2+} イオンを eutactic

表 1.11　簡単な構造中の結合距離の計算法

構　造	原子間	同じ原子間の数	格子定数を基準とした値
岩塩（立方晶）	Na–Cl	6	$a/2 = 0.5a$
	Cl–Cl	12	$a/\sqrt{2} = 0.707a$
	Na–Na	12	$a/\sqrt{2} = 0.707a$
セン亜鉛鉱（立方晶）	Zn–S	4	$a\sqrt{3}/4 = 0.433a$
	Zn–Zn	12	$a/\sqrt{2} = 0.707a$
	S–S	12	$a/\sqrt{2} = 0.707a$
蛍石（立方晶）	Ca–F	4 または 8	$a\sqrt{3}/4 = 0.433a$
	Ca–Ca	12	$a/\sqrt{2} = 0.707a$
	F–F	6	$a/2 = 0.5a$
ウルツ鉱[a]（六方晶）	Zn–S	4	$a\sqrt{3}/8 = 0.612a = 3c/8 = 0.375c$
	Zn–Zn	12	$a = 0.612c$
	S–S	12	$a = 0.612c$
ヒ化ニッケル[a]（六方晶）	Ni–As	6	$a/\sqrt{2} = 0.707a = 0.433c$
	As–As	12	$a = 0.612c$
	Ni–Ni	2	$c/2 = 0.5c = 0.816a$
	Ni–Ni	6	$a = 0.612c$
塩化セシウム（立方晶）	Cs–Cl	8	$a\sqrt{3}/2 = 0.866a$
	Cs–Cs	6	a
	Cl–Cl	6	a
ヨウ化カドミウム（六方晶）	Cd–I	6	$a/\sqrt{2} = 0.707a = 0.433c$
	I–I	12	$a = 0.612c$
	Cd–Cd	6	$a = 0.612c$

[a]c/a 比が理想値 1.633 からずれている場合は必ずしも当てはまらない．

第 1 章　結晶構造と結晶化学

な *ccp* 配列をした構造と表すより，こちらの方がはるかに現実的な表し方であろう．もちろんどちら
の方法も，広く使われている．

1.17.2 ■ ダイヤモンド構造

　ダイヤモンド構造の化合物は半導体産業において非常に重要であり，すでに述べた図 1.29 と図 1.33
のセン亜鉛鉱構造と同じ構造である．ダイヤモンド構造は，セン亜鉛鉱構造の 2 種類の元素を同じ元
素とすれば得られる．したがって，ダイヤモンドは *ccp* 配列の炭素原子と，それによってできる四面
体位置（T_+ か T_- のどちらか）を炭素が占めたものとして記述できる．しかし，構造内では両者の炭素
はまったく同じで，充填原子と間隙原子という分け方はかなり不自然である．大部分の IV 族（14 族）
元素はダイヤモンド構造をとる（表 1.9）．

1.17.3 ■ ウルツ鉱構造とヒ化ニッケル構造

　ウルツ鉱（ZnS）構造とヒ化ニッケル（NiAs）構造の 2 つの構造は，両方とも陰イオンが *hcp* 配列を
しており，陽イオンの位置だけが異なっている．すなわち，

* ・ウルツ鉱構造：T_+（または T_-）位置が占められていて，T_-（または T_+），O 位置が空席．
* ・ヒ化ニッケル構造：O 位置が占有され，T_+，T_- 位置が空席．

　このウルツ鉱構造とヒ化ニッケル構造の関係は，*ccp* 構造でのセン亜鉛鉱構造と岩塩構造の関係と
同じである．*hcp* 構造では，*ccp* 構造の蛍石構造と逆蛍石構造にあたるものが存在しないことに注意
してほしい．ウルツ鉱構造とヒ化ニッケル構造はともに，六方対称の単位格子をもっている．*hcp* 配
列した陰イオンからなる単位格子を**図 1.35**(a)に示す．γ にあたる角度が 120° なので，紙に描いて簡
単に構造を思い浮かべるのが，立方晶格子のときほどやさしくない．単位格子は 2 個の陰イオンを含
んでいる．1 個は原点 0, 0, 0 に，もう 1 個は単位格子内の点 $\frac{1}{3}, \frac{2}{3}, \frac{1}{2}$ にある．

　図 1.35(b)は，同じ構造を *c* 軸に沿って投影したものである．最密充填層は底面に平行で，$c=0$（青
い丸），$c=1$（図には示していない）および $c=\frac{1}{2}$（赤い丸）にある．*cp* 層は 1 層ごとに同じ配列が現れる
ので，…ABABAB…の繰り返しである．1 つの単位格子の中身を**図 1.35**(c)に示す．点線で表した 4
つの円は，単位格子の上方の 4 個の頂点（$c=1$）の原子を示している．

　hcp 構造をとる金属では，金属原子どうしが，a_1 軸，$a_2(\equiv b)$ 軸に沿って互いに接触している
（図 1.35(b)，(c)）．しかし eutactic な最密充填のイオン性結晶では，隙間の位置の陽イオンが陰イオ
ンを押し離すので，陰イオン－陰イオン間の接触は起こらないだろう．陰イオンが接触していると仮
定すると，六方晶単位格子は特定の *c/a* 比（*c/a* = 1.633）をもった形となる．これは，*a* 軸の長さが X–
X 間の最小距離，つまり陰イオンの直径に等しく，*c* 軸の長さが 4 個の陰イオンからなる四面体の高
さの 2 倍に等しいからである．したがってこの場合，*c/a* 比を求めるのは単なる幾何学的な計算であ
る（付録 C）．

　陰イオンの *hcp* 配列中で，陽イオンが入る隙間の位置を，$c=0$ から $c=\frac{1}{2}$ までの下半分について**図**
1.35(d)に，$c=\frac{1}{2}$ から $c=1$ までの上半分について**図 1.35**(e)に示した．格子には 2 個の陰イオンが含
まれているので，隙間の位置 T_+，T_-，O もそれぞれ 2 個なければならない．

　ウルツ鉱構造とヒ化ニッケル構造の占有位置の詳しい情報を完全な形で求めることもできるが，こ
れら 2 つの構造を概観するにはそのような厳密さは必要なく，求めなければいけないというものでも
ない．図 1.35(d)では，T_- 位置は，*c* 軸に沿って原点の陰イオンの上側に $c=\frac{3}{8}$ の高さのところに現れ
る．この T_- 位置は，$c=\frac{1}{2}$ にある 3 個の陰イオンと，$c=0$ の単位格子の頂点にある 1 個の陰イオンに

40

1.17 主要な構造

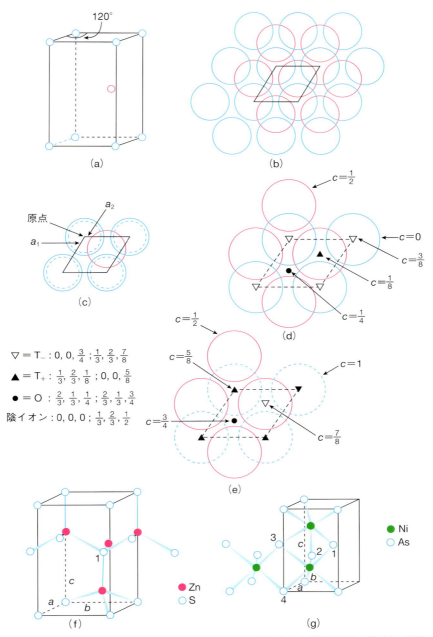

図 1.35 ウルツ鉱構造とヒ化ニッケル構造．(a, b, c) 陰イオンが hcp 配列した六方晶単位格子．(d, e) hcp 配列からなる隙間の位置．(f) ZnS の構造．(g) NiAs の構造．

配位している．したがって，形成される四面体は下向きである．T₋ 位置はこの四面体中の重心にあたる．つまり，四面体の底面から頂点までの垂線の 1/4 の位置にある（付録 C 参照）．頂点と底面が $c=0$ と $c=\frac{1}{2}$ にあるので，この T₋ 位置は $c=\frac{3}{8}$ にあることになる．実際は，ウルツ鉱構造でこの T₋ 位置を占める原子の位置は，常に $0.375c$ になっているわけではない．ウルツ鉱構造をもつ化合物の構造解析の結果，その値は 0.345 から 0.385 の範囲にあることがわかっている（**表 1.12**）．表 1.12 の u は，c 軸方向の分率座標を表している．

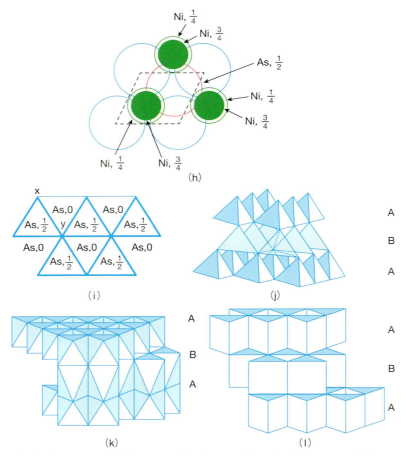

図 1.35 （つづき）(h, i) NiAs の As の三角柱中での配位．(j)ウルツ鉱構造と(k, l)ヒ化ニッケル構造のモデルにおける多面体のつながりと配列．

この T_- 位置を含む四面体の底面をつくる $c=\frac{1}{2}$ の3個の陰イオンは，また $0, 0, \frac{5}{8}$ に中心のある T_+ 位置（図 1.35(e)）の底面にもなる．この四面体の頂点は，座標 $0, 0, 1$ の単位格子上部の頂点にある陰イオンである．座標 $\frac{1}{3}, \frac{2}{3}, \frac{1}{8}$ にあるもう1つの T_+ 位置は，単位格子の頂点にある3個の陰イオンと $\frac{1}{3}, \frac{2}{3}, \frac{1}{2}$ にある陰イオンに配位している（図 1.35(d)）．この4配位位置の三角形の底面（$c=0$）は，$\frac{1}{3}, \frac{2}{3}, -\frac{1}{8}$ に中心のある T_- 位置（図には示されていない）の底面として共有されている．これと等価な単位格子内の T_- 位置は $\frac{1}{3}, \frac{2}{3}, \frac{7}{8}$ にある（図 1.35(e)）．

図 1.35(d)の八面体位置は，$c=0$ の3個の陰イオンと $c=\frac{1}{2}$ の3個の陰イオンに囲まれている．この八面体の重心は，この2つの組の陰イオンの間にあって，その座標は $\frac{2}{3}, \frac{1}{3}, \frac{1}{4}$ である．単位格子内の2番目の八面体位置は上記の八面体位置のちょうど真上にあり，座標は $\frac{2}{3}, \frac{1}{3}, \frac{3}{4}$ である（図 1.35(e)）．したがって，$c=\frac{1}{2}$ にある3個の陰イオンはこの2つの八面体に共有されている．このことは八面体位置は八面体の向かい合った面を共有して連なっていることを意味している．

ZnS と NiAs の構造における陽イオンの配位の状況を**図 1.35**(f)と(g)に示した．図 1.35(f)には Zn は T_+ 位置にあって ZnS_4 四面体をつくっている様子が示されており，**図 1.35**(j)にはその四面体がそれぞれの頂点を共有して三次元の網目構造を形成している様子が描かれている．1個の S のまわりに4個の Zn が配位して四面体を形成すると考えても同じ構造がつくられる．S の四面体配位の様子を図 1.35(f)に示す（番号1の S）．この SZn_4 四面体は頂点を下に向けており，ZnS_4 四面体においては

すべてが上向きになっているのとは正反対である．SZn_4 四面体をひっくり返すと同じ構造になる．

広い範囲まで描いたセン亜鉛鉱構造(図 1.33(b))とウルツ鉱構造(図 1.35(j))を見比べると非常によく似ており，両方とも四面体が網目状につながった構造であることがわかる．セン亜鉛鉱構造では，四面体の層は ABC の積み重なり方であり，それぞれの層内の四面体の配向は同じである．ウルツ鉱構造では，四面体の層は AB の積み重なり方であって，それぞれの層は，c 軸に対して交互に 180° 回転した関係になっている．

NiAs での $NiAs_6$ 八面体を図 1.35(g)に示す．それぞれの八面体は向かい合った面(例えば As イオン 1, 2, 3 でできる面)を 1 つ共有して，c 軸と平行な方向に面共有の八面体の鎖をつくる．ab 面内では八面体は稜を共有しているだけである．例えば，As イオン 3 と 4 は 2 個の八面体に共有されており，稜共有した八面体は b 軸に平行な鎖をつくっている．同じく a 軸と平行な方向に稜共有した八面体鎖(図には示されていない)も形成される．八面体のつながりをもっと広い範囲で示したのが図 1.35(k)である．

NiAs の構造は陽イオンと陰イオンが同じ配位数をとっているものの，その周囲の状況が異なっているという点で特殊である．陽イオンと陰イオンの数の比が 1:1 で，Ni は八面体配位(6 配位)であるので，As も 6 配位をとるはずである．しかし，As のまわりの 6 個の Ni は三角柱の形に並んでいて八面体にはなっていない．このことを $c = \frac{1}{2}$ の As について図 1.35(h)に示した．As は，$c = \frac{1}{4}$ の 3 個の Ni と $c = \frac{3}{4}$ の 3 個の Ni に配位している．この上下 2 組の Ni は，c 軸方向に投影するとちょうど重なり合っていて，As に対して三角柱の形で配位をしている(八面体配位を同じように投影すると，上下 2 組の 3 個の陰イオンは図 1.35(e)に示すように互いにずれる)．

したがって，NiAs の構造は，$AsNi_6$ 三角柱が稜を共有して三次元の配列を形成したものとみなすこともできる．図 1.35(i)のそれぞれの三角形は，三角柱を c 面に投影したものである．図 1.35(h)で $c = \frac{1}{4}$ と $\frac{3}{4}$ にある Ni がつくる三角柱の稜は c 軸と平行で，3 つの三角柱間で共有されている．しかし，ab 面にある三角柱の稜は 2 つの三角柱間だけで共有されている．図 1.35(i)の稜 xy は，$c = \frac{1}{2}$ の As が配位した三角柱と $c = 0$ の As が配位した三角柱に共有されている．さらに言えば，この構造は図 1.35(l)に示すように，…ABABA…の六方の積み重なりをした $AsNi_6$ 三角柱がつながった層からつくられているとみなすことができる．

表 1.12 と表 1.13 に，ウルツ鉱構造とヒ化ニッケル構造の化合物の例を六方晶系の格子定数 a, c とともに示した．ウルツ鉱構造は，主にいくつかの 2 価の金属のカルコゲナイドに見られる，かなりイオン結合的な構造である．ヒ化ニッケル構造はこれよりも金属的な構造で，いろいろな金属間化合物や，いくつかの遷移金属のカルコゲナイド(S, Se, Te)がこの構造をとる．c/a 比の値は，ウルツ鉱構造の化合物ではおよそ一定であるのに対し，ヒ化ニッケル構造の化合物間ではかなりの変動がある．このことは以下に示すように，c 軸方向の金属－金属間の相互作用により生じる金属結合の存在と関係している．

まず，Ni と As のまわりの状態を見てみよう(表 1.11)．

・As の配位：
　——距離 $0.707a$ で，三角柱をつくる 6 個の Ni に囲まれている．
　——距離 a で，hcp 配列している 12 個の As に囲まれている．
・Ni の配位：
　——距離 $0.707a$ で，6 個の As に八面体的に囲まれている．
　——距離 $0.816a$(つまり $\frac{c}{2}$)で，c 軸方向に平行な 2 個の Ni と直線的につながっている．
　——距離 a で，ab 面上で六角形に配列した 6 個の Ni に囲まれている．

表 1.12 ウルツ鉱構造の化合物
［出典：R. W. G. Wyckoff, *Crystal Structures, Vol. 1*, Wiley Interscience（1971）より STM 条項に基づき転載］

化合物	a/nm	c/nm	u	c/a	化合物	a/nm	c/nm	u	c/a
ZnO	0.32495	0.52069	0.345	1.602	AgI	0.4580	0.7494		1.636
ZnS	0.3811	0.6234		1.636	AlN	0.3111	0.4978	0.385	1.600
ZnSe	0.398	0.653		1.641	GaN	0.3180	0.5166		1.625
ZnTe	0.427	0.699		1.637	InN	0.3533	0.5693		1.611
BeO	0.2698	0.4380	0.378	1.623	TaN	0.305	0.494		1.620
CdS	0.41348	0.67490		1.632	NH$_4$F	0.439	0.702	0.365	1.600
CdSe	0.430	0.702		1.633	SiC	0.3076	0.5048		1.641
MnS	0.3976	0.6432		1.618	MnSe	0.412	0.672		1.631

表 1.13 ヒ化ニッケル構造の化合物
［出典：R. W. G. Wyckoff, *Crystal Structures, Vol. 1*, Wiley Interscience（1971）より STM 条項に基づき転載］

化合物	a/nm	c/nm	c/a	化合物	a/nm	c/nm	c/a
NiS	0.34392	0.53484	1.555	CoS	0.3367	0.5160	1.533
NiAs	0.3602	0.5009	1.391	CoSe	0.36294	0.53006	1.460
NiSb	0.394	0.514	1.305	CoTe	0.3886	0.5360	1.379
NiSe	0.36613	0.53562	1.463	CoSb	0.3866	0.5188	1.342
NiSn	0.4048	0.5123	1.266	CrSe	0.3684	0.6019	1.634
NiTe	0.3957	0.5354	1.353	CrTe	0.3981	0.6211	1.560
FeS	0.3438	0.5880	1.710	CrSb	0.4108	0.5440	1.324
FeSe	0.3637	0.5958	1.638	MnTe	0.41429	0.67031	1.618
FeTe	0.3800	0.5651	1.487	MnAs	0.3710	0.5691	1.534
FeSb	0.406	0.513	1.264	MnSb	0.4120	0.5784	1.404
δ'–NbN[a]	0.2968	0.5549	1.870	MnBi	0.430	0.612	1.423
PtB[a]	0.3358	0.4058	1.208	PtSb	0.4130	0.5472	1.325
PtSn	0.4103	0.5428	1.323	PtBi	0.4315	0.5490	1.272

[a] 逆ヒ化ニッケル構造.

c/a 比の値が変わることで生じる大きな効果は，c 軸に平行な Ni–Ni 距離の変化である．このため，$c/a = 1.49$ の FeTe では，c 軸方向の Fe–Fe 距離は $0.745a$（つまり $\frac{c}{2} = (1/2) \times (1.49a)$）と短くなる．したがって，鉄原子は密に接触するようになり，c 軸方向の金属結合が増加する．c/a 比が変わることによる効果を定量的に見積もるのは難しい．例えば a 軸の増加と c 軸の減少はともに c/a 比の変化に対して同じ効果をもたらすが，この 2 つの区別が簡単にはつきにくいからである．

1.17.4 ■ 塩化セシウム構造

図 1.36 に塩化セシウム CsCl の単位格子を示す．単純立方格子で，Cl が頂点に，Cs が体心にある構造，あるいはその逆の配置の構造である（頂点と体心には異なったイオンが入っているのでこの構造は体心立方でないことに注意）．Cs も Cl も配位数は 8 で，原子間距離は $0.866a$ である（表 1.11）．塩化セシウム構造は最密充填（cp）とはみなせない．cp 構造では，それぞれの陰イオンは，12 の最近接の陰イオンをもっている．しかし CsCl では，Cl は一番近い Cl$^-$ イオンとして 6 個配位しているだけである（八面体的に配列している）．塩化セシウム構造をとるいくつかの化合物を表 1.14 にあげた．これらの化合物は，1 価の大きな元素のハロゲン化物と種々の金属間化合物という 2 つのグループに分けることができる．

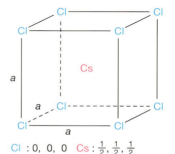

Cl : 0, 0, 0   Cs : $\frac{1}{2}, \frac{1}{2}, \frac{1}{2}$

図 1.36 CsCl の単純立方格子.

表 1.14　塩化セシウム構造の化合物

化合物	a/nm	化合物	a/nm	化合物	a/nm	化合物	a/nm
CsCl	0.4123	NH_4Br	0.40594	CuPd	0.2988	AlNi	0.2881
CsBr	0.4286	TlCl	0.38340	AuMg	0.3259	LiHg	0.3287
CsI	0.45667	TlBr	0.397	AuZn	0.319	MgSr	0.3900
CsCN	0.425	TlI	0.4198	AgZn	0.3156		
NH_4Cl	0.38756	CuZn	0.2945	LiAg	0.3168		

塩化セシウム構造は cp 構造ではないが，蛍石構造との間に関連性が見られる．蛍石構造は，単純立方格子をつくる陰イオンの体心の位置に陽イオンが1つおきに収まっている構造(図1.34)であるが，塩化セシウム構造ではすべての体心位置が占有されている．

1.17.5 ▓ その他の AB 組成の化合物

AX 組成の化合物がとる主な結晶構造には，岩塩構造，塩化セシウム構造，ヒ化ニッケル構造，セン亜鉛鉱構造，ウルツ鉱構造という5つのタイプがあり，多くの AX 組成をもつ化合物がこれらの構造をとっている．あまり一般的ではないが，その他にもまだかなりの数の AX 組成をもつ構造がある．その中には，上の5つの結晶構造の変形とみなすことができるものもある．以下に例を示す．

(1) 90 K 以下の低温で，FeO はわずかに菱面体晶へ歪んだ岩塩構造になる(1つの3回回転軸方向にわずかに圧縮を受け，角 α が 90° から 90.07° に増加する)．このように菱面体晶へ歪むことによって，低温で FeO に磁気秩序配列が生じる(第9章)．

(2) TlF は岩塩に近い構造であるが，その fcc 単位格子の3軸の長さがすべて異なっているため，面心斜方晶に歪んでいる．

(3) NH_4CN は歪んだ塩化セシウム構造(NH_4Cl は塩化セシウム構造である)である．CN^- イオンの形は球対称ではなく(アレイ状)，格子の面対角線方向に配向している．このため対称性は正方晶に低下し，結果として a 軸は c 軸より長くなる．

AX 組成をもつ化合物には他に，上と完全に異なる構造をもつものもある．以下にその例を示す．

(1) d^8 電子配置(PdO, PtS の Pd や Pt など)のイオン(以下 d^8 イオン)を含む化合物は，しばしば陽イオンに対して酸化物イオンが正方形を形成した平面4配位をとる．CuO 中の Cu のような d^9 イオンも同じ現象を示す．

(2) 重い p ブロックの低原子価イオン(Tl^+, Pb^{2+}, Bi^{3+} など)の化合物は，しばしば不活性電子対効果のためにその多面体が歪むことがある．PbO や SnO では，M^{2+} イオンの片方に4個の O^{2-} イオンが配位し，底面が四角形のピラミッド型の多面体になっている(図3.14)．InBi も同様で，Bi^{3+} イオンが不活性電子対効果を示し，変則的な配位を示す．

1.17.6 ▓ ルチル(TiO₂)構造，ヨウ化カドミウム(CdI₂)構造，塩化カドミウム(CdCl₂)構造，酸化セシウム(Cs₂O)構造

これらの構造群は，蛍石構造とあわせて，AX_2 組成をもつ化合物の代表的な構造である．ルチル(TiO_2)の単位格子は $a = b = 0.4594$ nm, $c = 0.2958$ nm の正方晶で，図 1.37 (a)にその単位格子を示す．単位格子中に2個ある Ti の位置は頂点 $(0, 0, 0)$ と体心 $(\frac{1}{2}, \frac{1}{2}, \frac{1}{2})$ に固定されている．単位格子中に4個ある酸素の位置は，変数 x で表される一般位置座標 $x, x, 0$；$1-x, 1-x, 0$；$\frac{1}{2}+x, \frac{1}{2}-x, \frac{1}{2}$；$\frac{1}{2}-x, \frac{1}{2}+x, \frac{1}{2}$

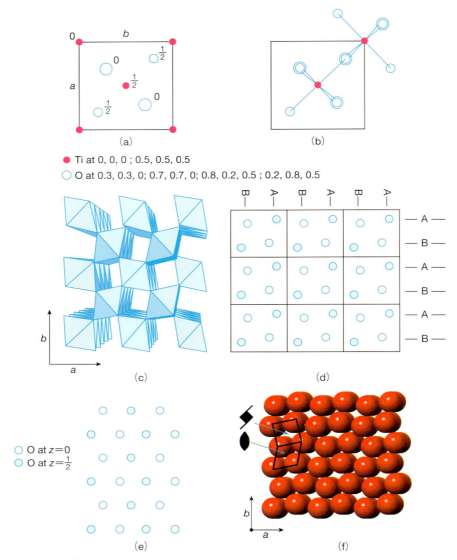

図 1.37 ルチル（TiO_2）構造．(a) 単位格子．(b) 単位格子中で異なった配向をしている 2 つの TiO_6 八面体．(c) 八面体の立体配列．(d) ジグザグ配列した酸素原子．(e) 理想的な hcp 配列をした場合の酸素原子の投影図．(f) 存在する 4 回らせん軸と 2 回回転軸の［001］方向への投影図．

であり，実験的に求めなければならない．結晶構造の精密化を行って単位格子中の 4 個の酸素の x 値を求めると，例えば図 1.37(a) の下にその座標を示すように，$x \approx 0.3$ となる．

体心位置 $(\frac{1}{2}, \frac{1}{2}, \frac{1}{2})$ の Ti は，八面体の 6 個の酸素に配位している．これらの酸素のうち，4 個の酸素（$z = 0$ の 2 個とその真上の $z = 1$ の 2 個）は Ti と同じ平面上にのっている．$z = \frac{1}{2}$ の 2 個の酸素は Ti と同一直線上にあり，八面体の軸を形成している．単位格子の頂点にある Ti も八面体配位であるが，その八面体の配向は異なる（**図 1.37**(b)）．酸素には 3 個の Ti が三角形の配位をしている．例えば，**図 1.37**(a) の $z = 0$ の酸素には，頂点の Ti と体心の Ti，および下の単位格子の体心の Ti が配位している．

TiO_6 八面体は頂点と稜を共有して三次元の骨格をつくる．図 1.37(b) で，単位格子の中心にある TiO_6 八面体を考えてみよう．これと同じ配向の八面体が上と下の単位格子にもあるので，上下の単位格子の八面体どうしは，稜を共有して c 軸に平行につながった無限鎖をつくる．例えば，$z = +\frac{1}{2}$ の Ti

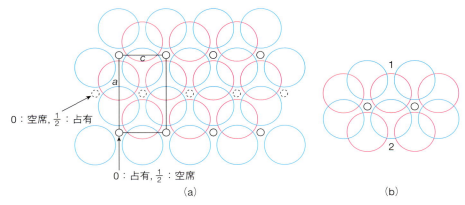

図 1.38 (a)理想的な hcp 配列にできる八面体位置. (b)稜共有した八面体.

と下の単位格子の $z=-\frac{1}{2}$ の Ti はともに，$z=0$ の2個の酸素に配位している．単位格子の頂点にある Ti の八面体も，同様の無限鎖をつくる．この2種類の鎖は，z 軸のまわりに 90°回転して，c 軸方向に $\frac{c}{2}$ だけずらすと重なる．この2つの鎖は八面体の頂点で互いにつながって，三次元の骨格構造を形づくっている（図 1.37(c)）．

一方，ルチル構造は，酸素が歪んだ hcp 配列をつくり，その八面体位置の半分を Ti が占めているとも表せる．3×3 個の単位格子について，酸素の位置だけを記入したのが図 1.37(d)である．横方向にも縦方向にも波打った cp 層が見られる．これと図 1.37(e)に示す歪みのない hcp 配列を比較すれば，大きく違うことがわかる．図 1.37(e)では，cp 層は一方向のみ（水平方向）にしか形成されない．

理想的な hcp 配列をした陰イオン層が2枚重なってできる八面体位置を投影したのが図 1.38(a)である．NiAs（図 1.35(h)）ではこの位置はすべて満たされているが，ルチルでは半分だけが占有されており，満たされた八面体の列と空の八面体の列が交互に並んでいる．図にはルチルの正方晶単位格子の配置を線で示した．TiO_6 八面体は，正方晶の c 軸方向に水平な稜を共有する．図 1.38(b)に，酸素1と2を共有する2つの八面体を示す．

より正確にルチル構造の酸化物イオンの充填配列を記述するための方法として，**正方充填**（tetragonal packing, tp）とよばれる今までの充填方式とは違った形で記述する方法がある．球の配位数が 11 であるという点が特徴的である．これは，配位数が 12 の六方あるいは立方の最密充填と明らかに異なる．tp の対称性は hcp とは大きく異なる．tp は4回回転対称をもつのが特徴で，3回の対称性はない．一方，hcp には4回の対称性はなく，3回（あるいは6回）の対称性をもつ．ルチル構造を［001］方向へ投影したのが，**図 1.37**(f)である．図に示す4回の対称性は単純な回転軸ではなく，4回のらせん軸で，構造は 90°ごとに回転し，その際，［001］方向に単位格子の半分だけ移動する．

ルチル中の結合距離は簡単に計算できる．例えば，$\frac{1}{2}, \frac{1}{2}, \frac{1}{2}$ の Ti と 0.3, 0.3, 0 の酸素間の Ti–O 距離について求めてみる．x 軸方向および y 軸方向の Ti と O の位置の差は $(1/2-0.3)a=0.092$ nm である．ピタゴラスの定理から，c 面に投影した Ti–O 距離は（図 1.37(a)），$(0.092^2+0.092^2)^{1/2}$ nm となる．しかし，Ti と O は c 軸方向に，高さが $(\frac{1}{2}-0.3)c=0.148$ nm だけ異なる．結果として，Ti–O 距離は $(0.092^2+0.092^2+0.148^2)^{1/2}=0.197$ nm となる．Ti$(\frac{1}{2}, \frac{1}{2}, \frac{1}{2})$ と O$(0.8, 0.2, 0.5)$ との Ti–O 距離は，はるかに計算しやすい．両原子とも c 軸に関して同じ高さにあるから，$2[(0.3\times 0.4594)^2]^{1/2}=0.195$ nm となる．

表 1.15 に示す4価金属イオンの酸化物と2価金属イオンのフッ化物の2つの化合物群が，主にこのルチル構造をとる．これらの化合物では，金属イオンのサイズが小さすぎて8配位をとることができず，蛍石構造にはならない．ルチル構造の化合物は基本的にはイオン性とみなすことができる．

表1.15 ルチル構造の化合物
[出典：R. W. G. Wyckoff, *Crystal Structures*, Vol. 1, Wiley Interscience(1971)よりSTM条項に基づき転載]

化合物	a/nm	c/nm	x	化合物	a/nm	c/nm	x
TiO$_2$	0.45937	0.29581	0.305	CoF$_2$	0.46951	0.31796	0.306
CrO$_2$	0.441	0.291		FeF$_2$	0.46966	0.33091	0.300
GeO$_2$	0.4395	0.2859	0.307	MgF$_2$	0.4623	0.3052	0.303
IrO$_2$	0.449	0.314		MnF$_2$	0.48734	0.33099	0.305
β-MnO$_2$	0.4396	0.2871	0.302	NiF$_2$	0.46506	0.30836	0.302
MoO$_2$	0.486	0.279		PdF$_2$	0.4931	0.3367	
NbO$_2$	0.477	0.296		ZnF$_2$	0.47034	0.31335	0.303
OsO$_2$	0.451	0.319		SnO$_2$	0.47373	0.31864	0.307
PbO$_2$	0.4946	0.3379		TaO$_2$	0.4709	0.3065	
RuO$_2$	0.451	0.311		WO$_2$	0.486	0.277	

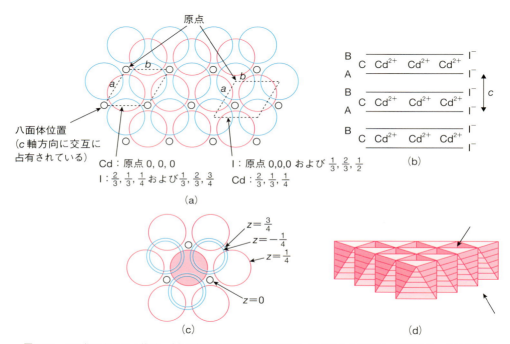

図1.39 ヨウ化カドミウム構造．(a)六方晶系の単位格子の底面．原点のとり方には2種類ある．(b)層の積み重なり方．(c)Iの配位の状況．(d)八面体の最密充填層．空の四面体位置を矢印で示した．

ヨウ化カドミウム(CdI$_2$)構造は，形式的にはルチル構造とよく似ている．陰イオンは*hcp*で，その八面体位置の半分をM^{2+}イオンが占める構造として記述できるからである．しかし，八面体の占有のされ方についてはまったく異なっている．つまり，CdI$_2$では完全に詰まっている八面体と，完全に空の八面体の層が交互に重なっているのである(図1.39)．したがってCdI$_2$は，構造的にも性質の面でも層状物質であり，硬い三次元構造をもつルチル構造とは大きく異なっている．

図1.39(a)に，*hcp*配列をとる2つのI$^-$イオン層と，その層間の八面体位置をCd^{2+}イオンが占有している様子を示す．この2つのI層の上下の八面体位置は空である．これを，同じ陰イオン配列をしているが，すべての八面体位置が占有されているNiAs(図1.35(d), (h))と比較してほしい．CdI$_2$の*c*軸方向への層の重なり方を，ヨウ化カドミウム構造の層の特徴がわかるように模式的に**図1.39**(b)に示した．I層は…ABABA…の積み重なり方をする．Cdは，IからなるABの位置に対してCの位置になる八面体位置を占有する．CdI$_2$の構造は，CdがI層間にサンドウィッチされて，隣のサン

表 1.16 ヨウ化カドミウム構造の化合物
[出典：R. W. G. Wyckoff, *Crystal Structures, Vol. 1*, Wiley Interscience（1971）より STM 条項に基づき転載]

化合物	a/nm	c/nm	化合物	a/nm	c/nm
CdI_2	0.424	0.684	VBr_2	0.3768	0.6180
CaI_2	0.448	0.696	$TiBr_2$	0.3629	0.6492
CoI_2	0.396	0.665	$MnBr_2$	0.382	0.619
FeI_2	0.404	0.675	$FeBr_2$	0.374	0.617
MgI_2	0.414	0.688	$CoBr_2$	0.368	0.612
MnI_2	0.416	0.682	$TiCl_2$	0.3561	0.5875
PbI_2	0.4555	0.6977	VCl_2	0.3601	0.5835
ThI_2	0.413	0.702	$Mg(OH)_2$	0.3147	0.4769
TiI_2	0.4110	0.6820	$Ca(OH)_2$	0.3584	0.4896
TmI_2	0.4520	0.6967	$Fe(OH)_2$	0.3258	0.4605
VI_2	0.4000	0.6670	$Co(OH)_2$	0.3173	0.4640
YbI_2	0.4503	0.6972	$Ni(OH)_2$	0.3117	0.4595
$ZnI_2(I)$	0.425	0.654	$Cd(OH)_2$	0.348	0.467

ドウィッチ構造とは，I 層間に働く弱いファンデルワールス力で結ばれているとみなせる．この意味では，CdI_2 は分子性の構造と類似している．例えば，固体の CCl_4 は分子内では強い C–Cl 結合をもっているが，隣の分子とは弱い Cl–Cl 結合で結ばれているだけである．CCl_4 は分子間力が弱いため，揮発性で，融点と沸点が低い．同様に，CdI_2 も無限のサンドウィッチ「分子」とみなすことができる．つまり，強い Cd–I 結合が分子内にあり，隣の分子どうしは弱いファンデルワールス力で結ばれている．

CdI_2 中での I の配位を図 **1.39**(c) に示す．$c = \frac{1}{4}$ にある I（赤色で塗りつぶした大きい丸）には，$c = 0$ にある 3 個の近接する Cd が一方向だけから配位している．次に近い原子は，*hcp* 配列をした 12 個の I である．6 個の I は Cd と同じ $c = \frac{1}{4}$ の面にあり，六角形のリングをつくる．残りの 3 個は $c = -\frac{1}{4}$ にあり，あとの 3 個は $c = \frac{3}{4}$ にある．

CdI_2 が層状であるという特徴は，多面体を使った模型を組み立てると明らかになる．CdI_6 八面体は稜を共有してつながり，無限のシートをつくるが（図 **1.39**(d)），そのシートとシートの間には直接多面体どうしを結びつけるものは何もない．したがって，八面体がつながった三次元の骨格がお互いに支え合っている CdI_2 の構造模型を作るのは難しい．ヨウ化カドミウム構造をとるいくつかの化合物を表 **1.16** にあげる．この構造は主に，遷移金属のヨウ化物といくつかの臭化物，塩化物，水酸化物に見られる．TiS_2 はヨウ化カドミウム構造をとり，かつてはリチウム電池で重要なインターカレーション反応を示す正極のホスト材料として注目された（8.4 節参照）．Ti の d_{xy} がつくる 3d 帯に電子が入って移動すると同時に，Li^+ イオンが TiS_2 層間にできる空の層内に取り込まれて拡散する．

塩化カドミウム（$CdCl_2$）の構造は CdI_2 とよく似ているが，陰イオンの充填の様子だけが違っている．$CdCl_2$ の Cl^- イオンは *ccp* であり，CdI_2 の I^- イオンは *hcp* である．

塩化カドミウム構造は六方晶の単位格子で表すことができるが，もっと小さい菱面体の単位格子を選ぶこともできる．六方晶単位格子は CdI_2 と同じ大きさと形の底面（*c* 面）をもつが，*c* 軸の長さは CdI_2 の 3 倍になっている．これは，Cd の位置および $CdCl_6$ 八面体が，*c* 軸方向にずれをもって積み重なっており，$CdCl_2$ では Cd にして 3 層目で（CBA），Cl にして 6 層目で（ABCABC）もとの位置に戻るためである（図 **1.40**）．それに対し，CdI_2 では Cd 位置も CdI_6 八面体も，それぞれの真上にくるので，*c* 軸方向は 2 つの I の層（AB）と 1 つの Cd 層（C）だけの組み合わせで，繰り返すことになる．

c 軸に投影した $CdCl_2$ の単位格子を図 **1.40**(b) に示す．$c = 0$（A），$\frac{2}{12}$（B），$\frac{4}{12}$（C）の位置に Cl 層が存在し，それらは $c = \frac{6}{12}, \frac{8}{12}, \frac{10}{12}$ で繰り返す．$c = 0$ と $\frac{2}{12}$ にある Cl 層の間の $c = \frac{1}{12}$ の位置に Cd が存在し，八面体配位をしている．しかし，$c = \frac{2}{12}$ と $\frac{4}{12}$ の Cl 層の間の八面体位置には何もない（$c = \frac{3}{12}$ の位置は，

第1章 結晶構造と結晶化学

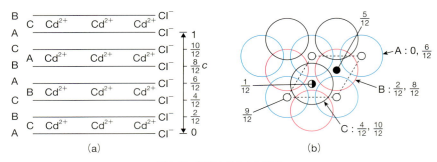

図1.40 塩化カドミウム構造.

表1.17 塩化カドミウム構造の化合物
[出典：R. W. G. Wyckoff, *Crystal Structures, Vol. 1*, Wiley Interscience (1971) より STM 条項に基づき転載]

化合物	a/nm	c/nm	化合物	a/nm	c/nm
$CdCl_2$	0.3854	1.7457	$NiCl_2$	0.3543	1.7335
$CdBr_2$	0.395	1.867	$NiBr_2$	0.3708	1.8300
$CoCl_2$	0.3544	1.7430	NiI_2	0.3892	1.9634
$FeCl_2$	0.3579	1.7536	$ZnBr_2$	0.392	1.873
$MgCl_2$	0.3596	1.7589	ZnI_2	0.425	2.15
$MnCl_2$	0.3686	1.7470	Cs_2O^a	0.4256	1.899

[a] Cs_2O は逆塩化カドミウム構造

$c = \frac{9}{12}$ 位置の Cd の真下にある).

塩化カドミウム構造はヨウ化カドミウム構造と同じく層状構造で，CdI_2 での構造や結合に関する説明がそのまま，$CdCl_2$ にも当てはまる場合が多い．塩化カドミウム構造もいろいろな遷移金属塩化物に見ることができる（**表1.17**）．

酸化セシウム（Cs_2O）構造は逆塩化カドミウム構造に相当するたいへん特殊な構造である．Cs が ccp 層をつくり，O は Cs 層間にできる八面体位置を交互に占有している．これは常識に反する現象で，とても興味深い．なぜなら，Cs はもっとも電気的に陽性な元素で，Cs の塩は通常，高いイオン性をもつと考えられているからである．ところが Cs_2O の構造は，そのイオン性から予想されるものとは大きく異なっている．Cs が酸素によって囲まれていないのである．しかもたった3個の O が，すべて一方の側から配位しているだけである．この構造は，三次元的には隣どうしの層の Cs 間の結合で保持されている．

Cs_2O の構造は，ある特殊な結合の形態を反映しているわけではなく，むしろこの組成とこのイオンの大きさではこの構造がもっとも適した配列であるだけであろう．その組成から，Cs と O の配位数の比は 1：2 でなければならない．Cs^+ イオンは O^{2-} イオンよりかなり大きなイオンなので，Cs による O への可能な最大配位数は 6 であろう．このような理由から，Cs の配位数は 3 となる．

これと関連して，他のアルカリ金属酸化物，特に K_2O と Rb_2O の構造にも興味がもたれる．これらはアルカリ金属 M が 4 配位，O が 8 配位の逆蛍石構造をとるが，これも特殊な現象である．なぜなら，Rb は酸素の四面体配位の中へ入り込むには大きすぎるからである．しかし，他に適当なぴったりとする構造がないならば，Rb にとって四面体位置に入り込むしかないのであろう．Cs_2O では，Cs が O に対して四面体配位となるのはたぶん不可能で，したがって，逆蛍石構造よりも，逆塩化カドミウム構造が適しているのである．定性的ではあるが，熱力学的データがこれらの考え方を支持している．すなわち，Cs_2O や Rb_2O は非常に不安定ですぐに酸化し，より大きな陰イオンをもつ過酸化物 M_2O_2 や超酸化物 MO_2 となって安定化する．

1.17.7 ■ ペロブスカイト構造

ペロブスカイト(perovskite)構造[訳注6] は固体化学においてたいへん重要な構造で，一般式 ABX_3 で表される単純立方格子を理想型とする．**図 1.41**(a),(b)にペロブスカイト構造をとる $SrTiO_3$ を1つの軸の方向に投影した図を，**図 1.41**(c),(d)に斜めから投影した図を示す．ペロブスカイトには2種類の単位格子の描き方がある．1つは図 1.41(a)に示すような Ti が立方体の頂点にくる描き方で，Sr は体心位置 $(\frac{1}{2}, \frac{1}{2}, \frac{1}{2})$，O は稜の中点 $(\frac{1}{2}, 0, 0 ; 0, \frac{1}{2}, 0 ; 0, 0, \frac{1}{2})$ にくる．もう1つは図 1.41(d)に示すような Sr を立方体の頂点に置き，Ti を体心位置，O を面心位置に置く描き方である．この2つは置き換えが可能で，単純に原点を体対角線に沿ってその半分だけ移動させればよい．Ti の八面体配位の様子を図 1.41(c),(d)に示した．原子間距離は，簡単な計算で求められる．Ti-O 距離は，$a/2 = 0.1953$ nm である．Sr は12の酸素とすべて同じ距離にあり，Sr-O 距離は単位格子の面の対角線の半分である．つまり，$a/\sqrt{2}$ すなわち 0.276 nm となる．

それぞれの O には，2個の Ti が距離 0.1953 nm で最近接の陽イオンとして配位し，4個の Sr が 0.276 nm の距離で O と平面四角形を形成して配位している．しかし，4つある Sr-O 距離と同じ 0.276 nm のところに，8個の別の酸素が存在する．酸素の最適な配位数が，2(直線)か，6(2つの短い原子間距離と4つの長い原子間距離をもった大きく歪んだ八面体)か，14(6個の陽イオンと8個の酸素)かは議論の分かれるところであろう．どれが最適であるのかははっきりとはいえない．

$SrTiO_3$ について，その単位格子，原子の配位，配位数，結合距離と話を進めてきたので，次にもっと大きな視点で構造について眺めてみよう．まず次の疑問が生じる．この構造には陰イオンの cp 構造があるのか，この構造は隙間に原子を含んだ一種の骨格構造とみなしてよいのか，である．以下にその答えを見ていこう．

$SrTiO_3$ には，これまで見てきたさまざまな構造とは異なり，酸化物イオンの cp 配列は存在しない．しかし O と Sr を合わせて考えると，$\{111\}$ 面に平行な ccp 配列の層が形成されている(図 1.41(c)と(e))．このことは，原点に Sr を置いた $SrTiO_3$ の構造(図 1.41(d))を NaCl の構造(図 1.2)と比べればよくわかる．NaCl では，Cl(あるいは Na，どこを原点にとるかで変わる)は単位格子の頂点と面心位置にあり，ccp 配列をしている．一方，$SrTiO_3$ では，O は面心にあって，Sr が頂点にある．$SrTiO_3$ の cp 層は Sr と O が混合した層として形成され，そのうち 1/4 が Sr である．**図 1.41**(e)に，Sr が規則正しく配列した cp 層を示す．Sr^{2+} イオン($r = 0.11$ nm)のようなかなり大きな陽イオンになると，構造ごとにそれぞれ違った規則が適用されるのが一般的である．例えば，$SrTiO_3$ では，Sr は 12 配位した充填層をつくるイオンであるが，SrO(岩塩構造)では，Sr は酸化物イオンの cp 層中の八面体位置に入った陽イオンとなる．

形式的には，Na と Ti がそれぞれ八面体位置を占有している点で，岩塩構造とペロブスカイト構造を関連づけることができる．しかし，岩塩構造では八面体位置(頂点と面心)がすべて占有されているのに対して，ペロブスカイト構造ではたった 1/4(図 1.41(a)の頂点位置)だけが占められている．

一方，$SrTiO_3$ は，頂点を共有した TiO_6 八面体と，12 配位の隙間に入った Sr とでつくられる骨格構造をもつとみなすこともできる．Ti の八面体配位の様子を図 1.41(c)と(d)に示した．八面体の O は，他の1つの八面体と共有されており，その結果，直線の Ti-O-Ti 配列がつくられる．こうして，八面体は頂点を共有したシートをつくり(**図 1.41**(f))，それが隣のシートと同じようにして結びついて，三次元の骨格構造が形成されている．

[訳注6]　ペロブスカイトは本来 $CaTiO_3$ の鉱物名である．しかし，$CaTiO_3$ は「理想的な」ペロブスカイト構造をとらず，立方晶からわずかに歪んだ $GdFeO_3$ 型(後述)の斜方晶である．

第 1 章　結晶構造と結晶化学

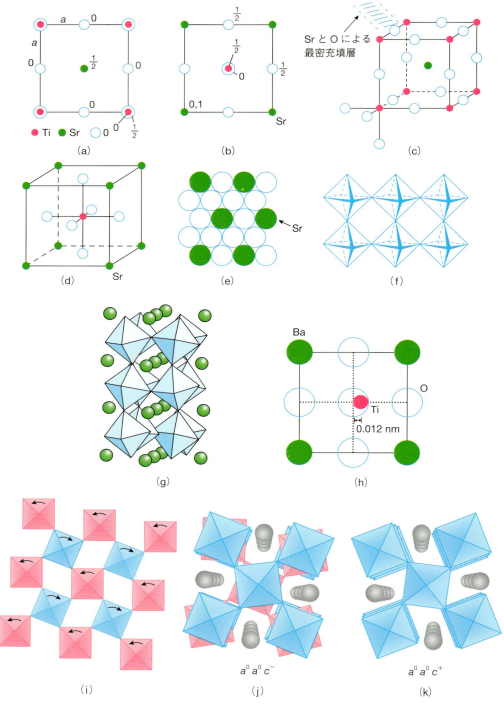

図 1.41　(a〜d) SrTiO$_3$ のペロブスカイト構造．(e) 最密充填配列をした Sr, O 層．(f) 頂点共有でつながった八面体層．(g) GdFeO$_3$ の構造．(h) ac 面に投影した正方晶 BaTiO$_3$ の構造．(i) 対になって回転する頂点共有の八面体層．(j, k) c 軸方向から眺めた $a^0a^0c^-$ と $a^0a^0c^+$ の回転．A 位置の陽イオンは球に，B 位置の陽イオンは八面体の中心にある．
〔(g) は M. T. Weller, *Inorganic Materials Chemistry*, Oxford University Press (1994) より許可を得て転載．(i〜k) は M. W. Lufaso and P. M. Woodward, *Acta Cryst.*, **B57**, 725–738 (2001) より許可を得て転載〕

表 1.18 ペロブスカイト構造をとる化合物

化合物	a/nm	化合物	a/nm	化合物	a/nm
$KNbO_3$	0.4007	$LaFeO_3$	0.3920		
$KTaO_3$	0.39885	$LaGaO_3$	0.3875	$CsCaF_3$	0.4522
KIO_3	0.4410	$LaVO_3$	0.399	$CsCdBr_3$	0.533
$NaNbO_3$	0.3915	$SrTiO_3$	0.39051	$CsCdCl_3$	0.520
$NaWO_3$	0.38622	$SrZrO_3$	0.4101	$CsHgBr_3$	0.577
$LaCoO_3$	0.3824	$SrHfO_3$	0.4069	$CsHgCl_3$	0.544
$LaCrO_3$	0.3874	$SrSnO_3$	0.40334		

ペロブスカイト構造をとる化合物として，数百もの酸化物とハロゲン化物が知られている．これらの一部を**表 1.18**にあげる．ペロブスカイト構造の酸化物では，2 種類の陽イオンの酸化数の和が 6 となる．したがって，2 つの陽イオンの価数の組み合わせに数種類のパターンが可能となる．例えば，$KNbO_3$ であれば +1 と +5，$CaTiO_3$ であれば +2 と +4，$LaGaO_3$ であれば +3 と +3 の組み合わせとなる．もちろん，12 配位の A 位置の陽イオンの方が，6 配位の B 位置の陽イオンよりかなり大きい．

立方晶のペロブスカイト構造について今まで述べてきたが，種々の歪み方をした，立方晶ではない構造も存在する．これらの対称性の低いペロブスカイト構造は，しばしば高温では立方晶の構造をとっているが，冷却にともない八面体の骨格が少しねじれたり歪んだりすることで生じる．図 1.41 (g) に示す $GdFeO_3$ がその一例である．12 配位の A 位置も 6 配位の B 位置もある決まった大きさをもっているが，これは，その大きさに合わない陽イオンを収めるために，構造の調整が行われた結果である．さらに，もっと複雑なペロブスカイト構造として，A 位置か B 位置に，2 種類の異なった陽イオンが入り，さまざまな形式の陽イオン規則配列を示すものもある．

1.17.7.1 ■ 許容因子

多くのペロブスカイト型化合物にこのような構造的な歪みが生じるのは，A と B の元素が理想構造の配位空間にきっちり適合する大きさになっていないからである．理想的な立方晶のペロブスカイト構造では，格子定数を a とすると，結合距離との関係は，

$$a = \sqrt{2}r_{A-O} = 2r_{B-O} \tag{1.6}$$

となる．どの元素も酸化状態と配位数が決まると，その結合距離はかなり限られた範囲内の値になる（付録 F 参照）．それゆえ，歪みのない理想的なペロブスカイト構造をとるのにどのような A と B の組み合わせが可能か，式 (1.6) を使って判断することができる．式 (1.6) の理想状態から原子の大きさがどれだけずれているかを示すのが，次の**許容因子**（tolerance factor）t である．

$$t = \frac{\sqrt{2}r_{A-O}}{2r_{B-O}} \tag{1.7}$$

実際，結合距離にはある程度の幅が存在し，立方晶ペロブスカイトは $0.9 < t < 1.0$ の範囲で形成される．

$t > 1$ では，B 位置は B 原子が収まるには大きすぎることになる．t が 1.0 より少し大きいだけであれば，構造は歪むものの $t = 1.06$ の $BaTiO_3$ はまだペロブスカイト構造である．しかし，$t = 1.0$ よりはるかに大きくなってしまうと，B イオンはもっと小さなサイズの，配位数の小さい位置に収まろうとする．その結果，4 配位の Si を含む $BaSiO_3$ のようなまったく異なる構造へと変化する．

許容因子が $0.85 < t < 0.90$ と小さくなると，何種類かの構造的な歪みが見られる．$GdFeO_3$ のように，A イオンのサイズが小さすぎて，もはやその位置にきっちりと収まることができなくなるからである．この歪んだペロブスカイト構造では，図 1.41 (g) に示すように，BO_6 八面体が傾いているのが一般的である．したがって，一部またはすべての B–O–B のつながりが直線ではなくなり，ジグザグ状態に

第 1 章　結晶構造と結晶化学

なる．その結果，A イオンが収まっている位置のサイズが小さくなる．

1.17.7.2 ■ BaTiO₃

$BaTiO_3$ は室温では正方晶で，格子定数は $a = 0.3995$, $c = 0.4034$ nm である．**図 1.41**(h)には ac 面に投影した $BaTiO_3$ の構造を示す．Ti のサイズは，八面体位置にきちんと収まるには少し小さいので，Ti が本来の Ti–O 距離の 6% ほど酸素の方へ変位している．同様に Ba^{2+} イオンもわずかではあるが同方向にずれている．その結果，Ti の配位数は 5(四角錐)となり，妥当な Ti–O 結合長が実現する，ab 面でも同様にわずかに縮んだ構造となる(図 1.41(h)には示されていない)．

隣の単位格子の Ti も同じ方向に同様の変位をするので，この構造には全体として正と負の電荷が離れることによる大きな双極子モーメントが生じる．外部電場を与えると，Ti は八面体の中心を通り過ぎて反対側の酸素の方へ移動するので，双極子の向きを反転させることができる．可逆的に高速で応答するので，この物質は高い分極率と誘電率をもち，強誘電性を示すようになる(8.7 節参照)．

1.17.7.3 ■ 八面体が傾いたペロブスカイト構造：グレーザーの表記法

図 1.41(g)を見ると，いかにして BO_6 八面体が形を変形せずに，互いに協働的に傾いて(回転して)，A 位置の大きさと配位数を小さくしているかがわかる．$GdFeO_3$ では，A 位置は 12 配位でなく，8 配位である．ペロブスカイト構造では BO_6 八面体どうしが頂点を共有して配列し，その隙間に 12 配位位置ができるが，A イオンのサイズが小さすぎてそこに「心地よく」収まりにくいときに，このような構造上の歪みが起こりうる．すなわち，八面体が回転することで A–O 距離が短くなるのである．

許容因子が 1 より小さいとき，ペロブスカイト型化合物はさまざまな歪んだ構造をとる．もっともよく見られる歪みは，八面体の 3 つの軸のまわりを，それぞれある角度で傾く(回転する)現象である．八面体は互いに頂点でつながって三次元的な骨格を形成しているので，このプロセスは協働的に生じる．例えば，**図 1.41**(i)は，1 つの軸のまわりをある八面体が時計回りに回転すれば，隣接した八面体は反時計回りに回転することを示している．この例では，xy 面で層を形成している八面体が，z 軸に対して時計回りと反時計回りに対を形成して回転している．

このような対をなした回転が，同じように x 軸や y 軸に対しても起こりうる(3 軸とも起こる場合もあるし，2 軸だけ，あるいは 1 軸だけの場合もある)．1 つの八面体層内では八面体が頂点を共有してつながっていて，1 つが時計回りに回転すれば，隣の 4 個の八面体は反時計回りに回転しなければならない．したがって，この層内では，八面体は勝手に独立して回転することはできない．しかし，重なった層どうしの間では，例えば z 方向に重なった層間では，自動的に同じ回転の組み合わせが起こるわけではない．隣の層が同じ八面体の回転になっている，もしくはまったく逆になっているという 2 つのうちのどちらかが一般によく観察される．

この 2 つの場合を，**図 1.41**(j)と(k)に示す．詳しい研究によると，15 種類の歪んだ系が理論的には存在し，グレーザー(Glazer)とアレキサンドルフ(Alexandrov)がその分類方法を示している．広く使われているグレーザーの表示法は以下のとおりである．

1. 歪みのない立方晶ペロブスカイト構造において，その八面体の 3 つの軸に対する回転を 3 つのアルファベット a, b, c で表す．3 つの軸すべてに対して同じ角度で回転すれば，同じ文字を使って，aaa と表す．一軸だけが他と異なった角度の回転をすれば，aac と表す．

2. さらに，これらに回転の方向を上付きの記号で補完する．ある軸の回りの回転がないならば上付き⁰(例えば a^0)を，隣り合う面の八面体に関して回転の方向が同じならば上付き⁺(a^+)を，逆の方向ならば上付き⁻(a^-)を付ける．

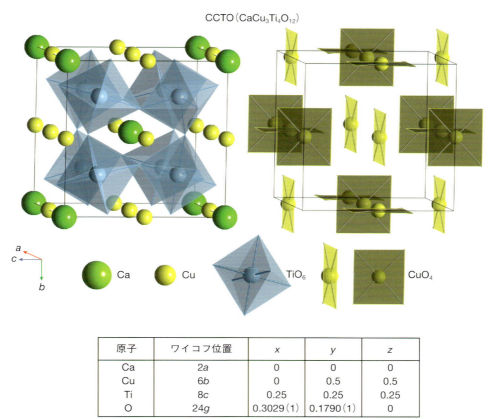

図 1.42 (a) CaCu$_3$Ti$_4$O$_{12}$ の結晶構造.
[E. S. Bozin *et al.*, *J. Phys. Condens. Matter*, **16**, S5091–S5102 (2004) のデータによる]

図 1.41 (j) と (k) は，1 軸のまわりにだけ回転がある例で，生じうる 2 つの構造 $a^0a^0c^-$ と $a^0a^0c^+$ が表示されている．これらは，1 軸だけの回転なので理解しやすい．3 軸すべてに対する回転が含まれる場合は，詳細に構造を見ていく必要がある．GdFeO$_3$ の場合，その八面体の傾きは $a^-b^+a^-$ と表示され，図 1.41 (g) の図を見ればすぐにわかるというものではないだろう．このような八面体の回転の結果，単位格子の構造はもはや立方晶ではなくなってしまう．例えば，GdFeO$_3$ の単位格子はより大きな斜方晶となり，もとの立方晶のペロブスカイト構造の格子定数 a_p との間には，$a \approx c \approx \sqrt{2}a_p$ および $b = 2a_p$ の関係が成り立つ．したがって，GdFeO$_3$ の単位格子は，立方晶のペロブスカイト構造の 4 倍の大きさになり，4 個の化学式を含むことになる．この $a^-b^+a^-$ の系は，歪んだペロブスカイト型化合物の中では，もっともよく見られる構造である．

八面体の傾きが $a^+a^+a^+$ で表示される系は，立方対称を保持している興味深い例である．よく研究されている化合物は，CaCu$_3$Ti$_4$O$_{12}$ (CCTO) で代表される一般式 A'A''$_3$B$_4$O$_{12}$ で表される相である．TiO$_6$ 八面体は，3 軸すべてに対して同方向に連動して回転するので，その結果，A 位置の 3/4 が 12 配位から平面四角形の 4 配位に変化する．**図 1.42** (a) に示すこの構造では，平面 4 配位の A'' 位置を Cu, Mn, Ni が占有している場合が多い．これについては次の節で改めて述べる．

他によく現れるのは，$a^-a^-a^-$ で表示される系で，三方晶の単位格子の構造となる．B に Co, Ni, Cu, Al, Ga が入る LaBO$_3$ に見られる．

第 1 章　結晶構造と結晶化学

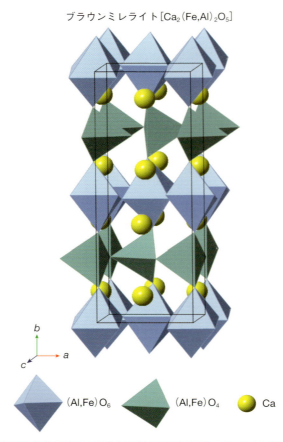

原子	ワイコフ位置	x	y	z
Ca	8d	0.48141(6)	0.10802(3)	0.02331(6)
(Al, Fe) Site1	4a	0	0	0
(Al, Fe) Site2	4c	0.94628(6)	0.25	0.93351(6)
O1	8d	0.2622(2)	0.98432(8)	0.2375(2)
O2	8d	0.0236(2)	0.14090(9)	0.0723(2)
O3	4c	0.5992(3)	0.25	0.8736(3)

斜方晶：$a=0.54217$, $b=1.47432$, $c=0.55960$ nm
空間群：Pnma (No. 62)

(b)

図 1.42　(つづき) (b) ブラウンミレライト構造.
[G. J. Redhammer *et al.*, *Am. Miner.*, **89**, 404-420 (2004) のデータによる]

1.17.7.4 ■ CaCu₃Ti₄O₁₂ (CCTO)

巨大誘電率 (giant dielectric constant) を示す可能性があることから，$CaCu_3Ti_4O_{12}$ に代表されるペロブスカイト関連化合物が最近注目を浴びている．現在のところ，この高い誘電率は焼結体中の結晶粒本体の性質ではなく，結晶粒と結晶粒が接触する界面に起因するといわれている．静電容量の大きさは面積に比例し，厚さに反比例するので，この高い誘電率は，原因となる領域の特殊な形状によるものであろう．CCTO はたいへん特異な構造で，TiO_6 八面体が回転しているため，ペロブスカイト構造の A 位置にあたる位置に，8 配位となった Ca と平面 4 配位の CuO_4 がともに存在している．その構造を図 1.42(a) に示す．左側の図には，TiO_6 八面体が傾いている様子が強調されており，右側の図

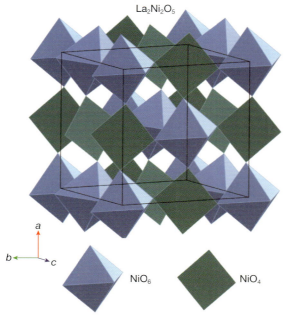

原子	ワイコフ位置	x	y	z	f_{occ}
La	8f	0.2483(7)	0.2601(6)	0.2510(6)	1.0
Ni1	4a	0	0	0	0.5
Ni2	4b	0	0.5	0	0.5
O1	8f	0.2618(8)	0.0348(5)	0.0282(6)	1.0
O2	8f	−0.0295(6)	0.2669(9)	0.0429(5)	1.0
O3	4e	0	−0.054(1)	0.25	0.5
O4	4e	0	0.49(1)	0.25	0.06(1)

単斜晶：a＝0.78426, b＝0.77988, c＝0.74720 nm, β＝93.859°
空間群：$C2/c$ (No.15)
八面体の傾き：$a^-a^-c^-$：3つの軸に対してすべて逆位相の傾き

(c)

図 1.42 (つづき) (c) $La_2Ni_2O_5$ の構造.
〔J. A. Alonso *et al.*, *J. Phys. Condens. Matter*, **9**, 6417–6426 (1997) のデータによる〕

には Cu の平面 4 配位の単位が強調されて描かれている．この正方形をした CuO_4 平面は立方晶の単位格子の 3 軸方向にそれぞれ平行に配列している．グレーザーの表示法では，CCTO は $a^+a^+a^+$ となる．

1.17.7.5 ■ 陰イオン欠損のあるペロブスカイト

ペロブスカイト型化合物では，陰イオンの欠損はごく一般に見られる現象で，時には，陰イオンが規則配列をして，バラエティに富んだ複雑な構造が現れる．陰イオン欠損の結果，B 位置の平均配位数は 6 より小さくなる．図 1.42(b) に示す 4 配位の四面体と 6 配位の八面体の層が交互に配列したブラウンミレライト (brownmillerite) 構造の $Ca(Fe, Al)O_{2.5}$ では，B 位置の平均配位数は 5 になる．図 1.42(c) の $LaNiO_{2.5}$ は，NiO_6 八面体と平面四角形の NiO_4 とが規則配列をしており，ペロブスカイトを副格子とする 2×2×2 の超格子を形成する．a, b 軸方向には，八面体と平面四角形が交互に配列しているが，c 軸方向には頂点共有の八面体の鎖が形成され，互いの鎖は平面四角形によって結ばれている．Ni 多面体は 3 つの軸に対してすべて逆位相の傾きになっているので，グレーザーの表示法では $a^-a^-c^-$ と表されるであろう．この物質は $LaNiO_3$ を水素還元することで合成されたが，O(4) 位置に

第1章　結晶構造と結晶化学

表1.19　特徴的な性質を示すペロブスカイト型化合物：その組成と物性

ペロブスカイト化合物の組成	特徴的な性質
$CaTiO_3$	誘電性
$BaTiO_3$	強誘電性
$Pb(Mg_{1/3}Nb_{2/3})O_3$	リラクサー強誘電性
$Pb(Sr_{1-x}Ti_x)O_3$	圧電性
$(Ba_{1-x}La_x)TiO_3$	半導体
$(Y_{1/3}Ba_{2/3})CuO_{3-x}$	超伝導体
Na_xWO_3	Na^+とe^-の混合伝導体：エレクトロクロミズム
$SrCeO_3 : H$	プロトン伝導体
$RE\,TM\,O_3$	O^{2-}とe^-の混合伝導体
$Li_{0.5-3x}La_{0.5+x}TiO_3$	Li^+イオン伝導体
$A\,MnO_{3-\delta}$	巨大磁気抵抗

RE＝希土類元素，TM＝遷移元素，A＝アルカリ土類金属および希土類元素.

少しだけ酸素が残り，その組成は$LaNiO_{2.56(1)}$となっている．別の合成法を適用すれば，異なった酸素量の物質が作製できるであろう．

上で紹介した2つの構造は，特別な組成において陰イオンが規則配列した結晶構造の例である．陰イオンがこれとは異なる規則配列をしている化合物は，この組成（$ABX_{2.5}$）でも他の組成でも観測される．さらに，多くの系では酸素量が連続的に変わる，一般式$ABO_{3-\delta}$で表される固溶体が形成される．これらの系では，酸素欠損がペロブスカイトの構造内に無秩序に分布しているか，ある構造をもつ非常に小さい分域（domain）がペロブスカイト内で無秩序に分布した局所的な規則配列構造が存在しているのだろう．

1.17.7.6 ■ 化学量論と性質

ペロブスカイト構造は，サイズの異なる2種類の陽イオンを含む．それらの価数の組み合わせには何種類もあるので，非常に多岐にわたる組成の化合物群がこの構造をとる．加えて，陽イオンや陰イオンの欠損をもつ欠陥ペロブスカイトも生じる．欠陥，固溶体，およびさまざまな性質に関しては，後の章で述べる．ここで特に強調したいのは，組成を最適化することで現れる，ペロブスカイト関連物質の信じられないほどの多様な性質である．その組成と欠損構造を変えていくことで，考えられるほとんどすべての物理的性質がペロブスカイト構造の物質で実現できる．このような理由から，しばしばペロブスカイト型化合物は，無機物のカメレオンと称されることがある！　代表的なペロブスカイト型化合物とその特徴的な性質を表1.19に示す．

1.17.8 ■ ReO_3構造，ペロブスカイト型タングステンブロンズ構造，正方晶タングステンブロンズ構造，トンネル構造

三酸化レニウム（ReO_3）の構造は，上述のペロブスカイト構造と密接に関連している．体心のSr原子がないことを除けば，ペロブスカイト構造の$SrTiO_3$と同じである．単位格子は図1.41(a)の構造の頂点にRe，稜の中点にOを配置したものと同じである．いくつかの酸化物とハロゲン化物だけがReO_3構造をとる．表1.20に，逆ReO_3構造のCu_3Nも含めてそれらの格子定数を示す．

ReO_3構造中の一群の八面体ブロックを回転させることで，多様性に富んだ，時には複雑な酸化物とオキシフッ化物の構造が導き出される．このことを示すのに，まず，図1.43(a)の理想的な立方晶であるReO_3構造から出発しよう．それぞれの八面体は6個の頂点を他の八面体と共有し，二次元で見ると，頂点共有した八面体の層が形成されている．理想的な立方晶ペロブスカイト構造では大きな12配位位置をAイオンが占有しているが，八面体の配列には変化は生じない（図1.43(b)）．

ペロブスカイト型タングステンブロンズ（perovskite tungsten bronze）構造はReO_3構造とペロブス

58

1.17 主要な構造

表 1.20 ReO₃ 構造をとる化合物

化合物	a/nm	化合物	a/nm
ReO₃	0.3734	NbF₃	0.3903
UO₃	0.4156	TaF₃	0.39012
MoF₃	0.38985	Cu₃N	0.3807

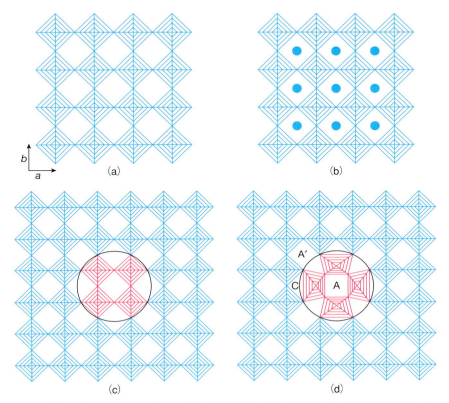

図 1.43 (a) ReO₃ 構造. (b) タングステンブロンズ (Na$_x$WO₃) 構造. (c) ReO₃ 構造中の 4 個の八面体ブロック. (d) (c) を回転して導き出されるトンネル構造.
〔(a~d) B. G. Hyde and M. O'Keeffe, *Acta Cryst.*, **A29**, 243–248 (1973) の許可を得て改変〕

カイト構造の中間構造である. Na$_x$WO₃ で表される一連の化合物に見られ, ReO₃ と同じく, WO₆ 八面体の三次元骨格をつくるが, 12 配位位置の一部が Na で占められている (0<x<1). この x を補償するために, タングステンの価数が V と VI の混合酸化状態かその中間の酸化状態になる. もっと厳密にこのブロンズの組成式を表すと,

$$\mathrm{Na}_x \mathrm{W}_x^{\mathrm{V}} \mathrm{W}_{1-x}^{\mathrm{VI}} \mathrm{O}_3$$

となる. これらの物質は興味深い色の性質と電気的性質をもつ. x が小さいときは, 色が薄い黄緑色の半導体であるが, x が大きくなると, 電子がタングステンの 5d 帯を占有し始め, 電気伝導性が良くなり, 金属光沢を示すようになる.「ブロンズ」という名は, この色に因んでいる.

多くの 1 価イオンがタングステンブロンズ (TTB) 構造の中に入ることができる. 同じことが**モリブデンブロンズ** (molybdenum bronze) MoO₃ にも見られる. 他にも酸化物 MO₂, MO₃ を母体として, 高電気伝導性を示すブロンズが数多く形成される. M は Ti, V, Nb, Ta, Mo, W, Re, Ru, Pt などの遷移元素で, 混合酸化状態で存在する.

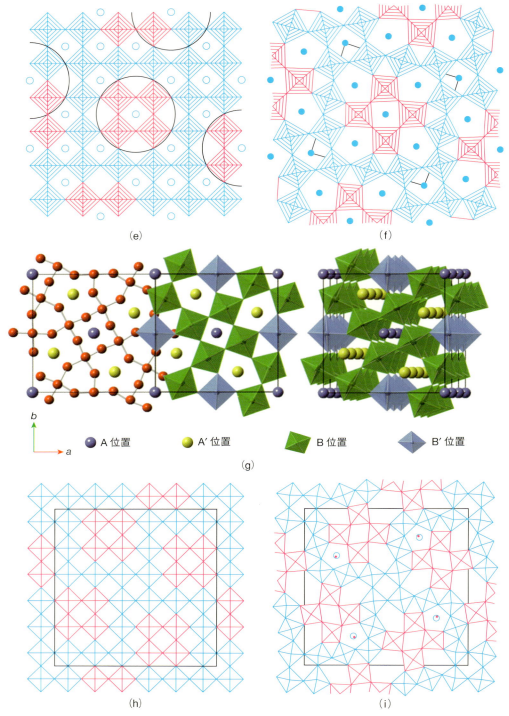

図 1.43 （つづき）(e, f) 正方晶タングステンブロンズの構造．(g) タングステンブロンズ構造の $Ba_2LaTi_2Nb_3O_{15}$．(h, i) Mo_5O_{14} のトンネル構造．
〔(e, f) B. G. Hyde and M. O'Keeffe, *Acta Cryst.*, **A29**, 243–248 (1973) の許可を得て改変．(g) G. C. Miles *et al.*, *J. Mater. Chem.*, **15**, 798–802 (2005) より許可を得て転載〕

表1.21　正方晶タングステンブロンズ構造の化合物（格子定数：正方晶 $a \approx 1.24$ nm, $c \approx 0.39$ nm）

A_2	A'	B_4B'	O_{15}
Ba_2	RE^a	Ti_2, Nb_3	O_{15}
Sr_2	Na または K	Nb_5	O_{15}
Ba_2	Na	Nb_5	O_{15}
Ba_2 または Sr_2	Ba または Sr	Ti, Nb_4	O_{15}
$Sr_{2.5}$		Nb_5	O_{15}
$K_{0.4-0.6}$		W	O_3

^{a} RE = La, $\cdots$, Dy, Bi

　ここまでの議論では，基本的に八面体の配列には変化はなかった．しかし，**図 1.43**(c)と(d)に示すように，八面体の柱4本がつくるブロックの中心を c 軸に沿って90°回転し，もとの構造とつなぎ合わせると，異なった八面体の配列が得られる．この操作は，A位置の大きさと配位数に大きな影響を及ぼす．A位置は配位数12を維持しているが，投影方向に「四角形のトンネル」を形づくっているのがわかるだろう．次にできる配位位置A′は，配位数が15に増加していて，投影方向に「五角形のトンネル」を形づくっている．3番目の配位位置Cは，配位数が9に低下していて，今度は「三角形のトンネル」とみることができる．こうして，新しく，正方晶TTB構造という構造母体が得られる．一連の重要な強誘電物質がこの構造をとることが知られているが，絶縁体であるのでブロンズと称するのは本当は間違いである．

　理想構造をとるTTBの化学式は，A, A′, B, B′元素の酸化状態に応じて，$A_2A'B_4B'O_{15}$ か $A_2A'B_3B'_2O_{15}$ のどちらかで表される．この構造は BO_6 と $B'O_6$ 八面体が頂点共有することで組み立てられる．ReO_3 と同じく B, B′：O の比は1：3であるが，その八面体のつながり方は ReO_3 とは異なっている．TTB構造では，4本の八面体の柱からなるリングを，もとの ReO_3 構造の配列に対して90°回転することで，三角形，四角形，五角形の柱からなる骨格が形づくられている．**図 1.43**(e)と(f)にその操作が示されている．単位格子は，c 軸方向にたった八面体1個分の厚さしかない．基本的には，陽イオンはすべての位置を占有することができる．実際は，K^+ や Ba^{2+} のような大きな陽イオンが五角形のトンネルに入り，酸素に対して15配位をとる．一方，それより小さい La^{3+} などの陽イオンは12配位の四角形のトンネルに収まる．三角形のトンネルは，上記の化学式にCとして追加されるべき位置だが[訳注7]，空のままか，より小さい Li^+ イオンなどが入ることがある．

　表 1.21 にTTB構造をとる化合物をあげる．AとA′位置に陽イオンが規則的に入ることも，まったく不規則に入ることも，あるいは一部だけ占有することもあるので，この構造は多様性に富む．さらに結晶学的に異なる2種類の八面体位置BとB′があって，収まる元素は1種類の場合も，異なる場合もある．どんな結晶構造でもそれを理解するためには，さまざまな視点で構造を眺めるのが大切である．TTB構造を3種類の異なる見方で示したのが**図 1.43**(g)である．

　図 1.43(h)と(i)に示す Mo_5O_{14} の構造も同じような操作から得られるが，TTB構造とはかなり異なっている．同じく五角形のトンネルが存在するが，図1.43(i)に白抜きの丸と赤丸で示すように，そのトンネルを一列に連なった Mo と O の原子が占有している．トンネル中に余分な酸素が存在するため，結果として Mo の配位数が15から7に大きく低下し，空間の小さくなった位置に Mo が収まっている．他の五角形のトンネル，三角形のトンネルは空のままである．また，新しく六角形のトンネルが八面体の配列から形成されるが，Mo_5O_{14} では空のままである．他に $NaNb_6O_{15}$, $Nb_{16}W_{18}O_{94}$, $Bi_6Nb_{34}O_{94}$, Ta_3O_7F などの多数の複合構造が同様の考え方で導き出される．

[訳注7]　例えば $A_2A'B_4B'C_xO_{15}$ のように.

第 1 章　結晶構造と結晶化学

1.17.9 ◼ スピネル構造

　いくつかの実用上重要な磁性酸化物が，スピネル(spinel)構造をとっている．そもそもスピネルとは，$MgAl_2O_4$(尖晶石)のことである．$MgAl_2O_4$では酸素のccp配列を基本とした構造に，Mg^{2+}, Al^{3+}イオンがそれぞれ四面体位置と八面位置にある．数多くの酸化物，硫化物，ハロゲン化物がスピネル構造をとり，次のような，さまざまな陽イオン電荷の組み合わせが可能である．

$MgAl_2O_4$　　　　2 価，3 価

Mg_2TiO_4　　　　2 価，4 価

$LiAlTiO_4$　　　　1 価，3 価，4 価

$Li_{0.5}Al_{2.5}O_4$　　　1 価，3 価

$LiNiVO_4$　　　　1 価，2 価，5 価

Na_2WO_4　　　　1 価，6 価

同じような陽イオンの組み合わせは硫化物でも起こる．例えば$ZnAl_2S_4$では 2 価と 3 価，Cu_2SnS_4では 2 価と 4 価である．全体として陽イオン：陰イオンの個数の比は 3：4 であるため，ハロゲン化物のスピネルでは，陽イオンの価数は 1 価と 2 価に限定される．例としてはLi_2NiF_4がある．

　$MgAl_2O_4$は，$a = 0.808$ nm の大きな立方晶単位格子をもち，8 化学式数($Z = 8$)にあたる '$Mg_8Al_{16}O_{32}$' が単位格子に含まれている．基本は酸素のccp配列で，八面体位置の半分が Al で占められ，四面体位置(T_+, T_-)の 1/8 が Mg で占められている．

　スピネルの単位格子は大きな立方体で，通常の面心立方の単位格子の体積の 8 倍もある(つまり$2 \times 2 \times 2$個)．したがって，完全な単位格子およびその中身を，三次元の図としてわかりやすく描き表すのはほぼ不可能である．とはいえ，この構造がどのような構成になっているかは簡単に理解でき，構造の一部分を描いてその特徴を説明することができる．

　正スピネル(normal spinel；詳しくは後述)の一般式は$A^{tet}B_2^{oct}O_4$と表される．まず$B_2^{oct}O_4$の部分について考えてみよう．簡単に言えば，この部分はccp配列のO^{2-}イオンで構成される岩塩構造と同じであるが，B イオンはその八面体位置を交互に，全体として半分だけ占有している．岩塩構造をもとにして描いた 2 つの副格子を図1.44(a)と(b)に示す(それぞれの副格子は，スピネル構造の単位格子の 1/8 になる)．図1.44(a)の副格子の下の面は図1.44(b)の副格子の上の面と同じ面である．図1.24と同様，酸素原子は頂点と面心に置かれている．占有された八面体位置は塗りつぶした赤丸で表示されているが，隣接する 3 方向の副格子では，その八面体位置はいずれも空になっている(小さい四角形で表示されている)．

　スピネル構造の単位格子の底面を図1.44(c)に示す．図1.44(c)の点線で示したものが図1.44(b)の底面で，それと隣接した 3 つの副格子からなる．空席−占有−空席と交互に並んだ八面体位置の列がx軸方向とy軸方向に続いているのがわかる．当然z軸方向にも同じことが起こっている(図1.44(a), (b))．

　スピネル構造を完成させるためには，四面体位置に A イオンを配置しなければならない．陰イオンがfcc配列した構造中には，8 個の四面体位置が存在する(図1.24 に示す 5〜12 の位置)．これらの四面体位置は酸素原子から同じ距離にあり，かつ，八面体中の陽イオン位置からの距離とも同じである(例えば，図1.24 での 9–A と 9–3 の距離は同じ)．陽イオン−陽イオン反発のために，隣り合った四面体位置と八面体位置に同時に陽イオンは入り得ない(同時に入った構造はちょうど，四面体と八面体が面を共有した構造に対応する)．そこで，隣接する 4 個の八面体位置が空席になっている四面体位置を探す必要がある．図1.44(a)を見ると，どの四面体位置(図1.24 での 5〜12 の位置)も，最低 1 つは八面体位置に配位した陽イオンと隣接している．したがって，図1.44(a)の 8 分割された立方

62

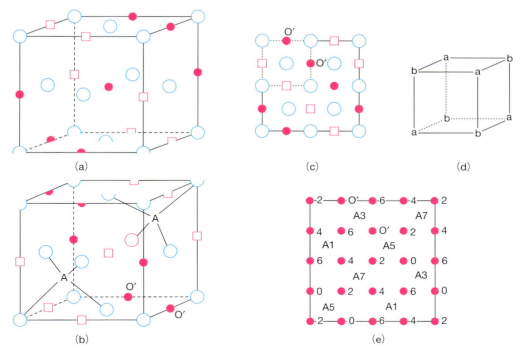

図 1.44 スピネル構造の特徴を示す図. (a)単位格子を 8 分割して得られる立方体の 1 つ. 酸素は頂点と面心にある. □ は空の八面体位置, ● は占有された八面体位置. (b)2 番目の 8 分割立方体. (a)の真下にくる. 2 つの四面体位置 A が占有されている. (c)スピネル構造の立方晶単位格子の 1 つの面. 点線で囲った部分が(b)に示す副格子の底面に対応する. (d)交互に配列した 8 分割立方体(a)と(b). (e)スピネル構造での陽イオン位置. 数字は原子の高さ位置を示す($\frac{c}{8}$倍する). 八面体中の高さ 0 の陽イオン位置 O′ は, (b)と(c)にも示されている.

体の中には, 陽イオンが占有できる四面体位置は存在しない. 図 1.44(a)の立方体のすぐ下(あるいは上)の立方体が図 1.44(b)である. 前述のように, 図 1.44(b)の上面は, 図 1.44(a)の底面と共有されている. 図 1.44(b)の立方体には, 空の八面体位置だけと隣接する四面体位置が 2 箇所存在する(図 1.24 の 8 と 9). したがって, この 2 つの四面体位置には陽イオンが入っている. スピネルの全体構造は, 単位格子を 8 個の立方体に分割すると, その立方体は図 1.44(a)と(b)に示される構造的に異なる 2 種類のグループに分かれ, 4 配位の A イオンはそのうちの図 1.44(b)の型の立方体に含まれているとみなすことができる.

この 2 種類の立方体は, 単位格子の 3 軸すべての方向に交互に配列している. 岩塩構造の陽イオンと陰イオンが交互に並んでいるのとまったく同じ状況である(**図 1.44**(d)). スピネル構造の単位格子を 1 つの面に投影し, 陽イオンの位置だけを示したのが**図 1.44**(e)である. その配列は図 1.44(b)や(c)の場合とまったく同じであるが, 紙面方向の原子の高さを, $\frac{c}{8}$単位で記載してある. 陽イオンが占める八面体位置は赤い丸で, 四面体位置は A で示されている. この図から底面(高さ 0)の八面体位置にある原子 O′ が, 図 1.44(b)や(c)の O′ と同じものであることがわかってもらえるだろう. MgAl$_2$O$_4$ の構造を別の視点から見た図を**図 1.44**(f)に示す. この図では, 稜共有した AlO$_6$ 八面体が骨格を形成し, その八面体の配列でできたチャンネルの中に独立した MgO$_4$ 四面体が存在しているように描かれている.

このスピネル構造は, いくぶん理想化されて描かれている. 実際は, 陰イオンの位置はその頂点や面心の位置から少しずれている[訳注8]. その変位の度合いは, 化合物によって少しずつ異なっている.

[訳注8] この変位は u パラメータとして知られている.

第1章 結晶構造と結晶化学

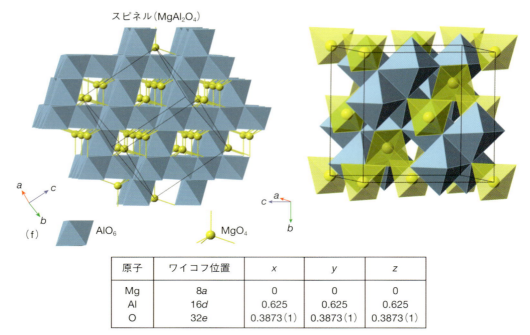

原子	ワイコフ位置	x	y	z
Mg	8a	0	0	0
Al	16d	0.625	0.625	0.625
O	32e	0.3873(1)	0.3873(1)	0.3873(1)

立方晶：$a = 0.80806$ nm
空間群：$Fd\bar{3}m$ (No. 227)

図1.44 （つづき）(f) 異なる描き方をした $MgAl_2O_4$ の構造. AlO_6 八面体骨格構造がつくるチャネルの中に MgO_4 四面体が存在することを示している.

つまり，陰イオンと陽イオンA, Bとの結合距離は，それぞれのAイオンやBイオンの固有の条件に合うように変わりうる．スピネル構造の単位格子の原点は一般に四面体配位のAイオンの位置にとる．混乱を避けるためにその説明は省くが，これにより別の視点からスピネル構造を描写することができる（例えば，陽イオンAだけを見れば，ダイヤモンド構造の炭素原子とまったく同じ配列になっている！）．

スピネル構造の化合物に見られる複雑な点は，陽イオンの分布が変化しうることである．以下に例として，正スピネルと逆スピネル（inverse spinel）の両極端の構造を示そう．まず，正スピネルでは陽イオンは前述したとおり次のように分布する．

$$[A]^{tet}[B_2]^{oct}O_4$$

これは，Aは四面体（<u>tetrahedral</u>）位置，Bは八面体（<u>octahedral</u>）位置にあることを表す．正スピネル構造の例として $MgAl_2O_4$ と $MgTi_2O_4$ がある．一方，逆スピネル構造では，Bイオンの半分が四面体位置に入り，残りのBイオンとAイオンすべてが八面体位置に入る．つまり，陽イオンは次のように分布する．

$$[B]^{tet}[A, B]^{oct}O_4$$

一般に，八面体位置のAイオンとBのイオンは不規則配列をしている．逆スピネルの例としては，$MgFe_2O_4$ と Mg_2TiO_4 がある．

陽イオンは，この正スピネルと逆スピネルという両極端の構造の中間的な分布を全域にわたってとることが可能であり，時には温度によって変化する．この陽イオンの分布は，パラメータ γ を使って定量的に示すことができる．γ は八面体位置を占めるAイオンの割合を表すものである．

表 1.22　スピネル構造をとる化合物

化合物	陽イオン価数の組み合わせ	a/nm	陽イオン配置	化合物	陽イオン価数の組み合わせ	a/nm	陽イオン配置
$MgAlO_4$	2, 3	0.80800	正	$MgIn_2O_4$	2, 3	0.881	逆
$CoAl_2O_4$	2, 3	0.81068	正	$MgIn_2S_4$	2, 3	1.0708	逆
$CuCr_2S_4$	2, 3	0.9629	正	Mg_2TiO_4	2, 4	0.844	逆
$CuCr_2Se_4$	2, 3	1.0357	正	Zn_2SnO_4	2, 4	0.870	逆
$CuCr_2Te_4$	2, 3	1.1051	正	Zn_2TiO_4	2, 4	0.8467	逆
$MgTi_2O_4$	2, 3	0.8474	正	$LiAlTiO_4$	1, 3, 4	0.834	四面体位置に Li
Co_2GeO_4	2, 4	0.8318	正	$LiMnTiO_4$	1, 3, 4	0.830	四面体位置に Li
Fe_2GeO_4	2, 4	0.8411	正	$LiZnSbO_4$	1, 2, 5	0.855	四面体位置に Li
$MgFe_2O_4$	2, 3	0.8389	逆	$LiCoSbO_4$	1, 2, 5	0.856	四面体位置に Li
$NiFe_2O_4$	2, 3	0.83532	逆				

正スピネル：$[A]^{tet}[B_2]^{oct}O_4$ $\qquad\qquad \gamma = 0$

逆スピネル：$[B]^{tet}[A, B]^{oct}O_4$ $\qquad\qquad \gamma = 1$

ランダム：$[B_{0.67}A_{0.33}]^{tet}[A_{0.67}B_{1.33}]^{oct}O_4$ $\quad \gamma = 0.67$

スピネル構造中の陽イオンの分布はかなり詳しく調べられている．いくつかの要因がγに影響を及ぼすことがわかっており，イオンのサイズや共有結合性，結晶場の安定性などがイオンの配位指向性に関係している（第 3 章参照）．実際のγ値は，これらの要因が関連し合って生じた結果である．スピネル構造をとるいくつかの化合物を**表 1.22**に示す．

1.17.10 ■ オリビン構造

フォルステライト（forsterite：苦土かんらん石）Mg_2SiO_4 やトリフィライト（triphylite）$LiFePO_4$ などの鉱物に見られるオリビン（olivine）[訳注 9]構造は，スピネル構造における ccp 配列が hcp 配列となった構造とみなすことができる．上の例では，酸素の hcp 配列によりつくられる空間のうち，Si や P が四面体位置の 1/8 を占め，Mg や（Li, Fe）が八面体位置の半分を占めている．オリビン構造には結晶学的に異なる 2 種類の八面体位置があり，$LiFePO_4$ では Li と Fe がそれぞれを占有して規則的に配列している．その結晶構造を**図 1.45**に示す．主なオリビン構造の化合物を**表 1.23**にあげる．主に酸化物がこの構造をとるが，硫化物，セレン化物，フッ化物にも見られる．さまざまな陽イオンの電荷の組み合わせがあるが，酸化物では 3 種類の陽イオンの価数の合計は全体として +8 である．

オリビン（主にフォルステライトとファイアライト（fayalite）の固溶体）は，地球の上部マントルの主要な構成鉱物であるといわれている．高圧下では多くのオリビン構造の化合物がスピネル構造に転移するので，地球の下部マントルの構成物質はスピネル構造の鉱物になっているであろう．オリビン構造からスピネル構造に転移する際にともなう体積変化が，造山活動や深海での海嶺形成など，地球の歴史上で重大な地質学的結果をもたらしたと考えられる．深部にあるスピネル構造の物質が地球表面に向かって押し上げられると，圧力が低下するためにオリビン構造に変化する．そのオリビン構造からスピネル構造への体積収縮をともなう逆転移が，地震の要因となっているのであろう．

現在，特に話題になっているのは，リチウム二次電池の正極材料としての $LiFePO_4$ である．充電すると Li はオリビン構造を保ったまま脱離し，Fe は以下に示すように Fe^{2+} から Fe^{3+} に酸化される．

$$LiFe^{2+}PO_4 \xrightarrow[-xe^-]{-xLi^+} Li_{1-x}Fe^{2+}_{1-x}Fe^{3+}_xPO_4$$

リチウムイオンは図 1.45 に示す y 軸方向に走るチャンネルに存在し，電池の充電・放電にともなって，

[訳注 9]　かんらん石，オリビンと称されることも多い．フォルステライトやファイアライト（Fe_2SiO_4）およびその固溶体などの総称である．

第1章 結晶構造と結晶化学

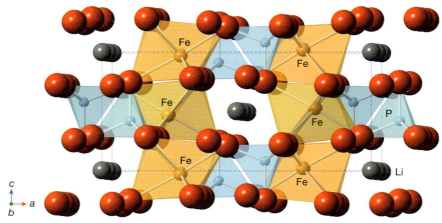

図 1.45 オリビン構造の LiFePO$_4$.
〔J. J. Biendicho and A. R. West, *Solid State Ionics*, **203**, 33–36（2011）より STM 条項に基づき転載〕

表 1.23 オリビン構造をとる化合物

組成と陽イオンの価数			化合物例
八面体位置	四面体位置	hcp 配列の陰イオン	
II$_2$	IV	O$_4$	Mg$_2$SiO$_4$（forsterite）
			Fe$_2$SiO$_4$（fayalite）
			Ca, MgSiO$_4$（monticellite）
			γ−Ca$_2$SiO$_4$
			A$_2$GeO$_4$: A = Mg, Ca, Sr, Ba, Mn
III$_3$	II	O$_4$	Al$_2$BeO$_4$（chrysoberyl）
			Cr$_2$BeO$_4$
II, III	III	O$_4$	MgAlBeO$_4$
I, II	V	O$_4$	LiFePO$_4$（triphylite）
			LiMnPO$_4$（lithiophylite）
I, III	IV	O$_4$	LiRESiO$_4$: RE = Ho, ⋯, Lu
			NaREGeO$_4$: RE = Sm, ⋯, Lu
			LiREGeO$_4$: RE = Dy, ⋯, Lu
II	IV	S$_4$	Mn$_2$SiS$_4$
			Mg$_2$SnS$_4$
			Ca$_2$GeS$_4$
I$_2$	II	F$_4$	γ−Na$_2$BeF$_4$

単位格子：斜方晶：LiFePO$_4$ では $a = 1.033$, $b = 0.601$, $c = 0.470$ nm；$Z = 4$.

このチャンネルを通して，構造中から出たり，構造内に入ったりできる．この固体の酸化還元反応では，およそ 3.08 V の電池電圧が発生する．LiFePO$_4$ およびそれと同構造の LiMnPO$_4$ は興味深い物質である．酸化還元反応およびリチウムの脱離・挿入の過程は充放電を繰り返しても可逆性を保ち，しかも大きな電気容量をもつうえ，値段も安く，無害で環境にも優しい．

1.17.11 ■ コランダム構造，イルメナイト構造，ニオブ酸リチウム構造

コランダム（corundum，鋼玉：α−Al$_2$O$_3$）構造，イルメナイト（ilmenite，チタン鉄鉱：FeTiO$_3$）構造，ニオブ酸リチウム（LiNbO$_3$）構造の 3 種類の構造は互いによく似ていて，理想的には，hcp 配列をした酸化物イオンがつくる八面体位置の 2/3 を陽イオンが占有している構造になっている．したがって，これらは，すべての八面体が占有されているヒ化ニッケル構造や，八面体位置の半分だけ占有されているヨウ化カドミウム構造と関係がある（表 1.4）．**図 1.46** にそれらの結晶構造を示し，主な化合物を**表 1.24** にあげる．コランダムは Al^{3+} という 1 種類の陽イオンを含むだけであるが，イルメナイトは

1.17 主要な構造

表 1.24 コランダム関連構造をとる化合物

コランダム（α-Al₂O₃）	M₂O₃ : M = Al, Cr, Fe（ヘマタイト）, Ti, V, Ga, Rh
	Al₂O₃ : Cr ドープ（ルビー）
	Al₂O₃ : Ti, Fe ドープ（サファイア）
イルメナイト	MTiO₃ : M = Mg, Mn, Fe, Co, Ni, Zn, Cd
	MgSnO₃, CdSnO₃
	NiMnO₃
	NaSbO₃
ニオブ酸リチウム	LiNbO₃, LiTaO₃

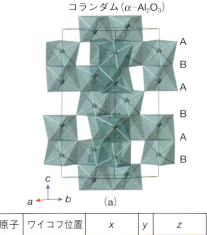

コランダム（α-Al₂O₃）　(a)

原子	ワイコフ位置	x	y	z
Al	12c	0	0	0.3520(1)
O	18e	0.3060(6)	0	0.25

三方晶：$a=0.47538$, $c=1.29725$ nm
空間群：$R3c$（No. 167）

イルメナイト（FeTiO₃）　(b)

原子	ワイコフ位置	x	y	z
Fe	6c	0	0	0.1446(1)
Ti	6c	0	0	0.3536(1)
O	18f	0.295(1)	−0.022(1)	0.2548(3)

三方晶：$a=0.5087$, $c=1.4042$ nm
空間群：$R\bar{3}$（No. 148）

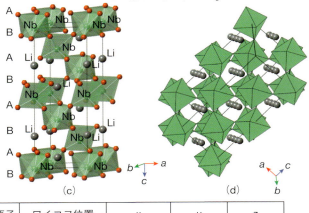

ニオブ酸リチウム（LiNbO₃）　(c)　(d)

原子	ワイコフ位置	x	y	z
Li	6a	0	0	0.268(11)
Nb	6a	0	0	0
O	18b	0.0437(69)	0.3309(82)	0.0636(12)

三方晶：$a=0.51483$, $c=1.38631$ nm
空間群：$R3c$（No. 161）

図 1.46 (a) コランダム（α-Al₂O₃）構造．(b) イルメナイト（FeTiO₃）構造．(c, d) ニオブ酸リチウム（LiNbO₃）構造．（訳注：格子定数は六方晶格子に基づいて表示．）

第 1 章　結晶構造と結晶化学

コランダムで Al^{3+} が占めている八面体位置に，2 種類の陽イオンが規則配列して存在している．$LiNbO_3$ では，陽イオンは同じ八面体位置を占有しているが，規則配列の仕方が異なっている．

これら 3 種類の構造の単位格子は六方晶で，図 1.46(a) に示すように 6 枚の酸素の cp 層が c 面に平行に，$c = \frac{1}{12}, \frac{3}{12}, \frac{5}{12}, \frac{7}{12}, \frac{9}{12}, \frac{11}{12}$ に積み重なっている．陽イオンは酸素層の間にある八面体位置に存在している．イルメナイトでは，Fe と Ti が 1 層ごとに交互に層間を占めている（図 1.46(b)）．八面体の対は c 軸方向の面を共有し，その八面体内の陽イオンどうしの反発により理想的な hcp 構造から歪む．陽イオンが入ったすべての八面体で 3 本の軸が長くなり，3 本の軸が短くなっている．$LiNbO_3$ では，Nb^{5+} と Li^+ 間の反発のため，Li は八面体中の共有されている三角形の面の反対側にある三角形の面近くまで追いやられる．$LiNbO_3$ と $LiTaO_3$ は強誘電物質であるが，この面共有した八面体内の陽イオンの変位が極性をもった結晶構造の原因であり，電場が与えられると双極子の再配列が起こって強誘電性が現れる．

図 1.46(c) と (d) に $LiNbO_3$ の構造を示す．陽イオン Li と Nb は規則配列をしているものの，両方ともいずれの最密充填層にも存在している．これは，1 層おきに Fe と Ti が配列しているイルメナイトとは異なっている．ニオブ酸リチウム構造を別の見方で示したのが図 1.46(d) である．これを見ると，大きく歪んだペロブスカイト構造とみなすこともできる．すなわち，NbO_6 八面体（B 位置）が傾いて A 位置が歪んだ八面体的な配位に低下し，Li がそこを占有している．$LiNbO_3$ を歪んだペロブスカイト構造とみなすならば，その許容因子は 0.78 となり，事実上，この値がペロブスカイト構造をとる物質の許容因子の最小値となる．

1.17.12 ■ 蛍石関連構造とパイロクロア構造

蛍石構造の CaF_2 は，ccp 配列した Ca^{2+} イオンの四面体位置を F^- イオンがすべて占有した eutactic な構造として記述した（図 1.29(c),(f)）．他にも陰イオン過剰や陰イオン欠損，陽イオンの規則配列などをともなう多くの複雑な蛍石関連構造が存在する．

興味深い「陰イオン過剰」の蛍石構造の例として LaH_3 がある．LaH_2 は普通の蛍石構造をとるが，LaH_3 では過剰の水素原子 H が八面体位置をすべて占有する．したがって，この構造では，ccp 配列をした La がつくる四面体位置および八面体位置のすべてを H が満たしていることになる（図 1.24）．Li_3Bi や Fe_3Al のような金属間化合物にも，似たような構造が見られる．これらの構造は，四面体位置と八面体位置がすべて占有された極端な例である．水素化ランタンには四面体位置が部分的に占有されている構造も見られ，$LaH_{1.9}$ と LaH_3 の間に連続的な固溶体が形成される．

過剰酸素を含む蛍石構造の例としては UO_{2+x} がある（図 2.10 参照）．局所的に構造が歪んでいて，過剰の酸化物イオンは立方体の体心位置からずれた位置に存在している．これには原子が玉突き状に移動するノックオン効果（knock-on effect）があり，頂点にあるいくつかの酸化物イオンもつられて「原子間の隙間」の方に移動している（2.2.5 節参照）．UO_{2+x} は，原子炉の燃料として重要なので，かなり詳しく研究されている．

複数の陰イオンを含む LaOF や SmOF のようなオキシフッ化物も蛍石構造をとり，似たような大きさの O^{2-} と F^- イオンは四面体位置に無秩序に存在している．2 種類の陽イオンが規則配列した複フッ化物としては，多彩な化合物が知られている．図 1.47 にいくつかの例を示す．図は構造を単純化して描いている．実際は，陰イオンは四面体位置の中心からずれていて，その結果，例えば，$SrCrF_4$ では Cr^{2+} は歪んだ四面体環境に置かれており，$TiTe_3O_8$ では Ti も Te も歪んだ八面体位置に配位している．

Li_2O は逆蛍石構造をしており，Li 欠損の逆蛍石構造の化合物は，すぐれた Li^+ イオン伝導体である．例えば，10% の Li^+ 位置が欠損した $Li_9N_2Cl_3$ は高い Li^+ イオンの移動度をもっている．

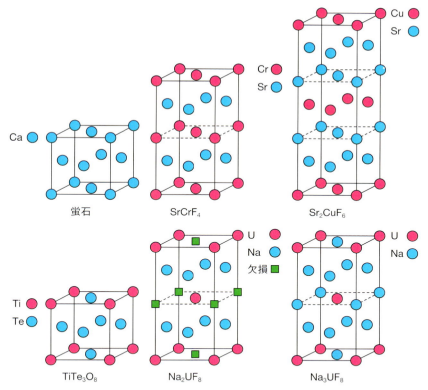

図 1.47 2 種類の陽イオンが規則配列をした複フッ化物の例．比較のため fcc 配列の蛍石構造も示す．
［A. F. Wells, *Structural Inorganic Chemistry*, Oxford University Press(1984) より許可を得て転載］

パイロクロア(pyrochlore)構造は，大きさの異なる A と B の 2 種類の陽イオンを含み，陰イオン欠損が存在する歪んだ蛍石構造とみなされる．その組成式は，$A_2B_2X_7$(結晶学的な記述法では $A_2B_2X_6X'$)と表される．単位格子は $a \sim 1.1$ nm 程度の立方晶で 8 個の化学式を含む．蛍石構造の陰イオンのうちの 1/8 が空席になっただけの，基本的には単純な構造である．さらに，単位格子中の原子座標のうち，変数となるのは 48 個の X 原子の座標 x だけである(例えば $x, \frac{1}{8}, \frac{1}{8}$ など 48 個の等価位置；残りの A, B, X' は特殊位置にあって変化しない：**図 1.48**)．多くの化合物がパイロクロア構造をとるが，この x の値によって構造変化が生じる．通常，x は 0.31 から 0.36 の間で変化する．上限である $x = 0.375$ の組成での構造は，全体として見れば歪みのない蛍石構造に相当する．ただし，A イオンは蛍石構造同様 8 個の陰イオン(6X + 2X')と等距離にあって，8 配位になっているが，B イオンは大きく歪んだ BX_6 八面体を形成する．x が小さくなると，48 個の X 原子は陽イオン四面体中の定位置から移動して，A 原子からなる立方体が歪んでくる．近接する 6 個の X 原子は波打った六角形をつくり，2 個の X' 原子は六角形の両側に突き出た状態になっている．その結果，A–X' の距離は A–X の距離とは異なってくる[訳注10]．

[訳注10] 本文に記載されているように，パイロクロア構造では，変化する位置変数は X 原子の変数 x のみである．$x = 0.375$ の場合，A イオンはまわりの 8 個の X イオンがすべて等価な立方体の中心にあるが，B イオンは体対角線方向の 2 個の陰イオンが欠損した「立方体」の中心に位置している．そのため，BX_6 八面体は極度に歪んでいる．A イオンと B イオンを区別しなければ，この 2 個の欠損位置に陰イオンを置くと，蛍石構造とまったく同じ構造になる．一方，$x = 0.3125$ では，B イオンは完全な正八面体(BX_6)を形成するが，A イオンは歪んだ 8 配位位置(6X + 2X')を占める．本文に記載されているように，6 個の X イオンは王冠型の六角形をつくり，X' イオンはその王冠の上下に存在している形になる．

第1章　結晶構造と結晶化学

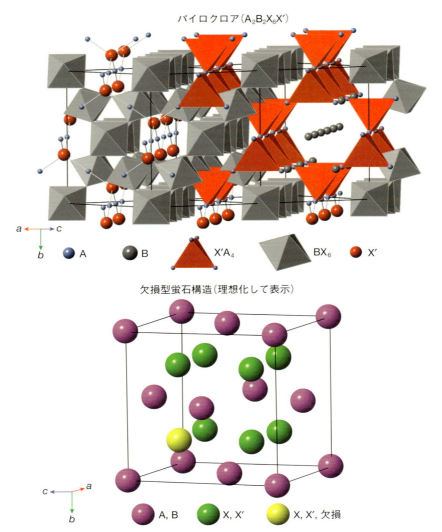

図1.48 パイロクロア構造．陰イオンの欠損のある歪んだ蛍石構造で，陽イオンが規則配列して，2×2×2の超格子をつくっているとみることができる．蛍石構造における陽イオンの立方体中にある8配位の陰イオンの位置，例えば$\frac{1}{4}, \frac{1}{4}, \frac{1}{4}$が，パイロクロア構造では2種類の位置に分かれ，1つが48個の等価位置，例えば$x, \frac{1}{8}, \frac{1}{8}$となる．

　$x = 0.3125$ では，B原子は歪みのない八面体中に配位し，BX_6 八面体は頂点を共有してつながり，三次元の網目構造をつくる．A原子は2X′+6Xの8配位とみなすことができるが，そのうちA–X′結合は短い．このA–X′結合によりA_2X'の三次元網目構造が形成され，BX_6がつくるB_2X_6網目構造と相互に絡み合う．A_2X'の網目は直線状のX′–A–X′とX′A₄の単位から構成されており，酸化銅Cu_2O中の配列と同じである．$x = 0.3125$ では，B_2X_6とA_2X'の網目構造が一緒になってパイロクロア構造をつくっているが，図1.48ではそれらを区別して図示してある．

　パイロクロア構造の酸化物はさまざまな興味深い性質を示す．$La_2Zr_2O_7$は絶縁体であるが，$Bi_2Ru_2O_{7-\delta}$は金属伝導を示し，$Cd_2Re_2O_7$は低温で超伝導になる．$(Gd_{1.9}Ca_{0.1})Ti_2O_{6.9}$は酸化物イオン伝導体であり，$Y_2Mo_2O_7$はスピングラス（spin glass）になる．これらの例でもわかるように，酸素量は必ずしも7にはならない．事実，物質によっては，$A_2B_2X_6X'$のX′は0から1の間の組成をとることができる．

1.17.13 ■ ガーネット構造

ガーネット(garnet)構造をもつ複酸化物は，天然鉱物にも人工材料にも数多く見られる[訳注11]．強磁性材料として重要なものもある．イットリウムアルミニウムガーネット(YAG)と称される物質は人工宝石の母材として使われており，ネオジム(Nd)がドープされたものはYAGレーザーにおけるレーザー媒質となる．最近，高いLi$^+$イオン伝導性を示すガーネット構造の物質が合成されている[訳注12]．天然のガーネットはモース硬度(Mhos hardness)では6.5～7.5の硬さをもっており，紙ヤスリの研磨剤として工業的に使われている．一般的な化学式は$A_3B_2X_3O_{12}$(A = Ca, Mg, Fe など；B = Al, Cr, Fe など；X = Si, Ge, As, V など)で表される．Aは半径0.1 nm程度の大きさのイオンで，歪んだ立方体的に8配位した状態で存在する．BとXはそれよりも小さく，それぞれ，八面体位置と四面体位置を占有している．ガーネット構造の物質のうち，AがYや希土類(Sm, Gd, Tb, Dy, Ho, Er, Tm, Tb, Lu など)，BとXがFe^{3+}で構成される酸化物は，興味深い磁気的性質を示す．そのうちの重要な物質の1つが，イットリウム鉄ガーネット(yttrium iron garnet；YIG)$Y_3Fe_5O_{12}$で，その構造を**図1.49**に示す．A, B, Xに関しては多数の組み合わせが可能で，その一例を**表1.25**にあげる．

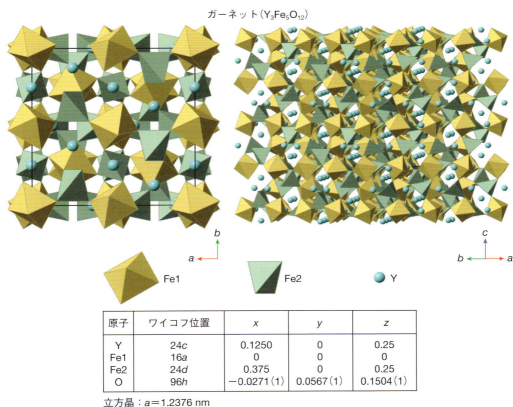

原子	ワイコフ位置	x	y	z
Y	24c	0.1250	0	0.25
Fe1	16a	0	0	0
Fe2	24d	0.375	0	0.25
O	96h	−0.0271(1)	0.0567(1)	0.1504(1)

立方晶：a = 1.2376 nm
空間群：$Ia\bar{3}d$ (No. 230)

図1.49 ガーネット($Y_3Fe_5O_{12}$)の結晶構造．

[訳注11] ガーネット(日本語名ざくろ石)は，オルトケイ酸塩鉱物の一種．
[訳注12] Li$_7$La$_3$Zr$_2$O$_{12}$ など．

第1章 結晶構造と結晶化学

表 1.25 ガーネット構造の鉱物や化合物に見られる A, B, X 原子の組み合わせの例

ガーネット名	A	B	X	O
グロッシュラー (grossular)	Ca$_3$	Al$_2$	Si$_3$	O$_{12}$
ウバロバイト (uvarovite)	Ca$_3$	Cr$_2$	Si$_3$	O$_{12}$
アンドラダイト (andradite)	Ca$_3$	Fe$_2$	Si$_3$	O$_{12}$
パイロープ (pyrope)	Mg$_3$	Al$_2$	Si$_3$	O$_{12}$
アルマンディン (almandine)	Fe$_3$	Al$_2$	Si$_3$	O$_{12}$
スペッサルティン (spessartine)	Mn$_3$	Al$_2$	Si$_3$	O$_{12}$
	Ca$_3$	CaZr	Ce$_3$	O$_{12}$
	Ca$_3$	Te$_2$	Zn$_3$	O$_{12}$
	Na$_2$Ca	Ti$_2$	Ge$_3$	O$_{12}$
	NaCa$_2$	Zn$_2$	V$_3$	O$_{12}$

ガーネットの単位格子は $a\sim 1.24$ nm 程度の体心立方格子で，8個の化学式を含む．その構造は，BO$_6$ 八面体と XO$_4$ 四面体が頂点を共有して骨格構造を形成しているとみなすことができる．大きな A イオンはこの網目がつくる空間に入っている．YIG やその他の希土類の磁性体ガーネットでは B と X のイオンが同じ Fe^{3+} となっている．

1.17.14 ■ ペロブスカイト－岩塩混成構造（K$_2$NiF$_4$ 構造）：ルドルスデン・ポッパー相

ペロブスカイト－岩塩混成構造（K$_2$NiF$_4$ 構造）は，これと関連する数多くの化合物の中ではもっとも単純な構造である．近年，この構造をもつ化合物中に超伝導を示す物質が発見され，たいへん注目

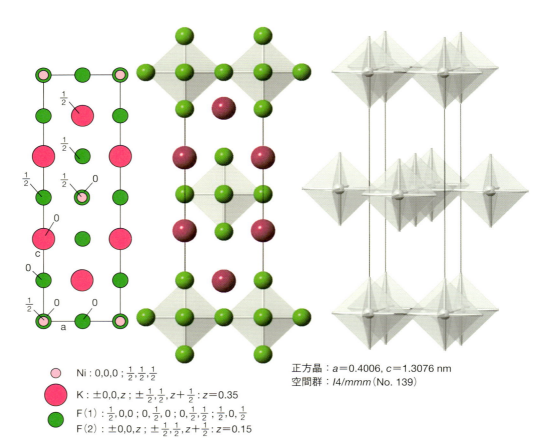

図 1.50 K$_2$NiF$_4$ 構造．

表 1.26 K_2NiF_4 構造をとる化合物.
[出典：上は R. W. G. Wyckoff, *Crystal Structures, Vol. 3*, Wiley Interscience（1965）より
STM 条項に基づき転載. 下は O. Muller and R. Roy, *The Major Ternary Structural
Families*, Springer-Verlag（1974）より許可を得て転載]

化合物	a/nm	c/nm	z（A イオン）	z（陰イオン）
K_2NiF_4	0.4006	1.3076	0.352	0.151
K_2CuF_4	0.4155	1.274	0.356	0.153
Ba_2SnO_4	0.4140	1.3295	0.355	0.155
Ba_2PbO_4	0.4305	1.3273	0.355	0.155
Sr_2SnO_4	0.4037	1.253	0.353	0.153
Sr_2TiO_4	0.3884	1.260	0.355	0.152
La_2NiO_4	0.3855	1.2652	0.360	0.170
K_2MgF_4	0.3955	1.3706	0.35	0.15

その他の化合物

$M_2Y^{6+}O_4 : M = K, Rb, Cs ; Y = U, Np$
$Ln_2YO_4 : Ln = La \rightarrow Nd ; Y = Ni, Cu$
$CaLnAlO_4 : Ln = La \rightarrow Er, Y$
$SrLnFeO_4 : Ln = La \rightarrow Tb$
$SrLnCrO_4 : Ln = La \rightarrow Dy$
$BaLnFeO_4 : Ln = La \rightarrow Eu$
$La_2Li_{1/2}Y_{1/2}O_4 : Y = Ni, Co$
$A_2BF_4 : A = K, Rb, Tl ; B = Mg, Ni, Zn, Co, Fe$
$A_2BCl_4 : A = Rb, Cs ; B = Cr, Mn, Cd$
$Sr_2BO_4 : B = Ti, Sn, Zr, Hf, Mo, Tc, Ir, Ru, Rh, Mn$

されている. **図 1.50** に示すように，ペロブスカイト構造と岩塩構造が交互に層を形成した構造とみなすことができる. 化学式 K_2NiF_4 を，ペロブスカイト構造と岩塩構造の構成要素を表すために $KNiF_3 \cdot KF$ と書くこともある. この構造は，$c = 0$ と $c = \frac{1}{2}$ にペロブスカイト構造の八面体層がある体心正方晶である. K^+ イオンはペロブスカイト構造のブロックと岩塩構造のブロックの境界にあり，F^- に対して 9 配位である. 岩塩構造の K^+ は KF_6 八面体を形成して 6 配位になるはずだが，岩塩層の厚さが実際の格子の半分の厚さしかなく，ペロブスカイトブロックの原子がずれて割り込んだ状況になるため，岩塩層中の KF_6 の配位がくずされ，K^+ は F^- に対して 9 配位になる. K_2NiF_4 構造は，小さい 2 価の陽イオンを含むフッ化物や塩化物，もしくは $A_2^+B^{6+}O_4$, $A_2^{2+}B^{4+}O_4$, $A_2^{3+}B^{2+}O_4$, $A^{2+}A'^{3+}B^{3+}O_4$, $A_2^{3+}B_{1/2}^{2+}B'^{3+}_{1/2}O_4$ のように大きな A イオンと小さい B イオンが異なった価数で組み合わさった酸化物に見られる（**表 1.26**）. おそらく，他の組み合わせも可能であろう.

A 位置の陽イオンが規則配列した構造も存在する. 組成が $A^+A'^{3+}B^{4+}O_4$（A = Na, A' = La～Lu, B = Ti）の場合である. Na とランタノイド元素は c 軸方向の，別々の層に存在する. 陰イオンが欠損した相も，過剰となった相も存在する. 例えば，$SrXO_3$（X = Cu, Pd）では，酸素の 1/4 がなくなっており，X については平面 4 配位，Sr は 7 配位になっている. 一方，La_2NiO_{4+x} では，格子間に過剰酸素が存在している.

K_2NiF_4 構造は，ルドルスデン・ポッパー（Ruddlesden-Popper）相とよばれる一連の化合物群のうちでもっとも単純な構造をもつ. この構造群は，ペロブスカイトブロック層の数を順次増やしていくことで生み出される. 例えば，チタン酸ストロンチウムには，n 個の $SrTiO_3$ 層の間に SrO 岩塩層が挟まれた，一般式 $Sr_{n+1}Ti_nO_{3n+1}$ で表される一連の化合物が存在する. $Sr_3Ti_2O_7$（$n = 2$）と $Sr_4Ti_3O_{10}$（$n = 3$）はこの構造群に属する化合物である. $n = \infty$ に相当するのが $SrTiO_3$ ペロブスカイトである. これらの相の単位格子は正方晶であるが，短い a 軸長と極端に長い c 軸長をもっている. 同じような一連の構造が，$La_{n+1}Ni_nO_{3n+1}$（$n = 1, 2, 3, \infty$）に見られる. ほとんどの場合，同じ元素から構成されるルドルスデン・ポッパー相では，せいぜい 1 種類か 2 種類の n に対応する系列の化合物が存在するだけである.

Sr$_3$B$_2$O$_7$: B = Ir, Ti, Zr, Cr, Fe
Ca$_3$B$_2$O$_7$: B = Mn, Ti
Sr$_4$B$_3$O$_{10}$: B = Ir, Ti, Zn
Ca$_4$B$_3$O$_{10}$: B = Mn, Ti
K$_3$Zn$_2$F$_7$, K$_3$Fe$_2$F$_7$, Rb$_3$Cd$_2$F$_7$, K$_3$Mn$_2$Cl$_7$, Rb$_3$Mn$_2$Cl$_7$, Cs$_3$Ca$_2$Cl$_7$
Rb$_4$Cd$_3$Cl$_{10}$

1.17.15 ■ 二ホウ化アルミニウム構造

2000年に同じ構造のMgB$_2$がT_c＝39 Kに転移点をもつ超伝導になることが発見されたことにより，二ホウ化アルミニウム（AlB$_2$）構造をもつ物質が突如として注目を浴びるようになった．図1.51にMgB$_2$の構造を示すが，比較的単純な結晶構造である．Mg原子は，単純六方充填hpとみなすべき，AAAという積み重なり方の最密充填層を形成している．cp配列のMg層は，グラファイト（黒鉛）と同様な配列のB原子の層で分割されている．したがって，Mgは上下のBの六角形リングに12配位している．それぞれのB原子のまわりには，最近接の3個のB原子が三角形の平面を形成しており，次に近い6個のMg原子が三角柱を形成している．

多くのホウ化物やケイ素化合物が二ホウ化アルミニウム構造をとる．MB$_2$ではM＝Ti, Zr, Nb, Ta, V, Cr, Mo, Mg, Uなどが，MSi$_2$ではM＝U, Pu, Thなどがある．Cd(OH)$_2$のようないくつかの水酸化物の構造とかなり似ている．

二ホウ化アルミニウム構造はヒ化ニッケル構造と非常に似ている．両方とも，金属原子は単純六方の配列をしているが，NiAsでは三角柱の位置の半分だけがAsによって占められているのに対し，AlB$_2$ではすべての三角柱の位置がBで占められている．したがって，NiAsのNiは八面体位置にあることになるが，AlB$_2$のAlは12配位である．

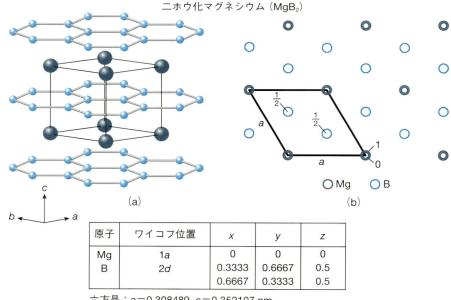

図1.51 MgB$_2$の結晶構造．(a)B原子からなる六角形のリングがつながったシートと，その上下のリングに12配位したMg原子を示した立体図．(b)結晶構造の[001]面への投影図．

1.17.16 ■ ケイ酸塩構造—その理解のための秘訣

　ケイ酸塩の多くは地殻鉱物であり，かなり複雑な組成と構造をとるものが多い．本節では，ケイ酸塩の結晶構造を概観することはせずに，化学組成だけからでも，構造についてのかなりの情報が得られるということを示す．確かな指針に従えば，複雑な組成と構造を数多く覚えていなくても，このケイ酸塩は三次元骨格構造，これは層状，これは鎖状，というように識別することができる．

　ケイ酸塩構造は，陽イオンとケイ酸イオンで構成されているとみなすのが一般的である．いろいろなケイ酸イオンが存在可能で，オリビン（かんらん石；Mg_2SiO_4）などのオルトケイ酸塩に見られる完全に独立したSiO_4^{4-}から，シリカ（SiO_2）に見られる無限三次元骨格のものまで多岐にわたっている．ケイ酸イオンの構造は次の法則によっている．

(1) ほとんどすべてのケイ酸塩構造はSiO_4四面体でできている．
(2) SiO_4四面体は頂点を共有してつながり，重合した大きな単位をつくる．
(3) 2つ以上のSiO_4四面体が共通の頂点（つまり酸素）を共有することはない．
(4) SiO_4四面体は，決して稜や面を共有しない．

(1)に対する例外として，Siが Oに対して八面体配位をしている場合がある．例えば，SiP_2O_7の多形の1つや，SiO_2の高圧相（スティショバイト：stishovite）に見られるが，例外はほんのわずかであり，通常はSiO_4四面体がケイ酸塩構造の主要な構成要素とみなしてよい．指針(3)と(4)はそれぞれ，局所的な電気的中性条件と，Si^{4+}のような高い電荷の陽イオンはあまり近くには接近できないという要請によるものである．

　組成と構造の関係を表す重要な因子はSi：O比である．ケイ酸イオンには2つの状態の酸素，つまり架橋酸素（bridging oxygen）と非架橋酸素（non-bridging oxygen）があるため，この比はさまざまに変化する．架橋酸素とは2個の四面体に共有されてそれらをつなぎ止めている酸素である（**図1.52**(a)）．この酸素は，半分は1個のSiに，残りの半分はもう1個のSiに所属しているとみなされる．すなわち，正味のSi：O比を見積もるとき，架橋酸素は1/2と勘定する．非架橋酸素とは**図1.52**(b)に示すように，1個のSiまたは1個のケイ酸塩四面体だけに結合した酸素のことをいう．末端酸素（terminal oxygen）ということもできよう．電荷のバランスをとる必要から，非架橋酸素も結晶構造中にある別の陽イオンと結合していなくてはならない．全体のSi：O比を見積もるとき，非架橋酸素は1と勘定する．

　ケイ酸塩の結晶構造中における全体のSi：O比は，架橋酸素と非架橋酸素の比に依存する．いくつかの例を**表1.27**に示す．表に示した例はいずれも単純で，その化学組成から直接ケイ酸イオンの型を導き出せる．

　もっと複雑な例も数多くある．これらでは，その組成から詳しい構造を推測することはできないが，そのケイ酸イオンがどの型に近いかは予測することができる．例えば，$Na_2Si_3O_7$は，Si：O比が1：2.33である．このことはSiO_4四面体あたり4個あるOのうち，平均2/3個が非架橋酸素であることに相当する．つまりこの構造では，あるSiO_4四面体はすべて架橋酸素からできており，残りの四面体では非架橋の酸素が1個含まれていることがはっきりとわかる．したがって，このケイ酸イオンの構造は，無限層と三次元骨格の間に位置するとみなすことができる．事実，この構造は無限の二重層構造をとるケイ酸イオンを含んでおり，そこでは全体の2/3のケイ酸塩四面体が非架橋酸素を1個含んでいる．

　Alが存在すると，組成とケイ酸イオン構造の関係がもっと複雑になる．Alは四面体位置のSiと置き換わることも，八面体位置を占有することもある．アルバイト（albite：曹長石）$NaAlSi_3O_8$やアノ

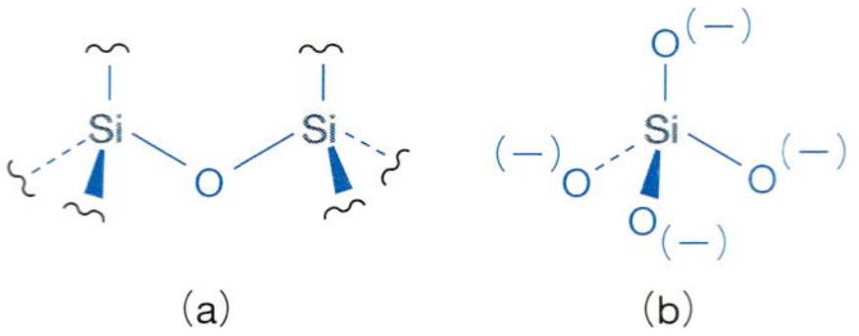

第 1 章　結晶構造と結晶化学

図 1.52　(a) 架橋酸素をもつケイ酸イオン，(b) 非架橋酸素をもつケイ酸イオン．

表 1.27　ケイ酸イオンの構造と組成式の関係

Si : O 比	Si あたりの酸素数		ケイ酸イオンの形状	化合物例
	架　橋	非架橋		
1 : 4	0	4	孤立 SiO_4^{4-}	Mg_2SiO_4 (olivine)，Li_4SiO_4
1 : 3.5	1	3	二量体 $Si_2O_7^{6-}$	$Ca_3Si_2O_7$ (rankinite)，$Sc_2Si_2O_7$ (thortveite)
1 : 3	2	2	鎖状 $(SiO_3)_n^{2n-}$	Na_2SiO_3，$MgSiO_3$ (pyroxene)
			環状 $Si_3O_9^{6-}$ など	$CaSiO_3^a$，$BaTiSi_3O_9$ (benitoite)
			$Si_6O_{18}^{12-}$	$Be_3A_{12}Si_6O_{16}$ (beryl；緑柱石)
1 : 2.5	3	4	層状 $(Si_2O_5)_n^{2n-}$	$Na_2Si_2O_5$
1 : 2	4	0	三次元骨格	SiO_2^b

^{a} $CaSiO_3$ には 2 つの多形がある．1 つは環状の $Si_3O_9^{6-}$ イオンで構成されている．もう 1 つは無限鎖の $(SiO_3)_n^{2n-}$ イオンで構成されている．

^{b} シリカには重要な 3 つの多形がある．石英，トリジマイト(リンケイ石)，クリストバライトの 3 つで，それぞれ異なった三次元骨格構造をもっている．

ルサイト (anorthite；灰長石) $CaAl_2Si_2O_8$ で代表される斜長石 (plagioclase) は，ケイ酸イオンの Si が一部 Al で置き換わった構造をしている．したがって，Al まで含めた (Si + Al)：O 比を考えるのが適当である．いずれも (Si + Al)：O 比は 1：2 になり，三次元骨格構造をもっていることが予想される．骨格構造は，オルソクレース (orthoclase) $KAlSi_3O_8$，カルシライト (kalsilite) $KAlSiO_4$，ユークリプタイト (eucryptite) $LiAlSiO_4$，スポジメン (spodumene) $LiAlSi_2O_6$ にも見られる．

　雲母や粘土鉱物のような多くの層状構造をもつ鉱物でも，Si への Al の置換が見られる．鉱物のタルク (talc；滑石) は $Mg_3(OH)_2Si_4O_{10}$ の組成をもっている．Si：O 比は 1：2.5 なので，この構造は無限のケイ酸塩層からなる．雲母鉱物のフロゴパイト (phlogopite；金雲母) では，タルクの 1/4 の Si が Al と置き換わっており，電気的中性を保つため K^+ イオンが余分に取り込まれている．したがって，フロゴパイトの組成は $KMg_3(OH)_2(Si_3Al)O_{10}$ となる．タルクとフロゴパイトでは，ケイ酸塩層の間にできる八面体位置を Mg が占めている．K は，12 配位位置を占めている．

　モスコバイト (muscovite；白雲母) $KAl_2(OH)_2(Si_3Al)O_{10}$ はもっと複雑である．構造はフロゴパイトと同じで，$(Si_3Al)O_{10}$ の組成の無限層からできている．しかし，残りの 2 個の Al^{3+} イオンはフロゴパイトの 3 個の Mg^{2+} イオンと置き換わっていて，八面体位置を占めている．習慣上，四面体位置のケイ素と置き換わったイオンだけを縮合ケイ酸イオンの構成部分と考える．したがって，八面体の Al^{3+} イオンは形式上，表 1.27 のアルカリ金属やアルカリ土類金属イオンと同類の陽イオンとみなされる．

　いくつかの例を除けば，ケイ酸塩構造は *cp* 配列を用いて記述することはできない．しかし，ケイ酸イオンという構成要素を考えることで，非常に多様なケイ酸塩構造を記述・分類することができるので，問題はない．Si–O 結合は強力な共有結合的な結合であるのでケイ酸イオンは安定であり，その安定性がケイ酸塩化合物に見られる多くの性質に寄与している．

　ケイ酸塩の結晶構造に関しては，多くの例が Companion Website の「CrystalViewer Structures」の項で閲覧できる．ケイ酸イオンを見やすくするために，残りの陽イオンを隠すこともできる．そうすれば，組成式中の Si：O 比と架橋酸素，非架橋酸素の数の関係に一貫性があるかを調べられるだろう．

第2章　結晶の欠陥，非化学量論性および固溶体

2.1 ■ 完全結晶と不完全結晶

　完全結晶(perfect crystal)では，そのすべての原子は格子の正規位置に止まった状態で存在している．そのような完全結晶は絶対零度でしか存在し得ない仮想的な状態で，実際の温度域では，結晶はすべて不完全である．原子は振動していて(それも欠陥(defect)の1つとみなせるが)，さらに多くの原子が，正規の位置とは異なる場所に必ず存在する．高純度のダイヤモンドや水晶のような結晶では，欠陥の数はきわめて少なく，1%よりずっと小さい．一方，高い濃度の欠陥をもつ結晶も存在する．高濃度の欠陥をもつ結晶では，欠陥自体が構造形成に根本的な働きをしていて，理想構造の不完全形とみなすのは適当ではないとの考え方も生まれる．

　欠陥の存在はある濃度までは自由エネルギーを減少させるため，結晶には必ず欠陥が存在する(図2.1)．例えば，完全結晶の陽イオン位置に欠陥を1個作るとき，自由エネルギーがどう変わるかを考えてみよう．欠陥を作るためにはある量のエネルギー，すなわち生成エンタルピー ΔH が必要になる．しかし一方で，欠陥が生じうる位置は非常にたくさんあるので，欠陥を生じる可能性のある位置の数に応じたかなりの大きさのエントロピーの増加 ΔS がもたらされる．結晶に1モルの陽イオンが含まれていれば，およそ 10^{23} 個の位置に欠陥が生じる可能性がある．こうして得られるエントロピーは**配置エントロピー**(configurational entropy)といわれ，**ボルツマンの式**(Boltzmann equation)から次のようになる．

$$S = k \ln W \tag{2.1}$$

ここで，確率 W は欠陥を生じる位置の組み合わせの数(上の例では 10^{23})に比例する．値は小さいが，欠陥の近傍における結晶構造の揺らぎによるエントロピー変化も生じる．エントロピーがこのように増加することで，欠陥を形成するために必要なエンタルピーとエントロピーによる利得が相殺され，さらにエントロピーの方が大きい状態に変わる．したがって，次式で表される生成自由エネルギーは減少することになる．

$$\Delta G = \Delta H - T\Delta S \tag{2.2}$$

　さらにもっと欠陥を増やし，例えば陽イオン位置の10%が空孔であるような極端な場合を想定しよう．この場合，すでに陽イオンの占有位置と欠損位置が十分に不規則化して配列しているので，さらに欠陥が導入されてもエントロピーは大きくは変化しない．多量の欠陥を作るのに必要なエネルギーが，その欠陥形成により得られるエントロピーによる利得よりも大きくなってしまうため，高い欠陥濃度をもつ結晶は不安定になる．実際の大部分の物質は上記2つの極端な場合の中間にある．**図2.1**に示す生成自由エネルギーの極小値の位置は，熱力学的平衡状態で存在する欠陥の濃度を表している．

　上の例は単純化された解釈だが，結晶が不完全な状態でしか存在しない理由を説明できる．さらに，平衡状態での欠陥の数が温度の上昇とともに増えることも理解できる．ΔH と ΔS の値が温度に対し

第 2 章　結晶の欠陥，非化学量論性および固溶体

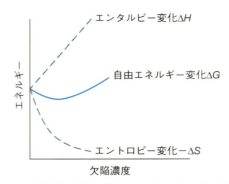

図 2.1　完全結晶に欠陥が導入された際のエネルギー変化．

表 2.1　イオン性結晶に見られる主な点欠陥

結晶	結晶構造	支配的な欠陥
アルカリハロゲン化物（Cs は除く）	岩塩（NaCl）構造	ショットキー
アルカリ土類金属の酸化物	岩塩構造	ショットキー
AgCl，AgBr	岩塩構造	陽イオンフレンケル
Cs のハロゲン化物，TlCl	塩化セシウム（CsCl）構造	ショットキー
BeO	ウルツ鉱（ZnS）構造	ショットキー
アルカリ土類金属のフッ化物，CeO$_2$，ThO$_2$	蛍石（CaF$_2$）構造	陰イオンフレンケル

て一定であるとすると，$-T\Delta S$ は温度とともに大きくなり，自由エネルギーが極小となる欠陥濃度が高い方へ移動するためである．

　結晶に存在しうるあらゆる種類の欠陥について，図 2.1 と同じような曲線を描くことができる．それらの曲線の違いは，生成自由エネルギーの極小値が現れる欠陥濃度である．もっともよく現れる欠陥がもっとも生成しやすい欠陥，すなわちもっとも小さい ΔH をもつ欠陥で，その生成自由エネルギーの極小値はもっとも高い欠陥濃度で現れる．NaCl では原子位置に空孔が生じる欠陥がもっとも生成しやすく（ショットキー欠陥），AgCl では逆に**格子間位置**（interstitial[訳注1]）に原子が入る欠陥（フレンケル欠陥）が支配的になる．**表 2.1** には，さまざまな無機物質に見られる特徴的な欠陥の型を示した．

2.2 ■ 欠陥の型：点欠陥

　欠陥の分類に関してはさまざまな方法が提案されてきたが，完全に満足できるものはない．例えば，欠陥が導入されても結晶の組成は変わらない**化学量論性欠陥**（stoichiometric defect）と，組成の変化を生じる**非化学量論性欠陥**（non-stoichiometric defect）の 2 種類の系列に分けることがある[訳注2]．なお，化学量論性欠陥と非化学量論性欠陥はそれぞれ，**内因性欠陥**（intrinsic defect）および**外因性欠陥**（extrinsic defect）とよばれることもある．

　一方，欠陥の形や大きさで分類することもできる．**点欠陥**（point defect）は，原子の空孔や格子間原子などの，1 つの原子や位置のみが関係する欠陥である（もちろん，その欠陥を直接取り囲んでい

[訳注1]　第 1 章で詳しく述べられているが，ここでいう interstitial とは結晶中で原子が配列してつくられる空の四面体や八面体などの隙間の位置のことである．「格子間」という用語がよく使われる．

[訳注2]　「stoichiometry」は日本語では「化学量論」といわれる．化学一般の定量的な関係を扱う分野の用語である．化合物の原子数比が定比例の法則から逸脱しているような場合には「non-stoichiometry」といわれ，非化学量論(性)，不定比(性)，ノンストイキオメトリーなどと訳される．本書では，stoichiometry には「化学量論」，non-stoichiometry には「非化学量論」という用語を当てはめることにする．

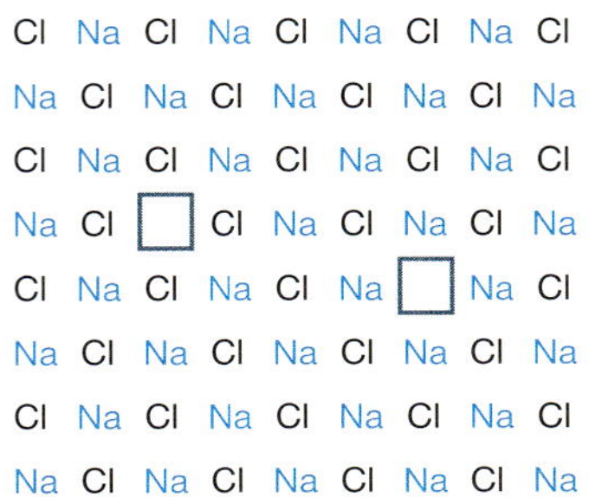

```
Cl Na Cl Na Cl Na Cl Na Cl
Na Cl Na Cl Na Cl Na Cl Na
Cl Na Cl Na Cl Na Cl Na Cl
Na Cl □ Cl Na Cl Na Cl Na
Cl Na Cl Na Cl Na □ Na Cl
Na Cl Na Cl Na Cl Na Cl Na
Cl Na Cl Na Cl Na Cl Na Cl
Na Cl Na Cl Na Cl Na Cl Na
```

図 2.2 陽イオンと陰イオンの空孔をともなったショットキー欠陥の二次元表示.

る原子もいくぶん影響を受ける). **線欠陥**(line defect)あるいは**転位**(dislocation)といわれる欠陥は, 二次元面では実質上, 点欠陥であるが, 三次元空間では広範囲にあるいは無限に続いている. **面欠陥** (plane defect)では, 結晶中のある層全体が欠陥である. 点欠陥以外のすべての欠陥を表すのに, **複合欠陥**(extended defect)という呼び方が使われることもある.

ここでは, 点欠陥の説明から始める. これらは, ショットキー(Schottky), フレンケル(Frenkel), ワグナー(Wagner)などの研究者が, 1930 年代に行った研究によって提唱された欠陥である. 実は, これらが実際に存在することが実験的に証明されたのは, 何十年も後のことである.

2.2.1 ■ ショットキー欠陥

ショットキー欠陥(Schottky defect)はハロゲン化物や酸化物のようなイオン性固体に見られる化学量論性欠陥で, 陰イオン空孔と陽イオン空孔が対として生成する. 空孔ができることの補償として, 1つのショットキー欠陥に対して, 2 個の原子が結晶表面に追いやられることになる. ショットキー欠陥はアルカリハロゲン化物に見られる重要な点欠陥で, **図 2.2** に例として NaCl の場合について示す. 局所的な電気的中性を保つ必要性から, 陽イオンと陰イオンの空孔の数は同じでなければならない.

欠陥は, 結晶中に不規則に分布する場合もあるし, 対や大きなクラスター(集合体)を形成することもある. 欠陥は有効電荷をもっているために会合する傾向があり, 反対の電荷をもった空孔どうしが互いに引き合う. NaCl に生じた陰イオン空孔は正味 +1 の電荷をもっている. その空孔は正電荷をもった 6 個の Na^+ イオンに囲まれており, 正の電荷がそれぞれの Na^+ イオンに, 一部打ち消されずに残るためである. −1 の電荷をもつ陰イオンをこの空孔に置くことで, 局所的な電気的中性が回復するので, 陰イオン空孔は +1 の電荷をもっていると言い換えることができる. 同様に, 陽イオン空孔は正味 −1 の電荷をもっている. この空孔対を解離するには, NaCl の会合エンタルピー 1.30 eV(約 120 kJ mol^{-1})に相当するエネルギーが必要である.

NaCl 結晶に存在するショットキー欠陥の数が多いか少ないかは, 見方によって異なる. 室温では一般に, 欠陥の数は 10^{15} 個の陽イオンと陰イオン位置に対して 1 個である. X 線回折法で NaCl の全体構造を決定しようとする場合は, ほとんど関係のない量である. しかし, 重さ 1 mg の塩の粒(ほぼ 10^{19} 個の原子が含まれる)には, 約 10^4 個のショットキー欠陥が含まれ, これは決して無視できる量ではない. たとえ存在量は少なくても, 欠陥は, さまざまな性質に影響を与える. ショットキー欠陥は, NaCl の光学的性質および電気的性質と関連性が大きい.

2.2.2 ■ フレンケル欠陥

フレンケル欠陥(Frenkel defect)は, 格子位置に存在していた原子が, 通常は空である格子間位置に移動してできる化学量論性欠陥である. AgCl(これも岩塩構造をもつ)では主にこの欠陥が見られ

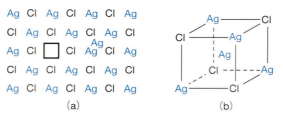

図2.3 (a) AgCl のフレンケル欠陥の二次元表示．(b) Ag と Cl のそれぞれが四面体配位をしている格子間位置．

る．図2.3(a)は，Ag$^+$イオンが格子間位置に存在している様子を示している．その格子間位置の形態を図2.3(b)に描いた．格子間位置のAg$^+$イオンは4個のCl$^-$イオンからなる四面体に取り囲まれているが，同じ距離にある4個のAg$^+$イオンからなる四面体にも取り囲まれている．よって格子間のAg$^+$イオンは8配位であり，4個のAg$^+$と4個のCl$^-$が最近接イオンである．おそらく格子間のAg$^+$イオンと隣接する4個のCl$^-$イオン間にはいくらか共有結合的な相互作用があるために，この格子欠陥が安定化し，AgClではショットキー欠陥でなく，フレンケル欠陥が生じやすいのであろう．一方，より硬いイオンであり，より陽イオン性であるNa$^+$イオンは，4つのNa$^+$イオンからなる四面体に囲まれるこの位置には入らない．そのため，NaClではフレンケル欠陥はまったく生じない．

フッ化カルシウムCaF$_2$も主にフレンケル欠陥をもっており，陰イオンのF$^-$が格子間位置を占める．この格子間位置（空の立方体）がどのようなものなのかは，図1.34に見ることができる．蛍石構造と逆蛍石構造も同様なフレンケル欠陥をもっていて，逆蛍石構造のNa$_2$OではNa$^+$イオンが格子間位置に入る．

ショットキー欠陥と同様，空孔と格子間原子は逆の（正味）電荷をもっているので，互いに引き合って対をつくる．この対は電気的には中性であるが双極子になっていて，別の双極子と引き合ってより大きい集合体（クラスター）を形成する．こうしたクラスターは，非化学量論化合物の結晶中において組成の異なる相が析出するときに，生成核として働くことがある．

2.2.2.1 ■ 結晶中の欠陥に関するクレーガー・ビンクの表記法

点欠陥，欠陥が生じる位置，欠陥上の有効電荷などを議論する際，クレーガー（Kröger）とビンク（Vink）によって開発された表記法はたいへん便利で役に立つ．各々の欠陥は次に示す3種類の記号の組み合わせで表される．

- 関係する原子の元素記号．その位置の元素が欠損している場合は V．
- 正味の電荷を表す上付き文字．
  - $\cdot$：$+1$ の電荷を表す．
  - x：中性，すなわち電荷がゼロの場合を表す．
  - $'$：-1 の電荷を表す．
- 結晶中での欠陥位置の種類を示す下付き文字．格子間位置の場合は i，結晶表面位置の場合は s．

以下に例を示す．

V'_{Na}：Na$^+$イオンの欠損（NaCl 結晶など），正味電荷 -1

$V^{\cdot}_{\text{Cl}}$：Cl$^-$イオンの欠損（NaCl 結晶など），正味電荷 $+1$

Na^x_{Na}, Cl^x_{Cl}：正規位置にいる Na$^+$ と Cl$^-$ イオン，正味電荷 0

$Cd_{Na}^{\bullet}$：Na 位置に入った Cd^{2+} イオン，電荷 $+1$

$Ag_i^{\bullet}$：AgCl などの格子間位置に存在する Ag^+ イオン，電荷 $+1$

F_i'：CaF_2 などの格子間位置に存在する F^- イオン，電荷 -1

2.2.2.2 ■ ショットキー欠陥およびフレンケル欠陥の生成に関する熱力学

ショットキー欠陥とフレンケル欠陥は内因性欠陥である．すなわち，熱力学による要請から，純物質にも，ある最低数は必ず存在しなければならない．通常の結晶には，一般に熱力学的な平衡条件から予想される数よりもはるかに多い欠陥が存在する．結晶は高温で作製されるが，高温条件下では，$T\Delta S$ の項が大きくなり，より多くの欠陥が存在するためである（図 2.1）．冷却の過程で，ある程度欠陥は除去されるが，よほどゆっくりと冷却しない限り，通常は冷却した温度の平衡条件で存在する濃度よりもはるかに多くの欠陥が存在することになる．

結晶に高エネルギーの放射線を照射することで，過剰な欠陥を意図的に生成させることもできる．高エネルギーの放射線の照射により原子が本来の位置からはじき出されるが，欠陥の除去や再構成などの逆反応はゆっくりにしか起こらない．

点欠陥の平衡関係を研究するには 2 つの方法がある．1 つは統計熱力学による方法で，欠陥のある結晶のモデルに対して完全な分配関数を組み立てる．自由エネルギーは分配関数を単位として表され，それを極小化して平衡条件を求める．この方法は，非化学量論性化合物の欠陥平衡に対しても適用可能である．もう 1 つは，質量作用の法則をこれらの欠陥平衡に適用する方法で，この場合は欠陥の濃度が温度の指数関数で表される．取り扱いが簡単で応用もしやすいので，ここでは後者の方法を用いることにしよう．アルカリハロゲン化物は純粋なものもドープしたものも，比較的簡単に大きな単結晶を作製することができるので，ほとんどの研究がそうしたアルカリハロゲン化物について行われている．これらの結果は，欠陥平衡に対する私たちの理解を大きく促し，酸化物セラミックス材料へ応用する際の助けにもなる．

ショットキー欠陥

NaCl 結晶のショットキー欠陥平衡は，1 対のイオンが結晶内部から空孔を残して表面に移動し，結晶表面に再配置される過程として扱われる．すなわち，

$$Na_{Na} + Cl_{Cl} + V_{Na,s} + V_{Cl,s} \rightleftharpoons V_{Na}' + V_{Cl}^{\bullet} + Na_{Na,s} + Cl_{Cl,s} \qquad (2.3)$$

ここで，V_{Na}'，$V_{Cl}^{\bullet}$，$V_{Na,s}$，$V_{Cl,s}$，Na_{Na}，Cl_{Cl}，$Na_{Na,s}$，$Cl_{Cl,s}$ は，それぞれ陽イオンと陰イオンの空孔，表面にある陽イオンと陰イオンの空孔，陽イオンと陰イオンに占有された通常位置，陽イオンと陰イオンに占有される表面での位置を表している．ショットキー欠陥生成における平衡定数は

$$K = \frac{[V_{Na}'][V_{Cl}^{\bullet}][Na_{Na,s}][Cl_{Cl,s}]}{[Na_{Na}][Cl_{Cl}][V_{Na,s}][V_{Cl,s}]} \qquad (2.4)$$

と表される．ここで，[ ] は濃度を表す．結晶の表面積に変化がなければ，表面の位置の数は変わらない．したがって，表面位置を占めている Na^+ と Cl^- イオンの数も一定である．ショットキー欠陥が生成する際，Na^+ と Cl^- イオンは表面に移動するが，これと同時に，同じ数の新たな表面位置が生成する．（ショットキー欠陥が生成することで，結晶全体の表面積は少し増えなければならないが，これは無視できるほど小さい．）したがって，$[Na_{Na,s}] = [V_{Na,s}]$ と $[Cl_{Cl,s}] = [V_{Cl,s}]$ が成り立ち，式(2.4)は単純化されて

$$K = \frac{[V_{Na}'][V_{Cl}^{\bullet}]}{[Na_{Na}][Cl_{Cl}]} \qquad (2.5)$$

第2章　結晶の欠陥，非化学量論性および固溶体

となる.

　N をそれぞれの種の位置の総数としよう. N_V はそれぞれの種の空孔の数，つまりショットキー欠陥の数である. それぞれの種が占有している位置の数は $N - N_V$ となる. これらを式(2.5)に代入すると

$$K = \frac{(N_V)^2}{(N - N_V)^2} \tag{2.6}$$

となる. 欠陥濃度が低いとすると，

$$N \simeq N - N_V \tag{2.7}$$

と近似できるので，したがって

$$N_V \simeq N\sqrt{K} \tag{2.8}$$

となる. 平衡定数 K は，次式のように温度の逆数に対して指数関数的に依存する.

$$K \propto \exp\left(-\frac{\Delta G}{RT}\right) \tag{2.9}$$

$$\propto \exp\left(-\frac{\Delta H}{RT}\right)\exp\left(-\frac{\Delta S}{R}\right) \tag{2.10}$$

$$= 定数 \times \exp\left(-\frac{\Delta H}{RT}\right) \tag{2.11}$$

したがって

$$N_V = N \times 定数 \times \exp\left(-\frac{\Delta H}{2RT}\right) \tag{2.12}$$

となる. ここで，ΔG，ΔH，ΔS はそれぞれ，1モルの欠陥が生成する際の自由エネルギー，エンタルピー，エントロピー変化である. この式から，ショットキー欠陥の平衡濃度は，温度の上昇とともに増加することがわかる. 一定の温度では，欠陥の生成エンタルピー ΔH が小さいほど，ショットキー欠陥の濃度は高くなる.

　同様の式が，金属のような単原子結晶の空孔濃度に関しても導き出される. この場合，1種類の空孔しかないので，式(2.5)から(2.7)はもっと簡単な形になり，

$$N_V = NK \tag{2.13}$$

となる点が異なる. したがって，式(2.12)の指数項の分母の2は消えてしまう.

フレンケル欠陥

　AgCl でのフレンケル欠陥平衡は，格子中の定位置にある Ag^+ イオンが空の格子間位置へ移動することと関係し，次のように表される.

$$Ag_{Ag} + V_i \; \rightleftharpoons \; Ag_i^{\bullet} + V'_{Ag} \tag{2.14}$$

ここで，V_i と $Ag_i^{\bullet}$ は，それぞれ空および Ag^+ で占有されている格子間位置を示している. 平衡定数は，

$$K = \frac{[Ag_i^{\bullet}][V'_{Ag}]}{[Ag_{Ag}][V_i]} \tag{2.15}$$

となる. N を完全な結晶の格子位置（格子中の Ag の定位置）の数としよう. 占有された格子間位置の数 N_i は

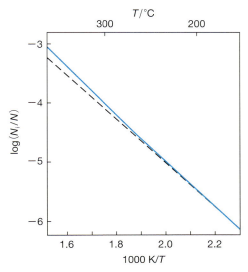

図 2.4 AgCl 中のフレンケル欠陥濃度と温度の関係.
[H. C. Abbink and D. S. Martin, Jr., *J. Phys. Chem. Solids*, **27**, 205–215（1966）より許可を得て転載]

$$[V'_{Ag}] = [Ag_i^\bullet] = N_i \tag{2.16}$$

となる．また，

$$[Ag_{Ag}] = N - N_i \tag{2.17}$$

である．ほとんどの構造に対して，

$$[V_i] = \alpha N \tag{2.18}$$

となる．すなわち，利用されうる格子間位置の数は格子位置の数と単純な関係にある．AgCl では，$\alpha = 2$ である．これは，Ag^+ で占有された八面体位置 1 つあたり，2 個の空の四面体の格子間位置が存在するからである（AgCl など ccp の岩塩構造では，八面体位置の倍の数の四面体位置が存在する）．式(2.15)にこれらを代入すると，

$$K = \frac{N_i^2}{(N - N_i)(\alpha N)} \simeq \frac{N_i^2}{\alpha N^2} \tag{2.19}$$

となる．式(2.9)と(2.19)を合わせると，

$$[V_{Ag}] = [Ag_i^+] = N_i = N\sqrt{\alpha}\exp\left(-\frac{\Delta G}{2RT}\right) \tag{2.20}$$

$$= 定数 \times N \exp\left(-\frac{\Delta H}{2RT}\right) \tag{2.21}$$

となる．フレンケル欠陥でもショットキー欠陥でも指数項の分母に係数 2 が現れる(式(2.21)と(2.12))．これは，それぞれの欠陥あたり，欠陥に関係する位置が 2 つ存在するからである．すなわち，ショットキー欠陥では 2 つの空孔，フレンケル欠陥では 1 つの空孔と 1 つの格子間原子の位置である．したがって，いずれの場合も，欠陥生成に関する全体の ΔH は，これら 2 種類の生成エンタルピーの総和とみなすことができる．

　AgCl 中のフレンケル欠陥の数を実験的に求めたのが**図 2.4** である．この表示方法は**アレニウスの**

式（Arrhenius equation）あるいはボルツマンの式，すなわち式（2.21）を対数変換した

$$\log_{10}\left(\frac{N_i}{N}\right) = \log_{10}(定数) - \left(\frac{\Delta H}{2RT}\right)\log_{10}e \tag{2.22}$$

に基づいている．$1/T$ に対する $\log_{10}(N_i/N)$ のプロットは，傾き $-(\Delta H/2R)\log_{10}e$ をもつ直線になるはずである．高温部でわずかだがはっきりと直線より上にずれてはいるが，AgClにおけるこの実験結果は，アレニウスの式と非常に良く一致している．高温でのわずかなずれを無視すれば，図 2.4 から，空孔と格子間原子の数が温度の上昇とともに急速に増加し，AgClの融点である 456℃ 付近の温度でのフレンケル欠陥の平衡濃度は，0.6% と見積もられる．すなわち，およそ 200 個の Ag^+ イオンのうち，1 個が八面体位置から抜け出し，格子間の四面体位置を占有している．この欠陥濃度は，フレンケル欠陥，ショットキー欠陥にかかわらず，一般的なイオン性結晶が融点直下で生じる欠陥濃度より 1 桁も 2 桁も大きい．AgClでのフレンケル欠陥の生成エンタルピーは約 1.35 eV（1.30 kJ mol^{-1}）で，NaClでのショットキー欠陥の生成エンタルピーは 2.3 eV（およそ 220 kJ mol^{-1}）である．これらの値は，イオン性結晶における典型的な数値である．

図 2.4 において，高温で直線からずれる現象は，互いに逆の電荷をもつ欠陥，例えば AgClにおける空孔と格子間原子の間に長い距離を隔てて働くデバイ・ヒュッケルの引力（Debye-Hückel attractive force）の存在が影響している．この引力が欠陥の生成エンタルピーをいくらか低下させ，その結果，特に高温において，欠陥の数が増加することになる．

2.2.3 ■ 色中心

もっともよく知られている**色中心**（color center）は**図 2.5** に示す F 中心（ドイツ語の Farbenzentre（Farben＝色，Zentre＝中心）に由来する）である．F 中心は陰イオン空孔に捕捉された電子である．F 中心はアルカリハロゲン化物をアルカリ金属の蒸気中で加熱することで得られる．Na 蒸気中で NaCl を加熱すると，Na を取り込んでわずかに非化学量論組成の $Na_{1+\delta}Cl$（$\delta\ll1$）になり，黄緑色に着色する．この反応過程には，取り込まれた Na 原子が結晶表面でイオン化することが関係していると考えられる．生成した Na^+ イオンは結晶表面にとどまるが，イオン化により生じた電子は結晶内へ拡散していき，空の陰イオン位置を占有する．電気的中性を保つためには，同じ数の Cl^- イオンが表面に出て行かなければならない．補捉された電子は，古典量子論における「箱の中の電子」と同じ状態である．この箱の中では，電子は一連のとびとびのエネルギー準位をとる．ある準位から別の準位に遷移するときに吸収されるエネルギーが，可視領域の波長域と重なっているため，F 中心には色が現れる．エネルギー準位の大きさと観測される色はもとの結晶に依存しており，電子の供給源（つまり金属蒸気）とは関係しない．それゆえ，K 蒸気中で加熱した NaCl は，Na 蒸気中で加熱したものと同じ黄色を示すが，K 蒸気中で加熱した KCl は紫色である．

F 中心を生成させる別の方法として，放射線照射がある．一般的な方法で NaCl の X 線回折（XRD）測定を行うと（第 5 章参照），X 線の照射により，試料の NaCl 粉末は黄緑色に変色する．この色の原因も，やはり補捉された電子である．しかしこの場合は，Na^+ が余分に存在する非化学量論性が原因ではない．おそらく，Cl^- イオンの電離が原因であると思われる．

F 中心は，電子を 1 個だけ補捉した状態であるので，その不対電子はスピンをもち，したがって，電子による常磁性モーメントをもつ．このような色中心の研究には，不対電子が検出できる電子スピン共鳴（ESR）分光法が有力な測定手段である（第 6 章参照）．

他にも多くの色中心がアルカリハロゲン化物に見出されている．そのうちの 2 つが，**図 2.6** に示す H 中心と V 中心である．両方とも塩素分子イオン Cl_2^- を含んでいるが，Cl_2^- 分子は H 中心では 1 つの位置を占め，V 中心では 2 つの位置にまたがっている．いずれも，Cl_2^- 分子の軸は〈101〉方向に平

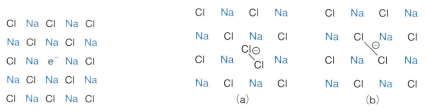

図 2.5　F 中心．陰イオン空孔に電子が捕捉されている．　　図 2.6　NaCl 中の H 中心(a)と V 中心(b)．

行である．V 中心は NaCl に X 線を照射すると生成する．おそらく Cl⁻ イオンが電離して中性の Cl 原子になり，それが隣の Cl⁻ イオンと共有結合をつくって分子となるという生成機構であろう．

アルカリハロゲン化物で見られる他の欠陥中心は以下のとおりである．

(a) F′ 中心：陰イオン空孔に捕捉された 2 つの電子．
(b) F$_A$ 中心：F 中心であるが，最近接の 6 個の陽イオンのうち，1 つが別の 1 価の陽イオンである．例えば，NaCl 中の K⁺ イオン．
(c) M 中心：最近接の F 中心の対．
(d) R 中心：(111)面に存在する 3 つの最近接の F 中心．
(e) M⁺，R⁺，R⁻ 中心など：イオン化あるいは帯電したクラスター中心．

2.2.4 ■ 非化学量論性結晶における空孔と格子間原子：外因性と内因性の欠陥

ショットキー欠陥とフレンケル欠陥は内因性の欠陥で，化学量論組成の結晶で現れる．一方，欠陥は組成の変化により生じることもあり，この場合は外因性の欠陥である．外因性欠陥は，純粋な結晶に異原子価不純物(aliovalent impurity)，すなわちホスト結晶の原子とは異なる価数をもつ原子をドープすることで生成する．例えば，NaCl に CaCl$_2$ をドープすると，Na$_{1-2x}$Ca$_x$V$_{Na,x}$Cl の組成をもつ結晶が得られる．この結晶では，Cl⁻ の ccp 配列は維持されたまま，Na⁺，Ca^{2+}，V$_{Na}$ が八面体の陽イオン位置に分布する．NaCl に Ca^{2+} イオンをドープすることで生じる効果は，陽イオン空孔の数の増加である．このような不純物量で調整できる欠陥が外因性欠陥であり，ショットキー対のような熱的要因で生成する内因性欠陥とは対照的である．

非常に希薄な($\ll 1\%$)欠陥濃度の結晶では，質量作用の法則が適用できる．式(2.5)から，ショットキー欠陥の生成反応の平衡定数 K は，陰イオンと陽イオンの空孔濃度の積に比例する．すなわち，

$$K \propto [V_{Na}][V_{Cl}]$$

となる．いま，Ca^{2+} のような不純物を少しだけ加えても，K の値には影響がないと仮定する．[Ca^{2+}] が増えるにつれて，陽イオンの欠陥濃度は増加するが，K は一定なので，陰イオン空孔の濃度は減少しなければならない．

異なる原子価の不純物をドープした結晶を用いた物質移動や電気伝導度の測定は，点欠陥の平衡に関する研究を進めるための強力な方法となる．NaCl 結晶中の物質移動は空孔の移動によって起こる．実際には，あるイオンが隣にある空孔へ移動し，そのイオンが存在していた位置に新たに空孔が生成するのだが，見かけ上は，空孔が移動しているように見える．電気伝導度の温度依存性と欠陥濃度の解析から，欠陥の生成および移動のエンタルピーのような熱力学的変数を決めることができる．詳しくは第 8 章で述べる．

2.2.5 ■ 欠陥のクラスター(集合体)

高分解能電子顕微鏡やその他のさまざまな測定方法の結果と，コンピュータ計算により作成した

第 2 章　結晶の欠陥，非化学量論性および固溶体

欠陥構造のモデルを比較する方法により，欠陥についてより詳細な研究が行われるようになった．そして，空孔や格子間原子のような一見単純そうな点欠陥も，より大きな欠陥のクラスター(cluster)を形成していて，実際はもっと複雑であることがわかってきた．例として，fcc 構造をもつ金属における格子間原子を考えてみよう．格子間原子の生成により生じる欠陥がもとの構造を乱すことはないと仮定すると，格子間原子は 2 つの格子間位置，すなわち四面体位置と八面体位置を占有できる．しかし，最近の研究から，格子間原子はすぐそばの構造に影響をもたらすことがわかってきた．Pt 金属中に格子間原子として Pt 原子が存在する場合の例を図 2.7 に示す．格子間の Pt は八面体位置にすんなり収まっているのでなく，その中心から 0.1 nm ほどずれて存在している．この格子の面心位置にいた Pt も影響を受け，同じように [100] 方向に移動する．このため，欠陥には 2 つの原子が関与し，両方とも歪んだ格子間位置に存在することになる．この複合欠陥は，**分裂型格子間原子**(split interstitial)または**アレイ型格子間原子**(dumb-bell-shaped interstitial)として知られている．

似たような分裂型格子間欠陥は α-Fe などの bcc 構造の金属にも見られる．格子間原子の「理想的な」位置は立方体面の中点だが，そこから 1 つの頂点に向かって変位する．同時に，その頂点にいた原子も，同じ [110] 方向に，すなわち面対角線に沿って変位する（図 2.8）．

アルカリハロゲン化物の格子間欠陥の正確な構造はわかっていない．アルカリハロゲン化物に多く見られるのはショットキー欠陥であるが，量は少ないながら，格子間原子も存在する．計算によると，格子間位置にそのまま収まる方が優位である物質も，分裂型の格子間原子が生じやすい物質もある．

金属でもイオン性結晶でも，空孔があると，その空孔に隣接する構造にはその空孔の影響を緩和する効果が生じる．金属では，空孔のまわりの原子が内側に向かって数パーセント移動し，空孔のサイズを小さくすることで緩和する．一方，イオン性結晶ではこれと反対の現象が生じ，周辺原子は外側へ向かって移動して，空孔によって生じた静電的な斥力が緩和される．

イオン性結晶の空孔は電荷をもっているので，逆電荷の空孔と互いに引き合ってクラスターを形成しやすい．一番小さいクラスターは，陰イオン空孔と陽イオン空孔の対や，イオン性結晶を構成するイオンとは価数が異なる不純物（例えば NaCl 結晶での Ca^{2+}）と陽イオン空孔の対である．これらの対は全体としては電気的に中性だが，双極子になっているので，互いに引き合ってもっと大きなクラスターを形成しうる．

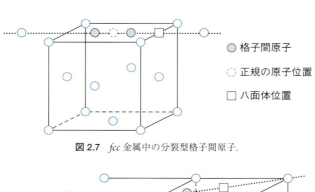

図 2.7　fcc 金属中の分裂型格子間原子．

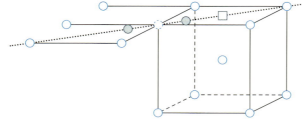

図 2.8　bcc 金属（例えば α-Fe）の分裂型格子間位置（記号は図 2.7 と同じ）．

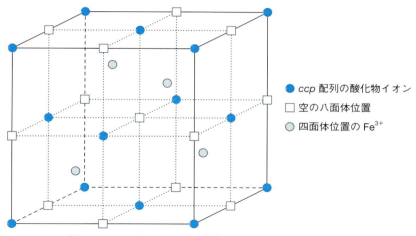

図 2.9 ウスタイト $Fe_{1-x}O$ に存在するとされるコッホクラスター.

 よく研究されていてもっとも理解が進んでいる欠陥系の1つにウスタイト(wüstite)$Fe_{1-x}O$ ($0 \leq x \leq 0.1$)の欠陥系がある．化学量論組成の FeO は，Fe^{2+} イオンが八面体位置を占有する岩塩構造をもっている．非化学量論組成の $Fe_{1-x}O$ は，密度測定の結果から，過剰の酸素が存在しているのではなく，化学量論組成の FeO から鉄が欠損した状態になっていることがわかっている．点欠陥という観点から見ると，その構造式は $Fe^{2+}_{1-3x}Fe^{3+}_{2x}V_xO$ と記述でき，Fe^{2+} と Fe^{3+}，および陽イオン空孔は，酸化物イオンの ccp 配列によってできる八面体位置に無秩序に分布していると予想される．しかし，実際の欠陥構造はこのようにはなっておらず，中性子回折や X 線回折測定の結果から，Fe^{3+} イオンは四面体位置にあって，欠陥のクラスターが形成されることが示されている．

 考えられる構造モデルの1つに，**図 2.9** に示すいわゆるコッホクラスター(Koch cluster)とよばれるものがある．クラスター中の酸化物イオンは全体として ccp 配列をしており，fcc 岩塩構造の単位格子に対応する立方体のすべての陽イオン位置が，クラスター形成に関係している．立方体の稜の中点にある 12 個と，体心にある 1 個の八面体位置がすべて空になっていて，8 個の四面体位置のうちの 4 個が Fe^{3+} イオンを含んでいる(この立方体を 8 個のミニ立方体に分割すると，この四面体位置はミニ立方体の体心位置に相当する)．このクラスターには，M^{2+} 位置の空孔が 13 個(-26)もある一方で，格子間位置にある Fe^{3+} はたった 4 個(+12)だけなので，このクラスターがもっている正味の電荷は -14 である．残りの Fe^{3+} イオンは，クラスターのまわりを取り囲むように八面体位置に分布していて，全体として電気的中性を保っている．x の増加とともに，このようなコッホクラスターの濃度は増加し，したがってクラスター間の平均距離は減少する．中性子散漫散乱測定の結果から，ウスタイト中のクラスターは規則的に配列し，超格子構造を形成することが示唆されている．

 他によく研究されている系として，酸素過剰の二酸化ウラニウム UO_{2+x} がある．X 線回折法では，U の散乱強度が強く，O 位置に関する情報がかき消されてしまうため，この物質を調べるのには不向きである．代わりに，中性子回折法が使われる．化学量論組成の UO_2 は蛍石構造をとり，非化学量論組成の UO_{2+x} は格子間の酸化物イオンをもっていて，**図 2.10** に示すように部分的にクラスターを形成する．UO_2 は蛍石構造なので，酸化物イオンが頂点にある，1 つおきに並んだ空の立方体の中心が格子間位置になる[訳注3]．UO_{2+x} では，格子間酸素が立方体の中心にある格子間位置から [110] 方

[訳注3] 図 1.34(b) は，逆蛍石構造の Na_2O を Na が頂点にあるミニ立方体のつながりで表した図であるが，蛍石構造の UO_2 では，各ミニ立方体の頂点に酸素があることになる．図 1.34(b) の青い立方体の中心に U が存在し，透明な立方体の中心が格子間位置になっている．

第 2 章　結晶の欠陥，非化学量論性および固溶体

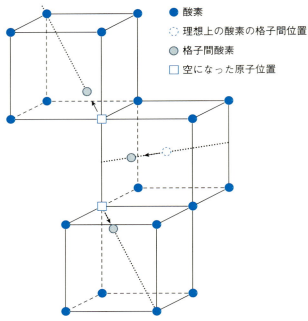

図 2.10　UO_{2+x} の格子間欠陥クラスター．ウラニウムの位置は別の立方体の体心にある（この図では示されていない）．

向に，つまり立方体の稜の中点の 1 つへ向かって位置を変えている．同時に，この移動した格子間酸素と隣り合う 2 個の頂点酸素が，隣接する空の立方体の［1̄11］方向に沿って位置を変える（図 2.10）．こうして，1 個の格子間原子に代わって，3 個の格子間原子と 2 個の空孔を含むクラスターができ上がる．

　ここで，なぜ結晶中の欠陥構造を正確に決定するのが難しいかを述べておく．一般に使われている回折法（X 線，中性子線，電子線）は，結晶の「平均（average）」構造を明らかにするものである．純粋な結晶や欠陥が比較的少ない結晶では，そこから得られた平均構造は真実の構造をほぼ忠実に表している．しかし，欠陥が多い非化学量論組成の結晶では，その平均構造は，欠陥領域の実際の構造を十分には示していない，もしくはまったく誤った表現になっている場合もある．欠陥構造を決めるには，局所構造を検出できる手法を用いる必要がある．局所構造の研究には主に分光学的手法が使われる（第 6 章参照）．不純物原子が分光学的測定に活性なら，不純物原子が占めている位置を決定できる．しかし通常，スペクトルからは，特定の原子のごく近傍の配位環境以外の情報は得られない．したがって，0.5〜2.0 nm の範囲の局所構造に関する情報を与えてくれる技術が必要である．そのような方法はほとんどないが，改良を加えた広域 X 線吸収微細構造（EXAFS）解析や，特に対相関関数（pair distribution function, PDF）が使えそうな望みはある．

2.2.6 ■ 置換原子：規則－不規則転移現象

　結晶性物質では，原子やイオンが対をつくって，それらの位置が入れ替わることがある．特に，2 種類以上の元素を含み，それぞれがある特定の位置を占有している合金によく見られる．同様な状態は 2 種類以上の元素を含むイオン性物質にも見られるが，この場合もやはり，元素はその構造の特定の位置にそれぞれ存在している．入れ替わった原子の数が多い場合，そして特に，その数が温度の上昇とともに大きく増える場合，規則配列から不規則配列の領域へと転移する（**規則－不規則転移現象**；order-disorder transition）．その境界では，それぞれの原子が多量に入れ替わり，特定の位置に収ま

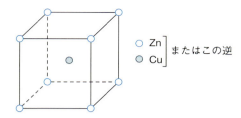

図 2.11 規則配列をした β' 型黄銅 CuZn の単純立方格子.

ろうとする傾向を示さなくなる．こうして，それぞれの原子が収まっていた個別の位置に，いまや原子が無秩序に存在している構造となる．

合金では，本質的に，2種類以上の金属が1つの（ときには複数個の）結晶学的に等価な原子位置に分布している．置換型固溶体（次節参照）はそのような合金の例である．合金では，原子が原子位置に無秩序に分布している不規則配列の状態も，種類の異なる原子がそれぞれの決まった位置に収まっている規則配列の状態も存在する．規則配列の場合には一般に超格子が出現し，X線回折測定では特別なピークが観測される．約450℃以下の温度で，β' 型黄銅 CuZn に見られる規則配列による超構造を図 2.11 に示す．Cu 原子は立方体の体心を占め，Zn 原子は頂点にある．塩化セシウム構造と同じであり，格子の型は単純格子である．同じ組成の合金で不規則配列をもつ β 型黄銅では，Cu と Zn 原子は頂点と体心の位置に無秩序に分布しているため，格子の型は α–Fe と同じ体心格子である．規則配列した β' 型黄銅構造では，長距離の規則配列と超構造を保ったまま，Cu と Zn 原子がある程度入れ替わることが可能である．これは第2章で紹介されている多くの事例の中でも特に興味深い現象である．このような不規則配列は，完全に規則配列した結晶構造の中に導入された欠陥とみなすこともできる．

非金属性の酸化物の構造で陽イオンの入れ替わりが起こる例が，スピネル構造で見られる．詳しくは第1章と第9章を参照してほしい．

2.3 ■ 固溶体

ここまで，化学量論性結晶において内因性欠陥が生じる機構や，ドーパント（不純物）によって外因性欠陥が生じる機構を見てきた．後者の場合，ドーパントは格子間位置に入るか，もとの構造中の原子やイオンと置き換わる．物質中のドーパントの濃度が増えて，およそ 0.1 から 1% 以上となれば，ドープ結晶というよりも**固溶体**(solid solution)といった方が現実に合っている．ただ，この2つの用語は，どちらを使っても意味は同じである．

基本的に固溶体は，組成が連続的に変わりうる結晶相である．ドープ結晶の場合と同じく，単純な固溶体は次の2つの型のうちのどちらかに分類される．1つは**置換型固溶体**(substitutional solid solution)で，母結晶の原子やイオンの位置に，同じ価数の原子やイオンが置き換わることで生成する．もう1つは**侵入型固溶体**(interstitial solid solution)で，固溶した化学種は，もとの原子やイオンを追い出すことなく，もともと空であった位置に入る．これら2つの型が基本ではあるが，置換型と侵入型がともに存在する場合や，価数の異なるイオンが母構造に導入され空孔が生成する場合など，複合化したさまざまな形式の固溶体がつくり出される．まずは，単純な置換型と侵入型の固溶体について見ていこう．

第 2 章 結晶の欠陥，非化学量論性および固溶体

2.3.1 ■ 置換型固溶体

Al_2O_3 と Cr_2O_3 を高温で反応させることで生成する一連の酸化物は，置換型固溶体の例である．両端の Al_2O_3 と Cr_2O_3 はともにコランダム構造をとり（酸化物イオンはほぼ hcp 配列をしており，その八面体位置の 2/3 を Al^{3+} と Cr^{3+} イオンが占めている），固溶体の化学式は $(Al_{2-x}Cr_x)O_3\,(0<x<2)$ と書き表せる．$0<x<2$ では，Al_2O_3 で Al^{3+} イオンが占めている八面体位置を，Al^{3+} と Cr^{3+} イオンが無秩序な分布で占有している．すなわち，どの占有位置にも Cr^{3+} か Al^{3+} が存在するが，その確率は組成 x に依存する．すべて位置の占有率が平均化されている場合の全体的な構造を考えるときには，性質や原子番号，原子の大きさなどが Al^{3+} と Cr^{3+} の中間的な値である「平均的な陽イオン」によって，八面体位置が占有されていると考えるとよい．

Al_2O_3–Cr_2O_3 固溶系は，単純な置換型固溶体の良い例であるだけでなく，ドープや固溶体形成でいかにその性質が劇的に変化しうるかを示す良い例でもある．Al_2O_3 は白色の絶縁性の固体である．Al^{3+} にほんの少しの（$<1\%$）Cr^{3+} を置換すると，その色は明るい赤色に変わる．この組成は宝石のルビーに相当する．ルビーはレーザー動作の原理が初めて示された物質である．このような少量の混入物が，なんと劇的な効果をもたらすのだろうか！　ところが，ルビーの赤い色は（レーザー動作も），Cr^{3+} をたくさん入れると消えてしまう．この場合，固溶体は Cr_2O_3 の緑色になる．

単純な置換型固溶体がある範囲をもって形成されるには，満たす必要のある要件がいくつかある．第一に，互いに置換し合うイオンは同じ電荷をもっている必要がある．そうでなければ，電気的中性を維持するために，空孔形成や格子間原子の導入などの構造変化が生じてしまう．このような場合については後で議論する．

第二に，互いに置換し合うイオンの大きさはかなり近くなければならない．金属合金の作製に関する実験データを総合すると，置換し合う原子の半径差が 15% 以内というのが，置換型固溶体が形成される許容範囲と考えられる．一方，非金属系の固溶体では，許容されうる半径差が 15% よりも大きいようである．しかし，定量的にそれを決めるのは難しい．その理由は，1 つにはイオンの大きさを数値的に定めるのが難しいため（第 3 章のイオン半径の議論を参照），もう 1 つは，固溶体の形成は温度に大きく依存するためである．高温では広い範囲で固溶体が生成するが，低温になると狭い範囲に限られる，あるいは，まったく形成されない場合もある．

温度の上昇とともに固溶域が広がる理由は，簡単な熱力学で説明される．固溶体が安定に存在するためには，同じ組成比について，固溶体の自由エネルギーが，固溶体にならずに混合物になっている系の自由エネルギーより低くなければならない．式(2.2)より，自由エネルギーはエンタルピー項とエントロピー項に分けられる．ここで，それぞれが固溶体形成に及ぼす効果を考えてみよう．エントロピー項は常に固溶体形成に有利に働く．これは，2 種類の異なる陽イオンが，結晶構造中の占有位置に無秩序に分散することで得られるエントロピーの方が，両端の 2 つの相を混合して，同じ組成比の混合相をつくることで得られるエントロピーよりはるかに大きいためである．エンタルピー項は固溶体形成に有利に働く場合もそうでない場合もある．固溶体の生成エンタルピーが負であれば，エンタルピー項もエントロピー項も固溶体生成に有利に働き，すべての温度で固溶体は安定に存在する．固溶体の生成エンタルピーが正の値であれば，エンタルピーの効果とエントロピーの効果が競合することになる．低温では，自由エネルギーに対するエンタルピーの寄与が大きいので，広い固溶域は形成されない．温度が上昇するにつれて $T\Delta S$ 項が大きくなり，正のエンタルピー項に打ち勝つほどの高温に達すると，固溶体形成が優勢となる．

固溶体形成において，互いに置換し合うことができるイオンとできないイオンについて見ていこう．有意な比較をするためには，同じイオン半径表を一貫して用いる必要がある．ここでは，八面体配位

のイオンに関するシャノン（Shannon）とプルウィット（Prewitt）のイオン半径表を用いることにしよう（図 3.3 参照）．酸化物イオンの半径 0.126 nm を基準にして，1 価のアルカリ金属および銀イオンのイオン半径は，Li : 0.088, Na : 0.116, Ag : 0.129, K : 0.152, Rb : 0.163, Cs : 0.184 nm となる．K^+ と Rb^+ あるいは Cs^+ と Rb^+ のそれぞれのイオン半径の差はそれぞれ 15% 以内に収まっており，例えば Rb と Cs からなる塩は広く固溶体を形成する．Na と K からなる塩では，固溶体を形成する場合もある（特に高温において：KCl と NaCl の系では 600℃）が，K^+ イオンは Na^+ イオンより約 30% 大きい．しかし，Li^+ と K^+ のイオン半径の差は大きすぎるため，通常この 2 つのイオンが固溶体をつくって互いに置換し合うようなことはない．Ag^+ は Na^+ とほぼ同じ大きさのイオン半径をもっており，一般に Na と Ag からなる塩は固溶体を形成する．

　八面体配位の 2 価イオンのイオン半径の例をあげると，Mg : 0.086, Ca : 0.114, Sr : 0.130, Ba : 0.150, Mn : 0.096（高スピン），Fe : 0.091（高スピン），Co : 0.088（高スピン），Ni : 0.084, Cu : 0.087, Zn : 0.089, Cd : 0.109 nm である．一般に，Mn から Zn の 2 価の遷移金属イオンは互いに置換し合って，固溶体を形成する．これらのイオン半径には，それほど大きな差がないためである．Mg も一般に，これらの遷移金属イオンと固溶体を形成するが，Ca は固溶体を形成しない．これは，Ca はこれらの遷移金属イオンに比べて 20〜30% も大きいためである．同じような考察は 3 価のイオンにも適用できる．一般に，似たような大きさをもつ Al, Ga, Fe, Cr（0.067〜0.076 nm）は互いに置換し合う．多くのランタノイドの 3 価イオン（0.099〜0.120 nm）にも同様のことがいえる．

　まとめると，大きさの近いイオン（例えば，Zr^{4+} の 0.086 と Hf^{4+} の 0.085 nm）は互いに置換しやすく，全温度領域にわたり広い固溶域で安定な固溶体を形成する．同じような大きさをもつイオンが混ざり合うことにより生じるエンタルピーは小さいと思われるので，固溶体を形成する駆動力は，エントロピーの増大である．大きさの差が 15〜20% 以下であるイオンどうしは，エントロピー項が正のエンタルピー項を相殺できるような高温域であれば，固溶体を形成するだろう．大きさの差が 30% よりも大きければ，固溶体の形成は期待できない．

　固溶体ができるかどうかを考える際，両端の物質の結晶構造が重要な因子となる．完全固溶が生じる系は，両端の構造が同じであることが必須である．しかしながら，逆は必ずしも真ではない．つまり，同じ構造であるというだけで，互いに固溶体をつくるということにはならない．LiF と CaO はともに岩塩構造であるが，固溶体はつくらない．

　Al_2O_3 と Cr_2O_3 の間のような，すべての領域で固溶体をつくる好都合な場合もあるが，部分的な領域，あるいはごく限られた領域で固溶体が形成される場合の方がごく一般的である．そのような場合，両端の物質の構造は同じである必要はない．例えば，Mg_2SiO_4（フォルステライト，苦土かんらん石：オリビンの一種）と Zn_2SiO_4（ウイレマイト（willemite）：ケイ亜鉛鉱）は，結晶構造は異なっているものの，互いに 20% ほど溶け合って固溶体をつくる．フォルステライト側の固溶体

$$Mg_{2-x}Zn_xSiO_4$$

では，八面体配位をしている Mg^{2+} が Zn^{2+} と置換している．一方，ウイレマイト側の固溶体

$$Zn_{2-x}Mg_xSiO_4$$

では，四面体配位をした Zn^{2+} の位置に，Mg^{2+} が部分的に置換している．このような固溶体形成が可能なのは，Mg^{2+} と Zn^{2+} も同じような大きさのイオンで，四面体位置にも八面体位置にもどちらも問題なく収まってくれるからである．

　特に遷移金属イオンの中には，ある特定の対称性をもつ配位位置や配位数をとる傾向を強く示すイオンがある．Cr^{3+} はほとんど常に八面体位置で見られるが，一方で，ほぼ同じ大きさの Al^{3+} は四面

体位置も八面体位置もともに占めることができる．このような配位指向性があると，固溶体が形成しない場合もある．例えば，LiCrO₂ は八面体位置に Cr³⁺ が存在し，その位置の一部が Al³⁺ で置き換わった固溶体

$$\text{LiCr}_{1-x}\text{Al}_x\text{O}_2$$

をつくる．しかし，これと逆の置換による固溶体は形成しない．LiAlO₂ では Al³⁺ は四面体位置をとるが，Cr³⁺ は決して四面体位置に収まらないからである．

　ケイ酸塩とゲルマニウム酸塩はしばしば同じ結晶構造をとり，Si⁴⁺ ⇌ Ge⁴⁺ の相互置換により固溶体を形成する．ランタノイド元素は大きさが似通っているので，例えばその酸化物どうしで固溶体をいとも簡単につくってしまう．実際，この固溶体をつくりやすいという性質のために，昔の化学者にとってランタノイド元素を分離するという作業は，きわめて困難であった．

　陰イオンも，AgCl-AgBr 固溶体のように，互いに置換して置換型固溶体をつくるが，陽イオンの置換ほど頻繁には見られない．おそらく，同じような大きさ，および同じような配位や結合の条件をもつ陰イオンの組み合わせがあまりないためだろう．一方，多くの合金は置換型固溶体をつくる．例えば，黄銅は，一般式 Cu₁₋ₓZnₓ で表される広い組成範囲にわたって Cu と Zn が置換し合う．

2.3.2 ■ 侵入型固溶体

　多くの金属は，特に H, C, B, N などの小さな原子と侵入型固溶体をつくる．固溶体中において，これらの原子は，ホスト金属内の空の格子間位置に入っている．Pd は大量の H₂ ガスを「吸蔵(occlude)」する能力があることでよく知られている．得られる水素化物は侵入型固溶体 PdH$_x$ ($0 \leq x \leq 0.7$) で，H 原子が *fcc* 構造の Pd 金属の格子間位置を占めている．

　工業技術的な面でもっとも重要な侵入型固溶体は，おそらく *fcc* 構造の八面体位置に C が入った γ-Fe であろう．この固溶体は鉄鋼業の出発物質である．なぜ C が γ-Fe に溶けて，*bcc* 構造の α-Fe には溶けないのかを考察すると，侵入型固溶体を形成できる結晶構造がどのような特徴をもつかがわかる．

　鉄には，3 種類の多形構造がある．910℃ 以下で安定な *bcc* 構造の α 型，910 と 1400℃ の間で安定な *fcc* 構造の γ 型，そして再び *bcc* 構造の 1400℃ から融点の 1530℃ で安定な δ 型である．γ 型は最大で約 2.06％ の C を取り込むことができるが，α 型や δ 型はそれぞれ最大で 0.02 wt％ と 0.1 wt％ しか溶かすことができない．

　fcc 構造の γ-Fe は α 型構造より密に充填しており，格子間位置の数は少ないが，隙間のサイズは大きい．この 2 つの多形の単位格子を図 2.12 に示す．この図には，α-Fe の面心にある八面体の格子間位置と，γ-Fe の体心にある八面体の格子間位置も示す．Fe-C 距離，つまり格子間位置の大きさは，

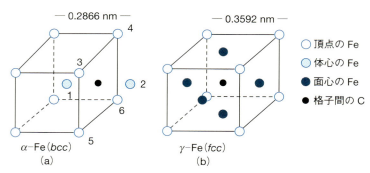

図 2.12　(a) α-Fe と (b) γ-Fe における炭素の格子間位置．

γ–Fe の方が α–Fe よりも大きい．α–Fe における格子間位置は次の計算から示されるように大きく歪んでいる．まず，立方体の α–Fe 単位格子の稜の長さは 0.2866 nm である．したがって，α–Fe 中の 2 つの Fe–C は，隣どうしの格子の体心にある Fe 間の距離の半分になるので（図 2.12(a)），$a/2 =$ 0.1433 nm となる．残りの 4 本の Fe–C は，C を含む面の頂点にある 3 から 6 の Fe 原子との距離なので，$a\sqrt{2}/2 = 0.203$ nm である．一方 γ–Fe では，図 2.12(b) に示すように，C が収まっている Fe の八面体に歪みはなく，Fe–C 距離は $a/2 = 0.1796$ nm となる．この値は室温での値である．900℃ での結合距離は，これより数パーセント大きくなっているはずで，例えば Fe_3C における Fe–C 距離 0.189～0.215 nm から予想される値とほぼ同じになると考えられる．α–Fe において最短である 2 つの Fe–C 距離 0.1433 nm は短すぎるため，C 原子には不向きな格子間位置になっている．

2.3.3 ■ さらに複雑な固溶体形成機構：異原子価置換

これまでは，原子を置換する，あるいは，格子間位置に入るという単純な固溶体形成機構について議論してきた．後者の例として金属の系を取り上げたが，当然，Fe の中に C が，あるいは Pd の中に H が侵入することで，化学結合の変化がともなうはずである．したがって，侵入型固溶体の形成は，1 つのイオンが同じ電荷をもった別のイオンと単純に置き換わることによる置換型固溶体の形成と比べれば，はるかに複雑である．ここでは，これまでとは異なるより広い観点から固溶体を眺めてみよう．

置換型固溶体は大まかに 2 つのタイプに分けることができる．すなわち，同一原子価（homovalent）の置換と，異なる原子価（heterovalent, aliovalent）の置換である．同一原子価の置換では，同じ原子価のイオンで置換される．$Al_{2-x}Cr_xO_3$（$0 < x < 1$）の例でわかるように，電荷バランスを保つためにさらに何かを変える必要はない．

異原子価イオンが固溶した固溶体では，もとのイオンは異なる電荷をもつ別のイオンと置換される．この場合は，空孔や格子間原子が関係するイオンによる補償（ionic compensation）や電子やホールが関係する電子による補償（electronic compensation）が必要となる．イオンによる補償では，図 2.13(a) にまとめるように，陽イオン置換に 4 種類の可能性がある．同様の図は陰イオンについても描けるが，O^{2-} と同等の大きさの陰イオンは F^- と N^{3-} の 2 種類しかないので，あまり一般的ではない．

2.3.3.1 ■ イオンによる補償の機構

1. 陽イオン空孔の生成

置換される母構造中の陽イオンが置換する陽イオンの価数より低い電荷をもっていると，母構造中の別の陽イオンが取り除かれ，空孔が生成する．例えば，NaCl は少量の $CaCl_2$ と固溶するが，2 個の Na^+ イオンが 1 個の Ca^{2+} イオンと置き換えられると，1 個の Na^+ 位置が空孔になる．組成式は

$$Na_{1-2x}Ca_xV_xCl$$

となる．実験結果から，例えば 600℃ では，$0 < x < 0.15$ である．Ca^{2+} イオン，陽イオン空孔，もとの Na^+ イオンは岩塩構造の八面体位置に統計的に分布している．実際には，置換した Ca^{2+} イオンの位置は +1 の余分の電荷をもっており，−1 の正味電荷をもつ Na^+ の空孔を引き寄せるので，局所的な欠陥の配列が生じている可能性がある．ショットキー欠陥が対をつくるように会合するのと，ちょうど同じである．

このような異なる電荷のイオンが組み合わさった固溶体の例は，数えられないほど多く存在する．スピネル $MgAl_2O_4$ の四面体位置にある 2 価の Mg^{2+} イオンは，Mg^{2+} の 2/3 倍の Al^{3+} イオンによって

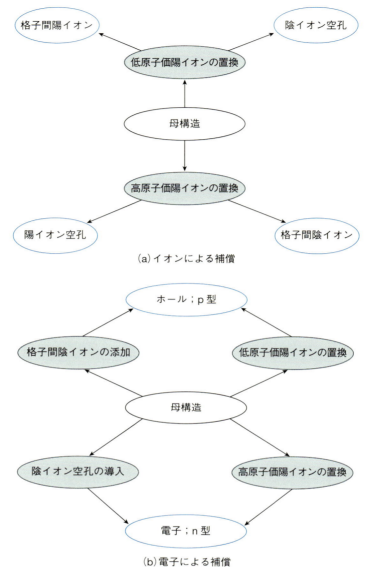

図 2.13　異なる原子価の陽イオンを置換することによって発生する固溶体の形成機構．(a)イオンによる補償，(b)電子による補償．

$$Mg_{1-3x}Al_{2+2x}O_4$$

のように置換され，x に当たる数の空孔が四面体位置に追加される．

　高温の Li_2TiO_3 は，ccp 配列をした酸化物イオンがつくる八面体位置に，Li^+ と Ti^{4+} イオンが不規則に分布した岩塩構造をとる．過剰の TiO_2 を取り込んで，以下のような固溶体をつくることができる．

$$Li_{2-4x}Ti_{1+x}O_3 : 0 < x < \sim 0.19$$

この場合は，1 価と 4 価のイオンの交換が行われるので，Li^+ 位置に空孔が生じることで電気的中性が保たれている．Li^+ と Ti^{4+} という大きな電荷の差があるにもかかわらず，それが固溶体形成を妨げることはない．その理由の 1 つは，Li^+ も Ti^{4+} も金属－酸素距離が 0.19～0.22 nm の範囲に収まるので，

同じ大きさの八面体位置を互いに占有できるためである.

別の例としてコランダム類似構造の$LiNbO_3$をあげよう. これは重要なオプトエレクトロニクス材料で, 八面体位置への$Li^+ \rightleftharpoons Nb^{5+}$の置換により固溶体が形成する. 同様に, Na^+はZr^{4+}と同じ大きさのイオン半径をもっているため, これらのイオンは八面体位置で互いに置き換わる. 固溶体$Na_{5-4x}Zr_{1+x}P_3O_{12}(0.04 < x < 0.15)$をがその例である.

2. 格子間陰イオンの生成

上記とは異なる機構として, もとの陽イオンの電荷より高い価数の陽イオンが置換すると同時に, 格子間陰イオンが生成するという機構がある. 余分な陰イオンを取り込めるような大きな格子間位置をもっている構造はほとんどないので, この機構はあまり一般的でないが, 特別な蛍石構造において見られることがある. 例えば, CaF_2はYF_3を少しだけ固溶させることができる. 陽イオンの数は変わらずに, 陽イオンCa^{2+}とY^{3+}がCa位置に無秩序に分布するが, 格子間にはフッ化物イオンが生じて,

$$Ca_{1-x}Y_xF_{2+x}$$

となる. この特別なF^-イオンは, 図1.30に示した立方体の頂点にある8個のF^-イオンでつくられる大きな配位位置を占めている[訳注4].

特別な格子間陰イオンをもつことができるフッ化物関連構造の例として, 他にUO_2がある. UO_2は酸化により固溶体UO_{2+x}になる. 例としては, 格子間酸化物イオンと混合原子価状態のUを含む

$$U^{4+}_{1-x}U^{6+}_xO_{2+x}$$

がある. 格子間に無秩序に分布した酸化物イオンが存在するのでなく, 図2.10に示したような欠陥のクラスターが形成される.

3. 陰イオン欠損の生成

置換される母構造中の陽イオンの価数が, 置換する陽イオンより大きい場合, 電荷バランスをとるために, 陰イオンの空孔か格子間陽イオンが生成する. もっともよく知られている陰イオンの空孔の例は, やはり蛍石構造をもったジルコニアZrO_2のような酸化物である. 例としては, カルシア安定化ジルコニア

$$Zr_{1-x}Ca_xO_{2-x} : 0.1 < x < 0.2$$

がある. この物質は, エンジニアリングセラミックスと酸化物イオン伝導体の両面で, 現在の科学技術において重要な物質である(第8章参照).

4. 格子間陽イオンの生成

格子間陽イオンの生成はホスト構造が余分な陽イオンを受け入れるのに適した大きさの格子間位置をもっている場合に, よく見られる機構である. 良い例としては, 「詰め込みケイ酸塩(stuffed silica)」におけるさまざまな相がある. これは, シリカ(SiO_2)の3つの多形, 石英(quartz), トリジマイト(trydimite), クリストバライト(cristobalite)において, その構造中のSi^{4+}の一部がAl^{3+}と置き

[訳注4] 図1.30は逆蛍石構造として描かれた図であるが, XをF^-, AをCa^{2+}とすれば蛍石構造となる. 8個のF^-イオンがつくる立方体の空の配位位置に余分のF^-イオンが入る.

換わり，これと同時にシリカの骨格構造の隙間（格子間位置）にアルカリ金属陽イオンが入り込んだアルミノケイ酸塩である．

詰め込み石英構造は，$Li_x(Si_{1-x}Al_x)O_2$ $(0 \leq x \leq 0.5)$ で表される．そのうち，$x = 0.5$ の $LiAlSiO_4$（ユークリプタイト）と $x = 0.33$ の $LiAlSi_2O_6$（スポジメン）が特別な組成である．β-スポジメンのセラミックスは寸法安定性があり，熱衝撃に強いので高温で耐熱衝撃性が必要とされる場合に使用される．石英構造の格子間の隙間は小さく，Li^+ より大きな陽イオンは入れない．トリジマイトやクリストバライトは，石英よりも密度が低く，また格子間位置のサイズも大きい．詰め込みトリジマイトや詰め込みクリストバライトの場合は，格子間に Na^+ や K^+ が詰め込まれた固溶体が形成される．

5. 二重置換

例えば，合成オリビンでは，2 種類の置換が同時に起こる．すなわち，Mg^{2+} が Fe^{2+} と，Si^{4+} が Ge^{4+} と同時に置換し，

$$(Mg_{2-x}Fe_x)(Si_{1-y}Ge_y)O_4$$

が得られる．$AgBr$ と $NaCl$ では，陰イオンも陽イオンとともに置き換わって，次の固溶体をつくる．

$$(Ag_{1-x}Na_x)(Br_{1-y}Cl_y) : 0 < x, y < 1$$

全体の電気的中性が保たれるならば，異なる電荷のイオンでも置換が可能である．例えば，アノルサイト $CaAl_2Si_2O_8$ とアルバイト $NaAlSi_3O_8$ の間では，斜長石の固溶体が生成する（7.3.3.2 節参照）．

$$(Ca_{1-x}Na_x)(Al_{2-x}Si_{2+x})O_8 : 0 < x < 1$$

$Na \rightleftharpoons Ca$ と $Si \rightleftharpoons Al$ という 2 種類の置換が，同時に同じ割合で起こる．

二重置換はサイアロン（sialon）でも起こっている．サイアロンは窒化ケイ素 Si_3N_4 を母構造とした，Si, Al, O, N から形成される固溶体である．β-窒化ケイ素は SiN_4 四面体が頂点を共有して，三次元の網目構造をつくっている．それぞれの N は 3 つの SiN_4 四面体の頂点として共有され，Si に平面配位をしている[訳注5]．サイアロン固溶体では，Si^{4+} の一部は Al^{3+} で置換され，N^{3-} の一部は O^{2-} で置換されている．これにより，電荷のバランスは保たれている．固溶体における構造単位は $(Si, Al)(O, N)_4$ 四面体で，一般式は

$$(Si_{3-x}Al_x)(N_{4-x}O_x)$$

である．窒化ケイ素とサイアロンは重要な高温セラミックス材料である．

2.3.3.2 ■ 電子による補償：金属，半導体，超伝導体

異原子価置換による電荷補償が上記のようにイオンに関連する場合は，電気的には絶縁体で，空孔や格子間原子によるイオン伝導性を示す物質が生み出される．これらの物質は電子伝導を示さない．しかし，遷移元素を含む多くの物質，特に混合原子価状態になっている物質では，半導体性，金属性，はたまた低温では超伝導性を示す固溶体が生成する．このことを，**図 2.13**(b) の流れ図を使って議論することにしよう．この場合は，同じ元素の高原子価状態の陽イオンと低原子価状態の陽イオンが関係している．以下にその例をあげる．

[訳注5] つまり N は平面三角形をつくる 3 個の Si に配位している．

1. $LiCoO_2$ や $LiMn_2O_4$ のような物質から Li^+（および e^-）を取り去るデインターカレーション（4.3.7 節参照）の場合，陽イオンの空孔がつくられる．すなわち，電荷のバランスを保つために，正電荷をもつ正孔(hole)が生成する．このホールは通常，以下のように，骨格構造中の遷移金属陽イオンにとどまっている．

$$Li_{1-x}Co^{3+}_{1-x}Co^{4+}_xO_2$$
$$Li_{1-x}Mn^{3+}_{1-x}Mn^{4+}_{1+x}O_4$$

この固溶体は，高い原子価の陽イオン（Co^{4+}，Mn^{4+}）が低い原子価の陽イオン（Co^{3+}，Mn^{3+}）と置き換わり，電気的中性を保つために陽イオン（Li^+）空孔が生成したものと考えることもできる（図 2.13(a)）．これらの物質は，汎用のリチウム二次電池において，たいへん重要である．$LiCoO_2$ は現在のリチウム電池における正極材料として使われており，$LiMn_2O_4$ は次世代のリチウム電池において $LiCoO_2$ に代わる候補といわれている（8.5.4.11 節参照）[訳注6].

　混合原子価の固溶体は，酸化物を加熱して酸素を吸収させることでも数多く形成される．すなわち，O_2 分子が解離することで生成した O 原子が，低い酸化状態の遷移金属イオンから電子を得ると，構造中に過剰の O^{2-} イオンが形成されるため陽イオンの空孔が生じる．それを示す良い例が，淡緑色の絶縁性の NiO である．NiO は加熱することで酸化され，黒色の半導体となる．

$$NiO \xrightarrow{\text{加熱, 酸化雰囲気}} Ni^{2+}_{1-3x}Ni^{3+}_{2x}V_{Ni,x}O$$

生成物は，NiO と同じ岩塩構造をもっているが，Ni^{2+} と Ni^{3+} イオンが混合しており，陽イオン空孔は八面体位置に分布する．実際は，余分な酸素は，格子間位置ではなく試料の表面に存在しているため，結晶はわずかに大きくなる．もう1つの例として，酸化鉄 $Fe_{1-x}O$（ウスタイト）がある．一見すると，この酸化物は Fe^{2+} と Fe^{3+} イオンおよび陽イオン空孔が八面体位置に分布した，単純な面心立方の岩塩構造をとっているように見える．しかし，2.2.5 節で議論したように，欠陥構造はもっと複雑である．

2. 陽イオンの混合原子価状態が，格子間陰イオンの挿入によって生成する場合もある．高温超伝導体の新たな一群に，この範疇に入る固溶体がある．もっとも知られているものは，YBCO や Y123 とよばれる $YBa_2Cu_3O_\delta$ である．酸素量 δ によって Cu は，+1 と +2 の混合原子価（例えば $\delta=6$），すべてが +2（$\delta=6.5$）の原子価，+2 と +3 の混合原子価（$\delta=7$）をとる．最初の $\delta=6$ の構造中に，さらに酸素が取り込まれることで（空気中または O_2 中，350℃ で加熱），Cu イオンの酸化が起こる．そして，物質は $\delta=6$ のときの半導体から，$\delta=7$ の臨界温度 T_c が 90 K の超伝導体に変化する（8.3.7 節参照）．

3. $YBa_2Cu_3O_\delta$ において $6<\delta<7$ の範囲で O によって占有される格子間位置は，$\delta=6$ ではすべて空で，$\delta=7$ ではすべて埋まっている．したがって，これは，$\delta=6$ をもとにした侵入型固溶体とも，$\delta=7$ をもとにした酸素欠損型固溶体ともみなすことができる．

　高温になると一般に還元性が強くなるが，さらに還元雰囲気で加熱することで，多くの酸化物は酸素を失って陰イオン空孔をつくる．反応式としては，

$$2O^{2-} \longrightarrow O_2 + 4e^-$$

と表される．この反応で生じた電子は構造内に存在する遷移金属陽イオンを混合原子価状態に変える．その結果，物質はしばしば半導体的か金属的になる．例として，TiO_{2-x}（結晶学的剪断面をも

[訳注6] 現時点では両方とも実用化されている．

第 2 章　結晶の欠陥，非化学量論性および固溶体

つこの欠陥構造については，後ほど議論する），WO_{3-x}，$BaTiO_{3-x}$（1400℃ 以上）がある．

4.　インターカレーション反応によって，1 つの元素は格子間陽イオンになり，もう 1 つの元素は混合原子価をもつ陽イオンになる．例えば MnO_2 に Li がインターカレーションされる反応がある．これは，上の 1. 項における $LiCoO_2$ や $LiMn_2O_4$ の場合とは逆の過程である．よく知られている別の例として，WO_3 にアルカリ金属や n-ブチルリチウムを反応させるか，電気化学的な挿入反応によって得られるタングステンブロンズがあげられる．化学組成は，

$$Li_x W_{1-x}^{6+} W_x^{5+} O_3$$

である．W が混合原子価状態になると，金属的な導電性が現れ，ブロンズのような輝きが見られるようになる．Li は非常に速い速度で可逆的に構造を出入りできる．これらの物質では，x の値で劇的に色が変わるので，薄膜のエレクトロクロミックデバイスやガラス被膜に用いられている（8.5.4.11 節参照）．

混合原子価状態は，二重置換機構の一方を価数が異なる 1 種類の元素が担っているときにも生じる．その良い例が，1986 年にベドノルツ（Bednorz）とミュラー（Müller）によって発見され，その後の高温超伝導による科学革命の起爆剤となった物質である Ba ドープ La_2CuO_4 である．化学式は，

$$La_{2-x} Ba_x Cu_{1-x}^{2+} Cu_x^{3+} O_4$$

である．

2 番目の例としてあげるのが，Bi^{3+} と Bi^{5+} が独立した化学種のように構造内に存在している $BaBiO_3$ である．Ba^{2+} を K^+ で置換すると超伝導体になる．$BaBiO_3$ は歪んだペロブスカイトで，Bi^{3+} と Bi^{5+} を同じ数だけ含んでいる．K がドープされると Bi^{5+} が増加し，

$$Ba_{1-2x} K_{2x} Bi_{0.5-x}^{3+} Bi_{0.5+x}^{5+} O_3$$

となる．実際には，Bi^{3+} と Bi^{5+} は結晶学的には差がなく，また K をドープした構造は単純な立方晶ペロブスカイト構造に変化するため，その電子構造はもっと複雑である．この構造についていえることは，Bi の平均原子価が K の置換によって ＋4 以上になるということくらいである．このような例は，図 2.13 に示した単純な系統図には合致しないが，二重置換の例である．

2.3.4 ■ 熱力学的に安定な固溶体，準安定な固溶体

固溶体には，熱力学的に安定な固溶体と準安定（metastable）な固溶体がある．熱力学的に安定な固溶体は，相図で明確に示されるもの（第 7 章参照），すなわち，ある組成と温度（酸素分圧の影響があればそれも加えて）のもとで，平衡状態の相として存在している構造である．相図においてよく見られるように，固溶限界は温度で変わる．そのため，高温での固溶体を低温まで急冷（quench）したいときは，冷却速度に注意する必要がある．第二相が混ざってくる可能性があるためである．

しかし，非平衡条件下で固溶体をつくるときに，ソフト化学的手法（*chimie douce* 法：4.3 節参照）などの合成手法を使うことで，平衡条件下で存在できる組成範囲よりももっと広い範囲で固溶体を作製することが可能である．簡単な例が $β$-アルミナ $Na_2O \cdot nAl_2O_3$（n はおよそ 8）である．Na^+ の一部またはすべてが，種々の 1 価イオン，Li^+，K^+，Ag^+，Cs^+ とイオン交換ができるが，イオン交換された $β$-アルミナは熱力学的には安定相ではない（第 8 章参照）．

98

2.3.5 ■ 固溶体を研究するための実験的方法

2.3.5.1 ■ 粉末 X 線回折法

固溶体を研究するための X 線回折（XRD）法（第 5 章参照）の使い方には，主に 3 種類ある．1 つ目は，単純な「指紋照合」のようなもので，その目的は試料にどんな結晶相が存在しているかを同定することである．この場合，混合物試料内に存在する相の検出限界は，一般に 2〜3 wt％のレベルであり，X 線回折測定では純粋な相であると思われても，この方法の検出限界より少ない量の第二相が含まれている可能性は否定できない．

2 つ目の方法は，固溶体の X 線回折図形を正確に測定し，試料の格子定数を求める方法である．固溶体では，格子定数は組成の変化によって少し縮んだり伸びたりする．固溶体の組成に対する格子定数変化の関係を表す図などが入手可能あるいは作成できる場合は，試料における固溶体の組成を決めるのに使うことができる．一般に単位格子は，小さいイオンから大きなイオンに置き換えられると膨張し，逆に小さいイオンで置き換えられると収縮する．ブラッグの法則と d 間隔の式（第 5 章参照）からわかるように，格子定数が大きくなれば，全体の X 線回折図形は 2θ の低い方へシフトする．立方晶以外の結晶において，軸方向での膨張の度合いが異なっている場合は，X 線回折図形のピークは必ずしもすべて同じ割合では移動しない．

ヴェガード則（Vegard law）に従えば，単位格子の格子定数は固溶体組成に対して直線的に変化する．実際は，ヴェガード則は近似的にしか成り立たず，正確な測定をすれば，直線性からのずれがあることがわかる．ヴェガード則は法則というよりも，置換イオンが無秩序に不規則分布している固溶体に適用できる経験則である．ヴェガード則では，固溶体組成と格子定数変化の関係は，固溶体形成に関係する原子やイオン（例えば，単純な置換機構で互いに固溶し合うイオン）の相対的な大きさによって完全に支配されるということが暗に仮定されている．

3 つ目の方法は，固溶体の粉末 X 線回折図形，特にその X 線回折強度を用いたリートベルト解析（Rietveld refinement）による構造の精密化である．これにより，原子が占有している位置および空孔や格子間原子の配置などの詳細な結晶学的情報を得ることが可能となる．しかし，この方法もまた，小さな組成変化を検出できるほど高感度ではなく，わずかな濃度の不純物の位置を見つけることには使えないだろう．

2.3.5.2 ■ 密度測定

固溶体の形成機構を類推するには，ある組成範囲にわたって，格子の体積と密度の測定を行うとよい．鍵となるパラメータは，固溶体に含まれる単位格子から求めた単位格子あたりの質量の平均値と，それが固溶体をつくっていったときに増えるか減るかである．

例として，CaO が 10〜25％ほど ZrO_2 に固溶することで形成される安定化ジルコニア固溶体を考えよう．単純には次の 2 つの形成機構が考えられる．(1)全体の酸化物イオンの数は一定のままで，格子間に Ca^{2+} イオンが入った格子間イオンがつくられる．固溶体の化学式は $(Zr_{1-x}Ca_{2x})O_2$ で表される．(2)全体の陽イオンの数は一定のままで，O^{2-} の空孔がつくられる．化学式は $(Zr_{1-x}Ca_x)O_{2-x}$ で表される．(1)の場合，2 個の Ca^{2+} イオンが 1 個の Zr^{4+} イオンと置き換わり，もし x が 0 から 1 まで変わると 1 モルあたり 11 g 減少する．(2)の場合，1 個の Zr と O が 1 個の Ca と置き換わり，もし x が 0 から 1 へ変わると，1 モルあたり 67 g 減少する．組成によって単位格子の体積は変化しないものとすると（厳密には正しくない），機構(2)の方が機構(1)より，x による密度の減少が大きくなるだろう．

図 2.14 に示す実験結果から，少なくとも 1600℃ で作製した試料では，機構(2)が当てはまることがわかる．理論的には，(1)や(2)よりももっと複雑な別の機構を提案することもできる．例えば，

第2章 結晶の欠陥，非化学量論性および固溶体

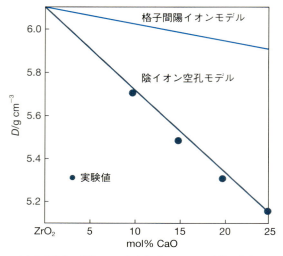

図 2.14 1600℃ から急冷して得た CaO 安定化ジルコニア固溶体の密度．
[A. M. Diness and R. Roy, *Solid State Commun.*, **3**, 123–125(1965)をもとに作成]

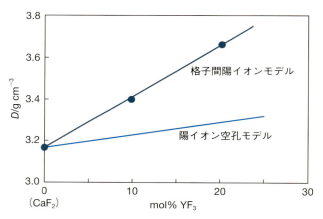

図 2.15 CaF$_2$ に YF$_3$ を固溶させた場合の密度変化．
[W. D. Kingery, H. K. Bowen, and D. R. Uhlmann, *Introduction to Ceramics*, Wiley, New York(1976)より STM 条項に基づいて転載]

Zr^{4+} イオンの総量は変えずに格子間の Ca^{2+} イオンと O^{2-} イオンが生成するという機構も考えられる．しかし通常，単純な機構で説明できるのであれば，複雑なまわりくどい可能性は考える必要はない．

前にも述べた CaF$_2$–YF$_3$ 固溶体の密度のデータを**図 2.15** に示す．この場合は，陽イオン空孔をつくるモデルよりも，格子間にフッ化物イオンを導入するモデルの方が，明らかにデータをよく説明できる．もちろん，密度測定では，空孔や格子間イオンに関する原子レベルの詳細な情報は得られない．全体の平均化された情報を示すだけである．欠陥構造を調べるには，中性子散漫散乱測定のような別の方法が必要である．

密度測定は，いろいろな方法で行うことができる．試料が数グラムあれば，その体積は正確な体積がわかっている比重瓶の中に入れた液体と置換することで測定できる．すなわち，CCl$_4$ のような密度がわかっている液体を満たした比重瓶の重さと，試料を入れて CCl$_4$ で満たした場合の比重瓶の重さの差を測定すると，固体試料の体積が求められる．浮沈法は，ある密度幅をもった液体に試料の結晶を 2, 3 個入れて，結晶が浮きも沈みもしない液体を探す方法である．その状態では，物質の密度

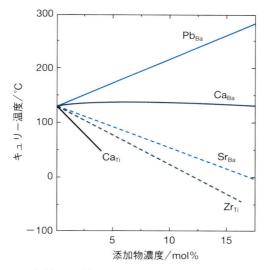

図 2.16 BaTiO₃ 強誘電体への添加物ドープがキュリー温度に及ぼす効果. 同じ価数の Sr, Ca, Pb を Ba に, 同じ価数の Zr を Ti に, 異なる価数の Ca を Ti に置換した場合を示す.

はその液体の密度と同じである. この方法の変法として, 徐々に密度が増加するように勾配をつけた比重液が入ったカラムを使う方法がある. 結晶を上から落とすと, 液体の密度と同じになるところまで結晶は沈んでいく. 結晶の密度は, カラムの高さと密度の関係をあらかじめ求めた校正曲線から求められる. 上で述べたどの方法においても, 結晶の表面から空気の泡を取り除いておくことが重要である. そうでないと, 密度の値が異常に低くなってしまう.

もっと大きな試料 (10〜100 g) の密度を測定するのに最適な方法は, ガス置換型ピクノメータを使う方法である. 試料をチャンバー内に挿入してガスで満たし, 2 気圧程度の圧力になるまでピストンで加圧する. 同じ圧力における, 試料が入っていないときのピストンの位置と, 試料が入っているときのピストンの位置との差から, 試料の体積が求められる.

2.3.5.3 ■ 他の性質の変化―熱的な活性と示差熱分析および示差走査熱量測定

多くの物質は加熱によって構造や性質が急激に変化する. 固溶体であれば, そうした変化が起こる温度は組成によって変わる. そのような変化は, しばしば, 示差熱分析 (DTA) や示差走査熱量測定 (DSC) を用いて研究される. ほとんどの相転移は, これらの装置で検出できるほどの大きなエンタルピー変化をともなうからである. 以下の例に示すように, 固溶体での相転移温度は 10℃ から 100℃ 以上も変化するので, 熱分析により非常に感度良く固溶体を研究することができる.

- 鉄にわずか 0.02 wt% の炭素を加えるだけで, $\alpha \rightleftharpoons \gamma$ の相転移温度は 910℃ から 723℃ に急激に低下する.
- BaTiO₃ の強誘電性キュリー温度 (Curie temperature；約 125℃) T_C は, 不純物添加に対して高感度に変化する. Ba 位置でも Ti 位置でも, ほとんどの場合, 元素を置換すると T_C は低下するが, Ba 位置に Pb を置換すると T_C は上昇する. 添加物としての Ca の効果は興味深く, Ba 位置に同じ価数のイオンとして置換した場合, T_C はほとんど変化しないが, Ti 位置に異原子価のイオンとして置換すると, これと同時に酸素空孔が生成し, T_C は急激に低下する (**図 2.16**).
- 純粋なジルコニア ZrO₂ は高温でも不活性で, 高い融点をもっているが, セラミックスとして使

用することができない．冷却の際，構造が正方晶相から単斜晶相に相転移を起こし，その際，大きな体積変化が生じ，高温で焼成したジルコニアの焼結体が壊れてしまうためである．この問題は，Zr^{4+}の一部をCa^{2+}やY^{3+}で置換すると解決できる．この置換によって転移温度が大きく下がり，室温まで立方晶や正方晶の多形構造が安定化されるためである．

2.4 ■ 複合欠陥

2.4.1 ■ 結晶学的剪断構造

長い間，WO_{3-x}, MoO_{3-x}, TiO_{2-x}などのある種の遷移金属酸化物は，幅広い非化学量論組成にわたって合成できることが知られていた．マグネリ（Magneli）の研究によって，これらの系は，連続的に組成が変わる固溶体相が形成されているのでなく，非常に似通った組成と構造をもち，互いに密接な関係がある有限の数の相を生成していることがわかった．酸素欠損型のルチルでは，組成式 Ti_nO_{2n-1} （$n=3\sim10$）で表される一連の相が存在している．例えば，Ti_8O_{15}（$TiO_{1.875}$）と Ti_9O_{17}（$TiO_{1.889}$）は，それぞれ均一な，物理的に完全に独立した別々の相である．

マグネリ，ワーズレイ（Wadsley）およびその他の研究者によって，これらの相関関係を明らかにするための研究が行われた．そして，このようなタイプの「欠陥」に対して，「結晶学的剪断（crystallographic shear, CS）」という用語が当てはめられた．酸素欠損したルチルでは，酸素欠損のない化学量論組成のルチル構造の領域が，結晶学的剪断面（CS面）によって互いに切り分けられている．CS面は，かなり異なる構造および組成をもつ薄いラメラ層である．酸素欠陥はすべて，このCS面内に濃縮されている．還元が進み酸素空孔が増えると，組成の変化に対応するためにCS面の数が増加し，CS面の間にあるルチル構造の領域が薄くなる．

CS構造を理解するには，WO_3を還元していったときに，どのようにしてCS構造が形成されていくかについて系統的に考えるとよい（図2.17）．WO_3は1.17.8節で述べたReO_3構造をとっており，WO_3のCS面はルチルのCS構造よりはるかに図示しやすい．WO_3は頂点を共有してつながった八面体からなる三次元骨格構造をもつ（図2.17(a)）．最初の還元段階では，酸素空孔位置が生成し，

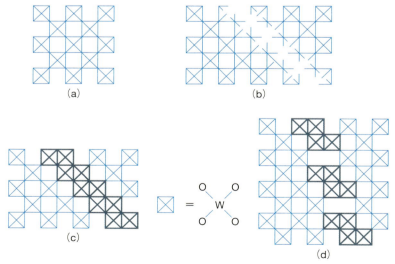

図 2.17 WO_3 および関連する構造におけるCS面の生成．対角線入りの四角形は（紙面に垂直に投影されている）WO_6八面体を表し，それぞれ頂点を共有してつながっている．還元されていないもとの構造の部分は立方晶ReO_3構造と同じである．

W^{6+} から W^{5+} への還元が起こる．酸素の空孔位置は無秩序に分布するのでなく，結晶内のある面に集まる（**図 2.17**(b)）．こうした構造はもちろん不安定であろうから，このような空孔の層を取り除くために部分的な構造の崩壊が起こり，CS 面が形成される（**図 2.17**(c)）．この縮合過程によって，CS 面内の八面体はその稜のいくつかを共有することになる．一方，還元前の WO_3 では，八面体は頂点共有だけでつながっている．図 2.17(c) に太い実線で CS 面を強調して示した．ここでは，CS 面は結晶中を斜めに走っている．

CS 面は，無秩序に存在する場合も，規則的な間隔で存在する場合もある．CS 面が無秩序に存在する場合は，**ワーズレイ欠陥**（Wadsley defect）として知られている面欠陥とみなされる．CS 面が規則的な間隔で存在している場合は，独立した，規則配列相が見られるだろう．還元が進行するにつれて CS 面の数が増え，CS 面間の平均間隔が減少する．還元された WO_3 相に現れる一連の同族相[訳注7]では，それぞれの相の状態と組成は，CS 面間の距離によって決まる．化学式の中の n が小さくなるにつれて，CS 面どうしの間隔が減少する．

これまでは，CS 面の構造と配向性がそれぞれの同族相の間で変わらない場合を扱ってきた．しかし，異なる配向性を示す CS 面が生成することもある．この場合，その細部の構造も変化する．**図 2.17**(d) にその例を示す．この例では，CS 面の配向が図 2.17(c) とは異なっており，八面体のつながり方も違っている．図 2.17(d) の構造は，実際に Mo_nO_{3n-1}（$n=8$）において見られる．これも立方晶 WO_3 構造からつくられる構造である．

ルチルでは八面体は稜共有でつながっているが，還元されたルチルにできる CS 面には，面共有した八面体が含まれる．ともに一般式として Ti_nO_{2n-1} で表される 2 種類の同族系列の相が生成するが，その違いは CS 面の配向が 11.53° 異なっている点である．1 つの系列は $3 < n < 10$ で現れ，もう一方の系列は $16 < n < 36$ に現れる．$10 < n < 14$ の組成では，CS 面の配向が徐々に変化していくという興味深い現象が見られる．$10 < n < 14$ のそれぞれの組成では，CS 面はそれぞれ固有の CS 面の配向角をもつ．これは「**スイング剪断面**（swinging shear plane）」[訳注8]として知られ，それぞれの面は完全にそろった配列をしている．$n = 10 \sim 14$ の組成で独特の構造が見られることは，「相」という用語は正確には何を意味するのかという，興味の尽きない問いを我々に投げかける．これらの一連の組成をもつ化合物が固溶体を形成しているとは言い難い．構造がそれぞれ異なっているために，全体の組成域を代表するような平均構造という観点から記述することができないからである．

二酸化バナジウムを還元してできる V_nO_{2n-1}（$4 \leq n \leq 8$）と，クロムとチタンが混ざった酸化物 $(Cr, Ti)O_{2-\delta}$ も，ルチルの還元相と同様に，CS 面を含んだ構造をもっている．

これまで見てきた例では，結晶には等間隔で平行に並んだ 1 種類の CS 面が存在していた．もとの還元されていない構造の領域は，薄い平板（シート）のような形に制限される．Nb_2O_5 や，Nb と Ti あるいは Nb と W の複合酸化物を還元して生成する化合物では，2 枚の CS 面が直交する形で生じる．この場合，CS 面以外の，還元されていないもとの完全構造の領域が，無限に広がるシートの状態から無限に伸びる柱あるいはブロックへと縮小されてしまう．これらの「ブロック構造」あるいは「二重剪断構造」は，ReO_3 構造のブロックの長さや幅，そのつながり方によって特徴づけられる．このように，単一の大きさのブロックで構成されている相に対して，大きさの異なるブロックが 2 つも 3 つも規則的に配列した構造が加わることで，構造は複雑性をさらに増す．こうした例は，$Nb_{25}O_{62}$，$Nb_{47}O_{116}$，$W_4Nb_{26}O_{77}$，$Nb_{65}O_{161}F_3$ に見られる．これらの組成式は同族列として書くこともできるが，た

[訳注7] 組成式 W_nO_{3n-1} や W_nO_{3n-2} で表される一連の WO_3 還元相．

[訳注8] n が 10 から 14 へと変わるにつれて，CS 面の配向が徐々に回転する．並べて眺めると野球のバットのスイングのような曲線に見えることから，このように名づけられたと思われる．

くさんの変数を含み，かなり複雑なので，ここでは示さない．

　原理的には，3 種類の CS 面が互いに直交した構造が現れる可能性もある．この場合，もとの還元されていない部分は，有限の長さをもつ小さなブロックになってしまう．しかし，今までのところ，このような例は見つかっていない．

　CS 面を含む構造の研究には，通常，X 線回折法と高分解能電子顕微鏡法（HREM）が用いられる．結晶構造の決定には，当然，単結晶の X 線回折法がもっとも強力な方法である．それに比べると電子顕微鏡を使う方法は，小さな結晶の単位格子および空間群の決定と，積層欠陥や転位などの観察に限られるものの，電子顕微鏡で直接格子像を観測する方法（6.2.2.5 節参照）は，CS 相の研究においてたいへん有用である．

　電子顕微鏡法では通常，重い金属原子による強い散乱に対応する縞や線の形状を示す約 0.3 nm の解像度の投影像が得られる．「完全」結晶の縞模様の間隔は完全に規則的であるはずであるが，CS 面の像には常に，不規則な縞模様が現れる．これは，縮合による結晶学的剪断面の形成の結果として，CS 面をまたぐ金属原子間の距離が短くなるためである．通常より間隔の狭い縞模様の組み合わせが見られたならば，それが CS 面である．それぞれの領域での通常の縞模様の数を求めることで，同族系列に含まれる相の n の値が決められる．もし，同族系列の 1 つの相の構造について，X 線を使って詳しく調べられているのならば，別の同族相の構造を，電子顕微鏡法を使って推測するのは比較的簡単な作業である．

　このようにして，ワーズレイ欠陥（無秩序配列の CS 面）の存在がすぐに見つけられる．単結晶の中の不均一性も見分けられる．例えば，区分けした結晶の組成が場所によってわずかな揺らぎをもっている場合や，2 種類以上の相が混ざった状態で結晶が成長した場合などへ適用が可能である．

2.4.2 ■ 積層欠陥

　積層欠陥（stacking fault）は，層状構造をもつ物質，特に多形を示す物質によく見られる，二次元欠陥あるいは面欠陥の 1 つである．Co 金属には多形と積層欠陥の両方が現れる．Co が形成する主な多形は，ccp（ABC）および hcp（AB）構造の 2 つである．これらは，二次元的には，つまり層内では同じ cp 構造であるが，三次元的には，つまり層の積み重なり方には違いが生じる．順番に積み重なっている層の間に，「間違った層」が入ってその順番が乱されたとき，つまり…ABABABABCABABA…のようになったときに，積層の不規則化が起こる．ここで，斜体の文字は，完全に間違っている層（C）および正しい近接層を両側にもたない層（A, B）を示している．グラファイトにも多形があり（一般には炭素原子は hcp 配列であるが，時折 ccp 配列が見られる），積層の不規則化が起こる．

2.4.3 ■ 亜粒界と逆位相境界

　単結晶と見られるものの多くには，不完全性の 1 つとして，ドメインやモザイク組織が存在する．ドメインは，一般に約 1000 nm ほどの大きさで，ドメイン内では比較的完全な構造をとっているが，ドメイン間の界面に構造的なミスマッチがある（**図 2.18**）．このミスマッチは非常に小さく，ドメイン間の角度のずれは 1° より何桁も小さい．ドメイン間の界面を**亜粒界**（sub grain boundary）とよび，転位論の観点から取り扱うことができる（2.5 節）．

　別の形の境界として，**逆位相境界**（antiphase boundary）がある．**図 2.19** に二次元結晶 AB で模式的に示すように，同じ結晶からなる 2 つの部分が，この逆位相境界を境に横方向のずれを生じている．すなわち，この粒界を挟んで，同じ原子が互いに顔をつきあわせ，横方向の…ABAB…の配列が逆転している．A 原子と B 原子を波動の正と負の部分とみなせば，π の位相変化がこの境界で起こっていることになる．逆位相という用語は，このことに由来している．

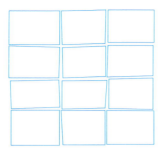
図 2.18 単結晶におけるドメイン組織．

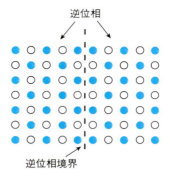
図 2.19 規則配列した AB 結晶での逆位相ドメインと逆位相境界．A：白丸，B：赤丸．

逆位相ドメインの存在は，電子顕微鏡における暗視野像から確認することができる．境界は縞模様として観測される．この境界が規則正しい間隔で生じていると，独特な反射が発生する．ドメインの規則配列によって超格子が生じるが，境界では同種原子どうしの反発のために構造が膨張し，逆格子の超格子位置のどちらかの側に反射スポットが付随して現れる．この現象は，CuAu のような合金や，斜長石のような鉱物に見られる．

2.5 ■ 転位と固体の機械的性質

転位（dislocation）は結晶の欠陥としてきわめて重要なものの 1 つである．それは，以下のような理由による．

- 転位は，純粋な金属が比較的柔らかい性質を示す原因であり，逆に（金属の加工硬化後は）非常に硬い性質を与える原因にもなる．
- 転位は，溶液や気相からの結晶成長機構に関係している．
- 固体の反応は，転位が結晶内部から移動した表面の活性点でしばしば起こる．

転位は化学量論性の線欠陥である．実際に実験的に確認されるよりずっと前からその存在が信じられていた．具体的には，以下のようないろいろな観察結果から，結晶には点欠陥以外の欠陥の存在の可能性が示されていた．

(1) 金属は一般に予想されるより柔らかいこと．計算上，金属の剪断応力（shear stress）は 10^{10} Pa 程度になるはずだが，実験により求められた値は 10^{6} Pa 程度にしかならない．このことは，構造内には弱いつながりが生じていて，それが金属を破壊しやすくする働きをしている可能性を示している．
(2) 十分に成長した結晶の表面の顕微鏡観察から，時には目視での観察からも，結晶成長過程をはっきりと示しているらせん構造が見られたこと．そのようならせん構造は完全な結晶では起こり得ない．
(3) 金属の**展性**（malleability）と**延性**（ductility）は，転位の存在を仮定しないと説明が難しいこと．マグネシウム金属のリボンは，チューインガムのように，ちぎれることなくもとの長さの何倍にも引き延ばすことができる．

(4) 金属の**加工硬化**(work-hardening[訳注9])の過程も，転位を考えないと説明が難しいこと．

転位は，刃状転位からせん転位のどちらか一方，あるいはそれらが任意の割合で混合したものとなっている．

2.5.1 ■ 刃状転位

単純な**刃状転位**(edge dislocation)は，図 2.20 に示すような余分な面が半分だけある状態である．すなわち，刃状転位では途中で切れた余分な原子面が結晶構造内に存在している．図では構造中の原子の面を，線として投影している．余分な半分だけの面が終了している領域を除いて，これらの線どうしは平行に並んでいる．この歪んだ領域の中心(刃先)は，紙面に垂直な方向にまっすぐ結晶を貫通する線状の構造であり，この面が終わるところまで続いている．これが**転位線**(line of dislocation)である．この応力がかかる領域以外では，結晶は基本的に正常である．図の上半分には余分な面が入っているため，下半分より少し広くなっている．

転位が結晶の機械的性質に与える効果を理解するために，刃状転位を含む結晶に剪断応力を与えたときに何が起こるのかを図 2.21 で考えてみよう．結晶の上半分は右側へ押し，下半分は左側へ押すとする．図 2.21(a)と(b)を見比べると，(a)の 2 の位置で終わっていた余分な原子面は，3-6 の結合を切って，新たに 2-6 の結合をつくることで，簡単に効率良く移動している．このように，最小の「労力」で，この余分な原子面は，応力のかかっている方向に 1 単位分移動した．この過程が続いていけば，最終的にこの余分な面は，図 2.21(c)のように結晶表面まで到着する．この余分な面が簡単にできるのであれば，この過程を繰り返すことで，結晶は最終的には完全にちぎれてしまうだろう．図 2.21(d)は，半分だけの面が結晶の左側の端に現れた場合を示している(その発生機構については後述)．表面に半分だけの面が形成されると，符号が逆で同じ数だけの面が結晶中に残される[訳注10]．図 2.21(d)では，結晶の左側表面の下側に半分だけの面が 5 枚蓄積している．これとつり合うように，3 枚の

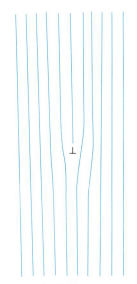

図 2.20　二次元投影された刃状転位．

[訳注9] 金属に応力を加えると固さが増す現象．
[訳注10] 便宜上，上半分に余分な面がある場合を正の転位(⊥)，下半分に余分な面がある場合を負の転位(⊤)とよんでいる．

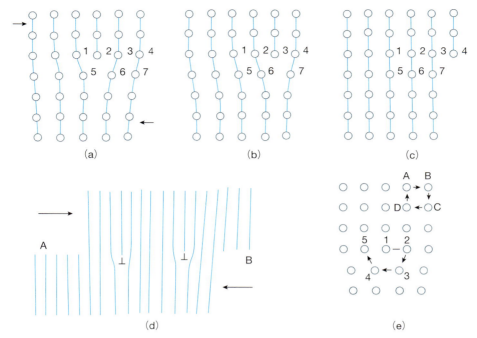

図 2.21　剪断応力が加えられた状態での刃状転位の移動.

半分だけの面が，結晶の上の部分の右端に到着し，もう 2 枚の面が（正の方位をとっている）結晶中で移動の最中である．

転位がこのように簡単に移動する現象は，大きな絨毯を敷き直そうとするときの状況に似ている．端を持ち上げて強く引っ張ろうとするとたいへんな労力を必要とするが，絨毯の一方の端にひだを作り，反対方向に向かってそのひだを滑らせていくと簡単である．

転位が移動していく過程は，**すべり**(slip)とよばれ，結晶の端に溜まった原子面は，結晶の表面に棚状の構造あるいは**すべりのステップ**(slip step)をつくる．図 2.21(d) の AB の線は転位が移動した面の軌跡を投影したもので，**すべり面**(slip plane)とよばれる．

転位の性質は，**バーガースベクトル**(Burgers vector)とよばれる 1 つのベクトル **b** で表される．**b** の大きさと方向を知るには，転位のまわりに仮想的な原子と原子をつなぐ回路を作る必要がある（図 2.21(e)）．それぞれの矢印の方向へ 1 単位分の移動を行うと，正常な結晶の領域における ABCDA の回路は，出発点と終点が同じ位置 A にくる閉じた環になる．しかし，転位のまわりを回る回路 12345 では，1 と 5 は一致せず，閉じた環になっていない．バーガースベクトルの大きさは 1–5 間の距離で与えられ，その向きは 1–5（または 5–1）の方向である．刃状転位では，**b** は転位線に垂直で，応力の作用により転位線が移動する方向に平行である．これはずれの方向とも平行である．

2.5.2 ■ らせん転位

らせん転位(screw dislocation)の図は少し描きにくいが，図 2.22 に模式的に示す．図 2.22(b) では，線 SS′ がらせん転位の転位線である．この線より前側では，結晶内ですべりが起こっているが，後ろ側ではまだ起こっていない．図 2.22(b) の矢印の方向に剪断応力をずっとかけていくと，線 SS′ が後ろの面に向かって移動し，すべりのステップが次第に結晶の側面全体へ広がる（図 2.22(c)）．らせん転位のバーガースベクトルを検討するために，転位のまわりを巡る回路 12345 を考えよう（図 2.22(a)）．1–5 の大きさと方向をもつベクトルがバーガースベクトル **b** である．らせん転位では，バーガー

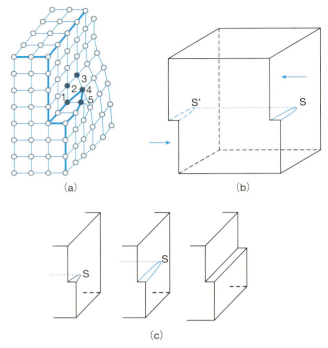

図 2.22 らせん転位.

スベクトルは転位線(SS′)に平行で，転位線が移動する方向に垂直になる．これが刃状転位とは異なる点で，刃状転位とらせん転位は，事実上 90°の関係になっているとみなすことができる．刃状転位でもらせん転位でも，**b** は剪断あるいはすべりの方向とは平行である．図 2.22(a)の黒く塗りつぶした原子を見ると，「らせん」という用語がなぜ使われているかがわかる．これらの原子の配列は，結晶をまっすぐ通って反対側の点 S′ に現れた逆の符号のらせんの上にも見られる．刃状転位の場合と同じく，らせん転位が起こるためには，ほんの 2, 3 本ではあるが結合を切る必要がある．図 2.22(a)では，原子 2 と 5 の間の結合が切れて，2 は 1 とつながった状況を表している．次は 3 と 4 の結合が切れるだろう．金属やイオン性結晶では，結合は必ずしも共有結合ではないので，実際はこのようなわかりやすい状況とはほど遠いが，結合を切って次につないでいくというこの考え方は有用である．

2.5.3 ■ 転位ループ

転位の発生は複雑であるが，おそらく常に**転位ループ**(dislocation loop)の生成が関与していると考えられている．図 2.23 に示す結晶を見てみよう．右側の面には，点 S の近辺にらせん転位が現れているが，点 S ですべりが終わっている．しかし，左側の面にはこれに対応するすべりのステップがなく，転位は左側の面までは及んでいない．一方，前面には，結晶の上半分の部分に余分な半分だけの原子面があり，正の刃状転位によりその原子面が点 E に現れている．しかし，これも同じく，反対側の面までは続いていない．結晶に転位が生じた場合，その転位はどこか別の結晶面にも発生しなくてはならない．その性質上，転位は結晶の内部で完結することができないからである．この図の場合，2 つの転位が結晶中で方向を変え，合体して 1/4 の転位ループ(quarter dislocation loop)をつくっている．つまり，一方の端の転位は純粋な刃状転位で，もう一方の端も純粋ならせん転位であるが，その間では，中間的な性質をもった転位になっている．三次元の模型を用いずに，刃状転位とらせん転位の両方の性質が混合した転位の周辺で，どのような歪んだ構造が生じているかを示すのは難しい．

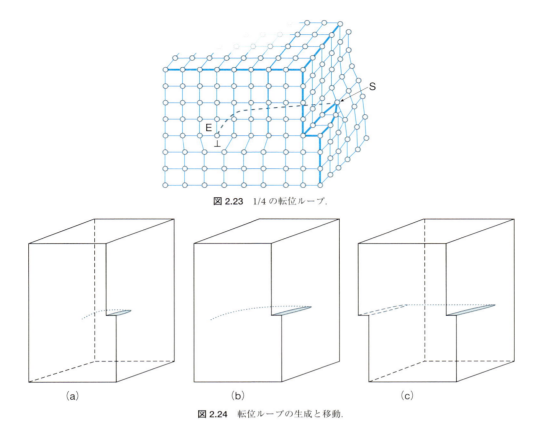

図 2.23 1/4 の転位ループ.

図 2.24 転位ループの生成と移動.

転位ループの原因は十分にはわかっていない．後ほど述べるが，1つの要因として考えられるのは，1つの面上に空孔のクラスターが生じ，構造が内部で「つぶれる」ことである．これが，結晶の内部にループを生成する．わかりやすく説明するため，**図 2.24** には別の機構に関する図を示した．ループをつくるためには，結晶の1つの角に裂け目 (nick) を入れることがまず必要である．数個原子が動けば，小さな 1/4 ループをつくることができる (**図 2.24**(a))．小さなループがいったんつくられると，その成長はたいへん簡単である (**図 2.24**(b))．普通は，ループは対称な形では広がらない．刃状転位の方が，同等のらせん転位と比べ，より簡単により早く移動するからである．これを示したのが**図 2.24**(c) である．刃状の成分は，早々と反対の左側の面までたどり着き，最初に結晶の手前の部分に生じた数層の転位にかかわる面は，すべりによってすべて移動が完了したことになる．残る転位は主にあるいはすべてらせん転位で，これがゆっくりと結晶の背面の方に移動し，この転位のすべりの過程が終了する．

転位ループはかなり生成しやすく，金属の機械的強度を大きく低下させる．建造物に使われる金属では，これは深刻な問題である．大きな応力に対する金属の耐衝撃性の測定は，実験が素早くできるので簡単である．しかし，小さな応力下での長い期間にわたる耐久性についての評価はたいへん難しい．小さな応力下では，非常にゆっくりとした速さで転位が発生し，ゆっくりと移動するだけであるが，その移動は蓄積され，一般には不可逆である．そのため，ある日突然，目立った理由もなく，壊滅的に破壊する可能性がある．

材料の強度を低下させる大きな原因となる転位は，一方で，逆の効果ももっており，強度や固さを飛躍的に増加させる．**図 2.25** に，ある不純物原子による転位の「固定」の機構を示す．自由に移動

図 2.25 不純物原子による刃状転位の固定.

してきた転位が不純物原子と遭遇し，事実上それに補捉された状態を示している．格子間位置に炭素を含む鋼が硬いのは，炭化鉄粒子が析出し，それが転位を固定する働きをしているためである．

金属の強度を上げる非常に重要な方法として，**加工硬化**(work-hardening)がある．金属をハンマーで叩いていくと，膨大な量の転位が発生し，多結晶ではあらゆる方向を向いた転位が生じる．こうした転位は，結晶中を移動しようとするが，金属の種類と構造に依存して，遅かれ早かれ移動が止まってしまう．物質の粒界は，結晶粒内の転位の移動を止めるのに効果的な役割を果たす．すなわち，1つの転位が結晶粒内から表面に出ると結晶粒表面が変形し，その結果発生した応力が隣の結晶粒にかかり，それが，別の転位が表面に出ることを防ぐ働きをする．転位の周辺の領域に応力がかかるため，2つの転位の位置が近すぎる場合は2つの転位が互いに反発し合う．したがって，最初の転位が粒界で補捉されるか,別の方向からやってきた転位に補捉されると，続いて生じた転位は蓄積されてしまう．こうして，転位が急速に蓄積され，この転位は前にも後ろにも動くことができなくなってしまう．その結果,金属の強度がかなり増加することになる．この過程は**歪み硬化**(strain-hardening)とよばれる．

歪み硬化を起こした金属は，高温で焼鈍(焼きなまし)すれば，延性も展性ももとに戻る．高温では原子はかなりの熱エネルギーをもっており，それが原子の移動を可能にする．そのため，転位はそれ自体で再組織化するか，互いに消滅してしまう．正の刃状転位と負の刃状転位が同じすべり面で出会えば，互いに打ち消し合い，結晶には歪みのない領域が残る．この過程はたいへん速く，例えば，研究室で実験に使っている白金るつぼは，1200℃程度の温度に数分置けば，柔らかくなってしまう．

2.5.4 ■ 転位と結晶構造

結晶では，通常，転位が起こりやすい面や，転位が優先的に移動しやすい方位がある．転位の1単位分を移動させるのに必要なエネルギー E はバーガースベクトル $\mathbf{b}$ の大きさの二乗に比例する．

$$E \propto |\mathbf{b}|^2 \tag{2.23}$$

したがって，もっとも小さい $\mathbf{b}$ をもった転位が，もっとも重要性が高い．

金属では，転位が移動する方向は，およそ構造中の最密充填の方向と平行である．**図 2.26**(a)には並んだ球を2列分示す．それぞれの列は，原子が配列した層を紙面に投影したものである．それぞれの列の原子は，同じ列の近接原子と接触しているので，この2つの列は最密充填配列になっている．剪断応力を作用させるとき，転位が存在すると(図には示されていない)，上の列が下の列に対して一原子分ずれる．このずれが生じた後は(**図 2.26**(b))，原子 1′ は(a)で原子 2′ がいた位置に収まる．残りの原子も同様である．1′−2′ 間の距離は，すべりおよび転位の移動における1回の移動距離に等しい．これがバーガースベクトルの大きさであり $|\mathbf{b}'| = d$ (d は球の直径)となる．したがって，$E_{\mathrm{b}'} \propto d^2$ となる．

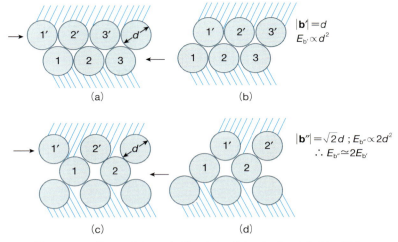

図 2.26　バーガースベクトル．(a, b) cp 方向の場合，(c, d) cp 方向でない場合．

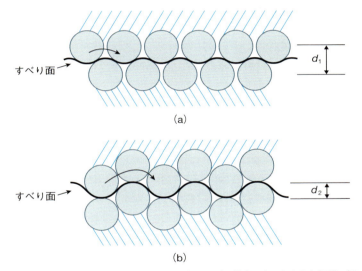

図 2.27　すべり面の様子．(a)のようにすべり面が cp 面の場合，すべりがより簡単に起こる．

　最密充填でない方向への転位の移動の例を，**図 2.26**(c)と(d)に示す．1′–2′ 間の距離は図 2.26(a)や(b)の場合より長い．図では，単純に $|\mathbf{b}''| = \sqrt{2}d$ となるように描いており，$E_{b''} \propto 2d^2$ になる．この cp ではない特殊な方向への転位の移動には，cp 方向の 2 倍のエネルギーを必要とする．

　したがって，もっとも転位が移動しやすい方向は，cp の方向に平行となる．実際，ずれやすべりが起こりやすい面は最密充填面である．これは 2 つの cp 面の間隔 d_1 が，cp 配列でない 2 つの層間の距離 d_2 よりも長いためである（**図 2.27**）．面のずれが起こっている間，それぞれの側の原子は反対方向に移動しており，移動が中間のとき（鞍部の位置）の構造上の歪みは，**図 2.27**(a)の方が**図 2.27**(b)より小さい．別の言い方をすれば，原子が 1 つの位置から等価な別の位置へ移動する際（曲線の矢印で示されている），乗り越えなければならないエネルギー障壁は，**図 2.27**(b)の方がはるかに大きい．

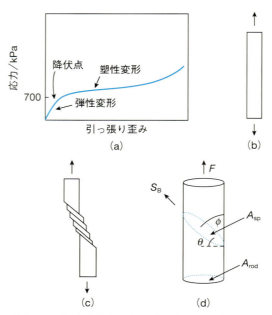

図 2.28 (a) 単結晶 Mg の引っ張り応力－歪み曲線. (b, c) 引っ張り応力によってすべりが生じ結晶が延びる様子. (d) 分解剪断応力の定義.

2.5.5 ■ 金属の機械的性質

　一般に，fcc 構造の金属 Cu, Ag, Au, Pt, Pb, Ni, Al などは，hcp 構造の Ti, Zr, Be や bcc 構造の W, V, Mo, Cr, Fe などの金属と比較して，展性や延性に富んでいる．ただし，Mg(hcp) や Nb(bcc) のように大きな延性と展性を示す場合も例外として存在する．展性と延性にはいろいろな要素が関係する．例えば，構造がもっている cp 面と cp 方向の数に依存する．

　fcc 構造の金属は，立方晶単位格子の体対角線に垂直な 4 組の cp 面をもっている（図 1.20）．それぞれの cp 面は，図 1.16(a) に示すように，x–x'，y–y'，z–z' の 3 つの cp 方向をもっている．これらの cp 方向は立方体の面対角線になっていて，方位指数は $\langle 110 \rangle$ である．したがって，fcc には合計 6 つの cp 方向が存在する．

　hcp 構造は，単位格子の底面に平行な 1 組の cp 層しか含んでいない（図 1.21）．よって，cp 層の面内に，3 つの cp 方向が存在するだけである．bcc 単位格子には cp 層は存在しない．図 1.11(e) に示したように，bcc の配位数は 8 である．一方，cp 構造では配位数は 12 である．しかし，bcc 構造は球が密に並んだ (cp) 4 つの方向をもっている．つまり，立方体の 4 本の体対角線 $\langle 111 \rangle$ がそれらに対応する．

　応力がかかっている状態での金属の挙動は，その応力の方向が，すべり方向やすべり面の方向・配向に対して，どのような角度になっているかに依存する．六方晶の底面が 45° の角度で配向している Mg 金属の単結晶円柱に引っ張り応力をかけたときの様子を**図 2.28** に示す．およそ 700 kPa 以下の応力では，結晶は**弾性変形**(elastic deformation)し，応力を除けばもとに戻る．700 kPa の**降伏点**(yield point)を過ぎれば塑性流動(plastic flow)が起こり，結晶は不可逆的な伸長を受ける．驚くべきことに，Mg 金属はもとの何倍もの長さにも伸びる．**図 2.28**(c) にその理由を示す．Mg 金属では，すべりは大きなスケールで起こり，光学顕微鏡で直接観察できるほどである．転位の移動により，例えば 0.2 nm ほどの高さ（あるいは幅）をもつすべりのステップが生じるとすると，この形態を顕微鏡で見るためには，すべりステップは少なくとも 2 μm の大きさになっていなければならない．したがって，すべて

のすべりステップに対して，少なくとも 10,000 個の転位がすべり面の上を通過しなければならない．

Mg の六方晶底面が単結晶棒の軸に対して 45° 以外の角度にあれば，塑性流動が起こるためにはもっと大きな応力が必要となる．これは，加えられた剪断応力のうち，底面に平行な方向の成分の大きさが，重要な因子となるからである．加えられた力 F に対し，すべり面上にかかっている応力 S_A は次の式で与えられる（**図 2.28**(d)）．

$$S_A = \frac{F}{A_{sp}} = \frac{F \cos \theta}{A_{rod}} \tag{2.24}$$

ここで，A_{rod} は単結晶棒の断面積，A_{sp} はすべり面の面積，θ は A_{rod} と A_{sp} の間の角度である．すべり面上での応力 S_A のすべりの方向に対して平行な成分を S_B とすると，次の式で与えられる．

$$S_B = S_A \cos \phi = \frac{F}{A_{rod}} \cos \theta \cos \phi \tag{2.25}$$

ここで，ϕ はすべり方向と応力軸との角度である．S_B は剪断応力のすべり方向成分で，塑性流動が起こり始めるときのその値を，**臨界分解剪断応力**（critical resolved shear stress）という．θ と ϕ の関係から，S_B の最大値は $\theta = \phi = 45°$ の場合となり，次式で表される．

$$S_B = \frac{1}{2} \times \frac{F}{A_{rod}} = \frac{1}{2} S \quad (\theta = \phi = 45°) \tag{2.26}$$

ここで，S は結晶にかかっている応力である．式(2.25)から，すべり面が，かかっている応力の方向に対して垂直か平行であれば，分解剪断応力はゼロになり，したがって，すべりは起こり得ない．

以上で，hcp 構造や特に bcc 構造の金属と比べ，fcc 構造の金属が簡単に塑性変形を起こしやすい理由を定性的に説明できた．fcc 構造の金属は 4 つの cp 面と 6 つの cp 方向をもっており，すべりを起こすには十分な数である．どんな方向から応力が加えられても，少なくとも 1 つ以上のすべり面やすべり方向が，加えられた応力に必ず応答してすべりを起こす方向に配置している．それとは対照的に，六方晶構造の金属では，ある限られた結晶方位に応力が加えられたときにしか，変形が起こらない．これら金属の構造間の違いは，多結晶金属の試料の機械的性質で顕著に現れる．六方晶構造の金属の多結晶体は，たいていすべり面が応力の方向に垂直か平行のどちらかになっている結晶粒を必ず含んでいる．したがって，これらの多結晶で塑性変形が可能な割合は，さらに限定される．一方，fcc 構造の金属は単結晶でも多結晶でも展性と延性に富んでいる．

fcc 構造の金属の臨界分解剪断応力は一般に小さい．例えば，Cu : 0.63 MPa，Ag : 0.37 MPa，Au : 0.91 MPa，Al : 1.02 MPa である．fcc 以外の構造の金属は，もっと高い値をもっている．例えば，Be では 39 MPa，Ti は 110 MPa である．（Ti でのすべりは，底面でない場所であっても cp 方向を 1 つでも含んでいると，より簡単に起こる．その臨界分解剪断応力は 49 MPa である．）Be, Ti および Zr が高い臨界分解剪断応力値をもっている理由は，それらの六方晶単位格子が，底面に垂直な方向に，いくぶん圧縮された構造になっているためである．理想的な六方晶単位格子では c/a 比が 1.632 であるが，Zn, Cd, Mg の c/a 比は，それぞれ 1.856, 1.886, 1.624 であり，理想値と同程度かそれよりも大きい．Be, Ti, Zr の c/a 比は，それぞれ 1.586, 1.588, 1.590 であり，理想値よりも小さい．これは，向かい合った底面間の間隔が縮まることで，図 2.27(a)における底面でのすべりが起こりにくくなっているためである．bcc 構造の金属の臨界分解剪断応力はやはり大きく，例えば α–Fe では約 28 MPa 程度である．これは cp 方向は 4 つ存在するが，cp 面がまったく存在しないためである．

2.5.6 ■ 転位，空孔，積層欠陥の関係

転位，点欠陥（空孔），面欠陥（積層欠陥）の間には，以下に示すように，密接な関連性がある．

転位の**上昇**（climb）という過程は，空孔が関わる特殊な転位の移動の機構である（**図 2.29**）．刃状転

第 2 章　結晶の欠陥，非化学量論性および固溶体

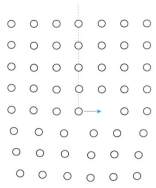

図 2.29　空孔の移動にともなう刃状転位の上昇.

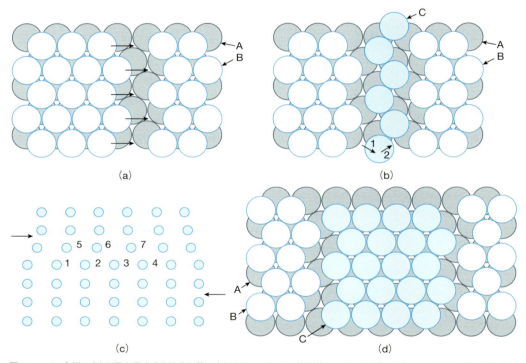

図 2.30　fcc 金属の (a) 刃状転位と (b) 部分転位．(c) 原子 3 にある刃状転位の二次元投影．(d) 2 つの部分転位が離れた場所で起こり，積層欠陥が生じた様子．

位の転位線の近く，すなわち余分な上半分の原子面のそばに，1 つ空孔があるとしよう．転位線に沿って原子が 1 つ，この空孔に移動できるなら，実際上，余分な原子面は，一原子分，この位置で短くなる．もしこの過程が転位線すべてにわたって繰り返されれば，余分な半分の面は結晶を上昇し始める．

転位と積層欠陥の間には，密接な構造上の関係が存在する．fcc 金属の 2 枚の重なった cp 層を図 2.30 (a) に示す．上の層 (白い球) には，原子がジグザグ状に欠けた列がある．これは，別の見方をすれば，下の層 (グレーに塗った球) に負の刃状転位による余分な原子の列があり，それが，上層の原子の欠けた列の真下に現れているとみなすこともできる．この視点から見れば，下の層に刃状転位があるということは，転位線のそばにある上の層の原子を引き離そうとする力，少なくともその一列の原子がなくなるまで引き離そうとする力が，転位によって働くことを意味している．図 2.30 (c) で別の角度か

114

図 2.31 空孔のクラスターのまわりの構造の崩壊．ここで転位ループが生成する．

ら眺めてみよう．1 から 4 の原子が含まれる列は，図 2.30(a) の奥側にある原子層の列に対応している．同様に，5 から 7 の原子が含まれる列は，手前の層の列に対応している．負の刃状転位は，図 2.30(c) の原子 3 で表される．(a) と (c) では刃状転位の移動は矢印で示す方向であり，手前の層の白い球の 1 列分が，原子が欠けている列に移動しようとしている．この右方向への 1 単位分の原子移動は，負の刃状転位を左方向へ 1 単位分移動させることになる．このすべりの前後で，原子は同じ B 位置に収まるので，層の積み重なり方は変わらない．バーガースベクトルの方向は矢印の方向であり，大きさは原子の直径 1 個分である．

図 2.30(a) に矢印で示す原子の移動は比較的困難である．実際，上の層の原子が矢印の方向にまっすぐ移動しようとすれば，下の層の原子の頭を登って越えなければならない．図 2.30(b) には 2 段階の小さな移動 (1 と 2) に分けたもっと楽なルートを示している．いずれも，B 層の原子は A 層の 2 つの原子の谷間を移動する．最初のルート (矢印 1) をたどった後，原子は C 位置に収まることになる．その C 位置にある原子列の 1 列分を図 2.30(b) に示す．これを繰り返し，次のルートへ行くと (矢印 2)，原子は隣の B 位置に入る．こうして，1 つの転位が 2 つの部分転位に分けられる．このような部分転位の生成は 2 つの観点から見ることができる．越えなければならないエネルギー障壁という観点では，たとえ 2 段階の合計距離は長くなっても，小さな山を 2 回越えるルートの方が，大きな山を 1 回越えるルートよりも簡単である．この 2 種類のルートをバーガースベクトルから見てみると，二段階に分けられたルートがそれほど長くなければ，2 つに分けたルートの方が有利である．距離 b を直接移動する場合，そのエネルギー E_1 は $E_1 \propto |\mathbf{b}|^2$ となる．2 つに分けたルートの場合，移動の方向が水平から 30° 傾いているので，その距離は $b/\sqrt{3}$ になる．したがって，2 回の部分移動を合わせたエネルギー E_2 は $(b/\sqrt{3})^2 + (b/\sqrt{3})^2$ に比例する．すなわち，

$$E_2 \propto \frac{2}{3}|\mathbf{b}|^2$$

よって

$$E_2 < E_1$$

部分転位どうしには斥力が働くため，図 2.30(d) に示すように 2 つの部分転位は離れて起こるようになる．2 つの部分転位の間では，B 層の白色の球がすべて C 位置に収まってしまっているので，「間違った積み重なり方」になっている．すなわち，積層欠陥が導入されたのである．もし，2 つの部分欠陥がそれぞれ結晶の縁まで移動することになれば，層全体が欠陥になるだろう．このようなことが実際起こるのかどうかは別として，転位と部分転位と積層欠陥の間には明らかな相互関係が存在する．

転位が生成する機構の 1 つとして，構造中のある面上に空孔のクラスターができ，それによる構造の内部崩壊が起こり，転位ループが生成する機構が提案されている．この機構は空孔ができやすく，移動もしやすい高温で重要になってくるだろう．純金属中のある原子面上に空孔クラスターができて，ある範囲内の原子位置がすべて空になれば，円盤状の穴が構造中に現れるだろう．この円盤は，図 2.31 にその断面を示すように両面からつぶされていて，円盤の 2 つの端には，反対の符号をもった刃状転位が現れる．これは，機械的な応力を加えなくても，転位が生成することを示すものである．

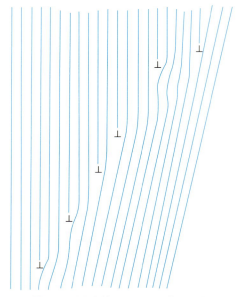

図 2.32 小傾角粒界での刃状転位の配列.

2.5.7 ■ 転位と結晶粒界

　多結晶内の2つの結晶粒子の配向角の差がそれほど大きくない場合には，転位が連なって結晶粒界がつくられているというしゃれた見方をすることができる．図 2.32 には，異なる高さで結晶中に存在する，6個の正の刃状転位を示す．この転位によって，結晶の上半分は下半分よりもわずかに広くなっている．このように同じような位置に同じような配列で数個の転位が存在すると，2つの結晶の間には方位角の不一致が生じる．したがって，紙面に対して垂直な転位が止まっている表面は，左側と右側の粒子間の界面，または境界とみなすことができる．もちろん，結晶構造における連続性はこの境界をまたいでも良く保たれている．この型の界面は**小傾角粒界**(low angle grain boundary)として知られている．単結晶のモザイク組織やドメイン組織は小傾角粒界として扱うことができる (図 2.18)．

　2つの結晶粒子における角度範囲のずれはすぐに計算できる．幅 1 μm の結晶片に，5つの正の刃状転位が小傾角粒界を形成して存在しているとしよう．結晶の一方の端は，原子面5枚分，すなわちおよそ 1.0 nm だけもう一方の端より広くなっているとする．このとき，結晶粒どうしの角度のずれは，$\theta = \tan^{-1}(10/10000) = 0.057°$ となる．小傾角粒界は表面をエッチングすれば見ることができる．ただし，光学顕微鏡で分離して見えるくぼみの大きさは，少なくとも 1〜2 μm はなければならないうえ，互いにそれ以上の距離離れていなければならない．数度までの角度のずれであれば，粒界に対するこの転位モデルは有用である．しかし，方位のずれが 10〜20° 以上ともなれば，このモデルはもはや意味をなさない．刃状転位が非常に密に存在することになり，1個1個の独立性が失われてしまうためである．

第3章　固体における化学結合

3.1 ■ 固体における化学結合：イオン結合，共有結合，金属結合，ファンデルワールス結合，水素結合

　結晶性化合物には，イオン結合から共有結合，ファンデルワールス結合，金属結合など，あらゆる化学結合が現れるといっても過言ではない．また，複陰イオンからなる塩には，複数のタイプの結合をもつ化合物もある．例えば，Li_2SO_4 においては，Li^+ と SO_4^{2-} イオンの間にはイオン結合，SO_4^{2-} イオン内の酸素と硫黄との間には共有結合が存在する．通常，これらの結合は，複数の異なる結合の中間の状態あるいはそれらが融合したものとなっている．例えば TiO ではイオン結合と金属結合，CdI_2 ではイオン結合，共有結合，ファンデルワールス結合が混合している．しかしながら，結晶構造を議論する際には，このような複数の結合の融合をいったん無視して，すべての結合をイオン結合的に取り扱うとうまく説明できる場合が多い．

　イオン結合（ionic bonding）性の結晶は，イオンのまわりの配位数が可能な限り大きくなるような，高い対称性をもった構造をとろうとする．このような構造において，結晶を保持するための静電引力の総和（すなわち格子エネルギー）が最大化されるためである．一方，**共有結合**（covalent bonding）性の結晶では，構成原子は他の原子の存在の有無にかかわらず，ある決まった配位数をとるため，かなり方向性の強い構造となる．したがって，共有結合性結晶における配位数は通常小さく，同じサイズの原子からなるイオン結合性結晶よりも小さくなる．

　ある化合物における化学結合は，構成原子の周期表における位置，特に電気陰性度と非常に強く関係している．例えば，アルカリ金属やアルカリ土類金属元素が，O^{2-} や F^- イオンのような電気陰性度の特に高い陰イオンと結合すると，通常はイオン結合性の結晶を形成する（Be はしばしば例外となる）．一方，(1)イオン半径が小さく，かつ高価数で高い分極能を示す陽イオン（例えば，B^{3+}，Si^{4+}，P^{5+}，S^{6+} など）の化合物，および，(2)イオン半径が大きく，かつ高い分極性をもつ陰イオン（例えば I^- や S^{2-} など）の化合物は特に共有結合性結晶を形成する．(2)は(1)の場合ほどではないが，同様に共有結合性結晶を形成する．たいていの非分子性の化合物は，イオン結合性と共有結合性が混合した状態にある．後述するように，ある特定の結合についてのイオン性，すなわち，結合におけるイオン性の度合い（ionicity）が何％かは算出することができる．

　また，特にいくつかの遷移金属化合物では，**金属結合**（metallic bonding）の存在も重要である．金属結合において，最外殻の価電子は，特定の原子間のイオン結合または共有結合に局在化しているわけではなく，結晶全体にわたるエネルギーバンド内を遍歴（非局在化）する．周期表におけるほとんどの元素，すなわち，s, d, f ブロックのすべての元素と，p ブロックの多くの元素は金属的である．しかし非常に興味深いことに，酸化物をはじめとする多くの化合物もまた金属的である．例えば，Na_xWO_3 のようなタングステンブロンズや，$YBa_2Cu_3O_7$ などのセラミックス高温超伝導体がこれに該当する．このような化合物においては，$W^{5+,6+}$ や $Cu^{2+,3+}$ などの，遷移金属元素の多様な原子価が金属結合の要因である．一方，Na^+，Y^{3+}，Ba^{2+} などのイオンは同じ化合物においてイオン結合を担っている．

　ファンデルワールス結合（van der Waals bonding）は分子性化合物（すなわち，強力な共有結合に

117

第 3 章　固体における化学結合

よって形成された分子が結びつけられている化合物)特有の結合様式である．分子と分子の間に働く主たる相互作用は弱いファンデルワールス力であり，この相互作用により N_2 や He のようなガス状の単体も，極低温において液化および固化することが可能となる．逆にファンデルワールス力がなければ，He のようなガス状元素は液化することができない．それは，これらの元素間には他の結合様式が働かないためである．ファンデルワールス力は一般に弱いため，分子性化合物の融点や沸点は低くなる．

　一方，水分子間などに働く**水素結合**(hydrogen bonding)は，近接する水分子間の部分電荷をもつ $H^{\delta+}$ と $O^{\delta-}$ 間のイオン的なまたは分極による相互作用に起因しているので，かなり強い結合である．こうした相互作用は，水分子が H と O の電気陰性度の差に起因する永久双極子モーメントをもつことによる．一方，N_2 のような非極性の分子には，価電子の電子雲の瞬間的なゆらぎによる自然分極しか生じない．

3.2 ■ イオン結合

　完全なイオン結合というものは，実はほとんど起こり得ない．本質的にはイオン性と考えられている NaCl や CaO のような構造中でさえ，陽イオンと陰イオンとの間には共有結合がある程度の割合で常に存在する．共有結合の割合はイオンの価数が増えるとともに増加し，イオンの正味の(net)電荷が $+1$ あるいは -1 より大きくなることはまずない．したがって，NaCl は Na^+ イオンと Cl^- イオンのように表すのが妥当である．一方，(同じ岩塩構造の)TiC では，実際のところ Ti^{4+} イオンや C^{4-} イオンを含むはずはないので，TiC の主な結合様式は非イオン結合性にならざるを得ない．ここで次のようなジレンマに陥ってしまう．Al_2O_3 や $CdCl_2$ のように，かなりの割合で共有結合性があるに違いないとわかっている数多くの構造にも，イオンモデルを使い続けてよいのだろうか．もしイオンモデルが適当でないとすれば，この結合については別のモデルを探さなければならない．本節では，イオン結合を特に重視して記述する．実際は共有結合がかなりの割合で含まれているような結晶構造でも，その構造を記述する出発点として広く応用できるのは明らかであり，有用だからである．

3.2.1 ■ イオンとイオン半径

　結晶中のイオンの大きさについての信頼できる情報をもたずに，結晶構造を議論することはあり得ない．しかし，結晶化学は常に少しずつ変革を続けており，今ではポーリング(Pauling)やゴールドシュミット(Goldschmidt)などによってつくられ，長く使われてきたイオン半径の表には，大きな誤りがあると考えられている．同時に，イオンやイオン性の構造についてのこれまでの概念もまた，修正されつつある．シャノンとプルウィット(1969, 1970)による，包括的にまとめられたもっとも新しいイオン半径は，以前考えられていたものと比べ，陽イオンは大きく，陰イオンは小さい．例えば，ポーリングによる Na^+ と F^- のイオン半径はそれぞれ 0.098 nm と 0.136 nm であるのに対し，シャノンとプルウィットは，Na^+ イオンにはその配位数に従って 0.114～0.130 nm の値を，F^- イオンには 0.119 nm の値を与えている．

　このような変更がなされたのは，主に近年の高性能な X 線回折技術によって，かなり精密な電子密度分布図がイオン性結晶全体にわたって得られるようになったためである．これによって，誰でもイオンを実際に「見る」ことが可能になり，その大きさと形，性質について議論することができるようになった．LiF について，(100)面に対して平行に，Li^+ イオンと F^- イオンの中心を通過するように切った断面における電子密度の等高線図を**図 3.1** に示す．**図 3.2** には，隣り合う Li^+ イオンと F^- イオンを結ぶ直線上での，電子密度の変化の様子を示す．図 3.1 や図 3.2，および別の構造について描

118

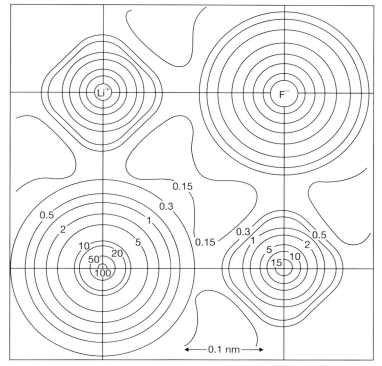

図 3.1 LiF(岩塩構造)の電子密度等高線図.単位格子の面に沿った断面図.電子密度(nm^3あたりの電子数)は,各等高線に沿って一定である.
[J. Krug, H. Witte and E. Wölfel, *Zeit. Phys. Chem., Frankfurt*, **4**, 36-64(1955)より許可を得て転載]

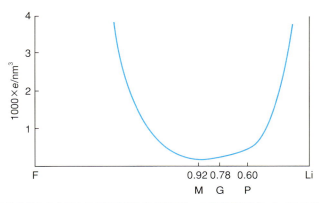

図 3.2 LiFにおける隣り合うLiとFの原子核を結ぶ線に沿った電子密度変化.P:Li^+のポーリング半径,G:Li^+のゴールドシュミット半径,M:電子密度が極小となるところ.
[H. Krebs, *Fundamentals of Inorganic Crystal Chemistry*, McGraw-Hill(1968)より許可を得て転載]

いた同様の図から,結晶中のイオンについて次のような結論が導かれる.

(1) イオンは,本質的に球である.
(2) イオンは,2つの部分から成り立っているとみなすことができる.すなわち,大部分の電子密度が集中している中心部の内殻となる部分と,電子密度は非常に低いが他のイオンに影響を及ぼす外殻の部分である.

第3章　固体における化学結合

（3）イオン半径の決定は難しい．なぜなら，イオンどうしが接触していると仮定しても，どこで1つのイオンが終わり，次のイオンが始まるのか，その境目が明確でないためである（図3.2）．

　（2）の結論は，「イオンは帯電した，非圧縮性で，非分極性の球体として取り扱える」という，よく用いられる仮定とは大きく異なる．イオンの帯電は確実であるが，明確に定まった半径をもつ球としてみなすことはできない．イオンの電子密度は，核からある距離のところで突然ゼロになるわけではなく，距離の増加により徐々に減少するにすぎない．また，イオンの内殻はほとんど変化しないものの，そのイオンの影響下にある外殻部は柔軟であるという特徴のおかげで，イオンは圧縮できない剛体ではなく，かなり弾性的であるともいえる．この柔軟性は，配位数や配位状態（後述）によって，見かけのイオン半径が変化することを説明するのに用いられる．したがって，イオンはその置かれた環境に応じて，ある限られた範囲内で膨張したり収縮したりする．

　図3.1と3.2を見ると，電子密度の大部分はイオンの核の付近に集中している．したがって，実質上結晶の体積の大部分は比較的電子密度の低い自由空間である．その意味では，原子（またはイオン）の構造と太陽系との間に類似性を見出すことは，あながち間違いとはいえない．いずれも，ほとんどの構成要素がかなり小さい領域に集中しており，残りの部分は本質的に空の空間であるからである．

　イオン半径の決定が困難な理由は，隣接する陰イオンと陽イオンの間の電子密度の極小部が，ある範囲に広がっているためである．図3.2には，ポーリングとゴールドシュミットによって与えられたLiFにおけるLi$^+$イオンの半径を横軸にプロットしてある．横軸には，電子密度が最小の部分に対応する値も示した．これらの値は0.060から0.092 nmの間で変化しているが，すべて図3.2に示された広い極小部分に位置している．

　このように，イオン半径の値を決めるのは困難ではあるが，一連のイオン半径を参照値として把握しておくことは必要である．幸いにも，多くのイオン半径表にはそれぞれ加成性（additive）があり，その表の中では自己矛盾はない（self-consistent）．したがって，別の半径表と混同しなければ，いずれの半径表を用いても結晶中のイオン間距離を矛盾なく見積もることができる．シャノンとプルウィットは，2種類のイオン半径表を提案している．1つは，ポーリングやゴールドシュミットと同じ$r_{O^{2-}} = 0.140$ nmを基準にしたものである．もう1つは，$r_{F^-} = 0.119$ nm（$r_{O^{2-}} = 0.126$ nm）を基準としたものであり，X線回折測定による電子密度分布から求められた値と関連している．この2つのイオン半径表は，いろいろな配位状態の陽イオンについて包括的にまとめられているが，酸化物とフッ化物に関してしか適合しない．本書ではシャノンとプルウィットによる$r_{F^-} = 0.119$ nmと$r_{O^{2-}} = 0.126$ nmの値を基準としたイオン半径表を用いることにする．**図3.3**は，M$^+$からM^{4+}に変化したときに陽イオンの半径がどのように変化するのかを，配位数の関数として表したものである．ここで注意すべきことは，より高い電荷をもつ陽イオンは，その電荷をもった形で存在するのではなく，陰イオンの分極，およびその結果として生じる部分的な共有結合性によって，実際の正電荷が弱められていることである．

　イオン半径表の代わりに，それぞれの陽イオン間の典型的な結合距離を用いる場合もある．これらについては付録Fにまとめた．例えば，TiO$_2$や多くの金属チタン酸塩におけるTi–O距離は，Tiが歪みのないTiO$_6$正八面体位置を占めていれば，ほとんどの場合0.194から0.196 nmの範囲に収まる．よって，Ti^{4+}，Zn^{2+}，Al^{3+}のようなイオン半径を比べる場合は，それらのイオンと酸素との結合距離を比較すればよい．

　イオン半径には，周期表上の位置，形式電荷や配位数に関係して，次のような傾向が見られる．

（1）sおよびpブロック元素のイオン半径は，周期表の縦の列では，いずれの族においても，原子

120

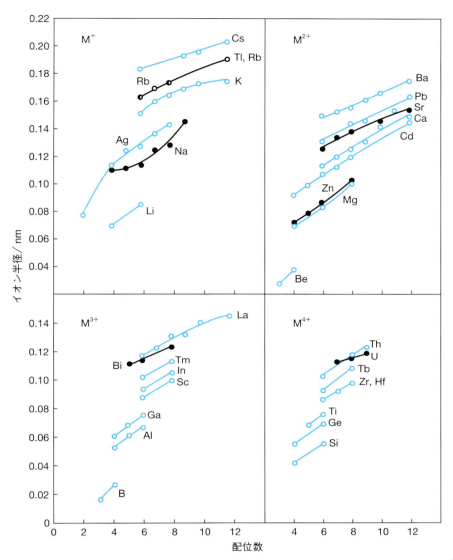

図 3.3 配位数の関数として示した陽イオン M^+ から M^{4+} の半径（$r_{F^-} = 0.119$ nm, $r_{O^{2-}} = 0.126$ nm を基準とする）[訳注1]．ただし，M^+ のデータにおいて，Rb は○，Rb と Tl のデータが重なるところは◐で表されている．
[R. D. Shannon and C. T. Prewitt, *Acta Cryst.*, **B25**, 925–946 (1969) より許可を得て転載]

番号の増加とともに大きくなる．（例：八面体配位のアルカリ金属イオン）

(2) 等電子状態にある一連の陽イオンでは，そのイオン半径は電荷の増加とともに小さくなる．（例：Na^+, Mg^{2+}, Al^{3+}, Si^{4+}）

(3) 複数の酸化状態をとりうる元素では，その陽イオン半径が酸化数の増加とともに小さくなる．（例：$V^{2+} > V^{3+} > V^{4+} > V^{5+}$）

(4) 種々の配位数をとりうる元素では，そのイオン半径が配位数の増加とともに大きくなる．

(5) ランタノイド系列においては，同じ価数であっても原子番号が増加するとイオンの大きさは減少する．これは「ランタノイド収縮（lanthanide contraction）」とよばれる（d 電子および，特

[訳注1] より新しく改訂されたデータについては，R. D. Shannon, *Acta Cryst.*, **A32**, 751–767 (1976) を参照のこと．

第3章　固体における化学結合

にf電子による核電荷の遮へいが不十分であることによる）．例えば，八面体配位のイオンの半径はLa^{3+}(0.120 nm)…Eu^{3+}(0.109 nm)…Lu^{3+}(0.099 nm)である．同様の効果は一連の遷移金属イオンにおいても見られる．

(6) ある特定の遷移金属イオンの半径は，(5)と同じ理由により，その対応する典型元素のイオン半径より小さくなる．（例：八面体配位のイオン半径において，Rb$^+$(0.163 nm)とAg$^+$(0.129 nm)やCa^{2+}(0.114 nm)とZn^{2+}(0.089 nm)）

(7) 周期表で斜めの関係にある元素は，同程度のイオン半径（および化学的性質）をもつ．（例：Li$^+$(0.088 nm)とMg^{2+}(0.086 nm)．これは(1)，(2)両方の効果による）

3.2.2 ■ イオン性結晶構造 —— 一般則

イオン性結晶構造を理解するためには次の事柄を考慮する必要がある．

(1) イオンは，帯電した，弾性的で，分極性の球体である．
(2) イオン性の構造では，静電引力（クーロン引力）により凝集し，陽イオンは陰イオンに，反対に陰イオンは陽イオンに囲まれるように配置される．
(3) 構造中のイオン間のクーロンエネルギーの総和（すなわち格子エネルギー）を最大にするため，配位数はできる限り大きくなる．ただし，中心イオンと，反対の電荷をもつ隣接イオンとの接触は維持しなければならない．
(4) 第二近接イオンとの相互作用は，陰イオン－陰イオン，もしくは陽イオン－陽イオン間の相互作用となるので，反発力となる．これらのイオンは，互いにできる限り離れようとするため，体積ができる限り大きく，対称性がもっとも高くなるような構造になる．
(5) 局所的には電気的中性の法則に従う．すなわち，あるイオンの原子価は，そのイオンと反対の電荷をもつ隣接イオンとの間の静電的な結合力の和と等しい．

(1)は，3.2.1節で考察したとおりである．すなわち，イオンは明らかに帯電しており，その大きさは配位数によって変化するので弾性的であり，純粋なイオン結合からはずれると分極しやすくなる．そのため，例えばLiFの電子密度図（図3.1）では，Li$^+$イオンの外殻部が球形からわずかに歪んでいる．これは，Li$^+$イオンとF$^-$イオンの間にわずかな共有結合性が生じていることによる．

(2)から(4)は，イオン性結晶を保持する力が，結晶を点電荷の三次元的配列とみなしたときに，その配列によって生じるクーロンエネルギーの総和となることを意味している．クーロンの法則から，距離rにある電荷Z_+eとZ_-eの2つのイオン間に作用する力Fは，次式により与えられる[訳注2]．

$$F = \frac{(Z_+e)(Z_-e)}{4\pi\varepsilon_0 r^2} \tag{3.1}$$

結晶中の各イオン対に同様な式を適用し，すべてのイオン間で生じる力を評価することにより，結晶の格子エネルギーを導くことができる（後述）．

(3)は，最近接イオンどうしが互いに「接触する」という条件を含んでいる．前節で明確にしたイオン性結晶中の電子密度分布の性質を考えると，「接触する」という条件を定量的にはっきりと示すことは難しい．それでもこの条件が重要であるのは，イオンの見かけの大きさは配位数によって変化するが，大部分のイオン，特に小さなイオンは，最大の配位数をもつ傾向が強いからである．例えば，

[訳注2]　原著ではCGS単位系で記述されているため，クーロン力やクーロンポテンシャルに$4\pi\varepsilon_0$は現れないが，本書ではSI単位系で記述している．なお，$\varepsilon_0 (=8.8542\times10^{-12}\,\mathrm{F\,m^{-1}})$は真空の誘電率である．

Be^{2+}イオンでは最大配位数が 4, Li^+イオンでは通常 6 である. したがって, イオンには柔軟性があるとはいうものの, この条件のためにその範囲はかなり狭い.

今まで我々は, イオン性の構造や, 特に最密充填の構造は最小の体積(minimum volume)をもつという考え方に慣れ親しんできたので, (4)の概念, すなわちイオン性結晶ではその体積が最大化される(maximum volume)という概念は, 奇異に感じるかもしれない. しかし, 別に矛盾はしていない. イオン性結晶の主要な相互作用は, 最近接の陽イオン－陰イオン間の引力(attractive force)であり, この力はイオン間の距離が短いときに最大となる(イオンが近づきすぎると反発力(repulsive force)が作用し始めて, 逆に全体の引力は減少する). これに第二近接の同種イオン間に働く反発力の効果が加わる. (i)陽イオン－陰イオン間距離はできるだけ短くなり, (ii)配位数はできるだけ高くなるという条件を満たしながら, 同種イオンは互いに反発力が減少するように可能な限り離れて配置しようとする. これによって, 同種イオンが規則正しい, しかも高い対称性の配列になる.

体積が最大になるような, よく知られた構造の例として, ルチル(TiO_2)があげられる(1.17.6 節参照). 酸化物層のねじれによって, 第二近接の酸素の(酸素による)配位数は, (hcp の配列に見られるような)12 から(正方充填構造で現れるような)11 に減少する. 酸素のチタンへの配位や, その逆のチタンの酸素への配位はこの歪みによる影響を受けないが, 全体の体積は 2〜3 % 増加する. すなわち, 全体の体積が最大になるように酸化物層のねじれが起こっている.

(5)は, イオン性結晶に関するポーリングの第二法則, すなわち**静電気原子価則**(electrostatic valence rule)である. 原則として, 例えばある陰イオン上の電荷と, それに直接配位する周囲の陽イオン上の電荷は, 反対符号かつ等しくつり合わなければならない. しかし, これらの陽イオンには他の陰イオンも配位しているので, 各々の陽イオン－陰イオン結合に, 実効的に割り当てられる正の電荷量を見積もる必要がある.

n 個の陰イオン X^{x-} が配位したある陽イオン M^{m+} において, ある陽イオン－陰イオン結合に割り当てられる**静電結合力**(electrostatic bond strength, ebs)は次式で定義される.

$$ebs = \frac{m}{n} \tag{3.2}$$

各陰イオンについて, そのまわりにある陽イオンからの静電結合力の合計が, その陰イオン上の電荷とつり合わなければならない. すなわち,

$$\sum \frac{m}{n} = x \tag{3.3}$$

が成り立つ. 以下では例をあげて具体的に静電結合力を計算してみる.

(1) スピネル $MgAl_2O_4$ は, 八面体位置に Al^{3+} イオン, 四面体位置に Mg^{2+} イオンがあり, 各酸素は 3 個の Al^{3+} イオンと 1 個の Mg^{2+} イオンによって四面体様に囲まれている. これが正しいことは, 次のように確認することができる.

$$Mg^{2+} の静電結合力: ebs = \frac{2}{4} = \frac{1}{2}$$

$$Al^{3+} の静電結合力: ebs = \frac{3}{6} = \frac{1}{2}$$

したがって, 1 個の酸素について静電結合力の和をとると,

$$\sum ebs(3Al^{3+} + 1Mg^{2+}) = 2$$

となる.

第3章 固体における化学結合

表 3.1 各種陽イオンの静電結合力

陽イオン	配位数	静電結合力
Li^+	4, 6	1/4, 1/6
Na^+	6, 8	1/6, 1/8
Be^{2+}	3, 4	2/3, 1/2
Mg^{2+}	4, 6	1/2, 1/3
Ca^{2+}	8	1/4
Zn^{2+}	4	1/2
Al^{3+}	4, 6	3/4, 1/2
Cr^{3+}	6	1/2
Si^{4+}	4	1
Ge^{4+}	4, 6	1, 2/3
Ti^{4+}	6	2/3
Th^{4+}	8	1/2

表 3.2 酸化物多面体の頂点共有の組み合わせのうち，許容されるものとされないもの

許容される組み合わせ	例	許容されない組み合わせ
$2SiO_4$ 四面体	シリカ	$>2SiO_4$ 四面体
$1MgO_4$ 四面体 + $3AlO_6$ 八面体	スピネル	$3AlO_4$ 四面体
$1SiO_4$ 四面体 + $3MgO_6$ 八面体	オリビン	$1SiO_4$ 四面体 + $2AlO_4$ 四面体
$8LiO_4$ 四面体	Li_2O	
$2TiO_6$ 八面体 + $4CaO_{12}$ 十二面体	ペロブスカイト	
$3TiO_6$ 八面体	ルチル	$4TiO_6$ 八面体

(2) ケイ酸塩構造において，3個の SiO_4 四面体が同時に1個の頂点を共有できないことを次のように説明することができる.

$$Si^{4+} の静電結合力： ebs = \frac{4}{4} = 1$$

よって，2個の SiO_4 四面体が共有している1個の酸素については $\sum ebs = 2$ となり，もちろん正しい．しかし，3個の四面体が1個の酸素を共有すると $\sum ebs = 3$ となり，これは完全に不適切である.

このポーリングの第二法則から，結晶構造において，どのような多面体の共有様式が可能であり，どれが可能でないのかを判断することができる．**表 3.1** に，いくつかの陽イオンについて，形式電荷，配位数，静電結合力をまとめた．**表 3.2** には，酸化物イオンを共有して多面体がつながる場合に，組み合わせが可能な多面体と，可能でないものを示す．これら以外の組み合わせも可能であるので，いくつか試しに考えてみてほしい．ただ，そのときに，多面体の組み合わせの可能な数には，その多面体の形による制限があることに注意する必要がある．この制限により，例えば八面体が1つの頂点を共有できる最大の数は(岩塩構造のように)6となる.

ポーリングの第三法則は，多面体の幾何学的配置に関するもので，これについてはすでに第1章で考察した．ポーリングの第一法則は，「陰イオンからなる配位多面体が，各陽イオンのまわりに形成されると，陽イオン－陰イオン間の距離は2つのイオン半径の合計により求められ，陽イオンの配位数は2つのイオン半径の比により決まる．」というものである．陽イオン－陰イオン間の距離がイオン半径の合計により決まるという考えは，いずれのイオン半径表においても前提となっている．これは，イオン半径表が，原子間距離を正確に推定することに主眼を置いているからである．次に，配位数と半径比則との関係を調べてみよう.

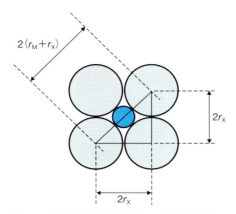

図 3.4 八面体配位におけるイオン半径比の計算.

3.2.3 ■ 半径比則

　理想的なイオン性結晶におけるイオンの配位数 CN は静電相互作用の考察から決定できる．陽イオンはできる限り多くの陰イオンに取り囲まれ，また逆に，陰イオンも陽イオンによって同じように取り囲まれる．こうして，反対の電荷をもつ隣接したイオン間での静電引力が最大となり，その結果，結晶の格子エネルギーが最大となる(後述)．このことから，イオン性結晶についての**半径比則**(radius ratio rule)が導かれる．半径比則とは，ある化合物がとる構造は，構成するイオンの「相対的な」大きさに依存するというものである．この法則は定性的には便利であるが，これから説明するように，結晶構造を厳密に推定したり，説明したりすることが常に可能であるわけではない．

　半径比則を適用するには次の2つの条件がある．

1. 陽イオンはその隣にある陰イオンと必ず接触していなければならない．
2. 陰イオンどうしは接触していても接触していなくてもよい．

　条件1は，特定の位置を占める陽イオンの大きさの「下限」を規定する．これは，陰イオンの多面体の隙間で，陽イオンが「ガタガタ」動いているような状況は不安定であろうという考えによる．これらの条件を用いて，陰イオン配列中のいろいろな格子内に入る陽イオンの大きさの範囲が計算できる．もしすでに巻末の演習問題 1.32 から 1.35 を解いていれば，以下は復習になるはずである．

　まず，八面体位置に入る最小の陽イオン半径を計算してみよう．ここでは，陰イオン－陰イオンと，陰イオン－陽イオンとがそれぞれ接触している，すなわち陽イオンが最近接の6個の陰イオンすべてと接触しているとする．**図 3.4** は，八面体の断面図であり，中心の陽イオンと同一平面内の陰イオン4個を示している．ピタゴラスの定理を用いて，

$$(2r_X)^2 + (2r_X)^2 = [2(r_M + r_X)]^2 \tag{3.4}$$

すなわち，

$$2r_X\sqrt{2} = 2(r_M + r_X)$$

したがって，

第3章　固体における化学結合

$$\frac{r_M}{r_X} = \sqrt{2} - 1 = 0.414 \tag{3.5}$$

となる．つまりイオン半径比が 0.414 より小さくなると，陽イオンは八面体位置に入るには小さすぎるため，代わりに配位数のより少ない位置に入らなければならない．イオン半径比が 0.414 より大きくなると，陽イオンが陰イオンを引き離すように押し出す．これは，イオン半径比が 0.732 になるまで同じである．イオン半径比が 0.732 になると，その陽イオンは 8 個の陰イオンと隣接できるほど大きくなり，すべての陰イオンは陽イオンと接触する．

　次に立方体位置を占める最小の陽イオン半径比を計算するには，陽イオンと陰イオンが立方体の体対角線に沿って接触していることに着目する必要がある（図 1.36 の CsCl のような場合）．すなわち，

$$2(r_M + r_X) = (立方体の体対角線) \tag{3.6}$$

の場合について考える．加えて，陰イオンが立方体の 1 辺 a に沿って接触している，すなわち，

$$a = 2r_X \tag{3.7}$$

とする．したがって，式(3.6)は，

$$2(r_M + r_X) = 2r_X\sqrt{3}$$

すなわち，

$$\frac{r_M}{r_X} = \sqrt{3} - 1 = 0.732 \tag{3.8}$$

となる．

　四面体位置を占める最小のイオン半径比を見積もるには，図 1.25 にあるように，四面体を立方体の角を交互に取り去ったものとしてみなす．そうすると，陽イオンと陰イオンは，立方体の体対角線に沿って接触しているので，式(3.6)を適用することができる．しかし，陰イオンどうしは立方体の面対角線に沿って接触しているので，

$$2r_X = (面対角線) \tag{3.9}$$

となる．式(3.6)と(3.9)を組み合わせて整理すると，

$$(2r_X)^2 + (\sqrt{2}r_X)^2 = [2(r_M + r_X)]^2$$

すなわち，

$$2(r_M + r_X) = \sqrt{6}r_X$$

となり，イオン半径比は次のようになる．

表 3.3　各配位の最小イオン半径比

配位，配位数	最小イオン半径比 r_M/r_X
直線，2	—
三方，3	0.155
四面体，4	0.225
八面体，6	0.414
立方，8	0.732
十二面体，12	1.000

126

表 3.4 MO_2 型酸化物の結晶構造とイオン半径比

酸化物	計算されたイオン半径比[a]	実際の構造型
CO_2	~0.1$(CN=2)$	分 子$(CN=2)$
SiO_2	0.32$(CN=4)$	シリカ$(CN=4)$
GeO_2	0.43$(CN=4)$	シリカ$(CN=4)$
	0.54$(CN=6)$	ルチル$(CN=6)$
TiO_2	0.59$(CN=6)$	ルチル$(CN=6)$
SnO_2	0.66$(CN=6)$	ルチル$(CN=6)$
PbO_2	0.73$(CN=6)$	ルチル$(CN=6)$
HfO_2	0.68$(CN=6)$	蛍 石$(CN=8)$
	0.77$(CN=8)$	
CeO_2	0.75$(CN=6)$	蛍 石$(CN=8)$
	0.88$(CN=8)$	
ThO_2	0.95$(CN=8)$	蛍 石$(CN=8)$

[a] 図 3.3 に見られるように陽イオン半径は配位数によって変化するので，イオン半径比は異なる配位数に対して計算されている．計算に使用された配位数はカッコ内に示す．また，酸化物イオンの半径は $r_{O^{2-}} = 0.126\,\mathrm{nm}$ を基準とする．

$$\frac{r_M}{r_X} = \frac{\sqrt{6}-2}{2} = 0.225 \tag{3.10}$$

表 3.3 に，各配位における最小イオン半径比をまとめて示す．この表には，配位数$(CN)=5$ が欠けている．これは，少なくとも最密充填構造では，M–X 結合のすべてが同じ長さである 5 配位構造をとることが不可能であるためである．

半径比則により，およその配位数とその構造を予測することができるが，あくまでも定性的な指針にとどめるべきである．これは，イオン半径比の数値が，用いるイオン半径表にかなり依存するためであり，これまでの古典的なイオン半径表がよいのか，X 線回折測定の結果に基づいた最新の表を用いた方がよいのか，はっきりしてしない．例えば RbI について，$r_{O^{2-}} = 0.140\,\mathrm{nm}$ と $0.126\,\mathrm{nm}$ に基づく 2 つのイオン半径表からそのイオン半径比を求めると，それぞれ $r^+/r^- = 0.69$ と 0.80 となる．前者では 6 配位(岩塩構造)が，後者では 8 配位(塩化セシウム構造)が予想され，実際には岩塩構造である．一方，LiI においても，同様のイオン半径表を用いると，$r^+/r^- = 0.28$ と 0.46 であり，前者から 4 配位，後者から 6 配位が推定されるが，実際に現れるのは 6 配位である．また，より半径の大きな陽イオン，特にセシウムでは $r^+/r^- > 1$ となり，例えば CsF の場合などは，この逆数 r^-/r^+ を考えるのがより実際的であろう．

半径比則が適切な考え方であることがさらに納得できる例として，一般式 MX_2 の酸化物とフッ化物がある．陽イオンの配位数によって，とりうる可能な構造型には，シリカ構造(4 配位)，ルチル構造(6 配位)，蛍石構造(8 配位)がある．それぞれの構造に属する酸化物の例を，図 3.3 の数値から求めたイオン半径比とともに**表 3.4** に示す(ここでは $r_{O^{2-}} = 0.126\,\mathrm{nm}$ を基準とした)．配位数の変化は，イオン半径比がそれぞれ 0.225, 0.414, 0.732 のときに起こることが予想される．イオン半径比の値が用いるイオン半径表に依存することをふまえれば，理論と実際は良く一致している．例えば，GeO_2 には多形があり，シリカ型とルチル型の構造がある．ゲルマニウムの 4 配位から計算したイオン半径比は，ちょうど配位数が 4 および 6 について予想される境界の値にほぼ等しい．

3.2.4 ■ 臨界半径比と歪んだ構造

陽イオンの半径が増大することによる 4 配位から 6 配位への構造転移は，多くの場合，明瞭に観測される．例えば，GeO_2 はこの構造転移の臨界半径比をもち，多形を示す良い例である．4 配位および 6 配位の構造はいずれも，それぞれ高い対称性を示す．また GeO_2 の多形には，5 配位の構造は

第 3 章　固体における化学結合

存在しない.

　しかし, 歪んだ多面体配位や 5 配位の構造の一方, もしくはその両方が見られる構造転移もある. 例えば, V^{5+}(配位数 4 ではイオン半径比が 0.39, 配位数 6 ではイオン半径比が 0.54)が大きく歪んだ八面体配位となる V_2O_5 の構造が存在する. 5 個の V–O 結合は 0.15〜0.20 nm の範囲の適切な長さであるが, 6 番目の結合は 0.28 nm とかなり長いため, この配位多面体は歪んだ四角錐（ピラミッド）構造とみなせる. V^{5+} イオンが八面体位置に入るには少し小さすぎるために, 四面体配位と八面体配位の中間的な配位構造となる.

　6 配位と 8 配位の中間的な歪みをもつ構造もある. 臨界半径比をもつ ZrO_2 は（6 配位ではイオン半径比が 0.68, 8 配位ではイオン半径比が 0.78）, 高温（2000℃ 以上）では蛍石構造になるが, 室温ではバデレイ石（baddeleyite）として知られる 7 配位の構造になる.

　陰イオンの配位環境に対して, 陽イオンがわずかに小さいだけであれば, 大きな歪みは起こらず, 通常の陰イオンの配位が維持されるが, 陽イオンはその多面体内でゆれ動く, あるいはわずかな変位を生じる. 例えば, $PbTiO_3$（6 配位では Ti のイオン半径比が 0.59）では, Ti が八面体位置の中心から約 0.02 nm だけ, 頂点の酸素の方向に変位している. この変位の方向は外部電場によって反転するので, 強誘電性という重要な性質を生じる（第 8 章）. 圧電センサー, 強誘電コンデンサー, 強誘電メモリ機器などの電子工学・電子セラミックス産業の大部分が, 臨界半径比に関連したわずかな構造歪みによって成り立っていることはたいへん興味深い.

　一方で, ダニッツ（Dunitz）とオーゲル（Orgel）によって提案された「最大接触距離（maximum contact distance）」という概念もある. これによると, 金属－陰イオン間距離が最大接触距離以上になった場合, その陽イオンはゆれ動き始める. 金属－陰イオン距離が短くなった場合, 陽イオンは圧縮されることになる. しかしながら, この最大接触距離は一般に定義されているイオン半径の和には対応しないため, 定量化するには難しい概念である.

3.2.5 ■ イオン性結晶の格子エネルギー

　イオン性結晶は, 点電荷が規則正しく三次元的に配列したものとみなすことができる. 結晶は静電気的な力のみによって保持されており, その力は結晶内のすべての静電的な引力と反発力を合計して求められる. 結晶の**格子エネルギー**（lattice energy）U は, 構造を形成している電荷の配列により生じるポテンシャルエネルギーの総和として定義される. これは, 気体状態のイオンの集団を凝縮して結晶に変える際のエンタルピー変化に等しい[訳注3]. 例えば,

$$Na^+(g) + Cl^-(g) \longrightarrow NaCl(s), \Delta H = U$$

となる. U の値は, その化合物のもつ結晶構造, イオンの電荷, 陰イオンと陽イオンの核間距離に関係している. イオン性物質の結晶構造を決めるのは次の 2 種類の力である.

（1）イオン間の静電的な引力と反発力. 距離が r だけ離れた 2 つのイオン M^{z+} と X^{z-} の間に作用する引力 F は, クーロンの法則により次のように与えられる.

$$F = \frac{Z_+ Z_- e^2}{4\pi\varepsilon_0 r^2} \tag{3.11}$$

[訳注3] 原著では「結晶を昇華させるのに必要なエネルギー」（昇華エネルギー）として格子エネルギー U が定義されているが, ここでは「イオンの集団を凝縮する際のエンタルピー変化（凝集エネルギー）」としている. これは, 式 (3.19), (3.23), (3.25) や, 3.2.7 節の議論において, 格子エネルギーの符号を統一するためである. この場合, U は通常, 負の値をとる. ただし, 格子エネルギーの絶対値に関する議論はどちらの定義を用いても同じである.

128

また，クーロンポテンシャルエネルギー V は，次式により与えられる．

$$V = \int_{\infty}^{r} F \, dr = -\frac{Z_+ Z_- e^2}{4\pi\varepsilon_0 r} \tag{3.12}$$

(2) 原子やイオンが，電子雲が重なり合うほど接近したときに重要となる短距離での反発力．ボルン（Born）は，この反発力エネルギーが次式で表されることを示した．

$$V = \frac{B}{r^n} \tag{3.13}$$

ここで，B は定数，指数 n は 5 から 12 の値をとる．n が大きいので，V は r の増加により急速にゼロに近づく．

　結晶の格子エネルギー U は，静電引力の合計とボルンの反発力エネルギーを組み合わせ，U の値（絶対値）が最大となる平衡核間距離 r_e を求めることによって計算される．

　岩塩構造（図 1.29(a)）について，格子エネルギーを考えてみよう．結晶中の各イオン対の間には，式（3.11）によって与えられる静電引力が働く．結晶内に働くこのようなすべての相互作用の和をとり，引力エネルギーの総和を計算しよう．そのために，ある 1 つのイオンについて，例えば単位格子の体心にある Na^+ イオンについて，そのまわりにある原子との相互作用を考える．まず，最近接原子は，Na^+ イオンから距離 r（$2r$ は単位格子の稜の長さ）の面心にある 6 個の Cl^- イオンである．その引力エネルギーは，次式で与えられる．

$$V = -6 \frac{Z_+ Z_- e^2}{4\pi\varepsilon_0 r} \tag{3.14}$$

　次に，Na^+ イオンのまわりの第二近接原子は，単位格子の稜の中心にある 12 個の Na^+ イオンで，距離 $\sqrt{2}r$ の位置にある．これは，次式の反発力エネルギー項を与える．

$$V = +12 \frac{Z_+ Z_- e^2}{4\pi\varepsilon_0 \sqrt{2}r} \tag{3.15}$$

第三近接原子は，立方体の頂点にある 8 個の Cl^- イオンで，距離 $\sqrt{3}r$ の位置にあり，中心の Na^+ イオンに対して，次式で示される引力が作用する．

$$V = -8 \frac{Z_+ Z_- e^2}{4\pi\varepsilon_0 \sqrt{3}r} \tag{3.16}$$

よって，注目した Na^+ イオンと，結晶中の他のすべてのイオンによる正味の引力エネルギーの総和は，次式の無限級数で与えられる．

$$V = -\frac{Z_+ Z_- e^2}{4\pi\varepsilon_0 r}\left(6 - \frac{12}{\sqrt{2}} + \frac{8}{\sqrt{3}} - \frac{6}{\sqrt{4}}\cdots\right) \tag{3.17}$$

この和を，結晶中のすべての Na^+，Cl^- イオン，すなわち $2N$ 個のイオンについてとる．このとき，それぞれのイオン対相互作用は 2 回加算されることになるので，最終値を 2 で割る必要がある．よって，

$$V = -\frac{Z_+ Z_- e^2}{4\pi\varepsilon_0 r} NA \tag{3.18}$$

となる．ここで，A は式（3.17）中のカッコ内の無限級数の極限値であり，**マーデルング定数**（Madelung constant）とよばれる．マーデルング定数は，点電荷の幾何学的配列のみによって決まる．例えば，岩塩構造をとるすべての化合物では，同一の 1.748 になる．**表 3.5** には，他の構造についてのマーデルング定数も示した．

　式（3.18）が格子エネルギーにおける唯一の因子であるならば，$V \propto -1/r$ となるため，$r \to 0$ のときその構造は崩壊してしまう（**図 3.5**）．しかし，どのような電荷をもつイオンであれ，それらが接近し

表 3.5 いくつかの単純な構造におけるマーデルング定数 A

構造型	A
岩　塩	1.748
塩化セシウム	1.763
ウルツ鉱	1.641
セン亜鉛鉱	1.638
蛍　石	2.520
ルチル	2.408

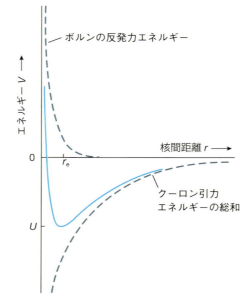

図 3.5 核間距離の関数として示した格子エネルギー（実線）．

すぎた場合は，式(3.13)によって示される相互の反発力が作用し，この崩壊は避けられる．図 3.5 には，距離 r の変化にともなう反発力の変化も模式的に示す．結晶の総エネルギー，すなわち格子エネルギー U は，式(3.18)と(3.13)の和である．すなわち，

$$U = -\frac{Z_+ Z_- e^2 NA}{4\pi\varepsilon_0 r} + \frac{BN}{r^n} \tag{3.19}$$

である．U の最大値（絶対値）と平衡原子間距離 r_e を求めるために，この U を r について微分し，

$$\frac{dU}{dr} = \frac{Z_+ Z_- e^2 NA}{4\pi\varepsilon_0 r^2} - \frac{nBN}{r^{n+1}} \tag{3.20}$$

さらに，

$$\frac{dU}{dr} = 0 \tag{3.21}$$

とすると，

$$B = \frac{Z_+ Z_- e^2 A r^{n-1}}{4\pi\varepsilon_0 n} \tag{3.22}$$

となる．したがって，次式が得られる．

$$U = -\frac{Z_+ Z_- e^2 NA}{4\pi\varepsilon_0 r_e}\left(1 - \frac{1}{n}\right) \tag{3.23}$$

図 3.5 の青い実線は，距離 r の変化にともなう格子エネルギー U の変化を示したもので，$r = r_e$ のとき最小の U の値を与える．

式 (3.23) は実用上十分に満足できるものであるが，より精密な取り扱いをするために，次のようないくつかの修正がなされている．

(1) ボルンの反発力エネルギー項は，次の指数関数によりさらに高い精度で表すことができる．

$$V = B \exp\left(\frac{-r}{\rho}\right) \tag{3.24}$$

ここで，ρ は定数で，典型的な値は 0.035 nm である．r が小さい ($r \ll r_e$) ときには，式 (3.13) と (3.24) によって求めた反発力エネルギー項 V の値は大きく異なるが，実際の原子間距離，すなわち $r \approx r_e$ では，双方で求めた値は同程度になる．格子エネルギー U の計算式に式 (3.24) を代入すると，次のボルン・マイヤー式 (Born-Mayer equation) が得られる．

$$U = -\frac{Z_+ Z_- e^2 NA}{4\pi\varepsilon_0 r_e}\left(1 - \frac{\rho}{r_e}\right) \tag{3.25}$$

(2) U の計算は，結晶のゼロ点エネルギーを含めることで精度が上がる．ゼロ点エネルギーは $2.25\, h\nu_{0,\text{max}}$ である．ここで，$\nu_{0,\text{max}}$ は結晶中における最大振動モードの周波数である．この効果を含めると，U の絶対値がわずかに減少する．

(3) 各イオン間の誘起双極子―誘起双極子相互作用によって，ファンデルワールス力が生じる．この作用は，NC/r^6 で示され，U の絶対値を増加させる．

これらの因子を補正することにより，格子エネルギー U のより精密な計算式は，次式のように与えられる．

$$U = -\frac{Z_+ Z_- e^2 NA}{4\pi\varepsilon_0 r} + NBe^{-r/\rho} - NCr^{-6} + 2.25\, Nh\nu_{0,\text{max}} \tag{3.26}$$

岩塩構造をもつ次の 2 つの物質について，これら 4 つの項と U の典型的な数値（単位は kJ mol^{-1}）を示す（Greenwood, 1968 による）．

物　質	$Z_+ Z_- e^2 NA/4\pi\varepsilon_0 r$	$NBe^{-r/\rho}$	NCr^{-6}	$2.25\, Nh\nu_{0,\text{max}}$	U
NaCl	-859.4	98.6	-12.1	7.1	-765.8
MgO	-4631	698	-6.3	18.4	-3921

上の表から，ボルンの反発力エネルギー項は U 値に対して 10 % から 15 % も寄与するのに対し，ゼロ点エネルギーとファンデルワールス力の項はそれぞれ約 1 % で，互いに反対符号であるため，相殺されることが多い．したがって，ほとんどの目的には単純な式 (3.23) を用いることができる．ここで，式 (3.23) における各項の重要性について考えてみよう．

格子エネルギー U の大きさは，A, N, e, Z, n, r_e の 6 個のパラメータによって決まる．構造が決まればこのうちの 4 個は定数となる．したがって，イオンの電荷である $Z(Z_+, Z_-)$ と，核間距離 r_e の 2 個だけが変数として残る．このうち，積 $Z_+ Z_-$ は r_e よりも大きく変化するので，電荷がもっとも重要である．例えば，距離 r_e が同じであれば，2 価イオンの物質は，1 価のイオンを含む同じ結晶構造に比べて，格子エネルギーが 4 倍になる（表 3.6 の SrO と LiCl の格子エネルギーを比べてみよう．これらは表 1.8 に示すようにほぼ同じ格子定数，すなわち $r_e = a/2$ をもつ）．また，Z の値が同じである一連の同じ構造をもつ化合物において，r_e が増加すると U の大きさ（絶対値）は減少すると予想される（例えば，岩塩構造を有するアルカリ金属フッ化物とアルカリ土類金属酸化物）．これら 2 つの傾向を示

第 3 章　固体における化学結合

表 3.6　岩塩構造をもつ物質の格子エネルギー U(単位：$kJ\ mol^{-1}$)
[出典：M. F. C. Ladd and W. H. Lee, *Prog. Solid State Chem.*, **1**, 37–82(1964)：**2**, 378–413(1965)]

化合物	U	化合物	U	化合物	U
MgO	−3938	LiF	−1024	NaF	−911
CaO	−3566	LiCl	−861	KF	−815
SrO	−3369	LiBr	−803	RbF	−777
BaO	−3202	LiI	−744	CsF	−748

表 3.7　複陰イオンの熱化学半径(単位：nm)
[出典：A. F. Kapustinskii, *Quart. Rev.*, **10**, 283–294(1956)]

イオン	熱化学半径	イオン	熱化学半径	イオン	熱化学半径
BF_4^-	0.228	CrO_4^{2-}	0.240	IO_4^-	0.249
SO_4^{2-}	0.230	MnO_4^-	0.240	MoO_4^{2-}	0.254
ClO_4^-	0.236	BeF_4^-	0.245	SbO_4^{3-}	0.260
PO_4^{3-}	0.238	AsO_4^{3-}	0.248	BiO_4^{3-}	0.268
OH^-	0.140	O_2^{2-}	0.180	CO_3^{2-}	0.185
NO_2^-	0.155	CN^-	0.182	NO_3^-	0.189

すいくつかの物質の格子エネルギーを**表 3.6**にまとめた.

　結晶の格子エネルギー(絶対値)は，その解離熱と等しいので，U と結晶の融点との間には相関関係がある(U と昇華エネルギーの間には，さらに良い相関が認められるはずであるが，このようなデータは容易には利用できない). (Z_+Z_-) が融点に与える効果は，アルカリハロゲン化物(NaCl の融点 800℃)に比べてアルカリ土類金属酸化物(CaO の融点 2572℃)の耐火性がすぐれるという事実に現れている. r_e の融点に対する効果は，MgO(2800℃)，CaO(2572℃)，BaO(1923℃)などの，同じ構造をもつ一連の化合物群において見られる.

3.2.6 ■ カプスティンスキーの式

　カプスティンスキー(Kapustinskii)は，構造中のイオンの配位数が増加すると，マーデルング定数 A が(例えば ZnS, NaCl, CsCl の順で)増加することを経験的に示した(表 3.5). さらに，ある陰イオンと陽イオンについては，その r_e が配位数とともに増加することから(図 3.3)，カプスティンスキーは変数 A と r_e による変化が互いに打ち消し合うとし，これらを除いた一般的な格子エネルギー U の式を提案した. すなわち，マーデルング定数 A として岩塩構造の値を，r_e の計算には八面体配位のイオン半径(ゴールトシュミット半径)を用い，$r_e = r_c + r_a$(単位は nm)，$\rho = 0.0345$ nm，$A = 1.745$,および定数 N, e などの値を式(3.25)に代入して，次のカプスティンスキーの式を得た.

$$U = -\frac{120.05 V\, Z_+ Z_-}{r_c + r_a}\left(1 - \frac{0.0345}{r_c + r_a}\right)\ [kJ\ mol^{-1}] \qquad (3.27)$$

ここで，V は化学式あたりのイオンの数(NaCl では 2, PbF_2 では 3 など)である. この式は，一般的なあるいは仮想的なイオン性化合物の格子エネルギーを計算するのに用いることができる. 多くの仮定が含まれているにもかかわらず，驚くほど正確な値が得られている.

　カプスティンスキーの式は，これまでに知られていなかった化合物が，安定に存在するのかどうかを予測するのに用いられてきた. 格子エネルギー U がボルン・ハーバーサイクル(次節)から得られる場合には，イオン半径の算出に用いることができる. 他の方法によって結晶中の有効な大きさを求めることが難しい SO_4^{2-} や PO_4^{3-} のような複陰イオンに対しては，特に有用である. この方法で求めた半径は**熱化学半径**(thermochemical radius)として知られ，いくつかの値を**表 3.7**に示す. ただし CN^- のような非球形イオンの半径はかなり単純化されているので，実際にはそうしたものを除く物

132

質の格子エネルギーの計算だけに用いるのが妥当である．

3.2.7 ■ ボルン・ハーバーサイクルと熱化学計算

結晶の格子エネルギーは，気相でイオン状態の構成成分1モルからの生成エンタルピーと等しい．

$$Na^+(g) + Cl^-(g) \longrightarrow NaCl(s), \quad \Delta H = U$$

結晶の格子エネルギーは実験的に測定できないが，結晶の生成エンタルピー ΔH_f は標準状態の反応成分から測定することができる．

$$Na(s) + \frac{1}{2}Cl_2(g) \longrightarrow NaCl(s), \quad \Delta H = \Delta H_f$$

ΔH_f は，**ボルン・ハーバーサイクル**(Born-Haber cycle)として知られる熱化学サイクルを作ることによって，U と結びつけることができる．ボルン・ハーバーサイクルにおいて，ΔH_f は仮想的な反応経路における各エネルギー項の総和で与えられる．NaClについて，単体の標準状態から出発すると，反応経路の各過程は以下のようになる．

固体ナトリウムの昇華エネルギー	S
気体状態のナトリウム原子のイオン化エネルギー	IP
Cl_2 分子の解離エネルギー	$\frac{1}{2}D$
Cl^- イオンの生成エネルギー	EA
気体状態のイオンの凝集による NaCl 結晶の生成エネルギー	U

これら5つの項の合計は，固体の Na と Cl_2 分子とから NaCl 結晶を生成するエネルギーに等しく，次のように示される．

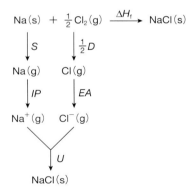

よってヘスの法則(Hess law)により

$$\Delta H_f = S + IP + \frac{1}{2}D + EA + U \tag{3.28}$$

となる．このボルン・ハーバーサイクルと式(3.28)には，次にあげるようないろいろな用途がある．

(1) 式(3.28)には6個のエンタルピー項がある．ある化合物について，この6つの項すべてが独立に決められる場合，これらのデータの一貫性が検証できる．NaClについては，次のデータが得られている．

第3章　固体における化学結合

表 3.8　ハロゲン化銀の格子エネルギー（単位：kJ mol^{-1}）
　　　　［出典：T. C. Waddington, *Adv. Inorg. Chem. Radiochem.*, **1**, 157–221（1959）］

化合物	U（計算値）	U（ボルン・ハーバーサイクル）	ΔU
AgF	−920	−953	33
AgCl	−832	−903	71
AgBr	−815	−895	80
AgI	−777	−882	105

S	109 kJ mol^{-1}
IP	493.7 kJ mol^{-1}
$\frac{1}{2}D$	121 kJ mol^{-1}
EA	−356 kJ mol^{-1}
U	−764.4 kJ mol^{-1}
ΔH_f	−410.9 kJ mol^{-1}

最初の項から5項目までの合計から，ΔH_f の計算値 −396.7 kJ mol^{-1} が得られ，これは ΔH_f の測定値 −410.9 kJ mol^{-1} と比較的良く一致している．

(2) 5つのエネルギー値が得られる場合，残りのエネルギー値を式(3.28)により計算できる．当初は，測定できなかった電子親和力を計算によって求めるという用途に用いられた．

(3) 未知化合物の安定性が推定できる．U を計算するためには，化合物の構造を仮定する必要がある．例えば r_e 値の選択においては，明らかに誤差が含まれてしまうが，そのような誤差は多くの場合，式(3.28)の他のエネルギー項に比べれば，あまり重要ではない．U の値を見積もることができれば，ΔH_f の値が計算できる．もし，ΔH_f が大きな正の値であれば，この化合物がなぜ知られていないのかがわかる．つまり，その元素の状態に比べて不安定なのである．もし，ΔH_f の計算値が負であれば，その化合物を作ることを試みる価値があるだろう．このような例を次節で示す．

(4) 熱化学データを用いてボルン・ハーバーサイクルから求めた格子エネルギーと，結晶構造のイオンモデルから計算した理論値との差は，非イオン結合性の効果が存在する証拠である．ハロゲン化銀（**表 3.8**），および，ハロゲン化銅やハロゲン化タリウム（これらは表には示していない）に関しては，熱化学データから求めた格子エネルギーの計算値とイオン結合モデルから求めた理論値の差はフッ化物でもっとも小さく，ヨウ化物においてもっとも大きい．ヨウ化物の結合には，共有結合性が強く寄与し，このために熱化学的に求めた格子エネルギーの絶対値は大きくなる．特に AgI のような銀塩が水に難溶なことと，部分的に共有結合性が存在していることとの間には関連がある．

　これに対して，対応するアルカリハロゲン化物では，熱化学的に求めた格子エネルギーの計算値と，イオン結合モデルから求めた格子エネルギーの理論値は良く一致する．このことは，イオン結合モデルがこれらに対して十分に適用できることを示している．こうした格子エネルギーの比較から，AgCl や AgBr では，共有結合性が存在しているが，その結晶構造を岩塩型からより低い配位数をもつものに変えるほど，共有結合性は強くないことがわかる．しかし，AgI には AgCl や AgBr とは異なり多形がある．少なくとも3種類の構造を示し，いずれの構造も低い配位数（通常4配位）をとる．共有結合性の増加に関連した構造と配位数の変化については後で述べる．

(5) 遷移元素は，d 電子の配置と関連のある**結晶場安定化エネルギー**（crystal field stabilization energy, CFSE）をもち，遷移元素化合物の格子エネルギーを大きくしている．例えば，CoF$_2$ に

134

表 3.9　いくつかの仮想的な(*)および実際の物質の生成エンタルピー ΔH_f(単位：kJ mol^{-1})

化合物	ΔH_f	化合物	ΔH_f	化合物	ΔH_f	化合物	ΔH_f
HeF*	+1066	NeCl*	+1028	CsCl$_2$*	+213	CuI$_2$	−21
ArF*	+418	NaCl	−411	CsF$_2$*	−125	CuBr$_2$	−142
XeF*	+163	MgCl*	−125	AgI$_2$*	+280	CuCl$_2$	−217
MgCl$_2$	−639	AlCl*	−188	AgCl$_2$	+96		
NaCl$_2$*	+2144	AlCl$_3$	−694	AgF$_2$	−205		

ついては，格子エネルギーの計算値と実験値との差は 83 kJ mol^{-1} であり，Co が高スピン状態にある CoF$_2$ について計算された CFSE 値 104 kJ mol^{-1} とかなり良く一致している．CFSE 効果を示さないイオンは，d^0(例：Ca^{2+})，高スピンの d^5(例：Mn^{2+})，d^{10}(例：Zn^{2+})の電子配置をもつものである．より詳細は 3.2.15.1 節で議論する．

(6) ボルン・ハーバーサイクルには，他にも多くの用途がある．例えば，溶液化学においてはイオンの錯体化と水和についてのエネルギー値の決定に用いることができる．そのためには，対応する固体状態の格子エネルギーについての情報が必要となる．しかしながら，このような応用からは，固体に関する新しい情報は得られないので，ここではこれ以上議論しない．

3.2.8 ■ 実在するあるいは仮想的なイオン性化合物の安定性

3.2.8.1 ■ 希ガス化合物

例えば，ArCl の合成は試みる価値があるだろうか．式(3.28)で未知な数値は，ΔH_f の値を除くと格子エネルギー U のみである．岩塩構造をもつ仮想的な ArCl 化合物を考え，Ar$^+$ イオンの半径が Na$^+$ イオンと K$^+$ イオンの間の値であるとすると，ArCl の格子エネルギーは −745 kJ mol^{-1} と見積もられる(NaCl では −764.4 kJ mol^{-1}，KCl では −701.4 kJ mol^{-1})．これを式(3.28)に代入すると，次のデータが得られる(単位は kJ mol^{-1})．

$$S \quad \tfrac{1}{2}D \quad IP \quad EA \quad U \quad \Delta H_f(計算値)$$

$$0 \quad 121 \quad 1524 \quad -356 \quad -745 \quad +544$$

この結果から，ArCl は大きな正の生成エンタルピー ΔH_f(計算値)をもち，単体に比較して熱力学的に不安定になることがわかる．

またこのような計算から，ArCl がなぜ不安定で，合成できないかを知ることができる．ArCl と NaCl についての計算を比較すると，ArCl の不安定性にはアルゴンの高いイオン化エネルギーが関係しているのは明らかである(化合物の安定性は，厳密には生成自由エネルギーにより支配されるが，ΔS が小さいと $\Delta G \approx \Delta H$ になる)．いくつかの仮想的な化合物について，計算により求めた生成エンタルピーを表 3.9 に示す．

1962 年のバートレット(Bartlett)による XePtF$_6$ の合成以来，現在では数多くの希ガス化合物が合成されている．バートレットは，格子エネルギーと生成エンタルピーについての考察に基づいて，Xe と PtF$_6$ 気体との直接的な反応による XePtF$_6$ の合成を試みた．彼は，それ以前に偶然にも O$_2$ と PtF$_6$ との反応によって，イオン性塩(O$_2$)$^+$(PtF$_6$)$^-$ である O$_2$PtF$_6$ を合成していた．酸素分子の第一イオン化エネルギー(1176 kJ mol^{-1})が，キセノンのそれ(1169 kJ mol^{-1})と類似していることから，対応するキセノン化合物が安定であると判断したのである．

3.2.8.2 ■ 低原子価および高原子価化合物

アルカリ土類金属化合物の場合を考えよう．アルカリ土類金属化合物では，金属の原子価は常に2価である．金属原子を2価までイオン化するには多くのエネルギーが必要であり，突然ながらなぜ MgCl のような1価の化合物が生成しないのか，という疑問がもたれる．表 3.9 のデータは，MgCl が単体と比較して安定であるが(ΔH(計算値) $= -125$ kJ mol^{-1})，それ以上に MgCl$_2$ が安定である($\Delta H = -639$ kJ mol^{-1})ことを示している．これらの関係は，次に示すエンタルピー関係によってわかる．

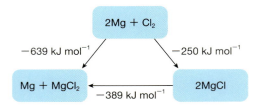

つまり，MgCl の合成を試みる場合には常に，MgCl$_2$ への反応の進行や不均化を防ぐために，反応温度を低く保ち，生成物の MgCl を分離する必要がある．同じような傾向は，ZnCl, Zn$_2$O, AlCl や AlCl$_2$ のような，他の仮想的な化合物の合成についても当てはまる．

通常とは異なる酸化状態をもつ金属酸化物については，化合物の安定性に影響を与える要因を考察することにより，次のような結論が得られている．

(1) 通常より低い原子価をもつ化合物は，次の場合に生成しやすく，安定性も高くなる．(i)金属の第二(もしくはそれ以上の)イオン化エネルギーがかなり高く，かつ，(ii)金属が通常の酸化状態にある場合の化合物の格子エネルギー(絶対値)が高いイオン化エネルギーによって減少してしまう場合．
(2) 逆に，金属が通常の酸化状態よりも高い状態にある金属の化合物を合成するために，閉殻内の電子まで取り出す必要がある場合は，(i)金属原子の第二(もしくはそれ以上の)イオン化エネルギーが低いこと，および(ii)その高原子価化合物が大きい格子エネルギーをもつことが必要である．

例えば，すべてのアルカリ土類金属の一ハロゲン化物は，計算結果によれば，二ハロゲン化物に比べて不安定である．しかし，二ハロゲン化物の不均化のエンタルピーは，ヨウ化物の場合には，他のハロゲン化物よりも小さくなる($U_{(\text{MI}_2)} < U_{(\text{MBr}_2)}$ など，(1)-(ii)の効果)．一方，I族(1族および11族)元素における高原子価ハロゲン化物は，セシウムおよび銅族元素((2)-(i)の効果)と，フッ素との組み合わせにおいてもっとも生成しやすい((2)-(ii)の効果)．そのため，表 3.9 のように CsF$_2$ 以外のすべてのセシウムの二ハロゲン化物は正の ΔH_f 値をもち不安定である．CsF$_2$ は負の ΔH_f 値をもち原理的には安定であるが，CsF への不均化の反応がさらに大きな負の ΔH_f 値をもつため，今までのところ合成例はない．

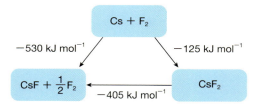

銀の二ハロゲン化物では，AgI$_2$ から AgF$_2$ に向かって ΔH_f 値は減少し，正の小さい値から最終的に

は負の値になる．これは，格子エネルギー U，したがって ΔH_f に対する r_e の効果（(2)–(ii) の効果）と再び関係している．CsF_2 とは異なり，AgF_2 は安定な化合物である．これは，AgF と AgF_2 が同程度の生成エンタルピーをもち，AgF_2 の不均化反応（$AgF_2 \rightarrow AgF + 1/2\,F_2$）のエンタルピーがほとんどゼロであるためである．

銅のハロゲン化物は特に興味深い例を示す．銅の 2 価は，銅の d^{10} 殻が崩れているものの，もっとも一般的な原子価である．銅の二ハロゲン化物は，CuF_2 から CuI_2 へ向かって，やはり安定性が低下する（表 3.9）．CuI_2 はおそらく存在せず，ΔH_f の計算値はわずかに負である．一方，1 価の原子価状態ではその立場が逆転し，CuF 以外のすべてのハロゲン化物が知られている．計算では，CuF は単体よりも安定であるが，CuF_2 よりは不安定である．

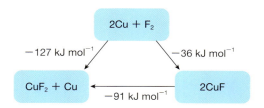

これらの例は，化合物の化学組成やその安定性には複数の因子が影響することを示している．具体的な因子としては，イオン化エネルギー，格子エネルギー（核間距離とイオンの電荷に依存）と，種々の酸化状態にある元素の相対的な安定性などがあげられる．銅ハロゲン化物のように，相反する因子の微妙なバランスにより，その化合物の安定性が支配されていることもよくあるので，これらの因子は詳細な計算によって吟味する必要がある．

3.2.9 ■ 部分的な共有結合性が結晶構造に及ぼす影響

共有結合は，完全なものも部分的なものも，陰イオンの外殻電荷が隣接する陽イオンによって引っ張られ，それにより電荷密度の偏りが生じたときに起きる．結果として，純粋にイオン性の構造では陰イオンだけに属していた電子対が，陰イオンと陽イオンとの間に移動して，両方の原子に共有されることになる．**部分共有結合**(partial covalent bonding) は，電子密度のうちの一部が両方の原子に共有され，残りがより電気的に陰性な原子にとどまっている状態である．純粋な共有結合では，もはや陽イオンと陰イオンという区別はない．また電子の分布は，結合にあずかる 2 つの原子間で対称であり，その結合は非極性となる．

非極性共有結合半径(non-polar covalent radius) は正確に測定することができ，他の半径と比較するうえでの指標となる．例えば，C–C 結合長の 1/2 で与えられる炭素の非極性共有結合半径，すなわち原子半径は，ダイヤモンドからガス状の炭化水素にいたる幅広い物質群において，0.077 nm で一定である．種々の元素の非極性共有結合半径 r_c を**表 3.10** に示す．

一見するとイオン性と思われる物質における部分共有結合性が結晶構造に及ぼす影響について，いくつかの明快な例を以下に示す．

(1) SrO, BaO, HgO：SrO と BaO はともに，八面体配位の M^{2+} イオンをもつ岩塩構造である．イオンの大きさだけを基準に考えると，イオン性であれば HgO も同じ構造になることが予想される．しかし，水銀は HgO 中で 2 配位のみ，つまり直線的な O–Hg–O 配位しかとらない．このような構造は，水銀の sp 混成によって説明することができる．すなわち，水銀原子の基底状態の電子構造は，

第 3 章　固体における化学結合

表 3.10　非極性共有結合半径

[出典：R. T. Sanderson, *Chemical bonds and bond energy*, Academic Press（1976）：R. T. Sanderson, 'The nature of ionic solids', *J. Chem. Edu.*, **44**, 516–523（1967）]

元素	r_c/nm	元素	r_c/nm	元素	r_c/nm	元素	r_c/nm
H	0.032	Mg	0.138	As	0.119	Te	0.135
Li	0.134	Al	0.126	Se	0.116	I	0.133
Be	0.091	Si	0.117	Br	0.114	Cs	0.235
B	0.082	P	0.110	Rb	0.216	Ba	0.198
C	0.077	S	0.104	Sr	0.191	Tl	0.148
N	0.074	Cl	0.099	Ag	0.150	Pb	0.147
O	0.070	K	0.196	Cd	0.146	Bi	0.146
F	0.068	Ca	0.174	Sn	0.140		
Na	0.154	Ge	0.122	Sb	0.138		

$$(\mathrm{Xe})\,4\mathrm{f}^{14}\,5\mathrm{d}^{10}\,6\mathrm{s}^2$$

で示される．その第一励起状態は，

$$(\mathrm{Xe})\,4\mathrm{f}^{14}\,5\mathrm{d}^{10}\,6\mathrm{s}^1\,6\mathrm{p}^1$$

であり，原子価＋2 の水銀（II）に相当する．第一励起状態では 6s 軌道と 1 つの 6p 軌道が混成して 2 つの直線的な sp 混成軌道を生じ，これらの各軌道が酸素の 1 つの軌道と重なり合うことになる．その結果，電子対形成による通常の共有結合を形成する．このため，水銀は HgO において配位数 2 をもつことになる．

(2) $\mathrm{AlF_3}$, $\mathrm{AlCl_3}$, $\mathrm{AlBr_3}$, $\mathrm{AlI_3}$：これらの化合物では，2 つの元素間の電気陰性度の差が小さくなるに従って，イオン性から共有結合性に移行する．$\mathrm{AlF_3}$ は高融点の化合物で，$\mathrm{Al^{3+}}$ イオンが歪んだ八面体内にある，本質的にはイオン性の固体である．$\mathrm{AlF_3}$ の構造は $\mathrm{ReO_3}$ に似ている．$\mathrm{AlCl_3}$ は，固体状態では $\mathrm{CrCl_3}$ と同型の層が積み重なった構造をしており，$\mathrm{CdCl_2}$ や $\mathrm{CdI_2}$ の構造とも関連がある．$\mathrm{AlCl_3}$ の結合は，一部はイオン性で一部は共有結合性と考えられている．$\mathrm{AlBr_3}$ と $\mathrm{AlI_3}$ は，二量体 $\mathrm{Al_2X_6}$ からなる分子性構造をもつ．図 1.26 に，それらの構造と形を示した．Al と Br または I の間の結合は，本質的に共有結合である．

(3) Be, Mg, Ga, In などの元素のハロゲン化物：これらの化合物も，その結合型や構造がハロゲンの種類によって変化する．その傾向はどの元素でも同じである．フッ化物では，陽イオンと陰イオンの電気陰性度の差が他のハロゲンの場合と比べてもっとも大きいため，構造はもっともイオン的である．それ以外のハロゲン化物では，塩化物＜臭化物＜ヨウ化物の順で，共有結合性が増加している．部分共有結合性が存在していると，格子エネルギーがイオン性の構造よりも異常に大きくなることから，その存在がわかる（表 3.8）．そのような異常が観測されなくとも，構造の特徴や原子の配位数によって，その結合が純粋なイオン結合でないことは明らかにできる．

多くのいわゆるイオン性構造と考えられている結晶構造にも，かなりの割合で共有結合性が含まれていることについて，化学者も直感としてはわかっているだろう．それぞれの構造に部分共有結合性がどの程度あるのか，その割合を定量的に求めることは難しい．結合の性質に対して明らかに重要な影響を及ぼす原子パラメータとして，イオン化エネルギー（どの程度容易に原子が陽イオン化されるか）と**電子親和力**（electron affinity：陰イオン化する際にどの程度強く電子と引き合うか）の 2 つがあげられる．さらに，結合のタイプに重要な影響を及ぼす原子パラメータとして，他にも有効核電荷と

電気陰性度の 2 つがある．この有効核電荷と電気陰性度の概念を用いたアプローチには，サンダーソン（Sanderson）の配位縮合モデルとムーサー（Mooser）とピアソン（Pearson）のイオン性プロットがある．これらは，イオン結合性と部分共有結合性を定量的に見積もることにかなり成功している．

3.2.10 ■ 有効核電荷

原子の**有効核電荷**（effective nuclear charge）とは，その原子の周辺にある外来の 1 つの電子が感じる正の電荷のことである．原子全体としてはもちろん電気的に中性であるが，原子核からの正の電荷は，その原子に属する価電子によって，原子の外部に対して完全に遮へいされるわけではない．したがって，外来の電子（例えば，隣接原子に属していて，結合形成の可能性をさぐりにやってくる電子）は，ある正の電荷を感じ，引力を受ける．もし，このようなことが起こらず原子の表面が完全に核から遮へいされているとすれば，その原子の電子親和力はゼロとなり，イオン結合も共有結合も形成されないであろう．

有効核電荷は，原子価殻に電子 1 個分の空きがある元素，すなわちハロゲン元素で最大になる．希ガスでは最外殻が電子で満たされており，新しい外来の電子はその殻に入ることはできない．外来の電子は本来，原子の「外側」にある空の軌道に入らなければならないが，そのような軌道に対する有効核電荷の作用はごくわずかであろう．スレーター（Slater）は**遮へい定数**（screening constant）の計算を行い，最外殻電子は内殻電子に比べて，核電荷を遮へいする能力が低いことを見出した．計算結果によれば，最外殻電子の遮へい定数は約 1/3 である．このことは例えば，Na から Cl へと原子番号と正の核電荷が順に 1 つずつ増えるごとに，新しく加わる正電荷のたった 1/3 だけが遮へいされることを示している．したがって，2/3 の電荷が新たな有効核電荷として順次加わり，Na から Cl にいくにつれて，次第に強い引力として価電子に作用する．このような効果は，周期表の各周期で見られる．有効核電荷はアルカリ金属で小さく，ハロゲン元素で最大になる．

以下のような多くの原子の性質は，有効核電荷の増加によって説明される．

(1) イオン化エネルギーは，周期表の左から右へ向かって徐々に増加する．
(2) 電子親和力も，(1) と同じ方向に，大きな負の値になっていく．
(3) 原子半径は，左から右へ向かって次第に小さくなる．
(4) 電気陰性度は，左から右へ向かって増加する．

3.2.11 ■ 電気陰性度と原子の部分電荷

原子の電気陰性度は，最外殻電子が核との相互作用により感じる引力の実際上の尺度である．電気陰性度は，異種原子間の結合に見られる極性と関係のあるパラメータとして，ポーリングにより発案されたものである．電気陰性度の高い原子は，電気陰性度の低い原子に比べて電子を自身の方へ引きつけやすく（共有結合の場合），負の部分電荷をもつ．部分電荷の大きさは，2 原子間の結合前の電気陰性度の差に関係している．ポーリングは，異極性結合（異なる極性をもつ原子間の結合）の強さとその結合の極性の程度との関係を調べた．周期表の位置によるポーリングの電気陰性度の変化を**図 3.6** に示す．結合形成を理解するには，**電気陰性度の平均化の原理**（principles of electronegativity equalization）が重要である．すなわち，「電気陰性度に差のある 2 個以上の原子が化学的に結合するとき，形成された化合物中においては，いずれの原子も電気陰性度は同じ値になり，それぞれの電気陰性度のもとの値の中間になる」という原理である．これは，異原子間の結合では，結合電子が電気陰性度の低い原子から電気陰性度のより高い原子へ，選択的に一部移動することを意味しており，この結果それらの原子は部分電荷をもつことになる．

第 3 章　固体における化学結合

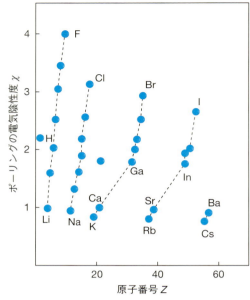

図 3.6　周期表の位置におけるポーリングの電気陰性度の変化.
[F. Shriver and P. W. Atkins, *Inorganic Chemistry, 4th Edition*, Oxford University Press (2006) より許可を得て転載]

表 3.11　種々の固体酸化物における酸素の部分電荷

化合物	$-\delta_O$	化合物	$-\delta_O$	化合物	$-\delta_O$	化合物	$-\delta_O$
Cu_2O	0.41	BeO	0.36	BaO	0.68	La_2O_3	0.56
Ag_2O	0.41	PbO	0.36	Ga_2O_3	0.19	CO_2	0.11
Li_2O	0.80	SnO	0.37	Tl_2O_3	0.21	GeO_2	0.13
Na_2O	0.81	FeO	0.40	In_2O_3	0.23	SnO_2	0.17
K_2O	0.89	CoO	0.40	B_2O_3	0.24	PbO_2	0.18
Rb_2O	0.92	NiO	0.40	Al_2O_3	0.31	SiO_2	0.23
Cs_2O	0.94	MnO	0.41	Fe_2O_3	0.33	MnO_2	0.29
HgO	0.27	MgO	0.50	Cr_2O_3	0.37	TiO_2	0.39
ZnO	0.29	CaO	0.56	Sc_2O_3	0.47	ZrO_2	0.44
CdO	0.32	SrO	0.60	Y_2O_3	0.52	HfO_2	0.45
CuO	0.32						

　いろいろな酸化物についての酸素原子の部分電荷を**表 3.11** に与えるが，それらの値は 0 と -1 の間の幅広い値をとる．酸化物は古典的には酸化物イオン O^{2-} を含むとされているが，この計算結果では，1 個の酸素上の実際の電荷は -1 を超えることはなく，通常は -1 よりも絶対値にしてずっと小さい値になる．このことは酸素の電子親和力のデータともちろん一致する．酸素の電子親和力は気相において得られたデータであるが，$O + e^- \rightarrow O^-$ は発熱反応であるのに対し，$O^- + e^- \rightarrow O^{2-}$ の反応は吸熱反応，つまり，不利な反応であることを示しており，部分電荷が -1 よりも小さくならないことに対応する．

　電気陰性度の平均化の原理により，結合中の電子密度は完全に共有結合であるとした場合に比べて，より電気的に陰性な原子へ部分的に移動する．電気的に陽性な原子から電子が引き抜かれると，有効核電荷は増加し，原子の半径が減少する．したがって，その原子の実効的な電気陰性度は増加する．同じように，電気的に陰性な原子は電子を取り込むので，それ以上の電子を引きつける力が減少し，結果として電気陰性度は減少する．このように，2 つの原子は，それらの電気陰性度が等しくなるまでそれら自身の間で調節することになる．電気陰性度の平均化の原理は，1 つの結合だけでできてい

る2原子気体にも，あるいは各原子がいくつかの原子と結合し，取り囲まれている三次元的な固体構造にも，同じように適用できる．電気陰性度の平均化の原理により，もともと無極性の共有結合がどのように極性を示すのかが説明できるのである．

別のアプローチとして，純粋なイオン結合から出発して，原子がどのようにして共有結合的な性格をもつかということについて考えてみよう．イオン性構造 M^+X^- においては，陽イオンは陰イオンに取り囲まれている（通常4，6，8個）．陽イオンの原子価殻は空で，強い電子対受容体である．同様に，陰イオンは電子で満たされた原子価殻をもつ電子対供与体である．したがって，陽イオンと陰イオンは，ルイス（Lewis）の酸・塩基と同じように相互作用し，孤立電子対をもつ陰イオンが，その周囲の陽イオンに配位する．この相互作用の強さと，それによって生じる共有結合の割合もまた，2つの原子の電気陰性度に関係している．Al^{3+} イオンのような電気的に陰性な陽イオンは，K^+ イオンのような電気的に陽性な陽イオンに比べて強い電子対受容体（ルイス酸）である．次節で述べるサンダーソンが提案した配位縮合モデルは，このようなイオン間の酸・塩基相互作用の考えに基づいており，イオン性と共有性の両極端の結合型を結ぶ架け橋となる．

3.2.12 ■ 配位縮合構造——サンダーソンの配位縮合モデル

サンダーソンの配位縮合モデル（Sanderson coordinated polymeric model model）では，分子性の構造を除く結晶構造中のすべての結合は，極性をもつ共有結合であるとみなしている．各原子は部分電荷をもっており，その値は彼が考案した新しい電気陰性度の尺度を適用して求められる．この部分電荷の値から，結合エネルギー全体に対するイオン結合と共有結合の相対的な寄与が推測できる．すべての非分子性結晶は部分電荷をもつ原子で構成されているので，イオン結合のモデルは，実際には達成できない，ある種極端な結合様式ということになる．例えば，KClでは，原子上の電荷は純粋にイオン的な構造の場合の ±1.0 ではなく，±0.76 と計算されている．

サンダーソンは上述の方法により，多くの固体化合物中の部分電荷と原子半径を求めている．例えば，**表 3.12** のデータは，1価と2価の塩化物について求めたものである．塩化物中の塩素原子の電荷は -0.21（$CdCl_2$）から -0.81（CsCl）まで変化している．同時に，塩素原子の半径の計算値も 0.124 nm から 0.195 nm となる．これらはそれぞれ，非極性共有結合半径 0.099 nm とイオン半径 0.218 nm に近い値である（表 3.10）．一方で，これらの半径と部分電荷の計算にはかなり経験的な仮定が含まれているため，定量性の点で疑問が残るが，それでもなお有益な示唆を与えてくれる．表 3.12 に示した大部分の化合物は，通常イオン性とみなされているが，この表にある部分電荷のデータが正しいとすれば，すべての固体塩化物において塩化物イオンの半径が一定であるとするのは，非現実的で誤った考えであることがはっきりするであろう．

3.2.13 ■ ムーサー・ピアソンプロットとイオン性

半径比則は，例えばある特定の AX 型化合物について，その構造を推定し，説明するには不十分で

表 3.12 種々の固体塩化物における塩素の部分電荷と原子半径

化合物	$-\delta_{Cl}$	r_{Cl}/nm	化合物	$-\delta_{Cl}$	r_{Cl}/nm
$CdCl_2$	0.21	0.124	$BaCl_2$	0.49	0.157
$BeCl_2$	0.28	0.126	LiCl	0.65	0.176
CuCl	0.29	0.134	NaCl	0.67	0.179
AgCl	0.30	0.135	KCl	0.76	0.190
$MgCl_2$	0.34	0.139	RbCl	0.78	0.192
$CaCl_2$	0.40	0.147	CsCl	0.81	0.195
$SrCl_2$	0.43	0.150			

第3章　固体における化学結合

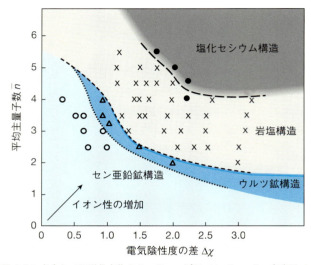

図3.7　A族陽イオンを含むAX型化合物のムーサー・ピアソンプロット．矢印はイオン性の増加方向を示す．
[E. Mooser and W. B. Pearson, *Acta Cryst.*, **12**, 1015–1022 (1959) より許可を得て転載]

ある．この点に関してはムーサーとピアソンによる方法が成功している．この方法では，結合の方向性や共有結合的な性質に焦点を絞っている．結晶中で共有結合の性質に影響するであろう因子は，(1) 構成原子の平均の主量子数 $\bar{n}$ と，(2) それらの電気陰性度の差 $\Delta\chi$ である．ムーサー・ピアソンプロットでは図3.7に示すAX型化合物の場合のように，この2つの因子をプロットする．このプロットのもっとも特徴的な点は，AX型化合物が，セン亜鉛鉱 (ZnS, B) 構造，ウルツ鉱 (ZnS, W) 構造，岩塩構造，塩化セシウム構造の4つの構造グループにほぼ完全に分かれて分布していることである．AX型化合物の4つの構造型のうち，セン亜鉛鉱構造がもっとも共有結合的で，岩塩構造や塩化セシウム構造がもっともイオン結合的であるというのは直感的にわかる．ムーサー・ピアソンプロットは，この感覚を明瞭に図式化したものである．

結合中のイオン的性質はイオン性 (ionicity) という用語で表され，図3.7 中の矢印に示すように左下部から右上部に向かって増加している．このことから，イオン性は電気陰性度だけで決まるのではなく，原子価殻の主量子数，したがって原子の大きさにも依存することがわかる．方向性の強い共有結合は，軽元素 (図3.7の下部)，および小さい $\Delta\chi$ 値をもつ元素 (図3.7の左側) によく見られる．

図3.7では，異なる構造の領域 (structure field) 間にはかなり鋭い境界がある．これはそれぞれの構造には，臨界イオン性ともいえるイオン性の大きさの限界があって，化合物はその範囲内だけで，特定の構造をとれることを示している．ムーサー・ピアソンプロットは，フィリップス (Phillips) とヴァンヴェクテン (van Vechten) の研究によって理論的にも支持されている．彼らは，AX型化合物の光吸収スペクトルを測定し，それにより電気陰性度とイオン性を計算した．また，このスペクトルデータより，バンドギャップ値 E_g を求めた (後述)．等電子構造をもつ化合物，例えば ZnSe, GaAs, Ge のバンドギャップは，(1) 純粋なゲルマニウムのような等極 (無極性) 結合による等極バンドギャップ (homopolar band gap) E_h と，(2) イオン性エネルギー (ionic energy) とよばれる AX原子間の電荷移動量 C の影響を受ける．これらは，次式によって関係づけられる．

$$E_g^2 = E_h^2 + C^2 \tag{3.29}$$

E_g と E_h はスペクトルから測定され，電荷移動量 C 値が計算できる．この C は，ある異極性結合 (異

なる極性をもつ原子間の結合)中での電子の移動に必要なエネルギーと関係し，ポーリングによって定義された電気陰性度の尺度となる．これらの値を使うと，イオン性の尺度 f_i が次のように得られる．

$$f_i = \frac{C^2}{E_g^{\ 2}} \tag{3.30}$$

f_i の値はある結合のイオン的性質の割合を与え，0(等極性の共有結合では $C=0$)から1(イオン結合では $C=E_g$)まで変化する．フィリップスは，四面体または八面体構造をもつ68種類のAX型化合物のスペクトルデータを解析した．その結果，これらの化合物は，f_i が臨界イオン性値(0.785)となるのを境に，2つのグループに分けられることを見出した．

ムーサー・ピアソンプロットとフィリップス・ヴァンヴェクテンのイオン性との関係は，次のようになる．

$$\Delta\chi(\text{ムーサー・ピアソン}) \simeq C(\text{フィリップス})$$
$$\overline{n}(\text{ムーサー・ピアソン}) \simeq E_h(\text{フィリップス})$$

後者の式は，元素の平均の主量子数 $\overline{n}$ が増すにつれて外側の軌道が大きく広がり，軌道(s, p, d, f)間のエネルギー差が減少することを示している．バンドギャップ E_h は，金属的なふるまいとなる $E_h=0$ まで減少する．平均の主量子数 $\overline{n}$ を使用するということは，陰イオンと陽イオンを平均して扱うことに対応している．フィリップス・ヴァンヴェクテンの解析は，今までAX型化合物に限定されてきたムーサー・ピアソンプロットのさらに広い使用と適用に対しても理論的な支持を与える．

3.2.14 ■ 結合原子価と結合長

多くの「分子性」物質の構造は，有機化合物でも無機化合物でも，原子価結合理論を適用することによって説明することができる．それらの原子間で生じる結合は単結合，二重結合，三重結合であり，場合によっては不完全な結合もある．しかし「非分子性」無機化合物の結晶では，その結合が主に共有結合であったとしても，この理論の適用が困難になる．それは，各結合に寄与する電子の数が足りず，共有電子対により単結合が形成されるとして扱えないためである．

このような結合を記述するのに，経験的ではあるが有用な方法が，ポーリング，ブラウン(Brown)，シャノン，ドネー(Donnay)らにより発展させられた，構造中の**結合次数**(bond order)あるいは**結合原子価**(bond valence)の評価である．結合原子価は，ポーリングの静電気原子価則(3.2.2節)で示されたイオン性構造に関する静電結合力と同様な方法によって定義される．よって，結合原子価は，必ずしもイオン性ではない構造にもポーリング則を拡張したものといえる．結合原子価は原子の酸化状態と結合長の実測値から経験的に決められるので，少なくとも初期段階では，結合が共有性かイオン性か，またはその混合かということを考慮しなくてもよい．

ポーリングの静電気原子価則は，陰イオンとその周囲の陽イオンとの間の静電結合力(*ebs*)の総和は，陰イオンの形式電荷に等しいとするものである(式(3.2)，(3.3))．この法則をイオン性以外の構造にも適用するために，(1)静電結合力を結合原子価(bond valence, *bv*)に置き換え，(2)陰イオンの形式電荷をその原子の原子価に置き換える(原子価はその結合にあずかる電子数と定義する)．これにより結合原子価総和則(valence sum rule)が導かれる．すなわち，i 番目の原子の原子価 V_i は，原子 i と隣接原子 j との間の結合原子価 bv_{ij} と次のように関係づけられる．

$$V_i = \sum_j bv_{ij} \tag{3.31}$$

このように，ある1個の原子の原子価は，その原子が関係しているすべての結合原子価の総和(*bvs*)と等しくなければならない．bv_{ij} が整数のとき，これは分子性構造中の1個の原子のまわりの結合数

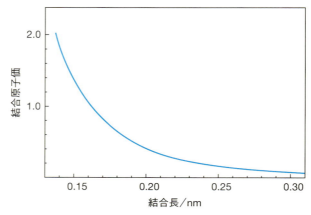

図 3.8 酸素と第2周期原子(Na, Mg, Al, Si, P, S)間の結合における結合原子価—結合長の普遍的な相関曲線.
[I. D. Brown, *Chem. Soc. Rev.*, 7, 359-359(1978)より許可を得て転載]

を見積もるのに使われるおなじみの規則である．つまり，その原子の原子価はそれがつくる結合の数に等しい(例えば二重結合は2個の結合と数える)．しかし非分子性無機化合物の構造において，bvs は例外的にしか整数にならない．

ポーリングの静電気原子価則での静電結合力(ebs)は，(陽イオンの電荷)／(陽イオンの配位数)の比で与えられる．このため，陽イオンの配位が不規則なものや，陽イオン-陰イオン結合長が必ずしも同じでない構造については，平均の ebs が得られるだけである．結合原子価による方法では，各結合を個別のものとして扱うので，その配位環境での不規則性や歪みを考慮できることが利点の1つである．

2種類の元素からなる化合物では結合原子価と結合長との間に逆相関関係が見られる．**図 3.8** には例として酸素と，第2周期でその族の原子価をもつ原子(すなわち，Na^I, Mg^{II}, Al^{III}, Si^{IV}, P^V, S^{VI})との間の結合における結合原子価と結合長の関係について示す．もちろん原子およびその酸化状態(原子価)に対して，結合原子価と結合長との間にそれぞれ固有の相関があるが，図 3.8 のような「普遍的な曲線」を，等電子構造をもつ一連のイオンに適用できる．図 3.8 のような曲線に適合するさまざまな式が使われており，次式はその1つである．

$$bv_{ij} = \left(\frac{R_0}{R}\right)^N \tag{3.32}$$

ここで，R は結合長であり，R_0 と N は定数である(R_0 は単位結合原子価あたりの結合長)．図 3.8 に示した元素では，$R_0 = 0.1622$ nm および $N = 4.290$ である．

図 3.8 から，結合原子価の減少とともに結合長が増加することは明らかである．ある原子の結合原子価は配位数の増加とともに必然的に減少するので，配位数が増加すると結合長も増加するという相関が存在する．少し違った表現ではあるが，この相関はすでに図 3.3 において，陽イオン半径が配位数の増加とともに大きくなるという形で示されている．図 3.3 のデータは，フッ化物イオンまたは酸化物イオンの半径に対して，ある一定の値を仮定しているので，図の縦軸をイオン半径から，金属-酸素の結合長に変換すればよいだろう．

図 3.8 のような曲線は，結晶構造を合理的に説明し，より深い理解へと導いてくれるため，重要である．特に結晶構造の決定に関連して，次のような応用例がある．

(1) 結合原子価総和則は構造中のすべての原子について誤差数%以下の精度で成り立つはずの

で，提案された構造の検証に用いることができる．

(2) 水素原子位置の特定に用いることができる．水素原子はX線散乱能が低く，X線構造解析では通常「見る」ことができない．各原子について結合原子価の総和を求めた際に，もし原子価と結合原子価の総和が大きく違っていれば，おそらくその原子は水素原子と結合しているはずである．

(3) アルミノケイ酸塩構造中の Al^{3+} イオンと Si^{4+} イオンの位置の識別に用いることができる．Al^{3+} イオンと Si^{4+} イオンは，X線散乱能が同程度であるため，X線回折法による識別ができない．しかし，これらのイオンは同じ配位数をもつ格子内位置にあるときは，異なる結合原子価を示す．例えば，MO_4 正四面体中では Si–O の結合原子価は1であり，Al–O 結合のそれは 0.75 である．したがってそれらの位置は，結合原子価の総和則を使って決めることができる．なお，測定により得られた M–O 結合の長さを，予測される Si–O および Al–O 結合の結合長と比較してもよい．

3.2.15 ■ 非結合電子の効果

本節では，2種類の非結合電子の構造への影響について考える．1つは遷移金属化合物中のd電子であり，もう1つは低酸化状態にある重いpブロック元素化合物中における s^2 電子対である．この2種類の電子は，結合には直接関与しないものの，該当する金属元素の配位数や配位環境にかなりの影響を与える．

3.2.15.1 ■ d電子の効果

遷移金属化合物において，金属原子上のd電子の多くは，結合の形成には関与しないが，金属原子の配位環境に影響を与え，化合物の色や磁性のような性質を決定する．本節の範囲では，この効果を定性的に説明するには，基礎的な**結晶場理論**(crystal field theory, CFT)で十分である．読者はすでにCFTについてよく知っているものとして，ここではその概略を述べるにとどめる．

1. エネルギー準位の結晶場分裂（crystal field splitting）

八面体配位構造では，遷移金属原子の5個のd軌道はもはや縮退しておらず，低エネルギーの t_{2g} と高エネルギーの e_g の2つのグループに分裂している（**図 3.9**）．電子が2個以上あるものは，電子はフント(Hund)の最大多重度則に従って1個ずつ各軌道を占める．d^4 から d^7 の原子またはイオンについては2つの電子配置が可能であり，低スピン(low-spin；LS)と高スピン(high-spin；HS)状態を生じる．**図 3.9**(c)に d^7 イオンの例を示す．ここで，1個の電子を1つの e_g 軌道に入れて多重度を最大にするのに必要なエネルギーの増加分は，2個の電子が同じ t_{2g} 軌道を占有するときに生じる反発エネルギーまたは**対形成エネルギー**(pairing energy) P により減少して $\Delta - P$ となる．Δ の大きさは金属原子と結合している配位子や陰イオンによって変わる．弱い結晶場(weak field)の陰イオンでは Δ が小さくなって高スピン配置を生じ，逆に強い結晶場(strong field)をもつ配位子では低スピン状態となる．また，この Δ の大きさは金属の種類，特に周期表のどの周期に属するかによって決まる．一般には，$\Delta(5d) > \Delta(4d) > \Delta(3d)$ となる．したがって，高スピン状態は4dと5d系列ではほとんど見られない．Δ の値は，電子スペクトルから実験的に決めることができる．種々のd電子数に対する可能なスピン配置を**表 3.13**に示す．

遷移金属イオンの半径は，d電子配置に依存している．**図 3.10**(a)に八面体配位の2価イオンについて示す．原子番号の増加にともない，いくつかの傾向が見られる．まず，d軌道が電子で満たされるにつれて，イオン半径は徐々に小さくなる．これは，図中の Ca^{2+}，Mn^{2+}（高スピン），Zn^{2+} イオンを通る破線で示されている．これら3つのイオンは，それぞれd軌道が空席(Ca)，1個ずつ占有さ

145

第 3 章　固体における化学結合

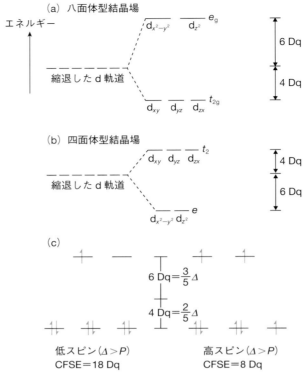

図 3.9 (a) 八面体型および (b) 四面体型結晶場における d 軌道のエネルギー準位の分裂．(c) 八面体型結晶場における，d^7 遷移金属イオンの低スピンおよび高スピン状態．

表 3.13 八面体配位における d 電子配置

d 電子数	低スピン($\Delta > P$) t_{2g}	e_g	高スピン($\Delta < P$) t_{2g}	e_g	低スピン状態におけるエネルギー利得	例
1	↑		↑			V^{4+}
2	↑↑		↑↑			Ti^{2+}, V^{3+}
3	↑↑↑		↑↑↑			V^{2+}, Cr^{3+}
4	↑↓↑↑		↑↑↑	↑	Δ	Cr^{2+}, Mn^{3+}
5	↑↓↑↓↑		↑↑↑	↑↑	2Δ	Mn^{2+}, Fe^{3+}
6	↑↓↑↓↑↓		↑↓↑↑	↑↑	2Δ	Fe^{2+}, Co^{3+}
7	↑↓↑↓↑↓	↑	↑↓↑↓↑	↑↑	Δ	Co^{2+}
8	↑↓↑↓↑↓	↑↑	↑↓↑↓↑↓	↑↑		Ni^{2+}
9	↑↓↑↓↑↓	↑↓↑	↑↓↑↓↑↓	↑↓↑		Cu^{2+}
10	↑↓↑↓↑↓	↑↓↑↓	↑↓↑↓↑↓	↑↓↑↓		Zn^{2+}

れている(Mn)，または 2 個ずつすべて占有されている(Zn)という状態にあり，イオンのまわりの電子密度は球対称になっている．この破線で示されたイオン半径の減少は，d 電子による核電荷の遮へい効果が小さいことに関係している．つまり，原子番号が増加するにつれて，外側の結合電子に作用する有効核電荷が大きくなるため，半径が一定の割合で小さくなる．類似の効果は，周期表のすべての同じ周期の元素においても見られるが，特に遷移金属元素では明確に確認される．

次に，d^1 から d^4 と，d^6 から d^9 配置のイオンについては，d 電子の分布は球対称ではない．したがってこれらの電子による核電荷の遮へい効果はさらに減少して，そのイオン半径が予想以上に小さくなる．例えば，Ti^{2+} イオンは $(t_{2g})^2$ 配置，すなわち 3 つの t_{2g} 軌道のうち，2 つの軌道がそれぞれ 1 個の

146

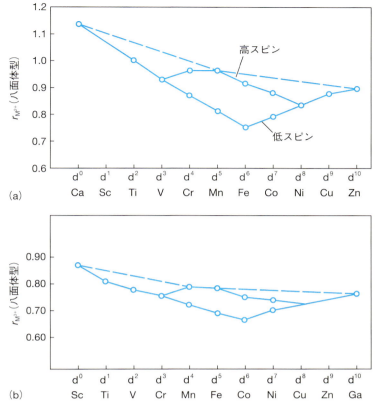

図 3.10 八面体配位における(a) 2価および(b) 3価の遷移金属イオン半径,ただし,フッ化物イオン半径 $r_{F^-} = 0.119$ nm を基準とする.
[R. D. Shannon and C. T. Prewitt, *Acta Cryst.*, **B25**, 925–946 (1969) より許可を得て転載]

電子で占められている.八面体配位の Ti^{2+} イオンでは,非結合電子であるこれらの電子は,Ti^{2+} イオン-陰イオンがつくる軸から離れた空間領域を占めている.例えば,Ti^{2+} イオンと Ca^{2+} イオンを比較すると,ともに +2 だけ過剰の核電荷をもっているが,Ti^{2+} イオンでは t_{2g} 軌道に入った 2 個の電子は,この過剰な核電荷を遮へいしない.したがって,Ti^{2+} イオンと他の原子の電子との間には強い引力が生じ,TiO 中の Ti–O 結合は CaO 中の Ca–O 結合よりも短くなる.この傾向は,V^{2+},Cr^{2+}(低スピン),Mn^{2+}(低スピン),Fe^{2+}(低スピン)で維持される.これらのイオンはすべて,t_{2g} 電子のみを含んでいる(表 3.13).Fe^{2+}(低スピン)を越えると,電子は e_g 軌道を占有し始めるが,これらの電子はより効果的に核電荷を遮へいする.したがって,半径は Fe^{2+}(低スピン),Co^{2+}(低スピン),Ni^{2+},Cu^{2+},Zn^{2+} の順で再び増加し始める.

高スピンのイオンでは別の傾向が見られる.V^{2+} から Cr^{2+}(高スピン),Mn^{2+}(高スピン)と進むにつれて,電子が e_g 軌道に入り,核電荷を遮へいするため,イオン半径が増加する.しかし,Mn^{2+}(高スピン)から Fe^{2+}(高スピン),Co^{2+}(高スピン),Ni^{2+} へと進むと,電子は t_{2g} 軌道に入り,イオン半径は再び減少する.

3 価の遷移金属イオンも同じような傾向を示すが,その変化は小さい(**図 3.10**(b)).しかし,2 価のイオンの場合に見られた種々の効果が,3 価のイオンの場合,より大きな原子番号のところで,具体的には右側へ原子 1 個分移ったところで見られる.よって,3 価イオンで最小の半径をもつのは,2 価イオンで最小の半径をもつ Fe^{2+}(低スピン)ではなく,Co^{3+}(低スピン)となる.

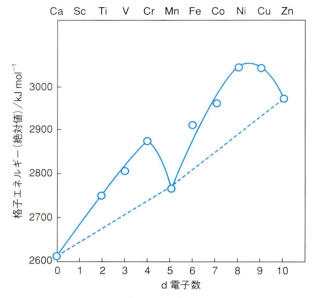

図 3.11 ボルン・ハーバーサイクルにより求めた遷移金属の二フッ化物の格子エネルギーの計算値.
[T. C. Waddington, *Adv. Inorg. Chem. Radiochem.*, **1**, 157–221（1959）より許可を得て転載]

　これまで，八面体配位をもつ遷移金属イオンのみを扱ってきたが，四面体配位もごく一般的に見られる．しかしこの場合，d 電子について別のエネルギー準位が適用される．四面体型結晶場も d 軌道を 2 つのグループに分裂させるが，八面体場の場合とは反対になる．3 つの軌道 d_{xy}, d_{yz}, d_{zx} が高エネルギー準位で，$d_{x^2-y^2}$ と d_{z^2} 軌道が低エネルギー準位である（図 3.9(b)）．

　遷移金属イオンの d 軌道の結晶場分裂は，結晶場安定化エネルギー（CFSE）を生じ，イオン性化合物の格子エネルギー（絶対値）を増加させることがある．例えば，CoF_2 は，八面体配位の Co^{2+} イオン（d^7（高スピン），図 3.9(c)）をもつルチル構造である（図 3.9(c)）．t_{2g} と e_g 軌道間のエネルギー差 Δ を 10 Dq とすると，t_{2g} 軌道は 4 Dq だけ安定化しているが，一方で，e_g 軌道は 6 Dq だけ不安定になっているのがわかる．結晶場分裂のない 5 つの縮退軌道（図 3.9(a)）に対する，高スピンと低スピン状態における Co^{2+} イオンの CFSE は次のように計算できる．すなわち，CFSE は低スピン状態では $6 \times 4 \, Dq - 1 \times 6 \, Dq = 18 \, Dq$ であり，高スピン状態では $5 \times 4 \, Dq - 2 \times 6 \, Dq = 8 \, Dq$ となる．

　この CFSE によって格子エネルギー（絶対値）は増加することになる．ルチル構造の CoF_2 における Co^{2+}（高スピン）の CFSE の計算値は 104 kJ mol^{-1} であり，ボルン・ハーバーサイクルにより求められた格子エネルギー（2959 kJ mol^{-1}）とボルン・マイヤー式からの計算値（2876 kJ mol^{-1}）との差である 83 kJ mol^{-1} と良く一致している．

　3d 遷移金属元素の 2 価金属フッ化物について，ボルン・ハーバーサイクルから求めた格子エネルギー（絶対値）を図 3.11 に示す．同様の傾向が，その他のハロゲン化物についても見られる．CFSE を示さないイオンは，それぞれ d^0（Ca），d^5（高スピン）（Mn），d^{10}（Zn）である．これらのイオンの格子エネルギーは他のイオンの場合よりも小さく，図中の破線上の値になる．しかし，大部分のイオンは多かれ少なかれ CFSE をもち，イオンの格子エネルギー（絶対値）は増加して，図中で上側にある実線上の値を示す．フッ化物については（図 3.11），その CFSE の計算値と格子エネルギーの差 ΔU（すなわち，U（ボルン・マイヤー式）$- U$（ボルン・ハーバーサイクル））が良く一致しており，その結合がイオン性であることがわかる．しかし，その他のハロゲン化物では，$\Delta U \gg$ CFSE であり，CFSE 以外の効果，おそらくは共有結合性が存在していることがわかる．

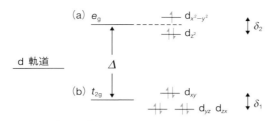

図 3.12 ヤーン・テラー歪みを受けた d^9 イオンの d 軌道のエネルギー準位図. z 軸に平行な 2 つの結合が他の 4 つの結合よりも長く, したがって, d_{z^2} 軌道は $d_{x^2-y^2}$ 軌道よりもエネルギーが低くなる.

2. ヤーン・テラー歪み（Jahn-Teller distortion）

多くの遷移金属化合物では, 金属の配位八面体は歪んでいる. その八面体の歪みは, ある軸方向の 2 つの結合が他の 4 つの結合よりも, 長いあるいは短いことによる. d^9, d^7（低スピン）, d^4（高スピン）イオンに対し, このような歪みの原因となるのが**ヤーン・テラー効果**（Jahn-Teller effect）である. d^9 電子をもつ Cu^{2+} イオンを考えよう. 電子配置は $(t_{2g})^6(e_g)^3$ である. e_g 軌道の 1 つが 2 個の電子を, もう 1 つが 1 個の電子を含んでいる. 電子が 1 個の軌道は d_{z^2} か $d_{x^2-y^2}$ のいずれかで, 自由イオンの状態では両軌道のエネルギーは同じである. しかし, 金属の配位は自由イオンの状態ではなく八面体的であり, 1 つの軌道に 2 電子, もう 1 つの軌道に 1 電子という非等価な占有状態にある e_g 軌道の縮退は, もはや維持されない. e_g 軌道は周囲の配位子の方向を向いているので, t_{2g} 軌道よりも高いエネルギーをもつ. そして, e_g 軌道のうち 2 個の電子に占有された軌道の方がより強い反発力を受けるため, 1 個の電子に占有された軌道よりも高いエネルギーをもつことによる. このような理由により, 2 電子に占有された軌道の方向に, 金属−配位子の結合が長くなることになる. 例えば, もし d_{z^2} 軌道が 2 個の電子により占有されていると, z 軸に沿った 2 つの金属−配位子結合が他の 4 つの結合よりも長くなる. この状態のエネルギー準位図を**図 3.12**(a)に示す. 一方で, z 軸に沿った金属−配位子結合が長くなることにより, d_{z^2} 軌道のエネルギーが低下する. この歪みにより正八面体配位に比べて $(1/2)\delta_2$ だけ安定化されるので, この歪んだ構造が基底状態として観測されることになる.

高スピンの d^4 と低スピン d^7 イオンも奇数個の e_g 電子をもち, ヤーン・テラー歪みを示す. どのタイプの歪み（すなわち, 2 つの結合が短く, 他の 4 つの結合が長くなるか, またはその逆になるか）をとるかを予測することはできず, 実際の構造の歪みについては実験的に決定しなければならない. t_{2g} 軌道の縮退もヤーン・テラー効果によって解消されるが, **図 3.12**(b)に示した分裂の大きさ δ_1 は小さく, その効果はあまり重要ではない.

Cu^{2+} イオンの通常の配位状態は, 4 つの結合が短く, 2 つの結合が長い歪んだ八面体型である. その歪みの程度は化合物によって異なる. 例えば, CuF_2（歪んだルチル構造）ではその歪みは比較的小さいが（4 個のフッ素原子が 0.193 nm, 2 個が 0.227 nm の位置）, $CuCl_2$ では大きくなり（4 個の塩素原子が 0.230 nm, 2 個が 0.295 nm の位置）, 極端な例として黒銅鉱（CuO）は, ほぼ平面正方形の配位である（4 個の酸素原子が 0.195 nm, 2 個が 0.281 nm の位置）.

Cu^{2+} と d^4 イオンである Cr^{2+} の化合物におけるヤーン・テラー歪みの重要性は, 2 価の 3d 遷移金属イオンの酸化物とフッ化物の構造を比較すると明確になる. MO 組成の酸化物（M^{2+} が Ti, V, Cr, Mn, Fe, Co, Ni, Cu）のほとんどは正八面体配位の岩塩構造をとるが,（1）非常に歪んだ CuO_6 八面体をもつ CuO と,（2）CrO（実際の構造は知られていないがおそらく）が例外である. MF_2 組成のフッ化物は, 歪んだルチル構造の CrF_2 と CuF_2 を除いて, すべて通常の歪みのないルチル構造である. ヤーン・テラー効果による歪んだ八面体配位は, その他に Mn^{3+}（高スピン）と Ni^{3+}（低スピン）イオンを含む化合物に見られる.

第3章　固体における化学結合

3. 平面正方形配位

d^8 イオンである Ni^{2+}, Pd^{2+}, Pt^{2+} の化合物中では，共通して平面正方形または平面長方形の配位を示す．このことを理解するために，これらのイオンの(1)正八面体と(2)歪んだ八面体の結晶場における d 電子のエネルギー準位図を考えよう．

(1) 正八面体場における d^8 イオンの通常の電子配置は $(t_{2g})^6(e_g)^2$ である．2 個の e_g 電子は，d_{z^2} と $d_{x^2-y^2}$ 軌道に 1 個ずつ入るが，これらの軌道は縮退したままである．したがって，化合物は不対電子をもつので常磁性となる．

(2) 歪んだ八面体において，z 軸方向の 2 つの金属−配位子結合が伸びることの効果について考える．e_g 軌道の縮退が解け，d_{z^2} 軌道は $(1/2)\delta_2$ だけ安定化される(図 3.12)．z 軸方向の伸びが小さい場合，d_{z^2} 軌道を 2 個の電子が占有するために必要な電子対形成エネルギー P は，d_{z^2} と $d_{x^2-y^2}$ 軌道間のエネルギー差よりも大きいまま，すなわち $P>\delta_2$ である．したがって，たとえ d_{z^2} 軌道が 2 個の電子により占有されても安定化による利得はなく，八面体におけるこの小さい歪みが安定化する必然性はない．しかし，z 軸方向の結合がさらに長くなると，$P<\delta_2$ となり，2 電子占有の d_{z^2} 軌道が安定化され，d^8 イオンにとってより安定な基底状態になる．八面体からの歪みが十分大きくなると，黒銅鉱(CuO，上述)のような，平面正方形配置となる．多くの場合，例えば PdO では，z 軸方向に沿った配位子が存在しないので，八面体配位から平面正方形配位への移行が完了した構造とみることができる．平面正方形配位の化合物は，不対電子をもたないので反磁性である．

平面正方形配位は，3d 遷移金属元素よりも 4d と 5d の遷移金属元素において一般的である．これは，4d および 5d 軌道はより広がって(特に 5d 軌道)，核から遠く離れた空間にまで伸びているためである．その結果，例えば O^{2-} のような配位子によって引き起こされる結晶場(または配位子場)分裂の大きさ(Δ, δ) は，3d < 4d < 5d の順に増加する．したがって，NiO は正八面体配位の Ni^{2+} をもつ岩塩構造となり，一方，PdO と PtO はいずれも平面正方形配位の金属原子(4d と 5d 遷移元素)となる．八面体配位の Pd^{2+} イオンをもつ唯一の化合物は PdF_2(ルチル構造)で，八面体配位の Pt^{2+} や Au^{3+} イオンをもつ化合物は知られていない．

4. 四面体配位

前述したように，四面体型結晶場は，d 電子エネルギー準位の分裂を起こすが，八面体型結晶場の場合(図 3.9(b))とは逆になる．さらに，いずれの d 軌道も 4 つの配位子の方向に向いていないので，四面体の配位子場分裂パラメータ Δ は，一般的に八面体の場合に比べて小さくなる．また，d_{xy}, d_{yz}, d_{zx} 軌道の方が他の残りの軌道に比べて配位子の近くにある(**図 3.13** には，d_{yz} と $d_{x^2-y^2}$ の 2 つの軌道について示す)．四面体配位においても，特にエネルギーの高い t_2 軌道が 1, 2, 4, 5 個の電子を含むとき(例えば，d^3(高スピン)，d^4(高スピン)，d^5, d^9)にはヤーン・テラー歪みが起こる．種々のタイプの歪み(例えば，正方あるいは三方歪み)が可能であるが，八面体配位の場合ほど研究されていないので，詳細は省略する．一般的には，四面体の 2 回回転軸方向(図 1.25(c))に，四面体が伸びたり縮んだりする歪みが生じる．この例として，Cs_2CuCl_4 における平たくなった $CuCl_4$ 四面体があげられる．

5. 四面体配位と八面体配位のどちらが安定か

大部分の遷移金属イオンでは，大きな結晶場安定化エネルギー(CFSE)が得られるので，正八面体配位や歪んだ八面体配位をとりやすい．このことは，次のような計算によってわかる．八面体配位に

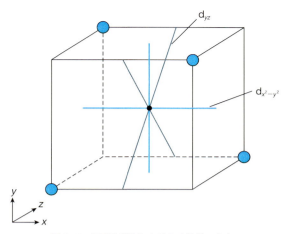

図 3.13 四面体配位における d 軌道の方向.

表 3.14 遷移金属酸化物について計算された結晶場安定化エネルギー(CFSE)（単位：kJ mol^{-1}）
［出典：J. D. Dunitz and L. E. Orgel, *Adv. Inorg. Radiochem.*, **2**, 1-60（1960）］

イオン		八面体型 CFSE	四面体型 CFSE	八面体型の場合の余剰利得エネルギー
Ti^{3+}	d^1	87.4	58.5	28.9
V^{3+}	d^2	160.1	106.6	53.5
Cr^{3+}	d^3	224.5	66.9	157.6
Mn^{3+}	d^4	135.4	40.1	95.3
Fe^{3+}	d^5	0	0	0
Mn^{2+}	d^5	0	0	0
Fe^{2+}	d^6	49.7	33.0	16.7
Co^{2+}	d^7	92.8	61.9	30.9
Ni^{2+}	d^8	122.1	35.9	86.2
Cu^{2+}	d^9	90.3	26.8	63.5

おいて，t_{2g} 電子はそれぞれ $0.4\Delta^{oct}$ だけ安定化し，e_g 電子はそれぞれ $0.6\Delta^{oct}$ だけ不安定化する．よって，d^3(t_{2g}^3) 配置の Cr^{3+} は $1.2\Delta^{oct}$ の CFSE をもち，一方，d^9($t_{2g}^6 e_g^3$) 配置の Cu^{2+} は $0.6\Delta^{oct}$ の CFSE をもつ．一方，四面体配位では，e 電子はそれぞれ $0.6\Delta^{tet}$ だけ安定化し，t_2 電子はそれぞれ $0.4\Delta^{tet}$ だけ不安定化する（図 3.9（b））．よって，Cr^{3+} は $0.8\Delta^{tet}$ の CFSE をもち，Cu^{2+} は $0.4\Delta^{tet}$ の CFSE をもつ．ここで，次の関係式

$$\Delta^{tet} \approx 0.4\,\Delta^{oct}$$

を用いると，CFSE の値によって，各イオンの配位選択性が推定できる．結晶場安定化エネルギーのより正確な値は分光学的に得られており，いくつかの遷移金属イオンの酸化物について表 3.14 に示す．高スピンの d^5 イオン，および d^0 と d^{10} 配置のイオンは，結晶場安定化の効果に関しては，八面体型および四面体型どちらに対しても，特別な配位選択性をもっていない．Cr^{3+}，Ni^{2+}，Mn^{3+} のようなイオンはもっとも八面体配位をとりやすく，特に Ni^{2+} イオンには，四面体配位がほとんど見られない．

　イオンの配位選択性が見られる良い例として，スピネル構造中の陽イオンの配位があげられる．スピネルは組成式 AB$_2$O$_4$ をもち（第 1 章），A と B イオンはその配位状態によって，それぞれ次のように分けられる．

第 3 章　固体における化学結合

表 3.15　いくつかのスピネル構造における γ の値
[出典：N. N. Greenwood, *Ionic Crystals, Lattice Defects and Nonstoichiometry*, Butterworths(1968)；J. D. Dunitz and L. E. Orgel, *Adv. Inorg. Radiochem.*, **2**, 1–60(1960)]

M^{3+}	M^{2+}						
	Mg^{2+}	Mn^{2+}	Fe^{2+}	Co^{2+}	Ni^{2+}	Cu^{2+}	Zn^{2+}
Al^{3+}	0	0.3	0	0	0.75	0.4	0
Cr^{3+}	0	0	0	0	0	0	0
Fe^{3+}	0.9	0.2	1	1	1	1	0
Mn^{3+}	0	0	0.67	0	1	0	0
Co^{3+}	—	—	—	0	—	—	0

(1)　正スピネル：A イオンが四面体位置，B イオンが八面体位置を占める．
(2)　逆スピネル：A イオンが八面体位置，B イオンが四面体位置と八面体位置を占める．
(3)　中間スピネル：正スピネルと逆スピネルの中間．

ここで，スピネル組成式あたりの，八面体位置にある A イオンの数をパラメータ γ として定義する．正スピネルでは $\gamma = 0$，逆スピネルでは $\gamma = 1$ であり，A と B イオンが無秩序に分布した場合，$\gamma = 0.67$ である．結晶場安定化エネルギー(CFSE)の効果を考えずに格子エネルギーを計算すると，2–3 型スピネル(A = M^{2+}，B = M^{3+}，例：$MgAl_2O_4$)は正スピネルに，4–2 型スピネル(A = M^{4+}，B = M^{2+}，例；$TiMg_2O_4$)は逆スピネルをとりやすいことが示される．しかし，これらの選択性は，**表 3.15** の 2–3 型スピネルの γ 値に示されるように，CFSE 効果が加わることによって変化する．いくつかの例を以下に示す．

(1)　すべてのクロム酸スピネルは八面体位置に Cr^{3+} イオンを含む正スピネルである．これは，Cr^{3+} イオンの非常に大きな CFSE 効果によるものであり，$NiCr_2O_4$ における Ni^{2+} イオンなどは，四面体位置に強引に押し込められている．
(2)　$Co_3O_4(\equiv CoO \cdot Co_2O_3)$ は正スピネルである．これは，低スピンの Co^{3+} イオンが八面体位置に入ることで得られる CFSE の方が，Co^{2+} イオンが四面体位置に入ることで失う CFSE より大きいからである．Mn_3O_4 も正スピネルであるが，マグネタイト(magnetite；磁鉄鉱)Fe_3O_4 は逆スピネルである．これは，Fe^{3+} イオンには四面体位置と八面体位置のいずれにおいても CFSE の効果がないのに対し，Fe^{2+} イオンでは八面体位置の選択性が優位になるためである．

スピネルは一般的に立方晶の対称性をもつが，1 辺が他の 2 辺と長さが異なる正方晶に歪むものもいくつかある．Cu^{2+} イオンを含むスピネルでは，ヤーン・テラー効果によりこのような歪みが引き起こされる．例えば，$CuFe_2O_4$(正方晶単位格子の軸比 $c/a = 1.06$)は八面体 Cu^{2+} イオンをもつ逆スピネルである．ヤーン・テラー効果により CuO_6 八面体が歪み，z 軸方向の 2 つの Cu–O 結合が xy 平面の 4 つの Cu–O 結合よりも長くなっている．一方，$CuCr_2O_4$($c/a = 0.9$)は正スピネルであり，やはり，ヤーン・テラー効果により CuO_4 四面体が z 方向に平たくなり，その結果，c 軸が短くなっている．

3.2.15.2 ■ 不活性電子対効果

周期表で遷移元素より右側にある重い元素，特に Tl, Sn, Pb, Sb, Bi は，通常，その原子が属する族の価数よりも 2 つ低い原子価を示す(例えば，IV 族(14 族)元素の Sn と Pb は 4 価ではなく 2 価)．これは不活性電子対効果(inert pair effect)とよばれるもので，その効果は金属イオンの配位環境の構造的な歪みにより現れる．例えば，Pb^{2+} イオンは[Xe]$4f^{14}5d^{10}6s^2$ の電子配置をもつ．このうち $6s^2$ 電

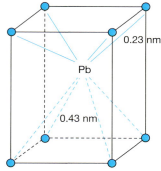

図 3.14 赤色 PbO の結晶構造．Pb–O 結合距離の違いが不活性電子対効果の存在を示している．

子対の軌道は，球対称ではなく，Pb^{2+} イオンの片側に突き出している（おそらくある種の sp 混成軌道）ので，立体化学的に活性(stereochemically active)となる．

この結果，種々の歪んだ配位多面体が生じる．この孤立電子対が，しばしば金属イオンとそれに隣接するいくつかの陰イオンとの間に入り，金属イオンのまわりの結合長を変化させる．例えば，赤色の一酸化鉛 PbO[訳注4] は，塩化セシウム構造が歪んだ正方晶構造である（図 3.14）．4 個の酸素は，Pb^{2+} イオンから Pb–O 距離として適切な 0.23 nm の位置にあるが，他の 4 個の酸素は 0.43 nm の位置にある．孤立電子対は直接検出できないが，Pb^{2+} イオンの立方体配位からの歪みによって，その存在は明らかである．

同様の効果が，歪んだ岩塩構造をもつ硫化スズ SnS にも見られる．この場合，SnS$_6$ 八面体が [111] 方向に沿って歪み，スズ原子の片側にある 3 個の硫黄原子は 0.264 nm 付近の位置にあるが，他の 3 個は孤立電子対によって追いやられて，0.331 nm の位置にまで離されている．

その他に一般的に見られる歪みは，陰イオンおよびその結合電子対の位置に孤立電子対が置き換わることによって起こるものである．例えば，ヨウ化タリウム(TlI)で見られる 5 配位の構造では，'TlI$_6$' 八面体の 1 つの頂点(陰イオン)が孤立電子対に取って代わられ，なくなっている．

3.3 ■ 共有結合

共有結合は，主に分子軌道(molecular orbital, MO)理論と原子価結合(valence bond, VB)理論の 2 つのアプローチによって記述される．それぞれに特徴があるが，いずれも片方だけでは共有結合のすべてを説明することはできない．VB 理論における軌道混成と**原子価殻電子対反発**(valence shell electron pair repulsion, VSEPR)の考えを組み合わせると，配位数や分子の形を簡単に予測できるが，多様な磁性や電子スペクトルを説明することはできない．対照的に，MO 理論を用いれば磁気的なふるまいや電子遷移を説明できるが，分子の形に対して合理的な説明や予測をすることができない．MO 理論と VB 理論の説明に入る前に，まずは原子の電子構造についての要点をまとめておこう．

3.3.1 ■ 粒子と波動の二重性，原子軌道，波動関数とその節

電子については，有限の質量をもった小さくて硬い粒子とみなすことが便利なこともあるが，たいていは，粒子と波動の両方の性質をもったものとみなされる．この粒子性と波動性は，電子の運動量を mv（m は質量，v は速度），波長を λ とすると，次の**ド・ブロイの式**(de Broglie relation)によって

[訳注4] α 型 PbO のこと．リサージ(litharge)ともよばれる．

第3章　固体における化学結合

関連づけられる.

$$\lambda = \frac{h}{mv} \tag{3.33}$$

ここで，$h(=6.626 \times 10^{-34}\,\mathrm{J\,s})$はプランク定数(Planck constant)である．したがって，電子は他の波動と同様に回折を生じる．この粒子と波動の二重性は互いに相容れないものではなく，**ハイゼンベルクの不確定性原理**(Heisenberg uncertainty principle)，すなわち，「電子の位置と運動量は同時に確定することができない」という原理の1つの側面として現れる．例えば，電子を「見る」ためには，適切な波長をもった「光」を使う必要があるが，電子はきわめて小さいので，短波長，つまり高エネルギーの光($E=h\nu=hc/\lambda$ の関係)が必要となり，結果として電子とその電磁波との間にはエネルギーのやりとりが発生し，電子の運動量を変えてしまう．端的に言えば，電子のように小さい対象を観測すると，その運動量が変わってしまうのである．ハイゼンベルクの不確定性原理は確率表現で次のように表される.

$$(\text{位置の不確定性}) \times (\text{運動量の不確定性}) \geq \frac{h}{4\pi} \tag{3.34}$$

この式の意味するところは，電子の位置を正確に決めようとすればするほど，電子の運動量はますます増加する，またはその逆に，電子の有効速度を遅くすればするほど，どこに存在するのかその位置を特定できなくなる，ということである.

　電子の位置と運動量の決定に関してはこのような制限があるため，ある場所に電子を見出す確率を議論するしかなく，このような量は電子密度分布として定量化される．原子内の電子は原子軌道に存在するわけであるが，すべての軌道について，軌道の形と，軌道上のある位置に電子が見出される確率を記述することしかできない.

　軌道の形と電子密度分布は，数学的には**シュレーディンガー方程式**(Schrödinger equation)の解として得られる．シュレーディンガー方程式により，電子の波動性とエネルギーレベルの量子化(すなわち，原子スペクトルにおいて特定のエネルギーしか許されないこと)が説明される．実際，波動性とエネルギーの量子化は日常よく見られる現象である．例えば弦楽器では，ある決まった周波数，またはエネルギーをもつ音波のみが許される．弦をよりきつく締めると境界条件(boundary condition)が変わるので，より高い音のハーモニーが聴こえることになる．同様に，原子内の電子も特定のエネルギーをもった軌道を占有する．電子の波動性とシュレーディンガー方程式の許される解から，周期表の構成，あるいは各元素の電子配置とエネルギーが直接的に説明されるのである.

　シュレーディンガー方程式の数学的複雑さについて掘り下げることはせずに，いくつかのキーポイントとなる結果を利用することにしよう．まず，電子どうしが近づいたときに，その波動関数が結合性軌道のように結合的に働くか，あるいは反結合軌道のように結合を壊すように働くかは，その波動関数 ψ の「符号」(+，−で表される)によって決まる(これは光やX線などの波動における回折現象とよく似ている)．この+，−の符号は電荷とは関係なく，波動性の相対的な位相(+ と − は180°異なる)と結びつけられる.

　次に任意の位置における電子の密度は，波動関数の二乗 ψ^2 で与えられる(どのような波動においても，強度が振幅の二乗で与えられるのと，ちょうど同じである)．1電子からなる水素原子はシュレーディンガー方程式の正確な解が得られるもっとも簡単な場合である．水素原子の波動関数 ψ とその二乗 ψ^2 を，原子核からの距離の関数として**図3.15**に模式的に示す．この図では，基底状態である1s軌道と，励起状態である2sおよび3s軌道が示されている．ここで，ψ^2 に $4\pi r^2$(半径 r の球の表面積)がかかっているのは，核から距離 r の位置において電子を見出す確率の総計を表すためである．励起状態の軌道では，核からある距離のところで波動関数の符号が変化する．これを**節**(node)とよび，

154

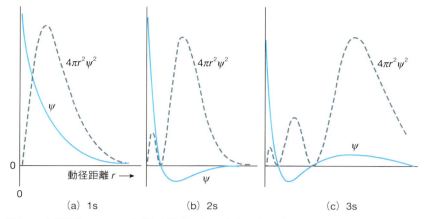

図 3.15 水素原子の 1s, 2s, 3s 軌道に対する ψ と $4\pi r^2\psi^2$ のプロット.
［M. J. Winter, *Chemical Bonding*, Oxford University Press（1994）より許可を得て転載］

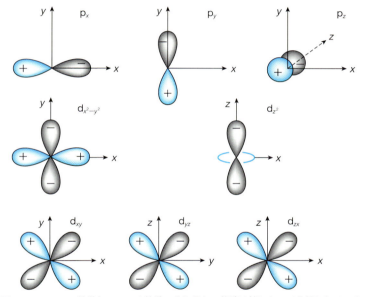

図 3.16 3 つの p 軌道と 5 つの d 軌道. それぞれの軌道は軸によって分類されている.

この位置では電子密度がゼロになる. 種々の s 軌道で比較すると, 1s 軌道の電子密度は核からある距離だけ離れたところで最大値をとる. 2s 軌道では, 節で隔てられた 2 つの極大があり, 外側の極大のところに多くの電子密度が集中している. この核からの距離の関数として表した電子密度は, 動径分布関数（radial distribution function, RDF）ともよばれる.

RDF における電子密度はゼロ以上であるが, 波動関数の符号は節のところで変化し, この符号が, 隣接する原子の原子軌道（AO）が相互作用して分子軌道（MO）を形成する際にエネルギーがどうなるかを決める鍵となる. s 軌道は球状なので, 核から同じ距離の領域の波動関数の符号は同じであるが, 非球状の p, d, f 軌道では, 核から同じ距離でも符号は一定ではない. これらの軌道において, 電子密度は**ローブ**（lobe）とよばれるある領域に集中しており, ある軌道においてローブが変わると, その符号も変わる. その様子を**図 3.16** に示す.

3.3.2 ■ 軌道の重なり，対称性，分子軌道

隣接する原子軌道(atomic orbital, AO)の重なりが十分大きくなると共有結合が生じ，複数の原子に及ぶ**分子軌道**(MO)が形成される．原子軌道の波動関数がその重なりの領域で同じ符号であるとき，**結合性軌道**(bonding orbital)が形成される．もし符号が逆であれば，その分子軌道は**反結合性軌道**(antibonding orbital)となる．同符号と異符号の領域が混在するような相互作用や，重なりが非常に小さい場合，形成される軌道は**非結合性**(non-bonding)となる．次にこの分子軌道の形成についていくつかの一般的な原則を述べる．

1. 結合に寄与する原子軌道の数と，結果として生じる分子軌道の数は等しい．
2. 結合性軌道のエネルギーは，結合に寄与する原子軌道よりも低い．それに対して，反結合性軌道のエネルギーは高くなる．非結合性軌道のエネルギーは，個々の原子軌道のエネルギーと基本的に等しい．
3. 隣接する原子へ向かって電子密度が沿うような分子軌道は σ 軌道とよばれる(対応する反結合性軌道は σ* と表される)．一方，主な重なり領域が，原子どうしを結ぶ線に沿っていないような分子軌道は π 軌道(反結合性軌道は π*)とよばれる．

固体における共有結合を考える前に，いくつかの簡単な分子に着目してみよう．もっとも簡単な例は，**図 3.17** に示すように，2 個の水素原子上の原子軌道が重なって，H_2 分子を形成する場合である．水素原子からの 2 つの電子が σ_s 軌道を占有しているが，σ_s^* 軌道には電子は入らない．この σ_s^* 軌道のローブの間には節があり，このことはもしこの軌道に電子が入っても，軌道の重なり領域には電子密度が存在しないことを意味する．

別の観点として，結合性軌道と反結合性軌道のエネルギーについて，これらの軌道上の電子が，核電荷を互いに遮へいし合うかどうかを考える．σ 軌道上の電子の遮へいは効果的であるのに対し，π 軌道上の電子はあまり効果的ではなく(後述)，反結合性軌道の電子はほとんど遮へいしない．その遮へい効果の結果が，それぞれの軌道のエネルギーの高低に反映される(軌道そのものは，特に電子に

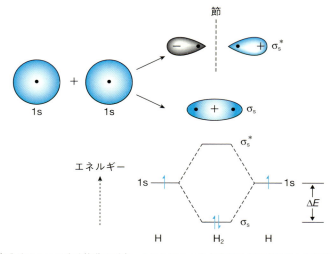

図 3.17 水素分子の 2 つの分子軌道の形成．これらは 2 つの水素原子の原子軌道から形成された，結合性 σ_s 軌道と反結合性 σ_s^* 軌道からなる．

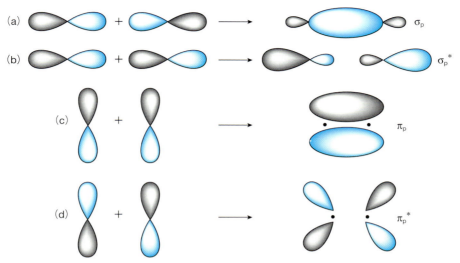

図 3.18 p 軌道のさまざまな重なり方．(a)σ_p 結合性軌道，(b)σ_p^* 反結合性軌道，(c)π_p 結合性軌道，(d)π_p^* 反結合性軌道．

占有されていない場合，何らかの物理的性質をもつわけではなく，電子を見出す確率やそのエネルギーを記述するための仮想的な構造を提供するだけである）．

水素分子のように，1つの結合性軌道に1つの電子対があり，反結合性軌道が空の場合，その水素原子間に一重共有結合があることになる．しかし，H_2^+ イオンのように，結合性軌道に電子が1つしか存在しない場合や，H_2^- イオンのように反結合性軌道に1つ電子が入る場合は，結合性軌道の電子対が部分的に相殺された状態になる．このような状態は**結合次数**(bond order)が1/2であるといえる．さらに，もし結合性および反結合性軌道の両方に2個の電子が入ると，実質上有効な結合は形成されず，安定ではなくなってしまう．ファンデルワールス力によって保持されない限り，そのような分子は存在できないであろう（He_2 分子が存在しないのはこの理由による）．また，σ結合性軌道とπ結合性軌道にともに電子が入り，対応する反結合性軌道に電子がなければ，結合次数は1より大きくなる．

図 3.18(a)および(b)に示すように，隣接原子の原子核を結ぶ線に向かってローブがあるようなp軌道の分子軌道は，結合性および反結合性についてそれぞれ σ_p，σ_p^* 軌道とよばれる．また図 3.18(c)および(d)にあるように，p_x 軌道または p_y 軌道どうし（これらはいずれも核間方向に対して垂直である）から形成される分子軌道は π_p，π_p^* となる．

外殻のsおよびp原子軌道がともに結合に寄与すると，その模式的なエネルギー準位図は図 3.19 のようになる．まずエネルギーのもっとも低い σ_s と σ_s^* 軌道が電子に占有される．次に σ_p，π_p 軌道がきて，その次はそれらの反結合性軌道がある．π軌道はいずれも二重に**縮退**(degeneration)しているが，これはもとの p_x および p_y 原子軌道が，同一のエネルギーをもつからである．

結合次数を評価するには，分子軌道を形成する2つの原子のs軌道とp軌道の原子価殻にある価電子を足し合わせ，それらを σ_s 軌道から，2電子ずつ分子軌道に分配していく．例えばフッ素分子 F_2 の場合，フッ素原子は[He]$2s^2 2p^5$ の電子配置をもつので，14個の価電子が結合に関与し，図 3.19(a) に示すように，順に分子軌道に入る．電子に占有された分子軌道のうち，もっともエネルギーが高いのは π_p^* 軌道であり，σ_p^* 軌道は空のままである．したがって，F_2 全体としての結合は，σ_p 軌道にある電子対による一重の共有結合である．

次に酸素分子 O_2 のエネルギー準位図を図 3.19(b)に示す．O_2 では F_2 に比べて電子が2個少なくなる（酸素原子の電子配置は[He]$2s^2 2p^4$ である）．最高被占分子軌道(highest occupied molecular

第3章 固体における化学結合

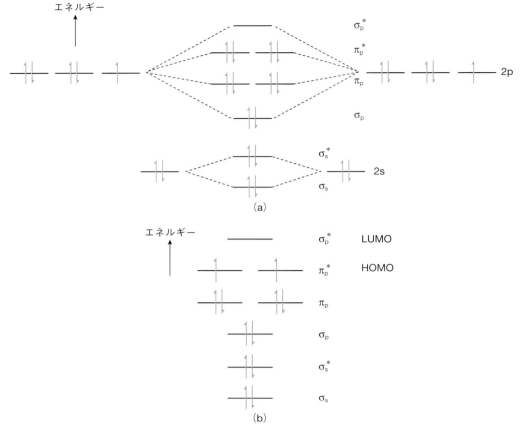

図 3.19 (a)F$_2$ および(b)O$_2$ について，2s と 2p 軌道の価電子殻の重なりにより形成される分子軌道のエネルギー準位図．HOMO は最高被占分子軌道，LUMO は最低空分子軌道である．

orbital, HOMO)は 2 つの π$_p$* 軌道であるが，**フントの最大多重度の規則**(Hund rule of maximum multiplicity)により，それぞれ 1 つずつしか電子が入らない．その結果，まず O$_2$ 分子の結合次数は 2，つまり二重結合である．さらに π$_p$* 軌道の不対電子により，酸素が常磁性を示すこともわかる．結合次数は結合の強さと結合長に直接影響する．実際，O$_2$ の二重結合の結合エネルギーは 493 kJ mol^{-1} であり，その結合長は 0.1207 nm であるのに対し，一重結合の F$_2$ の場合は，それぞれ 155 kJ mol^{-1} および 0.1412 nm である．

図 3.19 に示したエネルギー準位図では，s 軌道と p 軌道間に相互作用はない．しかし，分子軌道のエネルギー順列を決めるための詳細な軌道計算およびさまざまな電子的性質に現れているように，多くの場合，s 軌道と p 軌道の間にも相互作用が明確に存在する．こうした「軌道が混ざる」という考え方から，軌道混成の基礎概念が導かれる(次節)．

σ$_s$ と σ$_p$ 分子軌道の相互作用と，その結果生じるエネルギー準位について**図 3.20**(a)に示す．この新しく形成された軌道はもはや結合性，反結合性とよぶのは適切ではないので，単に σ$_1$，σ$_2$ 軌道と記すことにする．同様に，σ$_p$* と σ$_s$* 分子軌道も混成して σ$_3$，σ$_4$ 軌道となる(**図 3.20**(b))．π 分子軌道はこうした軌道混成には含まれない．

このような軌道混成は N$_2$ のような分子に適用され，結果として**図 3.21** のようなエネルギー準位図が得られる．図 3.19 のエネルギー準位図と比較すると，σ$_3$ 軌道が π$_p$ 軌道よりも高いエネルギーをもつという点が異なっている．ただしこのことは，N$_2$ の結合次数には特に影響を与えず，π$_p$ 軌道の

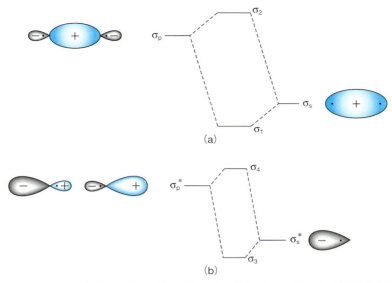

図 3.20 (a) σ_s と σ_p 分子軌道および (b) σ_p^* と σ_s^* 分子軌道の混成によって新しく形成される分子軌道 (σ_1, σ_2, σ_3, σ_4).

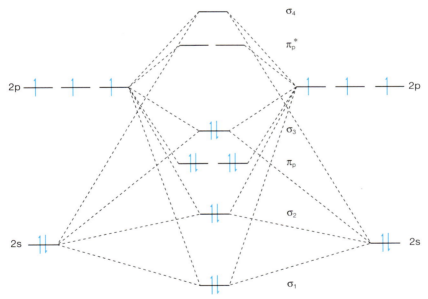

図 3.21 N_2 分子のエネルギー準位図. σ軌道の混成により形成される 4 つの軌道 σ_1, σ_2, σ_3, σ_4 を π_p, π_p^* 軌道とともに示している.

2 つの電子対と σ_3 軌道の 1 つの電子対により N_2 の結合次数は 3 であり, π_p^* と σ_4 軌道は空である. N_2 の結合エネルギーは 942 kJ mol^{-1}, 結合長は 0.1098 nm となっている.

さらに, 異なる原子からなる 2 原子分子の場合を考えよう. 個々の原子軌道のエネルギーが異なるので, 得られる分子軌道の混成の程度はさまざまであり, エネルギー準位図は通常, 非対称である. 加えて, 2 つの原子の電気陰性度が相当程度違えば, 結合は共有結合性とイオン結合性の両方の性格をもつ.

第 3 章　固体における化学結合

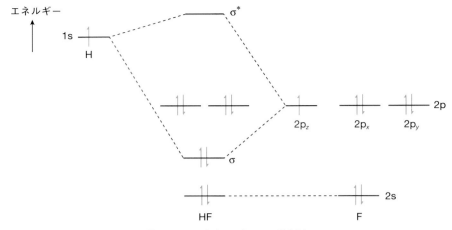

図 3.22 HF 分子のエネルギー準位図.

HF 分子は極性をもった共有結合性を考えるうえで良い例である．MO 理論に基づいて得られたエネルギー準位を図 3.22 に示す．この図から，酸化物などの固体における結合において重要となるさまざまな特徴がわかる．以下にそれらを列挙する．

- 結合に関与する原子軌道のエネルギーは，その原子の周期表の位置，特にその原子軌道上の電子が核電荷からどの程度遮へいされているか，ということにかなり大きく影響される．例えば，水素の 1s 軌道は水素原子核から $+e$ の核電荷を受けており，水素の 1s 軌道のエネルギーはフッ素の 2s, 2p 軌道のエネルギーよりも高い．これは，フッ素の内殻の 1s 軌道がフッ素の $+9e$ の核電荷から 2s, 2p 軌道を十分に遮へいせず，2s, 2p 軌道が受ける有効核電荷が水素の 1s 軌道よりも大きくなるためである．また，2s 軌道は 2p 軌道よりも核方向に深く貫入しているので，2s 軌道の電子は 2p 軌道を部分的に遮へいし，その結果，2p 電子は 2s 電子よりも高いエネルギーをもつ．
- フッ素は水素よりもより電気的に陰性な元素なので，結合電子は強くフッ素の方に引きつけられる．その結果，フッ素上に $\delta -$ の負電荷，およびそれに対応して水素上に $\delta +$ の正電荷が生じる．
- フッ素の 2s 電子は原子核にかなり強く束縛されているので，HF の分子軌道の形成にはまったく関与せず，図 3.22 のエネルギー準位図にあるように，個々の原子軌道と同一のエネルギーのままである．このことは，2s 電子が非結合軌道を占有すると言い換えられる．
- 水素の 1s 軌道とフッ素の $2p_z$ 軌道が混成した σ 結合性軌道は，結合に関与する原子軌道よりも低いエネルギーをもつが，そのエネルギーはフッ素 $2p_z$ 軌道と近い値をもつ．つまり，この σ 結合性軌道はフッ素の p 軌道の性質を強くもつといえる．
- 反対に，σ^* 反結合性軌道は水素の 1s 軌道とかなり近いエネルギーをもち，s 軌道的な性質が強い．
- フッ素の $2p_x$ と $2p_y$ 原子軌道は，水素の 1s 軌道と相互作用をしない．したがって，エネルギー準位図では非結合性軌道として残ることになる．

MO 理論は，分子の結合やスペクトル，磁気的な性質を説明するのに非常に成功した理論であり，後述するように，結晶固体や，少し形を変えて金属結合の説明にも拡張される．次節では，結合を考えるもう 1 つのアプローチである原子価結合理論を議論する．この理論には，興味深い特徴があり，特に分子の立体配置や酸化状態と結合との関係を簡単に説明することができる．

表 3.16　配位数と幾何学的配置

電子対の数[a]	理想型	分子の例
2	直線型	CO_2
3	三角形型	BCl_3
4	四面体型	CH_4, SiO_4^{4-}
5	三方両錐形型	PCl_5
6	八面体型	SF_6, AlF_6^{3-}

[a] 結合電子対と孤立電子対.

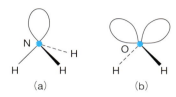

図 3.23　(a) NH_3 および (b) H_2O 分子の形.

3.3.3 ■ 原子価結合理論，原子価電子対反発則，軌道混成と酸化状態

共有結合に対する**原子価結合理論**(valence bond theory)のアプローチでは，原子の外殻価電子に着目する．原則として外殻の価電子は次のうちのいずれかとしてふるまう．

1. 結合に関与する2つの原子から1個ずつ電子を共有することにより，一重結合となる電子対を形成する．
2. 同一原子上の2個の電子が1つの原子軌道を占有し，**孤立電子対**(lone pair)を形成する．孤立電子対はローブ状で球状ではない．この孤立電子対は通常，結合電子対から離れた空間に位置しており，立体化学的に活性である．
3. 同一原子上の2個の電子により，2原子間の一重結合を形成することもできる．このような結合を**配位結合**(供与結合; dative bond)とよぶ．
4. 2つの原子から1個ずつ供与された電子対がその2原子間にすでに存在する一重結合に加わって多重結合を形成することもできる．このような形で二重結合，三重結合，場合によっては四重結合が形成される．

ある中心原子のまわりの配位数と幾何学的な配置は，共有結合電子対の数と孤立電子対の数の合計と，電子間反発によって，これらの電子対が空間的に可能な限り互いに遠ざかるという原則に基づいて決まる．配位数2から6までの分子の理想的な形を，化合物の例とともに**表 3.16**に示す．しかし，孤立電子対は，結合電子対に比べてより強く核に引きつけられているので，より空間的に広い領域を占有することになり，これにより理想的な対称性をもつ構造から歪むことになる．電子対間の反発の強さは次のような順番となる．

孤立電子対－孤立電子対 ＞ 孤立電子対－結合電子対 ＞ 結合電子対－結合電子対

図 3.23 に示すアンモニア分子(NH_3)と水分子(H_2O)の2つの分子における歪みは，小分子における歪んだ分子の形としてよく知られた例である．NH_3は窒素上に1個の孤立電子対と3個のN–H結合電子対をもち，この孤立電子対が分子の形に多大な影響を及ぼす．その結果，H–N–H結合角は

第3章　固体における化学結合

表 3.17　軌道混成とそれによって生じる分子形

軌道混成	分子形
$s+p \rightarrow 2$ つの sp 混成	直線型
$s+2p \rightarrow 3$ つの sp^2 混成	三角形型
$s+3p \rightarrow 4$ つの sp^3 混成	四面体型
$s+3p+d \rightarrow 5$ つの sp^3d 混成	三方両錐形型
$s+3p+2d \rightarrow 6$ つの sp^3d^2 混成	八面体型
$s+3p+3d \rightarrow 7$ つの sp^3d^3 混成	五方両錐形型

正四面体配置の理想値 109.5° から 107° に減少する．H_2O でも同様に，109.5° から 104.5° に減少する．

　上では，分子形を説明するのに広く用いられる原子価殻電子対反発(VSEPR)則を簡単にまとめた．なお，多重結合の幾何学的な性質は基本的に一重結合と同じであるため，多重結合であることはそれほど大きく影響しない．それでも一重結合に比べて 2 個以上多い電子(二重結合では 4 電子，三重結合では 6 電子)をもつため，隣り合う電子対により大きな反発力を生じる．

　原子軌道の形や性質について VSEPR モデルを適用するには，少し修正が必要であることはすぐにわかる．例えば，メタン分子 CH_4 において，炭素の 3 つの 2p 軌道はいずれも互いに垂直であり，さらに 2s 軌道は球状であるので，これらの軌道が空間的に配置されても四面体の形成は期待できない．メタンにおける 4 つの C–H 結合，および他の同様の場合において，これらが等価な軌道をもつことを説明するために導入されたのが，「軌道混成(hybridization)」の概念である．軌道混成においては，s 軌道，p 軌道(場合によっては d 軌道)が混ざり合い，同じ数の混成原子軌道が生じる．そして，この混成原子軌道が隣接原子のそれと重なり合うことにより，共有結合を生じると考える．

　いくつかの s, p および d 軌道から生成したローブ状の混成軌道の空間配置を表 3.17 にまとめた．電子に占有された混成軌道の数によって配位数や幾何学的配置が決まるので，表 3.17 にあげた分子の形は表 3.16 のものと矛盾なく一致する．

　ある電子が結合電子となるか孤立電子対となるかを決めるためには，周期表の知識，つまり元素の基底状態および許される励起状態や，化合物形成においてその元素の通常の酸化状態がいくつになるかなどの知識が必要となる．元素の電子基底状態を記述するために，ここでは次のようなもっとも簡単な方法を用いる．すなわち，外側の原子価殻に入る電子のみを考え，内側の内殻電子はまとめて，単に希ガス元素と同様にふるまうとみなす．例えば最初の p ブロック元素の電子配置は$[He]2s^22p^n$と表され，B, C, N, O, F に対してそれぞれ $n = 1, 2, 3, 4, 5$ となる．また，3d 遷移金属では$[Ar]4s^23d^n$となるので，$n = 1(Sc), 2(Ti), \cdots$ などとすればよい．

　原子価殻の電子を表すのに，少々古めかしいが簡単かつ便利な方法は，図 3.24 に示すように，電子の占有を一連の箱で示す方法である．1 つ 1 つの箱は，それぞれの原子軌道を表す．もちろん，電子が実際に何らかの箱を占有するわけではないが，この模式図によって，孤立電子対と不対電子を区別したり，基底状態と励起状態を見分けることができる．また，配位結合を形成する際に，どの空軌道が隣接原子からの電子対の供与を受け入れられるかを判断することができる．

　図 3.24 の例 1 は炭素の場合である．炭素は 2p 軌道に 2 つの不対電子をもち，2s 軌道の電子が結合に参加しなければ原子価は 2 価となるであろう．通常の 4 価の炭素とするために，2s 軌道の電子のうちの 1 つが空の 2p 軌道に昇位し，あわせて 4 つの軌道に電子が 1 つずつ入った状態であるとみなす．これら 4 つの軌道が混ざり合い，四面体的な配置をもつ sp^3 混成軌道を形成し，それぞれの sp^3 混成軌道に 1 個ずつ電子を受け入れることで，メタンのような 4 つの電子対からなる共有結合を形成することができる．

　例 2 はリンの場合である．リン原子の基底状態では，3 つの 3p 軌道がそれぞれ半分ずつ電子に占

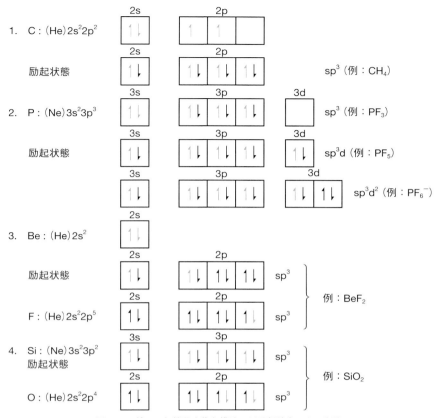

図 3.24 種々の無機化合物と構造の原子価結合による記述.

有されているので,原子価は3価とみなせる.3つの電子対による共有結合からなる3価のリン化合物は数多く知られている.しかしながら,3s軌道の孤立電子対は,軌道混成の結果として生じる立体化学的に活性な sp³ 混成軌道を占有し,結合電子対と孤立電子対間の反発が生じるため,3価のリン化合物は平面的ではなく,通常はピラミッド型の形状をもつ.

さらに,リン化合物には軌道拡張(orbital expansion)が起こるという特徴がある.すなわち,s電子のうちの1つが空の 3d 軌道に昇位し,半占有の軌道が5つに増える.これにより,リンはその族の原子価である5価となって5つの電子対による共有結合を形成することも,族の原子価から2つ少ない3価となることもできる.

加えて複雑なことに,このリン化合物においては,2番目の 3d 軌道が,F⁻ のような負に帯電した配位子からの電子対を受け入れる可能性がある.この場合,PF_6^- のような八面体型の錯体を形成し,sp³d² 混成によって6つの等価な混成軌道ができ,八面体の形状となると考えられる.

続いて,例3はベリリウムの場合である.2s電子のうちの1つが空の 2p 軌道に昇位し,原子価が2となるが,残りの2つの 2p 軌道がさらに負に帯電した電子供与体から電子対を受け入れて,結果的に sp³ 四面体型の配位をすることができる.BeF_2 結晶は SiO_2 と同様に,BeF_4 四面体からなる三次元的な構造をもつが,この BeF_2 内の結合はこの原子価結合の考えを使って説明できる.すなわち,F原子がBe原子と電子を共有して一重結合を形成し,さらに別のBe原子の空の sp³ 混成軌道に電子を供与することによって,配位結合をつくる.したがって,Fは2つの結合電子に加えて2つの孤立電子対をもつことになるので,Fは2配位であるが,Be–F–Be 結合は直線的とはならない.

第 3 章　固体における化学結合

　例 4 は，上の BeF_2 と同様の構造をもつ SiO_2 である．Si の場合は昇位状態で 4 つの半占有の sp^3 混成軌道をもち，そのいずれも Si に配位する酸素と電子を共有する．どの酸素も 2 つの半占有軌道をもつので Si と共有結合するが，BeF_2 と同じく，酸素上の孤立電子対のために，Si–O–Si は非直線的である．

　すべての無機結晶構造が電子対共有結合によって説明できるわけではない．しかし，Si, Be および O, F は配位数が小さいにもかかわらず，電子対共有結合とみなせる結合をするのに十分電子がある．この意味では，SiO_2 と BeF_2 は良い例である．

　興味深いことに，原子価結合(VB)理論における軌道混成の考え方は，分子軌道(MO)理論において鍵となる軌道の重なり合いの考え方と，多くの共通点をもつ．立体化学的に活性な孤立電子対の存在を含む分子の幾何学的な配置の予測やその説明ができるという点で，VB 理論は魅力的である．また，より電気的に陰性な原子から共有結合を形成する両方の電子が供与される配位結合も VB 理論によって説明でき，孤立電子対や結合電子対の数を，元素の酸化状態と直接結びつけて見積もることもできる．しかし，VB 理論では，エネルギー準位間の電子遷移に基づく分光学的な性質や不対電子による磁気的な性質については説明することができず，これに関しては MO 理論がはるかに役に立つ．さらに次節で述べるように，小さな分子に対して適用される MO 理論の考え方は，金属結合を示すような結晶構造における結合についてもただちに拡張することができる．

3.4 ■ 金属結合とバンド理論

　金属の構造と結合は非局在化した原子価電子により特徴づけられ，原子価電子によって金属特有の高い電気伝導性などの性質がもたらされる．これは，原子価電子が特定の原子やイオンに局在化し，一般的には構造中を自由に移動できないような，イオン結合や共有結合の場合とは対照的である．この非局在化電子を説明する結合(ボンド)理論が，固体のバンド理論である．ここでは特に金属やある種の半導体などの固体に対して，バンド理論がどのように適用されるか定性的に見てみよう．

　アルミニウムのような金属では，内殻(1s, 2s, 2p)電子は，個々のアルミニウム原子上の別々の軌道に局在している．しかし，原子価殻を形成する 3s と 3p 電子は，金属結晶全体にわたって非局在化したエネルギー準位を占める．このエネルギー準位はまるで巨大な分子軌道であり，各軌道には電子を 2 個まで含むことができる．金属中にはそのような準位が非常に多く存在し，それぞれの準位はごくわずかなエネルギー差でしか分離していないはずである．N 個の原子を含むアルミニウム結晶中では各原子がそれぞれ 1 個の 3s 軌道を提供し，結果として N 個のエネルギー準位が密集した 1 つのバンド(帯)ができる．このバンドは 3s **価電子帯**(valence band)とよばれる(以下 3s 帯とする)．アルミニウムの 3p 準位も，同じように非局在化したエネルギー準位からなる 3p 帯として存在している．

　それ以外の物質についても，類似のバンド構造が考えられる．金属，半導体，絶縁体との間の相違を模式的に**図 3.25** に示す．この相違は，次の項目に関係している．

（1）個々のバンド構造．
（2）価電子帯は完全に電子で満たされているか，それとも一部分だけか．
（3）電子で満たされたバンドと空きがあるバンド間のエネルギーギャップの大きさ．

　固体のバンド理論は，X 線および光電子分光のデータと，2 つの独立した理論的手法とによって支えられている．

　1 つ目は，化学的アプローチ(chemical approach)であり，有限の大きさの小さい分子に通常適用

164

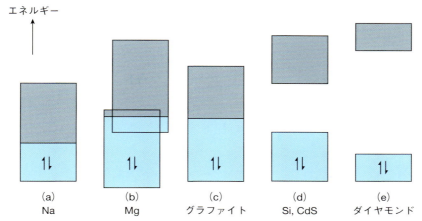

図 3.25 種々のバンド構造．(a)と(b)は金属，(c)は半金属，(d)は半導体，(e)は絶縁体．グレーは空のエネルギー準位，青色は電子に占有されたエネルギー準位を表す．

されている分子軌道理論を，無限の大きさの三次元構造に拡張する．2原子分子の分子軌道理論では，原子1の原子軌道が原子2の原子軌道と重なり合い，2個の原子全体にわたって分布する2つの分子軌道が形成される．1つの分子軌道は結合性であり，原子軌道よりも低いエネルギーをもつ．もう1つの軌道は反結合性で，より高いエネルギーをもっている．

もっと大きな分子にこの方法を拡張すると，分子軌道の数が増えることになる．その系に組み入れられた原子の各原子軌道ごとに，1個の分子軌道がつくられる．分子軌道の数が増えると，隣どうしの分子軌道間のエネルギーギャップの平均値が減少し，実質連続したエネルギー準位が生じるはずである．したがって，結合性と反結合性軌道との間のギャップもまた減少し，外殻の軌道についてはギャップは完全に消失するだろう．

このように，金属は無限に大きい「分子」とみなすことができる．金属には，非常に多くのエネルギー準位，あるいは「分子」軌道が，金属1モルあたり約 6×10^{23} 個存在することになる．しかし，各エネルギー準位が，金属結晶中の全部の原子にわたって非局在化しているので，もはやこのような準位を「分子」軌道としてみなすのは適切ではない．金属では，これらの軌道は一般に，エネルギー準位またはエネルギー状態とよばれている．

タイトバインディング近似(**強束縛近似**：tight binding approximation)を用いて計算された金属ナトリウムのバンド構造を**図 3.26**に示す．個々のエネルギーバンドの幅は，原子間距離，したがって隣接原子の軌道との重なり具合に関係する．これを見ると，実測の原子間距離 r_0 においては，隣接原子の3sと3p軌道が十分に重なり合って幅広い3sと3p帯を形成している(図の斜線の部分)．3s帯中の上部，すなわちCからBの範囲は，3p帯の下部の準位と同程度のエネルギーをもっている．したがって，この3sと3p帯の間ではエネルギーが連続的になる．このようなバンドの重なり合いは，アルカリ金属，アルカリ土類金属やアルミニウムのような元素の金属的性質を説明するのに重要である(図 3.25(b))．

ナトリウムの原子間距離 r_0 では，隣接ナトリウム原子上の1s, 2s, 2pの各軌道は，いずれも重なり合わない．これらの軌道は，バンドを形成せず，各原子上の別々の原子軌道としてとどまっており，図 3.26では細い線で示されている．もし圧力をかけてナトリウムを圧縮し，原子間距離を r_0 から r' まで減少することができれば，2sと2p軌道もまた重なり合って，バンドを形成するだろう(斜線の部分)．1s軌道は，この距離 r' でもまだ重なり合わず，独立した準位として存在する．他の元素においても，高圧下では同様な効果が起きると思われる．例えば，水素は 10^2 GPa 以上の圧力下で金属化

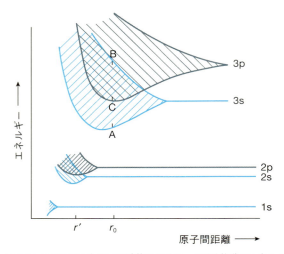

図 3.26 タイトバインディングモデルを用いて計算された Na の原子軌道のエネルギー準位およびバンド構造に対する原子間距離の影響．斜線の部分は隣接する原子間の原子軌道が大きく重なることによって形成されるエネルギーバンドを示す．

すると計算されている．

ナトリウムの電子配置は，[Ne]3s^1 である．したがって，1 原子あたり 1 個の価電子をもっている．3s, 3p 帯が重なり合うので（図 3.26），価電子は 3s 帯だけではなく，3s と 3p 両バンドの低い準位全体にわたって分布している．

もう 1 つは物理的アプローチ（physical approach）であり，固体中の電子のエネルギーと波長を考える．初期のゾンマーフェルト（Sommerfeld）とパウリによる**自由電子理論**（free electron theory）では，金属はポテンシャルの井戸としてみなされ，その内側では価電子がほとんど拘束されないで自由に動き回るとされている．電子が占めているエネルギー準位は量子化され（量子力学における箱の中の粒子に関する問題と同じである），井戸の底から順に，1 つの準位あたり 2 個の電子で満たされる．絶対零度において電子が満たされた最大のエネルギー準位は**フェルミ準位**（Fermi level）として知られている．これに対応するエネルギーが**フェルミエネルギー**（Fermi energy）E_F である（**図 3.27**(a)）．**仕事関数**（work function）ϕ は，ポテンシャルの井戸から，最上位の価電子を取り去るのに必要なエネルギーである．これは孤立原子のイオン化エネルギーに対応する．

ポテンシャルの井戸におけるエネルギー準位は，定在波を示す電子を箱の中の粒子として記述することで求められる．この定在波の波長は，箱の大きさに関係する．特に，箱の長さ l は電子の波長の半分の長さの整数倍でなければならない．箱の中の電子の波について，もっともエネルギーの低い方から順に 3 つの波動を**図 3.27**(b) に示す．この制限により，ある与えられたエネルギーの電子の波動は同じ位相（同相）となり，したがって，互いに消滅するような干渉を避けることができる．電子の波長 λ と運動量 p は次式で与えられる．

$$\lambda = \frac{2l}{n} \quad (n = 1, 2, 3, \cdots) \tag{3.35}$$

$$p = \frac{h}{\lambda} = \frac{hn}{2l} \tag{3.36}$$

箱の中のポテンシャルエネルギー（PE）をゼロとすれば，電子の総エネルギーは運動エネルギー（KE）となる．もし電子を気体運動論で与えられるような粒子であるとみなすと，KE は次式で与えられる．

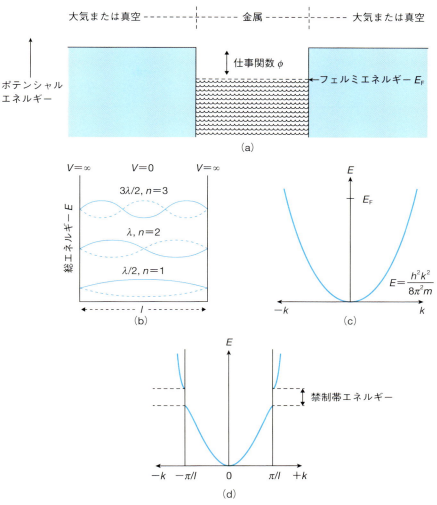

図 3.27 (a) 金属の自由電子理論．電子はポテンシャルの井戸にいる．(b) 長さ l の箱に制限された電子の許される波長の例．(c) 正の電荷をもつ原子核からの摂動を受けないとするときの，固体中の自由電子における E–k の放物線的な関係．(d) 原子間間隔が l の一次元結晶における第一ブリュアンゾーン．

$$E = \frac{mv^2}{2} = \frac{p^2}{2m} \tag{3.37}$$

ここで波数 k の定義式

$$k = \frac{2\pi}{\lambda} = \frac{n\pi}{l} \tag{3.38}$$

を用い，式 (3.36)〜(3.38) を組み合わせると，エネルギーと n, λ, k との間に次の関係式が得られる．

$$E = \frac{h^2}{2\lambda^2 m} = \frac{h^2 k^2}{8\pi^2 m} = \frac{h^2 n^2}{8ml^2} \tag{3.39}$$

式 (3.39) の E–k 関係は，**図 3.27**(c) に示すような放物線である．図 3.27(b) と (c) は，一次元的な結晶における自由電子の場合について示している．フェルミ準位においては，フェルミエネルギー E_F に対応する波数が放物線 (図 3.27(c)) の正負 2 つの点に現れる．固体中に N 個の原子があるとすると，準位の数は $n = N/2$ であり，したがってフェルミエネルギー E_F は次式のように与えられる．

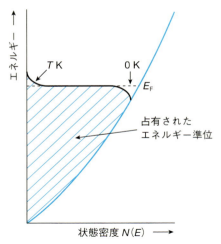

図3.28 エネルギーに対する状態密度図.

$$E_\mathrm{F} = \frac{h^2 N^2}{32ml^2} \tag{3.40}$$

これを三次元の波数空間(k-space)に拡張すると，フェルミエネルギーに対応する上の2つの点は球面状のフェルミ面となる．ただし，球面状になるのは等方的な伝導体の場合で，通常は非球面状の形状をもつ．三次元の場合には，式(3.39)は次式のようになる．

$$E = \frac{h^2}{8m}\left(\frac{n_x^2}{l_x^2} + \frac{n_y^2}{l_y^2} + \frac{n_z^2}{l_z^2}\right) \tag{3.41}$$

図3.28に示す**状態密度**(density of states)$N(E)$のプロットは，エネルギーEの関数としてエネルギー準位の数$N(E)$を表した重要な図である．自由電子理論では，利用できるエネルギー準位の数は，エネルギーの増加とともに着実に増加する．エネルギー準位は量子化されているが，その数が多く，隣接準位間でのエネルギー差も小さいので，事実上連続になっている．絶対零度以上では，E_Fに近い準位にある電子は，E_Fより上の空の準位に移るのに十分な熱エネルギーをもっている．したがって，実際の温度では，E_F以上のいくつかの準位が占有され，E_F以下のいくつかは空席の状態になっている．特に重要なことは，E_Fに近い多くの状態が，半占有の状態にあることである．絶対零度以上の温度Tにおけるエネルギー準位の平均占有率を，図3.28の斜線部分で示す．

金属の高い電気伝導性は，フェルミエネルギーE_F付近の，こうした半占有状態にある電子の移動によるものである．価電子帯中の下の方では，2電子に占有された状態なので，電子は実質上どの方向へも移動することはできないが，1電子にのみ占有された準位にある電子は自由に移動できる．1つの電子がE_Fより下の完全に満たされた準位から，E_Fより上の空の準位に移ることにより，結果的に2個の移動可能な電子がつくられる．金属の比熱(または熱容量)の測定から，電気伝導に寄与する電子の数は，常にきわめて小さいことが確認されている(つまり，E_Fに近い電子しか寄与しない)．これは，比熱の値が格子振動の寄与によってほとんどすべて説明できてしまうからである．もし，すべての電子が移動可能であるなら，非常に大きな比熱が観測されるであろう．

自由電子理論は，あまりにも単純化しすぎているが，金属の電子構造を説明する出発点のモデルとしては非常に有用である．それを発展させたものとして**ほぼ自由な電子の理論**(nearly free electron theory)があり，結晶やポテンシャルの井戸の内部のポテンシャルは一定ではなく周期性を示すとみなされる(**図3.29**)．もちろん，これは正の電荷をもった原子核が，規則正しく周期的に配列してい

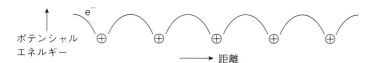

図 3.29 固体内の距離の関数として示した電子のポテンシャルエネルギー．

ることに対応する．電子のポテンシャルエネルギーは，クーロン引力のため，核の位置で最小値をとり，隣接核との中間位置で最大値をとる．図 3.29 のような周期ポテンシャル関数についてシュレーディンガー方程式を解くと，切れ目のない連続的なエネルギー準位は得られず，限定されたエネルギーバンドまたはエネルギー範囲に対してのみ電子の存在が許されるという結果が得られる．また，禁制帯のエネルギー (forbidden energy；バンドギャップ) は，結晶のある方向における回折のブラッグの法則を満足する電子の波長に対応する (5.3.4.2 節参照)．ブラッグの法則により，面間隔 d，X 線の波長 λ，入射波と反射波の間の角度 θ は次のように関係づけられる．

$$n\lambda = 2d \sin \theta \tag{3.42}$$

ここで，垂直入射の場合には $\theta = 90°$ であるので，次のように簡単化される．

$$n\lambda = 2d \tag{3.43}$$

この式は，図 3.27(b) に示した長さ l の一次元の「箱の中の粒子」における電子のエネルギー準位を決める定在波に関する式と同じである．実際，式 (3.43) を満たす波長をもつ電子は，結晶を伝搬しない．したがって，電気伝導に寄与することができず，原子の間に局在化することになる．$\lambda \ne 2d/n$ もしくは $\sin \theta \ne 1$ であるが式 (3.42) と (3.43) をほぼ満たす電子も，長距離にわたって非局在化しない．つまり，電気伝導に寄与するようなエネルギー準位は得られないことが理論的に示される．このことから図 3.27(d) の E–k 図における不連続性や，図 3.30 における $N(E)$–E プロットにおける禁制帯またはバンドギャップが導かれる．

エネルギー準位を評価する別の方法として，波数空間で記述する方法がある．図 3.27(b) においてもっとも低いエネルギーをもつ $n = 1, 2, 3, \ldots$ の準位にある電子は，結晶全体に非局在化している (ただし，それらは電子対によって占有されているので，電気伝導には寄与しない)．n の増加すなわち λ の減少につれてエネルギー準位が増加し，$\lambda = 2l$ に至ると[訳注5]，その電子は結晶全体にわたってもはや非局在化できなくなる．このときにバンドギャップが開く．このエネルギーの範囲，または波数空間において $-\pi/l$ から $+\pi/l$ の範囲は，第一**ブリュアンゾーン** (Brillouin zone) として知られる．一次元結晶の場合を図 3.27(d) に示す．三次元の場合は原子間距離 l が方向に依存するので，ブラッグの法則からわかるように，波数空間内のブリュアンゾーンはより複雑な形状となる．つまり，ブリュアンゾーンの形状は，三次元的な結晶構造と直接結びつけられる．

分子軌道法および周期ポテンシャル法の両方から，固体中にエネルギーバンドが存在するという同様の結論が導き出される．どちらの理論も，価電子についてのエネルギー準位のバンドを扱うモデル

[訳注5] この式における l は原子間距離に対応し，図 3.27(b) における l と異なることに注意しよう．結晶のエネルギー準位を考える上で，図 3.27(b) の l は原子間距離ではなく，結晶全体の長さ L に対応する．したがって，同図の n は式 (3.43) の n (ブラッグの法則における回折次数) と異なることにも注意が必要である．例えば図 3.29 のような N 個の原子からなる一次元結晶 ($L = Nl$) では，エネルギー準位の低い方から順に n が増加し，$n = N (\lambda = 2L/N = 2l)$ のところで，バンドギャップが開く (回折次数は 1 になる)．1 つの準位に 2 つの電子が占有できるので，このバンドには $2N$ 個の電子が収容可能となる．

第 3 章　固体における化学結合

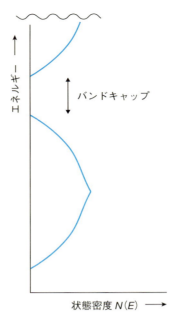

図 3.30　半導体や絶縁体で見られる状態密度におけるバンドギャップ.

になっている．異なるバンドの重なり合いが生じる物質も，禁制帯がエネルギーバンドの間に存在する物質もある(図 3.25)．

固体のバンド構造についての実験的証拠は，多くの分光学的研究による異なる準位間の電子遷移の観測から得られる．固体では，X 線の発光と吸収のスペクトルが，内殻電子と外殻の価電子の両方の情報を得るのにもっとも適している．外殻の価電子についての情報は可視・紫外分光法によっても得られる．固体の X 線発光スペクトルは，通常いろいろな線幅のピークやバンドを含んでいる．内殻の準位間の遷移は鋭いピークとして現れ，これらの準位が不連続の原子軌道であることを示している．一方，価電子が関与する遷移は幅広いスペクトル線を与える．特に金属の場合に顕著である．これは，そのような価電子がエネルギーの幅広い分布をもっている，つまりエネルギーバンドを形成していることを示唆している．

3.4.1 ■ 金属のバンド構造

図 3.25 に Na と Mg の場合を模式的に示すように，金属では，もっとも上位の占有バンドである価電子帯が，部分的に満たされている．Mg のような金属では，エネルギーバンドが重なり合い，3s および 3p の両方のバンドに電子が存在する．このバンドの重なりにより，Mg は金属的な性質を示す．もし，3s と 3p 帯の重なりがなければ，3s 帯が完全に占有され，また 3p 帯が空になるので，Mg は金属的にはならないであろう．この状況は，絶縁体や半導体と同じである．Na のような金属では，フェルミ準位は主として部分的に占有された 1 つのバンドであり，この場合は 3s 帯 (図 3.25) である．

3.4.2 ■ 絶縁体のバンド構造

絶縁体の価電子帯は完全に満たされており，上側にある空のエネルギーバンドとは大きな禁制帯によって，分離されている (図 3.25)．ダイヤモンドは，約 6 eV のバンドギャップをもつすぐれた絶縁体である．十分な熱エネルギーを得て，上側の空のバンドに移ることができる電子は，ほんのわずかしかない．このため，絶縁体の電気伝導性は無視できるほど小さくなる．ダイヤモンドにおけるバン

ドギャップは，次に述べるシリコンの場合と同様の機構に由来する．

3.4.3 ■ 半導体のバンド構造：シリコン

半導体は，絶縁体と類似のバンド構造をもつが，そのバンドギャップはそれほど大きくなく，通常 0.5 から 3.0 eV の範囲である．したがって，わずかながらも電子は熱エネルギーによって空のバンドに移ることができる．

半導体には 2 種類の伝導機構がある(**図 3.31**)．**伝導帯**(conduction band)とよばれる上側の空のバンドに励起された電子は，負電荷のキャリヤーとして，電場の作用により陽極に向かって移動する．価電子帯に残された空の電子準位は**正孔**(positive hole)となる．同じ価電子帯の 1 個の電子が正孔の準位に入ると，その電子がいたもとの位置は新しい正孔となる．結果として正孔は電子とは反対の方向に移動する．

真性半導体(intrinsic semiconductor)は，図 3.31 で示されるようなバンド構造をもつ純物質である．伝導帯中の電子数 n は，(1)バンドギャップ E の大きさと，(2)温度 T とによって決まり，次の式で表される．

$$n = n_0 \exp\left(-\frac{E}{kT}\right) \qquad (3.44)$$

純粋なシリコンは真性半導体である．シリコンと他の IV 族(14 族)元素のバンドギャップの値を**表 3.18** に示す．

シリコンのバンド構造は，アルミニウムから類推されるものとは著しく異なっている．アルミニウムでは，3s と 3p 準位が重なり合い，2 つの幅広いバンドをつくり，両バンドとも電子により部分的に満たされている．もしこの傾向が続けば，シリコンにも類似した 2 つのバンドが存在し，そのバンドは平均すると半分ずつ満たされることになりシリコンは金属的になるはずである．これは明らかに事実と反している．実際のシリコンは，禁制帯により分離された 2 つのバンドをもっている．さらに，エネルギーの低いほうのバンドには，シリコン原子あたり 4 個の電子を含み満たされた状態となっている．もし禁制帯が，単に s 帯と p 帯を分離しているだけだとすれば，s 帯はシリコン原子 1 個あた

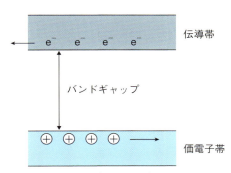

図 3.31 正および負の電荷をもつキャリヤー．

表 3.18 IV 族(14 族)元素単体のバンドギャップ

元　素	バンドギャップ/eV	物質の性質
ダイヤモンド(炭素)	6.0	絶縁体
ケイ素	1.1	半導体
ゲルマニウム	0.7	半導体
灰色スズ(>13℃)	0.1	半導体
白色スズ(<13℃)	0	金　属
鉛	0	金　属

第 3 章　固体における化学結合

り 2 個の電子しか含むことができない．したがって，これはシリコンが半導体になる説明として不適切である．

　分子軌道（MO）理論に基づいて，シリコン（およびゲルマニウム，ダイヤモンドなど）のバンド構造を簡単に説明すると次のようになる．まず各シリコン原子が四面体的に配置した，4 個の等価な結合を形成しているところから出発する．これらの結合は sp^3 混成軌道によると考えられる．それぞれの sp^3 混成軌道は，隣のシリコン上の同じ軌道と重なり合い，1 対の分子軌道を形成する．一方は結合性 σ 軌道であり，もう一方は反結合性 $σ^*$ 軌道である．それぞれの軌道には，隣接する Si から 1 個ずつの計 2 個まで電子が入ることができる．残りのステップは，個々の σ 軌道を重ね合わせ，価電子帯となる 1 つの σ 帯をつくるだけである．$σ^*$ 軌道も同様に重なり合って伝導帯となる．電子はシリコン原子あたり 4 個あるので，σ 帯は完全に満たされるが，$σ^*$ 帯は空のままである．

　半導体とその応用については，第 8 章でさらに議論する．

3.4.4 ■ 無機固体物質のバンド構造

　これまでは，電気伝導性の良い物質のみについて議論してきた．しかし，良い電気伝導体であるかどうかにかかわらず，多くの無機固体物質について，バンド理論を適用することができる．バンド理論を用いることにより，イオン結合モデルや共有結合モデルから得られた知見を補って，無機固体物質の構造，結合様式および性質に関して，多くの付加的な見識を得ることができる．多くの無機固体物質は，金属や半導体的な単体元素よりも複雑な構造である．したがって，通常はそのバンド構造も近似的なもののみが知られている．いくつかの例を以下に示す．

3.4.4.1 ■ III-V, II-VI, I-VII 族化合物

　IV 族（14 族）元素，特にシリコンについてはすでに述べたとおりであるが，GaP のような III-V 族（13-15 族）化合物は IV 族元素と密接に関係している．III-V 族化合物の原子価殻は，IV 族元素と等電子状態であり，同様に半導体的性質を示す．この考えをさらに推し進め，もっと極端な場合，すなわち NaCl のような I-VII 族（1-17 族）化合物や MgO のような II-VI 族（2-16 族）化合物について考えてみよう．

　これらの物質は主にイオン結合からなり，それゆえ電子伝導が無視できるほど小さい，白色の絶縁体である．微量成分の添加は電子伝導よりもイオン伝導の増加につながりやすい．NaCl が 100% イオン性だと仮定すると，各イオンは次の電子配置をもつことになる．

$$Na^+ : [He]\, 2s^2\, 2p^6$$
$$Cl^- : [Ne]\, 3s^2\, 3p^6$$

Cl^- イオンの原子価殻 3s と 3p は満たされ，Na^+ イオンの 3s と 3p は空のままである．隣接する Cl^- イオンどうしは，NaCl 中ではほぼ接触しており，その 3p 軌道がいくらか重なり合って，1 つの狭い 3p 価電子帯を形成する．この 3p 価電子帯は陰イオンの軌道のみで構成され，電子で満たされている．Na^+ イオン上の 3s, 3p 軌道も重なり合って，1 つの伝導帯を形成する．このバンドは陽イオンの軌道だけでつくられ，価電子帯とのバンドギャップが約 7 eV と大きいので通常の条件下では空のままである．したがって，NaCl は図 3.25 に示すような絶縁体のバンド構造をもつが，さらに詳細に見ると，価電子帯が陰イオンの軌道で，伝導帯が陽イオンの軌道で構成されていることがわかる．したがって，価電子帯から伝導帯への電子の励起は，Cl^- イオンから Na^+ イオンへの電荷の逆移動ともみなすことができる．

　この結論は，バンドギャップの大きさと，陰イオンと陽イオン間の電気陰性度の差との間に，ある

表 3.19　種々の無機固体のバンドギャップ[a]

I–VII 族化合物	バンドギャップ (単位 eV)	II–VI 族化合物	バンドギャップ (単位 eV)	III–V 族化合物	バンドギャップ (単位 eV)
LiF	11	ZnO	3.4	AlP	3.0
LiCl	9.5	ZnS	3.8	AlAs	2.3
NaF	11.5	ZnSe	2.8	AlSb	1.5
NaCl	8.5	ZnTe	2.4	GaP	2.3
NaBr	7.5	CdO	2.3	GaAs	1.4
KF	11	CdS	2.45	GaSb	0.7
KCl	8.5	CdSe	1.8	InP	1.3
KBr	7.5	CdTe	1.45	InAs	0.3
KI	5.8	PbS	0.37	InSb	0.2
		PbSe	0.27	β–SiC	2.2
		PbTe	0.33	α–SiC	3.1

[a] 表内のいくつかの値，特にアルカリハロゲン化物のものは，あくまで近似値である．

種の相関があることを示唆している．電気陰性度の差が大きいと，イオン結合をとりやすい．このような場合は，陰イオンから陽イオンへの電荷の逆移動が困難になるので，イオン性固体は大きなバンドギャップをもつことになる．種々の無機固体物質のバンドギャップを**表 3.19**に示す．バンドギャップとイオン性との定量的な関係は，フィリップスとヴァンヴェクテンによって与えられている（式(3.29)）．すなわち，バンドギャップは，構成元素間に電気陰性度の差がまったくない場合と仮定した「等極(共有結合性)バンドギャップ」と，結合のイオン性の程度が寄与する項の2つの要素から構成される．

3.4.4.2 ■ 遷移金属化合物

遷移金属化合物において，バンド構造およびそれに関連する電子物性に重要な影響を及ぼすさらなる因子は，金属イオン上の部分的に満たされた d 軌道の存在である．d 軌道が重なり合って，1つまたは複数の d 帯を形成し，その物質が高い伝導性をもつ場合がある．一方で，d 軌道の重なり合いがきわめて限られ，軌道が実質上個々の原子に局在化する場合もある．後者の例として，化学量論組成の NiO がある．NiO の淡緑色は，個々の Ni^{2+} イオン内部における電子の d–d 遷移に関係している．NiO の電気伝導度は，約 10^{-14} S cm^{-1}(25℃)と非常に低く，部分的に満たされた d 帯の形成が示唆されるような，d 軌道の重なり合いの目立った証拠はない．正反対の例として TiO と VO がある．これらは，NiO と同じく岩塩構造であるが，対照的に M^{2+} イオン上の d_{xy}, d_{yz}, d_{zx} 型の d 軌道が強く重なり合って（**図 3.32**(a)），幅広い t_{2g} 帯を形成している．このバンドは電子によってごく部分的に満たされている．したがって，TiO と VO はほぼ金属的な伝導性を示し，電気伝導度は 25℃ で約 10^3 S cm^{-1} となる．

TiO と NiO のさらなる相違点は，金属原子1個あたり6個の電子を含むことができる t_{2g} 帯が，NiO では満たされていることである．Ni^{2+} イオン中の残りの2個の電子は e_g 軌道である d_{z^2} と $d_{x^2-y^2}$ 軌道に入る．これらの e_g 準位の軌道は，酸化物イオンの方向に直接向いている（**図 3.32**(b)）．この酸化物イオンの介在により，隣接する Ni^{2+} イオン上の e_g 軌道どうしが重なり合うことができず，バンドが形成されない．したがって，e_g 軌道は個々の Ni^{2+} イオン上に局在化することになる．

d 軌道がよく重なり合うための指標が，フィリップスとウィリアムス(Williams)により与えられている．それによれば，次の場合に d 帯の形成が起こりやすいとされている．

(1) 陽イオンの形式電荷が小さい．
(2) 遷移元素系列中の左の方の陽イオン．

173

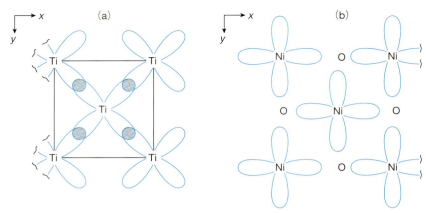

図 3.32 (a)単位格子面に平行に切った，TiO 構造の断面図．Ti^{2+} の位置のみを示している．隣接する Ti^{2+} 上の d_{xy} 軌道どうしが重なっている．同様の軌道の重なりは d_{yz} や d_{zx} 軌道どうしでも見られ，これらが t_{2g} 帯を形成する．(b)NiO 構造の断面図．$d_{x^2-y^2}$ 軌道が直接酸化物イオンの方向に向いているので軌道の重なりは起こらず，e_g 帯を形成することができない．

(3) 陽イオンが 4d または 5d の遷移元素．
(4) 陰イオンが電気的にかなり陽性．

これらの指標の背後にある論拠は，かなりわかりやすいものである．(1)から(3)の効果は，d 軌道をできる限り広げ，もとの遷移金属イオンの核から「感じる」正電荷量を減少させることに関係している．(4)の効果は，本節の前半で議論したイオン性の低下とバンドギャップの減少に関係している．これらの指標を説明するのに適した実例を以下に示す．

- (1)について：TiO は金属的であるが，TiO_2 は絶縁体である．Cu_2O と MoO_2 は半導体であり，CuO と MoO_3 は絶縁体である．
- (2)について：TiO と VO は金属的であり，NiO と CuO は導電性の低い半導体である．
- (3)について：Cr_2O_3 の導電性は良くないが，Mo と W の低酸化物は良導体である．
- (4)について：NiO は絶縁体に近いが，NiS, NiSe, NiTe は良導体である．

遷移金属化合物固体の d 電子構造は，固体の構造や遷移金属の酸化状態の変化にも敏感である．いくつかの興味深い例が，スピネル構造をもつ複酸化物に見られる．

(1) Fe_3O_4 と Mn_3O_4 はともにスピネル構造であるが，実際には Mn_3O_4 は絶縁体であり，Fe_3O_4 はほぼ金属的な伝導性をもつ．Fe_3O_4 の構造は，次のように書くことができる．

$$[Fe^{3+}]^{tet}[Fe^{2+}, Fe^{3+}]^{oct}O_4：逆スピネル$$

一方，Mn_3O_4 の構造は，次のようになる．

$$[Mn^{2+}]^{tet}[Mn^{3+}_2]^{oct}O_4：正スピネル$$

Fe_3O_4 は逆スピネル構造なので，八面体位置全体にわたって Fe^{2+} と Fe^{3+} イオンが分布している．これらの八面体位置は稜共有しているため，互いに接近している．その結果，正孔が Fe^{2+} から Fe^{3+} イオンへ容易に移動でき，Fe_3O_4 は良導体となる．

Mn_3O_4 は，正スピネル構造であり，近接している八面体位置には Mn^{3+} イオンのみが含まれている．Mn^{2+} イオンの含まれている四面体位置は，八面体と頂点だけを共有している．Mn^{2+}–Mn^{3+} 距離が Fe_3O_4 より長いので，電子の交換は容易には起こらない．

(2) 前述の指標(2)に関連する例としては，リチウムスピネルの $LiMn_2O_4$ と LiV_2O_4 がある．これらスピネルの構造式は，同じ形である．

$$[Li^+]^{tet}[Mn^{3+}, Mn^{4+}]^{oct}O_4$$
$$[Li^+]^{tet}[V^{3+}, V^{4+}]^{oct}O_4$$

双方の八面体位置において，$+3$ 価と $+4$ 価イオンが混在しているが，d 電子の重なり合いがマンガンよりもバナジウムの場合に大きく，このことがこれらの電子物性に反映される．すなわち，$LiMn_2O_4$ はホッピング伝導の半導体であるが，LiV_2O_4 は金属的な伝導性をもっている(詳細は第 8 章参照)．

3.4.4.3 ■ グラファイトとフラーレン

炭素の多形(または同素体)や炭素化合物は，絶縁体から半導体や良導体までどのように電子状態が変化していくのか，ということを学ぶために非常にふさわしい実例である．炭素上の pπ 軌道がどの程度重なり合うか，そして，形成された分子軌道やバンドがどの程度満たされているかによって，これらの電子状態が決まる．pπ 電子が非局在化するという考え方は，ベンゼン C_6H_6 の独特な分子構造とその性質に由来する．初期の結合モデルでは，C–C 間一重結合と二重結合の 2 つの結合様式の間で共鳴が起こっていると考えられていたが(図 3.33(a))，やがてベンゼン環の 6 つの炭素原子すべてにわたって π 電子が非局在化しているというモデルに改められた(図 3.33(b))．隣接炭素原子間の p 軌道の重なりは，ベンゼン分子の平面性に負うところが大きく，それぞれの炭素の p_z 軌道は分子面に対して垂直方向に並んでいる．

グラファイトはベンゼン分子が無限に連なった平面とみなすことが可能であり(図 3.33(c))，各炭素原子あたり 1 つの π 電子が，その平面全体にわたって非局在化している．バンド構造計算からは，p_z 軌道の重なりによって，結合性および反結合性の性質をもつ 2 つの π と $π^*$ 帯が存在することが示される．これは，エテン(エチレン，$CH_2=CH_2$)分子の π および $π^*$ 分子軌道の単純な拡張から得られる(図 3.33(d)，(e))．グラファイトにおける π および $π^*$ 準位は，エチレンのようなとびとびの準位ではなく，バンドを形成する(図 3.33(f))．下側の π 帯(価電子帯)は電子で完全に占有され，上部の $π^*$ 帯(伝導帯)は，もともと電子に占有されていない．しかしながらこの 2 つのバンドは，三次元のグラファイト構造において約 $0.04\,eV$ ほど重なり合っており，これによって価電子バンドの電子は即座に伝導バンドへ活性化される．したがって，グラファイトは電子伝導性を示し(バンドの重なりがそれほど大きくないので，図 3.25 のような半金属(semimetal)となる)，黒色で光沢のある固体となる．

興味深いことにグラファイトのバンド構造をもとに，その層状結晶構造中の，隣り合うグラファイト層の間にファンデルワールスギャップとよばれる大きく開いた空間があり，その空間に元素がインターカレートされた化合物を形成することができる．図 3.33(g)に示すように，C_8Na や C_8Br のような化合物が形成されると，固体における酸化還元反応として，グラファイトの伝導バンドまたは価電子バンドから，電子が供給されたり($C_8^-Na^+$)，引き抜かれたり($C_8^+Br^-$)する．つまり，Na はこの場合還元剤として働いて電子を供給するので，ドナードーパント(donor dopant)とみなせる(図 3.33(h))．反対に，Br はアクセプタードーパント(acceptor dopant)であり，図には示していないが，価電子バンドの上に，電子に占有されない準位を形成する．

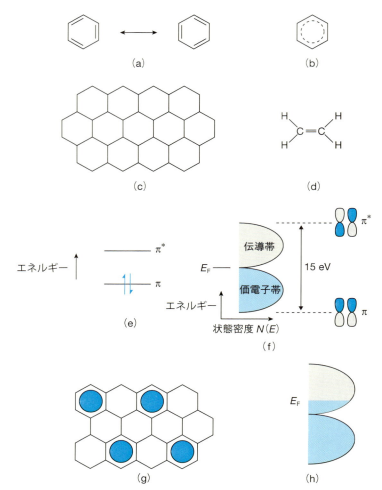

図 3.33 (a)ベンゼンの構造と性質を説明するために当初提唱された共鳴結合モデル．(b)ベンゼンの非局在化 π 電子モデル．(c)グラファイトの層状構造．(d)エチレン分子．(e)エチレンにおける分子軌道．(f)グラファイトのバンド構造．(g)C_8M（M は K, Br など）における隣接グラファイト層間の M 原子の規則配置（訳者注：青い丸はインターカレートされた原子 M（Na や Br など）を示す．グラファイトの層の上下（紙面と垂直方向）に位置する．炭素原子と M の比は 8：1 である）．(h)C_8Na のバンド構造．

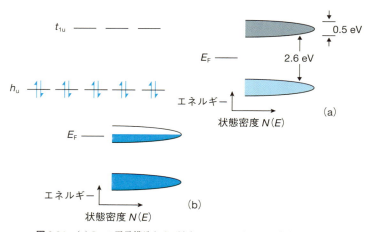

図 3.34 (a)C_{60} の電子構造および(b)K_3C_{60} における電子占有の様子．

フラーレン（C_{60}）のバンド構造はグラファイトに似ているが，価電子帯と伝導帯の幅は狭く，2.6 eV のバンドギャップで分離されている（**図 3.34**）．C_{60} 分子はベンゼンやグラファイトのように平面的ではなく，曲面的な分子構造をもつため，C_{60} における π 電子の非局在性は，他のあらゆる炭素を含む分子性化合物とも異なっている．グラファイトではそれぞれの炭素原子は 3 配位の sp^2 混成とみなされる．sp^2 混成では，結合角は 120° で，p_z 軌道は環状の C 原子からなる平面に対して垂直である．一方，C_{60} 分子は曲面的であるが，これは π 軌道においてある程度の s–p_z 軌道混成が存在することを意味している．よって，それぞれの炭素原子の配位数は 3 のままであるが，各炭素原子は隣接する 3 つの炭素原子がつくる共通平面上にはなく，その平面より上側に位置する．したがって，C_{60} では，3 つの結合角は平面系のようにすべて 120° ではなく，120°, 120°, 108° となっている．電子構造計算からは，C_{60} あたり 10 個の電子が価電子帯もしくは h_u と表される最高被占分子軌道（HOMO）を占めていることが示されている．一方，伝導もしくは t_{1u} と表される最低空分子軌道（lowest unoccupied molecular orbital, LUMO）には電子を 6 つまで収容可能である．また，C_{60} は電子受容体としてふるまい，さまざまなインターカレート化合物を形成することが可能である．例えば，C_{60} が絶縁性である（図 3.34(a)）のに対して，K_3C_{60}（1.15.6 節参照）では，伝導帯は半占有されており（**図 3.34**(b)），金属的性質を示す．

3.5 ■ バンドかボンド（結合）か：まとめ

固体物質における 3 種類の典型的な結合様式は，イオン結合，共有結合，金属結合である．各結合様式については，それぞれ数多くの実例を見出すことができる．しかし，大部分の無機固体物質は 1 つの特定の結合様式のみに限定されていないので，その結合状態を記述するにはどのような方法がもっとも適しているか，ということを考えなければならない．

金属や一部の半導体のように自由電子が存在する系については，バンドモデルが明らかに適している．移動度の測定から，これらの電子が高い移動度をもち，個々の原子に拘束されていないことが示されている．ただし，他元素を添加した酸化ニッケル（第 8 章参照）のような，ある種の半導体においては，バンド理論はあまり適しておらず，電子の移動度がそれほど高くないので，ホッピング伝導の半導体であるとみなすのがもっとも適当である．ニッケルの d 電子は自由電子ではなく，ニッケルイオンの個々の独立した軌道を占めているとみる方がよいだろう．

しかし，この酸化ニッケルの伝導性に関しては，せいぜい 1, 2 組のエネルギー準位だけを議論している，ということを認識することが重要である．酸化ニッケルは，他の物質と同様に，多数のエネルギー準位をもっている．低い方のエネルギー準位には，個々の陽イオンや陰イオンに由来する，独立した不連続な準位が存在し，それらは完全に電子で満たされている．逆に高い方のエネルギー準位には，電子が通常まったく存在していない種々の励起準位があるが，それらの準位は重なり合って，エネルギーバンドを形成しているかもしれない．ボンド（結合）モデルと，バンドモデルのどちらがより相応しいのかを考える場合，いま問題にしているのがどのエネルギー準位で，どのような性質をもつのかということをはっきりさせる必要がある．例えば，イオン結合からなる多くの固体が，紫外線照射のもとでは電子伝導性を示すので，バンド理論でその伝導機構を非常にうまく説明できる．ところがそれらの結晶構造や格子エネルギーは，イオン結合モデルで記述するのがもっとも適切である．

このことは，物質の構造と物性をすべて説明できるような，包括的な結合理論は原則的に存在しないということを示している．したがって，ある特定の物質またはその物性について議論する際には，異なる結合理論に精通し，それぞれの要点を抑え，どのような場合に適用できるのかを理解し，そのうえで，複数のモデルで使われる用語や考え方を取り入れられるようになることが重要である．

第4章 合成，プロセッシング，製造法

4.1 ■ 概 要

　非分子性無機固体酸化物の合成には多くの方法が用いられる．種々のルートにより作ることができる固体もあるが，熱力学的に不安定で合成が難しく特別な方法が必要な固体もある．また非分子性無機固体は，ファイバー(繊維)，膜，球，セラミックス，粉体，ナノ粒子および単結晶などのいろいろな形状にすることができる．**表4.1** に Al_2O_3 を例に示した．こうした異なる形状を得る際には，合成は問題ではなく，代わりにプロセッシング(材料加工)および製造法の最適化が決定的に重要である．これは，不純物の添加，物性の修飾および新しい応用への可能性と関連するが，無機固体の研究が多様性をもち，挑戦に値する，活力のある科学の領域であることを示す．

　この章では，無機固体を合成するために用いられる主な方法についてまとめた．同時に異なる形状をもつ固体を製造する方法もまとめた．アモルファスシリコン膜およびダイヤモンド膜のような新しい物質も若干紹介した．それらは技術的に重要であり，合成方法の枠組みの範囲内で簡単に議論した．

4.2 ■ 固相反応：「混ぜて焼く」方法[訳注1]

　無機固体を合成するためのもっとも古く，もっとも単純でかつ現在でも依然としてもっとも広く用いられている方法はおそらく，粉末を混合し，それをプレスしてペレットあるいは他の形状に成形し，ある期間炉内で加熱する方法である．この方法は高度な方法ではなく，「混ぜて焼く」方法あるいは「叩いて加熱」する方法などといわれている．しかしながら非常に有効であり，例えば，高温超伝導体は当初，この方法により作られた．

　固相反応(solid state reaction)は原理的に遅く，時間がかかる．なぜなら，個々の粒子(粒径は $1\,\mu m$ のスケール)は十分に混合されるが，原子レベルでは非常に不均一にしか混合されないからである．反応物を原子レベルで混合するためには異なるイオンの固体間相互拡散あるいは液体・気体によ

表4.1　無機固体の種々の形状(例えばアルミナ(Al_2O_3)の場合)

固体の形状	性質と応用
セラミックスあるいは膜	絶縁体の基板材料
ファイバー	サフィル繊維[a]
粉 体	研磨・研削材
Cr 添加物	宝石のルビーやレーザー発振材料
Na 添加物	β-アルミナ，$NaAl_{11}O_{17}$ 固体電解質

[a] Saffil 社製の商標名．

[訳注1]　原著では"shake'n bake method"である．鳥の唐揚げを作るときに，鶏肉とコロモになる粉を袋に入れて振って，表面にまぶして揚げれば，すぐにとても簡単にできてしまうということの比喩であると思われる．同様に，通常のペレットを作って電気炉に入れるだけであるセラミックスプロセスの比喩として「叩いて加熱(原著では"beat'n heat")」と表現している．いずれも「簡単にできる」ということをわかりやすく例えた表現である．

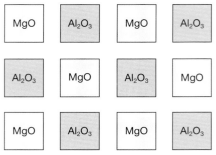

図4.1 MgO および Al$_2$O$_3$ の粒子からなる理想的な反応混合物の模式図．実際にはこれらの形状は不規則で，サイズも異なり，この図のように規則的には配列はしていないであろう．

る輸送が必要であり，こうした方法により，元素が正確な組成比をもつ目的とする生成物が得られる．ここでは，MgO(マグネシア)と Al$_2$O$_3$(アルミナ)から MgAl$_2$O$_4$(スピネル；尖晶石)が生成する典型的な固相反応を考えてみよう．反応に含まれる種々のプロセスを理解するために図4.1 を参照しながら考える．

4.2.1 ■ 核生成と成長，エピタキシーとトポタキシー

MgO および Al$_2$O$_3$ の粒子が接触しているあらゆる界面には，MgAl$_2$O$_4$ が生成するために必要な成分が存在している．そのため，最初のステップは，スピネルの化学組成および構造をもつ小さな結晶の核の生成(nucleation)である．生成してすぐにバラバラになってしまうことなく核が安定であるためには，核は差し渡しで数ナノメートル程度の長さでなければならない．つまり，単位格子よりはかなり大きくそれ相応の数の原子を含まなければならない．核のサイズの臨界値(critical size of nucleus)は，スピネル生成にともなう負の自由エネルギーと核の生成にともなう正の表面エネルギーのバランスで決まる．核が小さすぎる場合は，体積に比べて表面積があまりに大きく，核は不安定になる．その場合，安定な核を生成するためには多くのイオンが正確な配列で集合しなければならないため，核生成は困難である．

もし核生成が不均一(heterogeneous)であり[訳注2]，生成物の核が系に存在する構造の表面上で形成できるならば，核生成は非常に容易になる．特に2つの構造が類似している場合にはそのようになる．MgO と Al$_2$O$_3$ の反応からスピネルを生成させる場合には，MgO 粒子あるいは Al$_2$O$_3$ 粒子の表面で2種類の不均一な核生成が可能である(図4.2)．

MgO/Al$_2$O$_3$ の界面では[訳注3]，仮に生成物である MgAl$_2$O$_4$ とその下にある MgO が結晶学的に同じ配向であるならば，酸化物イオンの配置もこれに続き，ABC の積層構造となる(図4.2(a))．なぜなら，両構造はともに ccp であるためである．MgO では，Mg^{2+} は八面体(岩塩構造)中の位置すべてを占め，一方，スピネルでは，Mg^{2+} は四面体中に位置しその1/8 を，Al^{3+} は八面体中に位置しその半分を占めている．MgO 構造(あるいは基板(substrate))の最表面上でのスピネルの核生成は比較的容易である．なぜならば MgO とスピネルは，構造上類似しており，大きな表面積をもつ孤立したスピネルを生成する必要がないからである．

適切に配向した Al$_2$O$_3$/MgAl$_2$O$_4$ の界面でも状況は同じである．しかし，酸素の積層構造は Al$_2$O$_3$ では hcp(AB)であるが，MgAl$_2$O$_4$ では ccp に変わる(コランダム構造の α-Al$_2$O$_3$ は hcp であり，Al

---

[訳注2] 均一な単一相内での核生成ではなく，例えば固体間の界面(不均一系)での核生成という意味である．
[訳注3] この節では，MgO 結晶の⟨111⟩方向と α-Al$_2$O$_3$(コランダム構造)の⟨001⟩方向を一致させた場合を扱っている．

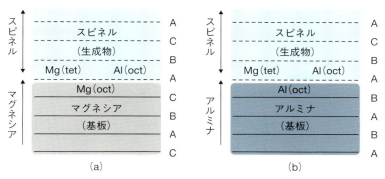

図 4.2 MgO と Al₂O₃ の接触面における MgAl₂O₄（スピネル）の核生成．(a) は MgO 上で，(b) は Al₂O₃ 上で核生成が生じている．A, B, C は酸化物イオンの最密充填層の位置を示す．

は八面体中に位置しその 2/3 を占める）．アルミナ基板上でのスピネルの配向を保った核生成は依然として容易である（積層構造の変化は，第 2 章で示した積層欠陥と類似している）．しかし，基板と核との構造上の類似性は，二次元的な界面に限定されている．こうした二次元界面の構造上の類似性は**エピタキシー**（epitaxy）とよばれる．MgO／スピネルの界面では，酸素の配列が両者に共通しているので構造上の類似性は三次元に広がっている．三次元的な類似性は**トポタキシー**（topotaxy）とよばれる．なお，化学反応を議論する際に，反応物の 1 つの構造の主たる特徴が生成物の構造においても維持されている場合には，**トポケミカル反応**（topochemical reaction）といわれる．

エピタキシーおよびトポタキシーの現象は，固相反応，結晶成長（crystal growth），配向した薄膜の生成，インターカレーション反応，および相転移によく見られる．おそらく異なる性質を有するであろう界面を共有する 2 つの構造において，一方の構造から他方の構造へいつの間にか変わっていることになるため，この現象は魅力的である．エッシャー（M. C. Escher）が描いた『空と水』（**図 4.3**）における「鳥から魚へ」の変化とは鮮やかな類似性が見られる．2 つの領域が重なる部分では，構造には鳥と魚の両方の特徴が見られるが，完全に鳥だけあるいは魚だけの特徴を示してはいない．同様な効果が 2 つの固体間の領域でも見られ，界面で原子の置換がなくても，原子の配位環境が界面の両側で異なっている場合がある．実際には原子の置換も起こり，界面領域での構造の詳細はさらに複雑化する可能性がある．

上述の配向を保った核生成は，以下の条件がそろった場合には比較的容易である．(1) 核を形成する原子が近傍に存在すること，および (2) 基板と核との格子のマッチング（lattice matching）が良いこと（例えば，O^{2-} イオンとの距離が，両者において類似していること）格子のマッチングが良い場合には，整合性のある界面（coherent interface）が形成される可能性があり，一方，格子のマッチングが良くない場合には大きな歪みが生じて界面の整合性が失われ，核は基板から離れる．図 4.1 に示した MgO/Al₂O₃ 系では，MgO 粒と Al₂O₃ 粒とが近接しているあるいは接触している場合は，薄いスピネル核が形成されると期待できる．なぜならば，3 つの構造では酸化物イオンは，最密充填されていて，界面を介して格子のマッチングは良いからである．

生成核の最初のいくつかの原子層はある程度容易に形成されると思われるが，続いて生じる生成物の厚み方向への成長は困難である．2 つの反応物，すなわち MgO と Al₂O₃ は，もはや接触しておらず，拡散できないスピネル層によって分離されているからである．MgO/MgAl₂O₄ の界面では，Mg^{2+} が拡散して外側（右側）に向かって出て行き，Al^{3+} は外側から（右側から左側へ）進入してくる．MgAl₂O₄/Al₂O₃ 界面では逆のことが生じる．**図 4.4** には，イオンの長距離にわたる拡散経路はスピネル生成物層以外にないと仮定した場合のシナリオを示す．反応が進むにつれてスピネル層は厚くなり，

第4章　合成，プロセッシング，製造法

図 4.3　エッシャーによる「魚から鳥へ」変化する絵.
　　　　　[M. C. エッシャーの『空と水』より許可を得て転載．©オランダ㈱エッシャー：www.mcescher.com]

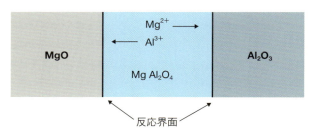

図 4.4　MgO 粒子と Al_2O_3 粒子間に生成するスピネル層.

イオンの拡散距離は長くなり，反応速度は遅くなる．

　反応の間および生成物中では，電気的中性原理を維持しなければならないので，3 個の Mg^{2+} が右側の界面に移動するときには 2 個の Al^{3+} が左側の界面に拡散しなければならない．2 つの界面で起こる反応は，理想的には以下のように表すことができる．

$MgO/MgAl_2O_4$ の界面：　　　$2Al^{3+} - 3Mg^{2+} + 4MgO \longrightarrow MgAl_2O_4$

$MgAl_2O_4/Al_2O_3$ の界面：　　$3Mg^{2+} - 2Al^{3+} + 4Al_2O_3 \longrightarrow 3MgAl_2O_4$

全体の反応：　　　　　　　　　$4MgO + 4Al_2O_3 \longrightarrow 4MgAl_2O_4$

　上の反応式から，右側の界面では左側の界面の 3 倍の早さで反応が進むと考えられる．もし，反応生成物に異なる色をもたせれば界面の移動を実験的に可視化することができるだろう．これは入念に設

計した実験では実際に可能であり，**カーケンドール効果**（Kirkendall effect）といわれる．

スピネルの生成反応はきわめて遅い．Mg^{2+} および Al^{3+} が非常にゆっくりと拡散するからである．1500℃で 1 週間加熱という典型的な条件では，わずかにスピネルが生成する．反応が進行するためには生成物と反応物の両方において欠陥が必要であり，特に，隣接イオンが飛び込むための空孔が必要である．そのため，高温が必要であり，十分な熱エネルギーをもったイオンが，時折ある位置から隣接する空孔あるいは格子間位置へジャンプする．したがって残った反応物は，生成物から分離された状態になるため，固相反応を進行・完了させることは難しい．反応を進行させるための 1 つの方法は，部分的に反応した混合物を粉砕することである．反応物と生成物との界面が破壊されることにより，新しい表面が得られ，接触させることができる．もう 1 つの方法は，気相あるいは液相による物質の輸送であり，この方法では固体内の長距離にわたる拡散が不要となる．わずかな量の液体あるいは気体の輸送剤により反応速度が非常に効果的に速められる．

4.2.2 ■ 固相反応において実際上考慮すべきことおよび固相反応の実例

MgO と Al_2O_3 から固相反応によりスピネルを合成することはきわめて困難である．その理由は，MgO と Al_2O_3 が非常に安定であり，不活性で反応しにくい固体であるからである．もしも，1 つ以上の出発物質が化学的に活性であり，かつ（あるいは）容易に拡散しやすいイオンを含むならば固相反応はより容易になる．しかしながら他の問題も起こりうる．例えば，蒸発による反応物質の損失（例：アルカリ金属の酸化物，Tl_2O，PbO，Bi_2O_3，HgO），あるいは容器との反応（例：遷移金属を含む物質）などである．合成方法に注意深く配慮することにより通常はこれらの問題を避けることができる．以下では，固相反応を計画するに際して 4 つの重要なこと，出発物質の選択，混合方法，反応容器の選択および焼成過程の条件について考察する．

出発物質の選択

理想的な出発物質は，正確な化学組成がわかっており，純粋でかつ反応性に富んでいなければならない．化学組成と純度は，試薬が大気中で水や二酸化炭素と反応する可能性がある場合，あるいは遷移金属を含み不確かな原子価状態あるいは混合原子価状態である場合には問題となる．試薬は，試行錯誤により決定した温度であらかじめ加熱し，その後デシケーター内に保存する必要がある．酸化物の合成のためには，炭酸塩や酢酸塩，硝酸塩のようなオキシ塩（oxysalt）を使うことができる．これらの塩は加熱の初期で分解するからである（硫酸塩は加熱に対して非常に安定であるので使うことが困難である）．この分解過程により用いる試薬の粒径が減少し，表面積が増大し，したがって反応性が増大する．さらに，分解の過程で発生するガスにより固体がよく混合され，反応が促進する．

反応物質の混合方法

固相反応を行わせるためには反応物質を接触させることが必要である．接触は反応物質の表面積を増大させることにより容易になる．この目的のため，試料を混合・粉砕する．この操作は乳鉢と乳棒により手で行う（乳鉢と乳棒はメノウ製のものがすぐれている．表面が緻密で粒子が脱離しにくく，容易に汚れを除去でき，試料を汚染しない）．またボールミルのような省エネルギーの機械的混合方法もある．この場合，試薬の混合物をメノウ製の多くの球とともに回転するメノウ製の容器内に入れ，その後，容器をある一定時間，例えば 3～24 時間回転する．メノウの球によるタンブリング運動により試料の粒子サイズは小さくなり，かつ完全混和へ近づく．非常に高速で回転する遊星型ボールミルでは高エネルギーでの粉砕が可能である．粉砕および混合が高速かつ有効に行える一方，粉砕に用いる媒体からの汚染の危険性がある．どのような方法でも混合を容易にするために水あるいは有機溶

第4章　合成，プロセッシング，製造法

媒をしばしば加え，混合の最終段階で乾燥・除去する．

容器の選択

目的とする生成物が大気に対して安定である場合には，反応混合物は適当な容器内に入れ，炉内で大気下において単純に加熱する．容器にとってもっとも重要なことは試料と反応しないことである．酸化物に対してよく利用される容器は次のようなボートあるいはるつぼである．

- 白金製のもの(しかし白金は，Li_2O, BaO，および多くの遷移金属酸化物と反応する)．
- 金製のもの(金の融点は 1063℃ であり，これにより反応温度の上限が決まる．金は一般的に白金よりは不活性である)．
- Al_2O_3 製のもの(高純度アルミナは不活性であり，高融点である．しかし反応物からの汚染が起こる可能性はある)．
- SiO_2 ガラス製のもの(純粋な SiO_2 ガラスは，1200℃ まで耐えられる．この温度で軟化が起こり，透明性を失う．特にアルカリ金属の酸化物は SiO_2 と反応する)．
- グラファイト製のるつぼ(通例，硫化物などのカルコゲナイドおよび窒化物に対して用いられる)．

焼成過程

焼成過程は以下のことを考慮して決定すべきである．(1)オキシ塩を穏やかに分解させ，試料の過剰な発泡，溶融，容器からの漏れが発生しないようにすること，(2)すべての試薬の溶融および特に揮発が起こらないようにすること，(3)試薬が無理のないタイムスケール(例えば，12〜24 時間)で反応するような温度を設定すること．反応は，大気中で行われるが，管状炉が使用可能な場合には雰囲気を制御することもできる．またシリカガラスあるいは貴金属管に試薬を封入し，試薬の揮発を防ぐあるいは大気から遮断する必要がある場合もある．目的とする物質が既知である場合には適当な反応条件を詳細に記したレシピがすでに存在する可能性がある．しかし，新しい物質の合成を企てる場合には，通常は試行錯誤的なアプローチが必要である．

固相反応により多くの固体を完全にそして満足のいくように合成することができる．以下に 3 つの例をあげるが，各々にいくつかの特別な注意が必要である．

4.2.2.1 ■ Li_4SiO_4

Li_4SiO_4 は，Li^+ イオン伝導体の母相であり，以下の方法により作られる．

$$2Li_2CO_3 + SiO_2 \xrightarrow[\text{24 時間}]{\text{約 800℃}} Li_4SiO_4 + 2CO_2$$

問題点：Li_2CO_3 は約 720℃ 以上で溶融し，容易に分解する．溶融物は，Pt およびシリカガラスを含めて多くの容器と反応する．

解決策：Au の容器を用いる．約 650℃ で 2〜3 時間，Li_2CO_3 の分解および予備加熱を行い，次いで最終的に 800〜900℃ で一晩焼成する．

4.2.2.2 ■ $YBa_2Cu_3O_{7-\delta}$

$YBa_2Cu_3O_7$(YBCO)は，よく知られる $T_c = 90\,K$ の超伝導体である．以下の化学反応により合成できる．

$$Y_2O_3 + 4BaCO_3 + 6CuO + \frac{1}{2}O_2 \xrightarrow[\text{350℃ O}_2\text{ 中}]{\text{950℃ 空気中}} 2YBa_2Cu_3O_7 + 4CO_2$$

問題点：(1)$BaCO_3$ は加熱に対して非常に安定であり，加熱により CO_2 を完全に除くことは困難である．また，例えば YBCO などの多くの物質は大気中の CO_2 とゆっくりと反応し，上記の逆反応を部分的に生じる．(2)CuO は高温で多くの容器と反応する．(3)生成物 YBCO の酸素含量である $7-\delta$ は変化し，最適な T_c を得るためには酸素含量を制御しなければならない．

解決策：(1)BaO の出発物として $Ba(NO_3)_2$ を用い，CO_2 の存在しない雰囲気で反応させる．(2)あらかじめ準備した YBCO ペレットの上に（$Ba(NO_3)_2$ を分解させて得た）反応混合物のペレットを置いて加熱し，反応を進行させる．(3)約 950℃ で加熱した後に O_2 気流中で約 350℃で再加熱し，目的とする酸素の組成を有する $YBa_2Cu_3O_7$ を得る．

4.2.2.3 ■ Naβ/β''-アルミナ

Naβ/β''-アルミナはよく知られている Na^+ イオン伝導性固体電解質である．アルミン酸ナトリウムには，理想的には $NaAl_{11}O_{17}(\beta)$ および $NaAl_5O_8(\beta'')$ と記述される 2 つの相が存在する．しかしながら，これらの 2 つの相は異なる Na：Al 組成をもつ固溶体を形成する．この反応は以下の式で示すことができる．

$$Na_2CO_3 + xAl_2O_3 \xrightarrow{\text{約 1500℃}} Na\beta/\beta''-\text{アルミナ（Na 含有量は変化しうる．）}$$

問題点：合成に必要な温度では Na_2O は揮発する．低温では，Al_2O_3 は不活性かつ非反応性であるので反応は進まない．

解決策：(1)700〜800℃ であらかじめ加熱して，CO_2 を取り除く．これにより部分的に反応した混合物の「粉を固めたばかりの」ペレットあるいは管状の物質を作る．あらかじめ合成した β/β''-アルミナでそのペレットあるいは管状物質を覆い，1400〜1500℃ で加熱する．このような保護層により高温において試料から無視できない量の Na_2O が失われるのを避けることができる．(2)大きな表面積をもつ，反応性の高いベーマイト $AlO(OH)$ あるいは γ-Al_2O_3 を出発物質として使う．これらは欠陥を含むスピネル構造をもち（β/β''-アルミナと同じように），反応の最初の段階ではアルミナ粒への Na^+ のインターカレーション反応が生じる．反応にはトポケミカルな面もあるので，このことにより核生成と生成物の成長はかなり進行する．

　上述の例はすべて酸化物である．固相反応による非酸化物の合成においても同じ原則が適用されるが方法はまったく異なる．炭化物，ホウ化物および窒化物の合成には広範囲にわたって，**炭素熱還元法**（carbothermal reduction）が採用される．炭素熱還元法は**アチソン法**（Acheson process）として発展し，炭化ケイ素（カーボランダム（carborundum）の商標名で知られる研磨剤および炉の加熱用素材）を SiO_2 と炭素の混合物から以下の反応により製造する．

$$SiO_2 + 3C \longrightarrow SiC + 2CO$$

この反応は高温で行われ，炭素は SiO_2 との反応物質でありかつ還元剤でもある．還元の機構は複雑である．中間生成物である一酸化ケイ素(SiO)はガス状であり，反応物質である炭素ととても効果的に接触する．Al_4C_3, B_4C, TiC, WC, Mo_2C などのさまざまな炭化物の合成に炭素熱還元法が利用されている．

　ホウ化物も同じような方法で合成されるが，ホウ化物合成の出発物は B_2O_3 であり，単体のホウ素

第4章 合成，プロセッシング，製造法

を得るためには還元しなければならない．そのため，炭素を反応混合物に加え，B_2O_3 と金属酸化物を還元する．しかしながら炭素はホウ化物合成のための主役というわけではない．この方法により合成されるホウ化物は，AlB_{12}, VB, VB_2, TiB_2 である．窒化物では，金属酸化物，窒素ガス，炭素を出発物として BN, AlN, Si_3N_4, TiN が合成される．

4.2.3 ■ 燃焼合成

高温で数日の加熱を要する固相反応とは対照的に，**燃焼合成**(combustion synthesis)，**自己燃焼合成**(self-propagating high temperature synthesis, SHS)あるいは**固体メタセシス**(solid state metathesis, SSM)として知られる制御された状態での燃焼反応は，分あるいは秒の桁の時間で生成物を合成することができる．

ロシアのメルジャノフ(Merzhanov)および彼の共同研究者により開発された SHS 法では，発熱反応をともなう出発物質が選択される．したがって，いったん反応が始まり十分な熱が発生して高温に達すると，反応は速やかに完全に進行する．出発物質は「燃料(fuel)」および「酸化剤(oxidant)」になる．SHS 法による反応の例はテルミットプロセス(thermite process)として知られる金属鉄の抽出である．

$$Fe_2O_3 + 2Al \longrightarrow 2Fe + Al_2O_3$$

この反応では Al が燃料で Fe_2O_3 が酸化剤であり，短時間で反応が進み，温度は 3000℃ に達する．他の燃焼合成法では燃料と酸化剤は添加物であり，反応進行中に消費され，最終生成物には残らない．典型的な燃料はヒドラジン，グリシン，尿素である．よく知られている酸化剤は反応物の硝酸塩である．

多くの複酸化物が燃焼合成法により製造されている．例えば，ニッケル亜鉛スピネルフェライト($Ni_{0.5}Zn_{0.5}Fe_2O_4$)がその一例である．金属の硝酸塩と尿素を十分な熱量を発生するために必要な量比で混合し，シリカガラス製のるつぼ内で 600℃ まで加熱する．この温度では自己燃焼が起こり，非常に短時間でスピネルが生成する．反応中にガスが発生するので塊状にはならず，細かい粉末状物質が得られる．粉末をペレット状に成形し，高密度になるまで高温で加熱する(焼結；sintering)．温度制御が重要であり，1100℃ 以下では十分な密度は得られず，約 1300℃ 以上では粒が異常粒成長し，不均一な組成をもつセラミックスが生成する．

これとよく似た SSM 法では，生成物の 1 つ(通常は副生成物)が大きな格子エネルギーをもち，その生成が反応の駆動力になるという観点から反応物が通常選ばれる．以下に一例をあげる．

$$5Li_3N + 3TaCl_5 \longrightarrow 3TaN + 15LiCl + N_2$$

共有結合性化合物である $TaCl_5$ および化学的に非常に活性な Li_3N が反応して TaN が生成し，同時に LiCl も生成する．なお，LiCl は水溶性なので容易に取り除くことができ，純粋な TaN が残る．SSM 法は通常，SHS 法よりは容易に制御できる．副反応である沸騰および蒸発(例えば，上記の場合は LiCl の)は，反応のための駆動力を減少させる．これは結晶性の副生成物の生成自由エネルギーの分だけエネルギーが失われるためである．そのため，反応の過程で到達する温度は副反応の沸点によって制限される．

広範囲にわたる物質が SHS 法および SSM 法により得られている．SSM 法により触媒の存在下，リチウムアセチリドと炭素のハロゲン化物からカーボンナノチューブを含む種々の炭素関連物質が合成されている．

$$3Li_2C_2 + C_2Cl_6 \longrightarrow 8C + 6LiCl$$

単層あるいは多層の竹かご状のナノチューブが2000℃を超える温度で2〜3秒以内に生成する.

多くの炭化物,ケイ化物,窒化物,リン化物,硫化物,および多くの酸化物を以下のSSM反応により合成することができる.

$$3ZrCl_4 + Al_4C_3 \longrightarrow 3ZrC + 4AlCl_3$$

$$V_2O_5 + 2Mg_2Si + CaSi_2 \longrightarrow 2VSi_2 + 4MgO + CaO$$

$$2AgF + Na_2S \longrightarrow Ag_2S + 2NaF$$

$$HfCl_4 + 2Na_2O \longrightarrow HfO_2 + 4NaCl$$

目的以外の物質が生成しない最適条件を求めるための予備実験が各々の場合について必要である.

4.2.4 ■ メカノケミカル合成

固相反応は,一般に高温で行う.しかしながら出発物を単に粉砕するだけで反応を進めることができる場合もある.数時間に及ぶ粉砕過程には十分なエネルギーが必要でありその過程での不純物が混入する危険性がある.それにもかかわらず,合成方法として応用が増えている.粉砕の過程でどのようなことが起こっているかは不明なことが多いが,反応物はナノメートルサイズに微細化され,結晶内には機械的に欠陥が導入されている.熱は外部からは加えられていないが,局所的に機械的エネルギーが熱に変換され,昇温して相互拡散速度が増大し,非常に小さいスケールで反応が進行する.

メカノケミカル合成(mechanochemical synthesis)による生成物は固相反応により得られる物質とは異なる可能性がある.すなわち,不均一な組成を有し,不規則で欠陥を多く含む構造からなる熱力学的には不安定相である可能性がある.最近ナノサイズのZn_2SnO_4がメカノケミカル合成され,回折法や,顕微鏡および分光学的手法などの幅広い方法により構造や性質が調べられた.Zn_2SnO_4粒子の核は予想どおり逆スピネル構造をとるが,外側の殻の部分は,Zn/Snが不規則でかつ歪んだ配位多面体構造を示し,きわめて非平衡な状態であることが示唆された.メカノケミカル合成により得られる物質と通常の合成法により得られる物質との構造上の違いにより,物性の違いがもたらされる可能性はきわめて高いと思われる.メカノケミカル合成は,多くの場合に長時間かつ高温が必要な安定なバルク物質の合成だけでなく,新しいナノ物質およびナノコンポジット物質の合成のための方法として重要な方法になる可能性がある.こうした物質は,比較的安いコストかつ高いエネルギー効率で作ることができる.

4.3 ■ 低温合成：ソフト化学的手法

メカノケミカル合成も含め，固相反応のもっとも大きな欠点は，反応物質が原子レベルで混合されていないことである．気相中，液相中，および固相でも原子レベルでの混合を達成する種々の方法がある．多くは，**ソフト化学的手法**（chimie douce method あるいは soft chemisty method）といわれる，低温での反応である[訳注4]．この方法では，特に高温で長時間の加熱を必要とせず，接触する容器および炉の雰囲気との反応が避けられ，不純物が混入する機会が減少し，より高純度の物質が得られる．しかし，特にセラミックスを合成する場合には最終段階で高温処理が必要である．さらに重要なことは，化学的により均一な組成をもつ試料が得られるので，より良い特性値が得られること，あるいは特性値の構造，組成および添加物への依存性をより深く理解できることである．また粉末ではない供給原料を用いて種々の形態，例えばファイバーあるいは塗膜などを製造することも可能である．

これらの通常の固相反応とは異なる方法の不利な点は，試薬が高価であること，大スケールで行うには操作が容易でないこと，個々の物質の合成に最適な条件を見出すためにはかなりの検討を要することがあげられる．また一度適した条件が発見されたとしても関連する物質の合成に応用することは困難である．これらの理由により，通常は相対的に即座に行うことができ，容易で，いろいろな応用が利く固相反応が最初に試みられた後に，ソフト化学的な手法の応用が検討される．

4.3.1 ■ アルコキシドを用いたゾル−ゲル法

合成の最初のステップとして，すべての陽イオン成分を目的とする濃度で含む均一な溶液を準備する．化学種にもよるが，この溶液をゆっくりと乾燥し，コロイド状の粒子を含む粘性のあるゾル（sol）にし，最終的に透明，均一，アモルファスな固体であるゲル（gel）とよばれる状態に変質させる．この過程で生じる沈殿には，結晶相は含まれない．ゲルを高温で加熱し，ゲルの細孔にトラップされていた揮発性の成分あるいは化学的に結合している水酸基と有機側鎖を除くと，目的の最終生成物が結晶として得られる．

ゾル−ゲル法（sol–gel method）の中でも，特にアルコキシドなどの有機金属前駆体を用いて，数種類の陽イオンを含むような既知あるいは新物質を小規模で合成することが広く行われている．アルコキシドを用いたゾル−ゲル法では，テトラエトキシシラン（TEOS），$Si(OCH_2CH_3)_4$ が SiO_2 の，チタニウムイソプロポキシド $Ti(O^iPr)_4$ が TiO_2 の，そしてアルミニウムブトキシド $Al(OBu)_3$ が Al_2O_3 の原料として各々用いられている．これらの共有結合性の液体を適当な割合で混合する．しばしばアルコキシドと水の溶解性を増すためにアルコールを加える．水は鍵となる試薬である．なぜならば水は，酸あるいは塩基の存在下でアルコキシドの加水分解作用に対して触媒として働き，反応を促進するからである．

加水分解は次の2つのステップで起こる．

（1） −OH による −OR の置換

（例） $Si(OCH_2CH_3)_4 \longrightarrow Si(OCH_2CH_3)_3OH + Si(OCH_2CH_3)_2(OH)_2 + $ その他

[訳注4] chimie douce method はフランス語である．日本では，ソフト化学的手法といわれている．

（2）脱水縮合

$$(例)\quad (RO)_3Si{-}OH + HO{-}Si(OR)_3 \quad \longrightarrow \quad (RO)_3Si{-}O{-}Si(OR)_3 + H_2O$$

　生成物の組成，構造および粘性は，加水分解／縮合の程度に大きく依存する．反応条件を注意深く制御することが所望の最終生成物を得るために必要である．複数の陽イオン M, M′ を含む複酸化物の合成では，同じ要素どうしの縮合ではなく，異なる要素間の縮合を起こさせることが重要である．

$$\{{-}M{-}OH + HO{-}M'{-}\} \quad \longrightarrow \quad \{{-}M{-}O{-}M'{-}\} + H_2O$$

　加水分解は，塩基触媒の存在下において OH^- の求核置換により以下のように起こる．

$$HO^- + Si(OR)_4 \quad \longrightarrow \quad (HO)Si(OR)_3 + RO^-$$

また酸性触媒の存在下では，H^+（あるいは H_3O^+）の求電子置換により以下の反応が起こる．

$$Cl^- + H^+ + ROSi(OR)_3 \quad \longrightarrow \quad HOSi(OR)_3 + RCl$$

　合成の最終段階は，ゲルの加熱であり，有機物は分解し酸化物が残る．
　アルコキシドを用いたゾル–ゲル法は，多方面において非常に有効であり，多くの元素に利用可能である．以下に例を示す．

4.3.1.1 ■ $MgAl_2O_4$ の合成

　用いる試薬は $Mg(OCH_3)_2$ と $Al(OBu)_3$ である．混合，加水分解，縮合，乾燥を経て，アモルファスゲルが得られ，最終的に 250℃ で加熱するとスピネルの非常に細かい粉末が得られる．この方法は省エネルギーの立場から考えると固相反応と比較してはるかに有利である．というのも固相反応では 1500℃ で数日間加熱しなければならない．しかし，アルコキシドの試薬は高価で，吸湿性があり使用しにくい．

4.3.1.2 ■ シリカガラスの合成

　溶融シリカは，2000℃ においてもきわめて粘性が高いため，純粋なシリカガラスを古典的な方法でつくることは困難であり，また高価である（SiO_2 の融点は約 1700℃ である）．TEOS を出発物質とするゾル–ゲル法により，あらゆる点でシリカガラスに類似したアモルファスの生成物が 1200℃ 以下の温度での加熱により得られる．シリカガラスもこのシリカガラスに似たアモルファスシリカも準安定であり，1200℃ での最終熱処理の際には結晶化が起こらないように注意を払う必要がある．

4.3.1.3 ■ アルミナファイバーの紡糸

　我々が通常目にするアルミナ（Al_2O_3）は，粉末あるいはセラミックスである．しかし，ゾル–ゲル法では，アルミナはファイバーとして得られる．商標名はサフィル（Saffil）で，アスベストに代わって耐熱材料として用いられている（表 4.1）．出発物質は，$Al(OBu)_3$ である．ファイバーを作るためにはファイバーを引き出す際の粘性を制御することがきわめて重要であり，途中段階で生成する高分子は鎖状である必要があり，枝状であってはならない．塩基性触媒を用いると三次元の高分子が生じるので，酸性触媒が用いられる．また塩基性触媒では OH 基による OR 基の置換の割合が増える．求電子性である OH 基の置換により Si の電荷（$\delta+$）は増大し，OH^- による求核攻撃をさらに受けや

すくなる．これにより，複数の OH 基を含む Si の濃度は増大し，その結果シラノール基（−SiOH）の濃度は増え，重縮合によって架橋構造を生じる．

4.3.1.4 ■ 酸化インジウムスズ（ITO）の調製とコーティング

半導体的な性質をもつ酸化インジウムスズ（indium tin oxide, ITO）は透明電極として広く用いられ，特にコーティングした薄膜という形で利用されている．可視光は通すが赤外光は反射するので，建築物の省エネルギー化を目的としてガラスにコーティングされている．コーティングは，ゾル−ゲル法により行われる．出発物である In と Sn のアルコキシドを吹きつけて，薄膜を基板上に成長させる，あるいは，基板を前駆体を含む液体中に浸す．その後にコーティングした膜を処理すると，アモルファスで，薄く，透明な，密着性の強い層がその場生成する．このような方法によりコーティングされる物質は以下のとおりである．

- Si 基板上への Ta_2O_5 のコーティング（前駆体は $Ta(OCH_2CH_3)_5$）：Ta_2O_5 は絶縁体であるので，Ta_2O_5/Si はコンデンサーとして用いられる．
- Si ウェハー上への SiO_2/TiO_2 のコーティング：SiO_2/TiO_2 膜の屈折率が TiO_2 の濃度に依存して変化することを利用し，Si の太陽電池の効率を上げる目的で SiO_2/TiO_2 の反射防止コーティングが用いられている．

コーティングする際に主に注意すべきことは，乾燥の際にクラック（亀裂）が生じないようにすること，および基板との密着性を維持することである．一般的に，ゲルの乾燥・分解の際には，高濃度で含まれる水や他の揮発性物質が揮発するために体積の減少が起こる．薄い膜の方が厚い膜すなわちバルクの試料よりも，体積の減少に対して耐性があり，試料内部と表面での張力の差により生じる歪みが少ない．

4.3.1.5 ■ YSZ セラミックスの製造

YSZ（イットリア安定化ジルコニア）は，酸化物イオン伝導性をもつ重要なセラミックスである．ガスセンサーおよび固体酸化物燃料電池として利用されている（第 8 章参照）．$Y(OPr)_3$ および $Zr(OPr)_4$ を出発物としてゾル−ゲル法により作られている．

4.3.2 ■ オキシ水酸化物を用いたゾル−ゲル法とコロイド化学

ゾルとゲルは，無機の酸化物あるいは水酸化物から pH を調整することにより作ることができ，中性 pH 付近では複数の陽イオンが集合したオキシ水酸化物（oxyhydroxide）を形成する．これは有機金属を前駆体とする第一の例に対して第二の例といえる．例えば，水溶液中のアルミニウムの化学種は，酸性条件における単純に水和した $Al(H_2O)_6^{3+}$ から，塩基性条件における陰イオン性の $Al(OH)_4^-$ まで幅広い．Al が両性元素とみなされる理由は，Al は酸性でも塩基性でも水に溶けるためであるが，中性では不溶である．図 4.5 には，Al^{3+}−H_2O−H^+/OH^- の系に存在する化学種を示している．酸性溶液中では水和した Al^{3+} であるが，これに対して徐々に塩基を加えて pH を上げていくと，加水分解反応が連続的に起こる．同時に $[Al_{13}O_4(OH)_{24}(H_2O)_{12}]^{7+}$ のような重合した多価陽イオン種が形成され，ナノメートルサイズの粒子（ナノ粒子）を含むコロイドあるいはゾル状態になる．そしてこれらは凝集して化学式と構造が不明瞭なゲル状の固体となる．この構造はしばしば含水酸化物（hydrous oxide）とよばれる．しかしより正確にはおそらく，水和した水酸化物であろう．さらに pH を大きくするとゲル状の沈殿物は溶けて，複雑な陰イオン種を生じる．

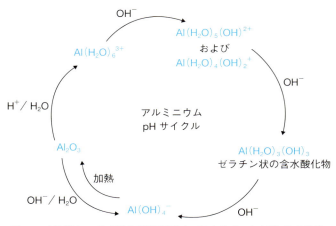

図 4.5 水溶液中の Al が示す両性元素としてのふるまいおよび pH の効果.

　中程度の電気陰性度をもつ他の多くの元素も複雑な溶液反応を示す．Zn のような両性の元素は，Al と同様な陽イオン性，コロイド状態，陰イオン性のすべての挙動を示す．Zn より少しでも電気的に陰性な元素は，複数のイオンが集合してさまざまな陰イオン種をつくる．その代表例は，広範囲にわたる複雑なケイ酸イオンをつくる Si である．他に，ホウ酸イオンやリン酸イオンなども複数のイオンが集合してさまざまな陰イオンをつくる．水溶液中におけるこれらの集合した化学種の同定は難しいが，ケイ酸塩とリン酸塩の場合にはクロマトグラフィーにより分離が可能であり，特定できる．

　Al, Si, Fe, Zr, および Y は幅広い溶液平衡および pH に依存した溶解度をもつため，Al_2O_3，SiO_2，Fe_2O_3，ZrO_2 および Y_2O_3 のような酸化物は，ゾル－ゲル法での合成がふさわしい理想的な物質と位置づけられる．さまざまな物質のゾルを混合して，ゲル化前の複酸化物を合成することもできる．また，陰イオン性溶液や，酸化物の固体をゾル液の 1 つに加えても複酸化物は合成できる．しかし，この方法が特に適しているのは，薄膜，ファイバー，およびセラミックスの作製である．基板上にゾルをディップコートあるいはスピンコートすることによりマイクロメートル程度の厚みのコーティングが可能であり，例えばステンレス鋼のワイヤのメッシュの酸化への耐性を増大させるためのシリカコーティングに利用されている．この方法により得られる物質の他の例を以下に略述する．

4.3.2.1 ■ ゼオライトの合成

　ゼオライト（zeolite）はアルミノケイ酸塩の骨格構造をもち，その内部に大きな，つながった空隙およびチャンネルを有し，イオン交換作用を生じる，あるいは，空のチャンネル構造をもつ場合には小さな有機化合物が容易に侵入しうる．これにより，種々の変換反応や化学反応が生じる．近年，ALPO（アルミノリン酸塩）のようなゼオライトと関連する骨格をもつ物質が合成され，その空隙を大きくさせる方法が発展した．ゼオライト，あるいは，より一般的には**ミクロポーラス固体**（microporous solid）とよばれるこうした物質は，ゾル－ゲル法により合成され，しばしば水熱法（高圧水中での加熱）により最終的な処理がなされる．（理想的かつ）典型的な反応は以下のとおりである．

$$NaAl(OH)_4(aq) + Na_2Si_3O_7(aq) + NaOH(aq)$$

$$\downarrow 25℃$$

ゲル

$$\downarrow 25～175℃（水熱条件）$$

$$Na_wAl_xSi_yO_z（ゼオライト）$$

生成するゼオライトは，出発組成，温度，圧力，および加えるテンプレートに依存する．テンプレートには通常，アルキルアンモニウムカチオン(R_4N^+)が用いられ，そのまわりにアルミノケイ酸塩構造が結晶化する．テンプレートにより，形成されるアルミノケイ酸塩の構造物のブロックのサイズ，形状は制御される．そして，ゼオライト構造がテンプレートも取り込んだ形ででき上がる．

ゼオライトの結晶化後には，テンプレートイオンを除去する必要がある．300～400℃で加熱して有機物を焼成すると，無機の骨格がそのまま残される．この空隙のあるアルミノケイ酸塩の骨格は通常，熱力学的には不安定相であるが，速度論的には300～400℃までは安定であり，「分子ふるい（molecular sieve）」および触媒として応用されている．

4.3.2.2 ■ アルミナベースの研磨材と膜の調製

添加物を加えたAl_2O_3の細粒は，研磨材として利用される．研磨材のグレード・性能を制御するためには，粒径の正確な制御が必要である．希薄な酸性溶液中にコロイド状に分散させた（peptized, dispersed）AlOOHを原料（ゾル）として用い，ゾル−ゲル反応を行う．これを，例えば$ZrO(CH_3COO)_2$あるいは$Mg(NO_3)_2$などの陽イオンを含む溶液に加えて混合する．これらの混合物は，重合してゲルを生じる．これを乾燥して粉砕すると，縁のはっきりとした良質の粒子が生成する．さらにこれを加熱して粒子を酸化物に変化させる．

ゾル−ゲル法は，Al_2O_3の薄膜やコート膜の製造に使われる．この方法のすぐれた点は必要な温度が低いこと，生成物の均一性が高く安価であり，大表面積の基板のコーティングに使えることである．もう1つの利点は，他の方法による膜のコーティング製造技術に必要な高真空用の装置が不要なことである．得られる膜は，堅牢，透明，絶縁性であり，化学物質や，摩耗，腐食に対して耐性がある．1つの典型例をあげる．イソプロパノールに溶かした$Al(OBu)_3$と，複合化剤かつキレート化剤であるアセチルアセトンとを20：0.5の割合で混合する．混合物を室温で6時間撹拌し，硝酸を滴下してから，安定化と水和のために水を加える．この溶液を80℃，2時間還流すると，基板へのコーティングの準備は完了であり，加熱すれば密着性のすぐれたAl_2O_3膜が生成する．この膜を結晶化させるには，N_2ガス中，温度範囲200～800℃で加熱するか，数分間，電子レンジ内でマイクロ波を照射すればよい．

4.3.3 ■ ペチーニ法とクエン酸ゲル法

クエン酸のようなカルボン酸とエチレングリコールのような多価アルコールを用いてゲル状の生成物を得た後，最後の段階で燃焼させる方法は**ペチーニ法**（Pechini process）とも呼ばれ，第三のゾル−ゲル法といえる（**図4.6**）．

キレート剤であるクエン酸は，配位子として金属陽イオンと反応して錯体を形成する．クエン酸はとても有用な錯化剤で，一分子内に3個のカルボン酸配位子を有する．

図4.6に示したようにカルボン酸基とエチレングリコールの水酸基が反応するとエステル化して沈殿する．このエステル化反応には幅広い可能性があり，例えば酒石酸やポリアクリル酸のような有機酸も利用できる．また，グリセロールのような小さな分子からポリビニルアルコールやポリエチレン

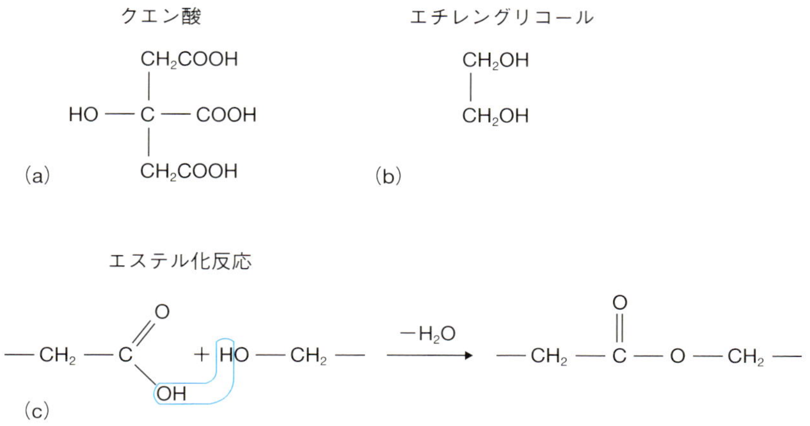

4.3 低温合成：ソフト化学的手法

クエン酸　　　　　　エチレングリコール

$$CH_2COOH$$

$$HO—C—COOH$$

$$CH_2COOH$$

(a)

$$CH_2OH$$

$$CH_2OH$$

(b)

エステル化反応

(c)

図 4.6 ペチーニ法における (a, b) 試薬と (c) エステル化の機構.

グリコールのような高分子に至る他のポリヒドロキシアルコールも用いられる.

重合により生成したゲルの分解を容易にするために，尿素，硝酸のような燃焼合成助剤が反応混合物に加えられる．燃焼合成によりきわめて多孔性で泡状の生成物が生成し，これに続いて大きな表面積をもつ発泡した粉末状のセラミックスを合成する際，あるいは，その他の大きな表面積が求められる用途へ応用する際にはたいへん有用である．硝酸はまた反応中の pH を制御し，特に不溶なクエン酸塩の沈殿を防止する．これにより反応の中間段階あるいは最終生成物における均一性が保たれる.

ペチーニ法は化学的に複雑で，酸とアルコールによるエステル化を利用しているが，**クエン酸ゲル法**(citrate gel method) はアルコールは使わずに，クエン酸を単に硝酸金属塩水溶液に加えられるだけでゲル化させる方法である．クエン酸ゲル法ではゲル生成物中の有機物の濃度は低く，加熱の際に起こる重量減少と収縮は少ない．このことは膜の製造には好都合である.

多くの物質が，ペチーニ法とクエン酸ゲル法により作られている．反応混合物の組成を注意深く配慮することにより最終生成物の特性を修飾することができるため，応用範囲が広い．例として，高温超伝導体 $YBa_2Cu_3O_7$，固体酸化物燃料電池の正極 $Sr(Co, Fe)O_{3-\delta}$ およびリチウム電池の正極 $LiMn_2O_4$ があげられる.

4.3.4 ■ 均質な前駆体を 1 つだけ利用する方法

ゾル－ゲル法で固相を作る際にも，陽イオンを正確な割合で含み，結晶性で，均質な単一相の前駆体を作る必要がある．この前駆体はほど良く安定であることが望ましく，加熱によって分解し，目的とする生成物になる必要がある．ゾル－ゲル法では，目的とする生成物と同じ陽イオン組成を含む単一の前駆体を探すことが必要である．目的とする割合の陽イオンを含み，ある限定的な熱的安定性および正確に制御された化学組成をもつ結晶性前駆体の例を以下に示す.

(1) $FeCr_2O_4$ 合成のための前駆体 $NH_4Fe(CrO_4)_2$

前駆体 $NH_4Fe(CrO_4)_2$ は，水溶液から沈殿させることにより合成する．これを加熱して分解させ，目的物を得る.

193

第4章　合成，プロセッシング，製造法

$$Fe^{3+}(aq) + 2CrO_4{}^{2-}(aq) + NH_4{}^+(aq) \longrightarrow NH_4Fe(CrO_4)_2$$

$$2NH_4Fe(CrO_4)_2 \xrightarrow{1150℃} 2FeCr_2O_4 + 2NH_3 + H_2O + \frac{7}{2}O_2$$

(2) $MnCr_2O_4$ 合成のための前駆体 $MnCr_2O_7 \cdot 5C_5H_5N$

ピリジネート前駆体 $MnCr_2O_7 \cdot 5C_5H_5N$ は水溶液から沈殿させる．これを水素ガス中で分解させて目的物を得る．

$$Mn^{2+}(aq) + Cr_2O_7{}^{2-}(aq) + 5C_5H_5N \longrightarrow MnCr_2O_7 \cdot 5C_5H_5N$$

$$MnCr_2O_7 \cdot 5C_5H_5N \xrightarrow[H_2]{1100℃} MnCr_2O_4$$

(3) $BaTiO_3$ 合成のための前駆体 $BaTiO[(COO)_2]_2$

シュウ酸バリウムチタン $BaTiO[(COO)_2]_2$ は，多段階で合成する．これを加熱によって分解させ，目的物を得る．

$$Ti(OCH_2CH_2CH_2CH_3)_4(aq) + 4H_2O \longrightarrow Ti(OH)_4(s) + 4CH_3CH_2CH_2CH_2OH$$

$$Ti(OH)_4(s) + (COO)_2{}^{2-}(aq) \longrightarrow TiO(COO)_2(aq) + 4OH^-$$

$$TiO(COO)_2(aq) + Ba^{2+}(aq) + (COO)_2{}^{2-}(aq) \longrightarrow BaTiO[(COO)_2]_2$$

$$BaTiO[(COO)_2]_2 + O_2 \xrightarrow{650℃} BaTiO_3 + 4CO_2$$

(4) $BaTiO_3$ 合成のための前駆体 $(BaTi(cat)_3)$

バリウムチタンカテコラート $BaTi(cat)_3$ も多段階で合成される．これを加熱すると目的物が得られる．

$$3C_6H_4(OH) + TiCl_4 \longrightarrow H_2Ti(cat)_3 + 4HCl$$
（カテコール，cat）

$$H_2Ti(cat)_3 + BaCO_3 \longrightarrow BaTi(cat)_3 + H_2O + CO_2$$

$$BaTi(cat)_3 + 18O_2 \xrightarrow{650℃} BaTiO_3 + 18CO_2 + 6H_2O$$

4.3.5 ■ 水熱合成および溶媒熱合成

水熱合成（hydrothermal synthesis）では，高圧および高温の水（水蒸気）中で反応物質を加熱する．水は2つの作用をする．1つは圧力媒体としての作用，もう1つは溶媒としての作用である．反応物質の溶解度は温度および圧力に依存する．方法は単純であり，反応物質と水を PTFE（ポリテトラフルオロエチレン）で内側が被覆されたシリンダーすなわち圧力釜に入れ，圧力釜をシールする，あるいは外部の圧力発生装置につなげる．圧力釜は炉内に置き，通常は温度範囲 100～500℃ で加熱する．圧力は外圧により，あるいはシールした圧力釜に入れた試料の量（充填率）により制御される．後者の場合には，P–T 相図を用いて圧力を算出する（**図4.7**(a)を参照）．曲線 AB は，**飽和蒸気圧曲線**（saturated steam curve）で，これより上では水，下では蒸気である．点 B（温度は 374℃）以上では，水は**超臨界状態**（supercritical state）であり，液相と気相との区別はなくなる．

194

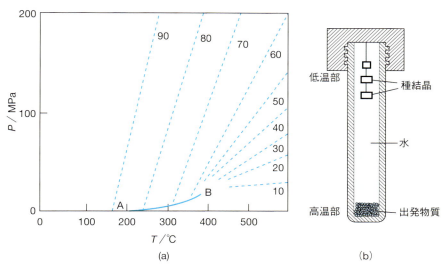

図 4.7 (a) 一定容積における水の P–T 相図．破線は閉じた容器内に発生した圧力を示す．数値は常温・常圧における水による容器の充填率(%)を示す．(b) 結晶成長に用いられる水熱合成用の容器．
[(a) は G. C. Kennedy, *Am. J. Sci.*, **248**, 540–546 (1950) より許可を得て改変]

水熱合成の応用範囲は広く，以下のようなものがあげられる．

1. ゼオライトの合成(4.3.2.1 節を参照)．最終段階においてアルミノケイ酸塩ゲルを水熱処理すると，ゼオライトが結晶化する．
2. 圧電性をもち，広い範囲にわたり応用されている石英(SiO_2)の単結晶は，**図 4.7**(b)に示したような装置中の温度勾配条件において，水熱合成により育成される．NaOH 水溶液に対する SiO_2 の溶解度は，温度の上昇とともに増加する．よって，装置の末端の高温領域では効果的に溶解し，対流により低温領域に運ばれると吊り下げられた種結晶上で結晶化する．この反応では，NaOH は，鉱化剤(mineralizer)として作用する．SiO_2 は水にはわずかにしか溶けないが，水に NaOH を加えると溶解度は大きくなる．水熱処理により石英の結晶化速度は増大する．
3. マグネトプランバイト(magnetoplumbite)相 $BaFe_{12}O_{19}$ は，$BaCO_3$ と $\alpha\text{-}Fe_2O_3$ の固相反応では 1250℃ といった高温で合成できるが，水熱合成では以下のようにかなり低温でも反応は進行する．この例をはじめ，多くの相が通常の固相反応に必要である温度よりもかなり低い温度で水熱合成できる．

$$Ba(OH)_2 + 6\alpha\text{-}Fe_2O_3 \xrightarrow{325℃} BaFe_{12}O_{19} + H_2O$$

$SrFe_{12}O_{19}$ も同様に合成できる．

4. バイヤー法(Bayer process)による金属アルミニウムの製造における前段階では，アルミナの工業的な抽出が行われる．具体的には，ボーキサイトを水熱反応により NaOH 溶液中に溶解させる．この溶液中からギブサイト $Al(OH)_3$ を沈殿させた後，加熱すると，無水の $\alpha\text{-}Al_2O_3$ が生成する．バイヤー法のプロセスを**図 4.8** にまとめた．

溶媒熱合成(solvothermal synthesis)は，水熱合成に類似しているが，超臨界状態にある溶媒あるいは溶媒の混合物を用いており，応用の範囲は広い．例えば，Li_2MnSiO_4 は，リチウム電池の正極物質として現在関心がもたれている．300℃，38 MPa での超臨界状態にある水－エタノールの混合

第4章 合成，プロセッシング，製造法

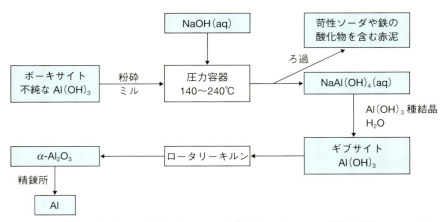

図4.8 バイヤー法によりボーキサイトからα-Al_2O_3を抽出するプロセス．不純な原料のアルミナはSiO_2，TiO_2および鉄の酸化物などを含んでいる．

溶媒中で5分間処理することにより，単一相が合成される．この化合物の合成は，通常の固相反応では困難である．なぜならば，高温で加熱する必要があり，Mn^{2+}は容易に酸化されやすいためである．そのうえ，Mn^{2+}はやや大きな陽イオンであるため，Li_2MnSiO_4の結晶構造内の4配位位置を占有することは難しいと考えられる．

4.3.6 ■ マイクロ波合成

マイクロ波による加熱は有機化学では利用が確立されているが，無機化合物の合成においても特にナノレベルの無機化学の領域においては利用され始めている．反応時間が固相反応に比べて桁違いに短時間であること，副反応が起こる余地が少ないことから，マイクロ波合成(microwave synthesis)では，反応収率が向上し，再現性にすぐれる．この方法は細心の注意を払えば，家庭の電子レンジを用いて行うことができるが，特別に作られた市販の電子レンジでは照射する出力，温度および圧力の制御が可能であり，ますます利用が増えている．

マイクロ波は，0.3 GHz(1 m)〜300 GHz(1 mm)の範囲であるが，多くの電子レンジでは2.45 GHz(12.25 cm)のみを用いている．これは，1×10^{-5} eVすなわち1 J mol^{-1}のエネルギーに相当する．このエネルギーを吸収した分子は回転エネルギーを得るため，効果的に温度が上昇する．この領域のエネルギーは，構造に直接的な影響を与えて結合を切断するには小さいが，昇温により結果として化学結合を切断する．

マイクロ波加熱は，体積効果もしくはバルク効果であるという点で通常の加熱とは異なる．すなわち，マイクロ波を吸収して加熱されるのは，試料のうち，マイクロ波が浸透した厚み部分に限られる．これに対して，通常の加熱では，熱の内部への拡散が必須である．熱拡散定数Aは試料の熱伝導度κにより，次式に従って制御される．

$$A = \kappa \rho_d^{-1} C_p^{-1} \tag{4.1}$$

ここで，ρ_dは試料の密度，C_pは比熱である．

マイクロ波は振動電場であり，物質中の双極子あるいはイオンはこれと相互作用して，交番電場に従って運動する．マイクロ波加熱ができるかどうかはマイクロ波の振動数が双極子あるいはイオンの振動数と同程度であるかどうかによる．同程度であれば，エネルギーの吸収および加熱が生じる．マイクロ波を吸収するために重要な物質の性質は，誘電率の実部ε'と誘電率の虚部ε''である．ε'，ε''

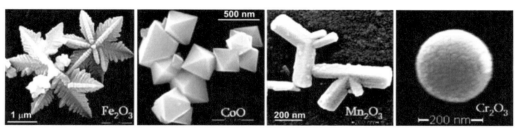

図 4.9 マイクロ波合成により得られた種々のナノ構造をもつ金属酸化物の SEM 像
[I. Bilecka and M. Niederberger, *Nanoscale*, **2**, 1358–1374（2010）より許可を得て転載]

と試料の電気伝導度 σ の間には次式の関係がある.

$$\sigma = \frac{\omega \varepsilon_0 \varepsilon''}{\varepsilon'} \tag{4.2}$$

ここで，ω は角周波数 $2\pi f$ であり，ε_0 は真空の誘電率 8.854×10^{-14} F cm^{-1} である．ε' は，電場 E のもとでの分極 P の度合いを表す．誘電損失（dielectric loss）$\tan\delta$ は誘電率 ε', ε'' により以下の式で定義される．

$$\tan\delta = \frac{\varepsilon''}{\varepsilon'} \tag{4.3}$$

効率的なマイクロ波の吸収，すなわち高速な昇温のためには，物質が大きな $\tan\delta$ をもつことが必要である．浸透の厚みは入射マイクロ波のエネルギー値が 50% になる厚みと定義され，$\tan\delta$ に反比例し，大きな $\tan\delta$ をもつ物質は浸透の厚みが薄い．こうした理由から，電子レンジで調理した料理の内部は低温となり，また金属は浸透の厚みが非常に薄く金属の表面で火花を発するために電子レンジに置いてはならない．

物質合成におけるマイクロ波加熱法の応用が広がっている．1つは単純に加熱する方法として，もう1つは水熱合成と併用してである．マイクロ波合成は短時間で行うことができ，使いやすく，安価であり，しばしば粒径分布が小さい，生成物の均一な核生成をもたらすという特徴がある．良い例として，ペロブスカイト相の LaMO$_3$（M = Al, Cr, Mn, Fe, Co）の合成がある．出発物質は金属の硝酸塩であり，5% のカーボンブラックがマイクロ波の吸収を促進するために加えられる．マイクロ波は，通常の加熱方法に比べ，加熱速度の点でははるかに有効である．

マイクロ波は，広範囲の複金属酸化物やカルコゲナイドの合成，およびゾル-ゲル法により製造された薄膜およびコート膜中の Al$_2$O$_3$ の結晶化に利用されている．マイクロ波加熱法により得られた膜は，腐食，ひっかき，摩耗などへの耐性をもつ．前駆体の濃度，テンプレート用の添加物の特性と濃度条件および温度を変化させることにより，ナノ粒子のサイズと形状を制御することも可能であり，マイクロ波合成の重要性は増しつつある．図 4.9 にマイクロ波合成により得られた種々のナノ構造をもつ金属酸化物を示した．

4.3.7 ■ インターカレーションとデインターカレーション

新しい物質を合成するためのすぐれた方法として，既存の結晶を用いてその結晶内の空隙に新しい元素を導入する方法，あるいはある特定の原子を選択的に結晶から除く方法がある．その際，最初の構造は全体として維持されなければならない．これらは，**トポタクティク反応**（topotactic reaction）あるいは**トポケミカル反応**（topochemical reaction）の例であり，こうした反応では出発物質（ホスト）の構造と生成物の構造との間には強い三次元的な構造の類似性が存在する．

インターカレート（intercalation）する種（ゲスト）は，イオンあるいは分子である．イオンがインター

第 4 章　合成，プロセッシング，製造法

表 4.2　インターカレーション化合物の実例
[出典：C. N. R. Rao, *Mater. Sci, Eng.,* **B18**, 1–21（1993）を改変]

ホスト	ゲスト	コメント
グラファイト	K, Br$_2$, FeCl$_3$	KC$_8$, KC$_{24}$ などのステージング
TiS$_2$, ZrSe$_2$	Li, NH$_3$, アミン類	Li$_x$TiS$_2$ はリチウム電池の正極材の原型．多くの正極材はインターカレーション化合物である．
NiPS$_3$, VPSe$_3$	コバルトセン（CoCp$_2$）	
MoO$_3$, V$_2$O$_5$	H, Na	Mo および V のブロンズ．色彩の変化はエレクトロクロミックに応用されている．
FeOCl	フェロセン（FeCp$_2$）	
Zn（HPO$_4$）$_2$	有機分子	
カオリン	有機分子，アルミン酸イオン	加熱による柱状化粘土の例
TiO$_2$（アナターゼ）	Li	加熱によりスピネル型超伝導体，Li$_x$TiO$_2$ へ転移
Mo$_6$X, X = S, Se, Te	Li	シェブレル相．いくつかの化合物は超伝導体
YBa$_2$Cu$_3$O$_6$	O$_2$	YBa$_2$Cu$_3$O$_7$ は T_c = 90 K の超伝導体

Cp：η^5–C$_5$H$_5$（シクロペンタジエニル）

カレートおよび**デインターカレート**（deintercalation）する際，すなわち付加あるいは除去される際には，それにともなって電気的中性を維持するために電子も付加あるいは除去されなければならない．なお関与するイオンは通常，Li$^+$, Na$^+$, H$^+$, O^{2-} である．すなわち，このプロセスは固体の酸化・還元反応であり，ホスト物質は電子とイオンの双方が移動する混合伝導体でなければならない．有機分子あるいはかなり大きな高分子もインターカレートすることができるホスト構造もある．

多くのホスト物質は層状構造をもち，その層内の化学結合は強いが，層間の化学結合は弱い．ゲスト種は，層間の隙間にインターカレートして層間を広げる．三次元的にゲストがインターカレートする例も知られているが，この場合にはインターカレートするゲスト種のサイズには厳しい制限があり，たいていはサイズが小さく，インターカレーションにともなう体積の変化はほとんどない．**表 4.2** にいくつかの例を示す．

アルカリ金属がインターカレートする例

（1）化学電池：

$$\text{Li／ポリエチレンオキシド} + \text{LiClO}_4/\text{TiS}_2$$

$$\text{Na／プロピレンカーボナート} + \text{NaI/NbSe}_2$$

これらの場合の電解質は，プロピレンカーボナートのような有機化合物の液体あるいはポリエチレンオキシドのような極性官能基を含む高分子からなる非水溶媒にアルカリ金属が溶解した溶液である．

（2）化学反応が起こる場合：

$$x\text{C}_4\text{H}_9\text{Li} + \text{TiS}_2 \longrightarrow \text{Li}_x\text{TiS}_2 + \frac{x}{2}\text{C}_8\text{H}_{18}$$

劇的な物性の変化をともなうインターカレーション反応の一例をあげる．それは TiO$_2$（アナターゼ型，白色の絶縁体）のチタン酸リチウム（超伝導体）へのトポタクティク変換である．その最初の工程では，アナターゼ型の TiO$_2$ をヘキサンに溶かした n–ブチルリチウムと反応させ，Li$^+$ と電子をアナ

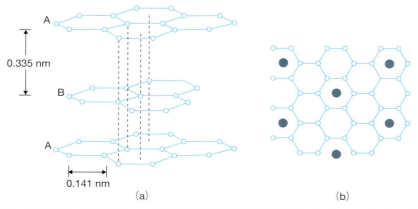

図 4.10 (a) グラファイトの構造．2 つの炭素層の積層構造を示す斜投影図．(b) グラファイト内に K を含む C_8K の構造．(b) ではグラファイト層は重なっているが，K は重ならない．種々の重なり方が可能である．(b) はグラファイトにおけるドナー－アクセプター複合体の典型的な構造である．

ターゼ構造にインターカレートさせる．アナターゼ型は，空の一次元的なチャンネルをもち，図 1.37 に示したルチル型とは異なる．Li^+ がインターカレートしても結晶構造の大きな変化は起こらない．次の工程は，リチウム化されたアナターゼ Li_xTiO_2 の 500℃ での加熱である．この加熱により，化学組成は変わらずに構造がスピネルに変わる．これは，$T_c = 13\,K$ をもつ超伝導体である．この絶縁体から超伝導体への転移は，「魚から鳥へ」の変化と同じように奇跡的であるといえる（エッシャーによって描かれた図 4.3 を参照）．この反応は以下のようにまとめられる．

$$TiO_2(アナターゼ) + xC_4H_9Li \longrightarrow Li_xTiO_2 + \frac{x}{2}C_8H_{18}(オクタン)$$

$$Li_xTiO_2(リチウム化アナターゼ) \xrightarrow{500℃} Li_xTiO_2(スピネル型)$$

n–ブチルリチウムは強力なリチウム化作用をもつ試薬であり，効果的な Li 原子の供給源である．

アセトニトリル（CH_3CN）に溶かしたヨウ素 I_2 は，便利な脱リチウム化試薬であり，以下のような反応を起こす．

$$LiCoO_2 + I_2/CH_3CN \longrightarrow Li_xCoO_2 + LiI/CH_3CN$$

生成物中の x 値は，用いるヨウ素（I_2）の量を制御することにより変化させることができる．化学反応の駆動力は，CH_3CN に溶ける LiI の生成である．

4.3.7.1 ■ インターカレーション化合物としてのグラファイト

グラファイトは，広範囲の原子，イオンおよび分子をインターカレートできる古くから知られるホスト結晶である．グラファイトは，炭素の正六角形（環）からなる平面構造であり（**図 4.10**(a)），アルカリ金属の陽イオン，ハライドの陰イオン，アンモニア，アミン，オキシ塩，および金属ハロゲン化物を炭素の層間にインターカレートできる．いくつかの典型的な反応および生成条件を以下に示す．

$$グラファイト \xrightarrow[25℃]{HF/F_2} フッ化グラファイト，C_{3.6}F から C_{4.0}F \;(黒色)$$

$$グラファイト \xrightarrow[450℃]{HF/F_2} フッ化グラファイト，CF_{0.68} から CF \;(白色)$$

第4章　合成，プロセッシング，製造法

$$\text{グラファイト} + \text{K（溶融状態あるいは気相）} \longrightarrow \underset{\text{（青銅色）}}{C_8K}$$

$$C_8K \xrightarrow[\text{真空}]{\text{部分的に}} \underset{\text{（鋼青色）}}{C_{24}K} \longrightarrow C_{36}K \longrightarrow C_{48}K \longrightarrow C_{60}K$$

$$\text{グラファイト} + H_2SO_4(\text{conc.}) \longrightarrow C_{24}{}^+(HSO_4{}^-)\cdot 2H_2SO_4 + H_2$$

$$\text{グラファイト} + FeCl_3 \longrightarrow \text{グラファイト}/FeCl_3（\text{インターカレート}）$$

$$\text{グラファイト} + Br_2 \longrightarrow C_8Br$$

これらの反応の多くは可逆である．C_8K は溶融状態のカリウムにグラファイトを接触させると生成するが，真空状態に置けばカリウムは除去されてもとに戻る．グラファイトの各層の平面性および構造は，このインターカレーションによって基本的にはほとんど変化しないことから，この化学反応が可逆であることが理解できる．

　グラファイトの結晶構造と電気的性質については 3.4.4.3 節で記述した．ここでは，グラファイト層内の化学結合は強く，C–C の平均の結合力は 1.5 であり，隣接する層間は，弱いファンデルワールス力により結合することに注目する．化学結合が弱いため，層間距離は比較的大きく 0.335 nm である．化学結合が弱いために外から化学種が層間に入り，層間の距離は広がり，例えば C_4F では 0.55 nm, CF では 0.66 nm および C_8K では 0.541 nm になる．

　層間化合物では結晶構造が明確にされていないものも多く，おそらくは正しい C_8K の構造を例として図 4.10(b) に示した．C_8K における炭素層の積層の相対的な位置は，純粋なグラファイトにおける炭素層とは異なり，…AAA…となる．K^+ は炭素からなる環にサンドウィッチされ，その配位数は 12 である．もしもこの位置がすべて占有されたならば，化学組成は C_2K となるが，C_8K の場合にはその 1/4 だけが規則的に占有される．グラファイトの電子構造は，K^+ のインターカレーションにより変わり，K からグラファイトへ電子の一部が移動した結果として極性をもつ構造 $C_8{}^-K^+$ となる（図 3.33）．

4.3.7.2 ■ 柱状化粘土および層状複水酸化物

　インターカレーション反応により他にも多くの層状物質が合成されており，興味深い新規な特性を示すものも得られている．こうした反応は，粘土鉱物学においては古くから知られている．カオリナイト（kaolinite）$Al_2(OH)_4(Si_2O_5)$ は，層状のケイ酸塩構造をもち，各層は電気的に中性である．モスコバイト（白雲母）$K[Al_2(OH)_2(AlSi_3O_{10})]$ は，カオリナイトの Si^{4+} が Al^{3+} により置換されているため，化学式あたり 1 価の負電荷を有する．モスコバイトはもともと層間に K^+ が存在し，堅い三次元構造をつくる．一方，カオリナイト層は，水素結合により結合されているため，はるかに柔らかい（タルカムパウダー（滑石粉）のような）鉱物をつくる．

　粘土鉱物の層間には種々のイオンや分子性の化学種がインターカレートする．柱状化粘土（pillared clay, PILC）の状態では，モスコバイトの K^+ は $[Al_{13}O_4(OH)_{24}(H_2O)_{12}]^{7+}$ のような大きなサイズの複 Al 陽イオンとイオン交換し，このイオンは大きいため，ケイ酸塩の層間は広がる．生成物を加熱すると Al を含む複陽イオンは脱水し，残渣はケイ酸塩層と強い共有結合を形成し，二次元的な層がつながった多孔性の網目をもつ柱状化構造となる．

　層状複水酸化物（layered double hydroxide, LDH）およびホスホン酸ジルコニウムは粘土鉱物と類似の挙動をする層状物質である．LDH は正電荷をもつ一般式 $[M_{1-x}^{2+}M^{3+}(OH)_2]^{x+}$（$M^{2+} = Mg^{2+}$, Ni^{2+} な

200

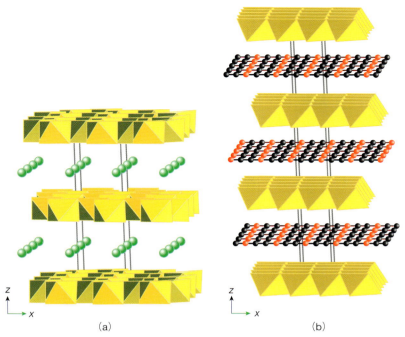

図 4.11 LDH における八面体層の積層.(a)は六方晶系の多形における 2 つの層の繰り返しを,(b)は菱面体晶系の多形における 3 つの層の繰り返しを示す.
[A. I. Khan and D. O'hare, *J. Mater. Chem.*, **12**, 3191–3198(2002)]

ど,$M^{3+} = Al^{3+}$, Fe^{3+} など)で表される金属水酸化物であり,$x = 0.20 \sim 0.33$ の範囲で単一相の固溶体を形成する.LDH においては,同じようなサイズの M^{2+} と M^{3+} は,稜共有の八面体がつくる層内の八面体の中に不規則に分布する(**図 4.11** を参照).LDH は,シート間に炭酸塩,硝酸塩,ハロゲン化物,$Fe(CN)_6^{3-}$ およびシュウ酸塩のような陰イオンと水分子の混合物を含む.

LDH は,イオン交換体,触媒,および溶媒として応用されており,有機分子をインターカレートおよびデインターカレートすることに関心が寄せられている.粘土鉱物が有機分子をインターカレートする能力があることはよく知られているが,LDH は,適当な条件下で同様にふるまう.実例を**図 4.12** に示す.図 4.12 は,有機分子のインターカレーションに続いて起こるその場重合(*in situ* polymerization),および同じ分子が重合した高分子の直接のインターカレーション反応である.

粘土鉱物と LDH は八面体シート上の電荷密度が低く,シートごとに容易に剥離・分離させることができる.特にシート間が弱い水素結合により結合されている場合に,シートごとに分離されやすいやすいが,再び結合することもできる.LDH に関しては,層が電荷をもつ場合にはこのプロセスは容易ではないが,可能な場合もある(**図 4.12**(c)).最近の研究によれば,生物学的に活性な分子種,例えばビタミン類,アミノ酸類をインターカレートすることも可能である.そして将来的には,医学において,薬物および遺伝子デリバリーシステムへの応用が見出される可能性がある.

LDH 物質は,$PW_{12}O_{40}^{3-}$, $SiV_3W_9O_{40}^{7-}$ のようなポリオキソ酸陰イオンやケギンイオン(Keggin ion)$H_2W_{12}O_{40}^{6-}$ との陰イオン交換反応に関与し,柱状化した物質を生成する.一段階では大きな陰イオンを導入できない場合があるが,二段階の反応で徐々にサイズを大きくしてホスト構造の層間を広げることで陰イオンを導入できる場合がある.

第4章 合成，プロセッシング，製造法

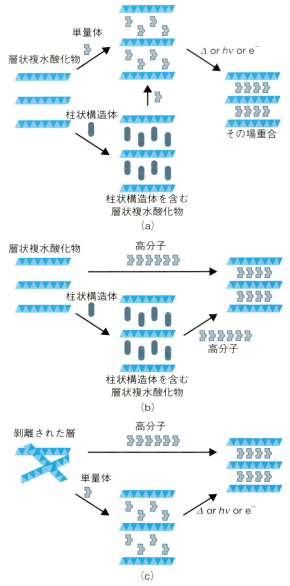

図4.12 高分子をインターカレートしたLDHの合成法．(a) インターカレートした高分子をその場で重合する方法．(b) 高分子を直接インターカレートする方法．(c) 剥離・分離させたLDHの再積層．
[A. I. Khan and D. O'hare, *J. Mater. Chem.*, **12**, 3191-3198 (2002)]

4.3.7.3 ■ グラフェンの合成

グラフェンは，グラファイトと同じ炭素の六角形の環からなる1枚のシートである．単一の平らなグラフェン膜は本質的に不安定であろうと考えられていたが，マンチェスター大学のガイム（Geim）とノボセロフ（Novoselov）により驚くべき単純な方法によりグラフェンが得られることが発見された．すなわち，セロテープによりグラファイトの塊からグラフェン膜が剥離されたのである．この成果に対して彼らには2009年ノーベル物理学賞が授与された．この方法の発見およびこれに続くグラフェンの特異な物理的性質の発見は，炭素の物理および化学における一連の注目すべき進展の中ではもっとも最近にあたる．以下にその時系列を示す．

1954 年	高温高圧下での人工ダイヤモンドの合成
1981 年	低圧下での気相からのダイヤモンド膜の合成
1985 年	フラーレン C_{60}（バッキーボール）の発見
1992 年	カーボンナノチューブの合成
2004 年	グラフェンの合成と評価

炭素が示すこの豊かな構造の多様性は，2 つの理由による．1 つは，炭素が示す 3 種類の混成軌道による結合能力である．すなわち，sp 混成（一次元的な配位状態で 1 つの三重結合を含む），sp^2 混成（三角形の配位状態で 1 つの二重結合を含む）および sp^3 混成（四面体的な配位状態で単結合により 4 つの原子と結合）である．2 つ目は，炭素と炭素が容易に結合して鎖状構造を形成する能力，カテネーション（catenation）である．これによりきわめて多様な二次元および三次元構造の骨格を形成する．

上述のとおりグラフェンは，グラファイトの塊から単純な機械的な方法で剝がすことにより初めて得られた．その後，シリコン基板上にのせた良質のグラフェン層試料が得られ，多くの物性測定に供された．以降，グラファイトからグラフェン層の単層あるいは多層を剝離・分離するための数多くの化学的な方法が考案された．これは，現在も進行中の研究テーマであり，不純物を含まない単層あるいは層の数を制御した良質のグラフェンの合成に関する研究が進められている．

良質のグラフェンを合成する 1 つの方法として，先に単層のグラフェン酸化物（GO）を作る方法がある．そのためにはグラファイト粉末を H_2SO_4，$NaNO_3$，$KMnO_4$，H_2O_2 により化学処理した後に，超音波により個々の GO 層に分離し，水の中でコロイド状態に分散させる．単層の GO を，その後ヒドラジン水和物により還元すると，ほとんどのあるいはすべての酸素が除去される．他の還元剤も用いられる．条件を変化させることにより単層だけでなく多層のグラフェンも得られる．他に，Na を含むエタノール中での溶媒熱処理，界面活性剤を含む水（ポリメチルピロリドン）中での GO の超音波処理，マイクロ波による剝離とヒドラジン水和物を用いた GO の還元処理などの方法もある．

気相からのグラフェンの合成方法も数多く考案されている．

・空気中，1050℃ での短時間の加熱による GO の熱的な剝離．
・不活性雰囲気中でのナノダイヤモンドの加熱．
・H_2 の存在下での炭素のアーク蒸着．
・SiC のエピタキシャル熱分解．すなわち，（001）面を最外表面層とする SiC を加熱し，外側にある Si を加熱・除去すると表面にグラフェン層が残る[訳注5]．
・金属（Ni, Cu）基板上への種々の炭化水素の化学気相折出（CVD）[訳注6]．

4.3.8 ■ ソフト化学的手法により合成が容易になった化合物の例：$BiFeO_3$

$BiFeO_3$ は現在大きな関心を集めている貴重なマルチフェロイック物質（multiferroics）である．室温で強誘電性かつ反強磁性であるため，電場と磁場の相互作用に基づく多くの応用可能性をもつ．固相反応により高純度な $BiFeO_3$ を合成することは難しい．なぜならば加熱処理を繰り返しても $Bi_2Fe_3O_9$ および $Bi_{25}FeO_{39}$ が不純物として少量生成するからである．

[訳注5] SiC にはいろいろな多形が存在する．六方晶（4H，6H など）SiC では（001）面が最外表面になるが，立方晶（3C）SiC では（111）面が最外表面になる．

[訳注6] CVD（chemical vapor deposition）に対しては，たいてい「化学気相蒸着」という訳語があてられる．これは，関連する PVD（physical vapor deposition）を「物理気相蒸着」と訳すためであると思われるが，PVD とは異なり，CVD では単純に蒸発して堆積するわけではない．気相中あるいは基板の表面で化学反応が起こり，膜あるいは生成物が結晶成長する．そのため，本書では「化学気相折出」とする．「化学気相反応」「化学気相堆積」「化学気相成長」などともいわれる．

第 4 章　合成，プロセッシング，製造法

　図 7.29 に示す Bi_2O_3–Fe_2O_3 系の相図から，$BiFeO_3$ の単一相の合成が困難である理由がわかる．$BiFeO_3$ は熱力学的には安定相であるが，933℃ で分解溶融し，$Bi_2Fe_3O_9$ と液相が生成する．相図が示す 3 つのビスマスフェライトの中では $Bi_2Fe_4O_9$ がもっとも高い融点をもち，もっとも安定である．混合物中から $BiFeO_3$ の純相を生成するための駆動力は大きくなく，一度 $Bi_2Fe_4O_9$ が生成するとこれを取り除くことは困難である．固相反応では，800℃ 以上の温度における Bi_2O_3 の揮発性，および鉄の価数が変化するために目的としない副産物が生成するというさらなる問題もある．

　多くのソフト化学的な方法が，$BiFeO_3$ の合成のために用いられてきた．それらはすべて，十分に混合されている反応混合物を利用する方法あるいは均一な前駆体を 1 つだけ利用する方法である．例えば，硝酸塩水溶液に水酸化物イオンを加えて沈殿させることにより，十分に混合した水酸化物前駆体が以下の式のように得られる．

$$Bi^{3+} + Fe^{3+} + 6OH^- \longrightarrow Bi(OH)_3 + Fe(OH)_3$$

水酸基を含む沈殿物は，ろ過および乾燥後，加熱分解される．共沈は単純な方法であるが，2 つの構成成分を十分に混合し，同時に均一に沈殿させることは難しい．例えば，構成成分の水酸化物が非常に異なる溶解度をもつと，続いて塩基を加えて沈殿させるときにかなり不均一な水和物が沈殿する可能性がある．この現象は目的とする効果とは逆である．沈殿過程は，注意深く pH を調整することにより制御できる．

　$BiFeO_3$ はゾル–ゲル法により，細粒として，あるいはゾルの粘性を制御することによりきわめて細いファイバーとして合成できる．$BiFeO_3$ は，水熱合成およびマイクロ波を用いた水熱合成により，200℃，30 分間加熱の条件で合成できる．前駆体の均一溶液を用いると，**溶液燃焼合成**(solution combustion synthesis, SCS)により粉末を製造できる．この方法では，金属成分，燃料，および酸化剤のすべてを前駆体溶液中に正確な割合で混合させると，反応で生じる熱により連鎖的に反応が進行して，$BiFeO_3$ が生成する．

　20 kHz から 10 MHz の間の周波数の大出力超音波を加えると，$BiFeO_3$ の水溶液から容易に結晶化できる．この技術は音波キャビテーションに基づいており，こうした分野は音波化学(sonochemistry)として知られている．音波キャビテーションの結果，前駆体溶液中ではナノメートルサイズの溶媒の泡の形成，成長，破裂が起こる．ナノ秒オーダーで泡は破裂してきわめて高温となり，これによって前駆体内部での化学結合が切断され，急激に結晶が成長する．

　液相中での小液滴の形成を利用するもう 1 つの方法に，ミクロエマルション(微細乳濁液)すなわちミセルを作る方法がある．$BiFeO_3$ の合成には逆ミクロエマルション法(reverse microemulsion method)が用いられ，ナノサイズの水滴を内包する界面活性剤が連続的に油相に分散される．前駆体

表 4.3　ソフト化学的手法による $BiFeO_3$ の合成
[出典：R. Safi and H. Shokrollahi, *Prog. Solid State Chem.*, **40**, 6-15(2012)を改変]

合成法	生成物のサイズ範囲(nm)	形状制御	反応温度(℃)	反応時間	焼成温度(℃)
共沈法	30～100	不十分	20～90	数分	550～700
ミクロエマルション法	15～40	良好	20～70	数時間	400
水熱合成法	>100	非常に良好：粉末，紡錘形，ナノサイズの薄板	150～200	数時間/日	—
ゾル–ゲル法	15～150	良好：粉末，ファイバー，ナノチューブ	20～90	数時間/日	400～600
マイクロ波併用水熱合成法	>100	良好：粉末，ナノキューブ	100～200	数分	
メカノケミカル合成	>100	ほぼ良好：粉末	～25	数時間	—

を含む水の小液滴は，BiFeO₃ 合成のためのミクロ反応器としてふるまうと考えられる．

BiFeO₃ を合成するための方法の実例，実験条件，生成物の特性を**表 4.3** にまとめた．

4.3.9 ■ 溶融塩法

溶融塩法（molten salt synthesis, MSS）では，アルカリハロゲン化物，炭酸塩あるいは硫酸塩などの低温で溶融する水溶性の塩が液体媒体として用いられる．1 つあるいは複数の反応物はこの塩に溶けるが，目的とする最終生成物は不溶である．塩の組成にもよるが，液相により反応種は低温（300～800℃）で拡散しやすくなり，固相反応よりもずっと低い温度かつ短時間で，良質な生成物を得ることができる．反応の最終段階で溶融塩を溶かすと，固相の生成物が残る．

MSS には一般的に受け入れられている 2 つの機構があり，いずれも反応物の相対的な溶解度に基づいている．溶解－沈殿の過程では，最初はすべての反応物が溶けており，生成物は反応後に沈殿する．テンプレートをともなう成長では，1 つの反応物は溶解せずにテンプレートとして作用し，生成物はそのテンプレート上で形成され，成長する．この方法では反応条件の制御により反応機構の制御が可能であり，最終目的生成物の粒径および形態を制御することができる．多くの複酸化物が MSS により作られている．LaAlO₃ は KCl–KF の液体混合物中で 630℃，3 時間で合成でき，MgAl₂O₄ は混合塩化物の融体相内で 1100℃，3 時間で合成できる．他の例としては，CaZrO₃, Yb₂Ti₂O₇ の合成や，TiC のコーティングがあげられる．

4.4 ■ 気相法

4.4.1 ■ 気相輸送法

気相輸送法（vapor phase transport method）の重要な特徴は，最終的な生成物に含まれる元素の少なくとも 1 つが気化しやすい不安定な中間体を形成することである．新しい化合物の合成や，単結晶の成長あるいは化合物の精製に用いられる．温度勾配をつけることで気相を経由した化学輸送を行う．**図 4.13**(a) に示すようにシリカガラスのような反応管内の一端に反応物質（A）を入れ，真空封入ある

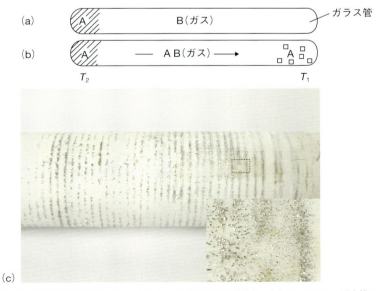

図 4.13 (a, b) ガス状の中間体 AB を介した A の輸送および結晶化．(c) セラミックス反応管の一部分．白金線が蒸発し，反応管に輸送された後，白金の単結晶が堆積した．

いは微量の輸送剤（B）とともに封入する．反応管は，温度勾配が例えば $50\sim100℃$ に設定されているような炉の内部に置く．もっとも単純な場合として，A と B が反応して気体状の中間体 AB を生じる場合を考える．AB は反応管全体に行きわたり，A は反応管の低温部あるいは高温部に堆積する（**図 4.13**(b)）．

この方法は，A, B および AB の間の可逆的な平衡に依存する．

$$A(s) + B(g) \xrightleftharpoons{K} AB(g)$$

この方法には，平衡定数 K が小さい反応を用いる．もしゼロならば，AB は生成せず，気相輸送は起こらない．また，もし非常に大きければ AB は安定であり，以後の過程で分解は起こらない．AB の生成にともなう反応が吸熱反応である場合，AB は高温側で生成し，低温側で分解する．つまり，平衡は昇温につれて右側に移動し，降温につれて左側に移動する．反応が発熱反応の場合，上記と逆の現象が起こる．したがって，A が高温側の端か低温側の端にくるように反応管を配置する．K は温度の関数であるから，ガス種の AB の濃度は反応管の長さに応じて分布する．この濃度勾配がガス種の拡散の駆動力となり，化学輸送がもたらされる．

化学輸送に用いられる吸熱反応の一例として，$1200℃$ 以上でのガス状の PtO_2 の生成反応をあげる．

$$Pt(s) + O_2 \rightleftharpoons PtO_2(g)$$

PtO_2 は低温側に拡散し，きれいな結晶形態をもつ金属白金が堆積する．白金の発熱体をもつ炉では，しばしば低温部の炉壁に白金の結晶の堆積が見られる．この結晶は気相により輸送が起こっている証拠である．筆者の実験室で得られたすばらしい（しかし高価な！）実例を**図 4.13**(c)に示す．

ファンアルケル法（van Arkel method）は，金属を精製する方法であり，金属とヨウ素の発熱反応を利用して，分子状のヨウ化金属を生成する．例えば，以下のような反応がある．

$$Cr + I_2 \rightleftharpoons CrI_2(g)$$

CrI_2 の生成は発熱反応であるので，Cr 金属はより高温側で堆積する．この方法により，Ti, Hf, V, Nb, Cu, Ta, Fe, Th が精製される．また，この方法を応用することにより，炭化物，窒化物，および酸化物から金属を抽出することができる．

モンド法（Mond method）はニッケル金属の精製に用いられる方法で，Ni と CO との発熱反応により，分子状のテトラカルボニルニッケル $Ni(CO)_4$ を生成する．

$$Ni + 4CO \xrightleftharpoons[230℃]{50℃} Ni(CO)_4(g)$$

この方法は，かつて不純なニッケル金属から高純度ニッケル金属を抽出するために用いられていた工業プロセスであるが，ニッケルによる環境汚染および人に対する CO と $Ni(CO)_4$ の毒性により利用されなくなっている．しかし，この反応は，化学気相輸送法の良い例である．

化学気相輸送法を少し変形させた高度な方法として，2 つの物質を温度分布に従って反対方向へ輸送させる方法がある．これは一方の反応が発熱反応で，もう一方が吸熱反応である場合に可能となる．例えば，気相の I_2 と H_2O を用いて WO_2 と W を分離することができる．この場合，W は $1000℃$ で，WO_2 は $800℃$ で堆積する．反応は以下のとおりである．

$$WO_2(s) + I_2(g) \xrightleftharpoons[800℃]{1000℃} WO_2I_2(g)$$

$$W(s) + 2H_2O + 3I_2(g) \xrightleftharpoons[800℃]{1000℃} WO_2I_2(g) + 4HI(g)$$

もう 1 つの例は，輸送剤として HCl を用いる Cu と Cu_2O の分離である．反応は以下のとおりである．

$$Cu_2O(s) + 2HCl(g) \underset{900℃}{\overset{500℃}{\rightleftarrows}} CuCl(g) + H_2O(g)$$

$$Cu(s) + HCl(g) \underset{500℃}{\overset{600℃}{\rightleftarrows}} CuCl(g) + \frac{1}{2}H_2(g)$$

Cu_2O からは発熱反応により，Cu からは吸熱反応により CuCl が生成する．Cu_2O は高温側に，Cu は低温側に堆積する．

上記の例は輸送される反応物質と生成物が同じである単純な例である．実際には，例えば以下のように，輸送とその後の反応が組み合わされる例もある．

$$T_2 \text{ では：} \qquad A(s) + B(g) \longrightarrow AB(g)$$

$$T_1 \text{ では：} \qquad AB(g) + C(s) \longrightarrow AC(s) + B(g)$$

$$\text{全体としては：} A(s) + C(s) \longrightarrow AC(s)$$

この方法を利用して，二元系，三元系および四元系の化合物を合成する多くの例が知られている．その例は以下のとおりである．なお，シェファー(Schäfer, 1971)は，気相輸送法による物質合成のパイオニアである．

(1) Ca_2SnO_4 の合成

Ca_2SnO_4 の合成では，CaO と SnO_2 はゆっくりと反応して，次式のように Ca_2SnO_4 を生成する．

$$2CaO + SnO_2 \longrightarrow Ca_2SnO_4$$

CO ガスの存在下で SnO_2 はガス状の SnO に変換され，化学的に輸送される．

$$SnO_2(s) + CO \longrightarrow SnO(g) + CO_2$$

その後，CaO および CO_2 と反応して Ca_2SnO_4 および CO を生成する．

(2) $NiCr_2O_4$ の合成

NiO と Cr_2O_3 の反応では，酸素の存在下でガス状の CrO_3 が生成して NiO 側に移動するために，反応速度は加速される．

$$Cr_2O_3(s) + \frac{3}{2}O_2 \longrightarrow 2CrO_3(g)$$

$$2CrO_3(g) + NiO \longrightarrow NiCr_2O_4(s) + \frac{3}{2}O_2$$

(3) Nb_5Si_3 の合成

金属の Nb と SiO_2 は，真空中では，1100℃ でも反応しない．しかし，微量な H_2 の存在下では，ガス状の SiO が生成して Nb 側に移動し，以下の反応が進む．

$$SiO_2(s) + H_2 \longrightarrow SiO(g) + H_2O$$

$$3SiO(g) + 8Nb \longrightarrow Nb_5Si_3 + 3NbO$$

I_2 の存在下でガス状の NbI_4 が生成して SiO_2 側に移動することを利用した別の方法もある．

第4章　合成，プロセッシング，製造法

$$Nb(s) + 2I_2 \longrightarrow NbI_4(g)$$

$$11NbI_4 + 3SiO_2 \longrightarrow Nb_5Si_3 + 22I_2 + 6NbO$$

（4）Al_2S_3 の合成

　　Al と S は 800℃ でゆっくりと反応する．液体の Al は Al_2S_3 の被膜に覆われており，S が拡散浸透するのを妨げる．しかしながら，I_2 の存在下では，100℃ の温度勾配を付けた 700℃ の低温部分で Al_2S_3 が剥がれて無色の Al_2S_3 結晶が成長する．Al_2S_3 は，気体状の AlI_3 となり，効果的に移動する．

$$2Al + 3S \longrightarrow Al_2S_3$$

$$Al_2S_3 + 3I_2 \longrightarrow 2AlI_3(g) + \frac{3}{2}S_2(g)$$

（5）Cu_3TaSe_4 の合成

　　Cu, Ta, Se を I_2 の存在下 800℃ で加熱すると物質移動が起こり，750℃ の温度部分で Cu_3TaSe_4 が生成する．おそらく，気体状のヨウ素を含む中間体の移動によるものであろう．

（6）$ZnWO_4$ の合成

　　ZnO および WO_3 を Cl_2 の存在下で 1060℃ で加熱すると，気体状の塩化物中間体が生成して移動し，$ZnWO_4$ の結晶が 980℃ の温度域で堆積する．

　上記の例から輸送剤としてのガス相の存在の重要性および輸送後の化学反応への影響がわかる．気体は運動性が高いので，固体よりも速やかに反応する．実際，気相は温度一定の条件のもとでの通常の「固相」反応においてもしばしば重要であり，物質を反応混合物のある領域から他の領域への速やかに移動させる手段となる．

4.4.2 ■ 化学気相析出法

　化学気相析出（chemical vapor deposition, CVD）**法**は産業的（特にエレクトロニクス）に用いられる高純度な薄膜およびコート膜の作製のために非常に重要な方法である．また，科学的な基礎研究にも重要である．CVD の概念は単純である．目的とする元素を含む前駆体分子が気相中で分解され，生成物は薄膜として近傍にある対象物の上に堆積する．

　初期の研究では，単純な前駆体である SiH_4 のような揮発しやすい，不安定な水素化物および $Al(CH_3)_3$ のようなアルキル金属に焦点があてられた．単体元素を堆積させる場合には1種類の前駆体だけが必要であるが，$GaAs$ のような化合物の場合には前駆体の混合物が必要である．別の方法として，複数の対象元素を正確な割合で含む前駆体を1つだけ利用する方法がある．この方法では，不純物を含まない目的とする生成物にきちんと分解する有機金属分子の入念な設計が必要である．

　CVD に関連して種々の略記が用いられている．例えば，MOCVD の MO は, metal-organic を表し，有機金属の前駆体が関与する CVD である．前駆体は種々の方法，例えば，熱あるいは光照射（$h\nu$）により分解される．いくつかの例を示す．

$$Si(CH_2CH_3)_4 + 14O_2 \longrightarrow SiO_2 + 8CO_2 + 10H_2O$$

$$GeH_4 \xrightarrow{\;h\nu\;} Ge + 2H_2$$

4.4　気相法

$$CrCl_2 + H_2 \xrightarrow{600℃} Cr + 2HCl$$

$$W(CO)_6 \longrightarrow W + 6CO$$

$$Fe(C_5H_5)_2 + \frac{7}{2}O_2 \longrightarrow Fe + 10CO + 5H_2O$$

$$Ga(CH_3)_3 + AsH_3 \xrightarrow[hv]{熱} GaAs + 3CH_4$$

　多層の半導体デバイスを組み立てるには，正確な結晶構造の配列および層間の整合性をもつ膜が必要であり，そのための成長方法としては**有機金属気相エピタキシー**(metal-organic vapor-phase epitaxy, MOVPE)法が必須である．

　前駆体分子に関連する一般的な問題は，以下のとおりである：(1)アルキル金属の自然発火性，(2)アルキル金属の水との反応性(この現象は最終生成物である薄膜への酸素の汚染をもたらす可能性がある)，(3)水素化物の有毒性，(4)成長膜として堆積する前に，反応チャンバー内で起こる反応生成物の核生成(*snowing effect*；アルキルが不飽和な配位状態を有するため V 族および VI 族の電子対供与性水素化物と容易に反応することにより起こる現象)，(5)目的とする化学量論比および均一性をもつ膜を得るために前駆体を正確な割合で混合することが必要であること，(6)反応物の揮発性と反応性の変化である．しかしながらこれらの問題は解決不可能ではなく，例えば，良質な GaAs 膜がデバイスとして利用されている．

　単一で利用できる新たな前駆体の開発も続けられている．MOCVD に用いるためには，揮発性が高く，安定な配位子をもち(炭化を防ぐため)，金属と配位子をきれいに熱分解するうえ(目的とする化学量論性をもつ生成物を得るためおよび汚染を防ぐため)，毒性の低い物質が求められる．単一の

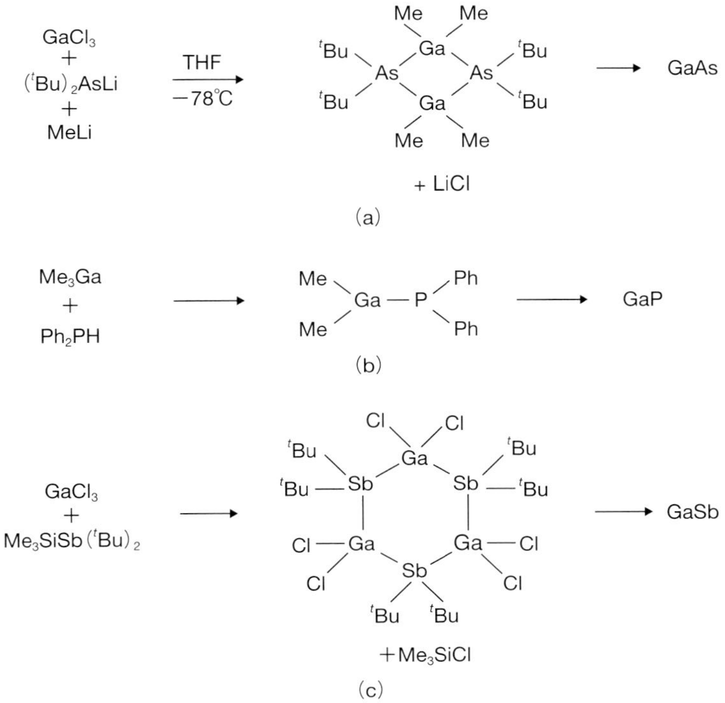

図 4.14　MOCVD のための単一前駆体分子.

209

第4章 合成，プロセッシング，製造法

前駆体には，前反応や snowing effect が減少し，アルキル金属よりも配位数的に不飽和ではないために酸素や水に対する反応性が低下するなどの利点がある．

単一の前駆体およびそれらの合成・分解物の例を**図 4.14** にいくつか示した．次に，CVD 法で得られる産業面できわめて重要な 2 つの物質を取り扱う．

4.4.2.1 ■ アモルファスシリコン

アモルファスシリコン（a–Si）は，光伝導性を利用する種々の技術において鍵となる物質である．これらの技術が実用化されるにあたって決定的となった成果は，スコットランド・ダンディ大学の物理学者スペアー（Spear）とル・コンバー（Le Comber）による発見である．彼らは，水素を不純物として含む a–Si は，結晶性 Si と同様に，不純物を添加することにより n 型あるいは p 型となることを明らかにした．このことと大面積の薄膜形成が可能であることが結びついて，コピー機あるいはソーラーパネルへの応用に発展した．

最初に，結晶性 Si の特性についておさらいしよう．バンドギャップは～1.1 eV で，例えば P あるいは Al を添加することにより n 型あるいは p 型を作ることができる（図 8.11 と図 8.12 を参照）．種々のデバイスへ応用するため，例えば p–n 接合を作るためには，高純度で欠陥のない，p 型と n 型のそれぞれにドープされた結晶が必要である．結晶性 Si は，塊状の単結晶を切り出した薄いウェハーとして利用するか，エピタキシー層として調製したものが利用される．しかしながら，利用できるほどの高品質な単結晶が成長できるサイズには実際上の限界がある．

CVD 法により作られる大面積の Si の薄膜は通常，アモルファス状態である．初期には p 型あるいは n 型を形成させるために III 族あるいは V 族の元素の添加が試みられたが成功せず，不純物を添加しても電気的性質に与える効果は小さかった．

不純物として水素が添加された a–Si は，予想だにしない偶然の結果から発見され，これにより a–Si の技術および応用が生み出された．前駆体として SiH_4 を用いたときに，CVD チャンバー内で RF プラズマ（高周波プラズマ）の作用により分解され，水素化したアモルファス Si（つまり a–Si : H）が生成したのである．純粋な a–Si とは異なり，a–Si : H では，不純物の添加により n 型および p 型となる．

a–Si と a–Si : H の違いを**図 4.15** に示した．a–Si と a–Si : H はともにランダムに 4 配位した Si 原子のネットワークから形成されている．つまり，非結晶性のダイヤモンド構造に類似している．ダイヤモンドの結合は，原子間の電子対による共有性の結合である．a–Si では，ダイヤモンド構造の一部の結合が切断された 3 配位の Si 原子が形成されるため，1 つの不対電子が残る（**図 4.15**(a)）．この不対電子は，「ダングリングボンド（dangling bond）」とよばれ，容易に共有性の結合を形成し，a–Si : H では Si–H 結合となる（**図 4.15**(e)）．バンド構造を**図 4.15**(b)および(f)に示す．結晶性 Si と同様に価電子帯と伝導帯が存在するが，a–Si では，ダングリングボンドにより禁制帯内にいろいろなエネルギーをもつ不連続な局在状態ができる．これらの状態は，a–Si に添加物を加えて n 型あるいは p 型を作ろうとした際には，トラップの作用をする．つまり，n 型（V 族）のドープにより供与された電子は，最初は伝導帯に入るが，続いてダングリングボンドによる禁制帯内の準位に落ち込む（**図 4.15**(c)）．同様に a–Si を p 型にしようとしても，禁制帯内の電子が価電子帯内に発生した正孔の準位に落ち込むためにうまくいかない（**図 4.15**(d)）．

a–Si : H のバンド構造は a–Si とは異なり，禁制帯内にはダングリングボンドによる準位は存在しない（**図 4.15**(f)）．その結果，a–Si : H では不純物の添加により，n 型あるいは p 型を作ることができる．

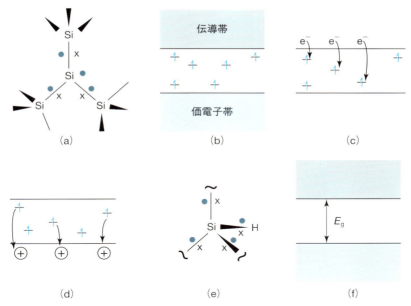

図 4.15 (a) a-Si 中の 3 配位の Si 原子. (b) 禁制帯内に局在状態をもつバンド構造. (c, d) 禁制帯内の状態がトラップとして作用する様子. (e) a-Si : H の構造内の Si–H 結合. (f) 禁制帯内に状態をもたない a-Si : H のバンド構造.

4.4.2.2 ■ ダイヤモンド膜

人工ダイヤモンドは,1950 年代に米国のゼネラルエレクトリック社の科学者により初めて作られた.炭素の相図(**図 4.16**(a))に基づけば,ダイヤモンドは高温・高圧下でのみ平衡状態にある熱力学的に安定な多形である.ダイヤモンドを合成するためには 1500℃,6 GPa という極限的な条件が必要である((a)の HPHT 領域).得られた「工業用」ダイヤモンドは,例えば機械工作用工具のチップに利用されている.当時はダイヤモンド合成のためには,高温・高圧が不可欠であり,相図によって課せられる制限からは逃れられないと思われていた.しかし,今や状況は完全に変わった.通常のCVD 実験の条件下で,酸素アセチレン炎内で特定の気体混合物を燃やすことによりダイヤモンド膜を作ることができる.膜中の個々の結晶は通常小さく,宝石がもつような特性をもっていないが,その膜は工業的には多くの応用が可能である(**表 4.4** を参照).この理由はダイヤモンドが多くのユニークで有用な性質をもっているためである.

ダイヤモンドの熱伝導度は銀のような金属よりは数倍大きいが,電気的には絶縁体である.したがって絶縁性放熱板として利用できる.ダイヤモンドは現在までに得られている物質の中で最高の透明性を赤外領域で有しており,赤外光透過性の窓およびレンズに応用されている.安価に,かつどのような形状にも加工できるならば,これらの性質を,伝説にも登場するような硬さ(モース硬度 10),化

表 4.4 ダイヤモンドコーティングの特性と応用範囲

特 性	応 用
硬度	機械工作用の工具
低熱膨張	電子回路基板
高熱伝導度	研磨材
半導体(不純物添加)	電子デバイス用材料
可視域/赤外域での透明性	窓材/レンズ
耐放射線	マイクロ波用のデバイス
大きい屈折率	電気光学用デバイス

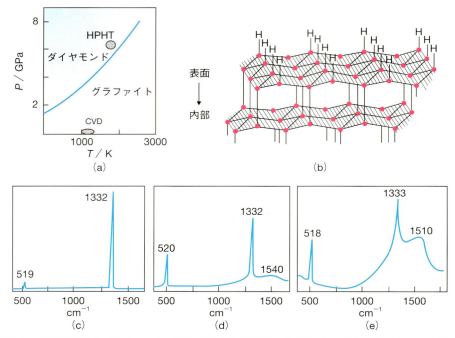

図 4.16 (a) 炭素の相図．(b) ダイヤモンド膜表面および成長機構の模式図．(c～e) 種々の特性をもつダイヤモンド膜のラマンスペクトル．

学的耐性および放射耐性と組み合わせれば，技術的に特別な価値のあるものとなる．

ダイヤモンドの CVD 合成のためには，炭化水素の前駆体としてメタン（CH_4），アセチレン（C_2H_2）および水素が必要であり，またマイクロ波，熱あるいは高周波誘導加熱のような活性化の手段が必要である．一般的には 600～1000℃，10 kPa の減圧下で反応は行われ，反応容器内に置いたスライドガラスのような基板上に成長速度 1～10 μm h^{-1} で成長する．この反応ではグラファイトを経由せず，気相から固体成長界面へダイヤモンドが直接堆積する．表面の自由エネルギーはバルク固体とは非常に異なり，堆積は表面状態により制御される．ある特定の条件下では，速度論的にはグラファイト構造よりもダイヤモンド様の構造を形成した方が炭素原子は堆積しやすい．そのため，上述した熱力学的な平衡条件に基づく相図による制限から逃れることができる．結果として得られるダイヤモンドは準安定状態にあり，図 7.2 に示す熱力学的な平衡状態下にはない．しかしこのことはすべてのダイヤモンドについて共通しており，ダイヤモンドの宝石でも同じである．ご婦人の皆様，ダイヤモンドを定期的に点検する際に，ダイヤモンドが自発的にすすには変化していないことを確認してください．熱力学的にはすすになるはずですが，実際にはすすにはなりません！

ダイヤモンドが気相から成長する機構を**図 4.16**(b) に示した．ダイヤモンドでは炭素は四面体的に配位された sp^3 混成であり，ダイヤモンドの最外層は C–H 結合からなる結晶子の薄膜であると考えられる．CVD 容器内の混合ガスの中で重要な成分は水素分子であり，「活性化状態」においては原子状水素あるいは水素ラジカル H$^•$ に解離している．これらのラジカルはダイヤモンド表面から H 原子を引き抜き，表面上にはアセチレンのような化学種と容易に反応する炭素ラジカルが残る．

$$-C-H + H^• \longrightarrow -C^• + H_2$$

$$-C^• + C_2H_2 \longrightarrow C-CH=CH^•$$

このようにダイヤモンドの表面は炭化水素種が順々に付着することにより成長し，表面を再構成しながら，新たな表面（これはダイヤモンド構造をもつ）を生じる．他の有機ラジカルや有機分子もまたダイヤモンド核の生成と成長に用いられる．その反応機構を十分に理解するためにはさらなる研究が必要である．

ダイヤモンド膜の特性を評価するために有益な方法はラマン分光である．sp^3 混成の炭素は 1332 cm^{-1} に特徴的なピークを，sp^2 混成の炭素は 1500～1600 cm^{-1} に幅の広いバンドを示す．図 4.16 に種々の特性をもつ 3 つの薄膜のスペクトルを示した．図 4.16(c) は良質な膜，図 4.16(d) はいくらかグラファイト的な不純物を含むが主にダイヤモンド状の特性をもつ膜，図 4.16(e) はダイヤモンド状とグラファイト状の混合物の膜．これは無機固体の同定法としてラマン分光がすぐれた方法であること示す例でもある（第 6 章を参照）．

4.4.3 ■ スパッタリングと蒸着

スパッタリング（sputtering）に用いられる装置の概略を図 4.17(a) に示した．基本的には，Ar あるいは Xe の不活性ガスを含む 1～10 kPa に減圧されたベルジャー（ガラス鐘）から構成される．気相には数 kV の電圧を与えてグロー放電させ，陽イオンをカソード（ターゲット陰極）に向かって加速させる．この高エネルギーの陽イオンによりカソードから物質を叩き出すと（これをスパッタという），この物質はカソードに対して適当な位置に置かれた基板上にコーティングされる（基板だけでなくアノードの周囲もコーティングされる）．スパッタリングでは，気相中のイオンの運動量がカソードへ移動し，原子あるいはイオン状態がカソードから放出される．最近のスパッタリング装置はいろいろな改良が施されており，例えば不活性ガスあるいはイオンによる基板の汚染を半永久的に防ぐことなどができる．

図 4.17(b) にはより単純な方法である真空蒸着法の装置を示す．真空蒸着法は，10^{-1} Pa 以下の高真空下で行われる．加熱あるいは電子の衝撃により気相中に移動した物質は基板上あるいはその周辺上に薄膜として堆積する．以下のように，いろいろな種類の基板が目的に応じて採用されている．エレクトロニクスでは，基板は機械的な支持体および電気的な絶縁体という役割をもつ．一般的には，Al_2O_3，ガラス，アルカリハロゲン化物，Si, Ge などが用いられる．蒸発源に用いられる物質は，金属，

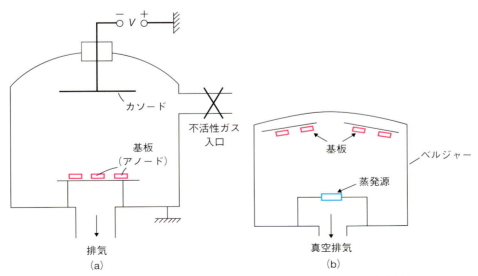

図 4.17 薄膜を析出させるために用いられる (a) スパッタ装置と (b) 真空蒸着装置．

合金，半導体，絶縁体および無機塩である．蒸発源は，高温に耐え，かつ気化する物質に対して化学的に不活性な，例えば W, Ta, Mo のような物質からなる容器上に置かれる．

しばしば蒸着の前には基板の表面を完全に清浄にすることが重要であり，洗剤中での超音波洗浄，アルコール中での脱脂，真空中での脱気などの後，最終的にイオン照射による基板からの表面層の除去などが行われる．このように表面をきれいにすることは基板表面へ膜の密着性を良くするために，また要求される高い純度を得るために必要である．

4.4.4 ■ 原子層堆積法

原子層堆積法(atomic layer deposition, ALD)（あるいは**原子層エピタキシー**(atomic layer epitaxy, ALE)）はとりわけ，マイクロエレクトロニクスのために，ナノメートルの厚みをもつコンフォーマルな膜(すなわち，基板の形状と輪郭に正確に沿った膜)を作る際に用いられる．2つの自己制御される相補的な反応が連続的に行われ，1回の反応ごとに単原子の層がゆっくりと積み上げられる．図 4.18 に TiO_2 膜の堆積の例を示す．2つの出発物質は，$TiCl_4$ と H_2O である．基板を最初に $TiCl_4$ と接触させ，その単分子層が堆積させる．過剰な $TiCl_4$ は反応容器から除去し，次いで H_2O ガスと接触させると，基板上の Ti–Cl 結合は Ti–OH 結合に置き換わる．その後，過剰な H_2O ガスは除去する．この周期を繰り返し，設計された必要な厚みをもつ膜を形成する．

そのため，ALD では，詳細な化学吸着および反応過程はしばしば明らかでないにもかかわらず，単純な方法で驚くほど良い膜が得られる．単分子層形成の1サイクルでの温度制御が重要である(自己制御式であるため)．膜の厚みは反応のサイクル数にのみ依存するので他の CVD 法よりも正確に制御が可能である．

ALD の主要な産業上の応用は，薄膜エレクトロルミネッセンスのフラットパネルディスプレイ (thin-film electroluminescent flat-panel display, TFEL)用の薄膜の製造である．黄色に発光する Mn^{2+} 添加 ZnS と青色／緑色に発光する Ce^{3+} 添加 SrS を交互に積層することにより白色発光が得られる．また，大面積をもつ多孔性の触媒担体，例えば，γ–Al_2O_3 および SiO_2 の表面コーティングにも用いられる．

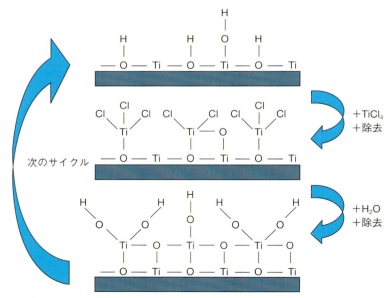

図 4.18 ALD による TiO_2 膜の堆積．
「M. Leskelä and M. Ritala, *Angew. Chem., Int. Ed.*, **42**, 5548–5554 (2003) より許可を得て改変」

4.4.5 ■ エアロゾル合成と噴霧熱分解法

細かい粉体と薄膜の作製のために工業的に重要な方法として**噴霧熱分解法**(spray pyrolysis)があげられる.装置は単純で容易にスケールアップできるため,大量生産が可能である.噴霧熱分解法は,バッチプロセスではなく連続プロセスである.この方法では噴霧器内でエアロゾル(気体に分散させた固体あるいは液体の小滴)が作られ,気体により炉に送られて熱分解される.これと原理的には同じであるが変法として**超音波噴霧熱分解法**(ultrasonic spray pyrolysis, USP)がある(**図 4.19**).高周波の超音波により液状の前駆体溶液からマイクロメートルサイズのエアロゾル液滴が作られる.炉に送られ

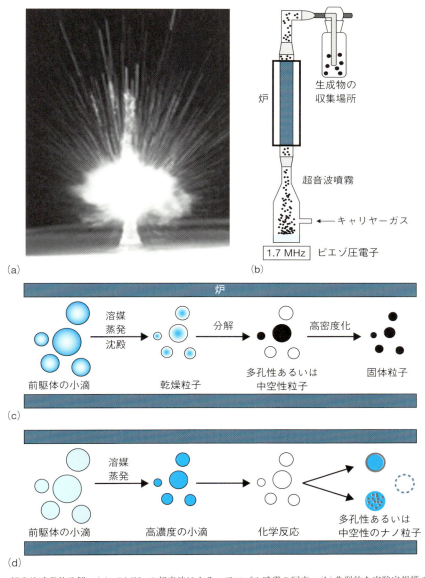

図 4.19 超音波噴霧熱分解. (a) 1.7 MHz の超音波によるエアロゾル噴霧の写真. (b) 典型的な実験室規模の超音波噴霧熱分解の実験系. (c, d) 典型的な超音波噴霧熱分解プロセス.
[写真は K. S. Suslick の厚意により提供:J. H. Bang, Y. T. Didenko, R. J. Helmich and K. S. Suslick, "Nanostructured Materials through Ultrasonic Spray Pyrolysis", *Aldrich Materials Matter*, **7**(2), 15–18 (2012)]

第4章　合成，プロセッシング，製造法

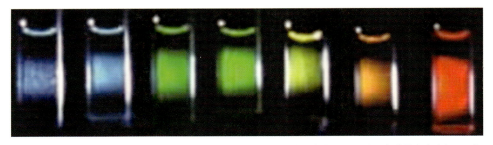

図 4.20 粒径を 2〜4 nm まで変化させた CdSe 量子ドットからの蛍光．粒径は USP 中に炉内温度を変えることにより制御した．
[K. S. Suslick の厚意により提供：J. H. Bang, Y. T. Didenko, R. J. Helmich and K. S. Suslick, "Noanostructured Materials through Ultrasonic Spray Pyrolysis", *Aldrich Materials Matter*, **7**(2), 15–18(2012)]

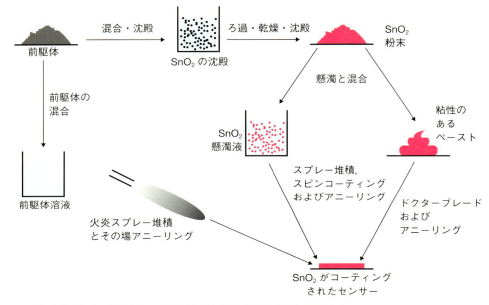

図 4.21 SnO_2 ガスセンサーの製造法．湿式法と噴霧熱分解法を比較した．
[R. Strobel and S. E. Pratsinis, *J. Mater. Chem.*, **17**, 4743(2007) より許可を得て転載]

たエアロゾルの小滴は，実効的にはマイクロリアクターになる．溶媒の蒸発に続いて，残った固体の化学反応あるいは溶媒が蒸発してそのまま直接沈殿する．

　さまざまなナノサイズの物質が USP により合成される．ナノ多孔性の酸化物，硫化物，大表面積をもつ炭素，半導体量子ドット（quantum dot, QD）および伝導性メタルインクなどがあげられる．量子ドットはナノ粒子であり，その特性は物理的な大きさによって決まる．例えば，CdSe 量子ドットのバンドギャップは粒径に依存する．USP の過程で炉の温度を変えることにより，粒径は調整できる．バンドギャップにより可視光領域での光吸収スペクトルを制御でき，**図 4.20** に示したように色を変えることができる．量子ドットは，生細胞内での蛍光ラベル剤としても応用され，光酸化と脱色によるブルーシフトを示す．

　噴霧熱分解法は，工業的な応用に数多く利用されており，特に触媒，センサーおよび蛍光・リン光体の薄膜を種々の基板上に作製するために用いられている．**図 4.21** には CO のようなガスの検出へさまざまに応用されている SnO_2 のセンサーの製造法を示す．また，噴霧熱分解法により TiO_2 から触媒担体および光触媒が製造されており，セルフクリーニングガラスに応用されている．

4.5 ■ 高圧法

現在，静的な圧力発生法では，室温でも高温でも数十 GPa の圧力まで到達できる．衝撃波圧縮法を用いると到達圧力の範囲をさらに広げることができる．高圧法の実験方法としては，試料を 2 つのピストンあるいはラム（圧縮テコ）の間で圧縮する（そのうちの一方は固定し，もう一方は油圧ジャッキにつなぐ）単純な対向アンビルを用いる方法から，3 つあるいは 4 つのアンビル（四面体形のアンビルなど）あるいはラムを採用するより複雑な方法までさまざまである．

高圧下で合成される相は常圧下よりも高密度であり，この結果，通常では得られない大きな配位数の相を生じる．例えば，SiO_2 あるいはケイ酸塩中の Si の配位数はごくまれな例を除いて 4 である．10〜12 GPa では高圧相のスティショバイト（SiO_2）が生成する．これはルチル構造をとり，Si の配位数は 6 で，Si は八面体の中心に存在する．高圧下で配位数が増大する他の例を**表 4.5** に示した．

高圧下では Cr^{4+}, Cr^{5+}, Cu^{3+}, Ni^{3+}, Fe^{4+} のような通常では得られない酸化状態のイオンを得ることができる．Cr は通常，八面体中の Cr^{3+} および四面体中の Cr^{6+} の状態にある．しかしながら，八面体中の Cr^{4+} を含む種々のペロブスカイト，例えば $MCrO_3$（M = Ca, Sr, Ba, Pb）が高圧下で合成されている．工業的に重要な高圧法の応用は，グラファイトからの人工ダイヤモンドの合成である．

表 4.5　単純な固相の高圧下での多形

固　体	構造と配位数	典型的な転移条件		高圧相の構造と配位数
		相転移圧力/GPa	温度/℃	
炭素	グラファイト，3	13	3000	ダイヤモンド，4
CdS	ウルツ鉱，4 : 4	3	20	岩塩，6 : 6
KCl	岩塩，6 : 6	2	20	塩化セシウム，8 : 8
SiO_2	石英，4 : 2	12	1200	ルチル，6 : 3
Li_2MoO_4	フェナサイト，4 : 4 : 3	1	400	スピネル，6 : 6 : 4
$NaAlO_2$	規則構造をもつ	4	400	規則構造をもつ
	ウルツ鉱，4 : 4 : 4			岩塩，6 : 6 : 6

4.6 ■ 結晶成長

結晶は気相，液相あるいは固相から成長させることができる．しかしながら，応用あるいは物性測定のために用いられる大きさの結晶を得るためには，通常は前二者の方法が用いられる．水熱合成および気相輸送法による結晶成長については 4.3.5 節および 4.4.1 節で述べた．以下に他の方法について述べる．

4.6.1 ■ チョクラルスキー法

チョクラルスキー法(Czochralski method)は，融点よりわずかに高い温度に維持されている液相の表面に種結晶を接触させて，液相と同じ化学組成の結晶を成長させる方法である．**図 4.22** に示したように種結晶をゆっくりと液相から引き上げると，種結晶と結晶学的に同じ配向をもつ棒状の結晶が成長する．通常，結晶を引き上げる際には，それと同時に成長結晶と融体を反対方向に回転する．この方法は，Si, Ge, GaAs などの半導体の結晶成長に用いられ，As, P などの気化を防ぐために，高圧の不活性ガス雰囲気で行われる．チョクラルスキー法は Nd 添加 $Ca(NbO_3)_2$ のようなレーザー材料の製造にも用いられている．

4.6.2 ■ ストックバーガー法およびブリッジマン法

ストックバーガー法(Stockbarger method)および**ブリッジマン法**(Bridgman method)も，同じ化学組成をもつ融体からの固化現象により結晶を得る方法である．しかし，低温部で結晶化が起こるような温度勾配をもたせ，その温度勾配中に融体を通過させることで結晶化は制御する．ストックバーガー法では設定された温度分布内を融体が移動する(**図 4.23**(a))．ブリッジマン法では，ある温度範囲内にある融体を，炉内温度をゆっくりと下げることによって低温とし，結晶化させる(**図 4.23**(b))．両者の利点は，種結晶を用いることができることおよび雰囲気を制御できることである．

4.6.3 ■ 帯域溶融法

帯域溶融法(zone melting technique)はストックバーガー法と関連があるが，炉内の温度分布は，固体試料の微小部分のみが常に溶融するように設定されている(**図 4.23**(c))．最初に，種結晶と接し

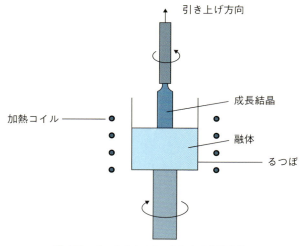

図 4.22 チョクラルスキー法による結晶成長．

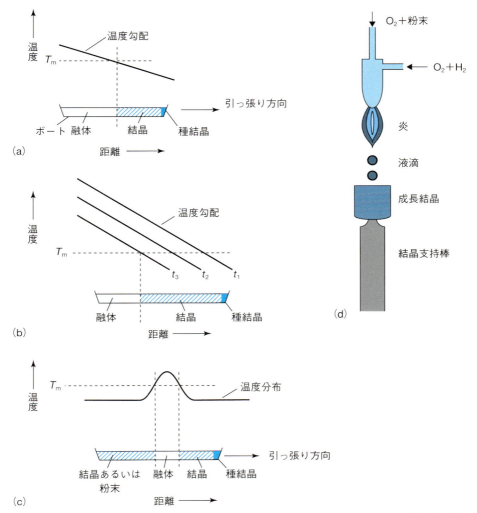

図 4.23 (a)ストックバーガー法.T_mは結晶の融点.(b)ブリッジマン法.時間t_1, t_2, t_3における温度勾配を表す.(c)帯域溶融法.(d)ベルヌーイ火炎溶融法.

ている部分が溶融する.ボートを炉から引き出していくと種結晶の配向を保って結晶が成長し始め,同時に固体は溶融する.この方法は**帯域溶融精製法**(zone refining technique)とよばれるよく知られた固体の精製法である(図 7.23 参照).この方法は,不純物が通常固相よりも液相の方に濃縮することに基づいている.溶融帯域を移動することによって不純物は結晶から掃き出される(swept out).この方法は,タングステンのような高融点金属の精製と結晶化に用いられている.

4.6.4 ■ 液体あるいは融体からの結晶化:フラックス法

上記の方法で得られる結晶の組成は融体と同じであるが,沈殿法は化学組成の異なる溶媒からの結晶成長である.溶媒が目的とする結晶の構成成分1つである場合(例えば,水からの塩の水和物の結晶成長)や,溶媒と液相が完全に分離し,目的とする結晶は液相のみに溶解する場合がある(例えば種々の高融点のケイ酸塩は,低融点のホウ酸塩あるいはハロゲン化物の融液から沈殿される).これらの場合では,溶媒の液相は結晶の融点を実効的にかなり低い温度にすることができるために,**フラックス法**(flux method)とよばれる.

4.6.5 ■ ベルヌーイ火炎溶融法

　ベルヌーイ火炎溶融法(Verneuil flame fusion method)は 1905 年に初めて用いられた方法で，例えばルビーおよびサファイアのような人工宝石などの高融点酸化物の結晶成長に応用されている．出発物は細粒状態であり，酸素水素炎内あるいは高温用のトーチや炉内を通過させる(**図 4.23**(d))．溶融後，液滴は成長過程中の結晶あるいは種結晶の表面に落下し，固化する．この方法は CaO の単結晶成長法に採用されており，この場合約 2600℃ の融点をもつ CaO 粉末を，プラズマトーチを用いて融かしている．

第5章　結晶学と回折法

5.1 ■ 概論：分子性および非分子性固体

5.1.1 ■ 結晶性固体の同定

「いったいこれは何だろう？」ある無機物質を前にして，誰もがまず，当たり前のように抱くのがこの問いである．この問いに答えるために使用する同定手法は，その物質が分子性か非分子性かによって，大きく2つに分かれる．もし，その物質が分子性であるならば，通常，固体であるか，液体であるか，気体であるかにかかわらず，分光学的な方法と化学分析とを組み合わせて行う．すなわち，質量分析法では分子の式量が求められ，分子が質量分析計の中で分解する場合にはその分子の断片の式量が求められる．赤外分光法では，分子の中のカルボン酸，ケトン，アルコールなどの官能基の情報が得られ，NMR分光法により，それらの情報をつなぎ合わせて，その分子の全体像を推察することが可能になる．

もし物質が非分子性で，かつ結晶性であれば，通常は**X線回折**(X-ray diffraction, XRD)測定が行われる．X線回折測定の結果は，必要であれば化学分析により補填される．結晶性固体は，それぞれ固有のX線回折図形を示すので，それを「指紋」のようにして同定に使うことができる．よく知られている無機固体の粉末図形は，粉末回折データベース(*Powder Diffraction File*；5.3.6節で説明)に登録されている．そのため，適切に検索を行えば，未知物質をすばやく，しかも間違いなく同定できる．

いったん物質が同定された後は，もし構造が未知であれば，その構造を決定する．分子性物質であれば，分光学的な測定によって分子の幾何学的な配置を詳細に知ることができる．あるいは，物質が結晶性であればX線結晶構造解析を用いることで，分子がどのように集まって結晶状態になっているかについての情報を得ることができる．分子性物質の場合には，これで同定と構造の決定はほぼ完了である．あとは物性や化学反応性など，その他の性質の解析に注力すればよい．

5.1.2 ■ 非分子性の結晶性固体の構造

非分子性の物質では，「構造」という言葉が，**図5.1**に示すようにまったく別の新しい意味をもっている．まず，当然ながら単位格子およびその中身によって与えられる「結晶構造」を把握する必要がある．しかしながら欠陥や不純物もたいへん重要で，しばしば物質の性質を左右する．特に，ルビー(Cr添加Al_2O_3)の色やレーザー発振動作は，Al_2O_3のコランダム結晶構造中に存在する不純物Cr^{3+}のみに依存する．このような場合，母構造の結晶構造や**平均構造**(average structure)も重要ではあるが，それよりも不純物や欠陥のまわりの**局所構造**(local structure)が性質を左右する．

少し大きなスケールについて見てみると，コロイド(最近ではナノ粒子という流行の呼び方があるようだが)の光学特性は粒子の大きさに依存する．例えば，CdS粒子の色やバンドギャップ，光伝導性は，粒子サイズ，すなわち**ナノ構造**(nanostructure)に依存する．

さらに大きなスケールでは，例えばセラミックスの機械的特性や電気的特性はその**ミクロ構造**(microstructure)によって左右される．ミクロ構造には，結晶粒子のサイズ・形・分布，粒子間の結合，

221

第5章 結晶学と回折法

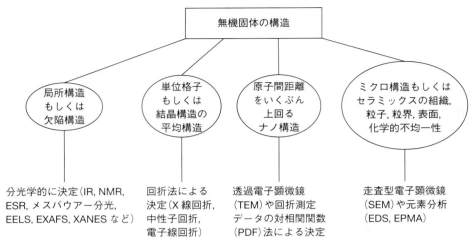

図 5.1 大きさで分類した無機固体の構造の特徴およびその評価に用いられる分析法.

不純物の粒子表面もしくは粒界への偏析などが含まれる. 例を1つあげよう. セラミックスバリスターであるZnOは, 電気的性質がオームの法則に従わないいくぶん特殊な物質である. その性質は, セラミックス中でBiやCoなどの添加物が粒子間の領域で偏析することにより生じる組成の不均一性と関連している.

非分子性の無機物質の構造では, 上に記した中のある性質, もしくはそのすべての性質が重要であろう. すなわち, 数ナノメートルの局所構造から, マイクロメートルスケールのミクロ構造まで, さまざまな階層の構造を考慮する必要がある. こうした「構造」のとらえ方は分子性物質と比較してきわめて対照的である. すなわち, 分子性物質における「構造」は, 主に原子レベルでの原子の配列のみ, あるいは特に医薬品などのような結晶中の分子の充塡の様式のことをいう. 非分子性物質についてはさまざまな階層にわたる構造が重要であるために, 固体を特徴づける (characterization；以下キャラクタリゼーションと訳す) にはさまざまなテクニックが必要になる.

5.1.3 ■ 結晶性固体の欠陥, 不純物, 化学量論組成

分子性と非分子性の物質との間に大きな差違が多数ある主要な理由として, 欠陥と不純物の状態がこれらの物質間で大きく異なっていることがあげられる. 分子性物質には, 欠陥の存在が許されない！すなわち, もしある分子が原子を失ったり, 余分な原子が存在したりすると, その結果生じる分子はもとの分子と大きく異なっていて, 通常の精製過程で分離できるはずである. さらに, そのような「欠陥分子」が存在したとしても, 欠陥のないもとの分子の性質を変えることはないだろう. したがって, 分子は化学式もしくは化学量論組成に正確に固定され, 分子には欠陥は存在しない.

一方, 非分子性物質においては, 欠陥や不純物はほとんど避けることができない. 結晶構造に形成された内因性の欠陥や不純物は容易に取り除くことができず, またそれらは熱力学的な理由から常に存在する. そのような不純物により, 組成は変化して非化学量論 (non-stoichiometry) 組成になり, 母構造の性質はきわめて大きく変化する.

分子性物質と非分子性物質における化学的性質の違いを**表 5.1**に示す. 表には, それぞれに分類される2つの単純な物質を例としてあげる. 分子化学者は, トルエンはたいへんよく理解されている分子であり, そこには驚くべきことは何もない, というだろう. 一方で, 非分子性物質であるアルミナ (酸化アルミニウム) の構造は変化に富み, その性質と応用について, 今もなお多くの研究がなされている.

表 5.1 分子性物質であるトルエン $C_6H_5CH_3$ と非分子性物質であるアルミナ Al_2O_3 の比較

特　徴	トルエン	アルミナ
化学量論組成	固定，$C_6H_5CH_3$	固定，Al_2O_3
不純物	構造中には入らない	容易に添加される
物質の性質の特徴	揮発性液体	粉末，ファイバー，セラミックス，単結晶，膜など その物質の性質および添加物・不純物に依存
応用	溶媒	研磨剤(粉末) 断熱材(サフィル繊維) 絶縁体(薄膜やセラミックス基板) 宝石のルビーやレーザー(Cr 添加) 固体電解質(β-アルミナ)

5.2 ■ 固体のキャラクタリゼーション

固体のキャラクタリゼーションのためには，次の事項を知る必要がある．

(1) 結晶構造：具体的には単位格子の大きさおよび単位格子中に存在する原子の分率座標によって与えられる．
(2) 固体中に存在する欠陥：具体的には欠陥の性質や数，分布．
(3) 固体中に存在する不純物：それらが無秩序に分布しているか，もしくは狭い領域に濃縮して存在しているかなどを含む．
(4) 中間的なスケールでの原子の配列：ナノ構造物質，特に非晶質固体や，構造の詳細がナノスケールで変化しているような結晶性固体の場合．
(5) 粉末かセラミックスか：多結晶固体の場合．結晶粒子の数，大きさ，形，分布なども含む．
(6) 表面の構造：組成の不均一性や吸着した表面層，表面と内部の構造の差違などを含む．

ある固体の完全なキャラクタリゼーションのためには，1 つの手法だけでは十分でなく，さまざまな手法を組み合わせる必要がある．固体のキャラクタリゼーションには，主に 3 種類の物理的手法を用いる．すなわち，回折法，顕微鏡法，分光法である．さらに，熱分析や磁気測定，その他の物理的性質の測定によって有用な情報が得られることもある．本章では，そのなかでも回折法を説明する．他のいくつかの手法については第 6 章で述べる．

X 線回折法は 100 年間にわたって，主に 2 種類の使い方がなされてきた．1 つは結晶性物質の「指紋」として用いることによる同定であり，もう 1 つは物質の構造の決定である．固体化学において主要なテクニックであるため，本章ではもっとも分量を割いて述べよう．やや特殊ではあるが，今日では重要な手法となっている電子線回折法と中性子回折法についても簡潔に解説する．

5.3 ■ X 線回折法

5.3.1 ■ X 線の発生

5.3.1.1 ■ 内殻電子遷移を利用するための実験室レベルでの X 線源

X 線は波長が約 0.1 nm(10^{-10} m)の電滋波である．**図 5.2** に示す電磁波スペクトルの中では，γ 線と紫外線(UV)との間にある．X 線は，例えば 30 kV で加速された電子のような，高エネルギーの帯電した粒子が物質と衝突したときに発生する．発生した X 線スペクトルは，通常 2 つの成分に分けられる．**白色 X 線**(white radiation)とよばれる広い波長分布をもつスペクトルと，特定のいくつかの

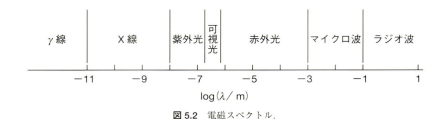

図5.2 電磁スペクトル.

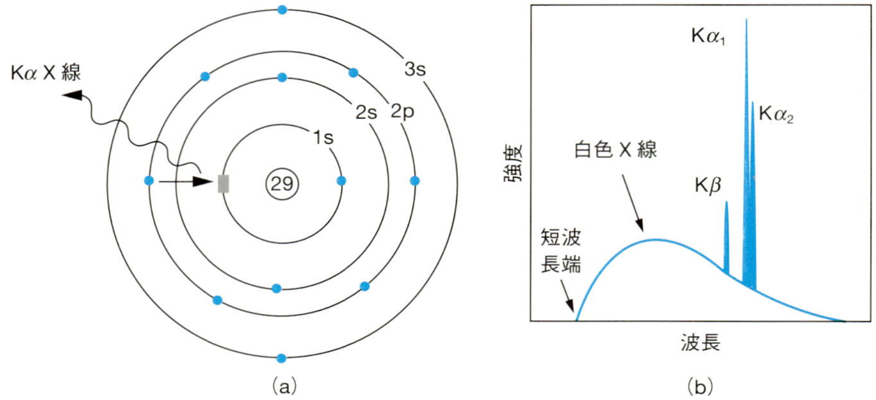

図5.3 (a)CuKα X線の発生. 1s 電子が放出され, 空になった1s 準位（■）に2p 電子が遷移したときに, 余分なエネルギーがX線として放出される. (b)Cu 金属のX線発光スペクトル.

波長をもつ何本かの単色化されたスペクトルである. 白色X線は, 電子が衝突によって速度を落としたり止まったりしたときに失ったエネルギーのいくらかが電磁波に変換されることで発生する. 白色X線の波長は低波長側のある決まった値から, 高波長側へ連続的に変化する. このうちもっとも低波長側の（もっとも高い）エネルギーは, 質量 m, 速度 v の入射電子の運動エネルギーが, エネルギー eV（V は加速電圧, e は電子の電荷）のX線にすべて変換されたときのエネルギーに対応する. 関係式 $E = hc/\lambda$（E はエネルギー, h はプランク定数, c は真空中の光の速度）に対して, 定数を代入した式, $\lambda_{min}/\text{nm} = 1239.8/V$ により, 最小の波長 λ_{min} が計算できる.

実験室での回折実験にはほとんどの場合, 上記とは別の過程によって発生する単色化されたX線（monochromatic X-ray）を用いる. 例えば 30 kV で加速された電子を, 金属の対陰極（ターゲット）に衝突させる. 対陰極には銅を用いることが多い. 入射電子は銅の 1s（K殻）電子のうちのいくつかをイオン化するのに十分なエネルギーをもっている（**図 5.3**(a)）. 外殻軌道（2p もしくは 3p）の電子は, 空になった 1s 準位にすぐに落ち込んで, その準位を占有する. この遷移によって放出されたエネルギーがX線となる. 遷移エネルギーは決まった値であるため, 結果として**図 5.3**(b)に示すような特性X線のスペクトルが得られる. 銅では, 2p→1s 遷移は Kα 線とよばれる 0.15418 nm の波長（二重線の平均波長）, 3p→1s の遷移は Kβ 線とよばれる 0.13922 nm の波長のX線が発生する. 内殻電子の放出とX線の発生を含む電子遷移は図 6.28(b)に示す.

Kα 線を生じる遷移は Kβ 線を生じる遷移に比べて頻繁に起きるため, Kα 線の強度は強く, 回折実験によく用いられる. 実際には, Kα 線は Kα$_1$ = 0.154051 nm と Kα$_2$ = 0.154433 nm の二重線になる. なぜなら, この Kα 線を生じる遷移を引き起こす 2p 電子は 2 つのスピン状態が可能であり, 空になった 1s 軌道への遷移はエネルギーがわずかに異なるためである. 厳密には, 2p 電子は量子数 $j = l \pm s$（l は軌道量子数, s はスピン量子数）で表される全角運動量をもつ. 2p 電子の場合, $l = 1$ で, $j = \frac{3}{2}$ もし

5.3 X線回折法

表 5.2 　対陰極（ターゲット）に用いられる物質の X 線の波長（単位：nm）

対陰極	Kα_1	Kα_2	K$\overline{\alpha}$[a]	フィルター
Cr	0.22896	0.22935	0.22909	V
Fe	0.19360	0.19399	0.19373	Mn
Cu	0.15405	0.15443	0.15418	Ni
Mo	0.07093	0.07135	0.07107	Nb
Ag	0.05594	0.05638	0.05608	Pd

[a] $\overline{\alpha}$ は α_1 と α_2 の強度の重みをつけた平均値.

くは $\frac{1}{2}$ となり，次に示す 2 つの可能な遷移が生じる.

$$2p_{\frac{1}{2}} \xrightarrow{\text{K}\alpha_1} 1s_{\frac{1}{2}} \quad \text{および} \quad 2p_{\frac{3}{2}} \xrightarrow{\text{K}\alpha_2} 1s_{\frac{1}{2}}$$

　X 線回折実験においては，Kα_1 線と Kα_2 線に起因する回折線が分離できないために，二重に分裂した回折線でなく，1 つの線もしくは 1 つのスポットが観測される場合がある（粉末回折計の場合は，低角側の反射がこれに対応する）. 一方，2 つに分裂した反射が観測される場合には，必要であれば，より弱い Kα_2 線を入射線から取り除くこともできる.

　X 線の発生に通常用いられる対陰極の金属について，その Kα 線の波長を**表 5.2** に示す. **モーズリーの法則**（Moseley law）により，波長と元素の原子番号 Z の間には次のような関係がある.

$$\lambda^{-\frac{1}{2}} = C(Z - \sigma) \tag{5.1}$$

ここで，C と σ は定数である. この式から，Kα 線の波長は原子番号の増加とともに減少することがわかる.

　図 5.3（b）に示すように銅のような元素の X 線発光スペクトルには，主に 2 つの特徴がある. 1 つは，原子内の電子遷移によって引き起こされる単一の波長をもつ（単色化された）強いピークが，その元素（銅）に特有の波長をもつことである. もう 1 つは，これらの単色化ピークは，高速電子と物質との相互作用によって発生する「白色」X 線のバックグラウンドと重なって現れていることである. 単色化した特性 X 線を発生させるには，銅の 1s 電子の放出が起こるように，電子を加速する電圧を十分高く（≥ 10 kV）しなければならない（図 6.28（b）参照）.

　X 線を発生させるには，加熱したタングステンのフィラメントから供給される電子のビームを，対陰極に向かって約 30 kV の電圧で加速する（**図 5.4**（a））. 電子を銅の小片が固定されている対陰極に衝突させると，図 5.3（b）に示したような X 線スペクトルが発生する. **X 線管球**（X-ray tube）として知られるその容器内は，タングステンのフィラメントの酸化を防ぐために真空になっている. X 線はベリリウムの「窓」を通って管球から放出される. X 線が物質を通り抜ける際に吸収される度合いは，その物質を構成する原子の質量に依存する. そのため，原子番号 4 のベリリウムが窓材料としてもっとも適している. 同様の理由から，X 線装置をシールドして散乱 X 線を吸収するためには鉛が用いられる. X 線管球が X 線を発生している間は，常に対陰極を冷却する必要がある. X 線に変わるのは入射した電子ビームのほんの一部にすぎず，大部分のエネルギーは熱になるため，水による冷却がなければ対陰極はすぐに溶融してしまう. 回転対陰極（rotating anode）をもつ X 線発生装置では，陰極を回転することによってターゲットに高い熱負荷をかけることができ，より強度の強い X 線ビームを発生させることができる.

　通常の回折実験の場合，連続スペクトルを含まない単色化された X 線ビームを用いるのが望ましい. 銅（もしくはどのような元素でもよい）から発生する X 線スペクトルの中では，Kα 線がもっとも強く，X 線回折実験では Kα 線以外のすべての波長の X 線を，フィルターによって取り除くことが望まれる.

225

第 5 章　結晶学と回折法

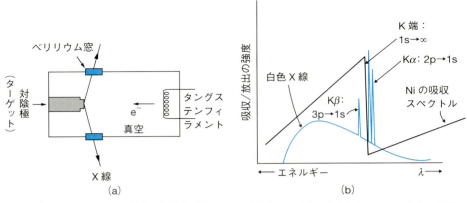

図 5.4 (a)フィラメント X 線管球の模式図．(b)Cu Kβ 線と白色 X 線を取り除くための Ni フィルターの利用．

銅の特性 X 線の分離には，ニッケル箔が有効である．ニッケルの 1s 電子を放出させるために必要なエネルギーは波長にして 0.1488 nm に対応し，この波長は **図 5.4**(b)に示すように銅から放出される Kα 線と Kβ 線の間にある．Cu Kβ 線は，ニッケルの 1s 電子を放出させるのに十分なエネルギーをもっているのに対して，Cu Kα 線はもっていない．したがって，ニッケル箔に Cu Kβ 線と大部分の白色 X 線を効果的に吸収させることで，単色化された十分きれいな Kα 線束を得ることができる．鉄のようなニッケルより少し軽い元素では，その **吸収端**(absorption edge)がより高い波数に位置しているため，Kβ 線だけでなく Kα 線も吸収する．逆に，亜鉛のような少し重い元素では，高エネルギー側にある大部分の白色 X 線を吸収するが，Kα 線と Kβ 線はともに通過してしまう．フィルターには，対陰極に用いる元素より原子番号が 1 つか 2 つ小さい元素を用いる．単色化された X 線を得るもう 1 つの方法は，単結晶のモノクロメーターを用いる方法で[訳注1]，これについては後述する．

5.3.1.2 ■ 放射光 X 線源

放射光は，相対論的速度で運動している電子のような荷電粒子が，磁場によって強制的に運動の方向を変化させられたときに発生する．放射光を発生させるには，電子もしくは陽電子を光速に近い速度まで加速して，環状の高真空の筒(**蓄積リング**(storage ring)とよぶ)の中で回転させる．放射光源は，European Synchrotron Radiation Facility(ESRF；フランス・グルノーブル)や，National Synchrotron Light Source(NSLS；米国・ブルックヘーブン)，フォトンファクトリー(PF；日本・つくば)，SPring-8(日本・播磨)などの大規模な国立機関が保有している．

蓄積リングの簡単な模式図を **図 5.5** に示す．一般的には蓄積リングは直径数百メートルであり，直線部分と曲線部分からなる．**偏向電磁石**(bending magnet)により曲線部分に沿って進む電子は，電子の経路の接線方向に放射光束を放出し，さまざまな装置に供給する(これをビームラインという)．加えて，直線部分には**ウィグラー**(wiggler)および**アンジュレーター**(undulator)とよばれる装置が設置されている．これらは蓄積リングに対して垂直方向の磁場をもち，電子を水平方向に偏向させることができる．これにより，リング面方向の直線偏光を放出する．

蓄積リングの外周には多くの種類の回折装置や分光装置が配置されている．それぞれのビームラインにおける放射光のスペクトルは，蓄積リングの中の電子のエネルギーや，電子の経路の曲率，あるいはアンジュレーターでは電子を周期的に蛇行させることにより生じる放射光間の干渉効果などに

[訳注1] 現在ではこの方法が一般化している．

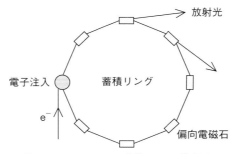

図 5.5 シンクロトロン蓄積リングの模式図.

よって変えることができる．ビームには，連続（偏向電磁石とウィグラー）とパルス（アンジュレーター）があり，磁場の強さに依存する基本波長の，整数倍の波長をもつ一連のピークから構成される．放射光は非常に強度が強く，ビームの平行度が高いので，高い分解能で粉末回折データを得ることができる．ビームの波長はラジオ波の領域からγ線の領域まで完全に連続していると同時に，波長は可変で調節可能であるため，エネルギー分散の実験も可能になる（ここでは議論しない）．回折実験には通常，連続したスペクトルを結晶モノクロメーターにより単色化したX線ビームが用いられる．

5.3.2 ■ X線と物質の相互作用

X線は物質と，**散乱**（scattering）と**吸収**（absorption）という2種類の方法で相互作用する．もし散乱の際にエネルギーの吸収がなければ，散乱X線は入射X線と**コヒーレント**（可干渉性；coherent）であり，X線回折実験に用いることができる．これがこの節では重要である．もし散乱X線がいくらかのエネルギーを失うと，入射X線より長い波長になり，散乱X線と入射X線はインコヒーレント（非干渉性；incoherent）となる．インコヒーレント散乱はコンプトン散乱（Compton scattering）としても知られ，回折図形においてはしばしばやっかいなバックグラウンド散乱となる．

X線が物質によって吸収されると，電子の放出もしくはエネルギー準位の高い非占有準位への電子の励起を引き起こす．後者の過程により遷移状態の原子が生成し，これが基底状態に戻るときにそのエネルギーに対応する放射を生じる．内殻準位から励起した電子の場合には，このエネルギーはX線の領域になる．一般的にこの過程は「蛍光」として知られている．図5.3(b)に示した特性X線スペクトルは蛍光の例であり，X線を発生させる過程において同時に発生する．つまり，物質とX線との相互作用によって生じる蛍光は二次X線生成過程であり，これも回折図形にとってはやっかいなバックグラウンド散乱になる．

一方，この蛍光が重要となる測定法もある．すなわち，このようにして発生するX線は，原子に固有の波長をもっていることから，これを利用したいくつかの分析手法が可能になる．これについては第6章で詳しく述べる．例えば，**蛍光X線分析**（X-ray fluorescene analysis, **XRF**）は固体中に存在する原子の濃度を定量的に決定するための主要な分析技術である．同様な蛍光過程は，**電子プローブ微小分析**（electron probe microanalysis, **EPMA**）や**エネルギー分散X線分析**（energy dispersive analysis of X-ray, **EDS**, **EDAX** もしくは **EDX**）のような電子顕微鏡に関連した分野でも用いられている．

蛍光X線が分析の目的に用いられるのと同様に，吸収過程も，重要な分析および同定手法の基礎になる（第6章）．図5.4(b)に示すX線吸収端領域では，その吸収端の詳細な形や波長が，吸収に関与する原子の局所的な環境にたいへん敏感であることから，**X線吸収微細構造**（X-ray absorption near-edge structure, **XANES**）として元素の酸化数の決定に，**広域X線吸収微細構造**（extended X-ray absorption fine structure, **EXAFS**）として配位数や結合距離などの局所構造の決定に用いられる．物

質とX線との相互作用によって，さまざまな散乱，吸収，放出過程が同時に起こるが，実際の実験においては，関心のある方法に的を絞った測定が行われるように実験の方法を選択する．

5.3.3 ■ 回折格子による光の回折

結晶によるX線の回折を理解するために，光学的な回折格子による光の回折を考えてみよう．ここでは，結晶中で起きる三次元の回折過程を単純化した一次元の過程について検討する．回折格子では，ガラスの小片の表面上に密に詰まった線が平行に引かれている．その線の間隔は，光の波長より少し大きく，例えば1000 nm程度としよう．図5.6(a)に，回折格子を点の列として投影した図を示す．この格子面に対して垂直に入射した光束（ビーム）が，どのようにふるまうかを考えてみよう．線の入っていないガラスの小片は単に光を透過するだけであるが，回折格子ではその線は，光の二次発生点（正確には二次発生線といった方がよいだろう）としてふるまい，光をあらゆる方向に放射する．それぞれの点（線）から生じた波の間には干渉が起きる．

ある方向では，近くにあるビームは互いに位相がそろい強め合う干渉(constructive interference)が起こり，回折光がその方向に生じる．そのような2つの方向の例を図5.6(b)に示す．方向1，すなわち入射光と平行な方向では，回折光の位相は明らかにそろっている．方向2では，波Bが波Aよりちょうど1波長分遅れているが，ビームの位相はそろっている．1と2の間の方向では，波Bは波Aより1波長に満たないいくらかの割合だけ遅れているため，弱め合う干渉(deconstructive interference)が起きる．そのなかのある方向3では，波Bはちょうど1波長の半分だけ波Aより遅れているため，完全に相殺して消光(cancellation)する．1と2の間の3以外の方向では，部分的に弱め合う干渉が起きる．つまり，1と2の方向ではもっとも強い強度の光が得られ，3の方向に近づくにつれて強度は0に近づく．回折光には，2つの平行な回折線AとBがあるだけではなく，回折格子上のそれぞれの線から生じる数百，数千の回折線が存在する．こうして干渉後の回折ビームは非常に鋭くなるため，方向1と2だけに強い回折が起こり，1と2の間のどの方向にも回折光は観測されない．

強め合う干渉が起きる方向は，光の波長λと，回折格子の線の間隔aに依存する．図5.7に示すような入射光に対して角度ϕをもつ散乱光1と2を考えてみよう．もし，1と2が同位相であれば，距離ABは波長の整数倍に等しいはずである．すなわち，

$$AB = \lambda, 2\lambda, \cdots, n\lambda$$

しかし，

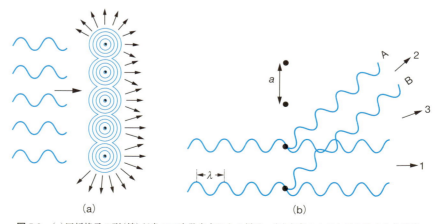

図5.6　(a)回折格子の列（線）が光の二次発生点になる様子．(b)方向1，2における強め合う干渉．

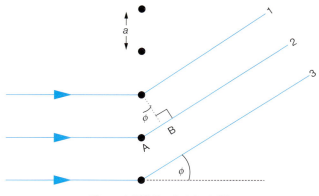

図 5.7 回折格子による光の回折.

$$AB = a \sin \phi$$

であるため，

$$a \sin \phi = n\lambda \tag{5.2}$$

となる．この式から強め合う干渉が起きるときの条件が得られ，格子の間隔 a が光の波長と回折の次数 n と関係づけられる．この関係からわかるように，$a \sin \phi$ の値に応じて，一次 ($n=1$) もしくは二次以上 ($n=2, \cdots$) の回折次数 (diffraction order) の回折光が観測される．

回折格子の線の間隔が，光の波長と同じオーダーか，それよりいくらか大きくなければならない理由を考えてみよう．一次の回折 ($n=1$) が起きる条件は $a \sin \phi = \lambda$ である．$\sin \phi$ の最大値は $\phi = 90°$ のときの 1 であるが，実際に一次の回折を観測するためには $\sin \phi < 1$ になり，それゆえ $a > \lambda$ となる．もし，$a < \lambda$ であれば 0 次光すなわち入射光しか観測されない．

一方で，$a \gg \lambda$ であれば，個々の次数 ($n=1, 2, 3, \cdots$) が分離できないほど密になり，回折線は実質連続となる．なぜならば，大きな a の値に対しては $\sin \phi$ すなわち ϕ は非常に小さくなるからである．$\phi_{n=1} \approx 0$ となると一次の回折線はもとの入射光と区別できなくなる．可視光の波長は 400 から 700 nm の範囲であるので，十分に分離したスペクトルを観測するためには，格子の間隔は通常 1000 から 2000 nm となる．

回折格子を構成するためには，上の条件の他に，格子を形成する線が完全に平行でなければならないという条件もある．もし完全に平行でなければ，ϕ は格子全体にわたって変化するため，あいまいで不均一な，質の悪い回折スペクトルになってしまう．

5.3.4 ■ 結晶による X 線の回折

回折格子による光の回折から類推すると，結晶は周期的な繰り返し単位をもつ構造であるため，原子間隔の距離，すなわち約 0.2〜0.3 nm に近い波長をもつ放射線を回折できるはずである．結晶の回折実験には 3 種類の放射線が用いられる．X 線，電子線，中性子線である．このうち X 線がもっとも利用価値が高い．一方で，電子線回折も中性子回折もともに重要であり，それらには特別な利用法があり，後で述べる．通常用いられる X 線は銅の Kα 線で，平均波長 $\lambda = 0.15418$ nm である．回折格子では，ガラスの表面に傷をつけたり描き入れたりしてつくった線によって光が回折されるのに対し，結晶が X 線を回折するときには，原子もしくはイオンが二次発生点としてふるまい，X 線を散乱する．

歴史的には，結晶による回折の取り扱いには 2 種類のアプローチがある．ラウエの式とブラッグの法則である．

5.3.4.1 ■ ラウエの式

原子の列からなる仮想的な一次元結晶による回折は，回折格子による光の回折と同様に取り扱うことができる．それは，結晶を投影すると，先述の回折格子と同様に点列になるからである．このことから列の中の原子間隔 a と X 線の波長 λ，回折角 ϕ との関係を表す式(5.2)が得られる．実際の結晶は原子の三次元配列であるから，**ラウエの式**(Laue equation)とよばれる次の 3 つの式を書くことができる．

$$a_1 \sin \phi_1 = n\lambda$$

$$a_2 \sin \phi_2 = n\lambda$$

$$a_3 \sin \phi_3 = n\lambda$$

3 つの関係式は，それぞれ結晶中の原子の配列を表すのに必要な 3 つの結晶軸の方向に対応する．回折線が生じるためには，これら 3 つの関係式をすべて同時に満足させることが必要である．

ラウエの式は，結晶による回折を厳密かつ数学的に正確に記述している．ただし，いささか取り扱いにくいことが難点である．もう一方の回折理論であるブラッグの法則の方が簡単で，固体化学においては一般的である．本書では，ラウエの式についてはこれ以上取り上げない．

5.3.4.2 ■ ブラッグの法則

ブラッグの法則(Bragg law)では，結晶が半透明の鏡としてふるまう層もしくは面で構成されているとみなす．入射した X 線のいくらかは，入射角と等しい反射角で結晶の面から反射されるが，残りの波は，結晶中のより奥に存在する面に伝搬して，その面によって反射されるとみなす．ブラッグの式を誘導するための模式図を**図 5.8** に示す(図 5.7 と比較)．2 つの X 線ビーム 1 と 2 が，結晶中の隣接した面 A と B で反射される．知りたいことは，どのような条件下で反射ビーム 1′ と 2′ の位相がそろうかである．ビーム 2–2′ はビーム 1–1′ に比べて余分な距離 xyz を進むので，ビーム 1′ と 2′ の位相がそろうためには，距離 xyz が波長の整数倍に等しくなければならない．

隣接した 2 つの面の間の垂直方向の距離，すなわち面間隔 d(d 値)と，**ブラッグ角**(Bragg angle)とよばれる入射角 θ，距離 xy との間には次の関係がある．

$$xy = yz = d \sin \theta$$

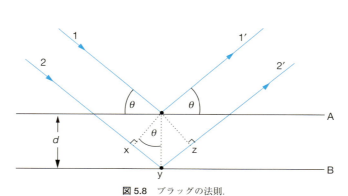

図 5.8　ブラッグの法則．

よって

$$\mathrm{xyz} = 2d \sin \theta$$

しかし，

$$\mathrm{xyz} = n\lambda$$

であるから，結局

$$2d \sin \theta = n\lambda \quad （ブラッグの法則） \tag{5.3}$$

となる．

　ブラッグの法則が満足されると，反射ビームの位相は同じとなり，強め合う干渉をする．ブラッグ角以外の入射角では，反射ビームの位相はそろわず，弱め合う干渉か消光が起きる．実際の結晶は，図 5.8 に示した 2 つの面だけではなく，数千にも及ぶ面を含んでいるため，ブラッグの法則で反射が起きる角度条件は厳格である．もし，入射角が 0.2〜0.3° よりもずれているならば，反射ビームは完全に打ち消し合う．

　ある面の集合に対して，ブラッグの法則には $n = 1, 2, 3, \cdots$ に対応するいくつかの解が存在する．しかしながら，慣習として n は 1 とし，例えば $n = 2$ のような場合には，考えている面の集合における面の数を倍にすることで，d 値を半分にする．このように考えることで，n は常に 1 にする（すなわち，$2\lambda = 2d \sin \theta$ は $\lambda = 2(d/2) \sin \theta$ と等価である）．

　この半透明な層もしくは面の性質を，読者が納得できるように平易に解説するのは難しい．それは，これまでに説明した事象が物理的な実体のあるものではなく，単なる概念にすぎないからである．結晶構造は，規則正しい繰り返し配列からなる三次元格子とみなすことができ，その中には規則的な繰り返しの単位である単位格子が存在する．その三次元格子はさまざまな方位をもった面の集合体（格子面）に分割でき，ブラッグの法則が適用されるのは，このような格子面である．単純な結晶構造では，格子面は原子の層に対応するが，一般にこれが常に成り立つわけではない．1.5 節に詳しい情報を記載した．

　ブラッグの法則はいくつかの仮定のもとに成り立っているが，その仮定にはかなりあいまいなものもある．すなわち，回折現象は X 線と原子との間の相互作用によって実際は引き起こされること，さらには，原子は X 線を反射するのではなく，すべての方向に散乱もしくは回折させることがわかっているにもかかわらず，ブラッグの法則に基づいて取り扱いを単純化しても，数学的に厳密な取り扱いによって得られる解と常に同じ解が得られる．そのために幸運にも，「反射（reflection）」という言葉が使えるのであり，意識的に「散乱（scattering）」や「回折（diffraction）」の代わりにこの単語を用いたりすることもある（時にはわざと別の，正しくない綴り「reflexion」を用いたりもする）．このように単純な一風変わった方法で，非常に複雑な過程を実際に記述できることは偶然であると心に留めておく必要がある．

5.3.5 ■ X 線回折実験

　X 線回折実験に最低限必要な構成を考えてみよう．実験には **図 5.9** に示すように，X 線源と，調べたい試料，回折された X 線の検出器が必要になる．このようにおおまかに枠組みを考えたとしても，これら 3 つの構成要素から次のような異なる X 線回折実験の種類が生じる．

（1）X 線：単色化された波長もしくは可変の波長

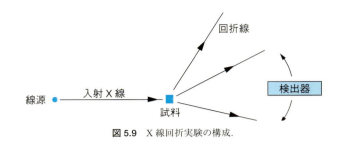

図 5.9　X 線回折実験の構成.

図 5.10　いろいろな X 線回折法.

(2) 試料：単結晶，粉末，固体の小片
(3) 検出器：X 線計数管(カウンター)もしくは写真フィルム

これらと関連する重要な方法について図 5.10 にまとめて示す．冶金学者が主に用いるラウエ法についてはここでは詳しく紹介しないが，ラウエ法を除けば，ほとんどの場合で単色化された X 線が用いられる．

5.3.6 ■ 粉末法——原理と利用法

粉末法の構成を図 5.11 に示す．単色化された X 線ビームを，細かな粉末試料に当てる．粉末試料中の細かい粉末の結晶は理想的にはあらゆる方向にランダムに配置している．このような粉末試料には，可能な範囲であらゆる方位をもったさまざまな格子面が存在する．その格子面のそれぞれについて，少なくともいくつかの結晶が入射ビームに対してブラッグ角の方位を向いているため，その結晶もしくは面に対して回折が起こる．回折線の検出は試料のまわりを取り囲むようにして置かれた細長い写真フィルムによって行うか(デバイ・シェラー(Debye–Scherrer)カメラや集中カメラを用いる場合)，もしくはチャートレコーダーやコンピューターと接続したガイガーカウンターやシンチレーションカウンター，イメージングプレートのような検出器を動かすことによって行う(回折計を用いる場合)．

初期の粉末測定に用いられた**デバイ・シェラー法**(Debye-Scherrer method)は，現在はほとんど用いられておらず，同様の原理で作動する現代的な方法に替わっているが，装置は単純で理解しやすいために，X 線回折法の原理を説明する際には便利である．いずれの格子面に対しても，図 5.12 に示すように回折ビームは円錐状の環を形成する．回折が生じるための唯一の条件は，その格子面の角度が入射 X 線に対してブラッグ角 θ であることである．その平面が入射ビームの軸に対してどの角度方向であるかは制限されない．細かな粉末試料では，結晶は入射ビームに対して可能な限りのあらゆ

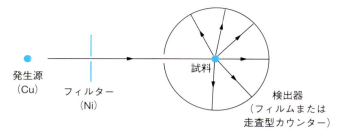

図 5.11 粉末法の構成（試料は回転させる）.

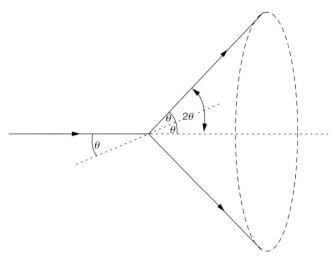

図 5.12 粉末法における回折ビームによる円錐の形成.

図 5.13 デバイ・シェラー写真の模式図.

る角度をとるため，回折線は円錐状に放射される（実際には，それぞれの円錐は，近接する回折線が多数集まったものである）．ブラッグ角が θ のとき，回折したビームと回折せずに直進したビームとのなす角は 2θ であり，円錐の頂角は 4θ である．それぞれの格子面は，対応する円錐をそれぞれ形成する．その円錐は試料のまわりを取り囲むように置いた細い帯状のフィルムによって検出する（図 5.11）．それぞれの円錐とフィルムの交わる部分は，フィルムに空けた 2 つの穴に対して対称な 2 つの短い円弧になる（**図 5.13**）．十分に細かな粉末試料では，それぞれの円弧はフィルム上で連続線になるが，粗い粉末試料ではわずかに存在する粗い結晶粒による斑点が現れる．

デバイ・シェラーフィルムから面間隔 d を求めるためには，その面間隔に対応する 1 対の円弧の間隔 S を測定する．カメラ（フィルム）の半径 R がわかっているのであれば，

$$\frac{S}{2\pi R} = \frac{4\theta}{360°} \tag{5.4}$$

の式が成り立ち，この式から θ，すなわち面間隔 d が求められる．この方法の欠点は，露光時間が長いこと（6 から 24 時間）と，間隔の詰まった円弧はうまく分離できないことである．入射ビームはピ

第 5 章　結晶学と回折法

ンホールスリットとコリメーター（平行板）を通ってカメラに入るが，いくらか発散しており，発散の
程度は回折ビームではさらに大きくなる．分解能を上げようとするならば，より細いコリメーターを
用いることになるが，得られる回折線の強度は弱くなり，より長い露光時間が必要となる．余分な時
間がかかるだけでなく，フィルムで検出されるバックグラウンドの X 線量が露光時間とともに増加
して像がぼやけてくるため，弱い回折線はバックグラウンドに埋もれてわからなくなってしまう．

　最近用いられているフィルム法は**ギニエ集中法**（Guinier focusing method）である．この方法では，
集束した強い入射線が用いられており，高分解能が得られるうえ，露光時間も短縮できる（10 分から
1 時間）．入射 X 線の焦点を絞る方法は次節で述べる．

　もっとも一般的で汎用の粉末測定は，回折計を用いる方法（diffractometry）である．この方法では
回折線はチャート紙上やコンピューター画面上に一連のピークとして現れる．ピークの分解能を上げ
るために，集束させた入射ビームを用いる．ピークの位置と強度（ピークの高さ）がチャートから容易
に読み取れるため，この方法は相の分析をするにあたって，手軽で有効な方法である．

　粉末法がもっともよく用いられるのは，結晶性の相や化合物の定性分析である．通常，化学的手法
による分析では，試料の中に存在する元素そのものの情報を得るのに対して，粉末回折法では，存在
する結晶性化合物や相（phase）を直接明らかにすることができる．しかし，物質の化学成分について
の直接的な情報はまったく得られないという点で，独特の手法である．

　結晶相は，それぞれの相に特有の回折図形を示すため，回折図形を指紋のように用いて相を同定す
ることができる．粉末回折図形からは 2 つの変数が得られる．1 つはピークの位置（例えば，面間隔
d 値）で，必要であれば非常に正確にその値が測定できる．もう 1 つは強度であり，定性的にも定量
的にも測定できる．2 つの物質がまったく同一の粉末回折図形をもつこともあるが，非常にまれであ
る．比較する 2 つの物質の d 値のうち，1 つか 2 つが同じになることはしばしばあるが，5 個から
100 個程度の間の観測線からなる全体の回折図形を比べると，その 2 つの物質は異なっていることが
わかる．同定のために X 線回折図形を用いるときには，d 値が合っているかどうかに注意すると同時
に，強度もおよそ合っていることを確かめる必要がある．

　未知の結晶性物質の同定には，かつては ASTM や JCPDS ファイルとよばれていた，粉末回折デー
タベース（*Powder Diffraction File*（PDF），International Centre for Diffraction Data, USA）を用いる．
この中には 300,000 種類以上の物質の X 線回折図形があり，新しいデータが毎年 2,000 種類ずつ増え
ている．索引（search index）には，最強のピーク（複数）で，もしくは 8 つの強度の強いピークを d 値
によって順に並べる方法で物質が分類されている．X 線回折図形が得られれば，未知物質の同定を通
常数分以内で行うことができる．

　粉末 X 線回折測定は，結晶性物質の同定に非常に有効であるが，この方法には限界があることを知っ
ておく必要がある．それは，例えば次の場合などである．

1. その物質が粉末回折データベースの中に登録されていない場合（当然である！）．

2. その物質が純物質ではなく，2 つ以上の相を含んでいる場合．しかし注意深く検索すると，結
　晶性物質の混合相は同定が可能である．

3. その物質と非常に似た X 線回折図形を与える相が複数ある場合．この場合は関連する相を確実
　に同定することは難しいであろう．例えば，$LiNbO_3$ や $LiTaO_3$ のような多くのニオブ酸塩やタ
　ンタル酸塩はよく似た X 線回折図形を示す．また，希土類元素を含む多くの化合物も同様である．

4. 結晶相が組成変化を示す場合，もしくは結晶相がいくつかある固溶体のうちの 1 つである場合
　は，単に 1 つの X 線回折図形だけからでは組成の決定は通常難しい．上と同じ例を使うと，
　$LiNbO_3$ と $LiTaO_3$ は全域で均質な固溶体をつくるため，粉末回折データベースからは，その系

234

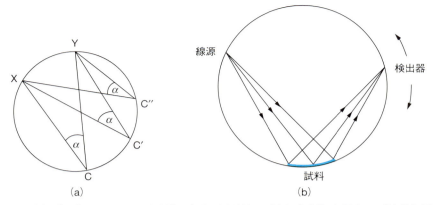

図 5.14 (a) X 線の集中に用いられる円周角の定理. (b) 試料, X 線源, 検出器の円周上での幾何学的配置.

内の特定の組成は決定できない.

5.3.6.1 ■ X 線の集中：円周角の定理

デバイ・シェラーカメラの最大の欠点は，入射線と回折線が本質的にいくらか発散していることと，強度が弱いことである．回折計や集中カメラを用いる方法では，集束させた X 線ビームを用いる．これによって分解能が飛躍的に向上するとともに，用いるビームの強度が強くなるために露光時間が大きく短縮する．X 線では，光学レンズに対応するようなものを用いて，焦点を絞ったり集束させたりすることはできない．代わりに，集束した X 線を得るためには円の幾何学的な性質を利用する．その性質について **図 5.14**(a) を用いて説明する．円弧 XY が円の一部分であるとき，この円の円周上の点と円弧 XY がなすすべての角は同じである．すなわち，∠XCY = ∠XC′Y = ∠XC″Y = α である．X 線源は位置 X に置くとし，XC と XC′ は点 X から放射されて広がった X 線ビームの端を表すとする．また試料は，その回折面が円と接するように C と C′ の間の円弧に沿って置くとする．このような試料によってビームが回折されると，回折ビーム CY と C′Y は点 Y に焦点を結ぶ．集中法では原則として，X 線源と試料と検出器のすべてが同一円周上にあるように配置する．

5.3.6.2 ■ 結晶モノクロメーター

回折計と集中カメラで用いられる集光の原理は同じであるが，市販されている機器では何種類かの異なる配置が用いられている．市販の機器では，**結晶モノクロメーター**（crystal monochromater）がよく用いられる．結晶モノクロメーターには，きれいに単色化されたビームが得られる，強度の強い集束した X 線ビームが得られるという 2 つの大きな特徴がある．回折実験におけるバックグラウンド散乱にはいくつかの原因があるが，そのうちの 1 つが，Kα 線以外の X 線の存在である．Kα 線はフィルターによって他の X 線と分離されるが，結晶モノクロメーターによって，さらに良く分離することが可能である．

結晶モノクロメーターは水晶などの大きな単結晶から作られ，回折線の強度が強い面（水晶では $(10\bar{1}1)$ 面）が入射 X 線に対してブラッグ角になるように配列されている[訳注2]．結晶モノクロメーターでは，$\lambda_{K\alpha_1}$ に対して計算されるブラッグ角が用いられ，Kα_1 線だけが回折されて単色の X 線が得られる．平板の結晶モノクロメーターを用いた場合，線源から放射される X 線はもともと広がっている

[訳注2] 最近の装置ではゲルマニウムやグラファイトが多く使われる．

第 5 章　結晶学と回折法

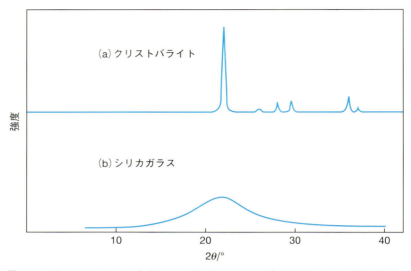

図 5.15　(a) クリストバライトと (b) シリカ (SiO$_2$) ガラスの X 線回折図形．Cu Kα 線を用いた．

ために，大部分の Kα 線が失われて，ごくわずかな Kα 成分だけがモノクロメーターに対して正確にブラッグ角で回折される．効率を上げるためには，湾曲した結晶モノクロメーターを用いる．その場合，発散した X 線ビームを用いても，結晶モノクロメーターを通すことで，強度が強く，単色で，集束した回折ビームが得られる．

5.3.6.3 ■ 粉末回折計

　粉末回折計には，シンチレーションカウンターやガイガーカウンターなどの比例計数管，もしくはイメージングプレートが検出器として備えつけられ，設定した 2θ 値の範囲を一定の角速度で計数管が走査する（通常はブラッグ角 θ よりも，回折せずに直進したビームと回折ビームとのなす角 2θ を用いる（図 5.12））．粉末回折図形においては通常，$2\theta = 10 \sim 80°$ の範囲がもっとも有用である．回折計により得られる典型的な回折図形を，SiO$_2$ の多形であるクリストバライトを例に**図 5.15**(a)に示す．横軸は線形スケールの 2θ であり，各反射に対応する d 値はブラッグの法則を用いて計算で求めるか，d 値と 2θ 値との対照表を参照して求める．通常毎分 $2\theta = 2°$ の速度で検出器を走査して測定すると，1 回の測定にかかる時間は 30 分程度である．回折強度には通常，ピークの高さを用いるが，より正確な測定を行うときにはピークの面積を用いる．もっとも強い反射の強度を 100 として，残りの反射に対して順に比強度をつけていく．正確な d 値を求めるために，試料に内部標準物質を混ぜて測定を行うこともある．内部標準物質には，d 値が正確に求められている KCl などの純物質を用いる．内部標準物質の真の d 値と観測値との差から補正係数を求めるが，当然ながらこの補正係数は 2θ の値によって変化することがある．このようにして求めた補正係数を用いて，いま測定している試料の回折図形について d 値の補正を行う[訳注3]．

　回折実験に用いる試料にはさまざまな形態がある．例えば，微粒子をスライドガラス上に分散させてワセリンでとめた試料や，ガラス上に押しつけた薄片試料などである[訳注4]．いずれにせよ，結晶の方位がバラバラに向いている試料を作るのが目的である．もし結晶の方位がランダムでなく，ある方

[訳注3]　これらの操作は最近の装置では自動化されている．
[訳注4]　へこみのあるガラス板もしくは窓状の四角い穴が空いたアルミニウム板が多用される．

5.3 X線回折法

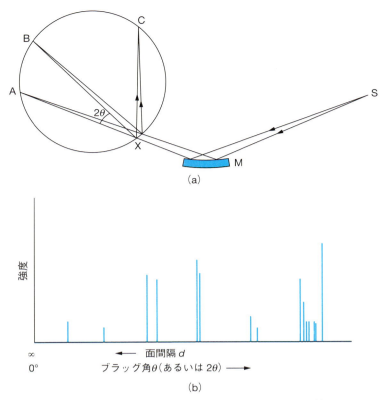

図 5.16 (a) 集中カメラにおける結晶モノクロメーター M，線源 S，試料 X．(b) ギニエカメラによる X 線回折図形の模式図．

位を向いて配向している（preferred orientation）場合は，回折強度の実測値に誤差が生じる．時には，きわめて大きな誤差が生じることもある．薄い平板状の粘土鉱物や，立方体状に結晶化するうえに砕いてもより細かい立方体になる物質などの，非球状の特徴的な形状をもつ物質においては，配向は大きな問題となる．このような粉末が凝集した場合，結晶はその結晶面をそろえて集まるため，結晶の方位がランダムではなくなるためである．

5.3.6.4 ■ 集中カメラ

　集中カメラ（もしくはギニエカメラ）の構成を**図 5.16**(a)に示す．集中カメラでは結晶モノクロメーター（図中 M）と，上で説明した円周角の定理を利用している．単色化された X 線集束ビームは，X の位置で試料を通過する．回折しない X 線は A の位置に焦点を結ぶが，これによるフィルムの黒化を防ぐため，A の前にはビームストップを置く．試料で回折されたさまざまなビームは，B や C などに焦点を結ぶ．上で説明した円周角の定理によれば，A, B, C, X は同一円周上になければならない．フィルムは円周 ABC 上にある円筒の一部の形をもつ帯状に開いたカセットに装着する．フィルムの目盛りは，2θ の線形スケールである．測定後のフィルムの模式図を**図 5.16**(b)に示す．実際には，図に示すような異なる高さのピークではなく，強度または黒化度が異なる線として観測される．フィルムの大きさは約 1×15 cm で，取り扱いにはちょうどよい大きさである．図 5.16(a)における A の位置の回折されていないビームは $2\theta = 0°$，もしくは d 値 $= \infty$ に対応し，これはフィルム上での参照位置になる．

　ギニエ集中法を利用すると，正確な d 値が測定できる．回折計によって得られたデータと同等の

第 5 章　結晶学と回折法

表 5.3　ハロゲン化カリウムの粉末 X 線回折図形

hkl	KF ($a = 0.5347$ nm)		KCl ($a = 0.62931$ nm)		KI ($a = 0.70655$ nm)	
	d/nm	I	d/nm	I	d/nm	I
111	0.3087	29	—		0.408	42
200	0.2671	100	0.3146	100	0.353	100
220	0.1890	63	0.2224	59	0.2498	70
311	0.1612	10	—	—	0.2131	29
222	0.1542	17	0.1816	23	0.2039	27
400	0.1337	8	0.1573	8	0.1767	15

結果を得ることも可能である．フィルム上の回折線の強度は目視によって見積もるか，マイクロデンシトメーター（濃度計）によって測定する．必要な露光時間は，試料の結晶度や X 線を吸収する重元素が試料中に存在するかどうかなどによって異なり，さらに試料の状態，例えば試料の結晶度や，X線を吸収する重元素の有無などにも依存するが，試料の量が 1 mg 以下のときは，5 分から 1 時間程度である．

5.3.6.5 ■ 粉末回折図形は結晶の「指紋」である

X 線回折図形を決定する 2 つの主要な因子がある．すなわち，(1)単位格子の大きさと型，(2)単位格子中の原子の原子番号と位置である．したがって，2 つの物質が同じ結晶構造をもっていたとしても，それらの物質はほぼ確実に異なる特徴的な粉末図形を示す．例えば，KF, KCl, KI などはすべて岩塩構造をもつため，粉末回折図形では同じような回折線の集まりになるが，表 5.2 に示したように，回折線の位置と強度は互いに異なっている．回折線の位置，すなわち d 値は単位格子の大きさが異なっているために移動し，それゆえに d 値の計算式から求められるパラメータ a は変化する．この 3 つの物質には，原子番号の異なる陰イオンが存在し，それらの散乱因子は異なるため，たとえ原子の配位状況（陽イオンが隅の位置か，面心位置にあるかなど）が同じであっても，回折強度は異なる．KCl は非常に良い例である．111 と 311 反射の強度は測定できないほど非常に弱いが，それは存在する原子の散乱因子が重要であることを示している．強度については次項でもう少し詳しく説明する．

粉末 X 線回折図形の回折線には，2 つの特徴がある．d 値と強度である．この 2 つのうち，d 値がより有用であり，精密な測定が可能である．不純物が存在して固溶体を生成する場合を除いて，d 値には再現性があり，測定試料間では変化しない．強度は d 値よりも定量的な測定が難しく，配向がある場合には，測定試料間で変化することもしばしばである．したがって，強度の差は，例えば**表 5.3** の 3 つの物質の 220 反射において，絶対的なものでなく定性的なものである．

ある 2 つの物質について，単位格子の大きさが等しく，同じ d 値をもつ可能性は，その結晶の対称性の低下とともに低くなっていく．すなわち，対称性の低下とともに同じ物質であるかどうかの見分けがつきやすくなっていく．立方晶の物質は 1 つの変数 a だけをもつため，同じ a の値をもつ 2 つの物質が見出される可能性はかなり高い．逆に三斜晶の物質は 6 つの変数 $a, b, c, \alpha, \beta, \gamma$ をもつため，その変数がたまたま同じ値になる可能性ははるかに低い．つまり，同定に際して問題が起こるとすれば，対称性の高い，立方晶のような物質の場合や，5.3.6 節で示したような構造中の同じ大きさのイオンが互いに置き換わった物質の場合である．

5.3.6.6 ■ 粉末回折図形と結晶構造

粉末回折図形は，結晶性物質の同定において，貴重で比類のない手法であるが，その他に粉末回折図形からは完全な構造解析（これについては，後に詳しく述べる）をすることなしに多くの結晶学的な

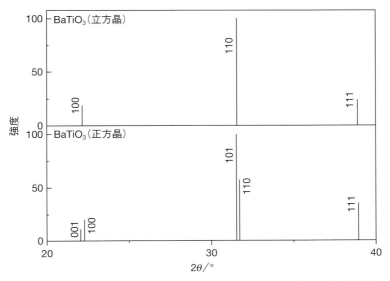

図 5.17 BaTiO₃の粉末X線回折図形．立方晶の多形と正方晶の多形による反射を示す．正方晶 BaTiO₃における 001 と 100 反射の強度差および 101 と 110 反射の強度差は，各々の結晶系における多重度因子の違いに依存している．対照的に，111 反射は立方晶と正方晶のいずれの結晶系においても 1 本の回折線になっている．

情報を得ることができるという特徴がある．そのためには最初のステップとして，粉末回折図形を指数づけする必要がある．すなわち，粉末回折図形に現れるすべての線にミラー指数 h, k, l を付けられることが必要であり，それは同時に単位格子の対称性と大きさを求めることにもなる．一般的に，対称性の高い結晶は同じ測定条件で観測すると，対称性の低い物質より単純な回折図形を示す．例えば，立方晶の物質を通常の測定条件で観測すると粉末回折図形には 10 本の回折線が観測されるのに対し，同じような大きさの三斜晶の結晶では約 100 本の回折線が観測され，その多くの強度は弱い．これは立方晶の粉末回折図形ではそれぞれの回折線は d 値の等しい回折線が重なったものであるのに対し（最大 48 本の回折線が重なる），対称性の低い物質では，それぞれの回折線が異なる d 値をもっていて重なりがないためである．

結晶の対称性が原因で重なる回折線の数は，**多重度**(multiplicity)とよばれる．例えば，立方晶では $h00$ で指数づけされる回折線の多重度は 6 である（$h00, \bar{h}00, 0k0, 0\bar{k}0, 00l, 00\bar{l}$）．正方晶の結晶では $a=b$ であり，$h00$ の多重度は $4(h00, \bar{h}00, 0k0, 0\bar{k}0)$，$00l$ の多重度は $2(00l, 00\bar{l})$ になる．斜方晶の結晶では $a \neq b \neq c$ であり，$h00$ 反射の多重度は $2(h00, \bar{h}00)$ である．すなわち，立方晶の物質の回折図形では，多重度 6 の回折線が 1 本だけ観測されるのに対し，正方晶では多重度が 4 と 2 の回折線の計 2 本，斜方晶では多重度が 2 と 2 と 2 の回折線の計 3 本が観測されることになる．

この効果の良い例が**図 5.17** に示す BaTiO₃ の多形の粉末回折図形で見られる．BaTiO₃ は温度が増加するにつれて次のような連続的な多形と対称性の変化を示す．

$$\text{菱面体晶}\underset{(\text{三方晶})}{} \xrightarrow{-100°C} \text{斜方晶} \xrightarrow{28°C} \text{正方晶} \xrightarrow{125°C} \text{立方晶} \xrightarrow{1470°C} \text{六方晶}$$

立方晶の $h00$ 反射は 1 本であるのに対し，正方晶では強度比が 2:1 の 2 本の回折線になる．これは多重度の比が 2:1 であることを反映している．図には示さないが，斜方晶の回折線は 3 本になる．粉末回折図形では，測定している対象物質が BaTiO₃ であると同定できるだけでなく，その多形と対称性も特定することができる．例えば正方晶の BaTiO₃ は強誘電性で，立方晶は強誘電性を示さない

第 5 章　結晶学と回折法

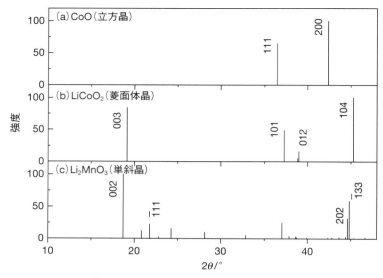

図 5.18　岩塩関連構造をもつ相の X 線回折図形.

というような物質の性質に関心があるのであれば，こうした情報はたいへん重要である．

規則性・不規則性と関連する現象は多くの無機物質にとって重要であり，X 線回折図形の変化から明確に観測することができる．図 5.18 には基本的な岩塩構造をもちながら，さまざまな陽イオン配列をとるいくつかの相の粉末回折図形を示す．CoO（図 5.18(a)）は，fcc（面心立方）の岩塩構造で，立方晶の X 線回折図形における低角側の 2 つの回折線は 111 と 200 と指数づけできる．LiCoO$_2$（（図 5.18(b)））では，Li と Co が酸素の立方最密充填（ccp）配列の中の八面体位置を交互に層状に占めている．この陽イオンの規則配列はより大きな菱面体の単位格子をつくる．X 線回折図形にはこの単位格子による新たな回折線が現れる．また，岩塩構造に対応する副格子の回折線は依然として観測されるが，原子間距離が収縮するために，より大きな 2θ（小さな d 値）の領域に現れている．さらに，単位格子が異なるために，hkl の指数の値も異なっている．

Li$_2$MnO$_3$ では，陽イオンの配列は図 5.18(c) に示したように層状になっているが，完全に Li のみによって占められる層と，Li と Mn が規則的に配置して混ざり合っている状態の層とが積み重なっている．Li$_2$MnO$_3$ は単斜晶であり，CoO と比較して新たな回折線が現れている．これら 3 つのすべての粉末回折図形には，CoO（図 5.18(a)）の立方晶岩塩構造で観測される基本的な副格子の回折線が現れている．しかしその他に，LiCoO$_2$ や Li$_2$MnO$_3$ の回折図形には，それぞれ異なる陽イオンの規則配列に対応する新たな回折線が観測されている．

5.3.7 ■ 強　度

X 線の回折強度は，次の 2 つの理由から重要である．1 つ目は，未知の結晶構造を決定するためには定量的な強度測定が必要なことである．2 つ目は，粉末回折図形を指紋のように用いて物質を同定する際，特に粉末回折データベースを用いて未知物質を同定する際には，定性的もしくは半定量的な強度データが必要なことである．本書では結晶構造を決定するための方法論を詳細に述べることは主旨ではないが，どのような因子が X 線の回折強度を決めているかを理解するのは重要である．そのため，以下ではこのテーマについて次の 2 つに分けて述べていくことにする．すなわち，1 個の原子によって散乱される X 線の強度と，結晶中に周期的に配列している多くの原子から散乱される全体

の強度である.

5.3.7.1 ■ 原子による X 線の散乱：原子散乱因子もしくは形状因子

　原子による X 線の回折あるいは散乱が生じるのは，振動電場すなわち電磁波である入射 X 線ビームが原子中のそれぞれの電子を振動させるためである．振動している電荷(ここでは電子)は，入射 X 線ビームに対して位相がそろっている(コヒーレントな)X 線を放射する．原子中の電子は，X 線の二次発生点としてふるまう．干渉性散乱は波と電子との間の弾性衝突に例えられる．すなわち，波は電子によってエネルギー損失なしに，すなわち波長を変えずに偏向する．「点源」としてふるまう電子によりコヒーレントに散乱される放射の強度は，次の**トムソンの式**(Thomson equation)により与えられる.

$$I_P \propto \frac{1}{2}(1 + \cos^2 2\theta) \tag{5.5}$$

ここで，I_P は任意の点 P での散乱強度であり，2θ は入射ビームと点 P を通る回折ビームとのなす角である．この式は，散乱ビームが入射ビームに対して平行か反平行の場合にもっとも強度が強くなり，入射ビームに対して 90° のときにもっとも弱くなることを示している．トムソンの式で表される I_P は**偏光因子**(polarization factor)としても知られている．偏光因子は構造解析に用いる強度データの標準的な角度補正因子である.

　ここで，X 線と電子との間には別の形での相互作用が生じ，コンプトン散乱が起こることに触れておく必要がある．衝突によって X 線はそのエネルギーのいくらかを失うため，散乱 X 線は入射 X 線より長い波長をもつ．もはや入射 X 線と散乱 X 線との位相はそろっておらず，散乱 X 線の間の位相もそろっていない．コンプトン散乱は，X 線と原子に緩く束縛された外殻の価電子(原子価電子)との間の相互作用によって引き起こされるため，軽元素では無視できない重要な効果であり，高分子のような有機物質の粉末回折図形には，特に悪影響を与える．X 線管球から発生する白色 X 線とコンプトン散乱とは密接に関係している．ともに非干渉性(インコヒーレント)の散乱であり，X 線回折実験においてはバックグラウンド散乱の原因となる.

　ある原子によって散乱される X 線は，原子中の各々の電子によって散乱された波の集合である．この意味では，電子はその瞬間瞬間で原子中の異なる位置を占める粒子とみなすことができ，それらの電子が散乱する波の間では干渉が起きる．しかし，入射ビームの方向への散乱では(**図 5.19**(a)でのビーム 1′ と 2′ に対応する)，すべての電子がその位置にかかわりなく同じ位相で X 線を散乱し，散乱強度は各々の散乱波の強度の和になる．**原子散乱因子**(scattering factor)f は，**形状因子**(form factor)ともよばれ，原子番号 Z に比例する．もっと厳密にいえば，その原子のもっている電子数に比例する.

　入射角に対して 2θ の角度の方向への散乱では，距離 XY に対応する位相差がビーム 1″ と 2″ との間に存在する．原子中の電子間の距離は小さく，1″ と 2″ との間には部分的に弱め合う干渉しか起こらないため，この位相差は通常 1 波長よりも小さい(Cu Kα 線については XY < 0.15418 nm)．この干渉により，全体としては，2θ の増加とともに散乱強度が徐々に減少する．例えば，銅の散乱因子 f は，$2\theta = 0°$ のときは原子番号 $Z = 29$ に，90° のときは 14 に，120° のときは 11.5 に比例する．波長 λ が短いほど XY での位相差が大きく，相殺の程度が大きくなるため，ある特定の角度 2θ については X 線の波長 λ が短くなるにつれて，全体の強度が明らかに弱くなる．原子の散乱因子は *International Tables for X-ray Crystallography, Vol. 3* に与えられている．この本には角度依存性と X 線の波長依存性を含む $\sin\theta/\lambda$ に対する散乱因子の値が，表にまとめてある．その表をもとに作成した散乱因子の図の例を**図 5.19**(b)に示す.

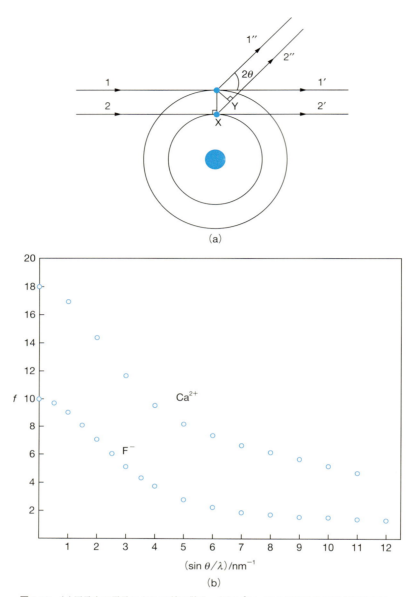

図 5.19 (a) 原子中の電子による X 線の散乱. (b) Ca^{2+} と F^- の原子散乱因子(形状因子).

原子散乱因子が $\sin\theta/\lambda$ と原子番号 Z に依存するため，次の 2 つの結果が必然的に導かれる．1 つ目は，広角(2θ が約 60～70° より広角度側)での回折線の強度が弱いことである．2 つ目は，軽元素の回折線の強度が弱いために，その位置の決定が困難であることである．したがって，水素原子の位置の決定は，他に存在する元素もまた非常に軽い元素でない限り(ホウ化水素のような物質)，通常難しい．酸素のように多くの電子をもつ原子の位置の決定は，ウランのような非常に重い原子が存在しない限り，それほど難しいことではない．多くの原子を含む構造や，ほぼ同じ原子番号をもつ原子が存在する構造では，構造を決定するのが非常に難しくなる．炭素や窒素，酸素を含む大きな有機分子がこれにあたる．このような場合には，目的とする化合物の重金属原子を含む誘導体をつくり，その誘導体の解析を行う方法が用いられる．重金属原子は回折線の位相を決定するので容易に検出でき，こ

表 5.4 斜方格子 ($a=0.3, b=0.4, c=0.5$ nm) の面間隔 d の計算値

hkl	d/nm	hkl	d/nm
001	0.500	101	0.257
010	0.400	110	0.240
011	0.312	111	0.216
100	0.300		

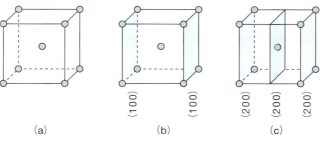

図 5.20 (a) 体心立方格子をもつ α–Fe の構造およびその (b) (100) 面と (c) (200) 面.

れにより残りの原子の位置を決める手がかりが得られる.アルミニウムとケイ素は原子番号が近く,区別するのが難しいため,アルミノケイ酸塩の構造決定は難しい.X線の代わりに(併用することもある)中性子線を用いた結晶構造解析では,中性子の散乱能が原子番号に対して単純な比例関係にないという利点を生かすことができる.水素やリチウムのような軽原子も,強い中性子散乱能を示す.

5.3.7.2 ■ 結晶による X 線の散乱——消滅則

上では,結晶を単位格子の型と大きさをもとに定義できる格子面の集合体として考え,結晶による回折現象をブラッグの法則で取り扱った.ある面間隔 d をもつ 1 組の格子面に対して,入射 X 線の波長がわかれば,ブラッグ角を見積もることができる.例えば,式 (1.1) を用いる $α=β=γ=90°$ の直交系では,指数 h, k, l は整数でなければならないため,面の組み合わせとして可能な数は限定される.式 (1.1) あるいは他の結晶系の単位格子ではその格子系に適切な関係式を使うと,可能なすべての d 値が計算できる.ただし,実際には d 値が最小になったときあるいは指数の組み合わせが最大になったときに,その組み合わせの計算は終了する.仮想的な斜方晶の結晶に関して,0 と 1 と h, k, l の組み合わせのすべてについて d 値を計算した結果を表 5.4 に示す.より大きな h, k, l の指数についても,同様に d 値が計算できることは明らかである.

原理的には,1 組の h, k, l から 1 つの回折ビームが生じる.しかし,ある h, k, l の組によって回折されたビームの強度がゼロになることがある.これは**消滅則**(systematic absences)とよばれる.消滅則は,格子の型が単純格子でない場合(I, F など)か,並進の対称性(らせん軸,映進面など)が存在する場合に生じる.

格子の型が原因で生じる消滅則の例として,体心立方 (bcc) 格子をもつ α–Fe (図 5.20 (a)) を考えてみよう.図 5.20 (b) に示す (100) 面からの回折強度はゼロになり,系統的に消滅する.これは,隣接する 2 つの (100) 面の中間にある体心の原子がブラッグ角で散乱する X 線は,(100) 面の隅(立方体の頂点)にある原子がブラッグ角で散乱する X 線に対して正確に 180° 位相が反転しているためである.結晶全体にわたって平均すると,隅と体心の原子は同数だけ存在するため,散乱されたビームは互いに完全に打ち消し合う.これとは対照的に,(200) 面からの回折強度は強い.これは,図 5.20 (c) に示す (200) 面に存在するすべての原子が散乱する X 線に対して,隣接した 2 つの (200) 面の中間には弱め合う干渉を引き起こす X 線を生じる原子が存在しないためである.同様に考えると,α–Fe で

第5章 結晶学と回折法

表 5.5　空間格子のさまざまな型に対応する消滅則

格子の型	観測される反射の組み合わせ[a]
単　純　P	—
体　心　I	$h+k+l=2n$
面　心　F	h, k, l のすべてが偶か奇
底　心　C	$h+k=2n$
菱面体　R	$-h+k+l=3n$ もしくは $h-k+l=3n$

[a] もし，映進面やらせん軸が存在するならば，反射を制限する別の規則が付け加わる．ここではそれらは考慮しない．

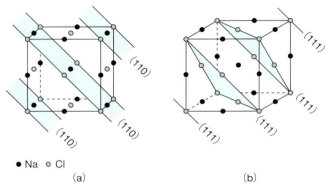

図 5.21　NaCl の (a) (110) 面と (b) (111) 面．

は110反射が観測されるのに対して，111反射は系統的に消滅することが簡単に示される．単純格子でない格子型のそれぞれについては，消滅則を表す簡単な関係式がある（**表 5.5**）．体心立方格子の反射は，100, 111, 320のように $h+k+l$ が奇数のときに消滅する．これについては次の節で証明する．

消滅則は，個々の原子から回折された X 線ビームの間で，弱め合う干渉が起きる極端な場合である．すなわち，1組の原子列によって回折された X 線の位相と，その原子列と同じ配列をもった2番目の原子列が回折する X 線の位相が，厳密に反転している場合に生じる．消滅則が成り立つためには，次の条件を満たす必要がある．

(1) 位相が反転しており（$\lambda/2$ あるいは π），かつ，(2) 振幅（散乱因子 f で決定される）がまったく同じである回折ビームが，同じ数だけ存在すること．

上の1つまたは2つの条件が満たされていないときには，反射が完全に消滅せずにわずかな強度が観測される．

ここで，岩塩（NaCl）で部分的に弱め合う散乱が起こる場合を例にとって考えてみよう．NaCl は面心立方（fcc）格子であり，h, k, l がすべて偶数か奇数の場合のみに反射が観測される（表 5.5）．この規則からすれば，例えば110の反射は系統的に消滅する．これを**図 5.21**(a)で説明してみよう．(110) 面には，Na$^+$ と Cl$^-$ イオンが存在し，平面に並んでいるが，2つの (110) 面のちょうど中間の面に，(110) 面と同じ種類のイオンが同じ数だけ並んでいる．このとき，上に示した2つの条件が満たされ，同じイオンの反射は完全に消滅する．(111) 面に対しては，最初の条件だけが満たされているため，反射が観測される．一方，Cl$^-$ イオンが存在する2つの (111) 面の中間に存在するのは Na$^+$ イオンである．Na$^+$ イオンと Cl$^-$ イオンは，位相が180°ずれた X 線を散乱するが，Na$^+$ イオンと Cl$^-$ イオンは異なる散乱因子をもっているため，散乱された波は完全には打ち消し合わない．したがって，岩塩構造の

物質の111反射の強度は，陽イオンと陰イオンとの間の原子番号の差に依存する．KClではK$^+$イオンとCl$^-$イオンが等電子配置をもつために111反射の強度は0になる．ハロゲン化カリウムにおいて，111反射の強度は次の順に増加する．

$$KCl < KF < KBr < KI$$

これに関連するデータは表5.3にいくつか示した．

同様の現象は，他の単純な結晶構造でも見ることができる．単純立方格子のCsClでは，セシウムと塩素との散乱因子の差を無視すれば，原子位置は体心立方格子のα–Feと同じである（図5.20）．α–Feでは，100反射は系統的に消滅するが，CsClではCs$^+$イオンとCl$^-$イオンの散乱因子は異なっているため（$f_{Cs^+} \neq f_{Cl^-}$），反射が観測される．

5.3.7.3 ■ 位相差 δ に対する一般式

結晶中の各々の原子によるX線の散乱は，個々の原子の散乱因子fと関係している．その個々の波が合成されて回折ビームとなるときには，それぞれの波の**振幅**（amplitude）と**位相**（phase）の双方が重要である．もし，構造中の原子の位置がわかっていれば，ブラッグの条件を満足するある特定のhkl反射が起こる方向へ単位格子中の各原子が散乱する波の振幅と位相は計算できる．全体の回折強度は，単位格子中のそれぞれの原子によって散乱された波を，数学的に取り扱うことによって計算できる．すなわち，どのような回折が起きるかをシミュレートすることもできる．最初に，単位格子中に存在する異なる原子からの散乱の相対的な位相（relative phase）を考えてみよう．

図5.22(a)には，直交系の単位格子をもつ結晶について，2つの(100)面を描いた．（ここで，直交系の単位格子とは，それぞれの角度が90°である系を表している．立方晶，正方晶，斜方晶を区別したときの斜方晶とは限らない）．原子A, B, C, A′はa軸に沿って並んでいて（(100)面に対して垂直），AとA′は単位格子の原点に位置している．100反射について，ブラッグの法則からAとA′からの散乱の位相差はちょうど1波長（2π）であるため，AとA′からの散乱は位相がそろっている．原子Bは，隣接する(100)面との中間に位置し，（Aに対して）分率座標は$x = \frac{1}{2}$である．AとBによって散乱される波の位相差は，$\frac{1}{2} \times 2\pi = \pi$で，正確に位相が逆転している．原子Cは，分率座標$x$の一般位置であるため（A原子から$xa$の距離に対応する），Aからの散乱に対する相対的な位相は$2\pi x$になる．

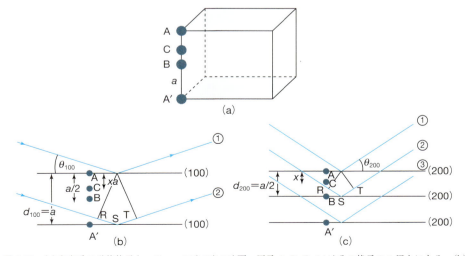

図5.22 (a)直交系の単位格子（$\alpha = \beta = \gamma = 90°$）の(100)面．原子A, B, C, A′はその格子の1辺上にある．(b)は(a)を横から見た図．(c)(a)と同じ単位格子の(200)面を横から見た図．

第 5 章　結晶学と回折法

　ここで，同じ単位格子（**図 5.22**(c)）の 200 反射を考えてみよう．$d_{200} = (1/2)d_{100}$ であるため，ブラッグの法則から $\sin\theta_{200} = 2\sin\theta_{100}$ となり，それゆえ $\theta_{200} > \theta_{100}$ となる．原子 A と B は 200 反射に対しては 2π の位相差をもっているため，散乱の位相はそろっているが，100 反射に対しては位相差が π になる．d が半分になり，ブラッグ角が増加することで，A と B のような 1 対の原子からの散乱の相対的な位相差は 2 倍になる．したがって，A と C における 200 反射の位相差は $(2x \times 2\pi)$ になる．

　より一般的に $h00$ 反射については，隣り合う $(h00)$ 面の面間隔 d が $(1/h)a$ であることから，A と C からの散乱の位相差 δ は次式で与えられる

$$\delta = 2\pi h x \tag{5.6}$$

よって，原子間で生じる散乱の位相差は，考えている反射のミラー指数と，単位格子中の原子の分率座標という 2 つの因子に依存する．この論理は，より一般的に三次元の場合に拡張できる．一連の指数 (hkl) の面からの反射では，原点と分率座標 x, y, z にある原子間の位相差 δ は次の式で表される．

$$\delta = 2\pi(hx + ky + lz) \tag{5.7}$$

この重要な関係式は，すべての格子の型に適用できる．面心立方(fcc)格子をもち，原子が隅（直方体の頂点）と面心の位置にある単純な構造の γ–Fe に，この関係式を適用してみよう．γ–Fe では分率座標は，

$$0, 0, 0 \,;\, \tfrac{1}{2}, \tfrac{1}{2}, 0 \,;\, \tfrac{1}{2}, 0, \tfrac{1}{2} \,;\, 0, \tfrac{1}{2}, \tfrac{1}{2}$$

である．これらの座標を δ の関係式に代入すると，次の 4 つの位相が得られる．

原子位置	原点に対する位相 δ
$0, 0, 0$	0
$\tfrac{1}{2}, \tfrac{1}{2}, 0$	$\pi(h+k)$
$\tfrac{1}{2}, 0, \tfrac{1}{2}$	$\pi(h+l)$
$0, \tfrac{1}{2}, \tfrac{1}{2}$	$\pi(k+l)$

これらは，h, k, l によってどのように変化するだろうか．もし，h, k, l がすべて偶数かすべて奇数であればこれらの位相は π の偶数倍，すなわち 2π の整数倍となるので，互いに位相がそろう．しかし，もし h が奇数で k と l が偶数のような場合，4 つの位相は次のようになる．

$$0, (2n+1)\pi, (2n+1)\pi, 2n\pi$$

最初と最後の位相は，真ん中の 2 つの位相と π だけ異なるため，完全に打ち消し合う．γ–Fe は，面心立方格子の格子点に鉄原子が存在する単純な構造の例ではあるが，面心構造において系統的に反射が消滅する条件を実際に証明することができた（表 5.5）．読者は，例えば α–Fe の構造中の原子の位相を調べて，体心立方格子の消滅則を導いてみるとよいだろう．

5.3.7.4 ■ 回折強度と構造因子

　ここで，単位格子中のどのような原子 j についても取り扱えるように，一般化してみよう．振幅 f_j と位相 δ_j をもつ回折波は，次に示す正弦波で表される．

$$F_j = f_j \sin(\omega t - \delta_j) \tag{5.8}$$

246

単位格子中の各々の原子から回折された波は，同じ角振動数 ω をもっているが，f と δ は異なる．回折強度はそれぞれの正弦波の和として得られる．数学的には，波の合成はベクトル和や複素数を用いた方法など，さまざまな方法で行われる．複素数による方法では，波 j は次のように記述される．

$$F_j = f_j(\cos\delta_j + i\sin\delta_j) \tag{5.9}$$

もしくは，

$$F_j = f_j\exp(i\,\delta_j) \tag{5.10}$$

ここで，$i = \sqrt{-1}$ である．

波の強度はその振幅の二乗に比例する．

$$I \propto f_j^2 \tag{5.11}$$

この関係は，波の式にその複素共役を掛けることで得られる．

$$I \propto f_j\exp(i\delta_j) \times f_j\exp(-i\delta_j)$$

したがって，

$$I \propto f_j^2$$

となる．あるいは，次のように得ることもできる．

$$[f_j(\cos\delta_j + i\sin\delta_j)]\,[f_j(\cos\delta_j - i\sin\delta_j)] = f_j^2(\cos^2\delta_j + i\sin^2\delta_j) = f_j^2$$

式(5.7)を(5.10)に代入して δ を置き換えると，回折波は次のように表される．

$$\begin{aligned}F_j &= f_j\exp[2\pi i(hx_j + ky_j + lz_j)]\\ &= f_j[\cos 2\pi(hx_j + ky_j + lz_j) + i\sin 2\pi(hx_j + ky_j + lz_j)]\end{aligned} \tag{5.12}$$

このような形式で表した場合，単位格子中のすべての原子 j についての和は，hkl 反射に対する**構造因子**(structure factor)あるいは**構造振幅**(structure amplitude)F_{hkl} を与える．

$$F_{hkl} = \sum_{j=1}^{n} f_j\exp(i\delta_j)$$

あるいは，

$$F_{hkl} = \sum_j f_j(\cos\delta_j + i\sin\delta_j) \tag{5.13}$$

回折ビームの強度 I_{hkl} は $|F_{hkl}|^2$ に比例し，次の式で得られる．

$$\begin{aligned}I_{hkl} \propto |F_{hkl}|^2 &= \left[\sum_j f_j(\cos\delta_j + i\sin\delta_j)\right]\left[\sum_j f_j(\cos\delta_j - i\sin\delta_j)\right]\\ &= \sum_j (f_j\cos\delta_j)^2 + \sum_j (f_j\sin\delta_j)^2\end{aligned} \tag{5.14}$$

この式は，結晶学において非常に重要である．単位格子中の原子座標がわかれば，どのような hkl 反射の強度もこの式によって計算できる．ここで，例をあげてこの式を使ってみよう．フッ化カルシウム CaF_2 は蛍石構造をもち，原子は面心立方格子中の次の表の2列目に示すような原子座標に位置する．

247

第 5 章　結晶学と回折法

原　子	x, y, z	δ	202 反射における 位相差 δ	212 反射における 位相差 δ
Ca	$0, 0, 0$	$2\pi(0)$	0	0
	$\frac{1}{2}, \frac{1}{2}, 0$	$\pi(h+k)$	2π	3π
	$\frac{1}{2}, 0, \frac{1}{2}$	$\pi(h+l)$	4π	4π
	$0, \frac{1}{2}, \frac{1}{2}$	$\pi(k+l)$	2π	3π
F	$\frac{1}{4}, \frac{1}{4}, \frac{1}{4}$	$\pi/2(h+k+l)$	2π	$5\pi/2$
	$\frac{1}{4}, \frac{1}{4}, \frac{3}{4}$	$\pi/2(h+k+3l)$	4π	$9\pi/2$
	$\frac{1}{4}, \frac{3}{4}, \frac{1}{4}$	$\pi/2(h+3k+l)$	2π	$7\pi/2$
	$\frac{3}{4}, \frac{1}{4}, \frac{1}{4}$	$\pi/2(3h+k+l)$	4π	$9\pi/2$
	$\frac{3}{4}, \frac{3}{4}, \frac{1}{4}$	$\pi/2(3h+3k+l)$	4π	$11\pi/2$
	$\frac{3}{4}, \frac{1}{4}, \frac{3}{4}$	$\pi/2(3h+k+3l)$	6π	$13\pi/2$
	$\frac{1}{4}, \frac{3}{4}, \frac{3}{4}$	$\pi/2(h+3k+3l)$	4π	$11\pi/2$
	$\frac{3}{4}, \frac{3}{4}, \frac{3}{4}$	$\pi/2(3h+3k+3l)$	6π	$15\pi/2$

位相差の式 (5.7) にこれらの原子座標を代入すると，3 列目に示す δ の値が得られる．蛍石構造は面心立方 (fcc) 格子であるため，反射が観測されるには，h, k, l はすべて偶数か奇数でなければならない．4 列目に 202 反射について示した．他のすべての組は $F=0$ になる．この例として 212 反射について 5 列目に示した．したがって，単位格子中の 12 原子すべてについて和をとると次のようになる．

	202 反射	212 反射
$\sum f_{Ca} \cos \delta$	$4f_{Ca}$	0
$\sum f_{Ca} \sin \delta$	0	0
$\sum f_F \cos \delta$	$8f_F$	0
$\sum f_F \sin \delta$	0	0
F_{202}	$4f_{Ca} + 8f_F$	
F_{212}		0

CaF_2 の 202 反射の面間隔 d は 0.1929 nm ($a = 0.5464$ nm) である．したがって，

$$\lambda = 0.15418 \text{ nm (Cu K}\alpha) \text{ に対して，} \quad \theta_{202} = 23.6°, \quad \sin \theta / \lambda = 2.59$$

となる．Ca と F の散乱因子は図 5.19(b) から得られる．$\sin \theta / \lambda = 2.59$ への内挿によって

$$f_{Ca} = 12.56, \quad f_F = 5.8$$

が得られるから，

$$F_{202} = 97$$

となる．

　一連の hkl 反射についてこの計算を行い，規格化した後の結果を観測値と比べてみよう（**表 5.6**）．未知の結晶構造を解く場合には，計算で求めた構造因子 F_{hkl}^{calc} が，実測強度から求めた構造因子 F_{hkl}^{obs} とできるだけ一致するような構造モデルを立てることが最大の目標となる．

表 5.6 CaF$_2$の構造因子の計算：粉末 X 線回折

d/nm	$h\,k\,l$	I^{obs}	多重度因子[a]	$I^{\mathrm{corr}}/($多重度因子$\times L_{\mathrm{p}})$[b]	F^{obs}_{hkl}	F^{calc}_{hkl}	F^{obs}_{hkl}（規格化）	$\|\,|F^{\mathrm{obs}}_{hkl}|-|F^{\mathrm{calc}}_{hkl}|\,\|$
0.3143	1 1 1	100	8	0.409	0.640	67	90	23
0.1929	2 0 2	57	12	0.476	0.690	97	97	0
0.1647	3 1 1	16	24	0.098	0.313	47	44	3
0.1366	4 0 0	5	6	0.193	0.439	75	62	13
0.1254	3 3 1	4	24	0.047	0.217	39	31	8

$$\sum F^{\mathrm{obs}}（規格化）=324$$
$$\sum \|\,|F^{\mathrm{obs}}|-|F^{\mathrm{calc}}|\,\| = 47$$
$$R=\frac{\sum|\Delta F|}{F^{\mathrm{obs}}}=\frac{47}{324}=0.15$$

[a] 粉末 X 線回折における回折線の多重度因子は，同じブラッグ角で回折するために重なってしまう等価な格子面の数で与えられる．例えば，1 1 1 反射は $\bar{1}11,1\bar{1}1,11\bar{1},\bar{1}\bar{1}1,\bar{1}1\bar{1},1\bar{1}\bar{1},\bar{1}\bar{1}\bar{1}$ の反射と重なっている．ここで負の記号は結晶軸の負の方向を表している．

[b] ローレンツ偏向因子 L_{p} は，式(5.5)の効果と装置因子を含む角度補正因子である．これは対照表から求めることができる．

　上記の計算を単純にする際には，すべての正弦項がゼロであるという性質が重要である．これは，単位格子の原点が対称中心と一致しているためである．座標 x, y, z のそれぞれの原子に対して対称中心の関係にある原子が $(-x,\ -y,\ -z)$ の位置にある（例えば F は $\frac{1}{4},\ \frac{1}{4},\ \frac{1}{4}$ と $-\frac{1}{4},\ -\frac{1}{4},\ -\frac{1}{4}$，もしくは $1-\frac{1}{4},\ 1-\frac{1}{4},\ 1-\frac{1}{4}$ すなわち $\frac{3}{4},\frac{3}{4},\frac{3}{4}$）．さらに，$\sin(-\delta)=-\sin\delta$ であるため，単位格子全体の正弦項の合計は 0 になる．しかし，もしフッ素原子の 1 つを単位格子の原点にとれば，フッ素原子は 4 個のカルシウム原子によって四面体配位されているために，正弦項はゼロにならない．多くの結晶構造は，対称中心のない空間群に属するため，この場合は，正弦項と余弦項の双方を用いて F（構造因子）の完全な計算をしなければならない．

5.3.7.5 ■ 温度因子[訳注5]

　結晶では，あらゆる温度で，構成する原子が赤外領域の周波数で振動している．その振動周波数は回折実験で用いる X 線の周波数より数桁小さいため，観測される回折線は，振動する原子の時間平均した位置から生じていることになる．すなわち，各原子の電子密度は事実上ある体積にわたって広がっており，その広がりの大きさは熱振動の振幅に依存する．この効果により実際は，振動によって異なる位置にある原子から散乱される X 線の間で，弱め合う干渉が増加し，これにより散乱因子は図 5.19(b) に示したものより，$\sin\theta/\lambda$ に依存してわずかに減少する．すなわち，散乱因子は次の式で与えられる．

$$f = f_0 \exp\!\left(-B\frac{\sin^2\theta}{\lambda^2}\right) \tag{5.15}$$

ここで，f は測定温度における散乱因子，f_0 は静止している原子に対して計算された散乱因子，B（しばしば U が用いられる）は温度因子（temperature factor）である．B は原子の熱振動と次の式で関係づけられる．

$$B = 8\pi^2\overline{u}^2 \tag{5.16}$$

ここで，$\overline{u}^2$ は原子の，その静止した位置からの平均二乗変位である．多くの取り扱いにおいては，

[訳注5] 推奨される語は熱振動パラメータであるが，慣用的に温度因子という用語が用いられる．

第 5 章　結晶学と回折法

原子は等方的に熱振動して，実質上球形であると仮定するが（等方性温度因子 B_{iso}, U_{iso}），詳しく調べる際には，特に最終的な構造の精密化の過程では，異方性温度因子（B_{aniso}, U_{aniso}）が用いられる．

5.3.7.6 ■ R 因子と構造解析

前項では，単位格子中の原子の座標から，任意の hkl 反射に対して構造因子 F_{hkl}^{obs} を計算する方法について示した．CaF_2 の粉末回折図形における，低角側の 5 本の回折線についての F_{hkl}^{calc} の値を表 5.6 に示す．実測強度 I^{obs}，L_p 因子と多重度因子の補正をした後の強度 I^{corr}，および $F_{hkl}^{obs} = \sqrt{I^{corr}}$ で与えられる実測の構造因子 F_{hkl}^{obs} もあわせて示す．F_{hkl}^{obs} と F_{hkl}^{calc} の値を直接比べるために，$\sum F_{hkl}^{obs} = \sum F_{hkl}^{calc}$ として規格化している．すなわち，それぞれの F_{hkl}^{obs} の値に 141 を掛けて規格化した値を示す．各々の規格化した F_{hkl}^{obs} と F_{hkl}^{calc} の値が一致しているかどうかの判断には，**残差因子**（residual factor）もしくは **R 因子**（R–factor）とよばれる値を用いる．これは次の式で与えられる．

$$R = \frac{\sum \| F^{obs} | - | F^{calc} \|}{\sum | F^{obs} |} \tag{5.17}$$

この式から R の値は 0.15（100 を掛けると 15%）になる．

未知の結晶構造の解析にあたっては，とりわけ R 値が解析の目安になる．R 値が低いほど，構造がより確からしいことを示す．CaF_2 で行った計算では 5 つの反射のみを用いたために，かなり恣意的なものになってはいるが，それでも解析の一例としては十分である．実際には，数百から数千の反射を計算に用いる．R 値の大きさと構造の確からしさとの間には厳密な関係はないが，通常，R 値が 0.1〜0.2 以下の場合，その提案された構造モデルは実質正しいといえる．質の良い強度データを用いて構造を完全に解いた場合の R 値の典型的な値は，一般的に 0.02 から 0.06 の間である．

5.3.7.7 ■ 粉末回折データによる構造解析：リートベルト解析

近年，**リートベルト解析**（Rietveld refinement）が粉末試料の構造の詳細を決定する方法としてきわめて有効になってきている．この解析法の名前は，オランダの物理学者ヒューゴ・リートベルト（Hugo Rietveld）に因んでつけられている．この方法は，単結晶のデータを用いるのに適している第一原理的な（*ab initio*）構造解析法ではなく，およその構造の型は既知であるが，その詳細を決定または確定する必要がある物質にきわめて有効な手法である．リートベルト解析は全体の回折図形を精密化する手法であり，実測の粉末 X 線回折図形を，最適化した計算のプロファイルと比較することで精密化を行う．リートベルトは最初，この方法を粉末中性子回折データの処理に対して考案したが，その後，実験室レベルの装置で収集された X 線回折データの処理にも拡張された．今日では，解析ソフトウェアのパッケージが広く用いられ，この方法はほぼルーチン化した構造解析手法となっている．（ただし，落とし穴があるのも事実である．これについては後で述べる）．

リートベルト解析には，最初に結晶構造のモデルが必要であり，そのモデルから粉末回折プロファイルが計算される．すなわち，既知の型の構造に対して，精密化すべきいくつかのパラメータの初期値をもっともらしく推測する必要がある．もし，こうした試行錯誤に用いる基本構造がない場合，粉末 X 線回折データからその構造の解を求めるには，5.3.8 節で説明するさまざまな方法を試みる必要がある．具体的には，粉末回折図形に現れるすべてのピークをデコンボリュート（たたみ込みからもとの関数を求める操作，重なったピークを分解してもとのピークに分離する操作）してその強度を決定し，フーリエ解析のための入力値である $| F_{hkl}^{obs} |$ の値に変換しなければならない．粉末 X 線回折（および粉末中性子回折）図形の限界は，回折現象は実際には三次元的な現象であるにもかかわらず，それを一次元（単に変数は 2θ の 1 つのみ）に詰め込んでしまっていることが原因で生じる．特に対称性

250

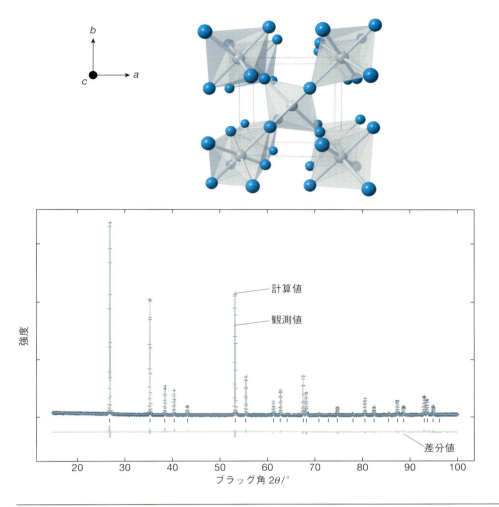

$a = 0.467791(3)$, $c = 0.302234(2)$ nm
空間群 $P4_2/mnm$ (No. 136)
陽イオン位置 $2a$: $0, 0, 0$; $\frac{1}{2}, \frac{1}{2}, \frac{1}{2}$; $B_{iso} = 0.000080(3)$ nm^2
酸素位置 $4f$: $x, x, 0$; $\bar{x}, \bar{x}, 0$; $\bar{x}+\frac{1}{2}, x+\frac{1}{2}, \frac{1}{2}$; $x+\frac{1}{2}, \bar{x}+\frac{1}{2}, \frac{1}{2}$; $x = 0.03035(3)$; $B_{iso} = 0.000119(7)$ nm^2
χ^2 : 6.575, R_{wp} : 7.27%, R_p : 5.58%,
陽イオン-酸素距離 : 0.1994(1)×4 および 0.2008(2)×2 nm

図 5.23 ルチル構造の Ti$_{1-3x}$Cu$_x$Nb$_{2x}$O$_2$ ($x=0.02$) の粉末 X 線回折データからリートベルト解析により得られた結晶構造および結晶構造解析のデータ. 計算値(十字), 観測値(上側の曲線), 差分値(下側の線)を示す.
[N. Reeves-McLaren *et al.*, *J. Solid State Chem.*, **184**, 1813-1819(2011) より STM 条項に基づいて転載]

の低い相では, 粉末図形は部分的に重なり合った多くの反射を含むため, 個々のピークの形状がわからない場合には, 個々の反射の強度をどのようにして決めるかという深刻な問題が生じる. リートベルト解析では図形全体の精密化を行うため, 図形にはバックグラウンド散乱も含まれており, 正確に回折プロファイルに適合させるためにはバックグラウンドを可能な限り正確に把握しておく必要がある.

最後に, 注意点について述べる. もし構造の初期値が実際の構造のものといくらか異なっていた場合, この精密化の過程は偽の極値に収束しやすい. この場合, いくつかの構造パラメータは間違ったものになるが, それが間違いであることを示す証拠は何もない. このような状況は, 多すぎる変数を

第5章　結晶学と回折法

一度に精密化するときによく生じる．したがって，注意深く解析を進める必要がある．実際には，変数を1つずつ精密化してその値を固定していくか，徐々に精密化する変数の数を増やしていくことになる．

単結晶の構造解析における解析の質を評価するために用いられる式(5.17)で示したR値は，リートベルト解析においても解析の質を表す指標として用いられる．リートベルト解析では個々の反射の強度を抽出して用いる．ただし，リートベルト解析では，精密化の質を表す指標は他にも多数存在する．例えば，次の式で表されるR_p値はその1つである．

$$R_p = \frac{\sum (I^{obs} - I^{calc})}{\sum I^{obs}} \times 100\% \tag{5.18}$$

この方法では，強度の値はある決まった角度の間隔，例えば$2\theta = 0.02°$の間隔で測定される．精密化の目標はR_pの値を最小にすることである．通常，精密化した結果は計算と実測のプロファイルを，その差分のプロファイルと予想されるブラッグ反射の位置とともに図示することで表す．典型的な例を**図5.23**に示す．この例では残差がたいへん小さい．

5.3.8 ■ X線結晶学と構造決定——何ができるか

結晶性物質の構造を決定するには，X線結晶学が比類のないすぐれた手法である．分子性結晶においては，X線結晶構造解析はNMRや質量分析法などの分光学的手法を補完するものであるが，たいていは結晶構造解析か分光学的手法のいずれかを用いて分子の構造を決定する．しかし，分子性でない物質の場合や，分子性であっても結晶中での分子の配列が重要な場合，もしくはその結合距離と角度を決定しなければならない場合は，X線結晶構造解析がもっとも重要な構造決定の手段となる．

今日では，数学的に煩雑な構造の解析も，コンピューター制御されたデータ収集と回折データ処理によって高度に自動化されている．回折実験を行うためには，サイズの大きい高価な装置が必要となる．ある適当な大ききの単結晶を用いてX線回折データを収集するには数日が必要で，構造を解くのには数時間かかる．これは，とある日の午後，学生実験室でちょっと試してみるといったたぐいの実験ではないが，そうであったとしても，構造解析の過程や解析中に起こりうる問題点について，最低限の知識をもっておく必要がある．本章の前半にその基礎の大部分はすでに示してある．

未知の結晶構造を解析することは，1組の連立方程式の解を求める作業と類似している．式中の未知数は原子座標であり，式は実験で求めた強度データである．少なくとも変数の数と同じだけの式(この場合強度データ)がなければならないのは明白であるが，実際は，質の良い構造決定をするために，変数の数より多くの強度データが必要となる．これは，強度データには誤差が少なからず存在していること，構造解析に使用する計算方法には統計的な解析手法がしばしば用いられ，この方法は大きなデータ集団のときにのみ正常に機能すること，構造決定に用いるフーリエ法は多くの強度データがある場合にのみ有効であることなどによる．決定すべき変数の数によって，必要な回折実験の方法が規定されるため，ここでは，構造が簡単なものからかなり複雑なものまで，例をあげて調べてみよう．

最初に，手元にあるMX_2組成の物質の構造に，ルチル型が疑われる場合を考えよう．MX_2は図5.23に示した例のもとになる物質である．構造を決定するためには，いったいいくつの変数を精密化しなければならないのだろうか？　図1.37に示したルチル構造によると，原子Mは(直方体の)隅と体心の位置に固定されているため，座標に変数はない．原子Xは1つの位置変数xをもち，単位格子中の4つの原子の位置は次の座標で与えられる．

$$x, x, 0 ; 1-x, 1-x, 0 ; \frac{1}{2}-x, \frac{1}{2}+x, \frac{1}{2} ; \frac{1}{2}+x, \frac{1}{2}-x, \frac{1}{2}$$

252

したがって，初期の構造モデル（trial structure）では，x の値をルチル構造の典型的な値である 0.3 としてみよう．

構造因子の計算値 F_{hkl}^{calc} を実測値 F_{hkl}^{obs} と比較するために精密化すべき主な構造変数は，酸素の座標 x と，Ti と O に対する B_{iso}（もしくは U_{iso}）の値である．これらを正確に決定するには，少なくとも 10〜20 個の回折強度データが必要になる．粉末 X 線回折図形でも少なくともこの数の反射は含まれているので，粉末 X 線回折データを用いてもおそらく十分，構造は決定できるだろう．ルチル構造をもち，その Ti を部分的に Cu と Nb を混合して置換した相について，精密化により得られた最終的な格子定数と x 値，B_{iso} 値，統計パラメータの値を図 5.23 に示す．

2つ目の例は，それなりに複雑な構造をもつ $YBa_2Cu_3O_x$，すなわち YBCO もしくは Y123 とよばれるセラミックス超伝導体である．これはペロブスカイトと関連があるが，より複雑な構造をもつ斜方晶である．$x = 7.0$ とすると，単位格子は 1 個の化学式を含む（$Z = 1$）．すべての原子の位置を決定するには 5 つの位置変数と，8 つの B_{iso} 値（構造中で結晶学的に独立している 4 つの酸素原子について 4 つ，銅に対して 2 つ，バリウムとイットリウムについてはそれぞれ 1 つずつ）が必要である．酸素原子のうちの 1 つの量は可変であるため（x は化学式中の変数であるため），その位置の部分占有率も変数である．これによって全体で 14 変数になることから，十分な構造決定をするためには，200 から 300 の強度データが必要となる．通常の粉末測定では，十分に分離したこれだけの数の反射は得られないため，高分解能の中性子回折やシンクロトロン X 線回折のような特別な粉末回折測定の方法か，単結晶を用いた方法を用いる必要がある．これらの方法では，短い波長の放射を用いてより低い d 値までデータを収集したり，粉末回折図形では弱すぎて見えないような反射を，単結晶を用いて記録することによって，データ点数を増やしている．

3つ目の例は，多くのケイ酸塩や複雑な有機分子のように，かなり複雑な構造をもつ場合である．特に，対称性が低い場合には，変数の数は 50 から 100 にもなることから，2000 から 3000 の反射が得られる単結晶のデータが重要である．

ここまでは，モデルとなる構造がないときに構造決定を行う第一原理的な（*ab initio*）決定法については考えずに，結晶構造を特定するために決定する必要がある変数の数について単純に考慮してきた．ここでは，モデルとなる構造がない場合の構造解析の手順を考えてみよう．まず，強度データを収集し，ローレンツ偏光因子の補正を行い，構造因子の観測値に変換する．その後に，構造を明らかにするための一連の過程が始まる．原子座標 x, y, z の値を式（5.12）に代入すると F の計算値が得られるが，この値が観測値ともっとも良く一致するような原子座標の値をいかに決定するかが，ここでの問題である．

F^{obs} の値の符号（$+$ か $-$）と振幅の双方が既知の場合，フーリエ級数を使う標準的な数学的手法により問題を解くことができる．それは，観測された回折 X 線ビームをフーリエ変換によって数学的に結合すると，例えば図 5.24 に示した電子密度図の形式の結晶構造が得られるためである．関係式は以下のようになる．

$$\rho(u, v, w) = \frac{1}{V} \sum_h \sum_k \sum_l F_{hkl} \cos 2\pi(hu + kv + lw) \tag{5.19}$$

この式によると，観測された F と h, k, l のすべての値について和をとることによって，単位格子中の点 u, v, w での電子密度 ρ が計算できる．精度の良い図を得るためには，できるだけ多くの項について和をとる必要があり，これが構造解析では変数の数よりもはるかに多くの強度データ数が必要になる主な理由である．

この数学的な変換法と，光学顕微鏡や電子顕微鏡で像を描くことは明らかに類似している．顕微鏡では，光学レンズや電磁レンズを組み合わせ，光や電子線を試料に当てて得られた回折図形から像を組

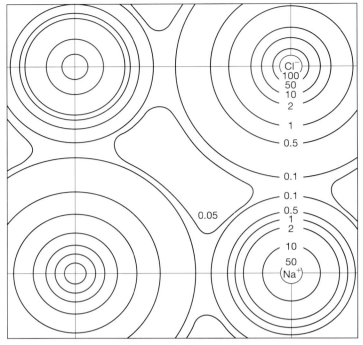

図 5.24 NaCl の電子密度図.

み上げる．残念ながら「X 線レンズ」の機能をもつ物質はないため，数学的な方法によって像の組み上げを行わなければならない．ここで，結晶構造解析においてポイントとなる問題が生じる．すなわち，F^{obs} の振幅は直接的に，しかも明白に観測強度から決定できるにもかかわらず，位相は決定できない．つまり，I 値は正であるにもかかわらず，$\sqrt{I}$ で与えられる F 値は正かもしれないし負かもしれない．この「位相問題」を解決するために，さまざまな手法が考案されている．もっとも成功を収めた手法の概略を次に示す．

5.3.8.1 ■ パターソン法

この方法では式(5.19)と同様のフーリエ変換による和を用いるが，強度データ（もしくは F_{hkl}^2）は係数になる．すなわち次式を用いる．

$$\rho(u,v,w) = \frac{1}{V} \sum_h \sum_k \sum_l |F_{hkl}|^2 \cos 2\pi(hu + kv + lw) \tag{5.20}$$

結果として得られる**パターソン図**（Patterson map）は次で述べるフーリエ図と類似しているが，電子密度の高い領域は 1 対の原子間のベクトルを表している．ピークの高さはそれらの原子の原子番号の積に比例するので，単位格子中のもっとも重い 1 対の原子間のベクトルは，もっとも大きなピークになる．ピークの位置は，構造中の 2 つの原子の位置関係のみをベクトル形式で与える．したがって，x_1, y_1, z_1 と x_2, y_2, z_2 位置にある 2 つの原子は，パターソン図の原点から $x_1 - x_2, y_1 - y_2, z_1 - z_2$ の位置にパターソンピークを与える．すなわち，もっとも重い原子の位置を直接示すのではなく，単位格子中でのそれらの相対的な位置を与えるだけであるが，それでも構造解析の出発点として非常に役に立つ．もし 1 つの原子の位置が確実であれば，パターソン図からもう 1 つの原子の位置が示される．いったんこのようにして解析が始まると，構造決定を完遂するためにフーリエ変換が繰り返される．

5.3.8.2 ■ フーリエ法

　この方法は，すべての F^{obs} の値およびその符号がわかっていなくても，使用することができる．計算には複合的な F 値が用いられ，その振幅は F^{obs} のリストから，符号は重原子の位置だけに基づいて計算した部分構造因子から得られる．重原子はX線をもっとも強く散乱するため，重原子がその強度を支配するとともに，位相（＋もしくは－）も左右する．したがって，この方法でも大部分の符号は決めることができ，なかでも特に大きな F 値の場合は正しく決定できる．振幅と符号を組み合わせて計算した F 値を用いて，式(5.19)によって合成したフーリエ図(Fourier map)には，パターソン図にはない電子密度のピークが現れるため，より軽い原子の位置が求められる．この過程，すなわちフーリエ図から得られた詳しい原子座標の値を用いて，より正確な構造因子の計算する作業を繰り返し行う．その結果，さらに多くの F 値の符号を正確に求めることができ，さらに精密なフーリエ図が計算できる．

　大部分の原子のおよその位置を決めることができた後は，F^{obs} と F^{calc} をさらに一致させることを目的として最小二乗法(least squares refinement)による精密化を行い，式(5.17)から計算される R 値が最小になるようにする．この過程では，原子位置をいくらか動かして R 値の変化を調べ，その最適位置（R 値が最小となる位置）を試行錯誤によって見つける．また，$(F^{obs} - F^{calc})$ の値を係数として用いる差フーリエ図を合成することも有用である．

$$\Delta(u, v, w) = \frac{1}{V} \sum_h \sum_k \sum_l (F^{obs} - F^{calc}) \cos 2\pi (hu + kv + lw) \tag{5.21}$$

差フーリエ図から，これまでの解析過程では検出できなかったプロトンのような軽い原子による，正の小さい電子密度をもつ領域がわかる．また，負の電子密度の領域から，その位置に原子を置くことが間違っていたことがわかる．まったく特徴のない図になる場合もあるが，これは，構造の精密化がきわめてうまくいっていることを意味する．

5.3.8.3 ■ 直接法

　直接法(direct method)は，構造解析において非常に役に立つ手法である．すべての構成原子が同程度の原子番号である場合にもっとも機能する．すなわち，わずかな重原子が存在する場合にもっとも機能するパターソン法を補完するものである．直接法は位相の決定に用いられる方法で，位相が正か負かを統計確率に基づいて決定する．例えば，対称中心のある構造においては，セイヤーの等式(Sayre probability relationship)により3つの反射 $hkl, h'k'l', h''k''l''$ について，$h''=h-h', k''=k-k', l''=l-l'$ の関係が成り立っていることから，1つの符号は他の2つの符号の積と同じであることが示される．したがって，もし312と111がともに負である場合，201はおそらく正になる．位相のわからない3つの反射を選ぶと，正と負の8通りの組み合わせが可能であるが，2つの反射の組み合わせから，もう1つの反射の位相が予想できる．この方法では，位相を予測し，その予測した値を最適化することが可能である．結果は，電子密度図に類似した E合成図(E-map)として示され，ここから原子座標を読み取ることができる．

5.3.8.4 ■ 電子密度図

　電子密度図(electron density map)は，単位格子全体にわたって電子密度が変化する様子をプロットしたものである．電子密度図（フーリエ図）を用いる方法は，未知の構造の解析において，原子の位置を探し出すのに有効である．構造解析が進むと，電子密度図の質が改良される．すなわちバックグラウンドの電子密度が減少すると同時に，個々の原子によるピークがより多く浮かび上がってくる．構造決定によって最終的に得られる電子密度図は，重要な情報である．

第 5 章　結晶学と回折法

　電子密度図は，構造全体にわたってある一定間隔で切り取った断面図の形で表す．これを重ねることによって，三次元的な電子密度分布が得られる．単純な結晶構造である NaCl について，ある断面での電子密度分布を図 5.24 に示す．電子密度図は本質的に等しい電子密度を表す等高線からなり，単位格子に重ね合わせたグリッド上の各点について計算される電子密度の値を補間することで得られる．この図の場合，断面は単位格子の 1 つの面に平行で，Na^+ イオンと Cl^- イオンの中心を通る面である．この図には以下の特徴がある．

　電子密度図は，地図の等高線に似ている．等高線上では，結晶全体にわたって電子密度が等しい．電子密度の最高点は原子位置に対応する．つまり，単位格子中の原子の座標は，ピークの最大位置の座標で与えられる．ピークの高さはその原子がもつ電子の数に比例する．電子の数は，軽原子を除いて，原子番号とおよそ等しい．図 5.24 には，相対的な高さが 100 と 50 の 2 つのピークが見られるが，それぞれ塩素とナトリウムに対応する．塩素とナトリウムの原子番号は 17 と 11 であり，電子数は $18(Cl^-)$ と $10(Na^+)$ であるため，実験から得られたピークの最大値は予想される値とかなり良く一致している．電子密度図は，我々が頭の中で描く原子が球状であるという描像が，少なくとも時間平均をとった場合には，本質的に正しいことを示している．図 5.24 では，近接した 2 つの原子を結ぶ線の中間のある点では，電子密度はほとんどゼロになっている．これは，NaCl のイオン結合モデルを支持するものである．共有結合をもつ構造の電子密度図では，原子の間に残余の電子密度が現れる．しかし，アルカリ金属のハロゲン化物のような単純な化合物は別として，たいていの物質では，電子密度図から結合に関わる電子の分布を定量的に決めるのは難しい．

　通常の構造精密化の過程では，計算と実測で求めた構造因子の差が小さくなるように，原子の位置と温度因子（熱振動パラメータ）を変化させる．単純な構造を精密化する場合には，原子座標は通常正確に決定できるが，複雑な構造の場合には，多様な局所構造の乱れが生じる．こうした乱れは個々に決定することができないため，最終的な精密化のデータは平均構造として示される．わずかな原子の変位を含む局所構造の乱れや温度による原子振動は，温度因子に含められる．

5.4 ■ 電子線回折法

　電子は波としての性質をもっているために，回折実験に用いることができる．電子銃で加速する電圧によって電子の速度は決まり，その速度は波長と関係する．通常の電子顕微鏡で用いる電子の波長は約 0.004 nm である．**電子線回折法**（electron diffractometry）と**電子顕微鏡法**（electron microscopy）の 2 つの方法は互いに密接に関連している．後者は，より一般的に用いられており，第 6 章で述べる．ここでは電子線回折法の一般的な特徴と，X 線回折法との相違点を簡単に見てみよう．

　電子は物質と強く相互作用するため，ごく小さな試料から強い回折図形が得られる．実際，透過法では，試料はおよそ 100 nm より薄くなければならず，そうでなければ，電子が試料を通り抜けることができない．この点では X 線回折とずいぶん異なっている．すなわち，X 線回折法では物質によって X 線が回折される効率は低く，単結晶の解析においては，0.05 mm 以上のかなり大きな結晶が必要となる．

　電子線回折法の欠点は，**二次回折**（secondary diffraction）が起きることである．電子の散乱効率が高いため，回折ビームも強い．実際はこの回折ビームが入射ビームとなって他の格子面で回折され，二次回折となる．二次回折は次の 2 点から望ましくない．1 つは，条件によっては回折図形に余分な反射が現れることであり，したがって，回折図形の解釈に注意が必要であることである．もう 1 つは，回折ビームの強度は信頼性に乏しく，結晶構造解析に定量的に用いることができないことである．

　このような欠点にもかかわらず，電子線回折法は非常に有用で，X 線を用いたさまざまな方法を補

256

完するものになっている．X線は散乱効率が低く二次回折はほとんど問題とならないため，観測した回折強度には信頼性があるが，（相対的に）大きな試料が必要となる．一方，電子線では，散乱効率は高く，強度の信頼性は低いが，非常に小さな試料でも調べることができる．電子線回折法では，散乱ビームの方向に対して三次元の描像（実際は，三次元の空間に対する二次元の断面ではあるが）が直接得られるため，直径が 0.01 から 0.02 mm より小さな結晶の単位格子や空間群の情報を得るのに有用であり，かつ信頼できる唯一の手法である．このような情報から，回折線に対して h, k, l の指数を割り当てることができ，単位格子が決定できる．消滅則から格子の型と対称性に関するさらなる情報が得られ，その結果，空間群が決定される．

単位格子や空間群の情報がない場合でも，さまざまな試行錯誤によってX線回折図形を指数づけすることはできるが，どうしても不確実性が残ってしまう．特に，X線回折図形に非常に弱い反射しか示さない超格子による回折線が存在する可能性がある場合には，顕著である．電子線回折はこのような場合にたいへん役立つにもかかわらず，固体化学の分野では単位格子や空間群の決定にそれほど用いられているわけではない．これは，非常に時間のかかる方法であるとともに，データを解釈するには高いレベルで習熟する必要があるからである．しかし，回折強度の不確実性から，構造決定には限定的にしか利用されていない．

電子線回折は，用いる試料の問題から，比較的大きな（10 mg 以上）試料に対する相の同定にルーチン的に用いる測定法には適していない．しかし，(1)わずかな量の試料しか得られないとき，(2)試料が薄膜のとき，(3)微量の不純物相を検出したいときに電子線回折は有用である．こうした場合はすべて，試料の量としては不十分であるためX線回折測定を行うことができない．

5.5 ■ 中性子回折法

中性子回折法（neutron diffractometry）は非常にコストのかかる方法である．十分に強い中性子を得るためには，原子炉が必要である．中性子源の設備のある研究所はあまりなく，実験は利用者へのサービスを行っている中心的な研究所で行う（例えばフランスのグルノーブルにある ILL 研究所や UK のラザフォードアップルトン研究所，USA のアルゴンヌ研究所，日本では東海村の大強度陽子加速器施設（J-Parc）や日本原子力研究開発機構の JRR-3 など）．高コストではあるが，中性子回折法は非常に有用な実験手法であり，特に磁性体については他の実験手法で得られない情報を得ることができる．当然ながら，X線のような他の実験手法で解決できる問題には用いるべきでない．

中性子ビームは通常強度が弱いため，中性子実験に用いる試料の大きさは少なくとも 1 mm³ 程度と，かなり大きい．この大きさの結晶を得るのは難しいことが多いため，結晶学的な研究は通常多結晶体の試料を用いて行われる．粉末中性子回折図形はX線回折図形ときわめて類似している．

中性子線とX線の間にはいくつかの特徴的な違いがある．1つは，原子炉から得られる中性子線は連続的な波長をもち，X線スペクトルにあるような特徴的なピーク（図 5.3(b)）は存在しない．回折測定に用いる中性子はいわゆる熱中性子で，重水によって減速されていて，その波長はおよそ 0.05 から 0.3 nm の間である．単色化した中性子線を得るためには，ある特定の波長を選び出し，結晶モノクロメーターを用いてその他の波長を取り除く必要がある．そのため，発生した中性子のエネルギーの大部分は無駄となり，回折実験に用いるビームは弱く，しかも際立って単色化されているわけではない．

パルス中性子源を用いた**飛行時間法**（time-of-flight analysis, TOF 法）は，近年大きく進歩した．中性子パルスは，粒子加速器を用いてプロトンのような高エネルギー粒子を重原子のターゲットに衝突させることで作り出すことができる．**スパレーション**（spallation）過程とよばれる核反応の効率は高

く，1個のプロトンから約 30 個の中性子が発生し，これによって回折実験に適した強い中性子ビームが得られる．飛行時間法では，回折角を固定して，全体の中性子スペクトル（波長は可変）を利用する．中性子の波長は速度に依存し，ド・ブロイの式 $\lambda = h/mv$ で与えられる．ここで，m は中性子の質量 $1.675 \times 10^{-27}\,\mathrm{kg}$ である．したがって，検出器に到達した回折中性子線は，その飛行時間と波長に依存して分離される．回折の基本となる法則は，ここでもブラッグの法則 $n\lambda = 2d\sin\theta$ である．飛行時間法においては，θ は固定されており，λ と d 値（面間隔）が変数である．これは，通常の回折法においては λ が固定されていて，d と θ が変数であるのと対照的である．パルス法ではデータ収集にかかる時間が短い．したがって，短い時間で生じる緩和現象の研究にも用いることができるという利点があり，特に，試料がパルス磁場中に置かれたときの実験に用いられる．

X 線と中性子線のもう 1 つの相違点は，原子による散乱能がまったく違うことである．X 線の場合，散乱因子は原子番号に単純に比例し，水素のような軽原子では X 線を非常に弱くしか回折しない．中性子の場合，外殻電子ではなく原子核が散乱に寄与する．実際，水素は中性子を強く散乱する原子である．加えて，原子核は中性子に対して，本質的に散乱点としてふるまうため，中性子散乱強度（中性子散乱能とよばれる）は X 線散乱因子と異なり，$\sin\theta/\lambda$ に依存しない．すなわち，ブラッグ角が広角側になっても中性子回折図形の強度の減少はなく，この点も X 線と異なる．

中性子の散乱能は，原子番号に依存しない．また，X 線で見られるような原子番号が変わることによる極端な散乱因子（散乱能）の変化もない．X 線回折図形を支配するのが結晶構造中の重原子であることから構造解析における（重原子を利用する）パターソン法などの基本的な解析方法が生み出されたが，逆に X 線回折図形では，軽原子が存在した場合や，近い原子番号の原子が存在した場合にはそれらを区別することが難しい．これに対して中性子回折法は，強い中性子の散乱体（原子）というものはないために構造の決定においてそれほど有用なわけではないが，一方で，ほとんどすべての原子が同じように強い中性子散乱体であることから，リートベルト法を用いた構造の精密化に適している．また，いくつかの原子では，回折された中性子ビームの位相が $\pi(\lambda/2)$ 変化し，とりわけバナジウムは中性子をまったく回折しない，すなわち中性子に対して透明である．そのため，バナジウムが回折実験の試料容器として用いられる．

5.5.1 ■ 結晶構造解析

X 線回折法が適切でない場合には，中性子回折法が結晶構造解析に用いられる．特に，水素化物や水酸化物，有機分子の構造中の水素原子の位置を決定するために中性子回折法を用いた研究例は数多くある．通常，構造の主要な部分は X 線回折法によって解析され，中性子回折法はその後の軽原子の位置を決定するのに用いられる．中性子回折法は，Mn, Fe, Co, Ni のように，X 線の散乱因子がほぼ同じ原子を見分けるためにも用いられる．これらの原子の中性子散乱能は異なっているため，例えば，合金中の Mn と Fe の配列が関与する超格子も中性子回折法によって簡単に観測することができる．

5.5.2 ■ 磁気構造解析

磁気的性質は，特に d 軌道や f 軌道に不対電子が存在するかどうかに大きく依存する．中性子は磁気双極子モーメントをもち，不対電子と相互作用するため，中性子は原子核と不対電子の双方によって散乱される．このことが基本となって，物質の磁気構造の研究において強力な実験方法となる．磁気構造およびその規則配列の簡単な例を NiO を用いて示す．X 線回折法では，NiO は面心立方格子の岩塩構造であることがわかる．中性子回折法によって調べると，超格子の存在を示す新たな反射が観測される．これは（e_g 軌道にある）不対 d 電子が，**図 5.25** に示すように，ニッケル原子の層で交互に反平行に配列しているためである．中性子線を用いると X 線では検出することのできなかったス

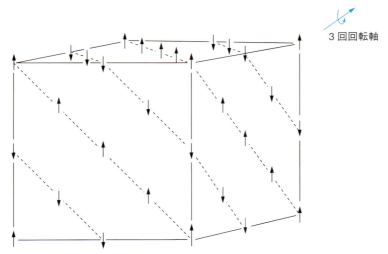

図 5.25 MnO, FeO, NiO が示す反強磁性超格子構造における a(超格子) $= 2a$(母格子) の関係にある擬立方晶．酸素の位置は示していない．

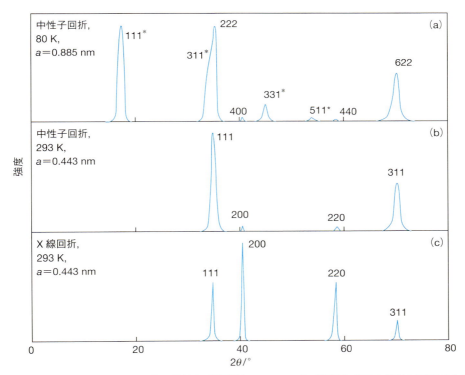

図 5.26 MnO の中性子粉末回折図形と X 線粉末回折図形($\lambda = 0.1542$ nm)の概略図．反射の指数は立方晶のミラー指数を示している．
[中性子回折のデータは C. G. Shull, W. A. Strauser and E. O. Wollan, *Phys. Rev.*, **83**, 333–345(1951)より許可を得て転載]

ピンの配列を検出することができる．250℃ 以下で安定に存在する「反強磁性」の NiO の単位格子は，250℃ 以上で安定な常磁性の NiO の 8 倍の体積をもつ．この構造は，規則配列した Ni^{2+} の平面に垂直な [111] 方向に収縮して，わずかに菱面体晶に歪んでいる．この歪みは非常に小さいが，高分解能の中性子粉末回折図形では，例えば 111 反射と $\bar{1}11$ 反射の分裂という形で観測される．ここでは，

第5章　結晶学と回折法

この分裂は無視して，立方晶として説明しよう．

MnO（NiO と同様にふるまう）のネール温度（第9章参照）の前後での中性子粉末回折図形と，室温でのX線回折図形をともに図5.26に示す．ネール温度 T_N 以上での2つの図形を比べてみると（図5.26(b)と(c)）同じ位置に回折線は観測されているが，その強度はかなり異なっている．岩塩構造では，反射が観測されるのは h, k, l がすべて奇数か偶数である場合である．したがって，観測されうる最初の4つの回折線は，111, 200, 220, 311 反射であるはずである．これらの反射は中性子回折図形でも観測されているものの，200と220反射は弱くなっている（図5.26(b)）．このように200と220反射の強度が弱いのは，Mn^{2+} と O^{2-} の中性子の散乱能はごくわずかしか変わらず，かつ逆の符号をもっているためである．同じ面にある Mn^{2+} と O^{2-} イオンは逆位相となるため，200と220反射では強度が部分的に打ち消し合う．これはX線の散乱の場合とは正反対である．すなわち，X線ではすべての元素の散乱因子は同じ符号をもつため，200と220反射においても Mn^{2+} と O^{2-} は同位相の散乱になる．

図5.26(a)と(b)を比較すると，中性子回折図形にはネール温度 T_N 以下において星印で示す新たな回折線が観測されている．これらの回折線は，反強磁性の超格子構造に起因する．上で述べたように，反強磁性を示す結晶構造の対称性は菱面体であるが，第一近似としては，T_N 以下の低温相（80 K において $a = 0.885$ nm）は T_N 以上の高温相（293 K において $a = 0.443$ nm）の2倍の大きさの格子をもつ立方晶として扱うことができる．したがって，単位格子の体積としては8倍になる．新たに観測された反強磁性構造による超格子の反射は，h, k, l の値が奇数である．図5.26(a)の単位格子は図5.26(b)の単位格子の2倍の大きさであるため，両図に共通する反射の指数は2倍の値になっていることに注目してほしい．例えば，図5.26(b)での200反射は図5.26(a)では400反射になっている．

5.5.3 ■ 非弾性散乱，ソフトモード，相転移

「遅い」中性子は，固体の熱エネルギーと同程度の運動エネルギーをもっている．このような中性子は，非弾性的に固体中のフォノン（振動モード）によって散乱される．散乱された中性子のエネルギーを解析することによって，フォノンと原子間力に関する情報が得られる．磁性体については電子交換エネルギーについての情報が得られる．これらは，可干渉性の散乱中性子を用いる回折法ではなく，非干渉性の中性子を用いる分光学的な手法といえるが，便宜上，ここで簡単に触れることにする．

変位型の相転移は，格子振動の不安定性が原因で起こると考えられている．低温の構造では，ある種の振動モードが臨界温度で事実上消失する．そのようなモードは，ソフトモード（soft mode）とよばれる．ソフトモードは，分光学的に活性な振動を含んでいるのであれば，赤外分光やラマン分光によって調べることができ，また，中性子散乱によっても調べられる．後者では，分光学的な選択律にとらわれずに調べることができるため，有用である．いくつかのブラッグ反射について非弾性散乱を測定することによって，ソフトモードに関与する原子の変位を調べることができ，これによって，相転移を決定することができる．例えば，石英 SiO_2 において 573℃ で生じる変位型の相転移の機構は，573℃ より上および下のいくつかの温度で中性子スペクトルを記録することによって解析されている．

第6章 顕微鏡法，分光法，熱分析法

　第5章で述べた回折法以外にも，分光法，顕微鏡法をはじめとした多くの分析方法がある．それらの方法によりその物質が何であるか(identity)，どのような構造であるか(structure)，どのような性質なのか(character)についての情報が得られる．本章では主に，こうした方法により，特に固体に関して得られる情報の種類を概説する．本章では多くの学術用語が登場する．そのほとんどは説明をせずに使用するが，その意味は文章からくみ取れるだろう．

　まず，それぞれの方法について，動作原理およびその方法から得られる情報を簡単にまとめる．最後に視点を少し変え，「手元に未知の固体物質がある場合に，これを分析して，同定し(identify)，キャラクタリゼーション(characterization)するためには，どのような方法を選んだらよいか」という点から考察してみる．

6.1 ■ 回折法と顕微鏡法：共通点と相違点

　回折法と顕微鏡法はともに，基本的には次のような流れで測定が行われる．

$$\text{線源} \xrightarrow{\text{入射光線}} \text{試料} \xrightarrow{\text{(同位相)散乱}} \text{回折図形} \xrightarrow{\text{再構成}} \text{実像}$$

原理的には，それぞれの線源からの放射光線が試料に当たることで，コヒーレント(同位相)な散乱と干渉が生じて，回折図形(斑点模様・縞模様)を生成する．このとき，通常は散乱によるエネルギー損失はなく，散乱線の波長は入射線の波長と同じである．次に，回折図形を形成した入射光線は再構成(recombination)されて実像に変換され，観察対象の像をつくる(6.2.2節参照)．しかし，回折図形および像の両方を得るのに日常的に使われる線源は電子線だけである．X線や中性子線は回折図形を得るのには使うことができるが，結像はできない．反対に，光を使えば結像はできるが，一般に回折図形は得られない．

　回折図形から像を得るには適当なレンズが必要である．X線の場合は，現時点でレンズに用いることができる適当な材料がなく，そのため回折図形をそのまま記録することしかできない．中性子線も同様で，回折図形を見ることしかできない．しかしながら，X線の回折図形から数学的に結像させる方法があり，回折線の強度と位相がわかれば，フーリエ変換により電子密度図を得ることが可能である．反面，可視光の場合はさまざまな要因から，回折図形を得ることは一般に不可能である．代わりに，光学顕微鏡ではレンズ系を使うことで拡大像が得られる．X線，電子線，中性子線を使った回折法については第5章で議論したとおりである．本章の6.2節では光学顕微鏡と電子顕微鏡について学習する．

　顕微鏡法と多くの分光法には密接な関係があり，特に電子線が非弾性的かつ位相に関係なく試料に作用する場合には，電子分光法も同様に扱うことができる．電子分光法では，入射電子線は衝突によりエネルギーを失い，そのエネルギーは二次電子または光線として放出される[訳注1]．これらを利用した数々の結像技術や分光技術があり，6.2節ではそのうち電子顕微鏡法について学習する．

[訳注1] 光線もしくは光子は狭義には可視光線であるが，広義には他の電磁放射線を含む(10.1節参照)．

6.2 ■ 光学顕微鏡法と電子顕微鏡法

6.2.1 ■ 光学顕微鏡法

　固体を調べる第一歩は通常，拡大下での観察である．特に，粒子のようなマイクロメートルサイズの試料の場合はそうである．偏光顕微鏡での観察も同様に有益である．白い砂と食卓塩の粉末のように，一見して同じように見える物質でも，顕微鏡下ではまったく違うように見えるであろう．例にあげたこれら2つの粉末結晶は各々違った**形態**(morphology, shape)をもち，直線偏光で見るとそれらの光学特性に差異があることがわかる．

　光学顕微鏡を用いて拡大すると，大きさが数マイクロメートルまでの粒子は見えるが，粒子の大きさが可視光線の波長(0.4〜0.7 μm)の大きさの粒子が見える下限となる．マイクロメートル以下の粒子を見るためには電子顕微鏡を用いなければならない．電子顕微鏡を用いると，大きさが数ナノメートルのものでも容易に画像としてとらえることができる．このように，ナノ粒子は光学顕微鏡では調べることができず，せいぜいぼやけた像が見えるだけである．言うまでもないが，これは大きな粒子が存在せず，小さな粒子だけが存在すると仮定した場合である．

　光学顕微鏡における光学系を**図 6.1**(a)に単純に示す．光学(および電子)顕微鏡の**分解能**(resolving power)とは2つの物体が明瞭に見える最小距離で，次の式で与えられる．

$$\text{分解能} = \frac{0.61\lambda}{n \sin \alpha} \tag{6.1}$$

ここで，n は対象物を浸漬した透明媒体の屈折率，α は対象物と対物レンズがつくる最大の角度の半分である(図 6.1(a))．$n \sin \alpha$ は**開口数**(numerical aperture)とよばれる．式(6.1)の重要な変数は照射する光線の波長 λ である．そのため，波長が 0.1 nm よりもずっと小さい電子線を用いる電子顕微鏡は光学顕微鏡よりも非常に高い分解能をもつ．

　固体物質を顕微鏡法で調べる場合には論理的な解析の流れがあり，拡大率の増加にともなって段階

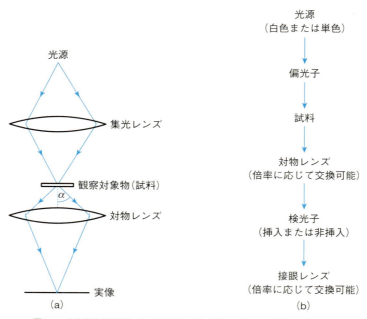

図 6.1　(a)光学顕微鏡における光路の模式図．(b)偏光顕微鏡の基本構成．

を踏んでいく必要がある．第一段階は肉眼でよく見ることであり，ミリメートル前後の分解能が得られる．第二段階は光学顕微鏡観察であり，マイクロメートル前後の粒子の姿が見える．第三段階は，走査型電子顕微鏡観察であり，ナノメートル前後の分解能が得られる．最後の段階は透過型電子顕微鏡観察であり，数ナノメートル前後の分解能が得られ，個々の原子が見える可能性がある．

「未知の」固体物質を調べる場合，いろいろなスケールで明瞭に姿を見る必要があり，この流れに沿って調べることが重要である．電子顕微鏡が利用できる場合には光学顕微鏡を用いる必要がないように思われるかもしれないが，肉眼観察からすぐに電子顕微鏡観察に移行すると，中間のスケールの情報が数多く失われてしまうであろう．

光学顕微鏡および電子顕微鏡には2つの型がある．図6.1(a)に示すように試料を見る場合に，光または電子ビームが試料を透過(transmission)する透過型と，試料表面で反射(reflection)する反射型である．**偏光顕微鏡**(polarizing microscope；岩石顕微鏡(petrographic microscope)ともいう)は透過型であり，地質学者や鉱物学者が多く使っているが，固体化学の分野でも有益な方法である．通常，試料は粉末もしくは固体の塊から切り出した薄い切片(薄片)である．塊の状態では不透明な物質でも，この薄さになると，多くの場合は透明になる．試料と同じくらいの屈折率をもつ液体に試料を浸漬して観察するのが常套手段である．もし，この方法を用いずに空気中で見ると，透過光は少なくなり，多くは試料表面で散乱されてしまうので，不可能とまではいかなくとも，固体物質の光学特性を測定することは困難となる．反射顕微鏡(reflected light microscope；金属顕微鏡 metallurgical microscope ともいう)は物質の表面観察に向いており，特に不透明試料の観察に適し，金属学(冶金学)，鉱物学(鉱床学)ならびにセラミックスの分野で多く用いられている．

6.2.1.1 ■ 偏光顕微鏡

偏光顕微鏡の基本的な構成を**図6.1**(b)に示す．線源は白色光もしくは単色光である．偏光子(polarizer)に入射した光のうち，偏光子の透過軸方向に平行な成分のみが通過できる．このようにしてできる**直線偏光**(linearly polarized light)もしくは平面偏光(plane polarized light)がレンズ，開口(aperture：アパーチャー)部および付属品を通過し，顕微鏡の試料台(microscope stage)の試料に集光する．試料および浸漬液(浸液)を通過した光は対物レンズ(objective lens)に至る．通常，顕微鏡には拡大率に応じて数種類の対物レンズが付属しており，容易に交換できるようになっている．検光子(analyzer)は出し入れができるようになっており，光の通路内または通路外に置かれる．検光子は偏光子と同様のものであるが，偏光子の透過軸方向に対して偏光方向が90°ずれている．検光子が光の通路内に挿入された状態では，適する振動方向をもつ光のみが通過して接眼レンズ(eyepiece)に達する．試料と接眼レンズの間には，この他にも多くの装着品がある．

実際の測定は，検光子を出し入れして行う．まず，出した状態(**平行ニコル**；parallel polar)で焦点を合わせて試料の大きさと形状を見る．入れた状態(**直交ニコルまたは十字ニコル**；crossed polar)では試料が偏光子と検光子の間にあり，試料が等方性(isotropic)の場合は暗く，異方性(anisotripic)の場合は明るく，または着色して見える．前者は立方晶またはゲルやガラスのような非晶質物質の場合であり，後者は立方晶以外の結晶の場合である．試料か試料台を回すと，異方体の場合は消光方向(extinction direction)が確認できる(一部の顕微鏡では偏光板を回すものもある)．消光の様子から結晶の品質についての情報が得られる場合もある．試料の**屈折率**(refractive index)を測定する場合は，検光子を通路から出した状態(平行ニコル)で，さまざまな屈折率の浸液を試し，結果的に試料が見えなくなる浸液が得られるまで繰り返す．見えなくなったときの浸液の屈折率が試料の屈折率と同じであることになる．この操作は系統的に行うことができる．具体的には，**ベッケ線**(Becke line)を用いて，試料の屈折率が浸液の屈折率よりも高いか低いかが判別できる．

第6章 顕微鏡法，分光法，熱分析法

上に述べた方法は単純かつ迅速である．必要ならば，さらなる測定が可能である．すなわち，**屈折率楕円体**(optical indicatrix)の概念を用いると，結晶の方向により変化する屈折率を調べることができる．異方性結晶は**光学軸**(optic axis)が1つであるか2つであるかにより，それぞれ一軸性(uniaxial)および二軸性(biaxial)結晶に分類できる．異方性結晶を光学軸の方向から見下ろすと，直交ニコル下では暗黒に見えるため，等方性のように見える．このとき，集光した光を試料に当てコノスコープ観察(conoscopic examination)を行うと干渉縞(interference figure)が見え，一軸性および二軸性結晶についてさらなる情報を得ることができる[訳注2]．

X線回折法が登場する以前(1910年頃)は，結晶の形態に関するデータが結晶の分類に重要であった．1個の結晶が固定された測角器(ゴニオメーター：goniometer, goniometric stage)を用い，低倍率の顕微鏡下で結晶をあらゆる方向に回転させながら観察すると，結晶の形から結晶構造の対称性に関する情報が得られる．良い結晶を使うと，結晶面の数とその配置から結晶群(crystal class：点群 point group ともいう)がわかる．今日では，このような測角器はほとんど使われない．偏光顕微鏡の場合は，簡単な測定でも，粉末結晶について有用な情報を得ることができる．例えば，次のとおりである．

1. 結晶のかけらはしばしば特徴的な形を呈する．特に，特定の方向に割れやすい(へき開：cleavege)場合にはそのような性質を示す．

2. 物質を等方体と異方体に分類することができる．等方性結晶は立方対称であり，直線偏光が結晶内を進むときに回転せずにそのまま直進するため，直交ニコル下で暗く見える(常に消光状態)．異方性結晶では結晶内を面偏光の光が進むときに若干の回転が生じ，通り抜けてくる光が先にある検光子に対して平行な成分を生じるので明るく見える．立方晶以外の結晶はすべて異方性である．

   一軸性結晶(六方，三方，正方対称)と二軸性結晶(斜方，単斜，三斜対称)は十分に見分けることができる．一軸性結晶の場合は光軸が主結晶軸(6回，3回，4回回転軸)に対して平行であり，この方向から見ると等方体のように消光して見える．粉末結晶の場合はこのような方向を見出すのは簡単であり，特に結晶が配向(preferred orientation)しているときは容易である．例えば，六方対称の結晶は六角形の薄板状の形をとる場合が多く，自然にその平らな面を上に向けて横たわっている場合が多い．二軸性結晶には光軸が2本あるが，これらの軸は通常，顕著に見られる結晶の稜や結晶の形に対して平行ではないので，光の進行方向に対して平行な光軸をもつ二軸性結晶が見出される可能性は低い．

3. 通常，異方体を直交ニコル下で見ると明るく見え，試料を回転させるとある特定の位置で暗くなる．これは消光(extinction)として知られ，90°回転するごとに起こる．45°位置で最大の明るさ(maximum brightness)になる．試料が直消光(parallel extinction)する場合，すなわち結晶の稜などの結晶に顕著に見られる形が偏光の振動方向に平行である場合，その結晶は単斜対称もしくはそれ以上の対称性をもつことが示唆される[訳注3]．

上に述べた1～3のステップを使うと，結晶性物質の対称性と結晶系を推定することができる．時間がかかるX線回折法で調べるよりはるかに簡単なので，先に顕微鏡で調べることは有益である．また，以上の結果から結晶の形態がわかるならばX線による研究や物性の測定に重要な，結晶の軸

[訳注2] 通常の観察はオルトスコープ観察(orthoscopic examination)という．
[訳注3] 直消光でない場合は斜消光(oblique extinction)とよぶ．

方向の決定にも役立つ．

　結晶性物質は光学的性質，屈折率，光学軸などで同定できる．こうした手法は鉱物学の分野では多用されている．標準化された表が利用可能であり，それを用いて未知の物質の光学データを照合する．鉱物学以外の分野でこの方法が完全に未知の物質に対して使われることはほとんどないが，試料の量が少ない場合でも測定できるため，光学顕微鏡での同定は強力な手段である．例えば，新しい化合物を合成したり，ある系について相図を研究したりする場合，限られた数の鉱物相しか現れないであろうから，全体的な外観や光学特性の大部分または全部がわかっているならば，光学顕微鏡により非常に迅速に相を同定することができる．不純物が分離した結晶相あるいは非晶質相を形成する場合は，このような方法で試料の純度がわかる．特に目的の結晶相と不純物相の光学的性質が極端に違う場合は，不純物相が少ない場合でも容易に判別できる．

　単結晶の質は偏光顕微鏡により評価することも可能である．良い品質の結晶は鋭利消光（sharp extinction）を示す．すなわち，結晶を偏光方向に対して回転させると，結晶全体にわたって同時に消光が起こる．一見単結晶のように見えても，結晶が寄り集まっているような場合は波動消光（wavy extinction）や不規則な消光を示す．短冊状に分割された区域が結晶の回転につれて交互に消光する場合は，その結晶は**双晶**（twin）であると考えられる．双晶は単結晶ではなく，対称性と関連のある2つ以上の方向に配向した結晶のドメイン（分域）から構成されている．双晶と関連するその他の光学現象に条線（striation）および十字条線（crosshatching）がある．双晶は結晶成長によって生じる場合と，高対称相から低対称相に変化する相転移によって生じる場合があり，常誘電−強誘電相転移，あるいは常磁性−強磁性相転移などでよく見られる．加熱台が備わっているならば，顕微鏡下で試料の温度を変えながら直接観察できるので，光学顕微鏡は相転移の研究に対してさらに強力な手段となる．

　結晶質の包有物（inclusion）がないかどうかを観察することにより，ガラスの品質や均質性を調べることができる．組成の均質性は，粉砕したガラス片を無作為に取り出して屈折率を測定することにより調べることができる．通常，ガラスの屈折率は組成に依存する．ガラスは等方体であるが，適切に焼鈍（anneal）されていないガラスは応力が原因の複屈折（stress birefringence）を示し，直交ニコル下で明るく見えることから，異方体であることがわかる．

　ベッケ線による屈折率の決定法も同様の原理であり，現在では光通信ファイバー，光導波ケーブル，クリスマスツリーの電飾に応用されている（第10章参照）．これらにおいては，光は光ファイバーの壁を目がけて入射される．光は内部の壁で反射されて光ファイバー内にとどまるので，光ファイバーがまっすぐであろうと曲がっていようと関係ない．光ファイバーでは，高い屈折率をもつコア（芯，core）が，それよりも低い屈折率をもつクラッド（clad）で覆われており，これが光伝送が可能になる理由である．**図 6.2**(a)に示すように，コアの屈折率はクラッドより高いので光は反射されてコア内に残る．**図 6.2**(b)は図 6.2(a)とは逆にコアの屈折率がクラッドより低い場合で，光はクラッドへ通り抜けてしまうのでケーブル内に残らず失われてしまう（10.10節参照）．

　屈折率を決める場合は，屈折率 n_1 の試料を屈折率 n_2 の液体に浸す．試料を若干ピントが合わない

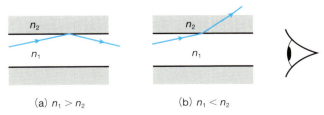

図 6.2　ベッケ線を用いて屈折率を決定する方法および光ファイバー内での光の伝搬を示す模式図．

状態で見ると，屈折率の高い領域から光がきているように見える．実際には，この光は試料との境界線のまわりに白く見える．これがベッケ線であり，試料の屈折率が高いか，浸液の屈折率が高いかに応じて，それぞれ試料境界のすぐ内側あるいはすぐ外側に現れる．

6.2.1.2 ■ 反射顕微鏡

光源と対物レンズが試料に対して同じ側にある点を除けば，反射顕微鏡は透過顕微鏡と同じである．反射顕微鏡は金属，鉱物，セラミックスなどの不透明な固体物質を調べるのに用いられる．得られる情報量は試料を準備するときの配慮と技術に依存する．研磨して平らな表面にすることが一番重要である．この表面を化学的にエッチング（腐食）すると，早く溶ける相と遅く溶ける相があり，平らに磨いた表面に凹凸が付く．また，エッチングにより色調の変化を生じる相もある．そのため，主に得られる情報は固体の構成組織(texture)に関するもの，すなわち存在する相およびその形態である．

表面を研磨およびエッチングした試料を反射法で観察すると，例えば粒界や転位とよばれる表面の結晶欠陥に関する情報が得られる．このような欠陥は結晶のいたるところにあり，品質の高い単結晶にも存在する．結晶表面上に見られる欠陥組織は，応力がかかっている状態にある．たとえ適当な化学物質で表面を磨いたとしても，エッチングすれば応力のかかっている場所には必ずエッチピット（腐食孔）とよばれる窪みが現れ，その単位面積あたりの数を数えると転位密度が決定できる．粒界もエッチングされやすく，特に小傾角粒界が転位のエッチピットの列として観察される．

6.2.2 ■ 電子顕微鏡法

電子顕微鏡の守備範囲はたいへん広く，形態，構造，組成に関する情報を広範囲の拡大率で見ることができる．図 6.3 に模式的に示すように，光学顕微鏡では拡大像のみが得られるが，電子顕微鏡の場合は拡大像以外に回折像も得られる．2 種類の方式があり，1 つは，**走査型電子顕微鏡**(scanning electron microscopy, SEM)とよばれるもので，これは光学顕微鏡と相補的であり，粉末や固体片の組織，表面の凹凸像，表面状態などを調べることができる．**焦点深度**(depth of focus)が大きいので，明瞭な三次元画像が得られる．もう 1 つは透過型であり，**透過型電子顕微鏡**(transmission electron

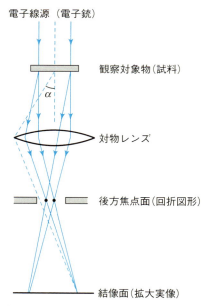

図 6.3 電子顕微鏡における回折と結像に関係する光路の模式図．

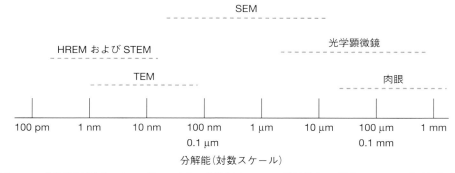

図 6.4 固体物質を観察するための種々の方法の守備範囲．TEM：透過型電子顕微鏡，HREM：高分解能電子顕微鏡，SEM：走査型電子顕微鏡，STEM：走査透過電子顕微鏡．

microscopy, TEM)，**高分解能電子顕微鏡**(high-resolution electron microscopy, HREM)，**走査透過電子顕微鏡**(scanning transmission electron microscopy, STEM)がある．これらの装置を用いると，構造および組成に関する情報が原子スケールで得られる．0.2 nm 以下の分解能で測定が容易であり，個々の原子が見える．これらの方法により物質の構造について残っているすべての問題が解決できるところまできていると思われるかもしれないが，そうではない．その前に乗り越えなければならない大きな障害があることを強調しておく．従来の結晶構造解析の研究がなくなることはない．

電子顕微鏡は透過型または反射型のいずれかの方法で動作する．透過型の場合，電子は物質との相互作用が大きく，大きい粒子では電子が完全に吸収されてしまうので，試料の厚さは約 200 nm 以下でなければならない．薄い箔(foil)が作れない場合は試料の準備がたいへんである．この目的でイオン線(ビーム)を衝突させて薄くするイオン研磨装置が用いられるが，調べようとしている固体物質の構造を変化させたり，別の場所が優先的に研磨されたりする危険性がある．これを回避する 1 つの方法として，例えば 1 MV 級の超高電圧の装置で観察する方法がある．ビームが深く貫入するので厚い試料を用いることができ，さらにバックグラウンド散乱も抑えることができるので，画像の分解能が上がる．他に，試料塊を粉砕し，電子が透過できるような非常に薄いかけらを見つけて用いるという簡便な方法もある[訳注4]．

反射型の場合，試料の厚さは問題にならないが，表面に電荷が溜まるのを防ぐために，蒸着またはスパッタリング装置を用いて薄い金属膜で被覆する必要がある．反射型の代表である SEM は，本来，光学顕微鏡法の下限値である約 1 μm から TEM の上限値である約 0.1 μm が守備範囲であるが，実際は，約 10^{-2} μm から 10^2 μm の範囲まで見ることができる．**図 6.4** に種々の顕微鏡のおよその守備範囲を示す．

図 6.5 に示すように，電子線と目標物である固体試料の相互作用は弾性散乱または非弾性散乱のどちらかである．弾性散乱の場合は衝突によるエネルギーの損失はほとんどなく，散乱された電子は入射線と同じ位相を保つ．そのため，散乱された電子は X 線回折測定のように干渉して回折図形をつくる．非弾性散乱の場合はエネルギーが試料に移動して，入射電子線のエネルギーの大部分が失われてしまう．試料はさまざまに応答し，二次電子の放出，光子の放出(可視領域から X 線領域にわたる幅広いスペクトルの発生)，格子振動の励起およびそれにともなう試料の加熱，あるいは放射損傷とよばれる構造変化が生じる．このように，さまざまな電子の放出や放射が起こるので，それを利用することにより結像，回折，分析，スペクトル解析などの諸技術が可能となる．

[訳注4] 最近のイオン研磨法はたいへん進歩しており，ガリウムイオン線が主に用いられている．

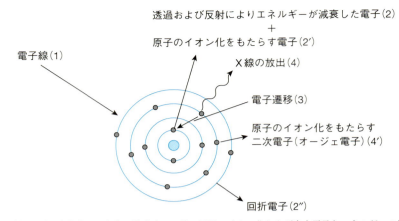

図 6.5 試料に電子を衝突させた際に発生する一連の原子のイオン化および自由電子とエネルギーの放出過程.

　分析に用いられる技術は**電子プローブ微小分析**(electron probe microanalysis, **EPMA**)と**エネルギー分散 X 線分析**(energy-dispersive analysis of X-rays, **EDS**; **EDX**, **EDAX** ともいう)である．図 5.3(b)で見たように，これらは電子の衝突で発生した特性 X 線のスペクトルを用いる．波長について分光するのが波長分散(wavelength dispersive, WD)方式，エネルギーについて分光するのがエネルギー分散(energy dispersive, ED)方式で，ともにスペクトルから存在する元素がわかる．適当な補正を行えば定量分析も可能である．通常は，ナトリウムより原子番号が大きい元素の分析が可能であるが，機種によってはベリリウムより原子番号が大きいものであれば測定可能である．分析精度の悪い軽元素の場合は，それを補う方法として**オージェ電子分光法**(Auger electron spectroscopy, **AES**)と**電子エネルギー損失分光法**(electron energy loss spectroscopy, **EELS**)が用いられる．図 6.5 に見るように，試料から電子が弾き出され，励起状態から基底状態に電子が遷移する(3)ときに，エネルギーの小さいオージェ電子が生じる(4′)．オージェ電子のエネルギーは，各原子に固有である(詳しくは後述)．

　EELS では試料を反射あるいは透過して弱まった入射電子線(2)を検出する．入射電子線は，試料内の電子を直接放出させ(2′)，原子をイオン化するので，EELS 電子(2)は入射電子線(1)よりもエネルギーが小さくなる．

　電子顕微鏡の場合，電子はタングステンでできたフィラメント(電子銃：electron gun)から放出され，高電圧(50～100 kV)で加速される[訳注5]．このときの電子線の波長 λ はド・ブロイの式 $\lambda = h/mv$ に，電圧 V により電子が加速されるときの運動エネルギーの式 $(1/2)mv^2 = eV$ を組み合わせて速さ v の項を消去した次の式で表される．

$$\lambda = \frac{h}{\sqrt{2meV}} = \frac{1.23}{\sqrt{V}} \ [\mathrm{nm}] \tag{6.2}$$

ここで，m と e はそれぞれ電子の質量および電荷である．超高電圧下では電子の速さは光の速さに近づくので，相対性理論により m は大きくなる．電子の波長は X 線の波長よりも短く，例えば，加速電圧 90 kV では約 0.004 nm である．したがって，回折のブラッグ角は小さくなり，回折された電子は直進する電子線を中心とする狭い円錐内に集中するようになる．

　電子顕微鏡で像を得るには，ピントが合うように電子線を集束しなければならない．電子線を集束

[訳注5] 最近のタングステンフィラメントはより多くの電子を放出するように工夫されており，時には，六ホウ化ランタン(LaB_6)製や電界放射型(FE)とよばれる高輝度電子銃が使われる．透過型電子顕微鏡は加速電圧 200 kV のものが普及している．

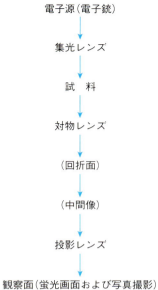

図6.6 電子顕微鏡の基本構成.

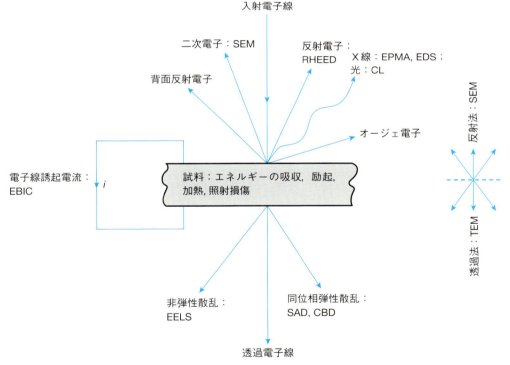

図6.7 SEM および TEM において観測される電子の反射と透過による信号. EBIC は SEM の結像法の一種, RHEED（反射高速電子線回折）は表面観察の一技法.

するレンズの役割をする物質はいまだ見つかっていないが, 幸いなことに, 電子線は電場あるいは磁場により曲げることができるので, 電子顕微鏡はこのような役割をする数個の電磁レンズ(electromagnetic lens)を備えている(**図6.6**). 入射電子線のビーム径と分散角は集束レンズ(condenser lens)

により制御する．試料から放出された電子は，対物レンズ(objective lens)，中間レンズ(intermediate lens)，投影レンズ(projector lens)からなる一連のレンズ群を通過し，蛍光画面上に拡大実像を結び，写真を撮ることもできる．画面の位置を少し変えることにより回折像を見ることも可能で，その写真を撮ることもできる．試料の測定範囲は中間像の結像面(intermediate image plane)の開口の制御により選ぶことができ，複数の相を含む試料を見る際には有効である．像は**明視野**(bright field)もしくは**暗視野**(dark field)のどちらかを選ぶことができる．暗視野像の場合は，試料内の観測したい粒子から回折された電子線が再構成により実像変換された像のみを見ることができ，背景は暗く，像は明るく見える．逆に，明視野像の場合は，試料を透過した電子のみが結像し，背景は明るく，像は暗く見える．

電子顕微鏡に関連する技術は多数ある．重要なものを図 6.7 に示す．回折法と結像法だけでなく数多くの分光法がある．そのうちのいくつかはすでに述べたとおりであるが，重要な電子顕微鏡法についてその概要を次に述べる．

6.2.2.1 ■ 走査型電子顕微鏡(SEM)

図 6.7 と図 6.8 に示すように，SEM の場合は電子銃から発射された電子線を 5〜50 kV の電圧で加速し，試料面上で 5〜50 nm 径の小さな点に絞り，ブラウン管のように試料を走査する．電子線の侵入深さは 1 μm に達する．電子などが飛び出しうる深さは加速電圧に依存する．背面反射電子(back-scattered electron, BSE)が二次的な衝突を生じないとすれば，背面反射電子は図 6.9 に示すように試料のやや深い部分から放出される．二次的に放出された電子，X 線および可視光線は，入射電子よりもはるかに低いエネルギーをもつので，試料の浅い部分から放出される．試料に深く侵入した入射電子は格子振動や損傷を起こすためにエネルギーを費やして失い，試料から出ることができない．つまり，SEM の場合は TEM や STEM と違い，入射電子が試料を完全に通過することができない．透過型の場合は，試料が薄く，かつ電子線のエネルギーが高い．SEM の分解能の下限は約 10 nm である．透過法の STEM では SEM と同様の走査を行うが，TEM のように高分解能である点が違っている．

図 6.5 と図 6.7 に示すように，電子線を試料に衝撃させると，SEM の場合は広いエネルギー幅をもつ粒子や放射が多くの過程で生じる．吸収と再放出により生じる二次電子もある．具体的には，エネルギー損失がほとんどない背面反射電子，弾性散乱または回折された電子，特定のエネルギーをもつオージェ電子，特性 X 線，制動放射(bremsstrahlung)による白色 X 線，可視光線などである．

SEM の主な用途は，高倍率での観察により固体表面の寸法(サイズ)，形態，組成に関する情報を

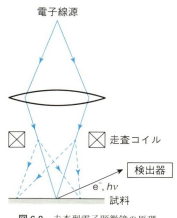

図 6.8 走査型電子顕微鏡の原理．

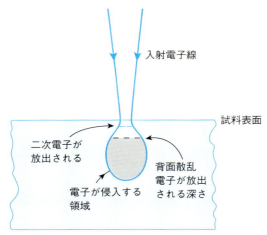

図 6.9 走査型電子顕微鏡における電子の侵入深さ，および，二次的な電子，X線および可視光線が放出される深さ．

得ることである．SEMではサブマイクロメートルスケールの情報が得られるため，光学顕微鏡と相補的な関係にあるが，低倍率での観測も可能で数百マイクロメートルスケールの情報までは得られる．凹凸が良く見えるように装置の条件を最適にすることにより，通常の二次電子像の他に背面反射電子像も見ることができる．

6.2.2.2 ■ 電子線プローブ微小分析（EPMA）およびエネルギー分散X線分析（EDS）

これらの方法はSEMと同様の方式で測定が行われる．すなわち，図6.5に示すように，高エネルギーの電子を原子に衝撃させ，内殻電子が放出された際に生じる特性X線を利用する．

図6.5に示すように，EPMAの場合は放出されるX線に対して適切な角度に配置された波長分散型の分光結晶（crystal spectrometer）を使い，特性X線を検出する．分光結晶には数種類あり，回折X線に適した分光結晶を選んで使う．各々の元素の特性X線の波長はブラッグの法則を満足する必要があり，その回折線の波長は式(5.1)のモーズリーの法則で与えられるため，分光結晶はこの式に従い未知の元素に対してブラッグ角が適切になるように配置する．特定のd値をもつ分光結晶を用いると，Beのような軽い元素も検出できる．EPMAの場合，X線が放出される領域の大きさは数マイクロメートルであり，これによりこの方法で到達できる組成に関する分解能が決まる．広めの線幅をもつ電子線を選び，適当な計数時間条件で測定すれば統計的に信頼できるデータが得られる．EDSとよばれるエネルギー分散型の半導体分光器を用いる場合は，プローブである電子の衝突体積を小さめにすると像の濃淡（コントラスト）が良くなり分解能も向上する．しかし，EDSは定量性に欠け，半定量的な値しか得られないので注意が必要である．

EDSの場合は，試料から生じる特性X線の検出方法がEPMAで用いられる検出方法とはまったく異なる．通常，EPMAでは分光結晶を使い，一度に1元素しか検出できないように分光結晶が調整されている．しかし，EDS用の分光器ではSiやGeのような半導体が用いられ，一度に全体の特性X線スペクトルを検出できる．X線が半導体に吸収されると，半導体の電子は励起され，電子と正孔の対が生成する．電圧を加えてこの対を移動させると，パルス電圧として検出され，増幅される．大事な点は，パルス電圧が入射する特性X線のエネルギーに比例することと，特性X線は発生元の元素に応じた固有のエネルギーをもつことである．分光結晶で検出される励起電子のエネルギーとその分布を解析すれば，試料中の電子の衝突部分から発生した特性X線のスペクトルが得られる．

第6章　顕微鏡法，分光法，熱分析法

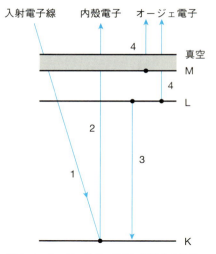

図 6.10　オージェ電子の放出に関係する過程.

　エネルギー分散型の EDS は軽元素に対して敏感ではないが，試料に存在する元素をおおまかに把握するには有益である．検出の下限値は 1000〜3000 ppm で，半定量分析が可能であるが，EPMA は 1 桁低い下限値をもつので，それと比較すると EDS の検出能力は低い．さらに，半値幅(full width at half maximum, FWHM)とよばれるピーク値の高さの半分におけるピーク幅は，波長分散分光の EPMA に比べると大きい．これは EDS で得られるピークの分解能が悪いことを意味し，さらに EDS の場合は，他元素の特性 X 線ピークとの重なりが多いという欠点がある．例えば，Mn Kα 線の半値幅は，EDS では約 130 eV であるが，EPMA では 10 eV である．バックグラウンド(ノイズ)も EDS の場合は大きく，種々の妨害や迷光を起こす．これは EPMA の場合は特に問題とならず，分光結晶により特定のブラッグ角をもつピークのみが得られる．しかしながら，EPMA を使いこなすには熟練が必要である．一方，多くの SEM は EDS を装着しているので，EDS は日常の分析装置としてたいへん便利で，元素の同定や試料表面上の元素分布図を作る(マッピング)ためにはきわめて有用である．

6.2.2.3 ■ オージェ電子分光法(AES)

　外殻電子が内殻電子の空位に遷移する際に生じる Kα 線や Kβ 線などの特性 X 線についてはすでに学んだとおりである(図 5.3)．**図 6.10** に示すように，これらと同時に生じる別のエネルギー放出機構があり，オージェ電子として知られている．外殻の電子が放出される過程であるオージェ電子のエネルギーは非常に小さく 0〜2.5 keV の範囲で，表面近傍にある原子から生じたときにのみ検出できる．これは，試料深部から生じるオージェ電子は何回も衝突している間に吸収されてエネルギーを失ってしまうためである．オージェ電子が放出される深さは 1 nm 程度であるが，EPMA の場合はそれよりだいぶ大きく 0.5 μm 程度である．

　オージェ電子は内殻電子が関与する特定のエネルギーの電子遷移にともなって現れるので，オージェ電子のエネルギーは元素に固有のものとなる．そのため，元素の同定と分析に使用でき，さらにバンド構造に関する情報を得ることができる．図 6.10 に見るように，X 線を発生させるための入射電子線は，一次電子の放出過程を引き起こすしきい値以上のエネルギーをもたなければならない．オージェ電子は電子衝撃の他に光(X 線)やイオン衝撃で励起しても放出される．したがって，オージェ電子分光法は表面の局所構造および化学的特性を調べるのにたいへん便利である．しかし，試料の表面

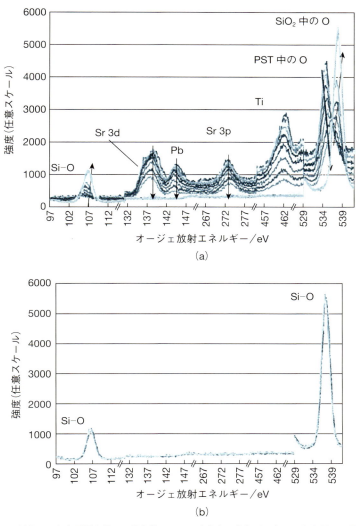

図 6.11　イオン研磨により表面層を徐々に取り除いていったときの $(Pb_{0.4}Sr_{0.6})TiO_3/SiO_2/Si$ の AES スペクトルの変化．(a) Pb, Sr, Ti は系統的に減少しており，SiO_2 層の Si と O が増加する一方で，$(Pb_{0.4}Sr_{0.6})TiO_3$ 層の O は減少している．(b) 表面層の $(Pb_{0.4}Sr_{0.6})TiO_3$ を除去し，内部の SiO_2 層について取得したスペクトル．AES は微分スペクトルも記録できるが，これは積分スペクトルである．

はしばしば外来の吸着物で汚染されているので，試料の準備およびデータの解釈に当たっては注意が必要である．光電子分光法なども表面状態に敏感な方法なので同様に注意が必要である．

通常，触媒の反応過程は表面と関係があるので，触媒物質の性質の研究においてオージェ電子分光法は重要である．固溶体をベースにしたセラミックスにおいては，置換された陽イオンは表面には均一に分布せず，しばしば偏析を起こして分布している．試料の断面をオージェ電子分光法でマッピングすることにより，元素の分布に関する図が得られる．一方で，オージェ電子分光法による深さ方向の分析（Auger depth profiling）を行うこともでき，この方法ではイオン線で試料の表面層を順次取り除くことにより，深さに対して AES スペクトルを得る．

例として図 6.11 に Si 基板上に形成された強誘電体薄膜を深さ方向について調べた場合の AES スペクトルを示す．このような構造の薄膜は電子工学の分野，とりわけ薄膜の圧電効果による電気パルスと結晶変形に基づく微小電気機械結合系（microelectromechanical system, MEMS）での応用におい

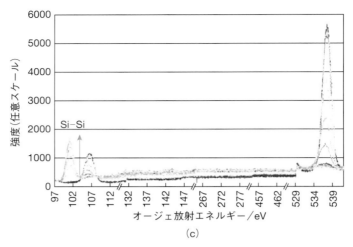

図 6.11 （づつき）(c) さらに研磨した場合の SiO_2 強度の減少および Si 強度の増加.
[A. Lüker *et al., Thin Solid Films*, **518**, 3763–3766 (2010) より許可を得て転載]

てよく見られる．図では Si 基板上に 200 nm の SiO_2 層，その上には $(Pb_{0.4}Sr_{0.6})TiO_3$ 層（PST とよばれる）が形成されている．この表面層をイオン線を衝撃させながら取り除き，一定時間間隔で記録した AES スペクトルである．

図 6.11 の AES スペクトルは約 1 nm の深さまで測定した結果を示したものである．まず図 6.11(a) では，Pb, Sr, Ti, O に関するピークが見られる．表面層を取り除いていくとこれらの元素のピークは減少し，107 eV の場所に Si に帰属される新しいピークが現れる．さらに，534 eV の PST の酸素によるピークが徐々に減少し，代わって SiO_2 の酸素によるピークが 538 eV に現れる．さらに表面層を取り除いた図 6.11(b) では PST に関連するピークは完全に消失し，SiO_2 に関連したピークのみが残る．続いて図 6.11(c) では，これらのピークは次第に消失し，Si 基板に由来する 1 本のピークに置き換わる．

ここで述べた例は，AES がナノメートルスケールの化学組成に敏感であり，さらなる分析により構造と結合に関する基本情報が得られることを示している．SiO_2 の Si と原子状態の Si および SiO_2 の O と PST の O のピーク位置は異なっており，化学的な環境の違いが反映されている様子がよくわかる．層間でイオンの相互拡散が生じて，イオンの化学的・構造的な環境が変化し，ピーク位置のシフトが観察される場合もある．

6.2.2.4 ■ カソードルミネッセンス

カソードルミネッセンス（cathodeluminescence, CL；陰極蛍光放射）は，電子顕微鏡における試料への電子の衝撃により生じる可視光線の放出と関連した現象である．図 6.5 で見たように，電子衝撃はさまざまな電子の放出過程や遷移過程を引き起こす．**図 6.12** は非金属物質におけるこのような過程を示したもので，価電子帯から伝導帯へバンドギャップを越えて電子が励起する様子を表している．その後に続いて電子が価電子帯へ戻る過程には，1 のように直接遷移する場合と，2, 3 のようにいったん中間準位に捕捉されてから価電子帯に遷移する場合があり，後者が CL の要因となる．電子が伝導帯に持ち上げられると，価電子帯には正孔が残る．電子と正孔の再結合による光の放射過程（radiative recombination of electron-hole pair）はこれと逆の過程と見ることができる．

CL はセラミックス，有機物および生体物質のような絶縁体や半導体で顕著である．なぜならば，これらははっきりと定義できるバンドギャップをもつからであり，金属では起こらない．図 6.12 に見るように，CL の発光波長は対応する化学種や欠陥によって決まるので，電子を捕捉する中間準位

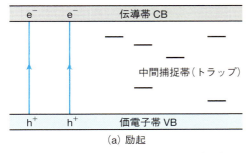
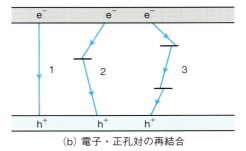

(a) 励起　　　　　　　　　　　　　(b) 電子・正孔対の再結合

図 6.12 カソードルミネッセンスの原理を示すエネルギー図．(a)バンドギャップを越えて励起される様子．(b)バンド間遷移(1)および外因性の(欠陥・不純物)準位を経由した遷移(2,3)により再結合が生じ，放射する．

の原因となる欠陥やドーパント(dopant；添加物)に関する情報が得られる．CL は分析とイメージングの両方に用いることができ，CL の原因となる元素の特定やその元素の分布のナノメートルスケールでのマッピングが可能である．CL は，さまざまなディスプレイの蛍光面として応用されており，詳しくは第 10 章で述べる．

　CL は特に SEM および EDS と組み合わせたときに強力な分析手法となる．AlN を例に具体的な結果を図 6.13 に示す．試料としては無添加の AlN および Eu を 0.2％添加した AlN の 2 種類を用いた．図 6.13(a)に見るように，両試料の CL スペクトルはともに 360 nm に 1 本のピークがあり，これは母結晶の欠陥に起因する．一方，Eu 添加試料のスペクトルには 550 nm に弱いピークが付け加わっている．図 6.13(b)と(c)にその CL 像を示す．この図から Eu が粒界に集まっていることが明らかである．図 6.13(d)と(e)の SEM および EDS 像からもはっきりとわかる．図 6.13(f)に示す EDS スペクトルに見られるように，Al は粒内に分布しており，粒界には少なく，反対に粒界には Eu が凝集している．これらの結果をまとめると，Eu は AlN の結晶格子にほとんど固溶せず，分離して粒界に凝集し，Eu はおそらく単独の結晶相として存在する．高分解能の SEM, EDS および CL でなければ，このような情報は得ることができない．

6.2.2.5 ■ 透過型電子顕微鏡(TEM)および走査透過電子顕微鏡(STEM)

　TEM および TEM に関連した方法では，透過電子または電子の衝撃により放出された自由電子を検出する．これに対して，SEM, EPMA, EDS, AES および CL は反射された電子の検出に基づく方法である．TEM を用いると，同じ試料領域から回折図形と拡大像の両方が得られる．回折図形から格子定数や空間群の情報が得られる．TEM を結像モードで使用すると，試料の形態がわかる．高分解能電子顕微鏡(HREM)を用いれば，格子像も見える．

　回折法には 2 種類がある．**制限視野回折**(selected area diffraction, SAD)の場合は，平行な電子線をマイクロメートルサイズの領域に衝撃させるので，試料により電子は強く回折し，吸収も生じる．そのため，回折線の強度は試料の厚さに依存し，第 5 章で述べた X 線や中性子線のように結晶構造を決定することはできない．少し専門的になるが，SAD は格子定数の決定にたいへん有益であり，特に X 線回折法では困難な，空間群の決定や超格子の検出において利用価値が高い．さらに，正確な格子定数がわかっていない場合や粉末 X 線回折法では正確な格子定数が決定できない場合，および，結晶が小さすぎて単結晶の X 線回折法測定ができない場合にも SAD は有利である．SAD をさらに理解するには逆格子の概念が必要であるが，本章の目的から外れるので，ここでは取り上げない．

　集束電子線回折(convergent beam diffraction, CBD)の場合は，試料上における電子線のビーム径(spot size)を約 10 nm に絞ることで，SAD よりもはるかに高い分解能が得られる．回折図形は SAD

第6章 顕微鏡法，分光法，熱分析法

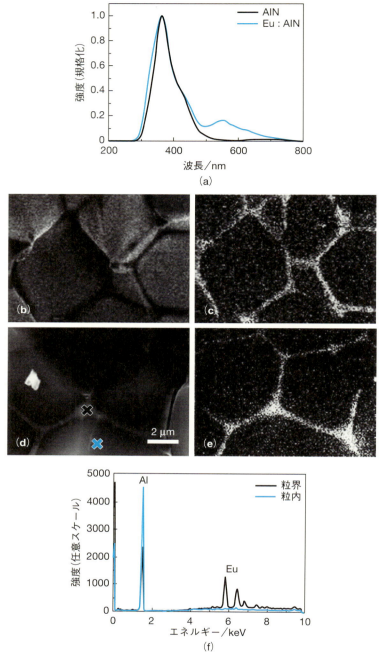

図 6.13 (a)無添加の AlN および Eu を 0.2％添加した AlN の CL スペクトル．(b)は 360 nm のピークを，(c)は 550 nm のピークを使用した CL 像．(d)SEM 像．(e)Eu の EDS マッピング像．(f)Eu と Al の EDS スペクトル．
［B. Dierre *et al.*, *Sci. Technol. Adv. Mater.*, **11**, 043001（2010）より許可を得て改変］

の場合と少し違うが，結晶の対称性と格子定数について同様の情報が得られる．HREM の場合は，EDS および EELS を併用すると 1～10 nm の分解能で元素の情報が得られる．これらの方法は，総称して**分析電子顕微鏡法**（analytical electron microscopy, AEM）とよばれる．

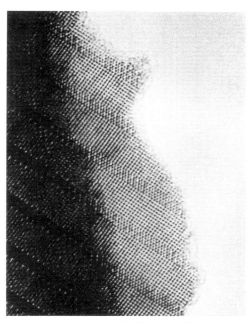

図 6.14 タングステンブロンズ Rb$_{0.1}$WO$_3$ の高分解能電子顕微鏡写真．黒い点のように見えるところは WO$_6$ 八面体．この構造は単純立方格子の WO$_3$ と六方晶の Rb を含む WO$_3$ の連晶成長（intergrowth）と解釈される．前者は正方形の格子模様からなる幅広い帯，後者は六方の格子模様からなる狭い帯である．
［写真はストックホルム大学化学科の Dr. M. Sundberg の厚意により提供］

　条件が良ければ，HREM では格子像を観察することができ，結晶構造について直接情報を得ることができる．いくつかの回折線が再構成して直接結晶構造の像をつくるため，原子レベルの詳細な情報が得られる．しかし，次のような困難と曖昧さをともなう．1 つ目は像が構造の単なる投影であること，2 つ目は装置の焦点条件により像が大きく変化することである．最近は計算によりさまざまな結晶構造の模型（model）を作ることができるので，観測された像と照らし合わせながら，両者を矛盾なく合致させる必要がある．この方法は**第一原理計算**（*ab initio*）とよばれ，結晶構造解析より劣っていることは間違いないが，それでも，多数の層（layer），剪断（shear），分断（block）構造をもつ無機物質の研究に有益である．図 6.14 に HREM 像の一例を示す．

　HREM により個々の原子が「見える」ことは感動的ともいえる．しかし，特に 1 MeV 級の超高電圧の電子顕微鏡の分解能は，式(6.2)から計算される値よりも 2～3 桁小さい．

　また，このような超高倍率になると下に述べる収差の関係で電磁レンズでは焦点が絞れないという問題が起こるはずである．レンズ収差には 3 種類あり，通常の高倍率ではある程度の修正はできる．**球面収差**（spherical aberration）は基本的な問題で，負の収差を導入して正の収差を相殺することにより修正できる．**非点収差**（横収差；astigmatism）は入射電子線の断面が真円ではなく楕円になっているために起こる．**色収差**（chromatic aberration）は入射電子線にエネルギー幅，つまり波長幅があるために起こる．

6.2.2.6 ■ 電子エネルギー損失分光法（EELS）

　最近の TEM 関係の進歩は驚異的であり，個々の原子の像が得られるばかりでなく，EELS によりその原子を同定することもできる．EELS では，電子線の衝撃により試料から直接放出された電子および励起された電子を検出して分析する．これらの電子は，二次的に放出された電子のイオン化エネ

第6章　顕微鏡法，分光法，熱分析法

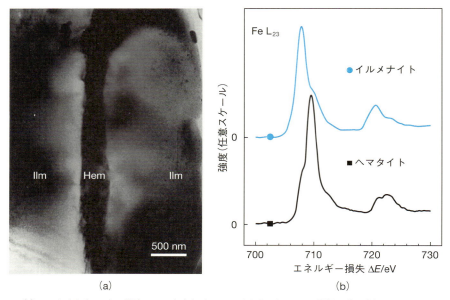

図6.15　(a)ヘマタイト（Hem）の離溶ラメラを含むイルメナイト（Ilm）のTEM明視野像．(b)それらのFe L吸収端のELNESスペクトル．
［P. A. van Aken, B. Liebscher and V. J. Styrsa, *Phys. Chem. Minerals*, **25**, 323-327（1998）より許可を得て転載］

ルギーと運動エネルギー，および，電子を励起させるためのエネルギーの分だけエネルギーが小さくなっている．このようにエネルギーが減少した電子をエネルギーまたは波長に対して走査すると吸収スペクトルが得られる．6.3.5節で述べるX線を用いたXANES法とかなり似ており，**エネルギー損失吸収端微細構造**(energy loss near edge structure, **ELNES**)を解析する方法はXANESの電子線版といえる．さらに，ELNESを発展させた**広域エネルギー損失微細構造**(extended energy loss fine structure, **EXELFS**)とよばれる方法はEXAFSの電子線版である．

ELNES法を用いると元素の酸化状態がわかる．図6.15には例として，母結晶であるイルメナイト（チタン鉄鉱；$FeTiO_3$）中に，離溶ラメラ（exsolution lamellar）として知られるヘマタイト（hematite，赤鉄鉱；Fe_2O_3）からなる薄い層が析出した試料についてのELNESの結果を示す．図6.15(a)のTEM明視野像に示すように，ヘマタイトのラメラは約100 nmの厚さをもつ．図6.15(b)のELNESスペクトルでは，2つの化合物における鉄の酸化状態がL吸収端（3s→∞；3s電子の放出）の位置に示されている．酸化状態がわかっている他の含鉄試料を基準にすると，708 eVの吸収ピークはFe^{2+}に，710 eVのピークはFe^{3+}に特徴的なものであることがわかり，それぞれのピークは試料のイルメナイト（Fe^{2+}を含む）およびヘマタイト（Fe^{3+}を含む）に帰属される．結果的に，L吸収端の電子エネルギー損失はナノメートルスケールでの物質の価電子状態を調べるプローブ（探査子）として有益であり，天然物および人工物にかかわらず，さまざまな価電子をもつ陽イオンを含む物質に適用できる．

EELSは特に原子番号の小さい元素の検出に有効である．原子番号の小さい元素は原子番号の大きい元素よりも電子の吸収が小さい．エネルギー分解能は0.3〜2.0 eVと良く，ナノメートルスケールで元素分布図が得られる．データ収集は迅速であるが，データ処理は複雑である．EELSは原子番号の大きい元素に向いているEDSと相補的なものとなるが，EDSのエネルギー分解能は100 eV以上とEELSよりかなり悪い．EDSでは元素分布のマッピングのためのデータ収集にはやや時間がかかるが，データ処理は単純である．

EELSでは特定の電子遷移や自由電子の放出に関係する組成の分析を行うことができる．それに加

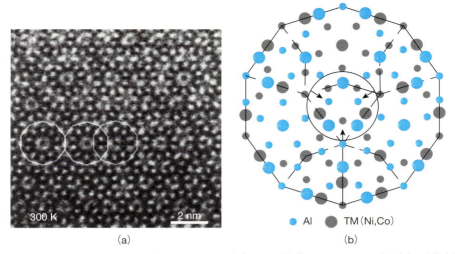

図 6.16 (a) 10 回転軸に沿って撮影した $Al_{72}Ni_{20}Co_8$ 合金の原子分解能 HAADF–STEM 像．(b) 局所構造を示す原子模型．
［E. Abe, *Mater. Trans.*, **44**, 2035–2041（2003）より許可を得て改変］

えて伝導帯における電子の励起も検出できる．フェルミ準位よりも上の空状態へ電子が遷移する場合，バンド構造および電子軌道の混成度についての情報が得られ，局所的な結合状態がよくわかる．

6.2.2.7 ■ 高角環状暗視野（HAADF）および Z コントラスト STEM

　EELS によって原子スケールの分解能が得られるようにしたものが STEM である．STEM の装置ではきわめて小さな焦点を結ぶことができ，照射径は 0.1〜10 nm より小さく，試料面を矩形状に走査する．透過した EELS 電子に加えて，他の位相がそろっていない散乱 X 線も検出できる．高角度へ散乱された電子は**高角環状暗視野**（high-angle annular dark field, **HAADF**（単に ADF ともいう）または Z コントラスト）とよばれる濃淡技術を用いて結像する．簡潔にいうと，これは散乱電子を効率良く集め，回折電子の効果を減少させる技術である．適切な方位を向いている薄い結晶では，試料を電子線で走査して，個々の原子列を連続的に照射すると，原子列中の平均原子番号の二乗 Z^2 に依存した強度分布を表す図が得られる．コントラストが良く，TEM のように計算による画像の正当性に関する検証は不要である．

　この技術を用いると，一般に広く用いられている HREM における位相コントラストの問題および焦点（ピント）の問題が解消される．Z コントラスト法の場合は，ピントおよびプローブ（探査子）である入射電子線の径と，得られる情報の間には次のような相関がある．すなわち，ピントを最適な測定条件よりもずらすと電子線のプローブ径は広がり，個々の原子列を分離して識別できなくなる．ピントを最適な測定条件よりも良くするとプローブ径は狭くなり，鮮明な画像が得られるが，組成に関するデータは数個の原子列の平均値となり分析の精度が下がる．そのため，焦点が合う条件は，高分解能で鮮明な画像と局所組成が正しい画像との妥協点となり，両方の中間的な情報が得られる．

　図 6.16(a) に Z コントラスト法で得られた画像を示す．試料は $Al_{72}Ni_{20}Co_8$ という準結晶合金で，10 回回転対称性がきれいに写っている．**図 6.16**(b) は局所的な原子集団の原子模型である．この方法は透過法であるから，試料中の原子を二次元的に投影したものとなる．明るい点は一番重い原子に富んだ場所で，近似的には原子列を形成している．図 6.16(a) 中に印を付けた 3 つの十角形には，局所的な 10 回回転対称性が見える．準結晶では一般に，10 回回転対称性は構造全体には広がっておら

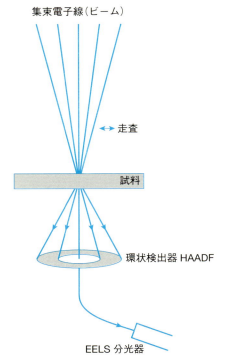

図 6.17 Ζコントラスト像を得るための環状検出器および減衰された入射電子のエネルギースペクトルを得るための EELS 分光器の模式図．

ず，局所的なクラスター（集合体）として存在する．

Ζコントラスト法と EELS 法の 2 つの方法は相補的であるが，それぞれ独立の装置で測定が行われる．**図 6.17** のように，前者は高角散乱を利用して結像する．一方，後者は低角透過を集光する．そのため，試料を分析する場合は，まず Ζコントラスト像を撮り，対象とすべき場所を定め，次に EELS を用いてさらに詳しく調べるとよい．

6.3 ■ 分光法

分光法は数多くあるが，いずれの方法も，ある一定の条件下において物質がエネルギーを吸収あるいは放射（放出）するという原理に基づいている．エネルギーはさまざまな形態をとりうる．通常は電磁波の放射であるが，音波や物質粒子などの場合もある．通常，スペクトルは，縦軸を吸収または放射の強度，横軸をエネルギーとして示される．エネルギーは放射の振動数（周波数）または波長で示される場合も多い．次の古典的な式で表されるように，さまざまな記号が相互に関連している．

$$E = h\nu = \frac{hc}{\lambda} = hc\tilde{\nu} \tag{6.3}$$

ここで，h はプランク定数（$= 6.626 \times 10^{-34}$ J s），c は光速（$= 2.998 \times 10^8$ m s^{-1}），ν は振動数（単位 Hz，サイクル毎秒），λ は波長（単位 m），$\tilde{\nu}\,(= 1/\lambda)$ は波数（単位 m^{-1}），E はエネルギー（単位 J）である．化学の分野では 1 モルあたりのエネルギー表現が好んで用いられ，その際は式(6.3)にアボガドロ数 N を乗ずる．定数を置き換える場合に役に立つ相互関係は次のとおりである．

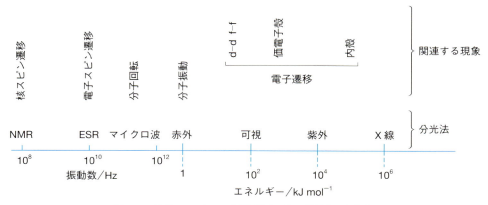

図 6.18 電磁スペクトルの主要領域とそれに関係する分光法.

$$E/\text{J mol}^{-1} = 3.991 \times 10^{-10}(\nu/\text{s}^{-1}) f \approx 4 \times 10^{-10}(\nu/\text{s}^{-1})$$
$$E/\text{J mol}^{-1} = 11.96(\tilde{\nu}/\text{cm}^{-1}) \approx 12(\tilde{\nu}/\text{cm}^{-1})$$
$$E/\text{s}^{-1} = 3 \times 10^{10}(\tilde{\nu}/\text{cm}^{-1})$$
$$E/\text{kJ mol}^{-1} = 96(E/\text{eV})$$
(6.4)

電磁スペクトルは振動数および波長,すなわちエネルギーの範囲が非常に広い.図 6.18 に示すように,それぞれの分光法は,エネルギー変化が引き起こされる過程およびその大きさに応じて,この広いエネルギー範囲の中のある限定的な振動数の領域でのみ機能する.

図中の低振動数側,すなわち長波長側の端では,エネルギーは小さく,1 J mol^{-1} 未満である.これは印加された磁場の中で核や電子のスピンを反転するエネルギーに相当する.すなわち,核磁気共鳴(NMR)分光法は電波領域,例えば 400 MHz(400×10^6 Hz)で動作し,核スピンの状態変化を検出する.

これより高振動数側,すなわち短波長側では,エネルギーは大きくなり,例えば,赤外線(IR)の吸収または放射によって固体内または分子内の原子の振動状態が変化する.さらに高い振動数では,原子内の電子遷移が起こる.外殻電子(価電子)の遷移に関係するエネルギーは通常,可視光(VIS)と紫外光(UV)の領域である.内殻電子の遷移には,もっと大きなエネルギーが必要で,X 線領域となる.

分光法を用いた固体の分析は,(X 線)回折の結果を補足するためにも意味がある.分光法では局所的(local)な構造に関する情報が得られ,一方,回折法では長い範囲にわたる(long-range)構造に関する情報が得られる.分光法では配位数や原子位置の対称性,そして不純物や不完全性がわかる.ガラスやゲルのような非晶質物質でも結晶性物質と同様に簡単に調べられる.これに対して,結晶の長周期構造を調べるには回折法,時には HREM を用いなければならない.しかし,回折法で得られるのは局所構造の平均値であり,欠陥,不純物,微妙な構造変化などの局所構造に関する情報は失われてしまう.また,非晶質物質の場合には,回折法の使用が限定されてしまう.

電子顕微鏡に関連したいくつかの分光法についてはすでに 6.2.2 節で述べた.以下では他の分光法の固体化学における使用例について述べる.

6.3.1 ■ 振動分光法:赤外分光法とラマン分光法

固体内の原子は $10^{12} \sim 10^{13}$ Hz の振動数で振動する.図 6.19(a)に示すように,振動のモード(様式)は適合する振動数の放射を吸収して,よりエネルギー準位の高い状態に励起される.赤外(infrared,

第6章　顕微鏡法，分光法，熱分析法

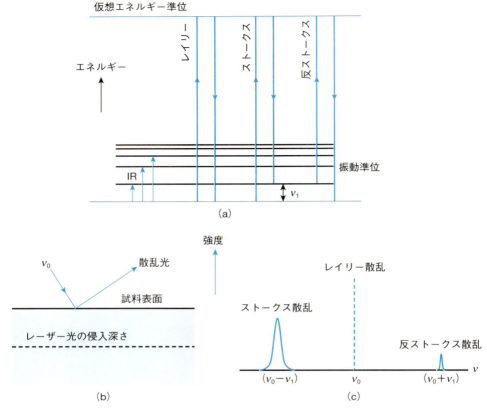

図6.19 赤外分光法とラマン分光法に関係する振動遷移.

IR)スペクトル，およびそれと密接に関係するラマン(Raman)スペクトルは，振動数または波数に対して，それぞれ吸収強度(IR)または散乱強度(Raman)をプロット(作図)することで得られる．これらの方法を非分子性固体の分析に応用する例が増えているが，もともとは，分子性物質の特定の官能基内の結合における振動に共鳴する振動数を測定することにより，分子性物質を研究するために開発された方法である．赤外分光法の場合は，入射赤外線の振動数を変えながら試料を照射し，吸収または透過した赤外線を検出する．吸収の原因となる局所的な官能基または共有結合が，吸収量に応じてより高い振動準位に昇位するだけなので，その過程は基本的に単純である．

　ラマン分光法とは，ラマン散乱現象の基礎を研究して1930年にノーベル物理学賞に輝いた有名なインド人の科学者ラマン(Raman)に因んで命名された分光法である．彼は，太陽光をフィルターで単色化して望遠鏡で集光し試料に照射したところ，強度の高い直接透過光以外に，別の方向に，強度は弱いものの，色の違う散乱光(ラマン光)を観測した．これは非弾性散乱により波長の違う光が生じたことを示している．

　ラマン分光法の場合は通常，レーザーから発せられた単色光を試料に照射すると2種類の散乱光が生じる．入射光とまったく同じエネルギーと波長をもつ**レイリー散乱**(Rayleigh scattering)と，レイリー散乱よりもはるかに弱く，入射光よりも波長が長い側か短い側のどちらかに現れる**ラマン散乱**(Raman scattering)である．本質的に，ラマン散乱過程は赤外吸収よりも以下のような点から複雑である．第一に，線源が強力であり，通常はNd:YAGレーザー(第二高調波による単一波長の532 nm)，アルゴンイオンレーザー(複数波長中の514 nm)，He–Neレーザー(複数波長中の633 nm)を用いる．第二に，図6.19(a)に示すように，吸収過程では官能基が非常に高いエネルギー準位に昇位する．こ

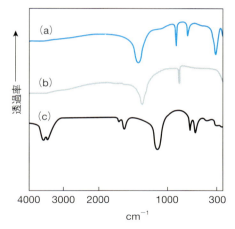

図 6.20 赤外スペクトル．(a) 方解石 (CaCO$_3$)．(b) NaNO$_3$．(c) セッコウ (CaSO$_4$·2H$_2$O)．
〔P. A. Estep-Barnes, (J. Zussman ed.), *Physical Methods in Determinative Mineralogy*, Elsevier (1977) のデータを許可を得て転載〕

の準位は仮想準位とよばれる．その後，すぐに準位が下がり，官能基がもとの振動準位に戻るならばレイリー散乱，官能基がもとの振動準位よりも高い準位に戻るならば**ストークス散乱**(Stokes scattering)が生じる．この場合には図のように，2つの準位間の振動数の差を v_1，入射光の振動数を v_0 として，振動数が $v_0 - v_1$ である散乱が生じる．

他に，すでに励起状態にある官能基が入射光により仮想準位に昇位して，その後エネルギーを失って基底状態に戻る可能性がある．この場合，放射される光の振動数は $v_0 + v_1$ となる．**図 6.19**(c) に示すようにこの散乱光は**反ストークス散乱**(anti-Stokes scattering)とよばれ，ストークス散乱よりも非常に弱い．理由は単純で，基底状態よりも励起状態にある官能基の方が非常に少なく，反ストークス散乱の可能性もはるかに低くなるためである．ストークス散乱および反ストークス散乱はレイリー散乱より何桁も弱い．レーザーから放出される振動数 v_0 の光子により結果として生じる効果は，試料内で遷移が起こることと，エネルギーを得たあるいは失った光子が生じることである．散乱光には，振動数が v_1 だけ遷移した振動数 $v_0 \pm v_1$ のラマン線が見られ，これを入射光と垂直な方向で検出する[訳注6]．

通常，固体の赤外スペクトルおよびラマンスペクトルは複雑で，多くのピークがあり，各々のピークは特定の振動の遷移に対応している．分子性の物質の場合は，すべてのピークをそれぞれの振動モードに帰属させることができ，条件が良ければ，非分子性物質にも利用可能である．赤外分光とラマン分光は異なる選択則に支配されているため，赤外スペクトルとラマンスペクトルは完全に異なる．観測されるピークの数は振動モードの数よりもかなり少なく，2つのスペクトルでは異なる振動モードがピークとして観測される．赤外活性(IR active)のモードは1サイクルの振動の間に双極子モーメントが変化するモードである．そのため，中心対称性の振動モードは赤外不活性で観測されない．ラマン活性(Raman active)のモードは，核の動きにともない分極率が変化するモードである．

赤外スペクトルとラマンスペクトルは特定の官能基を同定するのに広く用いられ，特に有機分子に適用される．無機固体の場合は，水酸基，捕捉された水，および酸化物の複陰イオン(オキシアニオン；oxyanion)が強い赤外・ラマンスペクトルを与える．**図 6.20** には，主に複陰イオンの種類が異なる

[訳注6] スペクトル全体をラマンスペクトルとよぶが，各ラマン線自体は単にストークス線，反ストークス線とよぶ場合が多い．

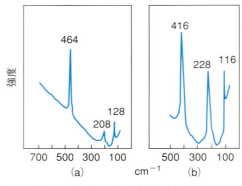

図6.21 ラマンスペクトル．(a)石英．(b)クリストバライト．
[S. O. Farwell and D. R. Gage, *Anal. Chem.*, **53**, 1529–1531(1981)より許可を得て転載]

ために300～1500 cm^{-1} の領域で違いが見られる例を示す．図6.20(a)は方解石(カルサイト(calcite)；CaCO$_3$)内の炭酸イオン，図6.20(b)はNaNO$_3$内の硝酸イオン，図6.20(c)はセッコウ(CaSO$_4$·2H$_2$O)内の硫酸イオンである．図6.20(c)ではセッコウ中のH$_2$O分子に起因する付加的な双峰性のピークが約3500 cm^{-1} に見える．通常，約3000～3500 cm^{-1} の領域に生じるピークはOH基に特徴的なものである．ピークの振動数はO–H間の結合強度に依存して変化する．例えば，水分子に属するかどうか，水素結合があるかどうかによってOH基の位置は変化し，その情報を得ることが可能である．

複陰イオンのような共有結合でできた官能基に関係するピークは通常，振動数が約300 cm^{-1} 以上の領域に現れる．遠赤外領域(far-IR region)とよばれるさらに振動数の低い領域では，格子振動によるピークが生じる．例えば，アルカリ金属塩は100～300 cm^{-1} に幅の広い吸収ピークを示す．次にあげるように，ピークの振動数はイオンの質量の増加にともない減少する(カッコ内は cm^{-1} 単位)：LiF(307)，NaF(246)，KF(190)，RbF(156)，CsF(127)およびLiCl(191)，NaCl(164)，KCl(141)，RbCl(118)，CsCl(99)．

無機固体はそれぞれ固有の振動スペクトルを示すので，物質の同定に使うことができる．参照物質についてはスペクトル集が存在し，未知のピークの検証に用いることができる．参照スペクトル集は有機物おいては十分に確立されているが，無機物の場合はまだ十分とはいえない．おそらく，多くの物質が登録されている粉末X線データベース(*Powder Diffraction File*)があるために，同様に指紋照合を行う赤外分光法への需要が少ないからと思われる．

図6.21に興味深い例として，ラマン分光法によりシリカ(SiO$_2$)の多形である石英(quartz)とクリストバライトを指紋照合した結果を示す．各々の多形は100～500 cm^{-1} の領域に3つの鋭いピークを与えるが，ピークの位置が違っている．この方法は米国のセントヘレンズ火山の噴火の際に放出された火山灰の分析に応用された．

第二の例として，炭素の多形であるダイヤモンドとグラファイトを指紋照合した例を紹介する(図4.16参照)．この方法は，ダイヤモンド薄膜の品質を評価するのに利用されている．ダイヤモンドのような物質の振動数は圧力に敏感であり，適切な補正を行えば圧力センサーとして使うことができ，また，ダイヤモンド薄膜における応力の効果を調べることなどにも使うことができる．引張応力はラマンピークを振動数が低い側へシフト(移動)させ，場合によっては縮退を解いてピーク分裂を起こす．逆に，圧縮応力はピークを振動数が高い側へシフトさせる．

ラマン分光用の試料は簡単に準備できる．図6.19(b)に示すように，固体表面から生じる散乱光を反射モードで測定する．入射レーザー光の侵入深さはレーザー光の波長に依存する．深さの異なる部分からのスペクトルを観測する場合は，異なる波長のレーザー光源を用いればよい．スペクトルの分

解能は良く，3～4 cm^{-1}である．空間分解能にもすぐれ，0.5～2 μmで，固体試料表面のマイクロメートルサイズの領域からスペクトルを得ることが可能である．ラマンピークの位置は横軸を振動数とした場合，入射光に対して対称であるが，通常は強度の大きいストークス散乱が記録される．

振動スペクトルは，物質の同定以外に，構造についての情報を得るためにも用いられる．しかしながら，より深いスペクトルに関する知識が必要で，個々のピークに対して完璧に近い振動の**帰属**（assignment）が必要である．帰属の方法についてはここでは議論しない．たいへん複雑で，今のところ単純な結晶構造に対してのみ適用されている．

6.3.2 ■ 紫外・可視(UV–VIS)分光法

最外殻電子の遷移エネルギーは波数にして約 10^4～10^5 cm^{-1}，エネルギーにして約 10^2～10^3 kJ mol^{-1}の範囲である．図6.18に見るように，このエネルギー範囲は近赤外・可視・紫外に及び，しばしば物質の色と関係がある．**図6.22**に示すように，電子遷移にはいろいろな種類がある．AとBは固体構造中の隣どうしの原子とする．イオン性結晶の場合，Aは陽イオン(cation)，Bは陰イオン(anion)である．個々の原子の内殻電子は局在化しているが，最外殻の電子は非局在化して自由に動き回れるので寄り集まり，新たなエネルギー準位を形成する．

図6.22に示すように基本的な遷移としては以下の4つがある．

（ⅰ）局在化(孤立)している電子軌道から，同じく局在化しているより高いエネルギーの軌道に1個の電子が昇位する場合．これに関係する吸収帯は**励起子吸収帯**(exciton band)とよばれる．例えば，(1)遷移金属化合物に見られる d–d および f–f 遷移，(2)重金属化合物に見られる外殻電子遷移(鉛(Ⅱ)の化合物で起こる 6s→6p 遷移などが該当)，(3)欠陥に捕えられた電子や正孔と関連する遷移(アルカリ塩で起こる色中心(F, H 中心など)などが該当)，(4)フォトクロミックガラス(感光性着色ガラス)中のAg原子に関係する遷移(この場合は，光の照射により最初にAgコロイドが析出し，次にAg粒子間で電子遷移が起こる)などがある．

（ⅱ）局在化している電子軌道から，同じく局在化している隣のより高いエネルギーの軌道に1個の電子が昇位する場合．これに関係する吸収帯は**電荷移動吸収帯**(charge-transfer band)とよばれる．通常，この遷移は分光学上の選択則に従えば「許容遷移」であるから，吸収強度は大きい．電荷移動はクロム酸の濃黄色の原因であり，この場合は四面体 CrO_4^{2-}陰イオン内の酸素から中心のクロム原子に電子が遷移する．また，マグネタイト(磁鉄鉱) Fe_3O_4でも電荷

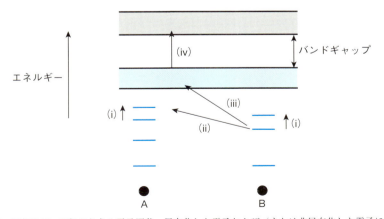

図6.22 固体において起こりうる電子遷移．局在化した電子および／または非局在化した電子に起因して生じる．

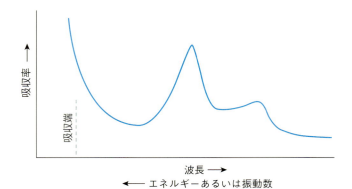

図6.23 典型的な紫外・可視吸収スペクトルの模式図.

移動が見られる[訳注7].

(ⅲ) 1個の電子が，局在化している電子軌道から，非局在化したエネルギー帯に昇位した場合．この非局在化したエネルギー帯は**伝導帯**(conduction band)とよばれ，すべての固体に固有のものである．多くの固体では，このような遷移を引き起こすのに必要なエネルギーはきわめて大きいが，重い元素を含む固体の場合には，この遷移は可視・紫外の領域で起こり，物質は光伝導性(photoconductivity)を示す．一部のカルコゲンガラスにはこの性質が顕著に見られる．

(ⅳ) 1個の電子が価電子帯とよばれるエネルギー帯から，伝導帯とよばれるより高いエネルギー帯に昇位する場合．半導体(Si, Ge など)のバンドギャップの大きさは分光測定で決定できる．一般的な値は 1 eV，すなわち 96 kJ mol^{-1} であり，近赤外(NIR)領域，つまり可視(VIS)と赤外(IR)の中間領域にある．

図6.23 に典型的な紫外・可視スペクトルを模式的に示す．2つの基本的な挙動が見える．第一に，**吸収端**(absorption edge)とよばれるあるエネルギー(振動数)以上では，きわめて強い吸収が生じている．吸収端は通常，測定可能なスペクトル範囲の高振動数側の限界に位置する．吸収端よりも高いエネルギー(振動数)領域で測定したい場合は，反射法を用いる必要がある．(ⅲ)と(ⅳ)の遷移には吸収端がある．電子的に絶縁体であるイオン固体の吸収端は紫外域に生じる．しかし，光伝導体や半導体では可視あるいは近赤外域に生じる．

第二に，吸収端よりも低い振動数の領域で生じる幅の広い吸収ピーク(バンド)である．これは一般に，(ⅰ)と(ⅱ)の遷移により生じる．

吸収帯の位置は配位環境および結合状態に敏感なので，紫外・可視分光法は物質の局所構造の分析に関連して多くの応用がある．分光学的に活性な元素を原料に少量混合すると，非晶質物質でも局所構造に関する情報が得られる．すなわち，遷移金属を含む化合物の場合，遷移金属自体の d–d スペクトルや Tl$^+$，Pb^{2+} などのいわゆる p ブロックをもつ重金属の s→p 遷移が観測できる．スペクトルの特徴から配位数がわかり，ガラス構造においてはそのような位置(site)があるかどうかに関する情報も得られる．

Pb^{2+} のようなイオンのスペクトルは，中心金属の Pb とまわりの陰イオン(配位子)の間の共有結合性に敏感であり，ガラスの塩基性を調べるための良い手段となる．塩基性は電子を与える能力に関係

[訳注7] マグネタイトの構造組成は[Fe^{3+}][Fe^{2+}Fe^{3+}]O$_4$ で2価と3価の間で電荷が移動する(9.2.4 節参照)．

する指標である。全体として負電荷をもつ非架橋酸素イオンは、ケイ酸塩ガラスの構造において高い塩基性を示す。一方、2つのケイ素原子とつながる架橋酸素イオンは過剰の負電荷をほとんどもたないので、塩基性を示さない。そのため、プローブの役割を果たす Pb^{2+} をガラスに混合すれば、Pb^{2+} を取り込んだ位置の塩基性を調べることができる。

ガラス中の酸化還元平衡も調べることができる。なかでも重要なのは Fe^{2+}–Fe^{3+} 対に関するもので、ガラスの緑色と褐色の色彩バランスは多くの場合、Fe^{3+} に依存している。光通信などへ応用する場合は、これらのイオンがあると光を吸収するのできわめて好ましくない。

レーザー物質には活物質として遷移元素イオンが添加されている場合が多い。ルビーレーザーは実質、少量の Cr^{3+} を付加した Al_2O_3 である。ネオジムレーザーは Nd^{3+} を付加したガラスからなる。紫外・可視スペクトルを用いると、この母体媒質中の Cr^{3+} および Nd^{3+} の配位環境に関する情報がわかる。レーザー動作は多くの電子が高エネルギー準位に昇位した反転分布状態から生じる。続いてこれらの電子が低エネルギー準位に遷移するとレーザー光が生じる。そのため、エネルギー準位と可能な電子遷移について詳しい知識をもつことが重要である。詳細は第10章で述べる。

紫外・可視分光法は分析化学の分野で広く用いられ、固有の吸収を示すイオン、分子、錯体などの濃度がわかる。次に示すように、吸収は**ベール・ランバート則**（Beer-Lambert law）に従う。

$$A = \varepsilon c l = \log\left(\frac{I_0}{I}\right) \tag{6.5}$$

ここで、A は吸光度、ε はモル吸光係数で吸収の原因となる化学種および波長に関係する。c は対象化学種の濃度である。l は試料の透過距離あるいは試料の厚さ、I_0 は入射光の強度、I は透過光の強度である。したがって、ε 値は試料および実験条件に固有のものであるから、この値が適切に求まっているならば、対象とする化学種の濃度 c が決定できる。

6.3.3 ■ 核磁気共鳴（NMR）分光法

核磁気共鳴（nuclear magnetic resonance, NMR）**分光法**は分子構造の決定に対して非常に強いインパクトを与えてきた。近年では、固体の構造に関する情報を得るための非常に貴重な手段となっている。液体中の分子の場合は、たくさんの鋭いピークからなるスペクトルが得られ、これらの位置と強度から結合原子、配位数、第一近接原子などがわかる。初期の固体に対する NMR スペクトルはピークが幅広で鋭さに欠けていたので、構造に関する情報はほとんど得られなかった。最近になって、**マジック角回転**（magic angle spinning, MAS）とよばれる技術が登場した。印加された磁場に対して 54.75° をもつ角度の方向（立方体の体対角線方向）で試料を高速回転することで、ピークは鋭くなり、構造について多くの情報が得られるようになった。

NMR 分光法では原子核の核スピンを利用する。核スピンをもつ元素は、^1H, ^2H, ^6Li, ^7Li, ^{13}C, ^{27}Al, ^{29}Si などで、^{12}C, ^{16}O, ^{28}Si などは核スピンをもたない。印加磁場は核のエネルギーに影響を与え、この磁場に対して核スピンが平行に整列するか、反平行に整列するかによって核のエネルギー準位は2つに分裂する。この準位間のエネルギーは小さく、印加された磁場が 10^4 G（ガウス = 1 T（テスラ））の場合は約 0.01 J mol^{-1} である。このエネルギーはラジオ波領域に相当する。例えば、500 MHz で稼働する NMR 分光装置では、ラジオ波領域の電磁波のエネルギーを吸収して核スピン遷移を生じる。このときのエネルギー変化の度合いと吸収される電磁波の振動数との関係は、元素の種類と化学環境に依存する。このようにして、異なる種の炭素原子や官能基と結合している水素原子などが区別できる。なぜなら、吸収される電波の振動数がわずかに違うからである。（注：実際には印加する磁場は固定されており、電波の振動数を変化させて記録する[訳注8]。）

前述したように、従来の固体 NMR 測定では幅広い（ブロードな）吸収帯が得られるのみで、固体構

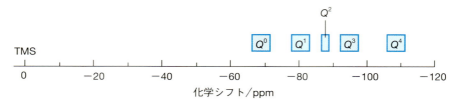

図 6.24 ケイ酸塩におけるケイ酸イオン(SiO₄四面体)の ²⁹Si NMR のピーク位置.
[E. Lippmaa *et al.*, *J. Am. Chem. Soc.*, **102**, 4889 (1980) より許可を得て転載]

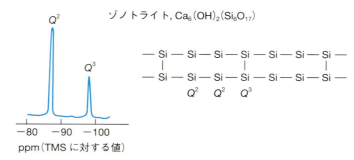

図 6.25 ゾノトライトの ²⁹Si NMR スペクトル. ケイ酸塩構造の複鎖陰イオン(SiO₄四面体)の構造および Si 原子の Q 値も模式的に示した. 配位子の酸素は省略した.
[E. Lippmaa *et al.*, *J. Am. Chem. Soc.*, **102**, 4889–4893 (1980) より許可を得て転載]

造の研究にはほとんど用をなさなかった. MAS 法を用いると, 幅広い吸収帯は消え, 微細な構造が見えるようになる. リップマ(Lippmaa)らはケイ酸塩結晶に初めてこの方法を使い, ²⁹Si の NMR スペクトルにおいてケイ酸塩の性質に依存してピークが異なる位置に現れることを見出した. 特に, 孤立した SiO₄ 四面体と 1, 2, 3, 4 個の頂点が共有されている構造を区別できることがわかった. 慣習的に各々の SiO₄ 四面体の結合数に対しては「Q 値(Q value)」とよばれるものが割り当てられている. すなわち, Q 値はある SiO₄ 四面体と直接結合する隣接の SiO₄ 四面体の数を表している. Q 値は 0 (Mg_2SiO_4 のような孤立した四面体をもつオルトケイ酸塩の場合)から 4 (SiO_2 のような 4 頂点とも共有されている三次元骨格構造の場合)の値をとる. ²⁹Si の NMR ピークの位置, すなわち**化学シフト** (chemical shift)は, 基準物質であるテトラメチルシラン((CH_3)₄Si, TMS)のピーク位置からの差として表され, **図 6.24** に示すように Q 値に依存している. それぞれの Q 値に対するピークの位置には幅があり, 結晶構造における他の性質に依存して多少変化する.

図 6.25 にゾノトライト(xonotlite)とよばれるカルシウムケイ酸塩の ²⁹Si NMR スペクトルを示す. このケイ酸イオンは, 3 つおきに架橋(横木)をもつ無限の長さの複鎖(はしご)構造である. そのため, 2 種類のケイ素 Q^2 と Q^3 が存在し, その存在比は 2:1 である. NMR ピークは固有かつ適切な位置に現れ, Q^2 と Q^3 の強度比も期待どおり 2:1 である.

NMR 分光法は, アルミノケイ酸塩の微細構造の分析にも使われる. アルミノケイ酸塩の場合は, Al 原子が 2 つの役割を果たす. 1 つは八面体位置を占め, つながった四面体からなる骨格構造の一部とはならない場合である. もう 1 つは, Si と同じように四面体位置を占める場合であり, 骨格構造の一部となる. 後者の場合は, **図 6.26** に示すように, Si の化学シフトは第二配位球内にある Al 原子の数に依存する. 例えば, 三次元骨格構造をもつアルミノケイ酸塩の Q^4 Si は, いずれも四面体を

訳注8 最近の装置では磁場の強度と電磁波の振動数は固定されており, ラジオ波領域の電磁波をパルス照射する方法が主流である. この方法により自由誘導減衰(free induction decay, FID)信号を観測し, これをフーリエ変換することで NMR スペクトルを得ている.

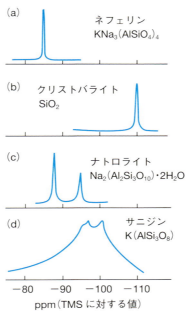

図 6.26 Q^4 Si をもつさまざまなケイ酸塩の ^{29}Si NMR スペクトルの模式図.第二配位球における Al 原子の数は,(a)では 4,(b)では 0,(c)では 3 および 2,(d)では 2 および 1.

構成する 4 個の原子で囲まれているが,Al はそのうちの 0 個から 4 個(AlO_4 四面体)までのいずれかをとる可能性もある.接する Al の数が減るに従い,Q^4 の化学シフトの絶対値は増加し,**図 6.26**(a)に示す Al 数 4 個のネフェリン(nepheline)$KNa_3(AlSiO_4)_4$ とよばれる鉱物における -84 ppm から Al 数 0 個の SiO_2 鉱物における約 -108 ppm まで変化する.

ナトロライト(natrolite)$Na_2(Al_2Si_3O_{10})\cdot 2H_2O$ の結晶構造には 2 種類の Q^4 Si があり,隣接する Al 原子の数は 3 個および 2 個である.**図 6.26**(c)のように,スペクトルにはそれぞれ -87.7 および -95.4 ppm の 2 つのピークが現れる.アルミノケイ酸塩では,Al と Si の四面体が不規則に分布するために,幅広のスペクトルを示すものがある.極端な例はサニジン(sanidine)$K(AlSi_3O_8)$ とよばれる鉱物で,Al と Si 位置が完全に不規則に分布し,**図 6.26**(d)のように半値幅約 15～20 ppm をもつ幅広の吸収となる.

MAS–NMR で得られる情報により,X 線回折法で得られる平均的な構造の情報をたいへんよく補うことができる.このようなケイ酸塩構造における Al と Si の分布問題は,長い間鉱物学や結晶学の分野におけるいばらの道であり続けており,条件の良い場合のみ X 線でその構造が判明しているにすぎない[訳注9].

6.3.4 ■ 電子スピン共鳴(ESR)分光法

電子スピン共鳴(electron spin resonance, ESR)**分光法**は別名**電子常磁性共鳴**(electron paramagnetic resonance, EPR)**分光法**とも呼ばれ,NMR 分光法と密接に関連している.ESR は電子配置の変化を検出する.ESR は永久磁気双極子,すなわち多くの遷移金属で見られる不対電子の存在に関係しており,印加された磁場中で起こるスピンの反転を記録する.エネルギー変化は約 1.0 J mol^{-1} で小さいが,NMR より大きい.ESR 分光装置はマイクロ波の領域で動作し,例えば,磁場が 3000 G のと

[訳注9] 物質科学の分野では ^{27}Al MAS–NMR もよく使われ,八面体および四面体配位 Al の決定に重要な役割を果たしている.

第 6 章 顕微鏡法，分光法，熱分析法

きマイクロ波の振動数は 28 GHz である．実際は，振動数を固定し，磁場を変化させて掃引する．エネルギーの吸収は次式の共鳴条件を満たすときに起こる．

$$\Delta E = h\nu = g\beta_c H \qquad (6.6)$$

ここで，β_c は**ボーア磁子**(Bohr magneton)とよばれる定数で，その大きさは $\beta_c = eh/4\pi mc = 9.723 \times 10^{-12}$ J G^{-1} である．H は印加された磁場の大きさである．g 因子は**磁気回転比**(gyromagnetic ratio)とよばれ，自由電子の場合には 2.0023 であるが，固体中の常磁性イオンの場合は激しく変化し，イオン種の酸化状態および配位環境に依存する．この変化は NMR スペクトルの化学シフトに相当する．

固体の ESR スペクトルはしばしば NMR スペクトルと同様に幅広のピークを示す．そのため，ESR スペクトルから有益な情報を得るためには鋭いピークが得られるような条件を満たすことが必要である．ピークが幅広となる原因の 1 つは，隣どうしの不対電子間で起こるスピン-スピン相互作用である．これは不対電子の濃度を低くすることにより克服できる．例えば，反磁性の母結晶に対して溶解させる常磁性の遷移金属イオンの濃度を 0.1～1% 程度にする．もう 1 つの原因は，常磁性イオンの基底状態に近い低い位置に励起状態が存在することに起因するものである．これにより電子遷移の頻度が上がり，緩和時間が短くなり，幅広のピークとなる．この問題を解決するためには，スペクトルを低温で測定すればよく，液体ヘリウム温度 4.2 K がよく使われる．もし，常磁性を示す化学種が 1 つの不対電子しかもたないならば，ESR スペクトルは実に単純である．例えば，d^1 イオンである V^{4+} や Cr^{5+} の場合である．

通常 ESR スペクトルは，**図 6.27**(a)のようなそのままの吸収ではなく，**図 6.27**(b)のような一次微分形で記録される．ESR スペクトルはしばしば密に詰まったピークの組として現れる．多数のピークの分裂を引き起こす**超微細分裂**(hyperfine splitting)は，印加した磁場と，遷移元素イオン自身もしくは周囲の配位子による内部磁場の影響により生じる．

例えば，^{53}Cr は核スピン量子数 $I = 3/2$ をもち，^{53}Cr^{5+}(d^1 イオン)の場合は $2I + 1 = 4$ の超微細構造 (hyperfine structure)をもつスペクトルに分裂する．Cr^{5+} は CrO$_4$$^{3-}$ としてアパタイト(apatite，リン灰石；Ca$_2$PO$_4$Cl)とよばれる鉱物に固溶する．温度 77 K における ESR スペクトルを**図 6.27**(c)に示す．天然における Cr は同位体の混合物で，もっとも多く含まれるのは $I = 0$，つまり核スピンをもたない ^{52}Cr である．中央の非常に強い線 3 の原因となるのは ^{53}Cr^{5+} の不対電子である．等間隔の 4 本の線 1, 2, 4, 5 は少量含まれている ^{53}Cr^{5+} の不対電子と核スピン量子数 $I = 3/2$ に起因する超微細構造スペクトルである．超微細構造スペクトルは，自身の不対電子と隣接するイオンの核磁気モーメントの相互作用により生じる場合もある．

図 6.27 のような ESR スペクトルから，熟練が必要ではあるが，母結晶内における常磁性イオンおよびそれを取り巻く環境についての情報を得ることができる．特に次のような項目が決定できる．

(1) 常磁性イオンの酸化状態，電子配置，配位数．
(2) 例えば，ヤーン・テラー効果(Jahn-Teller effect)による構造の歪み．
(3) 常磁性イオンとそれを取り囲む陰イオン(配位子)間の共有結合の度合い．

ゲストの常磁性イオンは希薄な濃度で存在するので，もとのホストイオンと置換しても母結晶のサイトの対称性をそのまま保持すると推定される．例えば，Cr を添加したアパタイト M$_5$(PO$_4$)$_3$X(M = Ca, Sr, Ba；X = Cl, F)の ESR スペクトルから，CrO$_4$$^{3-}$ 四面体が複数あるうちの 1 本の 4 回回反軸の方向に圧縮されていることが示されている．そのため，母結晶の PO$_4$ も同じように変形している可能性が非常に高い．それとは対照的に，MnO$_4$$^{2-}$(Mn^{6+}, d^1)を添加した BaSO$_4$ の ESR スペクトルでは，

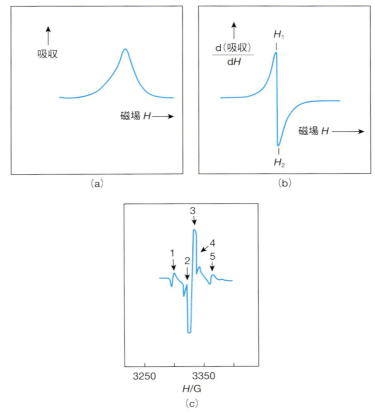

図 6.27 (a) ESR スペクトルの模式図．(b) ESR スペクトルの一次微分形．(c) Ca₂PO₄Cl に置換固溶した CrO₄³⁻の 77 K における ESR スペクトル．
[M. Greenblatt, *J. Chem. Educ.*, **57**, 546–551 (1980) より許可を得て転載]

SO₄ 四面体も PO₄ 四面体と同様に歪んでいるが，おそらく圧縮ではなく伸長していることが示されている．

ESR に関連するものとして，**電子核二重共鳴**(electron nuclear double resonance, ENDOR) とよばれる方法があり，超微細構造や極超微細構造の研究に適している．その名のとおり，基本的には NMR と ESR を組み合わせた分光法で，常磁性中心に隣接する核と共鳴する振動数で掃引する．ENDOR スペクトルは常磁性イオンの相互作用により微細構造を示す．常磁性を示す化学種を含む領域の核を何回か掃引することにより，原子の詳細な局所構造が予想できる．この方法は，色中心(アルカリ塩に見られる正孔に捕捉された電子)，照射損傷，不純物のドーピング(doping：添加)などにより生じる結晶欠陥の研究に応用されており，例えば，蛍光物質や半導体の分野で成果をあげている．

6.3.5 ■ X線分光法：XRF, XANES, EXAFS

X 線は固体の構造研究，分析およびキャラクタリゼーションに非常に有用である．**図 6.28**(a) に見るように，主に回折分光法，放射分光法，吸収分光法という 3 つの方法がある．

回折分光法(diffraction technique) では単色 X 線が用いられ，試料により回折された X 線から結晶構造の決定および結晶相の同定が可能である(第 5 章参照)．

放射分光法(emission technique) では，高エネルギーの電子線または X 線を試料に照射することで生じる特性 X 線のスペクトルから化学分析を行う．**蛍光 X 線分析**(X-ray fluorescence technique,

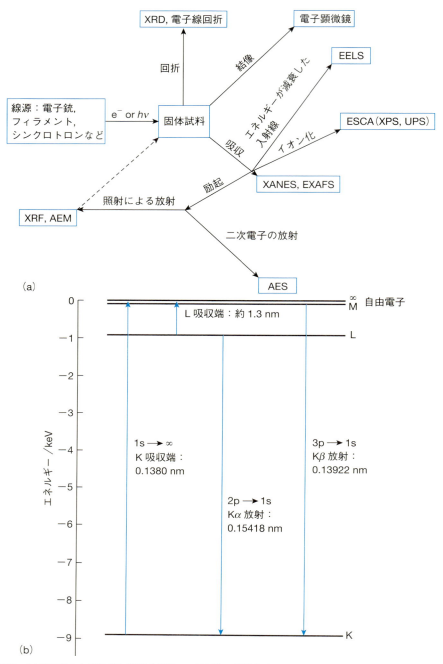

図 6.28 (a) 電子線および X 線に関連する種々の回折法,顕微鏡法および分光法間の関係. (b) 種々の電子遷移に起因する X 線の放射および吸収スペクトル.波長は Cu の場合.

XRF)は塊状のいわゆるバルク固体試料の分析に適し,マイクロメートルあるいはサブマイクロメートル以下の小さい粒子の分析には分析電子顕微鏡法(AEM)や電子プローブ微小分析(EPMA)が適している.これらの方法は,局所構造や配位数の決定にも使われている.

吸収分光法(absorption technique)では試料による X 線の吸収を測定する.特に吸収端とよばれるエネルギー領域の X 線を使うことにより局所構造がわかる.この方法は強力であるが,シンクロト

ロンのような高エネルギーの X 線源が必要なので，そのような設備のある国立の研究施設などを使って調べることになる．

6.3.5.1 ■ 放射スペクトル

高エネルギーの電子を物質に衝撃させると，原子から内殻電子が放出される．その後は，内殻にできた空孔に外殻電子が遷移し，余剰のエネルギーが X 線という電磁波の形で放出される場合が多い（図 5.3(a)，図 6.5）．各元素はそれぞれの特性 X 線を放出し，スペクトル上には鋭いピークの組(set)が観測される．ピークの位置は，例えば 2p と 1s のような電子準位間のエネルギー差に依存する．裏を返せば原子番号に依存するので（モーズリーの法則：式(5.1)），スペクトルはそれぞれ異なる．X 線放射スペクトルは定性的および定量的な元素分析に使われる．定性分析は，既知のエネルギー（あるいは波長）の位置と照合することにより行い，定量分析はピーク強度を測定し，検量線と比較することにより行う．蛍光 X 線分析(XRF)ではまさにこれを行っており，通常は，ビーム径の狭い高エネルギーの電子線の代わりにビーム径の広い高エネルギーの X 線で固体試料の広い部分を照射し，生じる二次 X 線（特性 X 線）のスペクトルを記録する．構成元素はスペクトルの位置から同定され，スペクトルの強度から定量分析がなされる．XRF は重要な分析手法であり，特に産業分野では重宝されている．全自動化された最新の装置を用いることにより，数多くの固体試料の分析が可能である．

XRF とほぼ同じ原理で動作する EPMA のような分析電子顕微鏡(AEM)は XRF とほぼ同じ原理で動作するが，X 線ではなく，ビーム径を絞った高エネルギーの電子線を固体試料の微小部分に衝撃させる．回折された電子線からも像を得ることができる．さらに放出された特性 X 線により元素分析もでき，同時に元素分布のマッピングもできる．このような装置は固体の化学分析に欠かすことのできないもので，特に非常に小さい粒子や非常に小さい領域の試料の性質がわかる．そのため，セメント，鋼，触媒などの不均一な固体の性質を調べることができる．

X 線放射スペクトルは配位数や結合距離のような局所構造の決定にも用いられる．これは原子のスペクトル上のピーク位置が局所構造によって微妙にずれるからである．例として，大きく異なる 3 つの物質，Al 金属，コランダム(α-Al$_2$O$_3$)，サニジン(KAlSi$_3$O$_8$)の Al Kβ 放射（3p→1s 遷移に相当）のスペクトルを図 6.29 に示す．ピークはそれぞれ異なる位置に現れ，またコランダムとサニジンの場合にはきわめてピークの分離が悪く，時には双峰性のピークとなる．一連の Al 含有酸化物についてスペクトルを比較すると，(1)ピーク位置と Al の配位数の関係（通常 4 または 6 である），(2)ある配

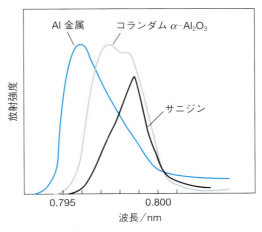

図 6.29　Al を含む物質の Al Kβ 放射スペクトル．
［E. W. White and G. V. Gibbs, *Am. Mineral.*, **54**, 931–936 (1969) より許可を得て転載］

第6章　顕微鏡法，分光法，熱分析法

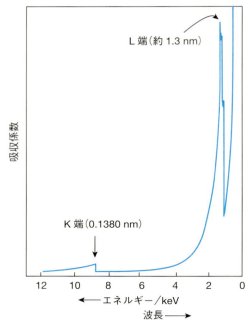

図 6.30　Cu の X 線吸収係数の波長依存性．
[E. A. Stern, *Scientific American*, **234**(4), 96–103 (1976) より許可を得て転載]

位数におけるピーク位置と Al–O 距離の関係という 2 つの関係がわかる．一方，四面体配位の Si についても同様の研究が行われており，Si Kβ 放射のピーク位置と Si–O 距離の関係が示されている．Si–O 距離は酸素が 2 つの四面体を架橋するかどうかによって変化するため，この方法を使えば，ガラス，ゲル，結晶などのケイ酸イオン（ケイ素四面体）の重合状態を調べることができる．

2 つ以上の酸化状態をもつ元素は多価元素とよばれ，ピーク位置と酸化状態の関係がよく知られている．XRF では種々の酸化状態を区別でき，例えば硫黄を含む種々の化合物における S の酸化状態（−2〜+6）がわかる．

6.3.5.2 ■ 吸収スペクトル

原子は，固有の放射スペクトルに加えて，固有の X 線吸収スペクトルをもつ．吸収によって図 6.28(b) に示すような自由電子の放出および内殻遷移が起こる．Cu 金属の 1s 電子を放出させるには約 9 keV のエネルギーが必要で，これは波長 0.1380 nm に相当する．L 殻（2s, 2p）の電子の場合はもっと小さく，約 1 keV である．図 6.30 に Cu の X 線吸収スペクトルを示す．滑らかな曲線であるが，低エネルギー側（長波長側）に向かうにつれて急激に上昇し，K 吸収端，L 吸収端などとよばれる崖状のピークが現れる．K 吸収端は，Cu の 1s 電子を放出させる際に必要な最低のエネルギーを表し，吸収係数（傾き）はこのエネルギー端に近づくと急激に上昇する．L 吸収端は 2s, 2p 電子を放出させるのに必要な最低のエネルギーで，通常は対応する 3 つの吸収端ピークが接近して現れる．例えば，4 keV という中程度のエネルギーをもつ X 線を照射すると，L 殻または L 殻より外殻の電子が放出され，正味の運動エネルギー E をもつ原子が放出される．運動エネルギー E は次式で与えられる．

$$E = h\nu - E_0 \tag{6.7}$$

ここで，$h\nu$ は入射 X 線のエネルギーで，この場合は 4 keV，E_0 は原子から自由電子を放出させるの

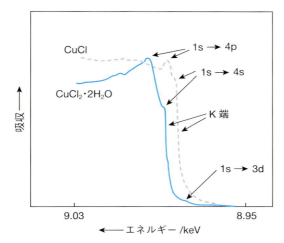

図 6.31 CuCl および CuCl$_2$·2H$_2$O の XANES スペクトル．
[S. I. Chan, V. W. Hu and R. C. Gamble, *J. Mol. Struct.*, **45**, 239–266 (1978)]

に必要な最低エネルギーで，臨界イオン化エネルギーとよばれる．吸収が起こる波長は原子エネルギー準位の間隔に依存し，モーズリーの法則に従い原子番号に依存する．よって，吸収端は各元素に固有のものであり，放射スペクトルと同様に，元素の同定に用いられる．

 X 線吸収法の歴史は古く，1930 年代から用いられているが，X 線源として電子蓄積リングとシンクロトロンの設備を利用するようになった昨今では，本法に再び注目が集まっている．シンクロトロン放射は電子が磁場によって方向を変えるときに生じ，その X 線は白色（連続）でかつ非常に強力である．そのため，シンクロトロン放射（図 5.5 参照）を使うと感度は抜群に良く，吸収スペクトルから多くの情報が得られる．もちろん，シンクロトロン放射に適した粒子加速器を備える研究施設は限られており，英国では DIAMOND とよばれる加速器が一基あるのみである．他には，フランスのオルセー，米国のスタンフォードにあり，日本にはつくばにフォトンファクトリーとよばれる施設，および播磨に SPring-8 とよばれる 2 基目の施設がある．主な測定法は吸収端微細構造解析法（absorption edge fine structure, AEFS）と総称される方法であるが，なかでも **X 線吸収端近傍構造解析**（X-ray absorption near edge structure, **XANES**），および，**広域 X 線吸収微細構造解析**（extended X-ray absorption fine structure, **EXAFS**）とよばれる 2 つの解析法が主流である．両者はともに吸収端領域の吸収スペクトルを測定して解析する方法である[訳注10]．

XANES

吸収端領域のスペクトルには，内殻遷移と関係する微細構造がしばしば見られる．例えば，Cu の K 吸収端の場合は，1s→3d（Cu^{1+}化合物を除く），1s→4s，1s→4p の遷移による微細構造が観測される．ピーク位置は，酸化状態，原子位置の対称性，周囲の配位子および結合状態に依存するため，吸収スペクトルから局所構造を分析できる．**図 6.31** に CuCl と CuCl$_2$·2H$_2$O の 2 つの Cu 化合物について横軸を拡大して示す（図 6.30 と比較）．2 つのスペクトルではともに，K 吸収端と微細構造のピーク（1s→4p など）が重なっている．CuCl$_2$·2H$_2$O の場合はすべてのピークが高エネルギー側にシフトしており，これは CuCl$_2$·2H$_2$O 中の Cu(+2) が CuCl 中の Cu(+1) よりも高い酸化状態にあることを反映している．このため，K 殻のイオン化エネルギーも増大している．

[訳注10] 最近は XANES と EXAFS をまとめて XAFS とよぶ場合が多い．

第6章　顕微鏡法，分光法，熱分析法

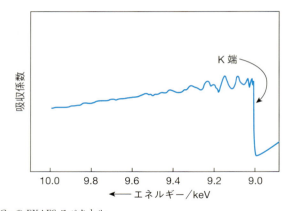

図 6.32　Cu の EXAFS スペクトル．
[E. A. Stern, *Scientific American*, **234**(4), 96–103(1976)より許可を得て転載]

EXAFS

　XANES が吸収端の微細構造を高分解能で調べる方法であるのに対して，EXAFS ではもっと広い範囲，すなわち吸収端から約 1 keV の高エネルギー側までのエネルギー（または波長）領域を使って吸収の変化を調べる．**図 6.32** のように，吸収スペクトルは通常，波打った（ripple）構造となり，これは**クローニッヒ微細構造**（Kronig fine structure）とよばれる．この微細構造から，局所構造の情報，特に結合距離がわかる．波打った構造の起源についてはここでは詳しく説明しないが，あえて言うならば固体中の原子と相互作用する光電子の波動としての性質と関係がある．すなわち，イオン化されたときに放出される光電子の周囲にある原子は光電子を散乱する二次線源として働く．隣り合う散乱波が干渉することで入射 X 線光子の吸収確率に影響を及ぼす．その程度は光電子の波長（ならびに入射 X 線光子の波長）および照射域の原子間距離を含む局所構造に依存する．よって，EXAFS はある種のその場（*in situ*）電子線回折法であり，その電子線源は X 線の吸収に関与する原子である．波打った構造はフーリエ変換を行うと解析可能となり，配位数と結合距離がわかる．

　EXAFS は局所構造を調べる技術であるため，非晶質物質および結晶性物質の双方に適用できる．一般に構造の情報を得るのが難しいガラス，ゲル，非晶質金属などを調べる際に特に有益である．また，通常の回折法の場合は全構成元素の平均化された配位環境がわかるだけであるが，EXAFS の場合は存在するそれぞれの元素について吸収端を次々に変えて測定することにより，各々の元素の局所構造がわかるという大きな特徴がある．

　図 6.33 に $Cu_{46}Zr_{54}$ 合金の例を示す．**図 6.33**(a) は 18 keV の Zr K 吸収端，**図 6.33**(b) は 9 keV の Cu K 吸収端における EXAFS スペクトルに，フーリエ変換を施した後の動径分布関数である．横軸は原子間距離を示しているが，位相シフトがあるために実際の距離とは異なる．図から，各々の Zr 原子は，0.274 nm の半径位置では平均 4.6 個の Cu 原子で取り囲まれ，また，0.314 nm の半径位置では平均 5.1 個の Zr 原子で取り囲まれることがわかり，さらに，Cu–Cu 距離は 0.247 nm であると解析される．

6.3.6 ■ 電子分光法：ESCA, XPS, UPS, AES, EELS

　電子分光法（electron spectroscopy）は，イオン化のための放射光線や高エネルギーの粒子を物質に衝撃させたときに発生する電子の運動エネルギーを測定する方法である．図 6.28(a) で見たように，原子が高エネルギーの電子などにさらされると，いろいろな過程が生じる．もっとも簡単なものは，価電子殻または内殻からの自由電子の放出である．放出された自由電子の運動エネルギー E は式 (6.7)

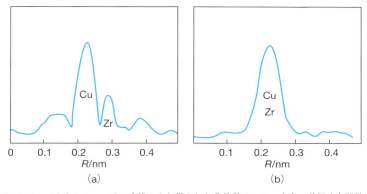

図 6.33 EXAFS スペクトルのフーリエ変換により得られた非晶質 $Cu_{46}Zr_{54}$ 合金の動径分布関数の一部分. (a) Zr K 端. (b) Cu K 端.
[S. J. Gurman, *J. Mater. Sci.*, **17**, 1541–1570 (1982) より許可を得て転載]

図 6.34 ESCA およびオージェスペクトルの起源.

に従い,入射線のエネルギー $h\nu$ と結合エネルギー,すなわちイオン化エネルギー E_0 の差となる.各原子について,内殻からの自由電子か,外殻からの自由電子かに応じて E_0 値の範囲は決まっており,元素に固有のものとなる.

E を測定すれば E_0 がわかるので,原子を同定することができる.この方法に基づく化学分析は ESCA (electron spectroscopy for chemical analysis) とよばれ,1967 年にスウェーデン・ウプサラ大学のジーグバーン (Siegbahn) とその共同研究者により開発された.通常,線源としては X 線 (Mg Kα;1254 eV または Al Kα;1487 eV) または真空紫外線 (2p→1s 遷移による He および H$^+$ の 21.4 および 40.8 eV) が使われる.この 2 つの線源を用いた方法を区別して呼ぶことも多く,それぞれ **X 線光電子分光法** (X-ray photoelectron spectroscopy, **XPS**) および**紫外線光電子分光法** (ultraviolet photoelectron spectroscopy, **UPS**) といわれる.XPS と UPS の主な違いは,自由電子を放出しうる電子殻である.XPS では内殻電子が放出されるが,UPS では価電子殻,分子軌道あるいはエネルギーバンドの電子が放出される.

6.2.2.3. 節で述べたオージェ電子分光法 (AES) はこれらと関連している.AES で検出する電子は,ESCA のような一次電子ではなく,**図 6.34** に示すようなイオン化した原子が励起状態から低いエネルギー状態へ遷移するときに生じる二次電子である.

ESCA で生じる過程およびオージェ過程では次のような反応が起きると考えると理解しやすい.

$$\text{原子 A} \xrightarrow{h\nu} A^{+*} + e^-$$

ここで,A^{+*} は励起状態のイオン化原子であり,e^- は ESCA で検出される放出された自由電子である.

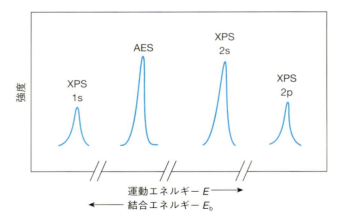

図 6.35 ナトリウムを含む固体の XPS および AES スペクトルの模式図．オージェピークは，まず 1s 電子の空孔に 2p 電子が落ち込み，それが引き金となって他の 2p 電子が自由電子（オージェ電子）として放出されることにより生じる．

励起状態は，内殻電子が放出された後に空孔が残る場合や，照射により原子の他の電子が空の準位に昇位した場合に生じる．いずれの場合でも，励起状態の原子は，より低いエネルギー準位の空孔に電子が落ち込むことで消滅する．このとき，エネルギーが次のいずれかの過程で放出される．

$$A^{+*} \longrightarrow A^+ + h\nu \text{（X 線，紫外線）}$$
$$A^{+*} \longrightarrow A^{2+} + e^- \text{（オージェ電子）}$$

まず，エネルギーが電磁波として放出される可能性がある．実際にこの過程は，X 線を得るために一般的に用いられている方法である．軽い原子の場合は，X 線の代わりに紫外線が放出される．一方，この X 線のエネルギーが同じ原子の外殻電子に伝わり，外殻電子が放出される可能性もある．このようにして生じる二次電子がオージェ電子である．

通常，AES スペクトルは ESCA スペクトルと同時に観測される．図 6.35 にイオン化電子の強度とエネルギーの関係の例を模式的に示す．しばしば，AES スペクトルは複雑で解釈が困難である．AES はまだ広く使われていない技術であるが，将来的には変わっていくであろう．

XPS と UPS は原子や分子のエネルギー準位を決定するための強力な手段である．特にこれらの方法は表面を調べるのに適している．なぜならば，放出される電子のエネルギーはたいへん弱く，通常 1 keV よりもはるかに小さいので，深部で発生する電子は固体物質にすぐに吸収されてしまい，表面に出て来ないからである．具体的には，試料表面の約 2〜5 nm の範囲から放出されない限り吸収されてしまい，試料から出て来られない．

XPS を用いて固体表面の局所構造を調べることに成功している例がいくつかある．この場合は，ある特定の原子の周辺環境やその原子の荷電状態・酸化状態などに応じて電子の結合エネルギーが変化することを利用している．標準物質に対する原子の「化学シフト」を測定することにより，NMR 分光法と同様に局所構造に関する情報を得ることができる．このような結果の例を図 6.36 と図 6.37 に示す．図 6.36 ではチオ硫酸ナトリウム $Na_2S_2O_3$ における，2 種類の S 原子が区別されている．同じ高さをもつピークは，原子の数が同じであることを意味する．分子端の S 原子は分子中央の S よりも多くの負電荷をもちイオン化されやすいため，より高い運動エネルギーのピークが分子端の S に帰属される．比較として，硫酸ナトリウム Na_2SO_4 は $Na_2S_2O_3$ の中央 S と同じ位置に 1 本の S 2p ピークだけを示す．

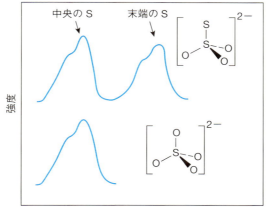

図 6.36 $Na_2S_2O_3$ および Na_2SO_4 の 2p 電子の XPS スペクトルの模式図. 2p 電子の 2 つのスピン−軌道状態 ($\frac{1}{2}, \frac{3}{2}$) に対応して各々のピークは双峰性となっている.

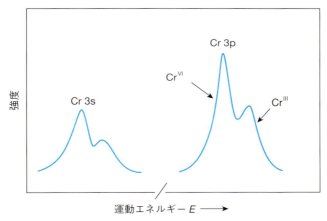

図 6.37 KCr_3O_8 における Cr の 3s, 3p 電子の XPS スペクトル.

KCr_3O_8 は混合電荷をもつ化合物で，詳しくは $KCr^{III}(Cr^{VI}O_4)_2$ と書かれる．図 6.37 に示すように，その XPS スペクトルは Cr 3s および 3p 電子によるピークがいずれも双峰性になっている．ピークの強度は 2:1 であり，酸化状態 Cr^{VI} および Cr^{III} に帰属され，予想されるとおり E_0 は Cr^{III} よりも Cr^{VI} の方が大きく，エネルギー式にも一致する．

これらの 2 例は ESCA スペクトルが局所構造の影響を受けることを明瞭に示している．しかし，他の多くの例では，異なる酸化状態または局所構造に関連して生じる化学シフトは小さく，かつ局所構造に鈍感であることが示されている．理論的には周期表の全元素に適用できるが，ESCA で局所構造を調べる研究はいまだ部分的にしか達成されていない．

ESCA は固体のバンド構造の解析を目的として，特に金属および半導体の分野で広く使われている．ナトリウム−タングステンブロンズ系についての興味深い例を図 6.38 に示す．これらは ReO_3 構造をもち，Na を種々の割合で挿入できる．W^{VI} は d^0 イオンであるため，理想的には WO_3 は 5d 電子をもたない．WO_3 に Na を加えると Na_xWO_3 が生じ，電子が Na から W の 5d 帯に移る．XPS スペクトル上の 5d 帯からのイオン化ピークはこのことを表しており，その強度は Na の含有量が多くなるにつれて増大する．比較のために ReO_3 のスペクトルも示した．Re^{VI} は d^1 イオンであるから，

第6章　顕微鏡法，分光法，熱分析法

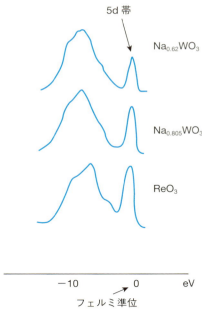

図 6.38　タングステンブロンズの XPS スペクトル．
［M. Campagna *et al.*, *Phys. Rev. Lett.*, **34**, 738–741（1975）より許可を得て転載］

$Na_{1.0}WO_3$ から期待されるようなスペクトルを与える．金属表面の局所的な電子バンド構造を検出できることもある．こうした構造は，表面または表面近傍に局在化しており，金属全体には広がっていない．これを検出するにはきわめてきれいな表面が必要である．

　EELS と EDS については，分析電子顕微鏡と関連してすでに 6.2.2.6 節で説明したとおりである．EELS は固体表面の C や N のような軽元素のエネルギー分析の目的で使われる．単色の電子線を試料に衝撃させ，原子の内殻電子を放出させる．電子を放出させた入射電子のエネルギーは減少する．EELS スペクトルは，このような減衰電子の強度をエネルギー損失に対してプロットしたものである．エネルギー損失のない電子はゼロ損失の位置に現れるが，これは弾性散乱した電子もしくは試料と相互作用しなかった電子に相当する．他のピークは内殻電子の放出に関与した入射電子に関するものである．通常，これらのピークは弱く幅広であり，スペクトルの強度は原子番号が大きくなるにつれて高くなる．EELS は軽元素の分析に向いており，そのため，重元素に向いている蛍光 X 線分析（XRF）を補足する手法でもある．

6.3.7 ■ メスバウアー分光法

　メスバウアー分光法（Mössbauer spectroscopy），すなわち γ 線分光法（γ-ray spectroscopy）は，原子核の内部で起こる遷移と関係している点で NMR 分光法に似ている．入射線としてはきわめて単色の γ 線を用い，そのエネルギーをドップラー効果を利用して変化させ，エネルギーに対して吸収を記録する．スペクトルは通常，分離性があまり良くない多数のピークからなり，酸化状態，配位数，結合の性質などの局所構造に関する情報が得られる．

　γ 線は $^{57}Fe^{*}_{29}$ または $^{119}Sn^{*}_{50}$ などの放射性元素の壊変（崩壊）で生じるものを用いる．図 6.18 に示したように，γ 線は X 線よりも高エネルギーである．γ 線の放射は，原子量または原子番号よりも，原子核のエネルギー準位におけるエネルギー密度と関係があり，「無反跳放射（recoilless emission）」とよばれるある条件下では，この変化したエネルギーがすべてきわめて単色の γ 線として放出される．

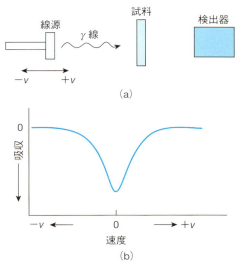

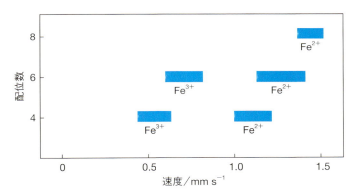

図 6.39 (a) メスバウアー効果.線源の動きにともなってガンマ線のエネルギーが変化する(ドップラー効果).(b)線源と試料が同一の場合に得られる典型的な1本のピーク.

図 6.40 鉄を含む化合物の化学シフトと配位数(訳者注：横軸の単位は純鉄を基準とする共鳴ドップラー速度である).
［G. M. Bancroft, *Mössbauer Spectroscopy*, McGraw-Hill(1973)より許可を得て転載］

このγ線は線源と同じ同位体を含む試料に吸収される.吸収する原子の原子核のエネルギー準位は,酸化状態,配位数などにより少し異なるので,何らかの形で入射線のエネルギーまたは試料内の原子核のエネルギー準位を変化させる必要がある.

実際には,入射γ線のエネルギーをドップラー効果により変化させることを選択している.試料を一定の位置に固定し,試料に対して一定の速さでγ線源を前後に動かす.このようにして試料にγ線を照射すると,γ線のエネルギーを高くしたり低くしたりすることができる.このようにして,試料のγ線吸収スペクトルが得られる.メスバウアー法に適したγ線源となる同位体は少なく,もっとも広く用いられているのは ^{57}Fe および ^{119}Sn である.したがって,メスバウアー分光法は鉄およびスズを含む物質に多く適用されている.線源として研究されている同位体元素は他に, ^{129}I, ^{99}Ru, ^{121}Sb などがある.**図 6.39**(a)に測定系の模式図を示す.

メスバウアースペクトルからはいくつかの情報が得られる.もっとも簡単なのは線源物質と試料が同一の場合のスペクトルで,この場合には**図 6.39**(b)に示すように1本のピークが現れるのみである.線源物質と試料が異なる場合は,吸収ピークの位置がシフト(小移動)する.これは**化学シフト**

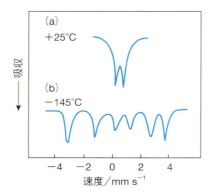

図 6.41 KFeS₂ のメスバウアースペクトル．(a) ネール温度以上．(b) ネール温度以下．
[N. N. Greenwood and H. J. Whitfield, *J. Chem. Soc. A*, 1697-1699 (1968) より許可を得て転載]

(chemical shift) とよばれ，δ で表示される．化学シフトは試料内の原子核の電子密度分布が線源物質と異なることが原因で，核のエネルギー準位が少しずれるために生じる．特に，化学シフトは原子核を取り囲む外殻の s 電子の密度と密接な関係がある．**図 6.40** は鉄を含む試料について，電荷と配位数が化学シフトに与える影響をまとめたもので，例えば，無機化合物の Fe のこれらの性質を決定するときの指標として用いる．

核スピン量子数 I が $\frac{1}{2}$ よりも大きい場合，核の正電荷の分布は真球状ではなく，そのため四極子モーメント Q が生じる．この効果により核のエネルギー準位が分裂し，メスバウアースペクトルも分裂する．^{57}Fe および ^{119}Sn の場合は，双峰性のピークに分裂する．2 つのピークの間隔は**四極子分裂**(quadrupole splitting) とよばれ，Δ で表示し，局所構造および酸化状態に敏感である．

第二の分裂は**磁気超微細ゼーマン分裂**(magnetic hyperfine Zeeman splitting) とよばれるもので，単に磁気分裂ともいう．これは，核スピン量子数 I をもつ原子が磁場中に置かれた場合に生じ，核のエネルギー準位が $2I+1$ の副準位に分裂する．磁場は，強磁性，反強磁性，反磁性試料内の交換相互作用あるいは印加された外部磁場によって生じる．磁気分裂を，特に測定温度を変えて調べると，磁気秩序 (magnetic ordering) に関する情報が得られる．例えば，KFeS₂ は 245 K 以下で反強磁性であり，6 本のピークからなるスペクトルを示す．しかし，**図 6.41** に示すように，245 K 以上では四極子分裂のみが観測され，スペクトルは双峰性に変化する．

6.4 ■ 熱分析法

熱分析 (thermal analysis, TA) は，主にエンタルピー (enthalpy；熱含量)，熱容量 (heat capacity)，質量変化，熱膨張率などの物理的・化学的性質を温度に対して測定する分析法である．TA の特殊な応用例として，金属棒などの膨張率測定があげられるが，通常は，加熱にともなうオキシ塩 (oxysalt) や水和物 (hydrate) の重量変化測定などである．物質科学における TA の使用頻度はたいへん高く，使用方法も多様であり，固体間反応，熱変化，相転移の研究や相図の決定などに用いられる．ほとんどの固体は熱的に活性であり，適切な熱分析法で調べると有益な情報が得られる．

主な熱分析法は試料重量の変化を温度または時間に対して記録する**熱重量分析** (thermogravimetry, **TG**) と，試料と熱的に安定な参照物質の温度差 ΔT を加熱温度に対して測定する**示差熱分析** (differential thermal analysis, **DTA**) である．DTA ではエンタルピーの変化を検出する．DTA と密接に関連する方法として**示差走査熱量測定** (differential scanning calorimetry, **DSC**) がある．DSC では，生じるエンタルピー変化を定量的に測定できるように設計されている．**熱膨張率測定** (dilatometry) の

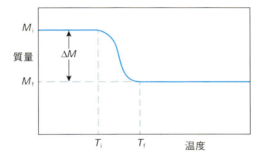

図 6.42　TG 曲線の模式図．一段階の組成変化をともなう場合．

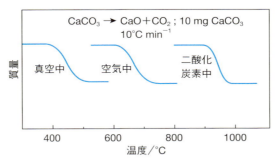

図 6.43　種々の雰囲気下における $CaCO_3$ の組成変化．

場合は，加熱にともなう試料の線膨張の大きさを記録する．この方法は長い間，金属の熱膨張係数の測定に使われてきたが，最近，**熱機械分析**(thermomechanical analysis, TMA)という新しい呼び名に変わり，測定対象が多様化しており，例えば，ポリマーの品質管理の分野で役立っている．

ここでは，TG, DTA および DSC についてその原理と応用について述べる．しかし，装置の説明は省略する．

6.4.1 ■ 熱重量分析（TG）

熱重量分析（TG）では，物質の質量変化を温度または時間に対して測定する．結果は**図 6.42** に示すような，連続的なグラフとして得られる．一定の昇温率で試料を加熱していくと，試料はある温度（図の T_i）で分解が始まるまで一定の質量 M_i を保持する．通常，動的な加熱条件では，分解はある温度範囲で起こり（図の T_i〜T_f)，T_f 以上では残余の質量 M_f に相当する第二の平坦部が現れる．質量 M_i と M_f の差 ΔM は試料の基本的な特性で，組成変化などを定量的に算出するのに使われる．質量変化とは対照的に，T_i および T_f は昇温率，粒径などの固体性状，ガス雰囲気などに依存してその位置が変化する．図 6.43 に見るように，$CaCO_3$ の場合は雰囲気が劇的に影響する．すなわち，真空中では約 500℃ で組成変化（脱炭酸）が完了するが，大気圧の二酸化炭素雰囲気では 900℃ 以上にならないと組成変化が始まらない．T_i と T_f は実験条件により変化するので，必ずしも平衡温度における分解温度を示しているわけではない．

6.4.2 ■ 示差熱分析（DTA）および示差走査熱量測定（DSC）

示差熱分析（DTA）では，一定のプログラムに従って温度を変化させたときの試料の温度と参照物質の温度を比較する．参照物質は熱的に安定な物質（通常は α-Al_2O_3 粉末）である．溶融，組成変化，結晶構造の変化などの熱的な現象が起こるまではこれら二物質間の温度は同じであるが，こうした熱

第 6 章　顕微鏡法，分光法，熱分析法

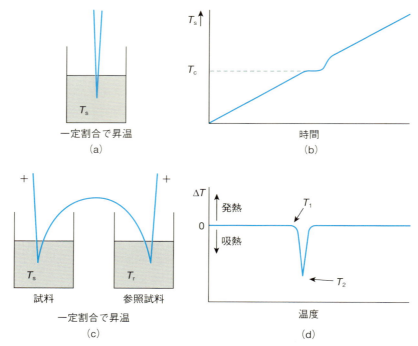

図 6.44　DTA 法．(b) は (a) の測定系から得られるグラフ．(d) は (c) の測定系から得られるグラフ．(d) の方が一般的である．

的な現象が起こると，試料内で吸熱変化が起こる場合は参照物質の温度に対して試料の温度上昇が遅れ，発熱反応が起こる場合は試料の温度上昇が早まる．

　図 6.44 にこの理由を示す．**図 6.44**(a) は，試料容器内の試料を一定の昇温率で加熱し，温度 T_s を熱電対とよばれるセンサーで追跡している様子を示している．**図 6.44**(b) は時間に対する温度の変化を示しており，温度はしばらく時間に対して一定に変化しているが，温度 T_c において溶融などの現象が生じるために吸熱が起こっている．溶融反応が完結するまで，試料の温度は T_c で一定に保たれる．溶融が終了すると試料の温度は急激に上昇し，温度調節器によりプログラムされた温度に追いつく．そのため，温度 T_c における熱的現象は斜めのベースライン（基線）に対する幅広なずれとして観測される．

　このような作図法は，熱量の変化が小さい場合には誤差を生じやすく，また温度上昇曲線が乱れるなどした場合にはベースラインも乱れて熱変化が起こったかのように見えてしまうという欠点がある．そのために，この方法は応用が限定されてしまうが，歴史的には「冷却法」として相図の決定に使われていた．この方法では，昇温ではなく冷却による記録が行われ，固化や結晶化の熱量が大きいためにこの方法が通用するのである．

　図 6.44(c) に DTA で用いる試料容器の配置を示す．試料と参照物質は加熱ブロック中で横並びに配置され，この加熱ブロックが一定速度で加熱または冷却される．また，極性を逆向きにつないだ同一の熱電対がブロック中の物質に設置されている．試料と参照物質が同じ温度であれば，この熱電対には起電力は生じないが，試料に熱変化が起こると ΔT の温度差が生じ，結果として起電力差が検出される．図には示されていないが，第三の熱電対が加熱ブロックの温度を追跡するために用いられている．**図 6.44**(d) には温度 T に対する ΔT の変化を示す．図 6.44(d) では $\Delta T = 0$ に相当する水平のベースラインに対して，試料での熱的現象により生じた鋭いピークが現れている．ピーク温度としてはベースラインからずれ始めた温度 T_1 と，ピーク頂上温度 T_2 のどちらかがとられる．おそらく，より正し

いのは T_1 であろうが，T_1 の位置はしばしば不明瞭で，そのため多くの場合 T_2 が用いられている．ΔT の大きさは電気的に増幅することができ，エンタルピーの小さい変化でも検出できる．図 6.44(d) は図 6.44(b) よりも明らかに感度が高く，精度の高いデータが得られるので，DTA もしくは示差走査熱量測定(DSC)の標準的な方法として用いられる．

DTA の試料室(セル)は熱変化に対する感度に重きを置いた設計であり，その分，熱量に対する応答は犠牲となっているので，ピークの面積またはピークの高さとエンタルピー変化の関係は定性的である．DTA 装置を較正すればエンタルピー変化を定量的に得ることもできるが，定量測定をする場合は DSC を使った方がよい．

DSC は DTA とたいへんよく似ている．試料と参照物質はそのままであるが，試料室の設計が異なる．DSC の場合は，試料と参照物質が加熱時に常に同じ温度に維持される．両者を同じ温度にするために，余剰の熱を試料に印加する(試料が発熱の場合は比較試料に印加される)．したがって，加えた熱量からエンタルピー変化が直接測定できる．他に，DTA のように試料と参照物質の温度を測定するが，試料室の設計が特殊な構造になっており，エンタルピー変化に対して良い応答を示すように設計された DSC もある．

6.4.3 ■ 応 用

TA は頻繁に，また多様に用いられる．一般に，DTA/DSC は TG よりも多くの機能をもつ．TG は質量の変化を検出するのみであるが，DTA/DSC は質量の変化に加えて，質量の変化をともなわない相転移(多形転移)も検出できる．多くの問題について調べる場合は，DTA/DSC と TG を併用するとよい．DTA/DSC で生じる事項は質量変化を含むものと含まないものに分類できる．図 6.45 に一例としてカオリン $Al_4(Si_4O_{10})(OH)_8$ の組成変化を追跡した例を示す．TG では約 500~600℃ における質量変化が起こり，これは試料の脱水(dehydration)に相当する．DTA ではこの現象が吸熱ピークとして示される．950~980℃ に DTA の 2 番目のピークが現れる．これは脱水カオリン(メタカオリン，metakaolin)の再結晶に相当するピークであるが，これに相当するものは TG では現れない．このピークは発熱ピークであり，これは熱変化により約 600℃ と 950℃ の間で生じた構造が準安定であることを意味する．この発熱ピークは試料のエンタルピーが低下した証であり，このことから，試料がより安定な構造に移行したことがわかる．しかし，この構造変化の詳細は今でも十分に解明されていない．

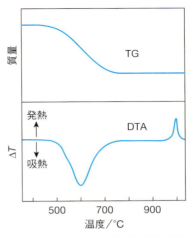

図 6.45 カオリンの TG 曲線および DTA 曲線の模式図．曲線は加熱時の試料の構造と組成により変化する．例えば，450~750℃ の間では，TG の重量減少およびそれに関連した DTA の吸熱は連続的に起こる．

第6章 顕微鏡法，分光法，熱分析法

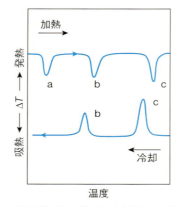

図 6.46 可逆変化および不可逆変化の模式図．(a)脱水．(b)相転移．(c)溶融／固化．

他の有益な使用法は冷却および加熱段階で起こる熱変化の追跡である．この方法では可逆変化と不可逆変化が区別できる．可逆変化とは溶融／固化などであり，不可逆変化とは大きな組成変化のような場合である．図 6.46 に可逆変化と不可逆変化を示す一連の DTA の結果を模式的に示す．水和物を出発点として加熱すると，最初に脱水が起こり，熱を与える必要があるので，a の吸熱ピークが生じる．続いて，脱水した試料は相転移を起こし，b のようなやはり吸熱ピークが生じる．最後に，試料は溶融して，c のように 3 番目の吸熱ピークが生じる．冷却段階では，融体は結晶化して c のような発熱ピークが生じる．次に相転移が起こり，b のような発熱ピークが生じる．しかし，再水和は起こらない．つまり，この図には 2 個の可逆変化過程と 1 個の不可逆変化過程が記録されている[訳注11]．

可逆過程は，加熱および冷却の両方で検出できるが，いずれの場合にも**ヒステリシス**（hysteresis）とよばれる履歴が現れる．冷却時の発熱ピークの位置は，相当する加熱時の吸熱ピークの位置よりも低温側に現れる．理想的には両ピークは同じ位置に現れなければならないが，通常は数度ないし数百度のヒステリシスが見られる．図 6.46 に示す 2 つの可逆過程は，差は小さいものの，ヒステリシスを示している．

ヒステリシスは物質の性質ならびに生じる構造変化に依存する．強固な結合を切断するような相転移はヒステリシスが大きくなりやすい．ヒステリシスは急激に冷却する場合に生じやすく，冷却が十分に速いときには，変化が完全に抑制されてしまう場合もある．このような特殊な場合の変化は実質的に不可逆といえる．図 6.47 に模式的に示すように，この事象はガラスの製造と関連して産業上たいへん重要である．例えば，シリカのような結晶性物質を加熱していくと，物質が溶融したときに吸熱ピークが現れる．冷却すると融体は結晶化せずに過冷却される．温度が下がるにつれて粘性は上がり，ついにはガラスになる．したがって，結晶化は完全に抑制されてしまう．シリカの場合は，約 1700℃ の融点以上でもたいへん粘性が高く，ゆっくり冷却しても結晶化は遅い．

ガラス科学の分野における DTA および DSC の重要な役割はガラス転移温度 T_g の測定である．図 6.47 に見るように，これは DTA 曲線のベースライン上に，通常とは異なる幅広のピークとして現れる．T_g は，ガラスが硬い固体から過冷却状態の高粘性液体(融体)に転移する温度である．T_g はガラスとして使える最高温度を表し，測定が容易なのでガラスの性質を知る目安として重宝される．シリ

[訳注11] 脱水（dehydration）には H_2O そのものが脱離する場合と OH 基が脱離して水を生じる場合がある．DTA では加熱にともない，前者は一般に 100℃ を超えたあたりで吸熱ピークを生じ，後者は一般に 500℃ 前後で吸熱ピークを生じる．従来はどちらも脱水とよんでいたが，最近はこの 2 つの脱水を区別して，前者を脱水（dehydration），後者を脱水酸基（dehydroxylation）とよぶ．

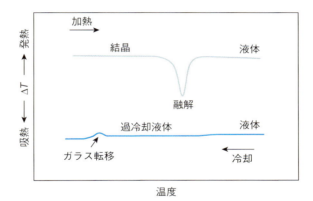

図 6.47 模式的に表した DTA 曲線．昇温時の結晶の加熱および冷却時の大きなヒステリシスによりガラスが生成する．

カガラスのようなガラスは非常に安定なので，T_g は DTA で観測される唯一の熱的現象である．通常，結晶化は遅すぎるため，事実上起こらないに等しい．しかし，他のガラスでは，結晶化（crystallization；ガラスの場合は脱ガラス化（devitrification；失透）とよぶ場合が多い）が，T_g 以上 T_f 以下の温度で生じる．加熱すると脱ガラス化が発熱ピークとして現れ，次に，融点に相当する高温で吸熱ピークが現れる．結晶化が起こりやすい例として金属ガラスがある．そのため金属ガラスは，結晶化を抑えるために溶融状態の合金を超急冷（supercool）して薄いフィルム状に成形して作製する．他にガラス物質として重要なものに，非晶質ポリマーや非晶質カルコゲン半導体がある．

DTA または DSC により，相転移を精度良く調べることができる．物質の特性の多くが相転移によって変わるので，相転移の分析は大切である．以下に例をあげる．

(1) 強誘電体である $BaTiO_3$ はキュリー温度 T_C を約 120℃ にもつ．これは DTA で決定できる．Ba^{2+} または Ti^{4+} を他のイオンで置換するとキュリー温度が変化する．置換によって生じる T_C の変化は多くの場合，数百度ということはなく，数十度程度であるため，T_C は組成を正確に示す指標として使える．

(2) セメント中の Ca_2SiO_4 は β 型の多形の方が γ 型の多形よりもすぐれたセメント特性をもつ．さまざまな元素を添加して β 型が γ 型に相転移しないように安定化できるが，その効果を調べるのに DTA が役立つ．

(3) 耐火物中の石英の α 型から β 型への相転移，もしくは，石英からクリストバライトへの相転移によりシリカ質耐火物は劣化する．これは相転移にともなう体積の変化により耐火物の機械的強度が下がるためである．できればこの相転移を阻止したいところだが，この相転移は DTA で調べることができる．

X 線回折法などの他の方法と組み合わせれば，DTA/DSC は相図の決定に対して強力な方法となる（第 7 章参照）．**図 6.48**(a) に示す単純な二成分からなる二元共晶系に対して DTA を使用した結果を図 6.48(b) に示す．組成 A の混合物を加熱すると，共晶温度 T_2 で溶融が生じ，吸熱ピークを与える．しかし，この DTA 曲線はたいへん幅広の第二の吸収ピークをもち，これはおよそ T_1 の温度で終わる．これは T_2 と T_1 の温度範囲で起こる連続的な溶融が原因で生じる吸熱ピークであるから，この組成の固相線の温度 T_2 と液相線の温度 T_1 を推定できる．組成 B は共晶組成（共融組成ともいう）そのものである．加熱すると，共晶温度 T_2 で完全に液相に転化するので，DTA 曲線は 1 本の大きな吸熱ピー

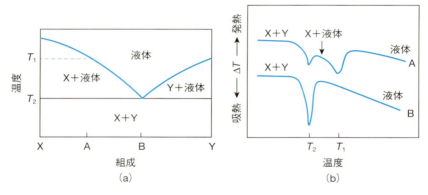

図 6.48　DTA による相図の決定．(a)単純な二成分共晶系．(b)組成 A ならびに B の昇温時の DTA 曲線．

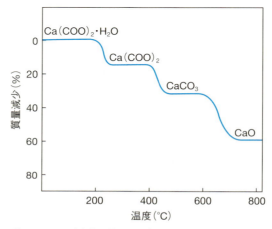

図 6.49　シュウ酸カルシウム水和物に見られる多段階の組成変化を示す TG 曲線の模式図．

クのみを与える．

　このように組成 X と Y の間の混合物について DTA 測定を行えば，そのすべてが温度 T_2 で吸熱ピークを示し，その強度は溶融の程度，つまり共晶点 B に組成が近いか離れているかに依存するであろう．さらに，B から離れた組成では，温度 T_2 以上のある温度範囲で溶融し，溶融完了の幅に応じて幅広の吸熱ピークを示すが，溶融完了の温度は組成によって変化するであろう．相図上には固相線以下の領域に多形による相転移も現れ，これは DTA により迅速かつ容易に決定できる．**固溶体**(solid solution：金属では合金)が形成され，その相転移温度が組成に依存する場合は特に有効である．

　何段階にもわたって組成が変化する場合は，TG 単独または DTA と組み合わせて記録すると，個々の段階を区別して見ることができる．図 6.49 に典型的な例として，シュウ酸カルシウム水和物の TG 測定の結果を示す．組成変化は 3 段階で起こり，中間段階として，無水シュウ酸カルシウムと炭酸カルシウムの状態がある．多段階の組成変化を示す例は他にもあり，水和物，水酸化物(hydroxide)，オキシ塩，ならびに鉱物(mineral)などに見られる．

6.5 ■ 未知の固体物質を同定，分析，キャラクタリゼーションするための戦略

あなたがいま，固体物質をもっており，その物質名が何であるか，どのような化学組成をもっているか，どのような性質なのかを知りたいとしよう．その物質が固体片や表面の堆積物などである場合もあると思うが，まずは白色の粉末であると仮定しよう．また，すべての分析装置を利用できる環境にあり，その装置を動かすことができ，結果を解釈できると仮定しよう．

もっとも大切なことは，1 つの装置ですべての疑問に答えることはできないということである．疑いもなく，粉末 X 線回折は最初の同定を行うには良い方法である．しかし，これだけでは，化学組成，構造，欠陥および欠陥の分布などに関するような疑問点には答えられない．

第 5 章と本章では，作業を実施するための方法について述べた．**表 6.1** には，手元にある未知固体に関する疑問に答えるために用いることができる分析法についてまとめた．一人の学生・研究者があらゆる方法のエキスパートとなることは不可能であるが，各々の方法から何が得られるのかということを理解し，疑問に対して正確に答えられるようになることが必要である．

表 6.1 はすべてを網羅してはいない．固体の物性を測定する方法およびそれにより固体の物性をキャラクタリゼーションする方法についてはまったく記していない．例えば，磁気測定はメスバウアー分光法で得られる結果を補足するものであり，遷移金属を含む物質の不対電子の配置がわかる．同様に，物質の電気特性はドーパント(添加物)および遷移金属の酸化状態にとても敏感である．光学的特性の測定は酸化状態および d 電子や f 電子の電子配置に関する情報を与える．こうした物性の測定は，構造と物性の関係という範疇に入り，本章の目的である未知固体物質の同定，分析，キャラクタリゼーションの観点からずれるものであるため，ここでは述べない．

表 6.1 固体の同定，分析および構造決定のための指針

方法	知りたいこと	備考
1. その物質はいったい何なのか（おおまかに）		
光学顕微鏡法	・非晶質（ガラス質）か，結晶質か ・マイクロメートル以上か，以下か	迅速であり，かつ最初の観察としても有効な方法である。 固体が結晶質ならば，結晶の対称性に関する情報が得られる。 すべての粒子は同一相か，または混合相か。双晶か，結晶の品質はよいのか（鋭利消光か）。 粒子がマイクロメートル以下であるならば，SEM 観察に移行する。
粉末 X 線回折（XRD）法	・結晶相の同定と相の純度	固体の指紋照合としても，もっとも重要な一般的な方法である。 どのような結晶相が存在するかはわかるが，化学組成はわからない。 混合物でも個々の相を同定できる。 データベースを利用する必要があり，その利用に際してはデータベース中の可能性のあるすべての相を網羅していると仮定する。
2. どのような化学組成か		
原子吸光分析法： 誘導結合プラズマ分析法 （ICP-AES, ICP-MS）	・溶解した試料のバルク化学分析（訳者注：bulk chemical composition．全部分析ともいう。ICP には分光分析法（AES または OES）と質量分析法（MS）の 2 種類がある。）	全体の化学組成は得られるが，個々の相の同定や純度の決定はできない。 分析の前に試料を溶解する必要があるが，難溶性の場合は溶解の前に Na_2CO_3 や B_2O_3 で融解する前処理が必要である。
蛍光 X 線分析法（XRF）	・固体のバルク分析	非破壊分析の 1 種である。定性分析の場合は粉末試料をプレス成型するだけでよいが，定量分析の場合は融解剤を用いて融解しガラス化する必要がある。軽元素の分析には不向きである。（訳者注：最近の装置はこの場合も全体の化学組成が得られる。特に従来分析できなかった Na は高精度で分析できる。）B までの軽元素のガラス化試料の分析が可能である。手間のかかる試料のガラス化処理は最近の XRF 装置では特に必要なく，計算ソフトの発達により粉末のままでも定量分析ができるようになっている。
C, H, N の分析法	・有機固体の組成または有機金属化合物の構成成分	有機物からなる分子性物質に関係し，NMR，質量分析法，IR などの分光法と結びついた構造決定法である。これは化学の別の分野で用いられる手法であるのでここではこれ以上詳しくは述べない。
電子プローブ微小分析法（EPMA） 走査型電子顕微鏡法（SEM-EDS） 走査透過電子顕微鏡法（STEM） 高角環状暗視野（HAADF）法およびZコントラスト	・マイクロメートルからナノメートルの粒子に関する元素分析	EPMA はマイクロメートルスケールの粒子の定量分析に用いる。ただし，H と Li は除く。 EDS 搭載の SEM はナノメートルスケールの半定量分析に用いる。 Zコントラスト STEM は原子スケールの分析に用いる。
3. どのような構造か		
単結晶 X 線回折法 粉末 X 線回折（XRD）法	・結晶構造解析 ・単位格子内の原子座標の決定	結晶構造の決定に関する標準的な方法である。 分子性物質について固体内の元素配列状態および分子形状の両方がわかる。 シンクロトロン XRD を用いれば 1～10 μm の小さい結晶も調べられる。

6.5 未知の固体物質を同定，分析，キャラクタリゼーションするための戦略

方法	知りたいこと	備考
粉末中性子回折（ND法）	・結晶構造解析 ・単位格子内の原子座標の決定（訳者注：直接に電子密度分布図から原子座標を決定する方法は単結晶X線回折でないとできないが，精密構造解析はXRDやNDでも原子座標を精密決定できる。最近ではリートベルト解析に基づく計算ソフトが一般化している。）	シンクロトロン XRD は強力な方法としてその使用頻度が高くなっているが，ND と同立に国立の研究施設に出向く必要がある。事前に，単位格子と空間群に関する仮の情報を得る。あるいはデータを取る初期段階でこれらの情報を決定する必要がある。常に成功するとは限らない。ND は磁気構造も決定できる。
透過型電子顕微鏡法（TEM） 電子線回折（ED）法：制限視野（SAD）法および集束電子線（CBD）法	・拡大像のほか，単位格子および空間群	XRD や ND により初期段階で単位格子が決定できない場合でも，本法は構造決定に有効な方法である。ED の場合は回折強度の信頼性が低いので全構造解析および構造の精密化は通常できない。
高分解能電子顕微鏡法（HREM）および Z コントラスト法	・格子像	条件が良ければ，HREM では格子面を結像できる。剪断構造，層状の連晶成長，均質相などには有効である。Z コントラスト法では原子レベルの焦点（ピント）合わせは必要なく，二次元の投影図が直接得られる。微結晶の場合は正しく方位立てする必要がある。
X線分光法	・塊状（バルク）物質の局所構造情報	回折法は多数の単位格子に関する平均構造の情報を与える。この欠点は，XANES（酸化状態がわかる），EXAFS（対象元素がわかる）を含む他の多くの分光で得られる局所構造情報により補完できる。
メスバウアー分光法	・特定の元素の配位数および酸化状態	たいへん効果的な構造探査法であるが，対象は Fe, Sn, I などの数元素に制限される。
電子線分光法（X線光電子分光法（XPS），電子エネルギー損失分光法（EELS），オージェ分光法（AES））	・局所構造情報，特に表面	低エネルギーの電子や軟X線を照射すると，試料の浅い部分から電子が逸脱するので表面に特異的な情報が得られる。XPS は固体試料の全体像が迅速にわかる。EELS と AES は電子顕微鏡に基づく方法である。EELS は Z コントラスト法と併用すると結合に関する原子スケールの情報が得られる。AES は特に軽元素に向いており，単純明快なスペクトルを与える。
NMR分光法	・特定の元素の局所構造情報	MAS 法を用いると固体試料の全体情報が得られる。特に，結晶質ばかりでなく，アルミノケイ酸ガラスやケイ酸ガラスなどの非晶質物質にも有効であり，第二近接原子との中間距離構造の特徴に関する情報が得られる。
ESR分光法	・特定の元素の同定	常磁性を示す元素種に限定される。非常に高感度である。
赤外（IR）分光法 ラマン分光法	・官能基の同定	IR 分光法は炭素を含む物質に対して有効で，酸素や水素を含む官能基の同定ができる。ラマン分光法は相の指紋照合に用いており，例えば炭素の多形が同定できる。

4. 温度や雰囲気に対して安定か。

方法	知りたいこと	備考
熱重量分析法（TG）	・熱的な安定性，雰囲気に対する感受性の評価	TG は水和物やカーボネート（炭酸化物）のような特定の化合物における重量の減少，あるいは主に H_2O や CO_2 などの雰囲気の影響を検出する。TG に MS（質量分析計）をつなげば，発生する気体の分析ができる。化学試薬の乾燥条件を決めることも可能である。TG の最高到達能力の温度まで試料を加熱試験する前に，（融解や揮発などによる装置の損傷や汚染を未然に防止する必要がある。水素還元 TG を用いると酸素の化学量論比を決めることができる。
示差熱分析法（DTA）示差走査熱量分析法（DSC）	・融点，相転移点の決定および不純物の添加によるこれらの物性点の変化の評価	DTA または DSC は試料の加熱・冷却の繰り返しにより生じる発熱・吸熱を検出する。TG と組み合わせると，重量減少の影響だけを独立に検出できる。（これらを組み合わせることで）加熱・冷却の繰り返しによる可逆・不可逆変化を決定できる。

第7章 相図とその解釈

　相図は，熱力学的な平衡状態において温度(あるいは圧力)および組成が変化するときに，安定に存在する相の領域を図示したものであり，化合物や固溶体の組成，相転移・溶融・分解温度などの情報を含んでいる．無機固体を実際に使うとき，あるいは使う可能性があるとき，その固体が使用環境下で安定かどうか，使用中に反応するかどうか，変態して他の固体に変化するかどうかなどを知っておくことは重要である．相図は，ガラス，耐火物，セメント，セラミックスなどの無機固体を使用および開発する際の基本であり，無機固体物質を使用する際だけでなく，それらを製造する際にも，相図は利用される．

　相図は，ある反応における最終的な平衡状態での生成物の状態を示しているが，反応速度については何も示していない．しかし，どの方向に反応が進むのか，あるいは，ある反応生成物が平衡に達したかどうかを知ることができる．相図から，平衡状態での温度，圧力，組成が反応条件に及ぼす効果も理解できる．もし，相図の情報が何もない場合，例えば，未知の物質を発見したとしたら，まずその反応が完結し，平衡状態になったのかどうかを確認するとともに，相図を作るための情報を集めなければならない．この章の主な目的は，相図を使うことと解釈することである．最後に新しい相図を作るための指針を示す．

　相図の基礎になっている基本的な規則は，ギブズ(Gibbs)による**相律**(phase rule)である．その導出は後述することとし，はじめに相律について示し，専門用語を説明する．

7.1 ■ 相律，凝縮相律，用語の定義

　相律は次式で与えられる．

$$P + F = C + 2 \tag{7.1}$$

ここで，P は平衡で存在する相の数，C はその系の成分の数である．F は自由度(後述)であり，相の温度，圧力および組成など，その系を記述するために必要な独立な変数の数である．多くの場合，圧力は一定で変数にはならないので，次式で与えられる**凝縮相律**(condensed phase rule)を用いる．

$$P + F = C + 1 \tag{7.2}$$

以下ではそれぞれの項について詳しく説明する．

　組成の範囲を特定するのに，**系**(system)という用語が用いられる．例えば，$MgO-SiO_2$ 系には，端成分の MgO と SiO_2 だけでなく，$MgSiO_3$ や Mg_2SiO_4 などのマグネシウムケイ酸塩をはじめとしたすべての中間的な組成が含まれる．この系は，ある量の MgO と SiO_2 で表すことができるすべての単一相あるいは混合物の相と，温度あるいは圧力を変化したときに生成するすべての組成を含んでいる．

　マグネシウムケイ酸塩ではなく，例えば Fe_2SiO_4 のような鉄ケイ酸塩であれば，試料中の鉄の酸化状態についても考えなければならない．その場合には，試料を合成する際の酸素分圧が重要になり，この系は $FeO-SiO_2-O$ あるいは $Fe-SiO_2-O$ 系と表される．したがって，系には Fe_2O_3 と Fe_3O_4，さ

313

らには FeO(これは複雑な物質である．第2章参照)などの酸化物が含まれる．

　平衡状態にある**相**(phase)の数 P とは，他の物質とは明らかに物理的特性が異なり，(原理的には)機械的に分離できる均質な(homogenous)部分の数であり，異なる**結晶相**(crystalline phase)の区別は通常，明瞭である．例えば，チョーク($CaCO_3$)と砂(SiO_2)の違いは明確である．また，同じ構成成分で異なる組成の結晶相の間の区別も明白である．マグネシウムケイ酸塩鉱物 $MgSiO_3$(エンスタタイト，enstatite；頑火輝石)と Mg_2SiO_4(フォルステライト；苦土かんらん石)は異なる組成，構造および物性をもった異なる相である．

　同じ化学組成を有するが異なる結晶構造を有する固体がある．これを**多形**(polymorphism)という．例えば，Ca_2SiO_4 では安定相の γ 相と準安定相の β 相という2つの多形を室温で合成できる．これらは異なる物理的・化学的性質および結晶構造を有しており，β 相はセメントのもととなる重要な成分である．水と反応してコンクリートになることから，建設業を支える基礎となる物質である．一方，γ 相は水とはほとんど反応しないため，セメントの製造においては不活性の γ 相の生成を避けるように注意が必要である．多形の例としては他に炭素がある．合成条件に応じて，ダイヤモンド，グラファイト(黒鉛)，フラーレン C_{60}，カーボンナノチューブが作られ，最近はグラフェンが合成されている．

　固相を分類する際に，複雑だがきわめて重要な要素として固溶体がある(第2章)．固溶体は種々の組成を有する単一の相である．例えば，$\alpha\text{-}Al_2O_3$ と Cr_2O_3 は同じ結晶構造(コランダム型)を有し，高温で連続した範囲の組成をもつ固溶体を形成する．Al_2O_3 と Cr_2O_3 の混合物は，単一の均質な相を形成し，Al_2O_3 と Cr_2O_3 のそれぞれの端成分と同じ結晶構造をもち，陽イオン位置には Cr^{3+} と Al^{3+} が不規則に混合している．

　結晶学的な剪断構造(第2章参照)のように，それぞれの相を区別することが困難な場合がある．これは，組成のわずかな変化によって，構造中の欠陥が，ランダム(乱雑)ではないものの，異なる配列になるためである．酸素欠損型の酸化タングステン WO_{3-x} は，かつて不規則に酸素空孔を含んだ均質な固溶体であると考えられていたが，現在では組成がきわめて近く，異なるものの類似の構造をもつ多くの相からなることがわかっている．これらの相のうちのいくつかは，ホモロガス系列(W_nO_{3n-1})に属している．したがって，$W_{20}O_{59}$ と $W_{19}O_{56}$ とは物理的に異なる相である！　しかし，多くの固体では，このような複雑な状態にはならず，相の構成成分を正確に決定することができる．

　液相(liquid phase)の状態では，区別できる均質な相の数はかなり少なく，限定される．これは，単一相の液相は，単一相の固溶体に比べ，広い組成にわたって容易に形成されるためである．例えば，$Na_2O\text{-}SiO_2$ 系においては，高温の液相状態では Na_2O と SiO_2 は完全に混和し，種々の組成をもつ単一液体のナトリウムケイ酸塩相が形成される．しかし，結晶相の数は多く，結晶のナトリウムケイ酸塩には5つの異なる組成の相があり，これらの中の1つは多形を示す．例えば，$MgO\text{-}SiO_2$ 系などの他の系では，2つの液相の混合物あるいは**不混和液相**(liquid immiscibility)が，高温のある組成の範囲で存在できる．

　気相(gas phase)では，存在できる相の最大の数は常に1つである．もし，重力の効果が無視できるなら，2つの気相が混合していない状態はない．

　成分(component)の数 C は，異なる相において独立な変数として数えられる構成要素の数である．言い換えれば，その系に存在する各相の組成を完全に記述するために必要な最小の構成要素である．具体例を示すのがもっともわかりやすいだろう．

(1) CaO と SiO_2 の割合を変化させることにより，あらゆる組成のカルシウムケイ酸塩が作られる．したがって，$CaO\text{-}SiO_2$ 系は，Ca, Si, O の3つの元素からなるが，二成分系である．言い換えれば，CaO と SiO_2 は，Ca-Si-O の**三成分系**(tertiary system；**三元系**)で，**二成分系**(binary

7.1 相律，凝縮相律，用語の定義

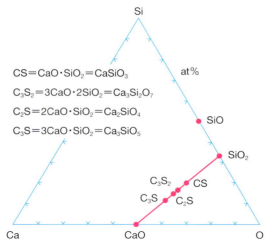

図 7.1 Ca–Si–O 三元系における CaO–SiO$_2$ 二元系．C = CaO などの表記法に注意．このような略記は酸化物の分野では広く用いられる．

system；**二元系**)を形成する(**図 7.1**)．三元系の相図はこの章では取り扱わないが，図 7.1 に示したように，成分は正三角形で表される．

(2) MgO 系では，MgO の組成は変化しないので，2700℃ の融点までは**一成分系**(unary system；one-component)である．MgO 相だけを考えるのであれば，Mg–O 二成分系として考える必要はない．しかし，もし Mg 金属と酸素の反応について，温度／圧力／組成の影響を調べるのであれば，Mg–O の二元系として考えなければならない．

(3) FeO の組成は，Fe–O の二成分系の一部である．これは，FeO が実際は，Fe^{3+} をある程度含むことにより生じる非化学量論組成比で鉄が欠損したウスタイト(Fe$_{1-x}$O)相であるためである(第 2 章参照)．バルクの FeO には，平衡状態において Fe$_{1-x}$O と Fe 金属の二相の混合物が含まれる．FeO を考えるときには，Fe–O の二成分系として取り扱う必要がある．

系の**自由度**(degree of freedom)F は，温度，圧力，相の組成などの独立な変数の数，つまりその系を完全に定義するために必要な独立変数の数である．以下にいくつかの例を示す．

(1) Al$_2$O$_3$–Cr$_2$O$_3$ 系の固溶体では，一方の組成を変えることで，Al$_2$O$_3$: Cr$_2$O$_3$ 比が変化できる．もし，ある試料において Al$_2$O$_3$ の組成が x% のときは，Cr$_2$O$_3$ の組成は $(1-x)$% に固定される．このような単一相の固溶体では，温度も変化できる．固溶体を完全に記述するには 2 つの自由度(あるいは圧力を考えるなら 3 つ)，すなわち組成と温度(それと圧力)が必要である．つまり，$F = 2$(あるいは 3)である．

(2) 他の極端な例として，融点で平衡状態にある一成分系の部分溶解している固体がある．自由度は 0 である($F = 0$)．例えば，氷と水の二相混合物は，温度 0℃ においてのみ，平衡状態で共存できる(ただし，氷の融点に及ぼす圧力の効果は考えない)．また，水の組成の変化を考えずに，H$_2$O に固定すれば，$C = 1$ である．

(3) 上の 2 つの場合の中間にあたる例として，水と水蒸気が平衡状態にある沸騰している水がある．この系では水も水蒸気も，ともに組成の変化はなく，水蒸気圧をある特定の値に固定すれば，自動的に温度が決められる．この系では組成は水も水蒸気も同じ分子式 H$_2$O を有しているので，組成を変数にできない一成分系($C = 1$)である．水−水蒸気混合物の系では，沸点で互い

第7章 相図とその解釈

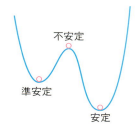

図 7.2 安定,不安定,準安定条件の模式図.

に平衡となるので,水蒸気の圧力を決めれば沸点は自動的に決まる.逆に,沸点を決めれば水蒸気の圧力は決まる(つまり,$F=1$である).沸点に及ぼす圧力の効果の例として,海水面では,水は100℃で沸騰するが,メキシコシティーの高度では,大気圧はたった76 kPaであるので,水は92℃で沸騰する.相律を沸騰した水に適用すると,

$$P + F = C + 2$$

となる.$C=1(H_2O)$,$P=2$(蒸気と液体)なので,$F=1$(温度と圧力のいずれか1つ)となる.

水-水蒸気系は一変数系であり,圧力あるいは温度の1つの自由度で系の平衡状態を記述することができる.ただし,水と水蒸気の量の相対的な比は,相律からは得られない.平衡蒸気圧を維持するのに十分な水蒸気があれば,水蒸気の体積は相律に関係しない.このように,重要な一般則として,相の量は自由度と関係しないが相の組成は自由度の1つであり,変数である.

高融点の固体では,固体の蒸気圧は十分小さく,液相でも大気圧と比較すれば無視できるほど小さい.したがって,固体の蒸気相は事実上存在しないとみなすことができる.大気圧下での相に関する研究では,蒸気相は通常検討する必要がないため,凝縮相律(式(7.2))が用いられる.上記した水の溶融(0℃で$P=2$,$C=1$,$F=0$)や,固溶体で温度と組成が自由度になる系,例えば,Al_2O_3-Cr_2O_3固溶体($P=2$,$C=2$,$F=2$)では,凝縮相律を用いることができる.

相図を理解するには,**平衡**(equilibrium)が意味するものを知っておく必要がある.系は,平衡状態では常に最小の自由エネルギーをもっている.平衡状態は自由エネルギーの井戸の底の状態に例えられる(**図 7.2**).平衡に達しているかどうかを決定するのは容易ではない.他に自由エネルギーの極小が存在するかもしれないし,その極小の他にもっとも深い自由エネルギーの井戸があるかもしれない.種々の実験を行っても(7.4節参照),ある特定の反応生成物あるいは混合物が平衡状態にあるかどうかを決定するのは簡単ではない.準安定状態から安定な平衡状態への移行に,かなりのエネルギー障壁が存在すると,その障壁が高すぎて,生成物が準安定状態に凍結されてしまうこともある.

平衡に達したかどうかを決定するために,種々の熱力学的な方法によりエンタルピーとエントロピーを測定し,それらを基に作成した実験的な相図と,計算から求められた相図が比較される.計算による方法としては,格子エネルギーの計算に基づく方法がとても有効になってきている.ある特定の組成ではどのような結晶構造になるかを,格子エネルギーから計算することができる.多くのモデルや計算手法が使えるようになっており,化合物の形成,相平衡,結晶構造を調べる実験を行う際には特に有効である.

速度論的には安定であるが,熱力学的には準安定な例として,室温におけるダイヤモンドのグラファイト(黒鉛)に対する準安定性がある.ダイヤモンド→グラファイトの反応のエネルギー障壁あるいは活性化エネルギーは非常に高いので,もしダイヤモンドが生成すると,ダイヤモンドは速度論的には安定であるが,熱力学的には準安定である.ダイヤモンドからグラファイトへの転移は,熱力学的

には起こってもよいが，自発的に起こることはない．『007』のテーマソングにあるように，「ダイヤモンドは永遠に」なのである．

相図から，相あるいは混合相がある温度で熱力学的に安定であるかどうかがわかるが，反応や変態の速度についてはわからない．例えば，$MgO–SiO_2$ 系の相図には，室温およびそれ以上の温度では $MgSiO_3$ や Mg_2SiO_4 などの相が現れるが，これは MgO と SiO_2 が自発的にすぐに反応してこれらのマグネシウムケイ酸塩相になるということを意味しているわけではない．相図は，どのような反応が起こるかを示してはくれるが，反応の速度は何も示さない．酸化物系の相図が，高温で生成する相あるいは混合相に限定される理由は，低温ではどの相あるいは相の集合が本当に熱力学的に安定であるのかを知るのがきわめて困難であるためである．ただし，それらは間違いなく速度論的には安定である．

熱力学的に不安定(unstable)という言葉の意味を図7.2を用いて説明する．もし，ボールを峠のもっとも高いところに置くと，ちょっとした刺激でどちらかの側の低い場所に落ちる．同様に，熱力学的に不安定な状態から安定あるいは準安定な状態に移るには，活性化エネルギーは不要である．不安定な平衡状態の例を見出すことは困難であるが(そもそも不安定なので！)，あり得ないことではない．液体が不混和である領域では，**スピノーダル線**(spinodal line)とよばれる相図中の丸いドームによって囲まれる領域がある(図7.20参照)．このスピノーダル線の内側では，均質な液相は不安定であり，スピノーダル分解(spinodal decomposition)によって2つの液相に自発的に分離する．

ここで相律を導出する．相律と連立方程式の間には共通点があり，連立方程式を正確に解くためには，未知数と同じ数の方程式が必要である．もし，未知数を決定するのに十分な数の方程式がなければ，その不足分はバリアンス(variance)といわれる．

相律における未知数は変数の総数である．変数は温度，圧力，存在するすべての相の組成である．方程式の総数は，それぞれの成分の化学ポテンシャル(chemical potential)に関係する．平衡の定義から，それぞれの成分の化学ポテンシャルは，存在する相の中ですべて同じである．バリアンスは決定できない変数の数であり，相律中の自由度 F に等しい．したがって，F は次のように定義される．

$$F = 総変数 - 変数に関係した方程式の総数 \tag{7.3}$$

C 個の成分からなる系において，それぞれの相の組成を決定するためには，全組成は1(モル比)あるいは100(％)とわかっているので，残りの $(C-1)$ 個の変数を決定しなければならない．したがって，

$$\begin{aligned} 総変数 &= 相の数 \times (C-1) + 圧力 + 温度 \\ &= P(C-1) + 2 \end{aligned} \tag{7.4}$$

が成り立つ．平衡状態でのそれぞれの成分 i についての化学ポテンシャル μ_i は，すべての相の中で同じなので，

$$\mu_i(相1) = \mu_i(相2) \tag{7.5}$$

などとなる．相の数は P なので，このような式は $(P-1)$ 個あり，

$$方程式の総数 = C(P-1) \tag{7.6}$$

得られる．式(7.4)と式(7.6)を式(7.3)に入れると，相律が次のように得られる．

$$\begin{aligned} F &= P(C-1) + 2 - C(P-1) \\ &= 2 - P + C \end{aligned} \tag{7.1}$$

上で述べた凝縮相律(式(7.2))では，圧力が一定なので，変数が1つ少ない．

7.2 ■ 一成分系

　成分が一定なので，一成分系での独立変数は温度と圧力である．相律から，$P+F=C+2=3$ となる．もし相の数が $1(P=1)$ ならば系は二変系（bivariant；$F=2$），相の数が $2(P=2)$ ならば一変系（univariant；$F=1$），相の数が $3(P=3)$ ならば不変系（invariant；$F=0$）である．**図 7.3** に P, T を独立な変数とする一成分系の例を示す．可能な相は，結晶相の 2 つの多形 X, Y（**同素体**（allotrope）といわれる），液相および気相である．$P=1$ では $F=2$ なので，それぞれの相は，相図のある領域（area, field）を占める（これらの領域内の一点を決定するには，P と T の両方が必要である）．1 つの相が他の相に隣接している場合，その境界線上では一変系になる（$P=2$ なので $F=1$）．これらの境界線は，1 つの変数，例えば圧力を決定すれば，もう一方の温度が自動的に決まる．一変系の相図の境界線上では，それぞれ次のような平衡関係を示す．

(1) BE：多形 X, Y の転移温度．相転移温度の圧力依存性を示す．
(2) FC：多形 Y の融点の圧力依存性．
(3) AB, BC：それぞれ X と Y の昇華温度の圧力依存性．
(4) CD：液相の沸点の圧力依存性．

　図 7.3 を見るとわかるように，X 相の領域は液相の領域と接していないことから，多形 X は平衡状態では直接溶融しない．昇温すると，X 相は圧力 P_1 以下では昇華し，圧力 P_1 以上では多形 Y に転移する．図 7.3 には不変点 B, C が存在する（点 B, C では，$P=3$ なので，$F=0$）．点 B では多形 X，多形 Y および蒸気が共存する．点 B および C は三重点といわれる．

7.2.1 ■ H$_2$O 系

　一成分系として重要な H$_2$O 系の相図を**図 7.4** に示す．この相図では固相－固相，固相－液相の転移が存在する．多形のうち氷 I は常圧下で安定であり，その他にも，氷 II から IV などのいくつかの多形が知られている．図 7.4 では主に氷 I と水を分離する一変数曲線 XY の位置が異なるため，図 7.3 と似ていないように見える．これは氷 I は 0℃ で水よりも密度が小さいという異常な性質をもっているためである．氷 I から水への相転移温度に及ぼす圧力の効果は，ルシャトリエの法則「平衡状態にある系に対して，ある制約が加えられた場合，その系はその制約の効果を減らす方向に変化する」か

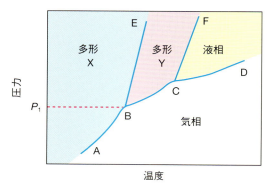

図 7.3　一成分系の模式的な P–T 相図．

7.2 一成分系

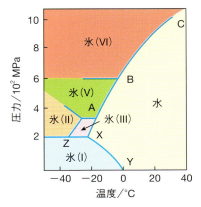

図 7.4 H_2O 系の $P–T$ 相図.

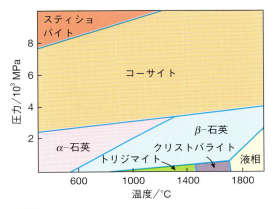

図 7.5 SiO_2 系の $P–T$ 相図.
[D. T. Griffin, *Silicate Crystal Chemistry*, Oxford University Press (1992) より許可を得て転載]

ら理解することができる．氷Ⅰは溶融して体積が減少する．したがって，圧力を高くすると氷Ⅰは融けやすくなり，圧力の増加とともに融点は YX の方向に向かって低下する．

　水の系においては，平衡状態で3つの固相が共存する不変点がいくつか存在するため（例えば点Z），図7.3よりも複雑になる．他の部分は単純である．曲線 YXABC はいくつかの氷の多形について融点の圧力依存性を示している．この圧力範囲では，液相-気相平衡は高温側の隅の温度軸にきわめて近づいてしまうため，図7.4では液相-気相平衡を表す線は省略している．

7.2.2 ■ SiO₂ 系

　シリカは，多くのセラミックスの主要構成成分であると同時に，H_2O を除けば地殻中にもっとも豊富に存在する酸化物である．SiO_2 の多形は複雑で，石英-トリジマイトのような一次相転移や，石英の α（低温相）-β（高温相）転移のような微妙な変化がある．常圧下において温度の上昇にともない，多形は次のように変化する．

$$\alpha\text{-石英} \xrightarrow{573℃} \beta\text{-石英} \xrightarrow{870℃} \beta\text{-トリジマイト} \xrightarrow{1470℃} \beta\text{-クリストバライト} \xrightarrow{1710℃} 液相$$

圧力が増加すると，主に2つの大きな変化が起こる（図7.5）．第一に，トリジマイトの領域が減少し，約 500 MPa ではほとんど消失する．第二に，クリストバライトの領域が約 800 MPa で消失する．高圧下でトリジマイトとクリストバライトが消失するのは，これらの相が石英より低い密度であること

第7章　相図とその解釈

表7.1　SiO_2 の多形の密度

多　形	密度/$g\ cm^{-3}$
α-トリジマイト	2.265
α-クリストバライト	2.334
α-石英	2.647
コーサイト	3.00
スティショバイト	4.40

と関係している(**表7.1**). 圧力の効果は, 一般に高い密度, すなわち小さい単位体積の多形を生成する. 2～4 GPa 以上では(温度にもよるが)石英はコーサイト(coesite)に, 8～10 GPa 以上ではスティショバイトに転移する.

図7.5 には示していないが, SiO_2 には多くの準安定相が存在する. 例えば, クリストバライトは容易に過冷却させることができ, 約 270℃ で可逆的に β(高温相)→α(低温相)に転移する. しかし, この温度域では, クリストバライトは石英に対しては準安定であるので, この相転移は図7.5 からは削除している.

7.2.3 ■ 一成分凝縮系

固体化学において関心のある多くの系や応用では, 圧力は変数ではなく, 凝縮相律(式(7.2))が成り立つ. 気相が重要ではない場合には, 一成分凝縮系の自由度は温度だけであり, 相図は 1 つの直線で表される. 例えば, 常圧下で気相を無視できる SiO_2 の凝縮系の相図は, 温度の変化とともに多形が生じる単純な直線になる. このような場合は, 前節で SiO_2 について記したような矢印の流れ図として表現できる.

7.3 ■ 二成分凝縮系

二成分系には, 圧力, 温度および組成の 3 つの自由度がある. もし圧力を変数とする必要がなければ, 凝縮相律 $P+F=C+1$ が用いられる. 多くの系では, 温度が変化しても, 蒸気圧は低く, 一定とみなすことができる. 二成分系($C=2$)には, この条件下において三相が共存する不変点が存在し($F=0$), 二相領域では一変系, 一相領域では二変系になる. 一般に, 二成分系の相図は, 温度を縦軸, 組成を横軸で表す. 以下では, 固相−液相の相図について議論し, 気相は重要でないと仮定する. 凝縮系とは, 圧力が変数ではなく, かつ気相が重要でない場合を指すことが多いが, 厳密には凝縮相律は, 圧力が変数ではないすべての場合に適用される.

7.3.1 ■ 単純共晶系

もっとも単純な二成分凝縮系は, **図7.6**(a)に示す単純共晶系である. A, B からなる反応しない固体が, 分解しないで溶融するときには必ずこの相図となる. 化合物あるいは固溶体は生成せず, 混合物はそれぞれの純粋な固体の融点よりも低温で溶融する.

固体状態では, 中間的な化合物や固溶体は存在せず, 端成分の相(A と B)の混合物だけが存在する. 液体状態の高温域では, 全域にわたり単一相の液相が存在する. 中間の温度域では, 部分溶融の領域が現れる. 部分溶融の領域には結晶相と液相が含まれ, 液相の組成は結晶相の組成とは異なる.

相図は, 1 つあるいは 2 つの相を含むいくつかの領域からなる. この章を通して, 統一のために, 単一相の領域は色を付けて表す. 単一相の領域と色を付けていない二相の領域は実線の曲線または直線によって区分けされる. 液相の領域は, 単一相で二変系である. 液相領域内の各点は, 液相の温度

320

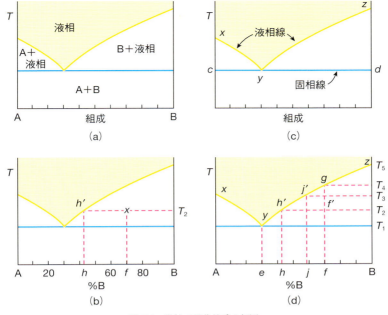

図 7.6 単純二元共晶系の相図.

と組成が異なる状態を表している．この領域では，$P=1, F=2$ である．

他の 3 つの領域は，A 相 + B 相，A 相 + 液相，B 相 + 液相というそれぞれ 2 つの相を含んでいる．これらの領域では，$P=2, F=1$ で一変系である．ここで，B 相 + 液相の領域をもう少し詳しく検討してみよう．図 7.6(b) の組成軸に示したように，温度 T_2 の B 相 + 液相の領域において組成が f の点を x で表す．この領域では，自由度は 1，つまり組成と温度のうちの一方であり，両方ではない．以下では温度を T_2 に固定して考える．

点 x での平衡状態における B 相と液相のそれぞれの相における組成を決めるために，まず図 7.6(b) の破線を引く．最初に T_2 での等温線（水平な破線）を引くと，この線は点 h' で液相線と交わる．この点 h' は，温度 T_2 における B 相 + 液相の混合物中の液相を表している．この液相の組成は，垂線あるいは等値線（isopleth；組成軸と点 h で交わる線）によって与えられる．この場合，液相の組成は，B が 43 %，A が 57 % になる．混合物中に共存する B 相の組成は一定であり，純粋な B である．

ここで，「組成（composition）」という用語が少なくとも 3 つの異なる意味で用いられているので区別する必要がある．

(1) **ある特定の相の組成．** 上の例では，液相の組成（点 h）は B が 43 %，A が 57 % である．
(2) **混合物中に存在する異なる相の相対的な量．** これは相の組成ともいわれるが，相の量という方がよい．上の例では，液相と B 相とが約 1 : 1 の割合で存在する（相の組成あるいは量を決めるために用いるテコの法則については後述する）．
(3) **存在する相には関係なく，それぞれの成分に関する混合物の全体での組成．** 例えば点 f では，混合物全体での組成は，A が 30 %，B が 70 % である．

組成という用語の使用法は，統一されているわけではないので，ここではただ単に注意するようにというにとどめる．

相律を適用する際には，上記(1)に分類した実際の組成を表すときだけ，組成は自由度になる．(2)に分類した混合物中の相の量を表すときには自由度にならない．したがって，温度 T_2 においては(h' と x が通る等温線を横に見ると)，B 相と液相の相対量は変化するが，それらの相の組成は変化しない．(3)に分類される全体の組成は，系の自由度としてではなく成分の数として相律に含まれる．

7.3.1.1 ■ 液相線と固相線

図 7.6(c)に示すように液相線は xyz であり，結晶が存在しうるもっとも高い温度を表している．点 x と点 y の間の液相線を横切って温度を下げると，液相は A 相 + 液相の 2 つの相の領域になる．この組成では，冷却の過程で A が最初に結晶化するので，A は **初晶** (primary phase) といわれる．同様に，y と z の間にある液相を冷却する場合には，B が初晶である．**固相線** (solidus) は直線 cyd で，この組成で液相が存在しうるもっとも低い温度であり，固相線上で溶融が始まる．液相線より上では混合物は完全に融けており，固相線より下では完全に固体であって，液相線と固相線の間では部分溶融が起こっている．

7.3.1.2 ■ 共　晶

点 y は **不変点** (invariant point) であり，A, B, 液相という三相が共存する ($C=2, P=3, F=0$)．液相から 2 つの固相が生成したときにできる結晶を **共晶** (eutectic) という．その不変点の温度(共晶温度)は A が 70％，B が 30％で完全な液相になりうるもっとも低い温度である．また，液相線 xyz の最低点でもある．この例のような単純共晶型では，共晶温度と固相線の温度は一致する．

7.3.1.3 ■ テコの法則

上の分類(2)の意味での相の組成，すなわち混合物内の 2 つの相の相対的な量を決めるためには，**テコの法則** (lever rule) が用いられる．これは，子供たちがシーソーの上でつり合うようにする「モーメントの原理」と同じである．シーソーの支点は混合物全体での組成に相当し，2 人の子供は 2 つの相に相当する．同様に体格の異なる子供が座るときに支点から異なる距離に座らせてつり合わせることは，混合物中の 2 つの相の組成および量が変わることと関係している．シーソーでは，つり合うための条件(図 7.7(a))は，次式で与えられる．

$$m_1 \times (距離\ xy) = m_2 \times (距離\ yz) \tag{7.7}$$

この式は，比 m_1/m_2 あるいは $m_1/(m_1+m_2)$ を用いて書き直すことができる．

テコの法則を混合相に戻って考えると，図 7.6(b)において温度 T_2 で全体での組成が f の混合物に

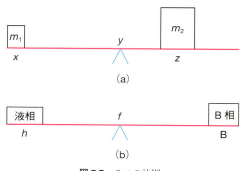

図 7.7　テコの法則．

存在する液相の組成は，A–B 軸上の h である．結晶は純粋な B 相で，系全体の組成は f である．B 相と液相 h' は平衡状態にある．温度 T_2 でこれらの 2 つの組成を結ぶ直線を**タイライン**(tie line)という．タイラインは熱力学的な平衡にある 2 つの相をつないでいる．**図 7.7**(b)にこの平衡を模式的に示す．テコの法則を適用すれば，

$$（液相の量）\times（距離 \ hf）=（B \ 相の量）\times（距離 \ Bf） \tag{7.8}$$
$$（B \ 相の量）+（液相の量）=1 \tag{7.9}$$

なので，式(7.8)は次のように書き換えられる．

$$\frac{（B \ 相の量）}{（液相の量）}=\frac{（B \ 相の量）}{1-（B \ 相の量）}=\frac{hf}{Bf}=\frac{hf}{Bh-fh} \tag{7.10}$$

$$（B \ 相の量）=\frac{hf}{Bh}$$

$$（液相の量）=\frac{Bf}{Bh} \tag{7.11}$$

テコの法則は，混合物内の相の組成が温度とともにどのように変化するかを決定するために用いられる(**図 7.6**(d))．温度 T_2 では，全体の組成が f の液相の量は，$Bf/Bh=0.53$ である．さらに高温の T_3 では，液相の量は $Bf/Bj=0.71$ である．より低温の固相線のすぐ上にある温度 T_1 では，液相の量は $Bf/Be=0.43$ である．したがって，T_1 以上の温度に上げれば，液相の割合は，T_1 の 43% から T_3 の 71% に上昇する．その極限が T_4 であり，液相の割合が 1 で，完全に溶融する．

液相の割合は温度が上がるとともに増大し，液相の組成も変化する．融点では結晶相 B は消失して，液相に溶けてしまうため，液相内の B の組成は増加する．したがって，加熱していったときに最初に液相が現れる温度は T_1 で，このときの液相の組成は e，すなわち B は 30%，A は 70% になる．溶融が進むにつれて，液相は液相線 $yh'j'g$ に沿って変化し，T_4 で溶融が完結する．このとき B が 70%，A が 30% になる．組成 f の液相を冷却すると，上述と逆の変化が平衡状態で観察される．T_4 では B 相が析出し，さらに冷却すると液相の組成は g から y まで変化し，より多くの B 相が析出する．

7.3.1.4 ▧ 共晶反応

T_1 以上から T_1 以下に冷却していくと，**共晶反応**(eutectic reaction)が起こる．共晶反応はテコの法則を適用できる好例である．T_1 のすぐ上では，全体の組成が f の系での B の割合は fe/Be で与えられ，その値は約 0.57 である．T_1 のすぐ下の温度では，B の割合は fA/BA で与えられ，約 0.70 である．このように，残っている組成 e の液相は，A と B の混合物として結晶化し，B の量は 0.57 から 0.70 に増加する．A 相はこのとき初めて析出する．共晶組成 e をもつ固相の A と B の混合物は T_1 で完全に溶融し，逆に同じ組成の均質な液相を冷却すれば，T_1 で A と B の結晶の混合物として完全に析出する．

上述の反応は，平衡状態下で起こる反応である．系をゆっくりと加熱・冷却しなければならない．特に，複雑な相図の場合には，急速に冷却すると平衡状態で得られる結果とは異なってしまう．しかし，平衡状態の相図は，後述するように，非平衡状態下で得られる結果を解釈する際にもたいへん役に立つ．

7.3.1.5 ▧ 液相線，飽和溶解度，凝固点降下

液相線 xyz はいろいろな見方ができる．結晶が存在しうる最高の温度であると同時に，**飽和溶解度曲線**(saturation solubility curve)でもある．例えば，曲線 yz は液相に溶ける B 相の溶解度曲線である．

yz より上では均質な溶液になり, yz より下では溶解しなかった B 相が析出する. 冷却過程では yz より下になると B 相が析出する. あるいは, 準安定な, 過冷却状態の過飽和溶液が生成することもある.

液相線は, 純粋な化合物の融点に及ぼす不純物溶質の効果を示していると解釈することもできる. 温度を T_4 に固定して試料 B に少量の A を加えると, 組成 g をもつ液相が生成する. A の量を増やせば液相 g の量が増大し, ちょうどすべて液相になったとき全体の組成は g となる. 十分な融剤 (flux) A を加えると固相は完全に消失する. したがって, 少量の溶解性不純物 A は, B の融点を T_5 から T_4 に低下させる. よく知られた例として, 凍結した道路に塩をまくことがある. H_2O–$NaCl$ の二成分系では, $NaCl$ を加えると氷の融点 (0°C) が低下する. この系では, 低温の −21°C に共晶温度がある.

7.3.2 ■ 化合物を含む二成分系の相図

化合物 AB を含む二成分系には, 図 7.8 に示すような 2 種類の相図がある. 化学量論組成の二成分系化合物 AB は, 相図上で垂直な直線によって表される. この線は, 安定な温度域を示している.

7.3.2.1 ■ 合致溶融

図 7.8(a) の化合物 AB は, 温度 T_3 で同じ組成の液相に直接溶融する, すなわち**合致溶融** (congruent melting) する. 図 7.8(b) に示したように, 図 7.8(a) は A–AB および AB–B の 2 つの部分に分けて考えることができる. それぞれの部分は, 図 7.6 と同様に, 単純な共晶系である. 温度 T_1 と T_2 の水平な直線は, それぞれの共晶温度に対応し, AB 相を表す垂直な直線と交わる. 純粋な AB 相を加熱しても T_2 では何も起こらない. これは組成 AB を表す垂直な直線に近づくにつれて, 水平な直線は消えてしまうためである. 化合物 AB は独立な一成分系であり, 他の成分 A, B が加えられたときにだけ T_1 あるいは T_2 で変化が見られる.

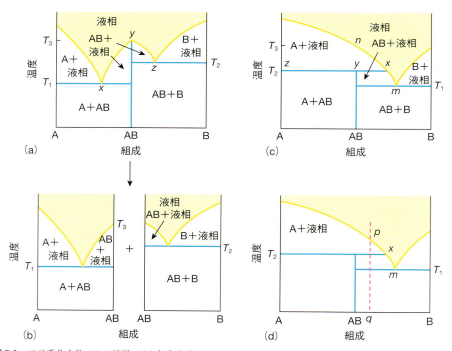

図 7.8 二元系化合物 AB の溶融. (a) 合致溶融. (c, d) 分解溶融. (b) では (a) の図が 2 つの単純な共晶系に分けられている.

合致溶融の特徴は，溶融線あるいは液相線が極大を示し，図7.8(a)の点yの左右いずれの側でも液相線の温度は低下することである．

7.3.2.2 ■ 分解溶融，包晶点，包晶反応

図7.8(c)では，T_2で化合物ABが**分解溶融**（incongruent melting）し，A相と組成xの液相を生じる．T_2のすぐ上の温度では，液相とA相の相対的な量はテコの法則によって与えられ，液相の割合はyz/xzである．さらに温度を上げると，A相は溶融して徐々に溶解し，液相中でのAは増加し，液相の組成は液相線に沿って$x \to n$の方向に変化する．T_3では液相の組成がnになり，残るA相も消失する．

点xは，A, ABおよび液相の三相が共存する不変点である．温度T_2ではxyz線上のどこでもこれらの三相が存在するが，不変点は通常，液相線上の点xがとられる．この不変点は**包晶点**（peritectic point）といわれ，共晶点とは2つの点で区別される．第一にこの不変点は共晶点と異なり液相線の最低温度ではないこと，第二に液相の組成は共晶の場合のように，共存する2つの結晶相の正の値の量として表せないことである．すなわち，点xは，AとABとの間には存在しない．相図には包晶点xに加えて，共晶点mがある．点mは，液相線の最低温度であり，AB相＋液相とB相＋液相の間に位置し，共晶温度では2つの固相と液相が共存する．

AB相は，初晶領域をもっている．x–mの範囲の組成の液相を冷却すると，最初に結晶化する相はABである．しかし，組成ABを表す垂直な線は，初晶領域の外にある．これは，ABの初晶領域と組成ABを表す垂直な線がともにxyzの範囲内にある合致溶融の場合（図7.8(a)）とは異なる．

以下では，他の組成をもつ液相を冷却したときの挙動について記す．まず，**図7.8(d)**のqの組成の液相を冷却する場合を考える．点pでは，A相が析出し始める．冷却とともに液相の組成はpからxに変わり，より多くのA相が析出する．温度T_2では，複雑な**包晶反応**（peritectic reaction），液相(x)＋A相 → 液相(x)＋AB相が起こる．結晶相はAからABに変わり，同時に液相の量は減少する．テコの法則から，T_2のすぐ上では混合物は液相が約85%，T_2のすぐ下では液相が約50%の量となる．したがって，包晶反応の過程では，すべてのA相が液相と反応してAB相が生成している．さらに，T_2からT_1に冷却すると，液相の組成がxからmに変わり，ABの結晶化がさらに進む．最後にT_1では，残っていた組成mの液相が，AB相とB相の混合物に結晶化する．T_1のすぐ上では，混合物は液相が約40%とAB相が約60%であり，T_1のすぐ下では，B相が約20%とAB相が約80%になる．なお，この挙動は，それぞれの温度での冷却すると，相図から予想されるように系が変化して熱力学的平衡状態において結晶化することに相当する．しかし，次節で述べるように，特に包晶反応が起こるときには，平衡状態のまま冷却することは困難である．

AとABの間の組成の液相を平衡状態で冷却した場合の凝固の挙動は共晶凝固と似ているが，1つだけ重要な違いがある．T_2のすぐ上では，A相と液相の混合物が存在するが，T_2のすぐ下では，AとABの混合物が存在する．しかし，T_2では，包晶反応によりA相の一部とすべての液相が反応してAB相になる．T_2以下ではAとABの混合物が共存し，冷却してもさらに変化することはない．

組成nの液相（図7.8(c)）を冷却したときの挙動は特別である．T_3とT_2の間の温度で，A相が析出し始める．T_2では包晶反応が起こるが，この場合すべてのA相がすべての液相と反応して，単一相のAB相になる．この包晶反応は，理論的には単純に見えるが実際には複雑で，一般にはT_2を通過する際，きわめてゆっくりと試料を冷却し，完全に反応が起こるのに十分な長い時間，T_2のすぐ下の温度に保たない限り，純粋なAB相を得ることはできない．

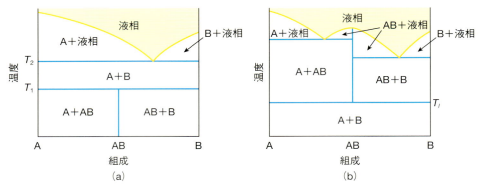

図7.9 化合物ABを含む二元系の相図. 安定性に(a)上限および(b)下限がある場合.

7.3.2.3 ■ 非平衡効果

図7.8(c)のような分解溶融化合物を含む系では，冷却の過程で非平衡状態の生成物が生じやすい．これは，冷却の過程ではA相と液相との間で包晶反応が起こる必要があり，包晶反応は遅いからである．特に，A相が液相よりも高密度である場合には，A相は底に沈殿してしまう．実際には，A相が系外へ除外され，温度T_2で包晶反応が起こるだけの十分な時間はない．組成xの液相はT_2以下で結晶化し始めるが，今度はAB相が生じる．共晶温度T_1では，通常どおり，残りの組成mの液相からABとBとの混合物が析出する．結果として，3つの相A, AB, Bが冷却の過程で生じることになる．しかし，少なくとも1つの相は平衡状態下では消失するはずである．

非平衡状態下で現れる効果のもう1つの一般的な例として，分解溶融化合物ABが冷却過程でまったく結晶化しない場合があげられる．分解溶融する系の液相線上には2つの不変点（包晶点xと共晶点m）がある．これらの2つの不変点は，非平衡状態下では共晶点（T_1でm）と類似した1つの不変点のように変化する．もし，液相を冷却する際にこのようなことが起こると，例えば図7.8(c)のnあるいは図7.8(d)のpからの冷却によって，生成相はABではなく，AとBの混合物になる．このとき，包晶反応A相+液相→AB相は完全に抑制される．

7.3.2.4 ■ 安定性の上限と下限

図7.9(a)のABのように，化合物が融点に到達する前に分解することがある．つまり，化合物ABには安定性の上限（upper limit of stability）があり，この場合はT_1で2つの相AとBに分解する．さらに高温では単純な共晶型になる．

また，安定性の下限（lower limit of stability）がある例も多くある．すなわち，ある温度以下でAB相はA相とB相に分解する（図7.9(b)）．高温では，AB相の挙動は上述の3つの型のいずれかになる．

7.3.3 ■ 固溶体を含む二成分系の相図

7.3.3.1 ■ 全率固溶系

固溶体を形成する系のうちもっとも単純なのは，固相と液相の両方がA, B相互に完全に溶解する系である（全率固溶系；図7.10）．1つの端成分Aの融点は，Bを加えることによって低下する．逆も同じで，Bの融点はAを加えることによって上昇する．液相線および固相線はなめらかな曲線であり，端成分のAおよびBでのみ交わる．低温では単一相の固溶体が存在し，二変系である（$C=2$, $P=1$, $F=2$）．高温では単一相の液相が存在し，同様に二変系である．中間の温度では，固溶体相＋液相の二相が共存する（$C=2$, $P=2$, $F=1$）．この二相共存領域では，ある温度T_1で平衡状態にある2

7.3 二成分凝縮系

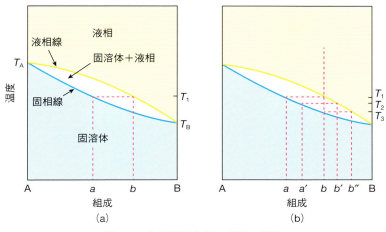

図 7.10 全率固溶系を含む二元系の相図.

つの相の組成は，等温線，すなわちタイラインを引くことによって決められる．タイラインと固相線との交点から固相の組成は a，液相線との交点から液相の組成は b になる．このように，T_1 で平衡状態にある固溶体と液相の組成は，A–B の組成軸に平行な線と a と b からの垂線の交点からわかる．

このような系で液相を冷却したときの結晶化の過程は複雑である（**図 7.10**（b））．組成 b の液相では，温度 T_1 で組成 a の固溶体が析出し始める．T_1 より低温の T_2 では，固溶体の量は増加し，組成は a' に変化する．組成 a' の固溶体の量は，テコの法則から $bb'/a'b'$ になる．すなわち，T_2 では，平衡状態での混合物のおよそ 1/3 が固溶体であり，2/3 が液相である．平衡状態では，温度を下げて結晶化させると，固溶体の組成は連続的に変化するはずである．しかし，実際はいったん結晶化が起こってしまうと，その固体の連続的な組成の変化は困難である．平衡状態では，温度の低下とともに，固相でも液相でも成分 B の割合はテコの法則に従って次第に増大する．系全体の組成は常に b である．最終的に T_3 では，固溶体の組成はバルクの組成 b になり，残っていた組成 b'' の液相は消失する．

7.3.3.2 ■ 分別結晶化

このような相図をもつ系では，準安定相あるいは非平衡な生成物が**分別結晶化**（fractional crystallization）の過程でしばしば生成する．分別結晶化は冷却速度を十分に遅くすることができていないことが原因で，各温度において平衡状態にならないために起こる．液相 b を冷却すると最初に組成 a の結晶相が現れる．この組成の結晶をさらに冷却したとき，液相と新たな平衡状態になるのに十分な時間がなければ，結晶はこの系から実質的に排除される．析出する新しい結晶相はわずかに B 成分に富み，結果として結晶の組成は a から，b と B の間のどこかの組成になる．つまり，冷却過程で生じる結晶はしばしば「有核（cored）構造」になる．最初に生成する中心部分の結晶組成は a であり，中心から同心円状に外側に移るにつれて結晶には B 成分が多くなる．

このような有核凝固は多くの岩石や金属で見られる．$CaAl_2Si_2O_8$（アノルサイト；灰長石）－$NaAlSi_3O_8$（アルバイト；曹長石）系の固溶体である斜長石は，**図 7.11** のような相図をもつ．斜長石は火成岩（igneous rock）に含まれ，液相をゆっくり冷却させると生成する．こうした長石の液相と結晶相が平衡状態に到達するためには長い時間が必要である．自然界では液相の冷却が非常にゆっくり起こるにもかかわらず，ごく一般的に分別結晶化が岩石中に生じる．そのため，斜長石の結晶はカルシウム成分に富む中心部とナトリウム成分に富む外周部からなる．

金属棒および鋳塊の製造過程でも，有核凝固が起こりやすい．これらの過程では，融けた金属を鋳

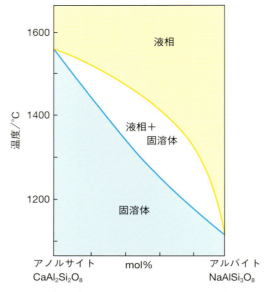

図 7.11 斜長石（$CaAl_2Si_2O_8$–$NaAlSi_3O_8$ 系の固溶体）の相図.

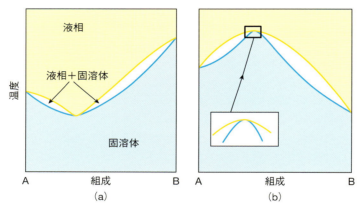

図 7.12 液相線と固相線に(a)熱的極大および(b)熱的極小がある二元固溶系の相図.

型（通常は砂型）に流し込んで冷却するが，もし金属の組成の一部が固溶体であれば，有核凝固が発生する．有核であることは金属の性質にとっては有害であり，除去しなければならない．金属を固相線のすぐ下の温度で加熱して，固相拡散により均質化すると取り除くことができる．

7.3.3.3 ■ 熱的極大と極小

もっとも単純な固溶体の相図は図 7.10 に示した．固相線と液相線はともに組成 A から組成 B に連続的に変化する．しかし，固溶体の液相線と固相線は**図 7.12** のように極小あるいは極大を示すことがある．こうした極大および極小は**共沸点**（indifferent point）といわれ，不変点ではない．不変点では三相が共存しなければならない（$P = C + 1 = 3, F = 0$）が，共沸点では固溶体と液相の二相より多くの相は存在しないため，不変点になる条件は固溶体系では生じない．液相線および固相線は極大点および極小点でも連続であり（**図 7.12**(b)の挿入図），共晶および包晶で見られるような不連続性は示さない．

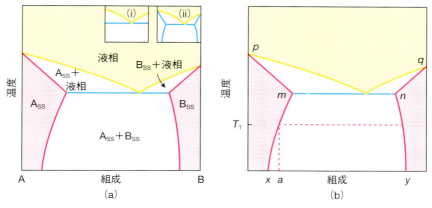

図 7.13 端成分に部分固溶系を含む単純共晶系の相図.

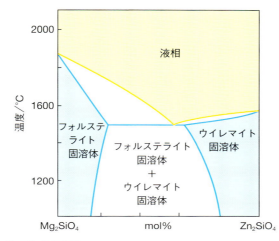

図 7.14 Mg$_2$SiO$_4$–Zn$_2$SiO$_4$ 系の相図.
[E. R. Segnit and A. E. Holland, *J. Am. Ceram. Soc.*, **48**, 409–413 (1965) より許可を得て転載]

7.3.3.4 ■ 部分固溶系

全率固溶系(図7.10〜7.12)では，AとBの陽イオンあるいは陰イオンが，同程度の大きさで相互に置き換わることができ，端成分の相が同じ結晶構造を有するときに起こる．結晶相では部分的な固溶がかなり一般的に生じる．もっとも単純な場合(図 7.13)は，挿入図(i)のような単純共晶型を直接拡張したものある．B相はA相に溶解して固溶体を形成する(図中赤色の領域 A$_{SS}$)．その最大濃度は温度に依存し，図 7.13(b)の曲線 *xmp* で与えられる．固溶体の量は，共晶温度(点 *m*)で最大になる．同様にB相もA相を部分的に溶解することができる(赤色の領域 B$_{SS}$)．B$_{SS}$の濃度も温度に依存し，曲線 *ynq* で与えられ，共晶温度(点 *n*)で最大になる．

二相共存領域(A$_{SS}$＋B$_{SS}$)において，温度 T_1 でのA固溶体の組成は，タイライン(破線)と曲線 *mx* との交点になる．この組成は，組成軸上の点 *a* に相当する．二相領域でのB固溶体の組成は，同様にタイラインと曲線 *ny* との交点になる．

多くの相図では，固相は直線相(line phase)として表される．すなわち一定の化学量論組成を有する相である(挿入図(i)の端成分)．実際には挿入図(ii)に示すように，組成はわずかに変化する場合が多い．図 7.13 に類似した実際の系の例として，Mg$_2$SiO$_4$(フォルステライト)–Zn$_2$SiO$_4$(ウイレマイト)系がある(図 7.14)．なお，この系の置換型固溶体については第2章で議論した．

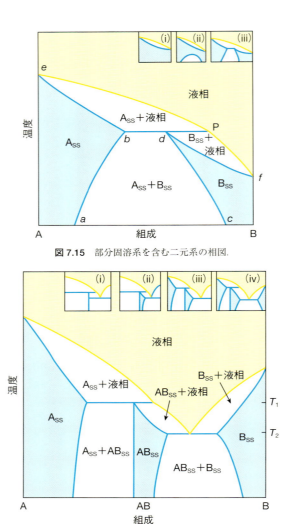

図 7.15 部分固溶系を含む二元系の相図.

図 7.16 部分固溶系と分解溶融系を含む二元系の相図.

　部分固溶系を含む別の単純な二成分系の例を図 7.15 に示す．このやや奇妙に見える相図は，全率固溶する単純な系から導かれる（挿入図 (i)）．まず，挿入図 (ii) に示したように，共溶温度の上限温度の固溶体の領域に**不混和ドーム**（immiscibility dome）がある相図を考える．**上限共溶温度**（upper consolute temperature）より高温域には単一相の固溶体の領域があり，上限共溶温度より下の温度では二相の混合物が存在する．次に，不混和領域のドームを，液相線と交わるまで，高温側に拡張する．その結果挿入図 (iii) になり，拡大すると図 7.15 の相図になる．

　では，この相図の特徴について見ていく．A 相は限られた範囲（固溶限）で固溶体となり，溶解度曲線 ab で示したように，温度の上昇とともに固溶限の範囲は拡大する．同様に，B 相にも固溶限があり，その範囲は溶解度曲線 cd で示されるように，温度の上昇とともに拡大する．A 固溶体の溶融は単純で，温度の上昇とともに A_{ss}＋液相の領域に入り，固相線 be で示されるように，A_{ss} には A の組成が増加する．ほとんどの B 固溶体も同様に溶融し，固相線 fd で示される B_{ss}＋液相の二相領域に入る．温度の上昇とともに，液相と平衡状態にある B 固溶体では，A の組成が増加する．しかし，固溶限 d における B 固溶体の挙動はまったく異なる．この組成では，包晶点 P があるため分解溶融して A_{ss}＋液相となる．

　限られた範囲で固溶体となり，分解溶融する相を含む複雑な相図を図 7.16 に示す．この図は，挿

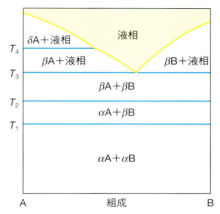

図 7.17 固相−固相転移を含む単純共晶系の相図．

入図(i)～(iv)に示したように，固溶体を順々に導入していくことによって理解できる．ここでも，固溶限が包晶温度 T_1 と共晶温度 T_2 で最大になるという原理が働く．図 7.16 に示した AB_{SS} 領域は，根本的には図 7.15 に示した B_{SS} と同じであるが，実際の形はまったく異なる．AB_{SS} 固溶体中では，A 成分が豊富になる限界の組成は垂直な直線で示され，温度と無関係であるが，AB_{SS} 固溶体中でB 成分が豊富になる限界は温度に依存する．A が豊富な極限では分解溶融するが，それ以外の組成では，AB_{SS} 固溶液＋液相の二相領域に入る．

7.3.4 ■ 固相−固相転移をともなう二元系の相図

相転移とは通常，温度と圧力の関数として，結晶構造がある形から別の形に変化することをいう．一例として，$BaTiO_3$ の正方晶から立方晶への相転移がある．これは，強誘電性キュリー温度(127℃)で起こる．他の例としては，図 7.5 に示した SiO_2 の多形がある．体積やエンタルピーの変化を生じる熱力学的な一次相転移は，溶融現象と同様に扱うことができる．純粋な A からなる一成分系の凝縮相では，平衡状態下においてある不変点($C=1, P=2, F=0$)で 2 つの多形が共存する．固溶域をもたない二成分系では，どちらの端成分相の相転移も水平線(等温線)で示される．図 7.17 では，A および B の低温多形は，それぞれ αA および αB と示した．T_1 では $\alpha B \to \beta B$，T_2 では $\alpha A \to \beta A$，T_4 では $\beta A \to \delta A$ の相転移があり，純粋な相でも混合相でも，相転移は同じように起こる．これは，A 相と B 相のどのような混合相でも，第二相の存在とは関係なく，A と B の相の中で種々の相転移が起こることを意味している．

7.3.5 ■ 相転移と固溶を示す二元系の相図：共析と包析

相転移と固溶を示す系には，3 つの型の相図がある(図 7.18)．端成分 A および B は，ある一定の温度で相転移を起こす($C=1, P=2, F=0$)．しかし，中間の組成は一変系($C=2, P=2, F=1$)なので，ある温度あるいは組成領域では二相が共存する．したがって，図 7.18(a)に示したように，2 つの固相，例えば $\alpha + \beta$ が存在する領域がある．図 7.10 のところで述べたように，$\alpha \to \beta$ 相転移は β 固溶体の溶融と同じ現象である．図 7.18(a)の溶融は，図 7.10 と同じものであるが，実際には図 7.10 と図 7.12 で与えられる 3 つの型のいずれの型もとることができる．図 7.18(a)では A, B および全組成域の固溶体は α 多形も β 多形も示す．

図 7.18(b)では，B 相および B の濃度が高い固溶体における $\alpha \to \beta$ 相転移が，おそらくこれらの組成より高い温度で起こるために，$\alpha \to \beta$ の相転移曲線は固相線と交差している．T_1 において 3 つの二

第7章　相図とその解釈

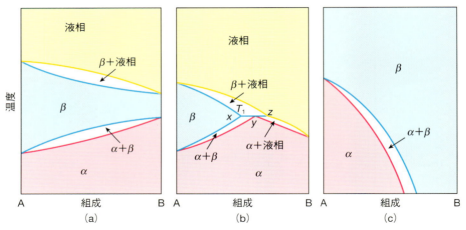

図 7.18　多形相転移を含む二元固溶系の相図.

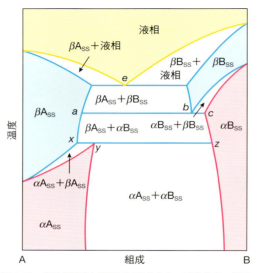

図 7.19　多形相転移と部分固溶系を含む二元共晶系の相図.

相共存領域($\alpha+\beta$, $\alpha+$液相, $\beta+$液相)の交点(y)では，典型的な固溶体系のようにふるまう．αおよびβのような2つの単一相領域は二相共存領域($\alpha+\beta$)によって区切られるが，実際には二相共存領域の幅が小さく，検出できないこともある．温度T_1では水平線xyz上で三相が共存する．したがって，この線は不変点の条件を表し，液相線上の点zは包晶点であり，点yでα固溶体は分解溶融して，組成xのβ固溶体と組成zの液相になる．

図 7.18(c)では，固溶体中のBの組成の増加とともに，$\alpha \rightarrow \beta$の相転移温度は急激に低下している．純粋なB相には，α多形はいずれの温度でも存在しない．

相転移と部分固溶域をもつ二成分系の模式的な相図を**図 7.19**に示す．固溶体($\alpha A_{ss}+\beta A_{ss}$)および($\alpha B_{ss}+\beta B_{ss}$)からなる二相領域が再び存在する．溶融と固溶体における相転移が類似していることはこれまで見てきたとおりである．図 7.19 の共晶点eと**共析点**(eutectoid point)bとの間にはもう1つの類似点がある．すなわち，直線abcは，βA_{ss}(組成a)，βB_{ss}(組成b)およびαB_{ss}(組成c)の三相が共存する不変点の条件を表す．点bにおける冷却過程で起こる**共析反応**(eutectoid reaction)は，1つの固相(βB_{ss})→2つの固相($\beta A_{ss}+\alpha B_{ss}$)という変化である．共晶反応と共析反応はともに不均化反応

332

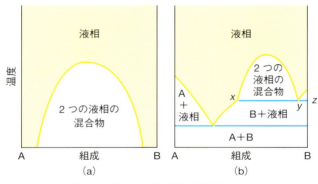

図 7.20 相図における液相不混和ドーム.

である.冷却によって,点 e の液相は βA_{ss} と βB_{ss} の混合物に結晶化するが,点 b の βB_{ss} は βA_{ss} と αB_{ss} に不均化分解する.

固相での包晶反応に類似した現象として**包析反応**(peritectoid reaction)がある.点 y は**包析点**(peritectoid point)である.加熱によって,点 y の αA_{ss} は 2 つの固相の混合物(βA_{ss} と αB_{ss})に分解する.線分 xyz は,αA_{ss}(組成 y),βA_{ss}(組成 x)および αB_{ss}(組成 z)の三相が共存する不変点の条件を表す.加熱による αA_{ss} の分解は,包晶温度での分解溶融化合物の溶融と類似している.包晶によって生じる溶融反応は,1 つの固相→1 つの固相+1 つの液相であるが,包析反応は,1 つの固相→2 つの固相の転移反応である.

7.3.6 ■ 不混和液相を含む二元系の相図:MgO–SiO₂ 系

これまでのすべての相図では,組成範囲 A–B にある液相は単一相であった.しかし,実際には液相の不混和がよく起こる.もっともよく知られている例は水と炭化水素の油で,これらは均質には混合しない.単純な不混和系の液相の相図を**図 7.20**(a)に示す.この形は不混和ドームとして知られ,そのドームの内側では 2 つの液相の混合物になり,外側では液相は混合して単一相になる.このドームの極大点を上限共溶温度という.

さらに低温では,液相は結晶化し,通常の固相–液相平衡が起こる.**図 7.20**(b)には B が多い組成における不混和液相をもつ系と単純な共晶系が混合している相図を示した.B 相の初晶領域の液相線は,不混和ドームと交差する.この交点では,新しいタイプの不変点が生じる.すなわち,直線 xyz 上では,2 つの液相(x, y)と 1 つの固相(z での B)が存在する($C = 2$, $P = 3$, $F = 0$).このような状態は**偏晶**(monotectic)といわれる.

液相の不混和は,例えば MO–SiO₂(M = Mg, Ca, Zn, Co)などのケイ酸塩系では,高温においてよく見られる.例えば,Ca^{2+} と Si^{4+} のようにイオン半径,配位数,結合状態が大きく異なる場合には,SiO_2 が豊富な組成の広い範囲にわたって均質な液相を形成するのは困難になる.MgO–SiO₂ 系の相図を**図 7.21** に示す.1700℃ 以上の SiO_2 が豊富な組成で,液相の不混和領域が生じている.この相図の残りの部分には,合致溶融する Mg_2SiO_4 の相と分解溶融する $MgSiO_3$ の相が 1 つずつある.$MgSiO_3$ は 1557℃ で Mg_2SiO_4 と液相に分解溶融する.この系はまた,1700℃ で偏晶反応を,1850℃ と 1543℃ で 2 つの共晶反応を示す.

7.3.7 ■ 工業的に重要な相図の例

7.3.7.1 ■ Fe–C 系:鉄および鋼の製造

鉄–炭素系における共析反応は,製鋼において非常に重要である.鉄が主成分である領域の相図を

第7章 相図とその解釈

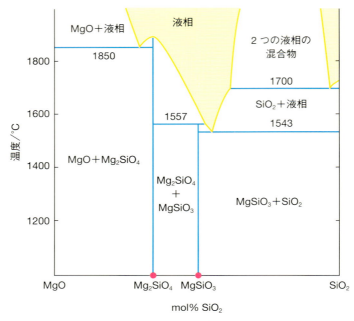

図 7.21　MgO–SiO$_2$ 系の相図.

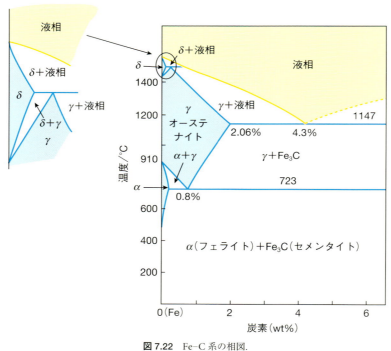

図 7.22　Fe–C 系の相図.

図 7.22 に示す．この系は，冷却の際に γ-Fe が分解をする 723℃ での共析反応に加え，約 1500℃ での γ 固溶体の包晶溶解と，1147℃，4.3 wt% での γ-Fe$_{ss}$ と Fe$_3$C の共晶反応を示す．製鋼の過程では多くの変化が起こるが，ここでは Fe–C 合金の熱処理，特に γ-Fe$_{ss}$ の共析分解に注目することにする．

鉄には 3 つの多形がある．910℃ 以下で安定な α 相（bcc），910〜1400℃ で安定な γ 相（fcc）および

1400℃ と融点 1543℃ の間で安定な δ 相(再び bcc)である．γ–Fe は，かなりの量の炭素(2.06 wt%まで)を固溶するが，α および δ 相では，固溶量はわずかで，それぞれ最大 0.02 および 0.1 wt%までしか固溶しない(図 2.12 と関係する議論を参照)．

構造材料用としては炭素が 1 wt%以下，実際には 0.2～0.3 wt%の濃度の炭素鋼が一般的に用いられている．液相からの冷却過程では 800～1400℃ の温度範囲において，オーステナイト(austenite)とよばれる γ–Fe 中に炭素を含む固溶体が形成される．しかし，オーステナイト固溶体をさらに冷却すると，(723℃ 以下で)不安定相になり，γ–Fe から α–Fe に構造が変わり，その際，炭化物(Fe_3C)相の析出あるいは相分離が起こる．実際にはこの共析分解は，オーステナイトの粒界で始まる．フェライト(ferrite；α–Fe)とセメンタイト(cementite；Fe_3C)の結晶成長が並行して起こり，パーライト(pearlite)として知られる層状の組織が生じる．

鋼を急冷すると，フェライトとセメンタイトに分解するのに十分な時間がないので，代わりにマルテンサイト(martensite)が生成する．マルテンサイトは，歪んだオーステナイト構造をとり，炭素原子は固溶したままである．これを，焼きもどし，つまり再加熱することによりこれらの炭素原子がセメンタイトとして析出し，微細なパーライトの組織になる．

鋼の硬さは冷却条件または熱処理によって変化する．歪んだ状態のマルテンサイト結晶では，転位移動が困難であるため，マルテンサイト鋼は硬い．パーライト組織の鋼の硬さはセメンタイト粒の大きさ，量，および分布に依存している．多くの粒を近接した状態で微細分散させると硬い鋼になる．鋼をゆっくり冷却するか，723℃ のすぐ下の温度に保つと分解はゆっくりと起こり，粗いパーライト組織になる．急速に冷却してマルテンサイト相を生成させ，200℃ 程度の低温で焼きもどすとより微細な組織が得られる．

7.3.7.2 ■ $CaO–SiO_2$ 系：セメント製造

ケイ酸塩工学でもっとも重要な相図の 1 つに $CaO–SiO_2$ 系がある．その一部を**図 7.23** に示す．Ca_2SiO_4(≡ $2CaO·SiO_2$ ≡ 33.3%SiO_2·66.7%CaO) は 2130℃ で合致溶融する．Ca_3SiO_5 は 2150℃ で CaO と液相に分解溶融する．Ca_3SiO_5 相は 1250℃ に安定域の下限をもち，これより低温では CaO と Ca_2SiO_4 の混合物に分解する．この範囲の相図には包晶点 P と共晶点 E が 1 つずつある．

$CaO–SiO_2$ 系の相図は，セメント製造にとって重要である．急速硬化ポルトランドセメントの重要

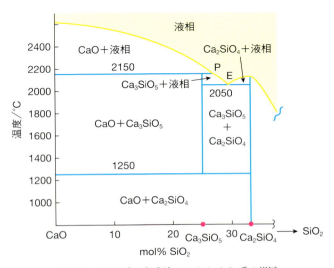

図 7.23 CaO が多い組成域での $CaO–SiO_2$ 系の相図．

な構成成分は Ca$_3$SiO$_5$ であるが，相図からわかるように，1250℃ 以下では不安定相である．したがって，Ca$_3$SiO$_5$ を製造するためには，1400〜1500℃ でキルン内において反応物を加熱し，素早く空気を吹きつけて急冷する．このように急速冷却することにより，Ca$_3$SiO$_5$ は，速度論的に分解しない相として室温まで保つことができる．施工時に水と反応させると，準安定なケイ酸カルシウムの水和物を形成する．これが，セメントを硬化させる場合の重要な成分である．

7.3.7.3 ■ Na–S 系：Na/S 電池

Na/S 電池やベータ電池はメガワット級の電力を安定供給できることから，Na–S 系の相図は，こうした電池の動作を理解するのに重要である．S に富む組成の相図を図 7.24 に示す．この相図には，液相の不混和ドーム（上限の共溶温度は知られていない）と 240℃ での偏晶およびいくつかの硫化ナトリウム結晶相がある．Na$_2$S$_5$ と Na$_2$S$_4$ はともに合致溶融するが，Na$_2$S$_2$ は Na$_2$S と液相に分解溶融する．この相図の液相線には，3 つの共晶，1 つの偏晶，1 つの包晶が含まれる．

溶融状態の S は，300〜350℃ で動作する Na/S 電池の正極を形成する．放電が行われる温度とそ

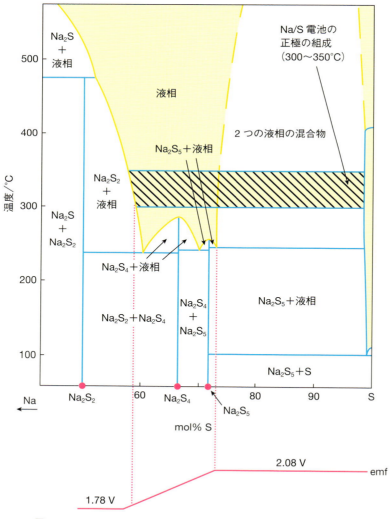

図 7.24 Na–S 系の相図および，Na/S 電池での開回路電圧と放電/正極組成の関係．

のときの融液の組成を図 7.24 に斜線で示した．放電の際には，一般的な電池反応として，

$$x\,\mathrm{Na} + \mathrm{S} \longrightarrow \mathrm{Na}_x\mathrm{S}(液相)$$

が起こる．すなわち，Na$^+$ イオンが β–アルミナ電解質（8.5.4.11 節参照）を通して拡散し，S 正極と反応して溶融状態の硫化ナトリウムを形成する．結晶性の硫化ナトリウムは電池反応を妨げ，電池として動作しなくなるので，生成しないようにする必要がある．溶融状態の硫化ナトリウムの組成が，例えば 320℃ では S が約 57% となって，液相線を越えて Na$_2$S$_2$ の析出が始まるまで，放電は継続する．

図 7.24 には放電にともなう電池の電圧の変化も示した．放電の初期には，生成物は 2 つの液相の混合物であり，開回路電圧（emf）は 2.08 V で一定である．放電がさらに進むと，生成物は単一の液相になり，開回路電圧は組成に応じて，2.08〜1.78 V の範囲で変化する．放電がさらに進んだ放電の後期では，Na$_2$S$_2$ が析出し，開回路電圧は 1.78 V で再度一定になる．

7.3.7.4 ■ Na$_2$O–SiO$_2$ 系：ガラス製造

窓，瓶をはじめとした多くのガラスは，シリカ（SiO$_2$）が原料であり，主に融点を下げて融液の流動

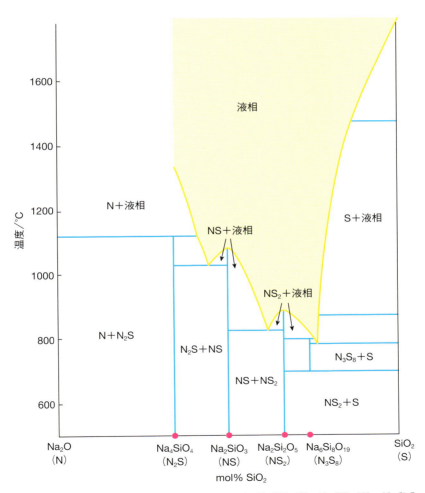

図 7.25 Na$_2$O–SiO$_2$ 系の相図．N = Na$_2$O, S = SiO$_2$, N$_2$S = Na$_4$SiO$_4$, NS = Na$_2$SiO$_3$, NS$_2$ = Na$_2$Si$_2$O$_5$, N$_3$S$_8$ = Na$_6$Si$_8$O$_{19}$.

性を上げ，結晶化を抑える目的で他の酸化物を多く加えている．純粋な SiO_2 は 1710℃ で溶融し，粘性の高い重合したような液体になり，冷却によって容易にガラス（構造が三次元的な規則性のない非晶質固体）に固化する．純粋な SiO_2 で作ったガラスは，融点が高い，2000℃ でも高粘性で加工性が低い，軟化温度（約 1200℃）も高いなどのすぐれた性質をもっているため，高価である．純粋な SiO_2 は特殊で高価なガラスである．

SiO_2 に Na_2O を加える効果が，Na_2O–SiO_2 系の相図からわかる（図 7.25）．Na_2O を 30 mol% 加えると，融点は約 1700℃ から約 800℃ に低下する．液相を冷却するとガラスになる．ガラスは SiO_2 液相より流動性があるので容易に成形することができる．しかし，Na_2O–SiO_2 ガラスには水に溶けるという問題がある．ケイ酸ナトリウムで作られた窓ガラスは雨の少ないチリのアタカマ砂漠には適しているが，英国のシェフィールドでは長持ちしない．大気中で安定になるよう多くの酸化物，特に CaO，MgO，Al_2O_3，B_2O_3 などが添加され，実際には水に溶けず容易には結晶化しないガラスになっている．市販のガラスでは，融点が下がるように組成がうまく調節されている様子が図 7.25 からわかる．ケイ酸塩成分の重合による液体の流動性や構造の変化を理解するには，1.17.16 節を参照してほしい．

7.3.7.5 ■ Li_2O–SiO_2 系：準安定相分離と人工オパール

Li_2O–SiO_2 系は，Na_2O–SiO_2 系と同様，高シリカ組成でガラスを生成する系である．しかし，Li_2O が 20 mol% の組成のガラスは美しいオパールのような色（透過光は橙色，反射光は青色）である．Li_2O–SiO_2 系の相図（図 7.26）は，高シリカ組成では異常な形の液相線を示す．安定な液相の不混和ドームはないが，局所的には，液相中で高濃度リチアと高濃度シリカのクラスターを形成する傾向がある．液相を冷却すると，クラスターを形成する傾向がさらに増す（これは，$T\Delta S$ の減少と，液相を混合する駆動力が減少することに関係している）．急速に冷却すると結晶化は抑えられ，過冷却液体となり，この過冷却液体は上限の共溶温度が約 950℃ の不混和ドームの中に入る．この不混和ドーム内では，非常に細かな組織をもつ 2 つの液相へ自発的に分解する（スピノーダル分解）．生成する液相は約 95 mol% SiO_2 および約 25 mol% Li_2O・75 mol% SiO_2 の組成をもち，それぞれ異なる屈折率を有するためにオパール色を示す．

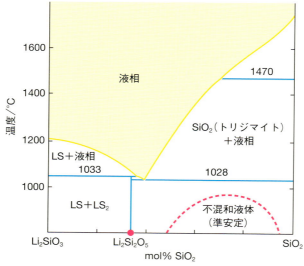

図 7.26　Li_2SiO_3–SiO_2 系の相図．LS = Li_2SiO_3，LS_2 = $Li_2Si_2O_5$．結晶化を避けるために液相を急冷する場合は，準安定な不混和ドームが見られる（破線）．

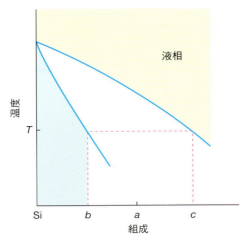

図 7.27 帯域溶融精製による Si の高純度化：融液中の不純物濃度.

Li$_2$O–SiO$_2$ 系ガラスの不混和ドームは完全に準安定で，過冷却液体においてのみ見られる．過冷却液体は，結晶化を避けるために急冷すると生じ，通常予想される相図とは異なる挙動を示す．これは，平衡状態の性質ではないが，典型的な相図の挙動から理解することができる．冷却により，広範囲の単一相の液相組成が不混和ドームの中に入る．もし，あらゆる反応が熱力学的な平衡状態でのみ起こるとすれば，世の中はそれほど色鮮やかではない空間になってしまうことも相図からわかるのである．

7.3.7.6 ■ 帯域溶融精製による半導体 Si の高純度化

超高純度 Si は，半導体への応用のために必須であり，溶融と結晶化を繰り返す帯域溶融精製によって得られる．結晶化の際，不純物は残っている液相に濃縮される傾向がある．温度勾配下で結晶化を行うと，不純物は効果的に結晶 Si から掃き出される．この様子を**図 7.27** の模式的な相図に示す．Si がある不純物と固溶体を形成すると固相線と液相線の温度は連続的に低下する．部分溶融した組成 a が，ある温度 T で，液相中での不純物の濃度が全体の組成 a よりも高く，組成 c の融液がこの温度で固体から分離するのであれば，残った組成 b の固相は出発組成 a よりもかなり高純度になる．帯域溶融精製の応用については，4.6.3 節で紹介した．

7.3.7.7 ■ ZrO$_2$–Y$_2$O$_3$ 系：固体電解質のためのイットリア安定化ジルコニア（YSZ）

ジルコニア（ZrO$_2$）は，高融点（約 2700°C）をもつきわめて有用なセラミックスであるが，冷却の際にいくつかの相転移が生じる．

$$\text{立方晶（蛍石型）} \xrightarrow{2400°C} \text{正方晶} \xrightarrow{1050°C} \text{単斜晶（バデレイ石）}$$

正方晶から単斜晶への相転移は，単位格子の体積増加をともなうので，高温で作られたセラミックス成形体は，冷却の際に試料の体積が約 9% 増加して，壊れてしまう．この変態は Zr を Mg, Ca, Y などの異原子価の陽イオンにより部分的に置換し，Zr$_{1-x}$Mg$_x$O$_{2-x}$ や Zr$_{1-y}$Y$_y$O$_{2-y/2}$ などの固溶体を形成することで避けられる．

図 7.28 に ZrO$_2$–Y$_2$O$_3$ 系（図では YO$_{1.5}$ とした）の相図を示す．2 つの相転移温度は，YO$_{1.5}$ 量の増加とともに急激に低下する．約 15 mol% の YO$_{1.5}$ では，立方晶の構造が室温まで安定化され，YSZ あるいはイットリア安定化ジルコニアとして知られる材料になる．イットリア量が少量のとき，正方晶の構造が約 500°C の共析温度まで部分的に安定化される．それ以下の温度では，熱力学的な平衡

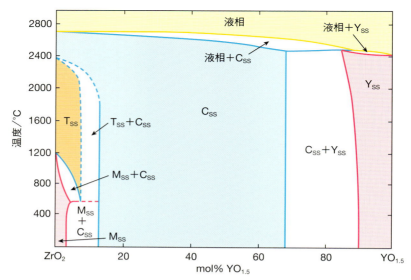

図 7.28 ZrO_2-Y_2O_3 系の相図. M, T, C はそれぞれジルコニアの単斜晶, 正方晶, 立方晶多形. Y はイットリア Y_2O_3.

状態において，正方晶の構造が単斜晶と正方晶に分解する．これらは，部分安定化正方晶ジルコニアや完全に安定化した立方晶 YSZ として多くの用途で実用化されている．

YSZ は，広い温度範囲で安定なセラミックスであるだけでなく，固溶体の生成により酸化物イオン空孔がつくられ，すぐれた酸化物イオン伝導体であることから，きわめて重要な物質である．これらの空孔は高温で容易に動くので，YSZ は燃料電池やセンサー用の酸化物イオン伝導体として使用される（第 8 章参照）．

7.3.7.8 ■ Bi_2O_3-Fe_2O_3 系：マルチフェロイック物質 $BiFeO_3$

Bi_2O_3-Fe_2O_3 系には $BiFeO_3$ 相があり，強磁性と強誘電性を同時に示すマルチフェロイック物質として大きな関心がもたれている．図 7.29 に示す相図は，$BiFeO_3$ が 933℃ で分解溶融し，$Bi_2Fe_4O_9$ +

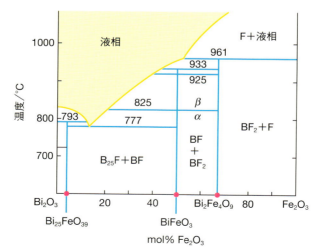

図 7.29 Bi_2O_3-Fe_2O_3 系の相図.
〔E. I. Speranskaya *et al.*, *Bull. Acad. Sci. USSR*, **5**, 873–874（1965）より許可を得て転載〕

液相になることを示している．$Bi_2Fe_4O_9$ 自身は，961℃で合致溶融して，Fe_2O_3 + 液相になる．分解溶融する相を固相法で純粋な相として作製するのは困難であり，$BiFeO_3$ の場合は特にそうである．一般的には大半が $BiFeO_3$ で他の相を少量含むものができ，熱処理しても第二相を取り除くことはきわめて困難である．純粋な $BiFeO_3$ 相の作製が多くの研究者によって試みられ，それには 4.3.8 節に示したような種々の方法が用いられている．

7.4 ■ 二元系相図を作成するための方法と助言

この節では相図を作るためにどのような情報が必要か，どのようにすれば相図が作れるのかを議論する．はじめに，反応生成物が純粋な相なのか混合相なのかを考える．まず，主な疑問は，これまで述べたように，反応で得られた相あるいは相の組み合わせは熱力学的な平衡状態のものかということである．

重要なことは実際に行った実験および得られた実験結果が，実験条件を変えることで変化するのかどうかである．もし相の混合物が，反応の最後に存在していたのであれば，その相の組み合わせは反応時間を長くしても変わらないのだろうか，あるいは，反応温度を上昇しても変わらないのだろうか？ もし，時間によって変化するのであれば平衡状態になったとは考えにくい．もし，温度を上昇して変化が起こったならば，それらをもとの温度に戻したときにもとに戻るのか(可逆的)，もとに戻らないのか(非可逆的)を調べなければならない．もし変化が非可逆的なら，次の疑問は，もとの試料が平衡状態になかったのか，あるいは実験の時間内で逆反応があまりにも遅いことが原因であるのかを検討しなければならない．

単一相の物質について温度，時間，雰囲気を変えたときに相に起こることが主に 4 つある．それらを図 7.30 にまとめた．いろいろな可能性を検討するためには，できれば反応の雰囲気が制御できる炉が必要であり，また粉末 X 線回折測定で相を分析できる必要がある．加熱の際の重量変化を調べるための TG と，加熱および冷却の際の発熱および吸熱過程を調べるための DTA/DSC があるとたいへん便利である．相にはいろいろな変化が起こる(図 7.30)．もしその変化が実験条件を変化させても可逆的であるなら，熱力学的には平衡状態にあるか，少なくとも準安定平衡にある(6.4 節参照)．

多くの新しい材料がソフト化学的手法によって作られている．そうした材料は低温でのみ熱力学的に安定あるいは低温では熱力学的には準安定であるが，速度論的に安定である．もし，相が雰囲気によって変化したり分解したり多形に相転移したりしなければ，残る疑問は，その融点は何度か，それ

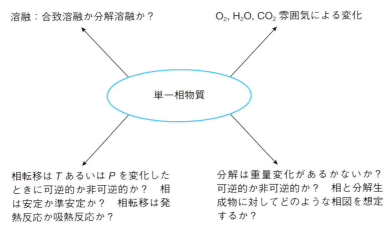

図 7.30　単一相物質が加熱あるいは雰囲気により引き起こされる変化．

第7章　相図とその解釈

は合致溶融するのか，分解溶融するのか，溶融の前に分解するのかである．溶融の種類はDTA/DSCと冷却の際の生成物の結晶化を調べるX線回折法を組み合わせることによって決定できる．

　融体を冷却したときには主に4つのプロセスが起こりうる．まず第一に，融体が結晶化はしないが，代わりにガラスに固化するかもしれない．このことは，X線回折測定において生成物が非晶質であることからわかり，光学顕微鏡などでも確認できる．第二に，溶融が合致溶融である可能性があり，この場合はもとの相に再結晶化することが，X線回折測定から確認されるはずである．第三に，溶融が分解溶融である可能性があり，急速冷却ではもとの相にはならず，混合物の相が生じる．第四に，相が分解する可能性がある．特に，酸化物塩では溶融の前あるいは途中で分解が起こりやすい．この場合も，急冷した後の生成物は，もとの相とは異なる．もし，分解が疑われる場合には，TGが有効な方法になる．（分解反応の途中や反応後にTG装置自体が試料と反応して重さの変化が起こったりしないように注意しなければならない．）TGとDSC/DTAを組み合わせると，相転移や反応が重量変化をともなう場合とともなわない場合を分離するのにたいへん役立つ（6.4節）．

　試料が加熱の際に変化するかどうかを決定するのに役立つ実験は，熱処理が終わった後に室温まで急速に冷却した試料と，ゆっくり冷却した試料との比較である．急速冷却の際には，試料を白金の箔に包んで液体窒素の中に入れる．（液体Hgは熱伝導度が高いので，すぐれた急冷用の媒体であるが，Hgが蒸発する可能性があるため，健康や安全性の問題から今日では使用できない．）

　急冷実験の後，室温で生成物の分析を行うことにより，上の疑問に直接答えることができる．すなわち，室温で合成した試料と熱処理をした試料は同じか，あるいは，室温で合成した試料は冷却の際に変化が起こっているかがわかる．冷却中に起こる過程あるいは反応は冷却速度により次のように影響される．

- ・試料が高温で少量の酸素を失う場合，徐冷すれば回復するが，急冷すると回復しない．このことは，電気的性質に大きな効果をもたらす．
- ・徐冷の過程では多くの多形での転移が起こるが，急冷では起こらない（6.4節）．
- ・ある固溶体の組成では冷却の際に過飽和が起こるか，第二相の析出が起こるかどうかは冷却速度に依存する．
- ・物質によっては，徐冷の際に再び酸化反応が起こる可能性があるうえ，湿度やCO_2に敏感であるため，室温での生成物は，冷却速度および冷却時の雰囲気に依存する．

　単一相の安定性や溶融挙動を決定するために種々の実験を行った後には，相の混合物の溶融が問題になる．この目的にも，DTA/DSCがたいへん有効であり，特にこれらの混合物を加熱する際には溶融にともない吸熱ピークを示すことから，固相線を決定することができる．この方法により，比較的容易に種々の二相領域の挙動を評価し，残りの相図を作ることができる．

　まとめると，相図を決定するのに肝心なことは，まず第一に，純粋な化合物あるいはいくつかの相について起こる挙動を調べ，それらが熱力学的に平衡状態にあるかどうかを確認することである．単一相の物質にある変化が起こるとすれば，熱力学的に平衡な状態が変化した可能性が高い．しかし，混合相で変化が起こった場合は，それが熱力学的な平衡状態が変化したのか，まだ反応が完結していないために速度論的に変化しただけなのかは明らかではない．ただし，単一相の物質の挙動がわかれば，混合物相の，特に溶融挙動は，容易に決定できる．気相が重要な場合，例えば，系が種々の酸化状態を有する遷移金属元素を含んでいる場合には，一見すると相図が二元系のように見えても，酸素が重要な成分として変数になるならば実際には三元系であるため，その相図がどの系を表しているのかを明確にしなければならない．

第8章　電気的性質

8.1 ■ 電気的性質とは

　物質の電気的性質としてもっとも重要なのは導電性か誘電性(絶縁性)かである．もし導電性であれば，**電荷担体**(carrier：キャリヤー)が電子である伝導とイオンである伝導がある．種々の物質でさまざまな電気伝導現象が知られており，いろいろな応用がある．本章では，電気的性質の化学的側面を取り扱い，主に結晶構造と電気的性質の関係について述べる．

　電子伝導(electronic conductivity)は多くの物質で起こり，その機構にはさまざまある．金属，超伝導体，半導体の電気伝導は電子伝導に起因しており，**金属伝導**(metallic conductivity)には以下の特徴がある．

(1) 外殻電子もしくは価電子の多くの部分は物質中を自由に動くことができ，完全に非局在化している．
(2) 電子と**フォノン**(phonon；格子振動)との衝突が起こり，残留抵抗や通電の際の熱損失の原因になる．
(3) 金属結合と金属伝導は，バンド理論により説明される．
(4) 金属伝導は，単体金属や合金だけでなく，酸化物や硫化物のような多くの無機固体でも起こる．それらの無機固体中では金属原子は価電子軌道が重なり合って副格子を形成している．金属伝導はポリアセチレンやポリアニリンなどの共役系有機化合物でも起こる．

金属伝導と関連した現象として**超伝導**(superconductivity)がある．超伝導には次の特徴がある．

(1) 全体の中の一部の電子の伝導が起こる．
(2) 電子は弱い対を形成しながら，協働的に動く．
(3) 電子とフォノンの衝突は起こらないので熱損失はなく，電流に対する抵抗はない．
(4) 1986年まで超伝導は極低温($<23\,\mathrm{K}$)でのみ起こると考えられていたが，現在，高 T_c のセラミックス超伝導体では，最高で $138\,\mathrm{K}$($高圧では $166\,\mathrm{K}$)での超伝導が知られており，極低温に限定されない．

半導体の伝導には以下の特徴がある．

(1) ある限られた電子伝導が関係している．
(2) 金属伝導(多くの外殻電子が非局在化することにより起こる)と絶縁体(すべての価電子が原子と強く結合している，あるいは原子間の結合に局在化している)の中間である．
(3) 遷移金属化合物(金属的伝導性を示すものを除いて)，Si, Ge やアントラセンなどの有機化合物固体で広く起こる．

343

第8章　電気的性質

(4) 物質によって，電子のホッピング(電荷移動)とみなされるものと，バンド理論で記述されるものがある．

(5) 金属伝導を示す物質とは対照的に，伝導に関与する電子の数は温度や不純物準位に依存する．

(6) 半導体へのドーピングによってその性質を制御できることから，多くの応用が可能になり，マイクロエレクトロニクス産業の基本になっている．

イオン伝導(ionic conductivity)は多くの物質で起こり，**固体電解質**(solid electrolyte)，**超イオン伝導体**(superionic conductor)あるいは**高速イオン伝導体**(fast ion conductor)などとして知られている．以下のような特徴をもつ．

(1) しっかりとした骨格構造をもち，その構造中を1種類のイオンが動きやすいような副格子を形成する．

(2) 強電解質液体と同程度の，$1\,\mathrm{S\,cm^{-1}}$ もの高い伝導度を有するものもある．

(3) 固体電解質は，イオンがその格子点から動くことができないイオン結合性固体と，すべてのイオンが動くことができる電解質液体との中間にあたる．

(4) 高いイオン伝導性を示すのは，(i)イオンが飛び移ることができる空の格子位置あるいは格子間位置が存在し，(ii)イオンがその位置の間を飛び移るのに必要なエネルギー障壁が小さい結晶構造をもつ物質である．

(5) 高いイオン伝導を示す物質はそれほど多くないが，中程度の伝導は，特に非化学量論組成の物質や，ドープされた物質などでよく起こる．

誘電体(dielectric material)あるいは**絶縁体**(insulator)は，電子やイオンによる電気伝導がまったくない物質として分類される．これらの化学結合は，MgO や Al_2O_3 のような強いイオン結合か，ダイヤモンド(C)のような強い共有結合，あるいは SiO_2 のような強い極性共有結合である．

表 8.1 に，一般的な物質のイオン伝導度と電子伝導度の値を示す．金属や超伝導体を除き，電気伝導度は温度とともに増加する．超伝導体では，抵抗がゼロなので伝導度は温度に依存しないが，金属では，電子ーフォノンの衝突のため，温度の上昇とともに伝導度は徐々に減少する．

一方，**強誘電体**(ferroelectric material)は以下の特徴をもつ．

(1) 強誘電体は，(イオンが長距離にわたって移動する)固体電解質と，(イオンが正規の格子点から平均的には動けない)誘電体の中間的な状態にあたる．具体的にはイオンが約 0.01 nm 程度変位する．

表 8.1　典型的なイオン伝導度と電子伝導度の値

性　質	物　質	$\sigma/\mathrm{S\,cm^{-1}}$[a]
イオン伝導	イオン性結晶	$<10^{-18}-10^{-4}$
	固体電解質	$10^{-3}-10^{1}$
	強電解質(液体)	$10^{-3}-10^{1}$
電子伝導	金　属	$10^{-1}-10^{5}$
	半導体	$10^{-5}-10^{2}$
	絶縁体	$<10^{-12}$

[a] 伝導度の単位は次のように定義される．固体の抵抗は，はじめに抵抗を求め，次に幾何学因子で補正する．

$$\text{抵抗率 } \rho\,(\Omega\,\mathrm{cm}) = \text{抵抗}\,(\Omega) \times \frac{\text{面積}\,(\mathrm{cm})^2}{\text{厚さ}\,(\mathrm{cm})}$$

伝導度 σ(単位は $\Omega^{-1}\,\mathrm{cm^{-1}}$ あるいは $\mathrm{S\,cm^{-1}}$)は抵抗率の逆数である．

(2) イオンのわずかな変位によって結晶全体が分極し，双極子モーメントが発生する．
(3) ごく限られた物質群だけが強誘電性を示す．例えば，ペロブスカイト構造の BaTiO₃ の Ti 原子は，室温では TiO₆ 八面体の頂点の方向に変位する．これは Ti は通常の八面体位置に対しては，やや小さすぎるためである．
(4) 強誘電性は焦電性および圧電性と関係がある．焦電性は，イオンの変位が自発的に変位する性質で，温度とともに変化する．圧電性は，圧力の変化にともなって自発的に変位する性質である．強誘電体では自発的な変位は印加した電場によって逆転でき，ヒステリシス（履歴）を生じる．

8.2 ■ 金属伝導

金属の化学結合のバンド理論による説明については，第 3 章で概略を示した．金属伝導の理論的なモデルとして，ほぼ自由な電子のモデル（nearly free electron model）とタイトバインディングモデル（tight binding model：強束縛モデル）の 2 つがある．これらは定性的には似ており，いずれも金属結合についての模式的な記述である．このモデルは，電子がすべてのエネルギー状態をとることができるわけではないという条件のもとで，半導体にも絶縁体にも拡張される．金属と半導体／絶縁体の根本的な違いは，エネルギーと状態密度の関係において，禁制帯あるいはバンドギャップが存在するかどうかである．半導体や絶縁体において伝導が起こるためには，電子が禁制帯を乗り越える活性化過程が必要であり，温度にきわめて依存する．金属には禁制帯がなく，電子はバンドギャップを乗り越える必要がない．

金属はすぐれた電気伝導体であるが，2 つの原因による残留抵抗がある．1 つは電子−フォノン衝突（electron-phonon collision）として知られる伝導電子とフォノンとの静電相互作用（ρ_{vib}），もう 1 つは金属結晶格子中の欠陥や不純物と伝導電子の衝突（ρ_{def}）である．これら 2 つの効果は，マチーセンの法則（Matthiesen rule）で関係づけられる．

$$\rho = \rho_{vib} + \rho_{def} \tag{8.1}$$

温度の上昇とともに電子−フォノン衝突が増加するため，金属の抵抗は徐々に増加する（図 8.1）．しかし，室温における典型的な衝突の**平均自由行程**（mean free path）は，原子間隔の数百倍程度であり，極低温ではセンチメートルオーダーまで大きくなる．金属伝導に寄与する電子の数は比較的少なく，

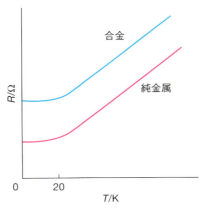

図 8.1 金属の抵抗．一般的には約 20 K 以下では一定，20 K 以上では温度の上昇とともに直線的に増加する．

第8章　電気的性質

表 8.2　いくつかの金属の 25℃ における伝導度

金　属	$10^{-5}\sigma/\text{S cm}^{-1}$
Cu	5.9
Ag	6.2
Na	2.1
Al	3.7
Fe	1.0
Zn	1.7
Cd	1.4
Pb	0.5

フェルミエネルギー E_F に近いエネルギーをもつ電子に限られる．このことは金属の比熱の測定から実験的にわかる．比熱はほぼすべて格子振動に起因しており，電子の寄与はほんのわずかである．**表 8.2** には，いくつかの金属の室温における伝導度の値をまとめて示す．

　金属伝導は金属だけに限らない．酸化物や高分子のような有機物でも金属伝導を起こすものがある．第 3 章で示したように，遷移金属を含む酸化物では，d 軌道の重なりの程度と d 電子の数がある条件を満たせば，d 軌道の重なりが d 電子のエネルギー準位のバンドを上昇させ，金属伝導が起こるようになる．一酸化チタン（TiO）やタングステンブロンズ（Na_xWO_3）などがその例である．

　電気伝導性の高分子あるいは「有機金属（organic metal）」の合成が，今や実現されつつある．そのような物質では，高分子の機械的性質（柔軟性と薄膜作製の容易さ）と，普通の金属と同程度の高い電気伝導性をあわせもつ．「有機金属」は，主に共役系と電荷移動錯体の 2 つに分類される．また，電気的性質と機械的性質という面では，炭素の新しい 2 つの形，カーボンナノチューブとグラフェンにも大きな関心が寄せられている．

8.2.1 ■ 有機金属：共役系

8.2.1.1 ■ ポリアセチレン

　有機化合物は通常絶縁体である．結晶中の電子は，分子内であるいはある分子から他の分子へと自由に動くことはできない．しかし，グラファイト中のような炭素―炭素の二重結合と一重結合が交互に並ぶ骨格をもつ共役系は例外である．ポリエチレンのような高分子では，前駆体のエチレンには二重結合があるが，ポリエチレン自身は飽和した一重結合しかもたないので絶縁体となる（**図 8.2**(a)）．

　ポリアセチレンは電気伝導体としての可能性がある長い共役 π 電子系をもつ鎖状高分子である．前駆体のアセチレンは炭素―炭素三重結合をもつが，ポリアセチレンには二重結合と一重結合が交互に存在する（**図 8.2**(b)）．純粋なポリアセチレンは，10^{-9} S cm^{-1}（シス型：*cis*）から 10^{-5} S cm^{-1}（トランス型：*trans*）という中程度の電気伝導度をもち，この値は高純度 Si のような半導体と同程度の伝導度である．ポリアセチレンでは，π 電子系は完全には非局在化していないので，伝導度は低い．バンドギャップは 1.9 eV である．

　2000 年のノーベル化学賞を受賞したマクダイアミド（MacDiarmid），ヒーガー（Heeger），白川は，ポリアセチレンに適当な無機化合物をドープすることで，伝導度を劇的に大きくできることを発見した．ドーパントとしては以下のようなものがあげられる．(1)Br_2, SbF_5, WF_6, H_2SO_4 をドープすると，例えば$(\text{CH})_n^{\delta+}Br^{\delta-}$ となり，これらは電子アクセプターとして働く．(2)アルカリ金属は電子ドナーとして働く．こうしたドーピングによりトランス―ポリアセチレンでは 10^3 S cm^{-1} もの高い伝導度が得られた．この値は多くの金属と同程度であり，このような物質は「合成金属（synthetic metal）」とよばれる．ドーピングにより伝導度は急激に増加し，ドーパント濃度 1～5 mol％ で半導体―金属転移が起こる．

346

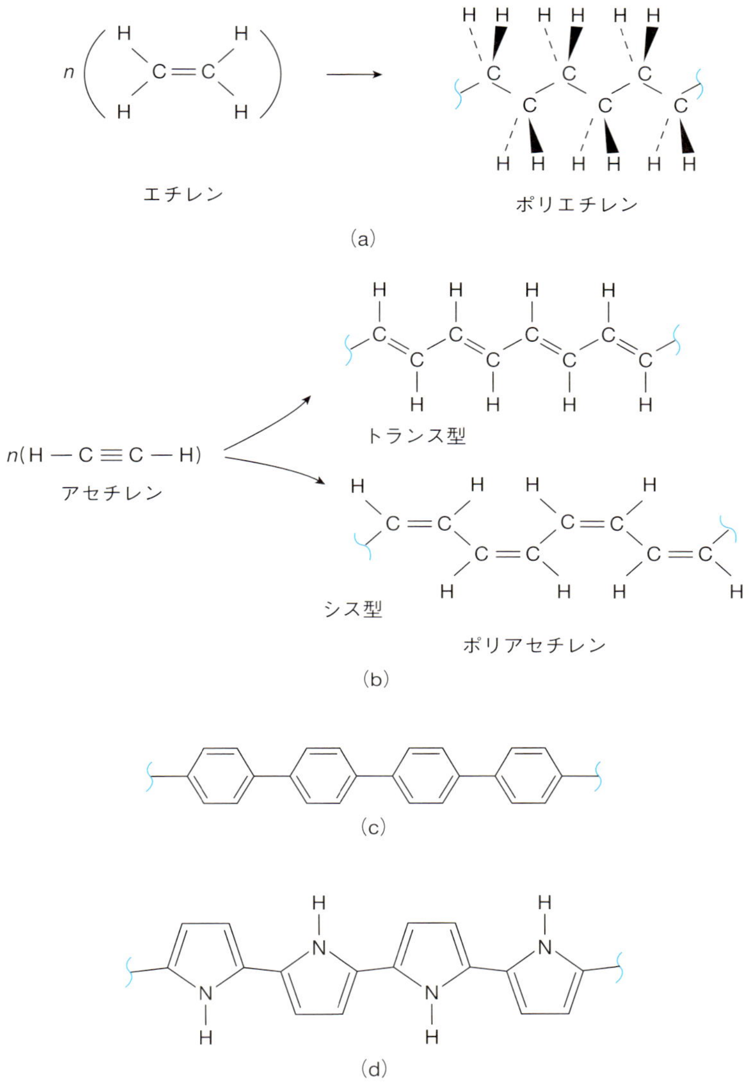

8.2 金属伝導

図 8.2 (a)ポリエチレン．(b)ポリアセチレン．(c)ポリ(p–フェニレン)．(d)ポリピロール．

エチレン　ポリエチレン

(a)

$n(H-C\equiv C-H)$

アセチレン

トランス型

シス型

ポリアセチレン

(b)

(c)

(d)

　ポリアセチレンは，無酸素雰囲気において，$Al(CH_2CH_3)_3$ と $TiCl_3$ の混合物であるチーグラー・ナッタ触媒を用いてアセチレンを重合することにより合成される．触媒溶液中にアセチレンをバブリングしてポリアセチレンを析出させる方法や，内面に薄い触媒の膜を被覆したガラス管の中にアセチレンガスを導入して，ポリアセチレンを触媒の表面に生成させる方法がある．高伝導性のためにはトランス型を作ることが望まれる．100℃ で合成するとトランス型が直接得られるが，一方でシス型を約150℃ に加熱すると容易にトランス型に変化する．ドーピングは，ポリアセチレンをドーパントを含んだ気体あるいは液体にさらすことによって行われる．

　ポリアセチレン膜の電子構造はまだよくわかっていない．特に，ポリアセチレン鎖間での電子の移動機構は不明である．膜は複雑な形態を有する．膜中では，鎖状のポリアセチレンが組み合わさって板状の構造を形成し，さらにその板が重なり合って繊維をつくっている．膜の形態をよく理解し，望ましい高い伝導度と膜の形態を関係づけるには，さらなる研究が必要である．伝導性ポリアセチレン

第8章　電気的性質

には多くの応用の可能性がある．多量にドープしたものは，現在金属が使われている電気的な用途に使える．ドープしないものや少量ドープしたものは現在半導体が用いられている用途に使える．また，アクセプターをドープしたp型とドナーをドープしたn型の2つのポリアセチレン膜でp–n接合を作ることもできる（8.2.2節を参照）．容易に大面積のデバイスを作ることができるので，太陽エネルギー変換材料として実用化が期待されている．しかし，実用化のためには，酸素雰囲気下での安定性を改善しなければならない．おそらく，置換あるいは修飾したポリアセチレン誘導体を用いれば，高い伝導性を維持したまま，雰囲気の影響を受けにくいポリアセチレン誘導体をつくることができる．

ここまでは電子伝導について述べてきたが，イオン伝導も可能である．ドープされたポリアセチレンは新型電池の可逆電極に応用できるだろう．この場合，ドーピングは電気化学的に行うことができる．1つの方法として，$LiClO_4$をプロピレンカーボネート中に溶解した電解液の中にポリアセチレン膜を浸し，同様に金属リチウム電極も電解液の中に浸して，室温で両者の間に1.0 Vの電圧を印加して電池を充電する方法がある．これにより，電解質の過塩素酸イオンがポリアセチレン電極中にドープされた$(CH)_y^+(ClO_4)_y^-$（$y=0〜0.06$）が得られる．電子はポリアセチレンから外部回路を通して流れ，電極および電解質での電気的中性条件を保つためにリチウム電極上にはLi^+イオンが電子を受け取り Li 金属として析出する．過塩素酸イオンはポリアセチレンの構造の中に可逆的に出入りし，放電時には電解質溶液中に戻る．ポリアセチレンはこのように，イオンと電子の混合伝導体としてふるまう．

固体電池に高分子電極を使うと，(1)（鉛／酸電池における鉛に比べ）非常に軽く，(2)高分子の構造の柔軟性により，電極—電解質界面の接触抵抗の問題が少なく，薄くて柔軟な電池を作ることができるため，たいへん魅力的である．

8.2.1.2 ■ ポリ(p–フェニレン)とポリピロール

ベンゼン環の鎖からなる長い鎖状高分子のポリ(p–フェニレン)（**図 8.2(c)**）には多くの可能性がある．研究例はポリアセチレンほど多くはないが，$FeCl_3$のドープにより$[C_6H_4(FeCl_3)_{0.16}]_x$が生成し，室温で $0.3\ S\ cm^{-1}$ もの高い電気伝導度が得られている．

ピロール(C_4H_5N)は，重合して二重結合と一重結合が交互に結合した，長い鎖状の非局在π電子系になる（**図 8.2(d)**）．ポリピロール自体の伝導度は低いが，過塩素酸による酸化で $10^2\ S\ cm^{-1}$ もの高いp型伝導体になる．この物質は大気中で250℃まで安定である．

8.2.2 ■ 有機金属：電荷移動錯体

高伝導性の「合成金属」は1つの成分がπ電子ドナー，もう1つの成分がπ電子アクセプターとなる二成分系の有機物であり，極低温で超伝導性を示すものもある．多くの電荷移動錯体が知られているが，長距離にわたる伝導を示すためには，ドナーとアクセプターを別々に交互に積層する必要がある．ドナーの層の一部の電子はアクセプターの層に移動し，部分的に占有されたπ電子帯を形成する．

良好なπ電子アクセプターの例として，**図8.3(a)**に示すTCNQ(テトラシアノキノジメタン)と**図8.3(b)**に示すクロラニルがある．TCNQはこれまでに発見されているアクセプターのうちでもっともすぐれているものの1つであり，強い電子求引性のCN基をもつ平面構造の共役分子である．良好なπ電子ドナーの例としては，**図8.3(c)**に示すR＝Hのp–フェニレンジアミン，R＝CH_3のTMPD(テトラメチル–p–フェニレンジアミン)，**図8.3(d)**に示すTTF(テトラチアフルバレン)，**図8.3(e)**に示すBEDT–TTF(ビセチレンジチオテトラチアフルバレン)などがある．無置換のTTFとTCNQのドナー—アクセプター相互作用を模式的に**図8.3(f)**に示す．**図8.3(g)**には傾いたドナー(D)層とアクセ

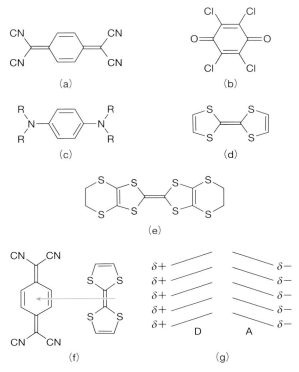

図 8.3 (a)テトラシアノキノジメタン(TCNQ). (b)クロラニル. (c)p-フェニレンジアミン. (d)テトラチアフルバレン(TTF). (e)ビセチレンジチオテトラチアフルバレン(BEDT–TTF). (f)TTF–TCNQ におけるドナー―アクセプター相互作用. (g)一次元有機金属における隣り合うドナーとアクセプターの積層の相互作用.

プター (A) 層の配列を示す．TTF–TCNQ 錯体は 1972 年に発見された，室温から 54 K まで金属伝導を示す物質である．TTF–TCNQ 錯体により，有機金属の可能性が初めて示された．

積層した方向に高い伝導性を示すためには，ドナーとアクセプターが別々に層をつくる必要がある．ドナーとアクセプターが混合した層では，電荷移動は局所的には起こるが，長距離の伝導を担う非局在化 π 電子系は生じない．また，部分的に占有されて非局在化した π 電子系をつくるためには，ドナーとアクセプター間の電荷移動は部分的でなければならない．

同様に，一方の層だけが非局在化した π 電子をもっているときは，電子伝導する系が形成される．例として，$(TCNQ)_3Cs_2$ のようなアルカリ金属を含む TCNQ 錯体や $(TTF)_2Br$ のようなハロゲンを含む TTF 錯体がある．

有機金属の分野での劇的な進展として，1981 年のベクガード(Bechgard)とその共同研究者による TMTSF(テトラメチルテトラセレナフルバレン塩)での超伝導の発見がある．最初は，ヘキサフルオロリン酸塩で 1200 MPa の高圧下では $T_c = 0.9$ K になることが発見され，その後，過塩素酸塩で常圧では $T_c = 1.4$ K になることが示された．現在の電荷移動錯体における超伝導の T_c の記録は，$(BEDT–TTF)_2Cs(NCS)_2$ の 11.4 K である(NCS はイソチアン酸イオン)．

8.3 ■ 超伝導性

近年もっとも注目された科学の出来事の1つとして，1986〜1987年の$La_{2-x}Ba_xCuO_{4-\delta}$や$YBa_2Cu_3O_7$などのセラミックス酸化物による比較的高い温度での超伝導の発見がある．この発見以前，超伝導は絶対零度から数度以内の極低温に限られていた．現在は，特に$YBa_2Cu_3O_7$では，絶対零度から液体窒素温度(77 K)以上の間の広い温度範囲で超伝導が起こる．超伝導はたった数か月の間に，通常の研究設備では測定が不可能な極低温での特殊な現象から，幅広い応用の可能性を秘めた誰でも実験できる現象へと変化したのである．

超伝導は1911年にライデン大学のオランダ人科学者ホルスト(Holst)とオンネス(Onnes)により，液体ヘリウム温度に冷却された水銀において初めて発見された．これは，同じオランダの大学の研究室でHeが初めて液化された3年後のことである．それ以後，金属，合金，酸化物，有機化合物など，さまざまな物質で超伝導が見出された．しかし，それらはすべて極低温においてのみ生じる現象であった．1986年以前は，最高の超伝導臨界温度(T_c)は，Nb_3GeやNb_3Snなどの合金における約20 Kであった．IBMチューリッヒの科学者ベドノルツ(Bednortz)とミューラー(Müller)がBa–La–Cu–O系においてT_cが約36 Kになることを発見してから著しく発展し，彼らはこの功績により，1987年のノーベル物理学賞を受賞した．この発見に続いて，T_cが91 Kの$YBa_2Cu_3O_7$が合成され，Bi, Tl, Hgなどの複雑な銅化合物におけるT_cの記録は現在，138 Kに達している．こうした一連の発見により，長距離にわたって超伝導を保つこともできるようになった．$YBa_2Cu_3O_7$を線材や薄膜のような形に成形できるようになっており，電気，磁気，電子業界の多くの分野で技術革新が期待されている．

8.3.1 ■ ゼロ抵抗の性質

超伝導にはいくつかの性質がある．その1つは電流に対するゼロ抵抗(zero resistance)であり，これにより超伝導電流を無限に流すことができる．**図8.4**に$YBa_2Cu_3O_7$の電気抵抗の温度依存性を示す．90 K以下では超伝導状態になり，抵抗はゼロである．92 K以上で金属的な挙動を示し，抵抗は温度とともに徐々に増加する．このいわゆる基底状態(normal state)の金属に特徴的な抵抗の増加は，電子―フォノンの衝突によるもので，温度上昇とともに衝突が増加するために抵抗は増大する(式(8.1))．金属での伝導では，伝導電子は非局在化している，あるいは自由に動くことができるといわれることが多いが，実際には，振動している原子や格子欠陥，他の不純物との衝突が起こるため，金

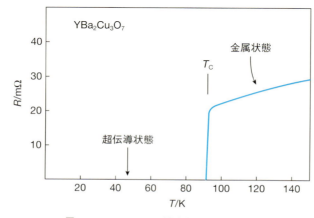

図8.4　$YBa_2Cu_3O_7$の電気抵抗の温度依存性.

属の小さな残留抵抗は温度の上昇とともに増加する.

YBa$_2$Cu$_3$O$_7$のような高 T_c セラミックス超伝導体(high-T_c ceramic superconductor)の発見以前は,超伝導のメカニズムに関する理論として,バーディーン(Bardeen),クーパー(Cooper),シュリーファー(Schrieffer)による **BCS 理論**(BCS theory)が広く受け入れられていた.すなわち,超伝導状態では,緩く結びついた電子対(クーパー対)は,電子—フォノン衝突を避けるように,協働的に結晶格子の中を動く.BCS 理論は,同じ物質において,超伝導状態の自由エネルギーは金属状態に比べて低いことからも支持される.また,超伝導状態にはエネルギーの小さいバンドギャップが存在し,マイクロ波領域の輻射を吸収することによって超伝導状態から金属状態への電子の励起が生じる.

超伝導状態でエントロピーが低いことは,熱容量測定からもわかる.超伝導状態は金属状態よりも秩序化している.超伝導状態から金属状態への変化は,熱力学的には二次相転移である.ΔH あるいは ΔS は T_c でも連続であるが,ΔH の一階微分 $\Delta H/\Delta T$,すなわち熱容量は T_c で不連続になる.低温の超伝導状態を冷却すると徐々により規則化し,一般的には 1 meV の小さなバンドギャップが開く(これは半導体のバンドギャップよりも 3 桁以上小さい).二次相転移では,T_c 以下の広い温度範囲でこうしたあらゆる変化が起こり,いわゆる相転移温度で完結する.これが,理想的には T_c ですべての変化が起こる一次相転移との違いである.超伝導バンドギャップの大きさ $E_g(T)$ は次式で与えられる.

$$E_g(T) = E_g(0)\left(\frac{T_c - T}{T_c}\right)^{\frac{1}{2}} \tag{8.2}$$

ここで,$E_g(0)$ は 0 K でのエネルギー幅である.この式から,$T = T_c$ では,$E_g(T) = 0$ である.

金属のバンド理論では,伝導帯はエネルギーの異なる接近した不連続の多数の準位からなる.しかし,電子が占有された状態から空の状態へ移動するとエネルギーを失うのに対し,いったん超伝導電流が流れると,その電流は,エネルギーの損失なしに無限に流れるため,超伝導状態にはバンド伝導モデルを適用できない.超伝導体中の超伝導電流は単一の量子状態によるもので,1 つの超伝導物質がまるで 1 つの巨大な原子のようにふるまう量子力学的な現象である.

電子—フォノン相互作用がクーパー対の生成と超伝導に関係していることは,**同位体効果**(isotope effect)からわかる.異なる同位体をもつ超伝導元素の臨界温度 T_c を比べると,次の関係が成り立つ.

$$T_c \propto M^{-\beta} \tag{8.3}$$

ここで,M は同位体の質量であり,指数 β は約 0.5 の値をとる.格子中の原子の基本振動数 ν と規格化した質量 M_0 および振動している原子の力の定数 k との間には次の関係がある.

$$\nu = \frac{1}{2\pi}\sqrt{\frac{k}{M_0}} \tag{8.4}$$

式(8.3)と式(8.4)により,超伝導性と格子中のフォノンの振動数とが関係づけられる.

従来の超伝導体では,クーパー対の相関距離(correlation length)は大きく,数十から数百 nm である.これは,0.2〜0.3 nm の長さに電子対を含んでいる化学結合の長さとはまったく異なる.BCS 理論からは,高 T_c セラミックス超伝導体におけるクーパー対の相関距離は数オングストローム(1 Å = 10^{-10} m)のはずである.そのため,超伝導状態のクーパー対は,低 T_c 物質の超伝導の要因である電子—フォノン相互作用ではなく,より密接に対をなした電子—電子相互作用や,固体における化学結合の形成にも関係している可能性がある.しかし,高 T_c セラミックス物質の超伝導の理解は限定的であり,多くの理論的な研究が今後必要である.

第8章　電気的性質

8.3.2 ■ 完全反磁性：マイスナー効果

超伝導物質は，臨界磁場 H_c 以下であれば，磁場を完全に排除する「完全反磁性(perfect diamagnetism)」を示す．これは，1933 年にマイスナー(Meissner)とオッシェンフェルト(Ochsenfeld)によって発見された**マイスナー効果**(Meissner effect)によって理解できる(**図 8.5**(a))．例えば，液体 N_2 中で冷却することで超伝導状態とした試料 S–C($YBa_2Cu_3O_7$)は，磁石の極板間に吊すと，磁石の間からはじき出される．試料を温めると超伝導性を失い，磁場の中に戻る．マイスナー効果とは，外部磁場が超伝導物質の内部から排除される現象を指す．しかし，次式で示される，試料表面からロンドン浸透深さ(London penetration depth)λ までの浅い範囲には磁場が侵入する．

$$\text{ロンドン浸透深さ}： \lambda = \left(\frac{m}{\mu_0 n e^2} \right)^{\frac{1}{2}} \tag{8.5}$$

ここで，m, n, e は，それぞれ伝導種(電子)の質量，濃度，電荷であり，μ_0 は物質の磁気モーメントである．電流密度は磁場に関係し，表面からの距離が増すにつれて指数関数的に減少する．λ は外部の磁場の強度が約 37 %($= 1/e$)になる距離で，典型的には約 100 nm である．

反磁性は，すべての物質が磁場に対して示すごく普通の弱い反発効果であり，常磁性体の磁化率の正確な測定には，反磁性による補正が必要になる．一方，超伝導体の完全な反磁性は，磁気浮上(magnetic leviation)などの応用につながる重要な効果である(**図 8.5**(b))．

8.3.3 ■ 臨界温度，臨界磁場，臨界電流

物質の超伝導性は，次のいずれかの場合に失われる．(1)**臨界温度**(critical temperature)T_c 以上に加熱したとき，(2)磁場を**臨界磁場**(critical field)H_c 以上の強さに増大させたとき，(3)印加する電流を**臨界電流**(critical current density)J_c 以上に増大させたとき．これらの因子は互いに関係しており，T_c 直下の温度では H_c の値はきわめて小さいが，さらに低い温度では H_c は増加する．H–T 相図を**図 8.5**(c)に模式的に示す．$H_c(T)$は次の実験式で与えられる．

$$H_c(T) = H_c(0) \left[1 - \left(\frac{T}{T_c} \right)^2 \right] \tag{8.6}$$

$H_c(T)$は T_c ではゼロで，絶対零度では $H_c(0)$で最大になる．T_c の値は応用においてきわめて重要であり，ゼロ抵抗の状態に影響する．H_c は印加磁場に超伝導が耐えられるかどうかを決定する．J_c は，電力への応用において重要な因子であり，超伝導のワイヤや装置に流すことができる電流を決定する．高 T_c 超伝導体は，従来の金属や合金ではなくセラミックス材料なので，これらの材料を長距離にわたって連続的に電流を流すことができ，大きな J_c を有する線材やテープの形状に作ることが大きな課題である．目標とする電流密度は約 10^6 A cm^{-2} である．

8.3.4 ■ 第1種と第2種超伝導体：量子渦(混合)状態

いわゆる第1種超伝導体は，図 8.5(c)のような形の H–T 相図をもち，H あるいは T の上昇とともに，超伝導状態から非超伝導状態へ急激に変化するものである．第1種超伝導体は，クーパー対が格子振動と結合するという BCS 理論によってよくモデル化される．これは，室温で良好な金属伝導体 Cu, Ag, Au などは低温でも超伝導体とはならないことを説明できる．金属伝導体はきわめて小さな格子振動をもち，これにより高い金属伝導性は説明される．このことはクーパー対の生成に必要な電子－フォノン相互作用が弱いことと関係がある．単一元素からなるほとんどの超伝導体は第1種で

8.3 超伝導性

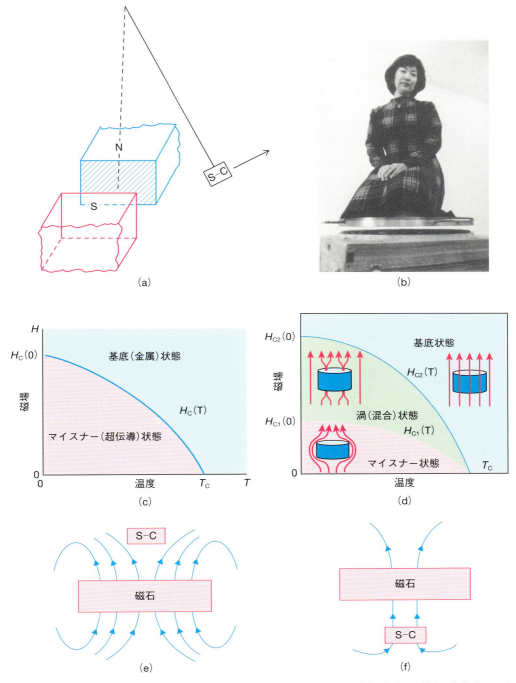

図 8.5 (a)マイスナー効果により超伝導体(S–C)が磁場によってはじき出される．(b)磁気浮上の様子．溶融プロセスにより作製したYBa$_2$Cu$_3$O$_7$超伝導体の台の上に浮いた磁石に日本人女性が座っている．(c)第1種超伝導体および(d)第2種超伝導体におけるH–T相図．(e)磁気浮上および(f)量子渦のピン止めによる吊り下げの様子および磁束線の分布．
［(b)の写真は国際超電導産業技術研究センター(ISTEC)村上雅人博士の厚意により提供］

あり，H_c が小さく，中程度の磁場で超伝導性を失う．第 1 種超伝導体では，クーパー対は反対のスピンをもつ．すなわち，クーパー対は反強磁性的に結合し，角運動量とスピンはゼロである．第 1 種超伝導体は，**s 波一重項超伝導体**（s-wave singlet superconductor）ともいわれ，スピンは磁場に対して優先的に配向するため，磁場の印加によって容易にクーパー対は脱共役する．

第 2 種超伝導体では，超伝導状態と金属（あるいは「基底」）状態の間の領域に遷移状態，いわゆる**渦状態**（vortex state）あるいは**混合状態**（mixed state）がある（**図 8.5**(d)）．混合状態では，磁力線が物質の中を通り抜けることができるが，**量子渦**（量子磁束：vortex）とよばれる狭い範囲の中に限られており，磁力線（フラックス）は束になって量子渦を通り抜けている．実用化のための鍵は，量子渦が横方向に移動しないようピン止めすることである．量子渦は物質の内部にトラップしなければならない．超伝導体のマイスナー効果による磁気浮上の原理を模式的に**図 8.5**(e)に，磁気浮上の実例は図 8.5(b)に示した．磁場の下で混合状態にある第 2 種超伝導体をトラップした磁力線により吊り下げている様子を模式的に**図 8.5**(f)に示す．

量子渦による磁気浮上は，**磁束のピン止め**（flux pinning）と関係している．結晶欠陥，不均一な組成，あるいは不純物相がピン止めの中心として働く．量子渦がピン止めされない場合には，それらは互いに反発し合い（最密充填した球の 1 つの層のように），**量子渦格子**（vortex lattice）として知られる規則的な六角形の配置をとる．もしも，量子渦がピン止めされていても不規則な配置の場合には，それらは**量子渦ガラス**（vortex glass）として知られるものになる．

一般的な第 2 種超伝導体は Nb_3Sn や Nb_3Ge などの合金であり，第 1 種超伝導体よりもかなり高い H_c の値をもっている．第 2 種超伝導体では超伝導と常伝導が共存することができる．磁場を増加するとともに超伝導内に侵入する磁束が増加し，超伝導体全体が磁束で埋められると常伝導になる．超伝導性を失うことなく高電流を流すことができるため，上部臨界磁場 H_{c2} が 16 T にも達する強力な永久磁石を作ることができ，核磁気共鳴画像法，NMR，質量分析計，素粒子の加速のためのビームステアリング磁石や磁気分離などに応用できる．

8.3.5 ◾ 超伝導物質のまとめ

いくつかの重要な超伝導物質を**表 8.3** にまとめて示す．ゼロ抵抗と超伝導は Hg で発見された．絶対零度付近の温度では多くの金属が超伝導になることが知られている．金属が超伝導になるかどうかについては単純には説明できないが，La, Ti, V, Mo, Nb などのいくつかの希土類元素，軽遷移金属や重遷移金属群と同様に，Zn, Hg, Sn, Pb などの p ブロック金属も超伝導を示す．純金属でもっとも高い T_c をもつのは Nb で，その T_c は 9.5 K である．

合金あるいは金属間化合物では，その多くが超伝導を示す．最高の T_c は Nb_3Ge の 23.2 K であり，この値は長い間，T_c の理論的な限界に近いと考えられてきた．Nb_3Sn や NbTi のような合金は，技術的によく発展しており，磁気共鳴画像法（magnetic resonance imaging, MRI）の超伝導磁石として，病院で体を検査するために広く用いられている．

1986 年のいわゆる高 T_c 革命以前は，超伝導は 1 K 以下の T_c をもつ還元された $SrTiO_3$ や，混合原子価の Ti を含む $LiTi_2O_4$ スピネル，混合原子価の Pb を含む Bi ドープした $BaPbO_3$ など，いくつかの酸化物で知られているにすぎなかった．

現在は，多くの銅化合物が超伝導を示すことが知られている．ほぼすべてが，混合原子価（+2 と +3 の間）の Cu をもつ層状の構造を有する．実用的に興味があるのは，主に 123 相，すなわち $YBa_2Cu_3O_7$ と $NbBa_2Cu_3O_7$ である．後者は，約 7 T ものきわめて高い H_{c2} の値を有し，高磁場磁石として応用されている．また，$Bi_2Sr_2Cu_2Cu_3O_{10+\delta}$（BiSCCO2223）は高い J_c をもつ線材，テープ，ケーブルとして応用されている．不思議なことに，発見された銅化合物の T_c が高くなっていくたびに，

表 8.3　超伝導物質の例

物質群	物　質	T_c/K	物　質	T_c/K
金　属	Hg	4	Nb	9.5
	V	5.4	Tc	7.8
	Pb	7.2		
合　金	Nb_3Ge	23.2	V_3Si	17
	Nb_3Sn	18	V_3Ga	16.5
	Nb_3Al	17.5	NbN	16
非銅系酸化物	$LiTi_2O_4$	12	$BaPb_{0.75}Bi_{0.25}O_3$	13
			$Ba_{0.6}K_{0.4}BiO_3$	30
銅化合物	$La_{1.85}Sr_{0.15}CuO_4$	40	$Tl_2Ba_2CuO_6$	80
	$YBa_2Cu_3O_7$	93	$Tl_2Ba_2CaCu_2O_8$	105
	$Bi_2Sr_2Ca_2Cu_3O_{10}$（BiSCCO）	110	$Tl_2Ba_2Ca_2Cu_3O_{10}$	125
	$HgBa_2Ca_2Cu_3O_{10}$	138^a	$Tl_2Ba_2Ca_3Cu_4O_{12}$	115
	Sr_2CuO_4	1.5		
有機化合物	$(BEDT-TTF)_2Cu(NCS)_2$	11.4		
その他の化合物	YNi_2B_2C	15.5	MgB_2	39
	フラーレン（例：Cs_2RbC_{60}）	33	$LaO_{1-x}F_xFeAs$	28
	シェブレル相（例：$HoMo_6S_8$）	0.7–1.8	$SmO_{1-x}F_xFeAs$	55
	硫黄：93 GPa	10	$ErRh_4B_4$	1.0–8.7
	160 GPa	17^b		

[a] 高圧下では $HgBa_2Ca_2Cu_3O_{10}$ の T_c は 166 K まで上昇する．*Nature on Earth* に報告された最低温度より 20 K 低いだけである．166 K はまだ（2013 年）では T_c の最高記録である．

[b] 硫黄は通常非金属であるが，高圧では金属的にさらには超伝導になり，現在純元素の中では最高の T_c を示す．T_c は圧力とともに上昇する．一方，Nb では圧力とともに T_c は低下する．

その化合物はより珍しさを増し，より不安定な構造になり，毒性も増す．BiSCCO 相の発見以降，Pb および Tl をベースにした銅化合物が発見され，T_c は 126 K まで上昇し，最近はフッ素処理をした Hg ベースの銅化合物 $HgBa_2Ca_2Cu_3O_{8+\delta}$ が 138 K（23 GPa の高圧下では 166 K に上昇）の T_c を示している．ペロブスカイト関連の銅化合物の結晶化学的な原理については，次節で議論する．

　他にも多くの物質が超伝導を示すことが見出されている．特に興味深いのは，以下のようなものである．

- シェブレル相（一般式は $REMo_6X_8$：X = S, Se；RE は希土類元素）の結晶構造を**図 8.6**(a) に示す．これらは $HoMo_6S_8$ と類似の構造をもつ低 T_c の磁場再突入型超伝導体であり，ある限られた温度範囲で超伝導を示し，0 K までは続かない．この物質は，T_{c2}（= 0.7 K）から T_{c1}（1.8 K）では超伝導になり，T_{c1} 以上および T_{c2} 以下の温度では常伝導の強磁性体になる．XRh_4B_4（X = Y, Th, RE）の分子式をもつ複雑なホウ化ロジウム相もまた低 T_c 超伝導体であり，X = Er の類似の構造は，$T_{c1} \approx$ 8.7 K, $T_{c2} \approx 1$ K の磁場再突入型超伝導体である．

- MgB_2 は古くから知られる物質であるが，T_c = 39 K の超伝導を示すことが 2001 年に秋光によって発見された．図 1.51 に示したような単純な結晶構造であり，3 配位した B 原子がグラファイト状の層を形成し，Mg 層と積層する．MgB_2 中では，B–B 結合は完全な電子対をもつ共有性の σ 結合ではなく，電子欠損状態（$Mg^{\delta+}B_2^{\delta-}$）であり，イオン結晶になる $\delta = 2$ でも電子移動は不完全であるため，基底状態では金属的である．MgB_2 では B の格子振動が重要で，^{11}B を ^{12}B で置換すると強い同位体効果を示し，BCS 理論と一致する．MgB_2 は，4.2 K で H_{c2} が約 200 T に達し，磁場に対して強く，容易に線材にできることから，実用的な応用に大きな期待がもたれている．

- $CeCu_2Si_2$ に代表される重フェルミオン（heavy fermion）化合物群は超伝導を示す．例えば，$CeCoIn_5$（T_c = 23 K），放射性の $PuCoGa_5$（T_c = 18 K）などがある．これらの化合物では，4f（Ce）

第8章　電気的性質

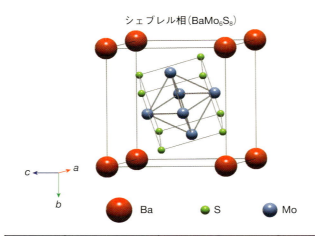

シェブレル相(BaMo$_6$S$_8$)

原子	ワイコフ位置	x	y	z
Ba	1a	0	0	0
Mo	6f	0.23479	0.56589	0.41741
S1	6f	0.1233	0.3907	0.7365
S2	2c	0.2512	0.2512	0.2512

三方晶(菱面体晶)：a=0.66441 nm, α=88.562°
空間群：$R\bar{3}$ (No. 148)

(a)

ZrCuSiAs

マトロッカイト(PbFCl)

原子	ワイコフ位置	x	y	z
Zr	2c	0	0.5	0.2046(6)
Cu	2b	0	0.5	0.5
Si	2a	0	0	0
As	2c	0	0	0.6793(8)

正方晶：a=0.36736, c=0.95712 nm
空間群：$P4/nmm$ (No.129)

原子	ワイコフ位置	x	y	z
Pb	2c	0	0.5	0.2055(1)
Cl	2c	0	0.5	0.6485(1)
F	2a	0	0	0

正方晶：a=0.41062, c=0.72264 nm
空間群：$P4/nmm$ (No.129)

(b)　　　　　　　　　　　　　　　(c)

図 8.6 結晶構造．(a) シェブレル相．(b) ZrCuSiAs．(c) PbFCl．

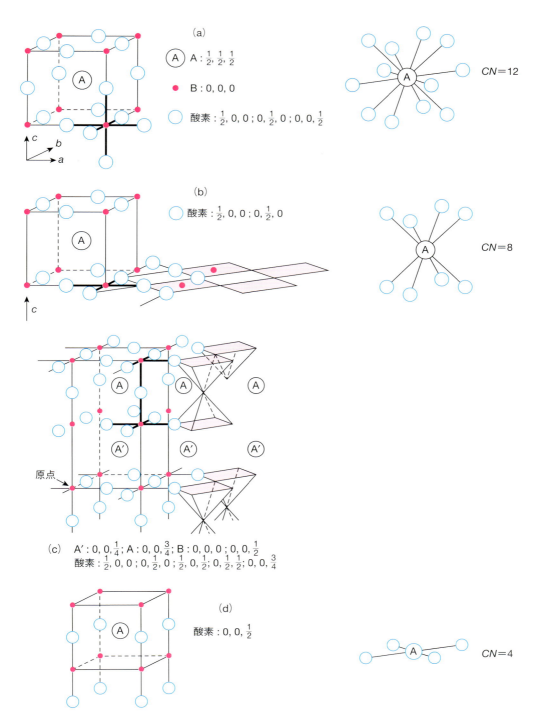

図 8.7 ペロブスカイト関連銅化合物の構造．Cuに関して(a)八面体配位，(b)正方平面配位，(c)四角錐配位，(d)直線配位．

第8章　電気的性質

と 5f(Pu)電子はフェルミ準位 E_F に近く，その有効質量 m^* は通常より約 10^3 倍大きい．E_F における状態密度 $N(E)$ が高く，電子は高濃度となるために電子はゆっくり移動し，そのために m^* 値は大きくなる．また，$N(E)$ が高いために磁気的に不安定となり，エネルギー幅は上向きスピンと下向きスピンの副バンドに分裂する．

・単層カーボンナノチューブは，一次元超伝導体($T_c = 15$ K)である．フラーレンも超伝導体である（後述）．また，前述したような有機電荷移動錯体にも興味がもたれている．

・$REO_{1-x}F_xFeAs$ などのオキシニクタイド相(oxypnictide；RE = La では $T_c = 28$ K，RE = Sm では $T_c = 55$ K に上昇，2008 年に細野が発見)は，銅化合物に次いで 2 番目に高い T_c を有することから多くの関心がもたれている．多くは Fe ベースであり，Fe による磁性が超伝導に関係している可能性がある．以前は，磁性と超伝導は共存できない現象と考えられていた．これらの相の多くはイェチコ(Jeitschko)によって初めて合成され，性質が調べられた．一例を図 8.6(b)に示す．これらの構造は，鉱物マトロッカイト(matlockite；PbFCl：図 8.6(c))から誘導される．これらの相は一般に，酸化物あるいは金属層で隔てられた $FeAs_4$ あるいは $CuAs_2$ の二次元層を含んでいる．

これらはすべて魅力的な新物質であるが，実用という点ではまだ初期の段階にある．もっとも興味がもたれている応用は，高 T_c の銅化合物と NbTi や Nb_3Sn のような従来の超伝導体の強力磁石への応用である．

8.3.6 ■ ペロブスカイト型銅酸化物の結晶化学

理想的な立方晶ペロブスカイト構造をもつ単純な銅化合物は，おそらく存在しない．これは，Cu は小さな八面体位置(B 位置)は占めるが，正規の八面体配位をとらないためである．すなわち，価数に依存して，直線，正方平面，ピラミッド(四角錐)，歪んだ八面体配位などのさまざまな構造をとる．銅系超伝導体の多くは，結晶学的に複雑な美しさをもつ．構造には種々の酸素欠損があるため，Cu は広範囲の配位数と価数をもつ．

このような銅系超伝導体の構造はどのようになっているのだろうか．まず，図 8.7(a)に示すような理想的な立方晶ペロブスカイト構造を考えてみる．頂点には小さな陽イオン B が，稜の中心には酸素があり，大きな 12 配位の陽イオン A が体心を占める．1 つの陽イオン B が，1.17.7 節で議論したように正規の八面体配位をとる様子を示している．八面体は頂点共有してつながった三次元構造をつくり，陽イオン A が収まるための空隙が生じる．これらの空隙は ReO_3 構造では空であり，タングステンブロンズでは部分的に占められ，ペロブスカイト型化合物およびペロブスカイト関連銅系（およびビスマス系）超伝導体では完全に占められている．陽イオン B の位置は，ペロブスカイト構造では通常，完全に占められている(しかし，La ドープした $BaTiO_3$ では B 位置が空孔になる．A 位置の Ba^{2+} が La^{3+} で置換され，その電荷を補償するため，Ti の空孔が生成する．一般式は $Ba_{1-4x}La_{4x}Ti_{1-x}O_3$ である)．

図 8.7(a)でペロブスカイト構造から酸素をいくつか引き抜くとどうなるかを考えてみる．図 8.7(b)では，位置 $0, 0, \frac{1}{2}$ のすべての酸素は空である．その結果，A の配位は 8 配位に低下する．B の配位は正方平面配位であり，それらの平面は頂点(酸素)を共有して，無限の二次元シートを形成する．ペロブスカイト関連の相では，Cu において正方平面配位が見られるものもある．このことから，Cu は図 8.7(e)に示すような d 電子の配置をもつ d^8 イオンになっているはずであり(Ni^{2+}，Pd^{2+}，Pt^{2+} などの d^8 イオンでは正方平面配位は一般的である)，Cu は +3 価の状態にあると考えられる．

次に $0, 0, \frac{1}{2}$ の酸素を 1 層ごとに取り除いてみる(図 8.7(c))．この様子を示すためには，2 つのペロブスカイト単位格子が必要である．理想的な軸長は $a, a, 2a$ であり，a, b 軸長は同じであるが c 軸長はその 2 倍である．図 8.7(c)には，酸素が $0, 0, \frac{3}{4}$ を占め，$0, 0, \frac{1}{4}$ は空である新しい単位格子を示す．

358

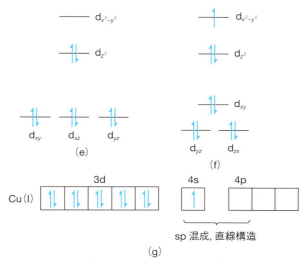

図 8.7 （つづき）(b〜d)はそれぞれ(e) Cu^{3+}：d^8, (f) Cu^{2+}：d^9, (g) Cu$^+$：d^{10}s^1 に関係する．(g)では 4s 電子は放出（されて Cu$^+$ となるの）ではなく，共有結合を形成する．

A の配位は 12 配位（A：$\frac{1}{2}, \frac{1}{2}, \frac{3}{4}$）か 8 配位（A'：$\frac{1}{2}, \frac{1}{2}, \frac{1}{4}$）である．B の配位は四角錐配位（5 配位）である．BO$_5$ 四角錐はつながって無限のシート構造を形成し，そのシート構造は共通の頂点を通してつながり，BO$_5$ 四角錐の 1 層は上向きでもう一方の層が下向きになっている対あるいはサンドウィッチ構造を形成する．A 原子はこれらの積層の内部に位置し，A' 原子は隣接した積層間で層を形成する．このような四角錐の Cu への配位は，通常の銅化合物と同じであり，d^9 の Cu^{2+} に特徴的である（d^9 イオンはしばしば四角錐構造あるいはヤーン・テラー効果による歪んだ 8 配位を示す．d 電子の配位は図 8.7(e)と似ているが，1 個の電子が占めている d$_{x^2-y^2}$ 軌道に電子が追加されている（**図 8.7**(f)））．

もとの単位格子はそのままで，最後に，位置 $\frac{1}{2}, 0, 0$ と $0, \frac{1}{2}, 0$ からすべての酸素を取り除く．ただし，$0, 0, \frac{1}{2}$ はそのままにする（**図 8.7**(d)）．A の配位数は 4 に減少し，平面 4 配位になる．B の配位は直線的である．もし，すべての単位格子が同じであれば，c 軸に平行に無限 BO 鎖が生じる．このような直線状の CuO 鎖は，いくつかの銅化合物で生じる（しかし一般的ではない）．このような Cu の 2 配位は，Cu が d^{10} の Cu$^+$ 種になっていることを示している．このような関係は，Cu の 3d 殻はすべて満たされ（d^{10}），結合電子が Cu の 4s 軌道と 1 つの 4p 軌道と関係し，直線状の sp 混成軌道になっていることを示している（**図 8.7**(g)）．

ここで示した結晶化学の法則を用いると，多くの複雑な銅化合物の構造は，次に YBa$_2$Cu$_3$O$_7$ について示すように，単純なペロブスカイト関連化合物に分解できることがわかる．他の化合物はさらに複雑で，岩塩構造あるいは蛍石構造類似の断片とともに種々のペロブスカイト関連の断片からなる集合構造を含んでいる．

8.3.7 ■ YBa$_2$Cu$_3$O$_{7-\delta}$（YBCO）

YBa$_2$Cu$_3$O$_{7-\delta}$（YBCO）は，酸素の組成 δ が $0 \leq \delta \leq 1$ の範囲で変化する固溶体である．酸素量 $7-\delta$ が変化すると，Cu の平均酸化状態も変化する．δ の変化により電気的性質は劇的に変化する．$\delta = 0$ のときの固溶体の端成分 YBa$_2$Cu$_3$O$_7$ は $T_c = 90$ K の超伝導体である．δ の増加とともに T_c は急激に減少し，$\delta = 1$ では，あらゆる温度で超伝導体にならず半導体である．超伝導特性を最適化するためには，YBCO セラミックス，膜，線材の作製における，酸素量の制御が重要である．また，試料中の δ を

第8章 電気的性質

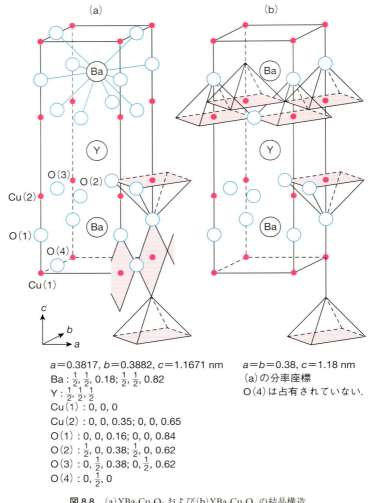

$a=0.3817, b=0.3882, c=1.1671$ nm
Ba : $\frac{1}{2}, \frac{1}{2}, 0.18; \frac{1}{2}, \frac{1}{2}, 0.82$
Y : $\frac{1}{2}, \frac{1}{2}, \frac{1}{2}$
Cu(1) : 0, 0, 0
Cu(2) : 0, 0, 0.35; 0, 0, 0.65
O(1) : 0, 0, 0.16; 0, 0, 0.84
O(2) : $\frac{1}{2}$, 0, 0.38; $\frac{1}{2}$, 0, 0.62
O(3) : 0, $\frac{1}{2}$, 0.38; 0, $\frac{1}{2}$, 0.62
O(4) : 0, $\frac{1}{2}$, 0

$a=b=0.38, c=1.18$ nm
(a)の分率座標
O(4)は占有されていない.

図 8.8 (a) $YBa_2Cu_3O_7$ および (b) $YBa_2Cu_3O_6$ の結晶構造.

測定する実験的な方法を開発することも重要である.

8.3.7.1 ■ 結晶構造

$YBa_2Cu_3O_7$ は興味深い結晶構造を有する.（$YBa_2Cu_3O_7$ を化学量論組成のペロブスカイト $BaTiO_3$ と比較すると）見かけ上は,ペロブスカイト構造中の 2/9 の酸素が欠損した構造であるとみなすことができる.図 8.8 に単位格子を示す.c 軸方向に 3 つのペロブスカイトに関連した構造単位が積み重なっている.この構造単位のうちの 2 つ,すなわち単位格子の上 1/3 と下 1/3 は,Ba が A 位置にあり,正味の組成としては「$BaCuO_{2.5}$」で,稜の中点にある 12 個の酸素位置のうち 2 つは空である.図 8.8 (a) の上側に示した Ba からわかるように,Ba の配位数は 10 である.中央部の構造は,実質的な化学量論組成が「$YCuO_2$」であり,4 つの稜の中点の酸素が欠損しているため,Y の配位数は 8 である.

銅位置には 2 種類ある.ペロブスカイト構造では,Cu は八面体位置にあるが,酸素欠損のため,5 配位（Cu(2)；四角錐配位）あるいは 4 配位（Cu(1)；正方平面配位）となる.正方平面 4 配位構造ユニットは頂点でつながり,y 軸に平行な鎖を形成している.四角錐はシート状につながり,xy 平面に平行な層となる.この隣接した 2 つの層は,正方形が連結してできた鎖によってつながれ,全体で対称な

三重の層を形成する．この複雑な層の構造ユニットの繰り返しを，図 8.8(a) 右下に示した．

$YBa_2Cu_3O_7$ の単位格子は斜方晶で，$a \approx b \approx c/3$ である．図 8.8(a) に示した原子配置から，結合距離が計算される．$Cu(1)-O(1) = 0.16c = 0.187\,nm$ であるが，$Cu(2)-O(1) = 0.19c = 0.222\,nm$ である．つまり，$Cu(1)-O(1)$ は $Cu(2)-O(1)$ より短い．このことは，$Cu(1)$ の形式価数が高いこと，したがって酸素と強く短い結合を形成することと一致している（次節参照）．

8.3.7.2 ■ 原子価数と超伝導の機構

$YBa_2Cu_3O_7$ の中の Cu の酸化状態は通常とは異なる．Y, Ba, O が，それぞれ通常の酸化数（価数）である $+3$, $+2$, -2 をもつとすると，電気的中性条件から，Cu の価数は平均 $+2.33$ でなければならない．これは，$+2$ の状態である四角錐 $Cu(2)$ が 1 単位格子あたり 2 つ，$+3$ の状態である正方形 $Cu(1)$ が 1 単位格子あたり 1 つあるとするとつじつまが合う．これらの見かけの価数の状態は，8.3.6 節で議論するように，観察される配位環境と一致する．

しかし価数の状態を表現する方法については，意見が分かれている．Cu^{2+} や Cu^{3+} が存在するのではなく，酸化物イオンのいくつかが O^- イオンとして存在すると考えることもできる．いずれにおいても，Cu と O は，通常の Cu^{2+} と O^{2-} と比べて部分的に酸化されている．四角錐の底面をユニット，すなわち $(CuO_2)_x$ とみなす別の見方もできる．$(CuO_2)_x$ は部分的に酸化されているが，Cu, O あるいは，Cu の 3d と O の 2p 軌道が重なり合ってできたバンド構造のどれが酸化されているかは，未解決のままである．$YBa_2Cu_3O_7$ は基底状態では金属的であり，xy 面に電子が非局在化している．伝導度には異方性があり，c 軸方向に比べて，ab 面内すなわち銅化合物層の二次元構造の中ではより高い伝導度を示す．

$YBa_2Cu_3O_7$ 構造のより酸化されている部分は，Cu-O からなるバンド構造を含んでいるが，四角錐の $Cu(2)$ と正方平面の $Cu(1)$ の間でも電荷移動を起こすことはできると考えられる．なぜなら，超伝導が起こるためには正孔が必要である．Cu は部分酸化によって $+2$ と $+3$ の混合原子価の状態にあり，また四角錐の中でもっとも酸化されているのは $Cu(1)$ である．超伝導は基本的に四角錐の中の $Cu(2)$ に関係していると考えられているが，$Cu(2)$ の価数は $+2$ すなわち Cu^{2+} と考えられている．そのため，$Cu(1)$ は，内部での酸化還元あるいは電荷移動の過程で四角錐の $Cu(2)O_2$ 底面から電子を受け取る「シンク (sink)」になって，$+3$ 価すなわち Cu^{3+} になることにより，正孔を供給していると考えられている．

$YBa_2Cu_3O_7$ での超伝導には，Cu 原子の価数および図 8.8(a) に示すような，O と結合した複雑な結晶構造が関係している．構造を部分的に還元すると超伝導性は崩壊するだろう．特に図 8.8(a) の $O(4)$ 位置の酸素を取り除くと，Cu の平均の価数は減少する．T_c の δ 依存性を **図 8.9**(a) に示す．試料を徐冷するか急冷するかによって，異なった挙動が見られる．これらの違いは，十分には理解されていないが，正方平面の $Cu(1)$ と四角錐の $Cu(2)$ の間で内部移動している電荷の量と関係していると考えられる．

酸素を取り除いたときの結晶構造の変化を **図 8.8**(b) に示す．$YBa_2Cu_3O_6$ ($\delta = 1$) では，すべての $O(4)$ 酸素位置が空になり，$Cu(1)$ の配位数は 2（直線配位）に減少する．8.3.6 節で議論したように，これは Cu^+ の配位に特徴的で，$Y^{3+}Ba_2^{2+}Cu(1)^+Cu(2)_2^{2+}O_6$ ($\delta = 1$) の酸化状態では一貫していると考えられる．したがって，酸素を取り除いても $Cu(2)$ 面はさほど影響を受けず，$Cu(2)$ は基本的には Cu^{2+} のままである一方，$Cu(1)$ は Cu^{3+} から Cu^+ に還元される．

超伝導を示さない $YBa_2Cu_3O_6$ ($\delta = 1$) の単位格子は正方晶であるのに対し，超伝導を示す $YBa_2Cu_3O_7$ ($\delta = 0$) の単位格子は斜方晶である（8.4.3 節を参照）．したがって，図 8.8(b) の単位格子は A 位置の陽イオンと上端／下端の面心を通る z 軸に平行な 4 回の回転対称軸をもっている．図 8.8(a) に示す

第8章　電気的性質

$YBa_2Cu_3O_7$ では，$0, \frac{1}{2}, 0$ には O(4)酸素が存在するが，$\frac{1}{2}, 0, 0$ には酸素がないため，2回の回転対称軸だけである．

8.3.7.3 ■ $YBa_2Cu_3O_{7-\delta}$ の酸素量

ほとんどの酸化物は，正確に決まった酸素量をもっている．しかし，$YBa_2Cu_3O_{7-\delta}$ は，温度と酸素分圧を変えて試料を単純に加熱するだけで δ が $0 \leq \delta \leq 1$ の範囲で容易に変化する例外的な化合物である．酸素量は図8.9(b)に示す熱重量分析から得られ，大気中では $YBa_2Cu_3O_{7-\delta}$ の質量は温度の関数になる．完全に酸化された状態の $YBa_2Cu_3O_7$ では，酸素の欠損は約400℃以上で始まり，連続的に融点近くの約1000℃まで続く（融点も δ によって変化する！）．冷却すると，容易に酸素が取り込まれ，比較的速い加熱／冷却速度（10℃ min^{-1}）でも可逆的な平衡になる．室温で中間の δ 値をもつ試料を作るためには，ある特定の温度で平衡にした後，酸素が取り込まれないよう短い時間で急冷する必要がある．

種々の雰囲気での温度と δ の関係を示した $YBa_2Cu_3O_{7-\delta}$ の相図を図8.9(c)に示す．温度が一定のときは，δ は酸素分圧 p_{O_2} の減少とともに増加し，逆に，p_{O_2} が一定のときは δ は温度の上昇とともに増大する．

8.3.7.4 ■ 酸素量$(7-\delta)$の決定

固体の酸素量を決定するのは容易ではない．試料を溶液に溶解させる原子吸光法などの化学的な元素分析は，溶媒自身が多くの酸素を含んでいるため，適当ではない．電子線分析（EPMA，EDS）や蛍光X線を用いた固体の直接的な元素分析では固体の酸素量の決定が可能である．しかし，酸素は軽元素であり，放出されるX線は「軟らかい」（すなわち比較的低エネルギー）ため，放出した試料自体に容易に吸収される．このように機器を用いて酸素を定量的に分析することは可能であるものの，一般的ではない．

一般的によく使われる間接的な方法として，試料を還元性雰囲気で加熱する方法がある．もし，生成物がわかっていれば，還元による質量変化から酸素量を決定することができる．水素還元 TG（熱重量分析）では，例えば，試料の質量が一定になるまでプログラムした熱サイクルにより5%H_2-95%N_2 の混合気体中で加熱を行うと，$YBa_2Cu_3O_{7-\delta}$ では，以下の反応が起こる．

$$YBa_2Cu_3O_{7-\delta} + (3.5-\delta)H_2 \longrightarrow \frac{1}{2}Y_2O_3(s) + 2BaO(s) + 3Cu(s) + (3.5-\delta)H_2O(g)$$

この反応では，Cu 成分は Cu 金属に還元されるが，この条件では，Y と Ba はもとの試料の酸化状態のままである．

混合原子価の元素を含む物質に適用できる別の方法として，ヨード滴定法（iodometry）がある．例えば，試料を過剰の KI の溶液を加えた酸性の希 HCl 中に溶解させると，I^- イオンは Cu^{3+}, Cu^{2+} を Cu^+ に，O^- を O^{2-} に還元するとともに，CuI を析出させる（CuI は不溶性である）．これらの反応に用いられた I の量は，残った I^- の量から求められる．I^- の量はチオ硫酸塩に対する逆滴定から求められる．Cu 量の測定には別の方法が必要になる．具体的には，Fe^{2+} を含んだ希 HCl 中で試料を溶解すると，すべての Cu^{3+} は Cu^{2+} に還元され，Fe^{2+} は Fe^{3+} に酸化される．前もって還元した試料としていない試料を用いて Fe^{2+} を滴定することによって，Cu^{3+} 量つまり δ を決定できる．

8.3.8 ■ フラライド

K_3C_{60} などの多くのアルカリ金属フラライド（フラーレン化合物）は超伝導体である．銅化合物が二次元超伝導体であるのに対し，これらは三次元超伝導体である．C_{60} とフラライドの構造と結合につ

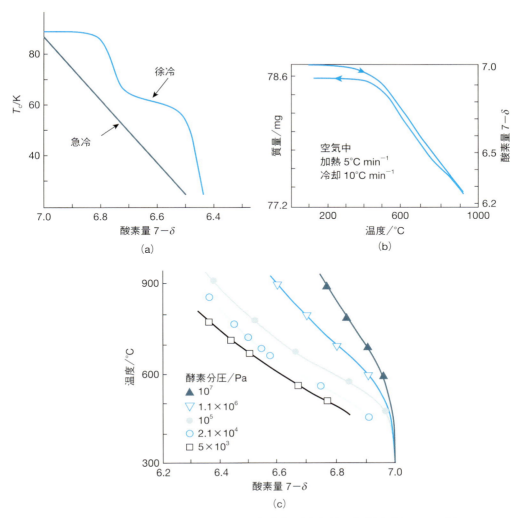

図 8.9 (a) $YBa_2Cu_3O_7$ の T_c と酸素量 $7-\delta$ の関係．熱履歴（合成後の冷却速度）の重要性を示している．(b) $YBa_2Cu_3O_7$ の熱重量分析の結果．加熱時の酸素欠損は冷却の際にほとんど可逆的に戻る．$10°C\ min^{-1}$ よりかなり遅い冷却速度が，酸素量が 7.0 に完全に戻るために必要である．(c) $YBa_2Cu_3O_{7-\delta}$ における酸素分圧による酸素量 $7-\delta$ と温度の関係．異なる酸素分圧での δ と温度の関係を示す．

いては，1.15.6 節と 3.3.4.3 節で議論した．C_{60} とアルカリ金属との反応により，電子は C_{60} の伝導帯に入り，絶縁体から金属に変化する．$C_{60}{}^{3-}$ 陰イオンでは伝導帯が半分満たされるため，A_3C_{60} で伝導度は最適になる．さらにアルカリ金属を反応させると伝導度は再び減少し，$C_{60}{}^{6-}$ では伝導帯が完全に満たされて最小になる．

多くの A_3C_{60} 化合物は超伝導を示す．T_c の圧力依存性が決定されていて，T_c と立方晶の格子定数 a との間に明瞭な関係が見られるものもある（**図 8.9**(d)）．こうした関係から，超伝導が起こる条件について重要な情報がわかる．まず第一に，アルカリ金属陽イオン（M^+）は，単に「パッキング（詰め物）」イオンであり，それらは，電子を C_{60} ネットワークに与えるだけで，電気的性質にはほとんど影響を及ぼさない．第二に，T_c は $C_{60}{}^{3-}$ イオンが互いに反発して離れるほど上昇する．これは，隣接する $C_{60}{}^{3-}$ イオンの間の軌道の重なりを減らすことになり，「金属性」すなわち，伝導帯の幅を減少させる．

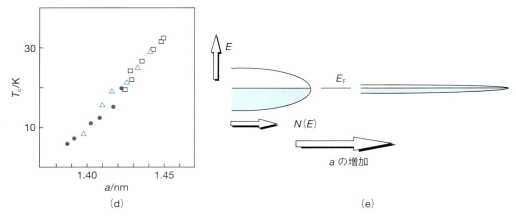

図 8.9 (つづき)(d)フラライドの T_c と立方晶の格子定数 a の関係．(●)種々の圧力下にある K_3C_{60}．(△)種々の圧力下にある Rb_3C_{60}．(□)種々の組成をもつ $M_xM'_{3-x}C_{60}$ (M, M' = K, Rb, Cs)．(e) C_{60}^{3-} イオンがさらに離れると伝導帯幅が減少し，E_F における $N(E)$ が増加する．
[(d)は O. Gunnarsson, *Rev. Mod. Phys.*, **69**, 575–606(1997)より許可を得て改変]

直感的には受け入れ難いが，特に高 T_c 銅化合物では，高伝導性の金属伝導体にはならず，金属－絶縁体転移の端にある伝導度の低い金属伝導体が超伝導になる．この現象は，フラライドでも同様であり(図 8.9(d))，C_{60}^{3-} イオンが反発して離れるほど伝導帯は狭くなる．しかし，エネルギー準位の数は変化せず(C_{60} ごとに 3 つの準位がある)，したがって状態密度 $N(E)$ は，フェルミ準位の近くでたいへん高くなる．すなわち，E_F ではほぼ同じエネルギーをもつ可動電子が非常に多く存在する(**図 8.9(e)**)．これに関しては，超伝導の起源については種々意見が分かれており，銅化合物やフラライドの超伝導の起源については未解決で，広く認められた解釈はない．

8.3.9 ■ 超伝導体の応用

超伝導体の現在の主な実用的な応用は，核磁気共鳴画像(MRI)や NMR 分光計などの超伝導磁石であり，4 億ドルの世界市場がある．超伝導磁石は，NbTi(T_c = 9.2 K)のような，従来の超伝導体を用いた NbTi 線のコイルから作られており，一般の標準的な電磁石より容易に大きな磁場を作ることができる．電流が流れる間の巻き線中で熱損失がなく，運転のための経費は高くないが，液体 He の中で冷却する必要がある．NbTi はよく研究されており，巻き線にするのが容易なので，すでに実用化されている．新しい超伝導体 MgB_2(T_c = 39 K)は安価であることから，実用化が期待されている物質である．YBCO は実用化のための十分な特性をもっているが，線材にするのにコストがかかる．

YBCO や BiSSCO2223 は液体 N_2 中で超伝導を示すことから，その発見以来電流を流すことができるように線材やテープ状とし，マイクロエレクトロニクス機器の電気回路の部品や接続部品で使用することが試みられている．金属や合金は容易に線材にできるが，YBCO や BiSSCO は酸化物のセラミックスであり線材にするのは容易ではない．この問題を解決する方法には，主に 2 つある．1 つ目の方法は，超伝導物質の粉体を Ag 管の中に詰めて，引き延ばす方法である．BiSSCO では，この方法で 77 K において電流密度 J が 10^4 A cm^{-2} の線材が作られている．77 K に冷却するだけで超伝導になるため，商業的な線材が初めて作られた(第一世代)．2 つ目の方法は，Ni やステンレス鋼の金属テープ上に膜をコーティングする方法であり，テープ線材が作られる．この方法は YBCO ではすでに確立されており，数百メートルの長さで 77 K において 10^6 A cm^{-2} もの高い電流密度をもつ線材が得られている．この電流密度は，電気回路で用いられる Cu 金属の 100 倍であるが，この方法により作ら

れた YBCO 線材はまだ高価である．この線材は十分な特性をもっており，高い磁場でも超伝導になる（4 K では測定できないほど高い H_{c2} を有している）．しかし現段階では，イギリス国内の YBCO を用いた電力網による電力の輸送は，製造と運用の費用が高すぎるため実現できていない[訳注 1]．

　高 T_c 超伝導体の発見およびその後の発展から，当初はすぐにマイクロエレクトロニクスへ応用されることが期待されていたが，まだ実現していない．それは，主に MOSFET（metal oxide semiconductor field-effect transistor）が発展し，液体 N_2 温度に冷却する必要がないマイクロエレクトロニクス技術の小型化をもたらしているためである．

　新しい第 2 種の高 T_c 超伝導体を使った磁気浮上はたいへん期待されているが，まだ磁気浮上列車は実用化には至っていない．超伝導磁石を使うことの優位性はそれほどないので，日本の山梨での試験線を除いては，ほとんどの磁気浮上システムは従来型の Fe 芯の電磁石を用いている．

　新しい磁性に基づいて超伝導が直接応用されている分野としては，小さな磁場を検出するための SQUID（superconducting quantum interference device；超伝導量子界面装置）がある．SQUID は，薄い絶縁層によって隔てられた 2 つの超伝導物質の間をトンネル電流が流れるという**ジョセフソン効果**（Josephson effect）をもとに開発された．心臓疾患を検出する心磁図や，人間の脳の異常を検出する脳磁図として医療に応用されている．SQUID はまた，物質の磁気特性を調べるための研究用機器に広く使われている．

　放射光リングや円軌道にある電子を巨大な超伝導磁石を用いて光速にまで加速するための粒子加速器が建設されている．電子は湾曲した超伝導磁石によって曲がった軌道内だけを運動する．スイス・CERN の大型ハドロンコリダーは，8000 A の電流が必要な湾曲した超伝導磁石を用いて，2 K で 8 T の磁場を作り出している．1 つの応用として，このような粒子加速器を用いると，電子と他の粒子間の衝突エネルギーを増加させることができる．今日，CERN では衝突エネルギーを 7 TeV まで上昇させることに成功しており，ヒッグスボソン粒子の発見につながっている．2 つ目の応用として，曲がった経路に電子を束縛して，放射光を垂直に出すことにも使われている．このような放射光は，分光学的な研究や回折測定などの基礎研究で多くの応用がある．これらの技術のいくつかは第 6 章で述べた．

[訳注 1]　日本国内では実証実験が行われている段階．米国での実証実験・実用化はまだ．

8.4 ■ 半導体特性

まずはじめに金属と半導体における伝導性の重要な違いを明らかにしておく．一般に電気伝導度 σ は次式で与えられる．

$$\sigma = ne\mu \tag{8.7}$$

ここで，n は電荷担体（キャリヤー）の数，e は電荷，μ は**移動度**（mobility；易動度ともいう）である．金属では可動電子の数が多く，n は実質的には一定である．移動度は電子－フォノン衝突のため，温度上昇とともに減少する．結果的に，図 8.10 に示す絶対温度の逆数と電気伝導度の対数の関係を表すアレニウスプロットからわかるように，伝導度は温度の上昇とともに徐々に減少する．

半導体では可動電子は少ない．電子の数は，温度を上げて価電子帯から伝導帯へ電子を励起するか，電子や正孔をつくるための不純物をドープすることによって増加する．前者では n は次式で与えられる．

$$n = n_0 \exp\left(-\frac{E}{kT}\right) \tag{8.8}$$

ここで，n_0 は定数（電子の総数），E は電子を伝導帯に励起するための活性化エネルギー，k はボルツマン定数（Boltzmann constant；化学では気体定数 R を使うことが多い．もし気体定数 R を使えば E の単位は kJ mol^{-1} であり，k を使えば E の単位は eV である），T は絶対温度（単位 K）である．図 8.10 の真性半導体領域に示したように，可動電子の数 n_0 と σ は温度の上昇とともに指数関数的に上昇する．金属の場合，移動度 μ は温度でほとんど変化しない．したがって，伝導度の温度依存性は，実質的に n の温度依存性によって決まる．

半導体の場合にはドーパント（不純物）の添加によって，さらに可動電子が生成する．図 8.10 の低温側にある外因性半導体領域では，熱励起によって生成する真性キャリヤー濃度よりドーパントの添加により生成するキャリヤーの濃度の方が高い．したがって，外因性半導体領域では，キャリヤー濃度は温度に依存しない．σ は前述したように，移動度の温度依存性によって，温度上昇にともないわ

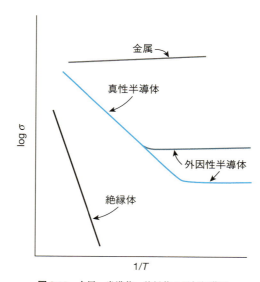

図 8.10　金属，半導体，絶縁体の電気伝導度．

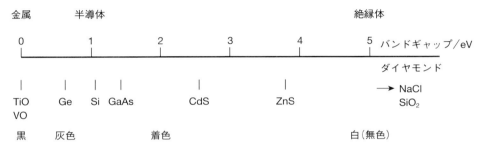

図 8.11 電気的性質とバンドギャップの関係および典型的な化合物の例.

ずかに減少する.

　絶縁体は伝導度の大きさが違うだけで，半導体と同様である．絶縁体の伝導度は，温度とドーパントの濃度に依存する．絶縁体のバンドギャップは半導体よりも大きいので，キャリヤー生成の活性化エネルギーは大きく，高温でも σ はとても小さい．

　金属，半導体および絶縁体の電気的性質を説明するためのバンド理論については，すでに第 3 章で概説した．物質の電気的性質を決定する重要なパラメータはバンドギャップ E である（図 8.11, 表 3.18, 表 3.19）．バンドギャップを越えて電子を励起するには，エネルギーの吸収が必要である．バンドギャップが小さい（< 1 eV）場合，電子は，特に高温では，熱エネルギーによって励起される．一方，$E < 0.01$ eV の物質は，実質的に金属的となる．バンドギャップが広い場合は，適当な波長の光を照射することによって励起が起こり，**光伝導**（photoconductivity）が生じる．例えば CdS では $E = 2.45$ eV であり，可視光を吸収して励起が起こるため，太陽光のエネルギーを変換する太陽電池として使われている．

8.4.1 ■ ダイヤモンドおよびセン亜鉛鉱構造の元素，化合物半導体

　技術的にもっとも重要な半導体は，周期表の IV 族元素でダイヤモンド構造の C, Si, Ge と III 族と V 族元素からなる同じダイヤモンド構造の GaAs, II 族と VI 族の元素からなる CdTe などである．これらの化合物はダイヤモンドと基本的な原子配置は同じであるが，III–V 族および II–VI 族元素では，四面体位置が規則的に配列している．この規則化した構造は，1.17.1.2 節で述べたセン亜鉛鉱構造である（図 1.33）．ダイヤモンド構造の IV 族元素の単位格子のデータは表 1.9 に，また単一元素および化合物半導体のいくつかのバンドギャップの値は表 3.18 と表 3.19 に示したとおりである．これらの半導体物質の中でも，Si は技術的にもっとも重要であり，現代のマイクロエレクトロニクス産業のほとんどは Si がベースになっている．

　実用化されている半導体の多くは，ドープした外因性領域の半導体である．III 族や V 族の元素を Si にドープすると外因性半導体になる．0.02 at% 程度の少量の 3 価の元素，例えば Ga をドープすると，Ga 原子はダイヤモンド構造の四面体位置にある Si 原子を置換して置換型固溶体を生成する．共有結合モデルによれば，純粋な Si の Si–Si 結合は電子対を共有する一重結合である．図 8.12(a) に示すように Si 原子は 4 個の結合電子をもち，他の 4 個の Si 原子と結合している．Ga 原子は 3 個の価電子しかもたないので，Ga をドープした Si の Ga–Si 結合には電子が 1 つ不足している．バンド理論計算と実験結果から，1 個の電子で結合した Ga–Si 結合は，Si の価電子帯の一部とはならず，価電子帯のすぐ上の不連続なエネルギー準位あるいは原子軌道を形成する．この準位は**アクセプター準位**（acceptor level）とよばれる．

　アクセプター準位と価電子帯の上端のエネルギー幅は小さいので（≤ 0.1 eV），電子は熱エネルギー

第8章　電気的性質

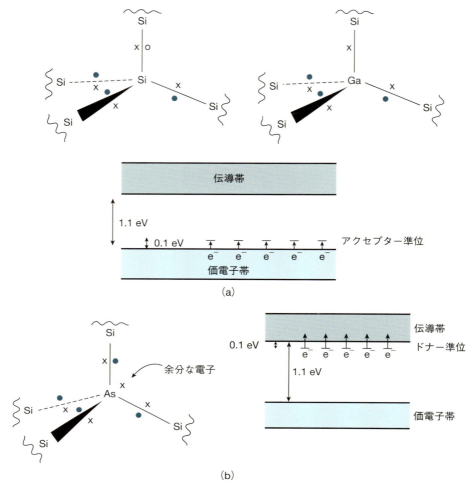

図8.12　(a) GaをドープしたSiのp型半導体特性．(b) AsをドープしたSiのn型半導体特性．

によって，容易に価電子帯からアクセプター準位へと励起される．アクセプター準位は，Gaの濃度が低ければ不連続である．アクセプター準位の電子は伝導には直接寄与しない．電子が価電子帯からアクセプター準位に（熱的に）励起されると，価電子帯に残された正孔が動くことになる．GaドープしたSiは**p型半導体**(p-type semiconductor)になる．

正孔伝導の概念はたいへん有用であるが間違いやすい．新たに正孔が生成すると，もとの位置は空になり，電子はその空孔の中に入ることによってのみ動くことができる．次々にホッピング伝導することによって正孔は一方向に，実際には，電子と逆方向に動くことになる．

常温では価電子帯から熱的に励起される伝導帯の電子の数に比べ，Gaドープにより生成する正孔の数の方がはるかに多いので，外因性領域の正孔濃度は熱励起により生じる真性キャリヤーの濃度よりはるかに高い．したがって，Gaの濃度によって伝導度を制御することができる．温度の上昇とともに真性キャリヤーの濃度は指数関数的に増加し，高温では，真性キャリヤーの濃度が外因性キャリヤーの濃度を上回り，真性半導体の挙動へと変化が起こる（図8.10）．

Asのような5価の元素をSiにドープした場合には，As原子はダイヤモンド構造のSiを置換するが，それぞれのAsは，4つのSi–As共有結合を形成するのに必要な電子の数よりも1つ多く電子をもつ（**図8.12**(b)）．バンド理論によれば，この余分な電子は，伝導帯の底部よりエネルギーが0.1 eV低い不

連続なエネルギー準位（**ドナー準位**：donor level）を占めている．また，このドナー準位は，重なり合った連続的なバンドを形成しないので，この準位の電子は直接動くことはできない．しかし，ドナー準位内の電子は，熱的に容易に伝導帯へと励起される．このような物質は，**n型半導体**（n-type semiconductor）といわれる．

以上をまとめると，外因性半導体と真性半導体の主な違いは次のとおりである．

(1) 外因性半導体は，同じ真性半導体に比べ低温では高い伝導度をもつ．25℃において純粋なSiの真性伝導度は約 10^{-2} S cm^{-1} であるが，適当なドーピングによりこの値は数桁も増加する．
(2) 外因性半導体の伝導度は，ドーパント濃度によって正確に制御できるので，求める伝導度をもつ半導体を設計・製造することができる．真性半導体の伝導度は，温度と残留不純物の有無により大きく変化する．
(3) 外因性半導体になる温度範囲は，(i)大きなバンドギャップをもつ物質を選び，(ii)価電子帯あるいは伝導帯近くにエネルギー準位をもつドーパントを選択することにより，かなり広げることができる．

8.4.2 ■ 半導体の電気的性質

半導体の電気伝導度は式(8.7)で与えられる．伝導度の温度依存性は，実質的にキャリヤー濃度 n によって決定される．n は外因性領域では温度に依存しないが，式(8.8)で与えられるように真性領域では温度に依存する．真性領域では，電子が伝導帯に励起されると価電子帯には正孔が残される．したがって，

$$[e] = [h] = [n] \tag{8.9}$$

となる．ここで，$[n]$ は欠陥濃度である．真性欠陥の生成やキャリヤー濃度は，熱平衡にあるとみなすことができるので，

$$\text{null} \; \rightleftharpoons \; e' + h^{\cdot} \tag{8.10}$$

ここで，平衡定数 K は次式のようになる．

$$K = [e][h] = [n]^2 \tag{8.11}$$

外因性半導体では，ドナーやアクセプターを加えると，それぞれ，電子あるいは正孔濃度が増加するが，K は少量のドーパントの濃度には依存しないので，$[e]$ が増加すると $[h]$ は減少し，$[e]$ が減少すると $[h]$ は増加する．外因性半導体は，多数キャリヤー（majority carrier）と少数キャリヤー（minority carrier）の両方を含んでいる．

多くの半導体機器では，電荷キャリヤーの移動度が電子機器の動作速度を決める．電荷の移動度は3つの因子により決定される．1つ目は**ドリフト速度**（drift velocity）v_d であり，印加した電場の強度 E に次のように依存する．

$$v_d = \mu_d E \tag{8.12}$$

ここで，μ_d はドリフト速度である．μ_d は電子ーフォノン衝突と電子ー不純物相互作用の2つの項によって決まり，それぞれ温度および不純物の増加とともに増大する（式(8.1)）．意図しない不純物による影響と，その移動度に対する影響を減らすために，高純度の半導体が第一に必要になる．帯域溶融精製による半導体の高純度化については第4章と第7章で述べた．

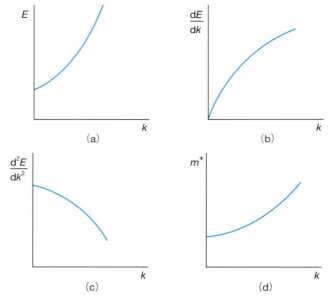

図 8.13 (a) E および E の (b) 一次微分, (c) 二次微分と波数ベクトル k の関係. (d) 有効質量 m^* と波数ベクトル k の関係.

2つ目は温度に依存するキャリヤー固有の**熱速度**(thermal velocity) v_t である. キャリヤーは, ガス状の粒子のように取り扱うことができる. これは単純化しすぎてはいるが, 有用である. 気体分子運動論から, キャリヤーの運動エネルギー KE は, 次式で与えられる.

$$\mathrm{KE} = \frac{1}{2} m^* v_t^2 = \frac{3}{2} kT \tag{8.13}$$

ここで, m^* はキャリヤーの**有効質量**(effective mass)であり, 以下のように書き直すことができる.

$$v_t = \left(\frac{3kT}{m^*} \right)^{\frac{1}{2}} \tag{8.14}$$

有効質量には, 電子を粒子のように取り扱うことで, ニュートンの法則を適用することができる. ほぼ自由な電子のモデルでは, 電子の速度は電子−フォノン衝突によって決まり, 単純には, 電子の速度の減少は, 電子の有効質量を増加させることで取り入れることができる. 電子の運動量 p は, 波数 k との間に式(3.41)〜(3.44)の関係があり, 理想的な E と k の放物線状の関係は, 図3.27(e)で示される. また, 有効質量は次式で与えられる.

$$m^* = \frac{h^2}{\dfrac{d^2 E}{dk^2}} \tag{8.15}$$

E–k 曲線は図3.27(c)に示したが, 一部を図 8.13(a)に示す. 図 8.13(b)には dE/dk と k の関係を, 図 8.13(c)には d^2E/dk^2 と k の関係を示す. 式(8.15)から m^* は d^2E/dk^2 に逆比例する. m^* と k の関係を図 8.13(d)に示す.

3つ目は試料中に電荷キャリヤーの濃度勾配があるときに起こる, 高濃度の領域からのキャリヤーの拡散である. 電荷キャリヤーの熱速度の方向は, 拡散(diffusion)による方向と同じである. キャリヤーの濃度勾配があるところでは, 高濃度から低濃度の領域に正味の移動が起こる. 電荷キャリヤー

表 8.4 n 型 Si の 25℃ における v_d と v_t の典型的な値
[出典：S. A. Holgate, *Understanding Solid State Physics*, Taylor & Francis（2010）]

仮定：	$m^* = 1.18m_0 = 1.18 \times 9.11 \times 10^{31}$ kg
	（m_0 は電子の質量）
	$\mu_d = 0.15$ m^2 V^{-1} s^{-1}
	$V_{appl} = 2$ kV m^{-1}
式（8.12）から：	$v_d = 300$ m s^{-1}
式（8.14）から：	$v_t = 1.075 \times 10^5$ m s^{-1}

が均一分布となっても拡散は起こるが，ある特定の方向への正味の移動は起こらない．

全体として移動する電荷キャリヤーはドリフト速度，熱速度，拡散を合わせたものとなるが，それぞれの効果は通常，電子と正孔で異なる．Si と GaAs では，いずれも電子の速度は正孔より速い．この効果は，高速の電子機器を作るときには考慮する必要がある．ある特定の方向への電流値はあらゆる拡散の効果の影響を含む v_d で与えられる．**表 8.4** に典型的な試料の v_d と v_t の値をまとめるが，これらの大きさを比較することは興味深い．典型的な有効質量と電子の移動度の値が計算されており，ある小さな電場 2 kV m^{-1} を仮定すると，熱速度の計算値はドリフト速度より数桁大きいことがわかる．このことから，印加電圧は単に乱雑な電子の移動に対して小さなバイアス電圧を与えているだけであるが，このバイアス電圧により，電子はある特定の方向に徐々に移動することになる．小さな電圧の印加によって，電子がある特定の方向に動くと考えるのは間違いである．

ドリフト速度から，電子―フォノン間の衝突の平均自由行程および「飛行時間（time of flight）」τ を見積もることができる．速度は加速度と時間の積であり，加速度は力／質量で与えられ，力は電荷に印加された電圧 V と e の積に相当するので，

$$v_d = \frac{Ve}{m^*}\tau \tag{8.16}$$

が成り立つ．式（8.16）と式（8.12）を組み合わせると，

$$\mu = \frac{e}{m^*}\tau \tag{8.17}$$

となる．

8.4.3 ■ 酸化物半導体

バンド理論は Si や Ge のような半導体の性質をよく説明できるが，遷移金属化合物の場合には，隣接する原子の外殻価電子の軌道が十分には重ならず，非局在化したエネルギーバンドを形成しないため，この理論を適用することはできない．例えば岩塩構造の MnO では，Mn^{2+} イオン（d^5 イオン）の t_{2g} 軌道は高スピン配置をとるため，3 個の d 電子をもつ（他の 2 個の電子は e_g 軌道にある）．隣接原子間の t_{2g} 軌道が重なりをもつなら，半分満たされたバンドが形成され，金属伝導を示すと期待される．しかし，MnO ではこのようにはならず，代わりに半導体になる．

MnO と同様，FeO や CoO も半導体になる．しかし，TiO や VO などの軽遷移金属の酸化物は金属伝導を示すので，t_{2g} 軌道は十分に重なっているはずである．原子軌道自体は一過性のものもあるので，バンド形成に必要な軌道の重なりの程度を定量的に示すのは困難であるが，VO と MnO の性質の違いから軌道の重なりがバンド形成に関して重要であることがわかる．一連の遷移金属の性質の変化は，原子番号の増加とともに核電荷が増加し，d 軌道の電子がそれぞれの原子により強く束縛されるようになり，非局在化ではなく局在化することを示している（バンド内の電子ではなく原子軌道内あるいは結合内の電子として）．

バンド理論が適用できない半導体は，**ホッピング半導体**（hopping semiconductor）とよばれる．伝

第8章　電気的性質

導電子は各原子に局在しているが，外部からエネルギーが与えられると，隣の原子の軌道へと飛び移ることができる．真性半導体のバンドギャップが伝導に必要な活性化の障壁であるのと同様に，ホッピング伝導に必要な活性化の障壁もある．しかし，自由になった電子は，一度トラップされると新たに活性化されない限り再び隣の原子に移ることはできない．

　2種類以上の酸化状態が存在する遷移金属化合物半導体の伝導度は大きくなる．このような混合原子価をもつ半導体(mixed valency semiconductor)の例として，ニッケルの酸化物がある．化学量論組成の2価のニッケル(II)酸化物(NiO)の伝導度はきわめて小さい．NiO の薄緑色は，八面体配位した Ni^{2+} イオンの原子内 d–d 遷移によるものであり，d 電子は個々の原子に局在化している．NiO を，例えば空気中 800℃ で加熱すると酸化して，実験的な組成 $Ni_{1-x}O$ $(x \approx 0.1)$ をもつ黒色の半導体となる．$Ni_{1-x}O$ は，NiO と同様に基本的には岩塩構造であるが，陽イオン位置には，Ni^{2+} イオン，Ni^{3+} イオン，陽イオン空孔(V)が混在し，以下の式で表される．

$$Ni^{2+}_{1-3x}Ni^{3+}_{2x}V_xO$$

$Ni_{1-x}O$ の電子伝導度は，Ni^{2+} イオンから Ni^{3+} イオンへの電子のホッピングによるものである．ニッケルイオン自身は移動しないが，電子は Ni^{3+} イオンが逆向きに動くのと同じように動く．Ni^{3+} イオンは実質正孔と同等であり，黒色のニッケル酸化物は p 型の酸化物半導体となる．Ga ドープした p 型 Si とは対照的に，Ni^{2+}/Ni^{3+} 間のホッピングは熱励起によって起こるので，温度依存性が大きい．

　酸化された NiO を半導体として実用化する際の欠点は，電気伝導度を制御するのが困難なことである．すなわち，酸化状態に強く依存し，酸化状態は温度と酸素分圧に影響される．価数制御した半導体(controlled valency semiconductor)では，例えば Ni^{3+} イオンの濃度は，異原子価ドーパントの添加によって制御される．具体的には，酸化リチウムは酸化ニッケルおよび酸素と反応して，次の化学式をもつ固溶体を生成する．

$$Li_xNi^{2+}_{1-2x}Ni^{3+}_xO$$

ここで，Ni^{3+} イオンの濃度と伝導度は直接的に Li^+ イオンの濃度に依存する．伝導度の大きさは x とともに大きく変化し，$x = 0$ での約 10^{-10} S cm^{-1} から $x = 0.1$ での約 10^{-1} S cm^{-1} に変化する．

　固溶体の生成機構と異原子価元素ドーピングに関連した価数制御の他の例は第2章に示した．異原子価元素へ置換したときの電気的中性条件による電荷補償は，イオン伝導よりも電子伝導でよく起こる現象である．高 T_c 超伝導銅化合物の電気的性質(8.3 節)は，この価数制御と同じ機構にかなり依存している．これらの物質では，ドーパントの濃度に依存して半導体から金属への転移を示す．したがって，Cu^{2+} と Cu^+ イオンの混合物を含んでいる $YBa_2Cu_3O_6$ は半導体であり，酸素の増加とともに Cu^{2+} と Cu^{3+} イオンを含んだ $YBa_2Cu_3O_7$ に変化し，金属的になる(90 K 以下で超伝導)．これは，Cu 3d と O 2p 軌道の重なりによるバンド構造の形成に起因している．

8.4.4 ■ 半導体の応用

　半導体の主な用途は，トランジスタ，シリコンチップ，光電池などの固体素子である．これらの素子は，その物質がドープされて n 型と p 型のどちらになったかによって，もっとも高い準位を占める電子のエネルギーが異なることに基づいている．例えば，Si のような物質に3価の元素 B をドープして p 型に，5価の元素 P をドープして n 型にしたときのバンド構造を図 8.14(a)に示す．p 型の物質では，アクセプター準位は価電子帯の上端のすぐ上にある．これらの準位は価電子帯から励起された電子によって占められている．電子は熱エネルギーで十分に励起される．価電子帯の上端には正孔ができる．n 型の領域では，ドナー準位は伝導帯の底のすぐ下にあり，ドナー準位にある電子は，伝

8.4 半導体特性

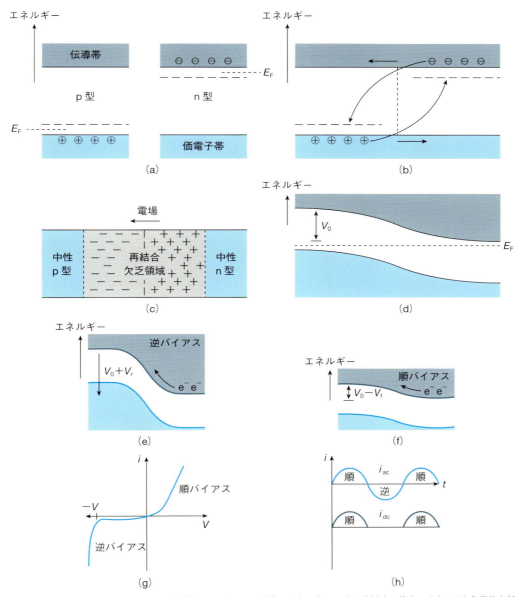

図 8.14 p–n 接合．(a) p 型および n 型半導体のエネルギー準位．(b) p 型および n 型領域の接合により，(c) 自発的な拡散による電荷空乏層が形成され，(d) バンドの曲がりが生じる．バンドの曲がりは，(e) 逆バイアスにおいて増加し，(f) 順バイアスにおいて減少する．(g) に示すバイアス電圧–電流特性により，(h) 整流特性を示す．

導帯に励起されるのに十分な熱エネルギーをもっている．フェルミ準位 E_F は，n 型の方が p 型よりも高い．半導体をマイクロエレクトロニクスに使うことができるのは，ドープが異なる物質の界面ではフェルミ準位 E_F が違うためである．

p–n 接合 (p–n junction) では (**図 8.14**(b))，n 型領域と p 型領域が直接接合する．例えば，Si などの単結晶内にドナー／アクセプター不純物の組成の傾斜を作ることにより**ホモ接合** (homojunction) や，Si 基板上にドーパントを変えて第二の物質をエピタキシャル成長させて**ヘテロ接合** (heterojunction) を作ることができる．接合を作る前には，n 型領域と p 型領域は電気的に中性である．しかし，n 型と p 型の接合部では，フェルミ準位が違うため，p 型，n 型両方の領域で実質的な電荷の濃度勾

373

第8章 電気的性質

配が形成され，自発的に電子がn型領域からp型領域に拡散することになる．それらの電子は伝導帯のエネルギー準位に入るか，価電子帯に落ちて正孔と結合する．逆に，p型領域の価電子帯にある正孔は，n型領域の価電子帯に拡散するか（もちろん，ある方向に拡散する正孔は，実際には，電子の逆方向への拡散である），伝導帯の電子との正孔-電子結合により消滅する．電子のフェルミエネルギーは電気化学ポテンシャルと類似している．すなわち，もしポテンシャルの違いがあると，電子は自発的にポテンシャルの高い領域からポテンシャルの低い領域に流れる．

異なる物質の間で物理的に接合すると，こうした過程が起こる結果，いずれかの側に電荷キャリヤーが欠乏した領域が形成される．p型領域側には余分な負の電荷が，n型領域側には余分な正の電荷があるため，この界面領域は電気的に中性ではない．電荷が欠乏した領域（depletion region；空乏層）は**空間電荷層**（space charge layer）ともよばれ，物質全体にわたって電荷がさらに均質になることを防いでいる．また，p型領域の正孔は電子のトラップとして働き，もしトラップされると，それらは負に帯電することになる．

拡散過程により生じる正味の効果は，**図8.14**(c)に示したように逆の電場V_Eが形成されることである．このことにより，自発的な拡散とは反対の方向に実質上電荷が移動する．平衡の状態は，拡散とドリフト電流が相殺されることによって達成され，どちらの方向への電荷移動にも実質的な駆動力はなく，界面の両側のフェルミ準位は同じになる（**図8.14**(d)）．

空乏層が生成するとバンドの曲がり（band bending）が生じる．これにより，図8.14(d)に模式的に示したように，局所的に価電子帯と伝導帯のエネルギーが調整されることになる．n型領域側から負の電荷を取り除くと，価電子帯と伝導帯に残っている電子と，原子核の間に大きな引力が働き，エネルギーが低下する．逆に，p型領域側では，価電子帯と伝導帯のエネルギー準位は，余分に存在する負の電荷のためにp-n接合の近くで上昇する．バンドが曲がるという考え方により，いったん，空乏層が生成すると，正味の電荷移動が起こらない理由を説明できる．アップヒル過程であるために，n型領域の伝導帯からp型領域の伝導帯への電子の流れが減少するのである．したがって，多数キャリヤーは，n→pの方向にはほとんど接合を越えられない．逆に，p型領域の伝導帯にある少数キャリヤーは，ダウンヒル過程なのでp→nの方向に接合を越えられるものもわずかにある．

p-n接合にdcバイアスを印加することの効果を**図8.14**(e)と(f)に模式的に示す．逆バイアス（図8.14(e)）では，p型領域の端子に負の電圧が印加される．この電圧の印加により，電子がn型からp型の領域に移動する際のエネルギー障壁は$V_0 + V_r$に増加する．ここで，V_0はdcバイアスを印加しない平衡状態でのp-n接合の障壁の高さであり（図8.14(d)），V_rは印加した逆電圧である．その結果，n型領域からp型領域へアップヒル移動する電子の数は，さらに少なくなる．反対方向には少数キャリヤーによる小さなドリフト電流が流れ続ける．これに対して，順バイアス（図8.14(f)）では，正電圧V_fがp型領域側の端子に印加され，電子の移動に対するエネルギー障壁は$V_0 - V_f$に低下する．したがって，n型からp型領域への多数キャリヤーの流れが再開し，連続的に電流が流れる．電子はn型領域側の端子（右側の電極）から入り，伝導帯を通して流れ，p型領域の価電子帯に落ちる．p型領域で電子は正孔と再結合する．しかし，p型領域では左側の電極により新たな正孔が生成する．p型領域では，電子が価電子帯から引き抜かれ，dc電流が流れることになる．

結果として，電流は逆バイアスでは著しく減少し，順バイアスでは増大する．これを**図8.14**(g)に示す．こうしてバイアスによる**整流効果**（rectifying action）が作り出され，交流電流はdc電流に変換される（**図8.14**(h)）．p-n接合は，整流作用のある二極真空管と同じ機能をもつ固体素子である．Siベースのp-n接合は，電子回路において二極真空管と完全に置き換わった．より複雑なp-n-pあるいはn-p-n接合は，電流あるいは電圧の増幅器として働くトランジスタ素子（transistor）の基礎になっており，三極真空管と完全に置き換わった．

374

価数を制御したホッピング半導体は，サーミスター(thermistor = thermally sensitive resistor：熱感応性抵抗)，すなわち温度に敏感な抵抗として使われる．こうした半導体は，伝導のための活性化エネルギーが必要であり，伝導度は温度の上昇とともに増加する．例えば，$Li_{0.05}Ni_{0.95}O$ は，約200℃までの広い温度範囲で活性化エネルギー $E \approx 0.15$ eV のアレニウス型の伝導挙動を示す．伝導度には再現性があるので，リチウムニッケル酸化物は，温度測定および制御用のデバイスとして用いられる．再現性を達成するためには，不純物に敏感でない物質，すなわち Fe_2O_3, Mn_2O_3, Co_2O_3 ドープした NiO およびある種のスピネルが使われる．

光伝導を示す半導体もある．こうした半導体の伝導度は，光の照射によって著しく増加する．非晶質セレンはすぐれた光伝導体であり，コピー機には不可欠な素子である(第10章参照)．Se のような非晶質物質は長距離の規則構造をもっていないので，従来のバンド理論では，それらの性質を説明することができない．

8.5 ■ イオン伝導

ほとんどのイオン性固体では，イオンは格子位置に固定されている．これらのイオンは，赤外線領域の周波数で連続的に振動しているが，通常格子位置から抜け出るのに十分な熱エネルギーはもっていない．もし，イオンが隣の格子位置に抜け出るあるいは動くことができれば，**イオン伝導**(ionic conduction)が起こる．イオン伝導は，**イオン移動**(ionic migration)，**イオンホッピング**(ionic hopping)，**イオン拡散**(ionic diffusion)ともいわれる．特に，結晶中の欠陥が関与すれば，イオン伝導は高温では容易に起こる．欠陥がない固体では，原子空孔がなく，格子間位置は完全に空である．イオン伝導が起こるために最低限必要なことは，いくつかの格子位置が空孔であり，隣のイオンがその空孔に移り，そのイオンのもとの位置は空孔になる場合か，イオンが格子間位置にあり，隣の格子間位置に移ることができる場合である．高温では，イオンは大きな熱エネルギーをもって激しく振動し，欠陥濃度も高い．例えば，約800℃の融点直下での NaCl の伝導度は約 10^{-3} S cm^{-1} であるが，室温での純 NaCl は，10^{-12} S cm^{-1} 以下の伝導度の絶縁体である．

固体電解質，高速イオン伝導体，超イオン伝導体などとよばれる，通常のイオン性固体とは異なる少数グループの固体がある．固体電解質の中では，1種類のイオンがかなり容易に動くことができる．固体電解質は，イオンが動ける開いたトンネルや層状構造のような，特殊な結晶構造をもっている．強酸の液体電解質と同程度の伝導度を示すことがあり，例えば β－アルミナ中の Na$^+$ イオンの伝導度は，25℃で 10^{-3} S cm^{-1} である．新しい固体電解質を見つける，あるいは，新たな固体電気化学デバイスとしての応用を広げる目的で，固体電解質の研究は大きな関心がもたれている．まずはじめに，典型的なイオン性固体の伝導度が，結晶欠陥によってどのように影響されるかを考えてみる．

純粋なあるいはドープされたアルカリハロゲン化物と Ag ハロゲン化物のイオン伝導度はよく研究されており，十分に理解されている．これらの物質のイオン伝導度の値は一般に，実際の応用のためには小さすぎる．数十年前に単結晶についての測定が詳細に行われ，欠陥の生成，移動，凝集に関する熱力学的なデータが知られている．こうしたデータによって，イオン性固体の挙動が理解できる．したがって，ここではまず，これらのデータについて詳細に考えることにする．

8.5.1 ■ アルカリ金属ハロゲン化物：空孔伝導

アルカリ金属ハロゲン化物結晶では，通常陽イオンの方が陰イオンより動きやすい．NaCl 結晶の
ある断面を図 8.15 に示す．Na^+ イオンが近くの陽イオン空孔へ移動して，もとの位置は空孔になる．
いったん移動した Na^+ イオンは，(1) 移動するための次の空孔が近くになく，(2) NaCl 中の四面体格
子間位置を経由する Na^+ イオンの移動は実質的には起こらないため，それ以上動くことはできない．
しかし，陽イオン空孔(cation vacancy)は常に 12 個の Na^+ イオンに囲まれており，そのうちのどれ
か 1 つは空孔に移ることができる．したがって，陽イオン空孔は NaCl 中の主な電荷キャリヤーとみ
なすことができる．陰イオン空孔も存在するが，陽イオン空孔より動きにくい．

NaCl のイオン伝導度は陽イオン空孔の数に依存し，空孔の数は試料の純度や熱履歴に依存する．
空孔は 2 種類の方法で作ることができる．1 つは，単純に物質を加熱する方法である．熱力学的な平
衡状態で存在する空孔の数は，温度の上昇とともに，指数関数的に増大する(式(2.12))．これは純粋
な真性 NaCl の空孔の数である．もう 1 つは，異原子価の不純物を添加する方法である．空孔の生成
においては電気的中性条件を満たさなければならない．例えば，少量の $MnCl_2$ を添加すると，次の
化学式の固溶体が得られる．

$$Na_{1-2x}Mn_xV_xCl$$

この固溶体では，Mn^{2+} イオン 1 個につき陽イオン空孔(V)が 1 個生成する．そのような空孔は外因
性であり，純粋な NaCl 中には存在しない．低温では(例えば 25℃)，熱的につくられる真性空孔の
数は非常に少ないため，外因性の空孔よりかなり少ない．温度の上昇とともに外因性挙動から真性挙
動に変化し，熱的に作られる真性の空孔の数は，不純物による外因性の空孔の濃度を上回る．

イオン伝導度の温度依存性は通常，アレニウスの式で与えられる．

$$\sigma = A\exp\left(-\frac{E}{RT}\right) \tag{8.18}$$

ここで，頻度因子 A はいくつかの項に関係するが，その 1 つが可動イオンの振動数である．$\log_e\sigma$ を
T^{-1} に対してプロットすると，傾きが $-E/R$ の直線が得られる．より一般的には，伝導度は $\log_{10}\sigma$ で
プロットされ，このときの傾きは $-E/R\log_{10}e$ である．ホッピング伝導などの伝導機構では，温度の
逆数の項を頻度因子 A に入れて，$\log_{10}\sigma T$ を T^{-1} に対してプロットする場合もある．この場合，傾き
から計算される活性化エネルギーはわずかに異なる可能性がある．

NaCl 結晶の模式的なアレニウスプロットを図 8.16 に示す．低温では，空孔の数は不純物の量に支
配され，それぞれの不純物濃度において一定となる．図中の 4 本の平行な線はドーパントの量が異な
る．真性領域では，σ の温度依存性は陽イオンの移動度 μ(式(8.7))のみに依存し，その温度依存性は
次のアレニウスの式で与えられる．

$$\mu = \mu_0\exp\left(-\frac{E_m}{RT}\right) \tag{8.19}$$

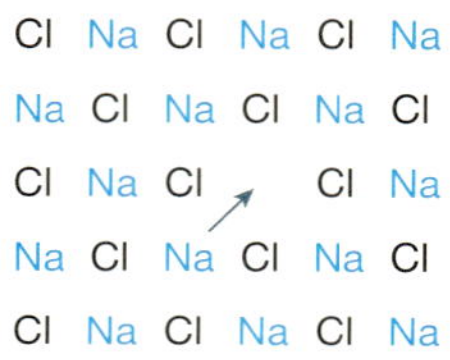

Cl Na Cl Na Cl Na
Na Cl Na Cl Na Cl
Cl Na Cl ↗ Cl Na
Na Cl Na Cl Na Cl
Cl Na Cl Na Cl Na

図 8.15 NaCl 中の陽イオン空孔と Na^+ イオンの移動.

8.5 イオン伝導

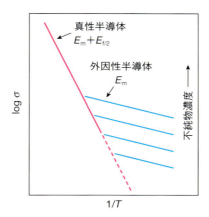

図 8.16 ドープした NaCl 結晶のイオン伝導度の模式図．外因性半導体領域の平行な直線は，異なるドーパント濃度に対応する．

ここで，E_m は陽イオン空孔の移動の活性化エネルギーである．

8.5.1.1 ■ ホッピングの活性化エネルギー：幾何学的考察

E_m の起源を理解するためには，Na^+ イオンがある格子位置から隣の空の格子位置へとジャンプするときの経路を考えなければならない．NaCl の結晶構造の一部分を図 8.17(a)に示す．これは，頂点に交互に Na^+ と Cl^- イオンがある単純な立方体であり，NaCl の単位格子の 1/8 に対応する．頂点の 1 つが Na^+ イオンの空孔であり，他の 3 つの頂点に存在する Na^+ イオンの 1 つがその空孔へ移動する．Cl^- イオンの 1 と 2 は，接触はしていないがたいへん接近しており，Na^+ イオンはその間を通り抜けることができないため，Na^+ イオンが立方体の面を横切って直接ジャンプ（点線）するのは不可能である．代わりに Na^+ は，立方体の真ん中を経由する間接的な経路（曲がった矢印）を通るはずである．立方体の中心は格子間位置であり，8 つの頂点からは等距離にある．4 つの頂点は Cl^- イオンで占められ，それらの 4 つの頂点は立方体の中心に対して四面体配位している．Na^+ イオンがこの中央の格子間位置に移動するには，まず Cl^- イオン 1, 2, 3 がつくる三角形の窓を通り抜けなくてはならない．Na^+ イオンがこの狭い間隙を通り抜けるのがいかに難しいかを理解するために，この窓の大きさを計算してみる．

NaCl では，格子定数 a は 0.564 nm である．Na–Cl の結合距離は $a/2 = 0.282$ nm である（図 8.17(a)）．

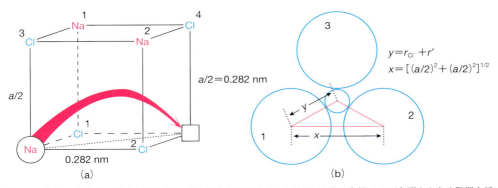

図 8.17 (a) NaCl 中での Na^+ の移動経路．(b) 移動する Na^+ イオンは NaCl 中の半径 r' の三角形からなる隙間を通り抜けなければならない．1～3 は Cl^- イオン．

第 8 章　電気的性質

陰イオンと陽イオンが接触しているとすれば，この値は $r_{Na^+} + r_{Cl^-}$ に等しい．Na^+ イオンおよび Cl^- イオンのイオン半径は，どのデータベースの表を用いるかで多少異なるが，それぞれ約 0.095 および約 0.185 nm である．両者の和から計算される Na–Cl の結合距離は約 0.280 nm であり，測定値とほぼ一致する．

　NaCl のような最密充塡構造では，陰イオンが相互に接触しているか，あるいはかなり近いところにある．Cl^- イオン 1, 2, 3 は，最密充塡の層の一部を形成し，Cl(1)–Cl(2) 間距離は $[(a/2)^2 + (a/2)^2]^{1/2}$ = 0.399 nm である．その値は $2r_{Cl^-}$ より約 0.03 nm 大きいので，NaCl では隣り合った陰イオンは接触してはいない．

　Cl^- イオン 1, 2, 3 から構成される三角形の窓あるいは通路の半径 r' は，**図 8.17**(b) から次のように求められる．

$$\cos 30° = \frac{x/2}{y} = \frac{0.1995}{r_{Cl^-} + r'} \tag{8.20}$$

したがって，

$$r_{Cl^-} + r' = \frac{0.1995}{\cos 30°} = 0.230 \text{ nm} \tag{8.21}$$

もし，$r_{Cl^-} = 0.185$ nm であれば，$r' = 0.045$ nm である．

　立方体の中心にある格子間位置（図 8.17(a)）の半径 r'' も同様に計算される．立方体の体対角線は $2(r_{Cl^-} + r'')$ である．したがって，

$$2(r_{Cl^-} + r'') = \left[(a/2)^2 + (a/2)^2 + (a/2)^2\right]^{\frac{1}{2}} = 0.488 \text{ nm} \tag{8.22}$$

よって，

$$r'' = 0.059 \text{ nm} \tag{8.23}$$

となる．

　このように，NaCl 中を Na^+ イオンが移動するのは，たいへん困難で複雑な過程であることがわかる．Na^+ イオンはまず，半径 0.045 nm の狭い三角形の隙間をくぐり抜け，続いて小さな半径 0.059 nm の格子間四面体位置に入る必要がある．この位置は，0.244 nm の距離の 2 個の Na^+ イオン 1, 2 と 4 個の同じ距離にある Cl^- イオンに囲まれたきわめて厳しい環境であり，この位置に滞在する時間は短い．次に Na^+ イオンはそこを離れ，（Cl^- イオン 1, 2, 4 で形成される）半径 0.045 nm の狭い間隙を通り抜けて，他の側にある空の八面体位置を占める．実際には，欠陥のまわりで構造の緩和や歪みが起こり，原子間距離が変化するので，これまでの計算よりもかなり複雑になる．しかし，Na^+ イオンの移動は困難であり，かなりの活性化エネルギーの障壁があることはわかる．

　図 8.16 の外因性の領域では，伝導度は空孔の濃度と移動度に依存する．式(8.7)と式(8.19)から，伝導度は次のように表される．

$$\sigma = ne\mu_0 \exp\left(-\frac{E_m}{RT}\right) \tag{8.24}$$

高温にある真性領域では，熱的に励起される空孔濃度は，ドーパントによる空孔より多い．したがって，n は温度に依存し，同様にアレニウスの式で与えられる．

$$n = N \exp\left(-\frac{E_f}{2RT}\right) \tag{8.25}$$

この式は式(2.12)と同じである．$E_f/2$ は 1 モルの陽イオン空孔をつくるのに必要な活性化エネルギーであり，1 モルのショットキー欠陥をつくるのに必要な活性化エネルギーの半分である．空孔の移動

度は式(8.19)で求められ，真性領域での全体の伝導度は次のようになる．

$$\sigma = Ne\mu_0 \exp\left(-\frac{E_\mathrm{m}}{RT}\right)\exp\left(-\frac{E_\mathrm{f}}{2RT}\right) \tag{8.26}$$

すなわち，

$$\sigma = A\exp\left(-\frac{E_\mathrm{m} + E_\mathrm{f}/2}{RT}\right) \tag{8.27}$$

図 8.16 には不純物濃度が異なる NaCl 結晶の模式的なアレニウスプロットを示した．外因性領域の平行な線は，異なる不純物濃度に対応し，真性領域の 1 本の線は伝導度が不純物の濃度に影響されないことを示している．真性領域での直線の傾きは外因性領域での傾きより大きい．もし，両方の傾きが求められれば，E_m と E_f が求められる．

8.5.1.2 ■ NaCl 結晶のイオン伝導

　実際には種々の複雑な因子があるため，図 8.16 はいくらか理想化しているものの，**図 8.18** に示す NaCl 単結晶の実験結果は，図 8.16 と同様の単純な挙動を示している．ステージ I と II は，それぞれ図 8.16 の真性領域と外因性領域に対応する．破線は I と II の領域の外挿線であり，ここで逸脱が起こっていることを示している．融点(802℃)付近を越えるとステージ I′ が生じているが，これには 2 つの原因が考えられる．1 つは陰イオン空孔が移動しやすくなり，σ に対して有意に寄与したためである．もう 1 つは，高温で空孔の濃度が高くなり，陰イオンと陽イオンの空孔の間に働く長距離のデバイ・ヒュッケル相互作用が顕著になったためである．親和力(溶液中のイオン間に働くデバイ・ヒュッケル相互作用に類似)は，E_f を減少させるように働く．したがって，空孔の生成が容易になり，空孔濃度が増加し，σ も増加する．NaCl について，どちらの解釈が正しいかの結論は出ていないが，AgCl 単結晶では，高温での同様な σ のずれは，デバイ・ヒュッケル効果が原因と考えられている(図 2.4 に関する考察を参照)．

　約 390℃ 以下では(特に NaCl 結晶では)，σ は理想的な外因性伝導の直線から下にずれる(ステージ III)．これは，陽イオン空孔/陰イオン空孔の対，あるいは陽イオン空孔/異原子価陽イオン不純物対などの複合欠陥の生成が原因である．これらの複合欠陥は，反対の電荷をもった欠陥の間の短距離の引力によって生成し，上述した長距離間に働くデバイ・ヒュッケル相互作用とは明確に異なる．ステージ III では，陽イオン空孔が動くようになるためには，まずはじめに複合欠陥が脱離する余分なエネルギーが必要になる．そのため，ステージ III の活性化エネルギーは，E_m(ステージ II)より大きくなる．

　NaCl 中のイオン伝導に関係した種々の活性化エネルギーの値を**表 8.5**(a)に示す．E_m が変化する原因は，他の欠陥，特に転位が不可避的に存在し，イオンの移動にかなりの影響を及ぼすためである．転位近傍の結晶構造は応力がかなり歪んでおり，そのため「転位芯(dislocation pipe)」に沿った陽イオンの移動は，乱れていない結晶の中よりも容易になる．そのような場合には，伝導度および E_m の大きさは転位の数と分布に依存することになり，結晶の熱履歴により異なる．ただし，転位の数を制御したり正確に測定したりすることはできないので，σ に及ぼす転位の影響を定量的に求めることは困難である．

8.5.1.3 ■ NaCl 結晶の外因性伝導：異原子価ドーピングによる制御

　不純物の濃度は制御および測定することができ，外因性の領域では σ に大きな影響を及ぼすため，不純物の効果については研究しやすい．真性領域でのショットキー欠陥の濃度は質量作用の法則から，式(2.5)で与えられる．

第 8 章　電気的性質

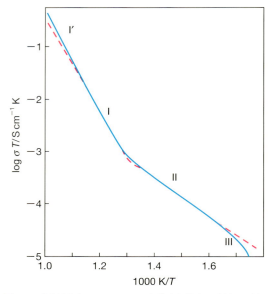

図 8.18　「純粋な」NaCl のイオン伝導度と温度の逆数の関係.

表 8.5　NaCl 結晶，他のイオン性固体，固体電解質の伝導の種類と活性化エネルギー

イオン伝導の種類	活性化エネルギー/eV
(a) NaCl 結晶の伝導度	
Na$^+$ の移動	0.65～0.85
Cl$^-$ の移動	0.90～1.10
ショットキー対の形成	2.18～2.38
空孔対の解離	～1.3
空孔－不純物（Mn^{2+} など）対	0.27～0.50
(b)　他のイオン性固体の伝導	
MgO	Mg^{2+}, O^{2-} は 3～5
Na β－アルミナ	Na$^+$ は 0.16
Na β″－アルミナ	Na$^+$ は 0.08～0.35
RbAg$_4$I$_5$	Ag$^+$ は 0.05
(c)　固体電解質の性質	
1 種類の種だけが動ける（液体電解質と異なる）	
多数のキャリヤー（ほとんどのイオン性固体と異なる）	
容易なホッピング，低い E（約 0.1–0.9 eV）	
比較的まれな現象	
ガラス，セラミックス，結晶，ゲルで起こる	
主に M$^+$, F$^-$, O^{2-} イオンで起こる	
可動種が部分的に位置を占有した構造	
協働した伝導機構が一般的	

$$K = \frac{[V'_{Na}][V^\bullet_{Cl}]}{[Na^x_{Na}][Cl_{Cl}]}$$

K は少量の異原子価不純物には影響されず，分母である占有サイトの数は実質的に一定であり，1 と仮定すると，

$$[V'_{Na}][V^\bullet_{Cl}] = 一定 = x_0^2 \tag{8.28}$$

となる．ここで，真性領域では，$x_0 = [V'_{Na}] = [V^\bullet_{Cl}]$ である．もし，異原子価の陽イオン不純物の添加により外因性領域での陽イオン空孔の数が増えれば，式 (8.28) により，陰イオン空孔の数は減少する．

外因性伝導下での陰イオン空孔の濃度を x_a，陽イオン空孔の濃度を x_c とし（$x_a \neq x_c$），2価の不純物陽イオン濃度を c とすると，

$$x_c = x_a + c \tag{8.29}$$

が成り立つ．この関係は，陰イオン空孔−2価陽イオン不純物対は正味の正電荷 $+1$ を運び，一方で陽イオン空孔は -1 の電荷をもつことに起因する．全体としては電気的に中性である．式(8.28)と式(8.29)を組み合わせ，二次方程式を解くと，次のように正の値の x_c と x_a が得られる．

$$
\begin{aligned}
x_c &= \frac{c}{2}\left[1 + \left(\frac{4x_0{}^2}{c^2}\right)^{\frac{1}{2}}\right] \\
x_a &= \frac{c}{2}\left[\left(\frac{1 + 4x_0{}^2}{c^2}\right)^{\frac{1}{2}} - 1\right]
\end{aligned}
\tag{8.30}
$$

$x_0 \ll c$ であれば，$x_c \to c/2$，$x_a \to 0$ である．この関係は外因性領域で適用され，上で推測した結果と同じである．$x_0 \gg c$ であれば，$x_c = x_a = x_0$ である．この関係は真性領域の伝導に適用される．

すべての不純物が外因性領域で伝導度を増加させるとは限らない．NaCl 中に，K^+ イオンや Br^- イオンなどの同じ価数の不純物があっても，大量でない限り σ にはほとんど影響しない．一方，伝導種の濃度を減少させる不純物は σ を低下させる．もし2価の陰イオンが NaCl に不純物として固溶すれば，動きにくい陰イオン空孔の濃度が増加し，動きやすい陽イオン空孔の濃度が減少することになる．2価の陰イオンは固溶しないので，この効果は NaCl ではあまり見られない．しかし，次で述べる AgCl ではこの効果は重要である．

8.5.2 ■ 塩化銀：格子間伝導

AgCl の主な欠陥は，陽イオンのフレンケル欠陥である．すなわち，Ag^+ イオンが格子間の隙間に侵入し，Ag^+ イオンの空孔が生成する（第2章参照）．格子間 Ag^+ イオンの方が Ag^+ イオンの空孔より動きやすい．2種類の Ag^+ イオンの移動機構の模式図を**図 8.19**(a)に示す．直接格子間機構(1)では，格子間 Ag^+ イオンが隣の空いた格子間位置に移動する．間接格子間機構あるいは準格子間(interstitialcy)機構(2)では，ノックオン過程が起こる．格子間 Ag^+ イオンは，4つの正規位置の Ag^+ イオンのうちの1つを隣の格子間位置にはじき出し，それ自身は新たに生成した正規の格子位置を占める．もし，拡散と伝導度の正確なデータがあれば，準格子間機構と直接格子間機構を分離できる．拡散の測定で，結晶中に Ag^+ イオンの放射性同位体をドープすると，それらの移動が測定される．伝導度の測定では，放射性のものだけでなく，すべての Ag^+ イオンが正味の伝導度に寄与する．**自己拡散係数**(coefficient for self diffusion)D と伝導度 σ は，**ネルンスト・アインシュタインの式**(Nernst-Einstein equation)で関係づけられる．

$$D = \frac{kT}{fn(Ze)^2}\sigma \tag{8.31}$$

ここで，Ze は可動イオンの電荷，n はその濃度である．f は相関係数(correlation factor)あるいは**ハーベン比**(Haven ratio)といわれ，イオンの移動機構に依存する．f の値は，図 8.19(a)で示した2つの機構で異なる．機構(2)では，正味の電荷移動の距離は，それぞれがジャンプする距離よりも大きい．しかし，機構(1)では，Ag^+ イオンがジャンプする距離は，全体の電荷移動の距離に一致する．拡散の測定はイオン自体の移動を測定するのに対し，伝導度測定は全体としての電荷の移動を測定することから，ハーベン比は2つの機構で異なる．AgCl では準格子間機構(2)が支配的であることが実験的に知られている．

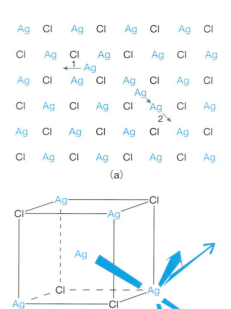

図 8.19 (a)(1)直接格子間機構および(2)準格子間機構による格子間 Ag$^+$ イオンの移動.
(b)準格子間機構による Ag$^+$ イオンの移動経路.

NaCl での空孔移動機構と AgCl での準格子間機構の違いを図 8.17(a) と図 8.19(b) に示す. NaCl と AgCl はともに岩塩構造である. 空孔移動機構では, Na$^+$ イオンは立方体の中心にある格子間位置を一時的に経由して立方体の頂点から別の頂点に動く. 準格子間機構では, 立方体の中心の格子間位置が Ag$^+$ イオンを頂点位置にはじき出して, 隣の立方体の中心の位置に移動させる.

AgCl の外因性領域での伝導度に及ぼす異原子価陽イオン不純物の影響は, NaCl の場合とは異なる. 例えば, Cd^{2+} イオンがあると陽イオン空孔は増加する. しかし, 式(2.15)から, 陽イオン空孔と格子間 Ag$^+$ の濃度の積は一定であるため, 格子間 Ag$^+$ は, Cd^{2+} 濃度の増加とともに減少する. したがって, Cd^{2+} の添加は可動イオンの濃度を減少させる. 伝導度のアレニウスプロットを図 8.20(a)に模式的に示す. 低温域に外因性領域が認められるが, σ の値を下げるようにずれる. 低温側にずれる度合いは, 伝導度が極小になるまで, Cd^{2+} イオンの濃度の増加とともに増大する. 伝導度が極小になっているところでは, 多数の動きにくい陽イオン空孔による伝導と, 少数の動きやすい格子間イオンによる伝導がちょうど同じになっている. 欠陥濃度が高い場合は, 陽イオン空孔による移動が支配的であり, σ は増加する. この 2 つの温度での伝導度と欠陥濃度の関係を図 8.20(b)に示す. 真性領域では, 伝導度は[Cd^{2+}]に影響されない. 外因性領域 I では格子間伝導が支配的であり, [Ag$^+$]は[Cd^{2+}]の増加とともに減少するので, σ は減少する. 外因性領域 II では, 空孔伝導が支配的であり, [Cd^{2+}]の増加とともに[V_{Ag^-}]は増加するので, σ は増加する.

電気的中性条件を満足するため, σ の不純物濃度 c 依存性の関係式は, 次のようになる. まず電気的中性条件から次式が得られる.

$$x_c = c + x_i \tag{8.32}$$

ここで, x_i と x_c は, それぞれ格子間 Ag$^+$ イオンの濃度と, Ag$^+$ イオン空孔の濃度である. 外因性領

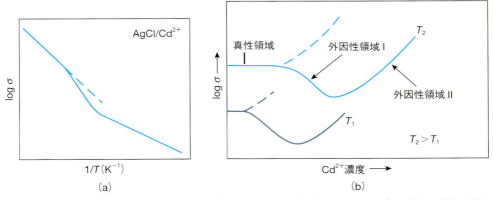

図 8.20 (a) AgCl 結晶の伝導度に及ぼす Cd^{2+} の影響．(b) AgCl の等温伝導度に及ぼす Cd^{2+} 不純物の影響．破線は 2 価陰イオン不純物の影響を示す．

域での伝導度は次式で計算される．

$$\sigma = e(x_c \mu_c + x_i \mu_i)$$
$$= e\mu_c \frac{c}{2}\left[1 + \left(1 + \frac{4x_0^2}{c^2}\right)^{\frac{1}{2}}\right] + e\mu_i \frac{c}{2}\left[\left(1 + \frac{4x_0^2}{c^2}\right)^{\frac{1}{2}} - 1\right] \tag{8.33}$$

AgCl の σ の正確な測定結果から，図 8.20(a) がいくらか理想化されていることが示されている．高温では，長距離間のデバイ・ヒュッケル相互作用が重要になり，伝導度は真性領域での傾きより上向きにずれ，低温では陽イオン空孔と異原子価陽イオン不純物欠陥との複合欠陥が生成するため，外因性領域で下向きに変位する．AgCl における欠陥の生成エネルギーおよびイオンの移動に関する活性化エネルギーは次のとおりである．

    フレンケル欠陥の生成   1.24 eV

    陽イオンの移動   0.27〜0.34 eV

    格子間 Ag^+ の移動   0.05〜0.16 eV

8.5.3 ■ アルカリ土類金属フッ化物

　この系の化合物でもっとも重要な欠陥は，陰イオンのフレンケル欠陥であり，格子間 F^- イオンは，8 つの F^- イオンが頂点にある立方体の中心位置を占める（図 1.30）．伝導度の測定により，陰イオン空孔の方が格子間 F^- イオンより移動しやすいことがわかっている．格子間の Ag^+ イオンは陽イオン空孔より動きやすく，これは AgCl とは逆である．PbF_2 などの蛍石構造の物質は，高温で伝導度がかなり高くなる．

8.5.4 ■ 固体電解質（高速イオン伝導体，超イオン伝導体）

8.5.4.1 ■ 一般的考察

　NaCl や MgO のようなほとんどの結晶性の物質では，原子やイオンは，熱振動するものの，通常格子位置を離れることはできないので，イオン伝導度は非常に小さい．しかし，少数の一群の固体電解質は例外である．固体電解質のいくつかの特性を**表8.5**(c)にまとめて示す．これらの固体電解質では，構造を構成する陽イオンあるいは陰イオンの中の1つの成分だけが実質自由に構造の中を動くことができる．固体電解質は原子やイオンが固定された通常の三次元的な結晶構造と，規則的な構造をもたず動けるイオンがある液体電解質との中間にあたる．固体電解質は，一般には高温でのみ安定であり，冷却の際，イオン伝導度の低い通常の型の結晶構造に相転移する（**図8.21**）．例えば，Li_2SO_4 と AgI の伝導度は，25℃ではたいへん小さいが，それぞれ 572℃ と 146℃ で α-Li_2SO_4 と α-AgI に相転移する．これらの相では，Li^+ および Ag^+ イオンが動くことができる（$\sigma \approx 1$ S cm^{-1}）．加熱すると相転移が起こり，伝導度は著しく増大する．

　温度の上昇にともなって欠陥の濃度が徐々に増加する固体電解質群がある．例えば ZrO_2 は，約 600℃ 以上になると陰イオン欠陥の濃度が十分に大きくなり，すぐれた高温酸化物イオン伝導体になる．通常のイオン性結晶と固体電解質との区別は，特に ZrO_2 のような温度の上昇にともない，性質が徐々に変化する物質においては明瞭でない．

　多くの物質についての理論的ならびに実験的な結果から，ほとんどの固体のイオン伝導度の最大値は 0.1 から 10 S cm^{-1} の範囲にあることがわかっている．最大値は，大部分のイオンが一斉に動くときの伝導度である．固体電解質の中で伝導度を最適化した物質は「超イオン伝導体」あるいは「高速イオン伝導体」とよばれることがあるが，これらの名前は広く用いられているものの，誤った名称であり，どのようなイオンも「超」あるいは特別「高速」で動くわけではない．これらの高い伝導度は可動イオンの濃度が高いことと，伝導の活性化エネルギーが比較的低いことに関係している．

　固体電解質が，通常のイオン性結晶とイオン液体（ionic liquid）の中間であるという考え（図8.21）は，多形の相転移と溶融の相対的なエントロピーの値からも支持される．典型的な1価のイオン性結晶の NaCl では，溶融により陽イオンと陰イオンが不規則化する際の典型的な溶融エントロピーは 24 J mol^{-1} K^{-1} である．AgI の 146℃ における $\beta \to \alpha$ 相転移では，Ag^+ イオンの配置が固体中で不規則化，すなわち擬溶融（quasi-melting）するとみなすことができる．その相転移のエントロピーは 13.5 J mol^{-1} K^{-1} である．AgI の融点では，残っていたヨウ素原子だけが不規則化する．これは，溶融のエ

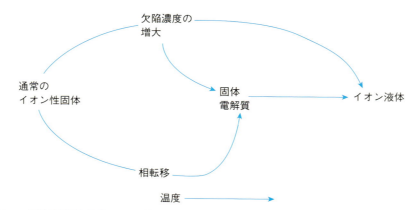

図 8.21　固体電解質と通常のイオン性結晶およびイオン液体の関係．固体電解質はイオン性結晶とイオン液体の中間であると考えられる．

ントロピーが 11.3 J mol^{-1} K^{-1} と小さいことと対応する．AgI の溶融と相転移のエントロピーの和は，NaCl の溶融のエントロピーにほぼ一致する．同様の関係が 2 価イオンのフッ化物でも見られる．例えば，PbF$_2$ の溶融のエントロピーは 16.4 J mol^{-1} K^{-1} であるのに対し，典型的なイオン結晶の MgF$_2$ では，約 35 J mol^{-1} K^{-1} である．これは PbF$_2$ 中では F$^-$ イオンは約 500℃ 以上で不規則化し，溶融のエントロピーは，融点において Pb^{2+} イオンだけが不規則化することに対応しているためである．

1960 年代，β–アルミナと RbAg$_4$I$_5$ の室温での高いイオン伝導性の発見を契機に固体電解質の研究が本格的に始まったが，固体中の高イオン伝導の可能性は，ファラデー(Faraday)によりもっと早くから知られていた．彼は 1839 年には PbF$_2$ と Ag$_2$S がともに高温で高いイオン伝導性があることを報告している．その後，1900 年頃ネルンスト(Nernst)は，ZrO$_2$ と Y$_2$O$_3$ の混合酸化物に高温で電流を流すと，白熱光を発することを見出した．この現象は酸化物イオン伝導によると考えられ，「ネルンストグロー」として知られるランプに使われた．100 年後，基本的には同じ物質がイットリア安定化ジルコニアとして知られるようになり，現在の種々の固体酸化物燃料電池やセンサーへの応用において鍵となる固体電解質の構成要素になっている．

固体中でイオンが動くことは，1910 年にチュバント(Tubandt)によって確認された．彼は，150℃ で Ag/AgI/Ag セルに直接電流を流し，実験の前後の電極の重さを測った．その結果，一方の電極の重さは増加し，他方は減少した．流れた電流量から，電流は Ag$^+$ イオンのみによって運ばれ，AgI を通して一方の電極から他方の電極に移動していることが明らかになった．

これらの現象は高温でしか観察されなかったため，初期の固体中のイオン伝導は，実験室だけで興味をもたれるにすぎなかった．1960 年代，高橋(種々の Ag 化合物)，ブラッドレー(Bradley)とグリーン(Green)，オーウェン(Owen)とアーギュー(Argue)(RbAg$_4$I$_5$)，ヤオ(Yao)とクマール(Kummer)(β–アルミナ)など，いくつかの研究グループは，独自に，室温でも高いイオン伝導性を示す固体を発見した．

結晶中で顕著なイオン伝導が起こるためには，次のような条件が満足されなければならない．

(1) 多数のイオンが動くことができる化学種が 1 つある(式 $\sigma = neu$ において n の値が大きい)．
(2) イオンがジャンプできる空の位置が多数ある．空の位置があり，イオンがそこに移動してその位置を占めることができて初めてイオンは動けるため，このことは(1)から当然の結果である．
(3) 空の位置と占有される位置は，同様なポテンシャルを有し，それらの間をジャンプするための活性化エネルギーは低くなければならない．もし，イオンがその位置に入れない，あるいはその位置が小さすぎる場合は，多数の有効な空の位置があっても使うことができない．
(4) いずれかのイオンが移動するための，空いたチャンネルがある貫通した骨格構造をもつ．骨格構造は三次元的であることが好ましい．
(5) 陰イオンの骨格構造はほとんどが大きく分極できる．

β–アルミナは，安定化ジルコニアと同様，最初の 4 項目を満たす．すぐれた Ag$^+$ イオン伝導体は 5 項目のすべてを満たす．それほど伝導度が高くない固体電解質は，いくつかの条件を満足するがすべては満足しない．多くのケイ酸塩ゼオライトは骨格構造をもっているが，陽イオンは深いポテンシャル井戸の中にトラップされてしまう．ゼオライトには大きな空隙があり，固体電解質になりうる候補であるが，実際には中程度の伝導度しかもたない．陽イオンは通常，水和錯体として存在し，イオン交換することができるが，高い陽イオン移動度をもつことはできない．脱水したゼオライトは，チャンネルが大きすぎて，陽イオンがチャンネルの壁の位置にくっついてしまう傾向がある．同様な効果は Liβ–アルミナでも起こる．低い伝導度の β– および γ–AgI では，(5)の条件は満足するが，より

第8章　電気的性質

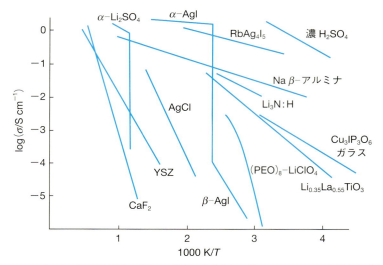

図 8.22　いくつかの固体電解質のイオン伝導度．比較として濃 H_2SO_4 のイオン伝導度も示す．

重要な(3)の条件を満足しない．

　種々の固体電解質の伝導度の値を，アレニウスプロットの形で**図 8.22** に示す．比較のために典型的な液体電解質である濃 H_2SO_4 の値も示した．すぐれた固体電解質の開発における目標は，図 8.22 の右上の隅，すなわち「低温で高伝導度」である！　ほとんどの物質は左下の隅，すなわち高温でさえも低伝導度である．いくつかの重要な固体電解質とその応用については次に議論する．

8.5.4.2 ■ β-アルミナ

　β-アルミナは $M_2O \cdot nX_2O_3$ の一般式で表される一群の化合物である．n は 5〜11 の範囲であり，M は 1 価の陽イオン（(アルカリ金属)$^+$，Cu^+，Ag^+，Ga^+，In^+，Tl^+，NH_4^+，H_3O^+），X は 3 価の陽イオン（Al^{3+}，Ga^{3+}，Fe^{3+}）である．β-アルミナの中でもっとも重要な化合物は，ナトリウム β-アルミナ（$M^+ = Na^+$，$X^{3+} = Al^{3+}$）であり，ガラス工業において長年にわたって副生成物として知られていた．ナトリウム β-アルミナは溶鉱炉内の耐火性の内張りの中で，溶融物からのナトリウムと耐火物レンガ中のアルミナが反応して生成する．当初はアルミナの多形と考えられていたので，間違って β-アルミナとよばれてきたが，その結晶構造を安定化するためには Na_2O のような酸化物が必須である．

　固体電解質としての β-アルミナの研究は，フォード・モーター社のヤオとクマールによって先駆的に始められた．彼らは1966年に，Na^+ イオンが室温以上の温度で非常に動きやすくなることを発見した．さらに，他の陽イオンで Na^+ イオンを置換できること，およびそれらのイオンは動きやすいことを明らかにした．この発見以降，固体電解質の研究が急速に進展した．エネルギーが重要な現代社会では，Na/β-アルミナ/S 電池などを用いて，高密度エネルギー貯蔵システムを構築することが研究の大きな動機になっている．β/β″-アルミナの結晶構造と伝導機構はよく研究されており，固体電解質における構造と性質の関係を理解するのに適した系である．さらに Na/S 電池やそれと関連する電池としても重要であることから，次に詳細に記す．

β- および β″-アルミナの結晶構造

　β-アルミナ中の 1 価の陽イオンの高い伝導度は，その特殊な結晶構造に起因している（**図 8.23**）．β-アルミナでは，酸化物イオンの最密な充填層が三次元に積み重なっているが，5 層ごとに酸素の

3/4 が欠損している．Na$^+$イオンは酸素が欠損した層の中に入り，次の理由から容易に動くことができる．(1) Na$^+$イオンの数よりも占有できる位置の数の方が多い．(2) Na$^+$の半径は O^{2-}イオンより小さい．β-アルミナには β と β″ の 2 つの構造があり，それらは積層の順序が異なる（図 8.24(a)，(b)）．β″構造はナトリウムが豊富な $n = 5 \sim 7$ の結晶で生じ，β構造は $n = 8 \sim 11$ で生じる．β, β″構造ともに，スピネル（MgAl$_2$O$_4$）の構造と密接に関係している（図 1.44）．Al^{3+}イオンは，隣接した最密充填の酸化物層間の四面体位置あるいは八面体位置のいずれかを占める．β および β″構造は，酸化物層が ABCA の積層からなる 4 層の「スピネルブロック」から構成される．隣接するスピネルブロックは，Na$^+$イオンは酸素欠損層に入る「伝導面」により隔てられている．単位格子は六方晶で，$a = 0.560$ nm，$c = 2.25$ nm (β)，3.38 nm (β″) である．酸化物層に垂直な c 軸方向に 2 種類のスピネルブロックがあり，β構造の単位格子には 2 つのスピネルブロックが，β″構造の単位格子には 3 つのスピネルブロックがある．スピネルブロックの構造は理想的なスピネル構造に対して欠陥を含んだものである．スピネル（MgAl$_2$O$_4$）では，Mg^{2+}イオンと Al^{3+}イオンとが 1:2 の比で存在するのに対し，β と β″-アルミナのスピネルブロックは，Li$^+$，Mg^{2+}などの少量のドーパントが添加されることはあるものの，陽イオンは Al^{3+}イオンだけが存在する．電気的に中性になるために，スピネルブロック中には Al^{3+}の空孔が存在する．β″相中ではスピネルブロックと伝導面における酸化物イオンの全体の積層順序は立方最密充填である ABC であるが，β 相はさらに複雑で 10 層ごとの繰り返しになる（図 8.24）．図 8.24(c) には β 相の構造について，スピネルブロックと伝導面のスペーサーを構成する四面体と八面体を強調して示す．伝導面が結晶学的な鏡面になるので，10 層ごとの繰り返しになり，伝導面の両側で鏡面像になっている．

図 8.25 に，伝導面の片側の壁を形成している O^{2-}イオンの最密充填層と，そのすぐ上にある伝導面の「柱」あるいは「スペーサー」になっている O^{2-}イオン（図中赤色）を示す．伝導面では実際の O^{2-}位置の 1/4 しか占められていない．赤色で示したそれぞれの O^{2-}イオンごとに，3 つの空の位置 m がある．β構造では，鏡面は対称面を通り，それぞれの伝導面に平行である（図 8.24）．したがって，伝導面の両側の O^{2-}の層は，図 8.25 上の同じ位置に重なっている．一方，β″構造では，伝導面は鏡面ではなく，伝導面の 2 つの面を構成する酸素の層は，互いにずれた位置にある．

β構造において Na$^+$イオンが占めることのできる位置には，3 つの可能性がある．(1)「中間酸素位置」m，(2)「ビーバース・ロス位置」br（ビーバース (Beevers) とロス (Ross) による最初の構造解析の際にこの位置が選ばれた），(3)「反ビーバース・ロス位置」abr（図 8.25）である．Na$^+$イオンはほとんどの時間，br か m の位置にいるが，長距離にわたって伝導するためには，abr の位置を通らなければならない．br と m の位置はともに大きい空隙である．br 位置の Na$^+$イオンは下の酸素層の 3

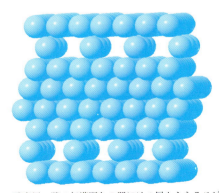

図 8.23 β-アルミナの酸素層．隣の伝導面との間には 4 層からなるスピネルブロックがある．

第8章 電気的性質

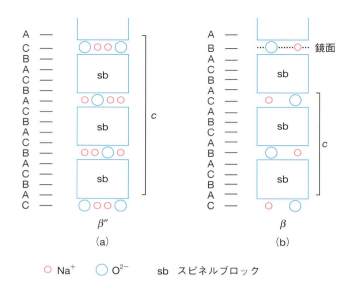

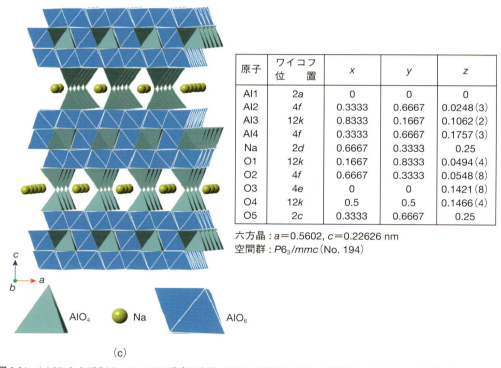

図8.24 (a)β″-および(b)β-アルミナの酸素の充填. (c)はβ構造における, 四面体と八面体および伝導面内のNa$^+$イオンによる三次元配置を示している.

つの酸素と, 上の層の3つの酸素, さらに伝導面の3つの酸素に配位されている. Na–O原子間距離は約0.28 nmであり, 通常の値約0.24 nmより大きい. abr位置は2つの酸素が近接しているためかなり小さい. 1つはOのすぐ上, 1つはOのすぐ下にあり, Na–Oの原子間距離は0.23 nmと短い. β-アルミナでは, ほとんどの1価の陽イオンはbrおよびm位置に入りやすいが, Ag$^+$イオンとTl$^+$

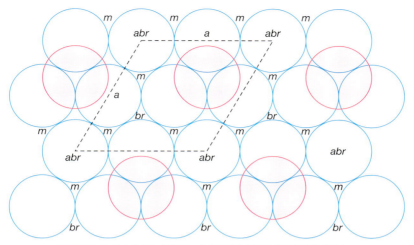

図 8.25 β-アルミナの伝導面．六方晶単位格子の底面を破線で示す．

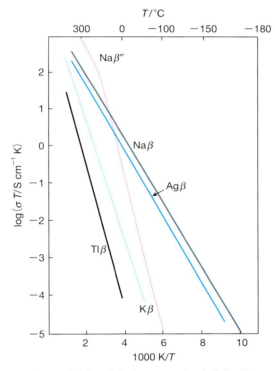

図 8.26 単結晶 β- および β''-アルミナの伝導度の例．

イオンは，例外的に *abr* 位置に入る．これは，おそらく Ag^+ と Tl^+ が共有結合性で，配位数が小さい位置を好むためである．

　β-アルミナは二次元伝導体であり，アルカリイオンは伝導面内をほとんど自由に動くことができるが，緻密なスピネルブロックを通り抜けることはできない．移動度が高いので，Na^+ イオンは1価の陽イオンだけでなく，Pb^{2+} のような2価の陽イオンや Eu^{3+} のような3価のイオンと交換することができる．結晶を陽イオンの溶融塩に浸漬すると，Na^+ イオンとイオン交換する．例えば，300～350℃ の溶融 KNO_3 に浸漬すると，Na^+ イオンは K^+ イオンと交換する．図 8.26 に示すようにイオン

第8章　電気的性質

交換したβ-アルミナの伝導度は，Na$^+$および Ag$^+$ β-アルミナで伝導度がもっとも大きく，活性化エネルギーが最小である．イオン半径が大きくなると(K$^+$, Tl$^+$)，陽イオンは伝導面を動きにくくなる．Na$^+$イオンと Ag$^+$イオンのイオン半径は最適であり，図に示してはいないが Li$^+$ β-アルミナでは，Na$^+$および Ag$^+$ β-アルミナより活性化エネルギーが高く，伝導度が低い．Li$^+$イオンは小さな分極性の陽イオンであり，大きい空隙をもつ配位数の大きい位置は好まない．

図 8.26 に示すようにβ-アルミナの伝導度は，広い温度範囲（1000℃ まで）および広い伝導度の範囲(7 桁)でアレニウスの式に従う．伝導度の温度変化は，約 400℃ の範囲で数回も勾配が変化する NaCl（図 8.18）とは対照的である．β-アルミナでの単純な挙動は，固体電解質やイオン伝導度が特に高くない多くの複酸化物やケイ酸塩に特徴的である．NaCl のような単純な結晶構造をもつ物質の伝導度は，温度に対して複雑に変化するのに対し，β-アルミナのような複雑な構造および組成をもつ物質の伝導度は単純な挙動を示す．β-アルミナの伝導度は 300℃ で $\sigma \approx 10^{-1}$ S cm^{-1}，-180℃ では $\sigma \approx 10^{-8}$ S cm^{-1} であるが，この単純な挙動は σ の大きさとは関係がなく同様に観察される．

固体電解質では，σ の値は試料や研究室が異なっても通常再現性があり，少量の不純物による影響はほとんどない．β-アルミナの伝導度は多くの研究室で測定されており，それらの値は良く一致し，活性化エネルギーは 0.16±0.01 eV である．この再現性は，以下の理由による．(1)β-アルミナ中の n は大きい（すべての Na$^+$イオンが動く可能性がある）ので，不純物に影響されないこと．(2)伝導チャンネルはしっかりしており，格子欠陥によって変化しないこと．

β-アルミナに欠陥の平衡式や質量作用の法則を適用するのは，次のいくつかの理由により適当ではない．第一に，フレンケル欠陥やショットキー欠陥の濃度を決める式は，欠陥濃度が低いときにのみ適用できるのに対し（格子位置の 0.1% 以下が欠陥），β-アルミナ中では，すべてではないがほとんどの Na$^+$イオンは動くことができる．第二に，β-アルミナにはドーピング効果がない．これは伝導の活性化エネルギーを欠陥の形成と移動の活性化エネルギーに分離できないことを示している．よって，そのような分離を試みるのは間違いである．可動イオンの数は非常に多いため，Na$^+$イオンが占めることのできる空隙は欠陥ではなく，むしろ正規の構造の一部とみなすべきである．したがって，それらの数は少量の不純物の量には影響されないのである．NaCl に不純物として MnCl$_2$ を 0.1 mol% 添加すると，陽イオン空孔の濃度は数桁増加し，σ は劇的に増大するのに対し，同じ不純物がβ-アルミナの伝導度に与える影響は無視できる．少量の不純物が，特に粒界や表面に徐々に偏析することで，β-アルミナセラミックスからなる Na/S 二次電池の長期間の性能に大きな影響を与えるかもしれないが，それは別の話である．

β-アルミナの伝導経路を図 8.25 を用いて示す．br, abr, m の位置は六角形のネットワークを形成し，長距離の移動が起こるためには，Na$^+$イオンは$-br-m-abr-m-br-m-$の順に通過しなければならない．伝導の活性化エネルギー(0.16 eV)は，Na$^+$イオンが br 位置から次に移るための全体の活性化エネルギーである．ハーベン比の測定により，直接格子間機構が起こっているのか，準格子間機構が起こっているのかがわかる．NaAl$_{11}$O$_{17}$ の組成のβ-アルミナ結晶では，Na$^+$イオンは br 位置に入り，abr と m 位置は空いている．1 つの Na$^+$イオンが br 位置を離れるためには，隣の abr 位置を経由しなければならない．一方，その Na$^+$イオンは，br 位置にいる Na$^+$イオンに遭遇する．動いている Na$^+$ は，br 位置の Na$^+$の脇を通り抜けることはできず，近くの m 位置は br 位置の Na$^+$イオンに近すぎるため，わずかの間でもとどまることができない．動いている Na$^+$イオンには 2 つの選択肢がある．もとの位置に戻るか（この場合正味の伝導は起こらない），あるいは，「ブロック」している Na$^+$イオンを br 位置からはじき出すかである．後者の場合，はじき出された Na$^+$イオンは，隣の 2 つの m 位置のうちの 1 つに移ることになる．その場合，新たにきた Na$^+$イオンは 3 番目の m の位置にとどまる．正味としては，分裂した格子間原子(split interstitial)が生成する．一方，準格子間機構では，はじき出

390

された Na^+ イオンは br 位置と隣の m 位置から完全にいなくなり，連鎖反応が始まる．正確な機構は推測の域を出ないが，Na^+ イオンの移動は，β–アルミナの中では独立には動くことができず，協働的に動かなければならないのは間違いない．

β–アルミナに2種類のアルカリ金属イオンが含まれる場合，**混合アルカリ効果**(mixed alkali effect)が観察される．2つのアルカリ金属イオン，例えば Na^+ イオンと K^+ イオンを混合したときの移動度は，いずれの単独のアルカリ金属の移動度より低い．中間の組成で伝導度は最小になり，活性化エネルギーは最大になる．混合アルカリ効果はガラスでは広く知られているがその機構は明確でない．構造が明確な結晶性物質においても十分な説明ができないことから，イオンの移動度を決めている力の性質を理解するのがきわめて難しいことがわかる．

β–アルミナでは，多結晶セラミックスの伝導度を最大にするための多くの研究が行われている．β'' 相の伝導度(図8.26)は，Na/S電池の動作温度の約300℃では，β 相より数倍大きい(8.5.4.11節参照)．そのため，β'' 相を安定化し(添加物を加えないと，Na_2O–Al_2O_3 系では，あまり安定ではない)，β 相に対する相対的な量が最大となる組成が求められる．これは，少量の Li_2O と MgO をドーピングすることでもっともよく達成されている．β''–アルミナの伝導度のアレニウスプロットは β–アルミナのものとはかなり異なる(図8.26)．2つの直線領域があり，高温域では，Na^+ イオンは実質的に液体状である($E \approx 0.05$ eV)．しかし，低温域では，Na^+ イオンはある特定の位置を占め，規則化した超格子を形成する．この超格子内を Na^+ イオンが動くのは困難であり，E の値(0.35 eV)も大きくなる．

マグネトプランバイト構造は，β–アルミナの構造と密接に関係している．これはイオン伝導体ではないが，BaM(バリウムマグネトプランバイト：$BaFe_{12}O_{19}$)の磁性への応用は重要である．β–アルミナとの主な違いは，いわゆる伝導面に O と Na の代わりに3つの酸素と Ba が含まれることである．詳細は9.2.7節で述べる．

8.5.4.3 ■ ナシコン

ナシコンの名前はナトリウム超イオン伝導体(Na superionic conductor)に由来し，ZrO_6 八面体と $(Si, P)O_4$ 四面体から構成される．Na^+ イオンが通ることができる三次元骨格構造をもつ非化学量論組成の化合物である．Na 位置は一部占有されているだけであり，Na^+ イオンは容易に三次元移動することができる．Na の化学量論組成(Na 量)は P：Si 比で制御でき，一般式 $Na_{1+x}Zr_2P_{3-x}Si_xO_{12}$ で表される $NaZr_2(PO_4)_3$–$Na_4Zr_2(SiO_4)_3$ 系の固溶体が生成する．ナシコン固溶体の Na^+ イオン伝導度は組成 x に大きく依存し，$x = 2$ で最大の伝導度になる．この値は，約150℃以上の高温での β''–アルミナの伝導度に匹敵する．低温では，冷却とともに菱面体晶から単斜晶に相転移し，これにより Na^+ イオンの移動度が低下し，室温での伝導度はわずか 1×10^{-4} S cm^{-1} となる．

ナシコンの端成分 $NaZr_2(PO_4)_3$ の結晶構造を**図8.27**(a)に示す．この端成分では，結晶構造上の Na^+ イオンの位置は完全に占められており，Na^+ イオンの伝導度は低い．ナシコン固溶体では，新たな1組の格子間位置は Na^+ イオンによって部分的に占められており，高イオン伝導度に寄与する．

他の組成をもつものも広範囲にわたってナシコンと類似の構造を形成する．Zr は，Ti, V, Co などによって置換できる．また Na が Li によって置換されたものは，重要な Li^+ イオン伝導体群を形成する(後述)．$Ca_{0.5}Ti_2(PO_4)_3$(CTP)相は，ゼロあるいは低い熱膨張係数をもつ物質群の母構造であり，耐熱セラミックスとしての応用が検討されている．

第8章 電気的性質

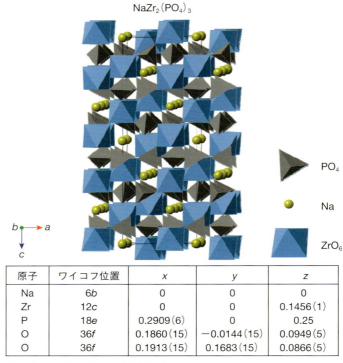

原子	ワイコフ位置	x	y	z
Na	$6b$	0	0	0
Zr	$12c$	0	0	0.1456(1)
P	$18e$	0.2909(6)	0	0.25
O	$36f$	0.1860(15)	−0.0144(15)	0.0949(5)
O	$36f$	0.1913(15)	0.1683(15)	0.0866(5)

三方晶：$a=0.88043$，$c=0.227585$ nm
空間群：$R\bar{3}c$（No. 167）

(a)

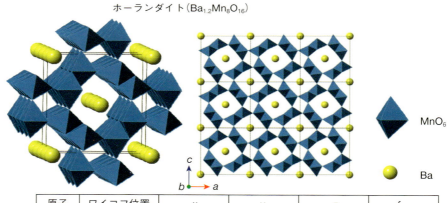

原子	ワイコフ位置	x	y	z	f_{occ}
Ba	$4g$	0	0.382(4)	0	0.313(4)
Mn1	$4i$	0.161(1)	0	0.350(1)	1.0
Mn2	$4i$	0.347(1)	0	0.839(1)	1.0
O	$4i$	0.198(2)	0	0.152(2)	1.0
O	$4i$	0.162(3)	0	0.795(2)	1.0
O	$4i$	0.161(2)	0	0.542(3)	1.0
O	$4i$	0.550(2)	0	0.814(2)	1.0

単斜晶：$a=1.0052$，$b=0.28579$，$c=0.97627$ nm，$\beta=89.96°$
空間群：$I2/m$（No. 12）

(b)

図 8.27　(a) $NaZr_2(PO_4)_3$ の結晶構造．(b) ホーランダイトの結晶構造．
［データは (a) L. O. Hogman and P. Kierkegaard, *Acta Chem. Scand.*, **22**, 1822−1832（1968）．(b) S. Ishiwata, J. W. G. Bos, Q. Huang and R. J. Cava, *J. Phys. Condens. Matter*, **18**, 3745−3752（2006）より］

8.5 イオン伝導

8.5.4.4 ■ ホーランダイトとプリデライト

ホーランダイト(hollandite)とプリデライト(prederite)群の物質は，Na^+あるいはK^+イオンによる例外的に大きな一次元の伝導度を示す．ホーランダイトは，鉱物$Ba_xMn_8O_{16}(x \leq 2)$であり，MnO_6八面体からなる骨格構造を形成し，Ba^{2+}イオンが骨格構造のチャンネルの中を占めている(図 8.27(b))．骨格構造は，稜共有MnO_6八面体の二重鎖構造からなり，それらの頂点はつながって，b軸に平行なチャンネルを形成している．そのチャンネルをK^+やBa^{2+}などの大きな陽イオンが占める．単位格子はb軸方向に短く，$b \approx 0.286\,nm$である．これは，b軸方向の繰り返し単位が，単一のMnO_6八面体あるいは単一の大きな陽イオンであることによる．

プリデライトは，ホーランダイトと同型の構造であり，$K_x(Mg, Ti)_8O_{16}$のようなより複雑な分子式をもっている．Kプリデライトは高い伝導度を有し，293 K で$1 \times 10^{-1}\,S\,cm^{-1}$である．この高い伝導度は，メガヘルツからギガヘルツ領域の高周波数の交流を印加したときにのみ観察される．低周波数域の伝導度はかなり低い．これは，K^+イオンが短距離だけで動くためであり，一次元伝導パスのボトルネックの大きさが小さいため，長距離の伝導はたいへん困難になる．一次元トンネルでの長距離の伝導は，残留不純物のような動きにくいイオンによるチャンネルのブロッキングにたいへん敏感である．

8.5.4.5 ■ 銀と銅イオン伝導体

AgIは146℃で高温相のα–AgIに相転移し，この相はきわめて高い伝導度(約$1\,S\,cm^{-1}$)をもつ．この値は，室温でのβ–AgIの伝導度より4桁大きい(図 8.22)．α–AgIの伝導の活性化エネルギーはわずか0.05 eV であり，その結晶構造はAg^+イオンの伝導に好都合で，555℃以下では溶融するが，実際には伝導度はわずかに「減少」するのである．β–AgIはウルツ鉱構造であり，I^-イオンは六方最密充填し，Ag^+イオンは四面体位置にある．α–AgIは体心立方で，I^-イオンは頂点と体心位置にある(図 8.28(a))．Ag^+イオンは四面体位置，3 配位位置，直線位置の計36 位置を部分的に占め，統計的に分布している(図 8.28(b))．四面体位置(BおよびB′)は面共有して(3 配位位置 C)でつながっている．

Ag^+イオンはある位置から隣の位置へ，液体のように容易に動くことができる．具体的には，四面体位置(B)から隣の単位格子に直線状の位置を通って動くことができる．Ag^+イオンが容易に動くことができるのには，AgとIの結合が関係している．4d 電子は核電荷をあまり遮へいしないため，Ag^+イオンは分極しやすい陽イオンである．I^-イオンはイオン半径が大きく，分極しやすい陰イオンであるため，Ag^+とI^-との間に容易に共有結合をつくり，小さい配位数の構造となる．伝導の過程で，銀は容易に4 配位位置から中間的な3 配位位置あるいは直線位置を経由して，隣の位置へ動くことができる．中間的な配位位置で共有結合を形成することにより，その配位位置は安定化し，伝導の活性化エネルギーは低下する．$AgCl$や$AgBr$も高温ではかなりの伝導度を有するが(図 8.22)，α–AgIほど高くないことは興味深い．これらの結合は，α–AgIより共有結合性が少ない．しかし，α–AgIとは結晶構造が異なる($AgCl$や$AgBr$は岩塩構造である．8.5.2 節参照)．これは間違いなく重要な因子である．

高い伝導度のα–AgI相を低温まで安定化させるために，種々の陽イオンや陰イオンの元素置換が試みられている．もっとも成功したのはAgの一部をRbで置換した$RbAg_4I_5$であり，これは現在知られている結晶性物質の中で，室温でもっとも高いイオン伝導度を示す($0.25\,S\,cm^{-1}$)．伝導の活性化エネルギーは0.07 eV である(図 8.22)．$RbAg_4I_5$の電子伝導度は無視できるほど小さく，25℃で約$10^{-9}\,S\,cm^{-1}$である．

AgI–RbI系の相図を図 8.28(c)に示す．この二元系には，Rb_2AgI_3と$RbAg_4I_5$の2 つの二元化合物

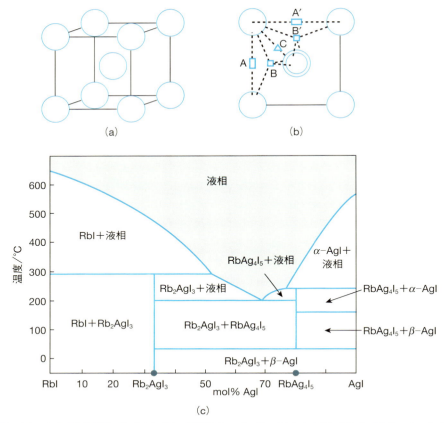

図 8.28 (a) α-AgI の結晶構造．I⁻イオンが bcc 配列となっている．(b) Ag⁺イオンが占有できるいくつかの位置．(c) AgI–RbI 系の相図．
[T. Takahashi, *J. Appl. Electrochem.*, **3**, 79–90 (1973) より許可を得て転載]

が存在する．後者は約 230℃で AgI と液相とに分解溶融する．この相が安定に存在するのは 27℃ までであり，27℃以下では AgI と Rb₂AgI₃ に分解する．しかし，RbAg₄I₅ は，細心の注意を払えば，分解せずに室温以下まで冷却することができる．

RbAg₄I₅ の結晶構造は α-AgI とはやや異なり，含まれる Ag⁺イオンは，面共有した四面体位置のネットワークにわたって分布している．α-AgI と同じく，Ag⁺イオンの数より四面体位置の方が多い．Rb⁺イオンは I⁻イオンがつくる歪んだ八面体位置を占め，動くことができない．RbAg₄I₅ の伝導度の値は，アレニウスの式で示される直線関係とはわずかに異なる曲線になる（図 8.22）．

同様の不規則な α-AgI に類似の構造は，種々の陽イオン，特に大きいアルカリ金属，アンモニウムイオン（NH₄⁺），置換したアンモニウムイオン，さらにはある種の有機物陽イオンなどによって低温域まで安定化される．25℃の伝導度が 0.02〜0.20 S cm⁻¹ の範囲にある例として，[(CH₃)₄N]₂Ag₁₃I₁₅，PyAg₅I₆（Py はピリジニウムイオン，(C₅H₅NH)⁺），(NH₄)Ag₄I₅ などがある．

いくつかの陰イオンは I と部分的に置換することができ，Ag₃SI, Ag₇I₄PO₄, Ag₆I₄WO₄ などの相は高い伝導度を示す．後二者のヨウ化物／酸化物塩の混合相は熱的に十分に安定であり，ヨウ素蒸気や湿気にも影響されないため，電気化学的な電池の固体電解質に適している．その他に発展している興味深い例として，ガラス状固体電解質の合成がある．AgI と，AgSeO₄, Ag₃AsO₄, Ag₂Cr₂O₇ などの溶融した塩との混合物を室温まで急冷すると，ガラス状態が保持される．Ag⁺イオンの伝導度はたいへ

ん高く，$Ag_7I_4AsO_4$ では 0.01 S cm^{-1} である．こうしたヨウ化物塩と酸化物塩からなるガラス中の詳細な骨格構造を知ることはできないが，この場合も Ag^+ イオンは，同様に面共有して連なった四面体のネットワークを通して動くと考えてよいだろう．

Ag^+ イオンと I^- イオンの両方を同時に置換することもできる．

(1) $Ag_{1.8}Hg_{0.45}Se_{0.7}I_{1.3}$ においては，Ag^+ イオンを Hg^{2+} イオンで，I^- イオンを Se^{2-} イオンで置換している．

(2) $RbAg_4I_4CN$ においては，Ag^+ イオンを Rb^+ イオンで，I^- イオンを CN^- イオンで置換している．

これらの AgI 誘導体相は，Ag^+ イオンの移動度が大きく，電子伝導度は非常に小さい．これらは，電子伝導による短絡の危険性がないため，固体電解質として利用される．一方，電極材料として用いるときには，必須ではないがイオン伝導度と電子伝導度の両方が大きいことが望ましい．例えば，α-Ag_2S のような銀カルコゲナイドはイオン伝導と電子伝導が混合した伝導を示し，種々の置換によって高温の不規則相を低温まで安定化することができる．例えば，α-Ag_2Se は 5〜10 mol% の Ag_3PO_4 を固溶し，この α 相の固溶体は室温でも安定で，室温でのイオン伝導度は 0.13 S cm^{-1}，電子伝導度は 10^4〜10^5 S cm^{-1} である．混合伝導体については 8.5.4.10 節でさらに議論する．

1 価の Ag と Cu の化学的性質は似ていることから，Ag 化合物と同様に，高い Cu^+ イオン伝導を示す多くの化合物があるが，ほとんどの伝導度は，Ag^+ イオン伝導体での最大の値ほどにはならない．CuI は 430℃ で AgI と同様な相転移を生じ，高温の多形はたいへん良い Cu^+ イオン伝導体となる．CuI における $\beta \rightarrow \alpha$ 転移もエントロピーの大きな増加と関係しており，α-CuI 中の Cu^+ イオンは占有位置を部分的に占めるが，分布は不規則であり，実質的に液体のような副格子を形成している．この不規則な副格子は，$Rb_3Cu_7Cl_{10}$ や $Rb_4Cu_{16}I_7Cl_{13}$ などの多くの複雑なハロゲン化物においては安定化され，これらはたいへん大きな Cu^+ イオン伝導度を有する．

8.5.4.6 ■ フッ化物イオン伝導体

PbF_2 は蛍石（CaF_2）構造を有しており，特に高温で F^- による高いイオン伝導度をもっている．この高い伝導度を発見したのはファラデーであり，PbF_2 は最初に発見された固体電解質であると強く主張されている．室温では，PbF_2 は伝導度が低い典型的なイオン性固体である．図 8.29(a)に示すように温度の上昇とともに，伝導度は約 500℃ まで連続的に急激に上昇し，約 5 S cm^{-1} に達する．500℃ 以上では σ はわずかに上昇し，822℃ の融点ではほとんど変化しない．PbF_2 では，温度が上昇していくにつれて伝導度が高くなるのに対し，AgI は，一次の相転移を示し，結晶構造が急激に変化して伝導度も上昇する（図 8.22）．$SrCl_2$ は PbF_2 と同様にふるまい，約 700℃ と 873℃（融点）の間で高い σ を有する．CaF_2 は融点（1418℃）に近づくと高伝導になる．$PbSnF_4$ のような複雑なフッ化物は，低温で PbF_2 より高い F^- イオン伝導度を有する．

いくつかのフッ化物の伝導度を図 8.29(b)に示す．良好なフッ化物伝導体のほとんどは，単純な蛍石構造か，2 つの陽イオンが規則化した複雑な蛍石構造，あるいは $Pb_{1-x}Bi_xF_{2+x}$ のような格子間 F^- イオンがある蛍石構造の固溶体である．タイソン石型結晶構造を有する LaF_3 は，特に高温で良好なフッ化物イオン伝導体であり，その伝導度は $La_{1-x}Eu_xF_{3-x}$ 固溶体中のようにフッ素空孔を導入すると増大する．

フッ化物の構造は，種々の方法で描くことができる．1 つは，体心に Ca^{2+} を含む F^- イオンの立方体が交互に配列した構造である Ca（図 1.34）．格子間において F^- が入ることができる位置は，空の立方体の中心位置である．これらの位置は，6 個の Ca^{2+} に八面体配位され，（同時に）8 個の F^- イオン

第8章 電気的性質

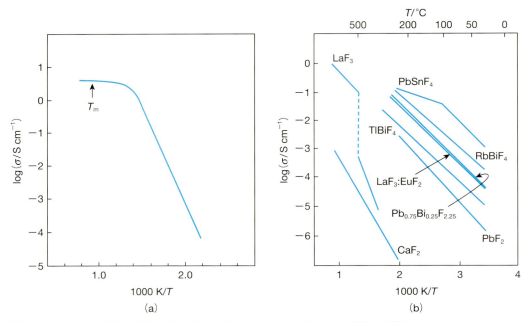

図 8.29 (a) PbF_2 の伝導度と温度の逆数の関係．(b) いくつかのフッ化物イオン伝導体の伝導度．
[(a) は C. E. Derrington and M. O'Keeffe, *Nature Phys. Sci.*, **246**, 44–46 (1973)．(b) は T. Kudo (P. J. Gellings and H. J. M. Bouwmeester eds.), 'Survey of types of solid electrolyte', *The CRC Handbook of Solid State Electrochemistry*, CRC Press (1997) より許可を得て転載]

からなる立方体の中心である．格子間に F^- イオンが入るためには，頂点位置にある1つの F^- イオンが，頂点から離れなければならない．実際の欠陥構造はたいへん複雑であり，イオンのわずかな変位にともなう構造緩和が欠陥の近くで起こり，図2.9の $Fe_{1-x}O$ や図2.10の UO_{2+x} に示したような大きな欠陥複合体が生成する．

8.5.4.7 ■ 酸化物イオン伝導体

酸化物イオン伝導体には，O_2 センサー，ポンプ，固体酸化物燃料電池 (SOFC) などの重要な応用がある．応用範囲が広いため，**図 8.30** に示すような多くの物質が研究されている．

もっともよく知られている酸化物イオン伝導体は，イットリア安定化ジルコニア (YSZ) である．高温で立方晶のジルコニアは蛍石構造を有し，CaO, Y_2O_3 などと固溶体を形成して室温まで安定化させることができる．そのような「安定化ジルコニア」は高温で良好な O^{2-} イオン伝導体であり，そのイオン伝導性は，固溶体の生成において，電気的中性条件を満たすように，O^{2-} 位置に空孔が生成するために生じる．カルシア安定化ジルコニアは $(Ca_xZr_{1-x})O_{2-x}(0.1 \leq x \leq 0.2)$ の化学式をもち，Ca^{2+} イオンあたり1個の O^{2-} イオン空孔が形成される．YSZ は，$(Y_xZr_{1-x})O_{2-x/2}$ の化学式をもつ．これらの固溶体の形成機構は，2.3.3.1(3) 節と 2.3.5.2 節で議論しており，ZrO_2–Y_2O_3 系の相図は図7.28に示してある．

安定化ジルコニアの典型的な伝導度は，800℃ において $10^{-1} \sim 10^{-2}$ S cm^{-1} で，伝導の活性化エネルギーは 0.8～1.3 eV の範囲である (図8.30)．低温での伝導度は，良好な Na^+ と Ag^+ イオンの固体電解質よりかなり低い．安定化ジルコニアは，1500℃ もの高温で使うことができる耐火物であり，良好な酸化物イオン伝導性を有する．この伝導性は特異な特性である．ThO_2 と HfO_2 にもドープすることができ，ZrO_2 と同様にすぐれた酸化物イオン伝導体になる．ドープされた CeO_2 はさらに良好

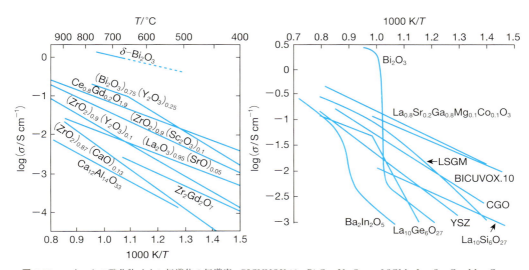

図 8.30 いくつかの酸化物イオン伝導体の伝導度．BICUVOX.10 = $Bi_2Cu_{0.1}V_{0.9}O_{5.5-x}$, LSGM = $La_{0.9}Sr_{0.1}Ga_{0.8}Mg_{0.2}O_{2.85}$, YSZ = $Y_{0.15}Zr_{0.85}O_{1.925}$.
[P. R. Slater et al., Chem. Record, **4**, 373-384 (2004) より許可を得て転載]

な酸化物イオン伝導体になるが，還元されやすく Ce^{4+} と Ce^{3+} の酸化状態の混合物になり，酸化物イオン伝導と電子伝導の混合伝導を示す．

蛍石構造の固溶体の酸化物イオン伝導体は高濃度の酸素空孔と関係しており，伝導度は通常ドーパントが 5～10% のときに極大を示す．酸素空孔は，完全に自由に動くことができるわけではなく，ドーパント陽イオンにトラップされて，双極子や大きな欠陥クラスターを形成する．これは，酸素空孔は正味 2 価の正の電荷をもっているが（クレーガー・ビンク表記では $V_O^{\bullet\bullet}$ と表される），置換されたドーパントは Ca''_{Zr} や Y'_{Zr} などの正味負の電荷を運ぶためである．反対に帯電した原子種には，ごく自然なこととして互いに引力が働き，空孔をバラバラにするためには，欠陥クラスターの生成エネルギーに等しい活性化エネルギーが必要になる．いくつかの酸化物イオン伝導体では，酸素空孔が徐々にトラップされていくにつれて，欠陥クラスターが長期間にわたって形成される．このことは模式的に次のように表される．

$$V_O^{\bullet\bullet} + Ca''_{Zr} \longrightarrow (Ca_{Zr} - V_O)^x \tag{8.34}$$

そのため，伝導度は徐々に減少する．この効果は**時効**（ageing）とよばれる．ドーパント濃度が上昇するにつれて，欠陥クラスターも増加する．それにともなって低伝導度相が析出し，酸素空孔も規則化して，完全にトラップされる．カルシア安定化ジルコニアでは，$CaZr_2O_5$ 相は陰イオン空孔が規則化した構造を有する．同様に，YSZ 中の Y_2O_3 は，酸素空孔が規則化した C 型希土類酸化物構造とみなされる（A 型は三方晶，B 型は単斜晶，C 型は立方晶）．

$Ce_{1-x}Gd_xO_{2-x/2}$ のような CeO_2 ベースの固溶体は，安定化ジルコニアよりは活性化エネルギーが低いため，特に低温で高い伝導度を有する．しかし，Ce^{4+} から Ce^{3+} への還元が容易に起こる．このことは，高温の酸素分圧 p_{O_2} が低い雰囲気における少量の酸素の欠損と関係しており，この反応により，より一般的な化学式 $Ce_{1-x}Gd_xO_{2-x/2-\delta}$ で表される物質になる．次の平衡で示されるように，酸化物イオンが格子から失われ，O_2 分子を形成し，構造中に電子を導入する．

$$O_O^x \rightleftharpoons \frac{1}{2}O_2 + V_O^{\bullet\bullet} + 2e' \tag{8.35}$$

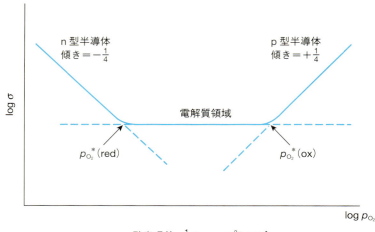

図 8.31 イオン伝導領域と電子伝導領域の酸素分圧依存性.

質量作用の法則をこの式に適用すると，次式が得られる.

$$K = \frac{(p_{O_2})^{\frac{1}{2}}[V_O^{\cdot\cdot}][e']^2}{[O_O^x]} \tag{8.36}$$

格子酸素の濃度(活量)は 1 であり，酸化物空孔の濃度は多量のドーパント濃度でも実質的に一定なので，主な変数は p_{O_2} と電子濃度である．したがって，次式が成り立つ．

$$[e'] \propto K^{\frac{1}{2}}(p_{O_2})^{-\frac{1}{4}} \tag{8.37}$$

ドープされたセリアは良い酸化物イオン伝導体であるが，低 p_{O_2} では，次第に電子伝導性も増す.

イオン伝導と電子伝導の両方を示す混合伝導体では，イオン輸率 t_i は次式で与えられる．

$$t_i = \frac{\sigma_i}{\sigma_i + \sigma_e} \tag{8.38}$$

酸化物イオン伝導体の還元されやすさを示す指標として，$t_i = 1/2$ のときの酸素分圧 $(p_{O_2}^*)$ がある．

$$t_i = \frac{1}{2} = [1 + (p_{O_2}/p_{O_2}^*)]^{-1} \tag{8.39}$$

伝導度の p_{O_2} 依存性を模式的に**図 8.31** に示す．低 p_{O_2} では，伝導度は対数スケールにおいて $-1/4$ の傾きで増大し，物質は n 型伝導体となる．高 p_{O_2} では $t_i = 1$ になり，伝導度は p_{O_2} に依存せず，電解質領域(electrolytic domain)にあると表現される．さらに高い p_{O_2} では，p 型の挙動を示す．これは，n 型の p_{O_2} 依存性と鏡像の関係になっている．この領域では試料は表面に吸着した酸素あるいは空いた陰イオン空孔に拡散してきた酸素を取り込む．式(8.35)の平衡式の逆反応で示されるように，吸収された酸素は脱離して電子を引き抜く．

$$\frac{1}{2}O_2 + V_O^{\cdot\cdot} + 2e' \longrightarrow O_O^x \tag{8.40}$$

この式は，次式のような別の書き方でも示される．

$$\frac{1}{2}O_2 + V_O^{\cdot\cdot} \longrightarrow O_O^x + 2h^{\cdot} \tag{8.41}$$

表 8.6 $t_{O^{2-}} = 1/2$ および $\sigma_{O^{2-}} = \sigma_e$ になるときのセリアベースの物質の酸素分圧の例
[出典：T. Kudo and K. Fueki, *Solid State Ionics*, VCH（1990）, p. 133]

組　成	$p_{O_2}{}^*$/Pa			
	500℃	700℃	850℃	1000℃
$Ce_{0.9}Ca_{0.1}O_{1.9}$	10^{-20}	10^{-8}	10^{-4}	
$Ce_{0.905}Y_{0.095}O_{1.95}$	10^{-26}	10^{-12}	10^{-8}	10^{-5}
$Ce_{0.9}Gd_{0.1}O_{1.95}$		1.2×10^{-14}	1.7×10^{-10}	
$Ce_{0.5}Gd_{0.5}O_{1.75}$		1.5×10^{-11}	6.5×10^{-9}	
$Zr_{1-x}Ca_xO_{2-x}$		10^{-29}	10^{-25}	10^{-21}

この過程で生成した正孔が支配的な電荷キャリヤーになると，図 8.31 に示すように伝導度の p_{O_2} 依存性の傾きは +1/4 になる．

式 (8.39) には 2 つの解がある．酸化物イオン伝導から n 型伝導へ転移するときの $p_{O_2}{}^*$(red) と，酸化物イオン伝導から p 型伝導へ転移するときの $p_{O_2}{}^*$(ox) である（図 8.31）．$p_{O_2}{}^*$(red) の値は，還元性雰囲気中での酸化物イオン伝導体の安定性の評価，さらには固体酸化物燃料電池の電解質での応用において特に関心がもたれる．セリアベースの物質のデータを**表 8.6** にいくつかまとめて示す．この表から，ジルコニアベースの物質はセリアベースの物質より，還元性雰囲気に耐性があることがわかる．

高温でもっとも高い酸化物イオン伝導度を示す物質は Bi_2O_3 である（図 8.30）．蛍石構造と類似した構造を有するが，酸化物イオン位置の 25% は空孔であり，その結果，不規則な陰イオン配置になっている．729℃ 以下では立方晶の δ–Bi_2O_3 は，空孔が規則化した結晶構造をもち，伝導度が低い単斜晶 α–Bi_2O_3 に相転移する．Bi_2O_3 は，Y_2O_3，Gd_2O_3，WO_3 などの酸化物と広範な固溶体を形成する．それらのいくつかは δ–Bi_2O_3 の高い酸化物イオン伝導が低温まで保たれる．しかし，これらの物質は低 p_{O_2} 雰囲気で容易に還元されるため，SOFC の固体電解質に用いることはできない．

他にもいくつかの結晶構造が，高温で高い酸化物イオン伝導体となるための良いホスト構造として知られている．そのすべてに酸化物の副格子があり，多くの空孔濃度を有している．それらは，$Zr_2Gd_2O_7$ などのパイロクロア，アルミン酸カルシウム（$Ca_{12}Al_{14}O_{33}$；セメントの中に少量含まれる），ペロブスカイト $(La_{1-x}Sr_x)(Ga_{1-x}Mg_x)O_{3-x}$，アパタイト型 $Ln_{9.33+x}(SiO_4)_6O_{2+3x/2}$（Ln = 希土類）である．これらのうちいくつかの化合物の伝導度を図 8.30(b) に示す．

8.5.4.8 ■ Li$^+$イオン伝導体

高い Li$^+$ イオン伝導度を有する物質は，高いエネルギー密度をもつ Li 電池の電解質になる．携帯電話，ビデオカメラ，ノートパソコンなどの小型機器への応用へ向けて，そして，排気ガスの出ない電気自動車（zero emission vehicle, ZEV）などの大型の輸送機器への応用へ向けて，世界中で熱心に高性能 Li 電池の開発が進められている．Li を負極にした電池は，Na が負極の電池よりも高い起電力をもち，こうしたことが Li 電池が期待される原因の 1 つである．現在市販されている Li 電池は，Li–炭素負極と Li_xCoO_2 をベースにしたインターカレーション正極から構成され，1 つのセルで 4 V もの高電圧を示す．新しい物質やシステムの進歩により，現在の単一セルの起電力の記録は 5.0 V となっている．これには，$LiCoMnO_4$ や $Li_2NiMn_3O_8$ などのスピネルをベースにしたインターカレーション正極が使われている．

ここでは，まず結晶性 Li$^+$ イオン伝導体について検討する．Li 電池では，$LiPF_6$ をプロピレンカーボナートのような有機溶媒に溶かした非水溶液の電解質に置き換わる固体電解質は作られていないが，液体が漏れないようにするための全固体電池の開発に関心が集まっている．もっとも重要な Li$^+$ イオン伝導体の伝導度の値は図 8.22 に示した．

Li_2SO_4 は 572℃ で相転移し，この温度以上では $\sigma \approx 1\ S\ cm^{-1}$ である．相転移温度を下げて，高伝

第8章　電気的性質

導度のα型構造を低温まで保つために，多くの元素置換が研究されてきた．しかし，成功例はごくわずかであり，α型は室温までは安定化されない．異常なことにSO_4^{2-}イオンは，結晶格子の中で回転することができるため（これはしばしば「回転相（rotator phase）」として知られる），α–Li_2SO_4には科学的な関心も続いている．この回転するSO_4^{2-}イオンが「パドルホイール機構」により直接的にLi^+イオン伝導をもたらしているのか，あるいは，SO_4^{2-}の回転とLi^+イオンの伝導はどちらも固体中ではまれであるが，関係がない現象なのか，結論はまだ出ていない．

　Li_4SiO_4（およびLi_4GeO_4）は中程度のLi^+イオン伝導体であるが，ドープによりLi^+空孔あるいはLi^+格子間イオンが生成すると，劇的なイオン伝導の上昇が起こる．例えば，次のような例がある．

$$Li^+ + Si^{4+} \longrightarrow V^{5+} (Li_{4-x}Si_{1-x}V_xO_4 \text{になる})$$

$$3\,Li^+ \longrightarrow Al^{3+} (Li_{4-3x}Al_xSiO_4 \text{中})$$

$$Si^{4+} \longrightarrow Li^+ + Al^{3+} (Li_{4+x}Si_{1-x}Al_xO_4 \text{中})$$

Li_4SiO_4はSiO_4四面体から形成され，Li^+イオンは面共有の多面体位置のネットワークにわたって分布している．化学量論組成のLi_4SiO_4では，いくつかの多面体位置は満たされ，残りは空である．したがって，可動イオン濃度nがたいへん低く，伝導度は小さい．ドープすると，伝導度は可動イオン濃度（空孔あるいは格子間イオン）の増加とともに上昇する．

　図8.32(a)に示すようにAlを含んだLi_4SiO_4固溶体は，可動イオン濃度が重要であることを明確に示す例である．固溶の範囲は広範にわたり，Li^+の組成は4.5（$Li_{4.5}Al_{0.5}Si_{0.5}O_4$）から2.3（$Li_{2.29}Al_{0.57}SiO_4$）まである．例えば，100℃での等温伝導度は，$Li_4SiO_4$と$Li_{2.5}Al_{0.5}SiO_4$で極小になり，その中間と，これらの組成以外で最大になる．

　Li_4SiO_4（**図8.32**(b)）と$Li_{2.5}Al_{0.5}SiO_4$（（**図8.32**(c)）の構造では，特定のLi位置が異なっている．Li_4SiO_4では，Liによって完全に満たされているが，$Li_{2.5}Al_{0.5}SiO_4$では完全に空である．これが$Li_{2.5}Al_{0.5}SiO_4$の絶縁性の原因である．これらの位置は，中間の組成では部分的に占有され，伝導度は$Li_{3.25}Al_{0.75}SiO_4$の組成付近で極大になる．Li量が2.5以下の組成では，$Li_{2.5}Al_{0.5}SiO_4$中のLiで占められている骨格構造位置のいくつかは空になり，空孔伝導機構が働いて伝導度が増加する．一方，Li量が4.0以上の組成では，新たな1組の格子間位置がLi^+イオンによって満たされるようになり，伝導度は再び上昇する．AlドープしたLi_4SiO_4はきわめて特異的であり，母構造は広い組成範囲にわたって変化しないにもかかわらず，伝導機構は数回変化し，図8.32(a)に示すように伝導度は劇的に変化する．他のほぼすべてのドープされた物質では組成範囲が限られており，伝導度の変化も単一の型に限られる．

　ドープしたLi_4SiO_4と同様な構造をもつ一群のLi^+イオン伝導体は，いわゆるリシコン（リチウム超イオン伝導体（Li superionic conductor）から）といわれる．これらは，以下のような格子間固溶体である．

$$P^{5+} \longrightarrow Li^+ + Si^{4+} (Li_{3+x}P_{1-x}Si_xO_4 \text{中})$$

$$Zn^{2+} \longrightarrow 2\,Li^+ (Li_{2+2x}Zn_{1-x}SiO_4 \text{中})$$

最大の伝導度は，例えば$Li_{3.5}Zn_{0.25}GeO_4$の300℃における$10^{-1}\,S\,cm^{-1}$，$Li_{3.5}V_{0.5}GeO_4$の25℃における$5\times10^{-5}\,S\,cm^{-1}$である．リシコンの1つの問題は，安定化ジルコニアおよび異原子価元素をドープしたアルカリハロゲン化物で述べたことと同様に，欠陥クラスターの生成およびそれが可動種をトラップすることにより伝導度が低下することである．$Li_{2+2x}Zn_{1-x}SiO_4$中では，1つのZn^{2+}と置換さ

8.5 イオン伝導

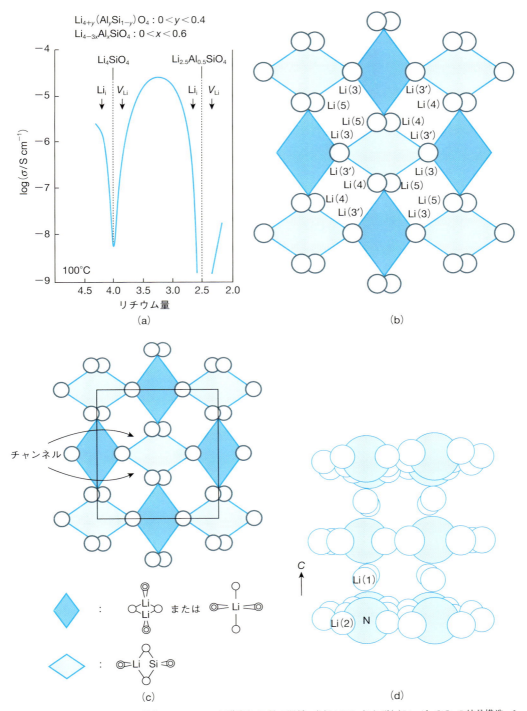

図 8.32 (a) Li$_4$SiO$_4$ ベースの固溶体の 100℃ での伝導度と Li 量の関係. (b) Li$_4$SiO$_4$ および (c) Li$_{2.5}$Al$_{0.5}$SiO$_4$ の結晶構造. 3, 3′, 4, 5 と示した Li 位置は (b) ではすべて占有されており, (c) ではすべて空である. 中間組成では部分的に占有される. (d) Li$_3$N の結晶構造.

第8章　電気的性質

れた2つのLi^+イオンは，$Li^{\cdot}_i$とLi'_{Zn}の反対の電荷をもつ．これは，1つは空いた格子間位置を占め，もう1つはZn位置を置換するためである．高温では欠陥クラスターは解離するが，冷却とともに，複合欠陥が徐々に再形成されて伝導度が低下する．実用的な応用では，物質はそのような時効効果を示さないことが求められる．

最近，OがSで置き換えられたチオリシコン(thiolisicon)群化合物が菅野によって発見された．これらは，リシコンと同様な結晶構造と固溶体機構をもっており，25℃でσが$1 \times 10^{-2}\,S\,cm^{-1}$という高いイオン伝導度を有し，全固体リチウム電池の固体電解質として検討されている．この高い伝導度は，「硬い」Oに比べて共有結合性のSが「軟らかい」ことと，大きいSにより結晶格子が広がることが組み合わさったためと説明されている．

窒化リチウム(Li_3N)は二次元伝導体として例外的に大きな伝導度を有する(図8.22)．Li_3Nは層状の構造を有し(図8.32(d))，「Li_2N」の組成の層と，Liの層が交互に積み重なっている．伝導は，基本的に「Li_2N」層内でのLiの空孔移動機構によって起こる．$Li_{3-x}H_xN$の化学式で表されるHを含んだLi_3Nの伝導度は，純粋なLi_3Nより高い．これは，置換したHはNに強く結合してNH対を形成し，「Li_2N」層内のLi位置を空孔にするためである．種々の窒化リチウムハロゲン化物が知られており，例えば$Li_{3-x}NH_xCl_x (x = 0.6)$などは，いくつかのLi欠損逆蛍石構造を有し，高い$Li^+$イオン伝導度を示す．

特異な構造と高いLi^+イオン伝導(25℃で$1 \times 10^{-3}\,S\,cm^{-1}$)を示す一群のLi含有ペロブスカイトは，$Li_{0.5}La_{0.5}TiO_3$が基本構造であり，Li欠損固溶体を形成する．

$$3\,Li^+ \longrightarrow La^{3+}\,(Li_{0.5-3x}La_{0.5+x}TiO_3\ 中)$$

ペロブスカイト中では，Liは八面体配位の小さなB位置を占めるように思われるが，これらの物質では，Liは明らかに大きなLa^{3+}イオンとともにA位置を占める．このとても起こりそうにない固溶体の生成機構は，中性子回折測定によって(Li^+イオンの位置を決定することで)解明された．Li^+イオンは，A位置空孔の中心の代わりに，中心からずれて歪んだ四面体位置か，正方形の平面位置を占め，隣のLa位置との間に「窓」を形成する．ペロブスカイト中では，Li–O距離は約$0.20\,nm$であり，La–O距離の約$0.24\,nm$と比べてきわめて妥当である．

LiIとAl_2O_3の混合物あるいは複合体において，異常な効果が見出された．LiIとAl_2O_3が化学的に反応した証拠はないが，LiIとAl_2O_3の等量混合物の伝導度は，純粋なLiIよりも数桁高く(純粋なAl_2O_3は絶縁体である)，25℃で伝導度は約$10^5\,S\,cm^{-1}$である．このような複合伝導体(composite conductor)の効果の原因は，LiIとAl_2O_3粒の間の界面での表面伝導である．LiIは著しく吸湿性なので，湿気の存在が関係している可能性もある．

8.5.4.9 ■ プロトン伝導体

ほとんどのプロトン(H^+イオン)伝導体はH_2Oを含んでおり，加熱により容易に分解する．そのうちのいくつかは，HUP(ウラニルリン酸水和物，$HUO_2PO_4 \cdot 4H_2O$)などの水和物で，25℃で$\sigma \approx 4 \times 10^{-2}\,S\,cm^{-1}$である．他には，$Na^+ \leftrightarrow H_3O^+$などのイオン交換によって作られるヒドロニウム$\beta$–アルミナ($H_3O^+Al_{11}O_{17}$)などがある．伝導は通常，$H^+$が1つの$H_2O$分子から隣の分子に移動することにより生じ，おそらく移動が容易になるように水分子が回転する協働(グロッツス(Grotthus))機構が起こる．したがって，プロトンに容易にイオン化する「アンチモン酸」($Sb_2O_5 \cdot nH_2O$)のような固体酸塩などの物質は良いプロトン伝導体になる傾向がある．

完全に異なる種類のプロトン伝導体として，セリウム酸バリウムペロブスカイト($BaCeO_{\delta-3}$)がある．これは少量の水を含んでおり，水どうしはかなり強く結合している．H_2O分子が解離すると，

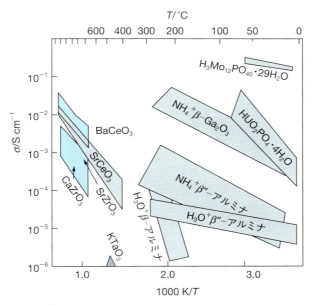

図 8.33 プロトン伝導体の伝導度の例.
[T. Kudo (P. J. Gellings and H. J. M. Bouwmeester ed.), 'Survey of types of solid electrolyte', *The CRC Handbook of Solid State Electrochemistry*, CRC Press (1997) より許可を得て転載]

プロトンは Ce^{3+} イオンの領域で酸素と結合する($BaCeO_{3-\delta}$ は非化学量論組成を有し，Ce^{3+} と Ce^{4+} の混合原子価を含んでいる)．$BaCeO_{3-\delta}$ は高温で非常に良いプロトン伝導度を有する(600℃ で $10^{-2}\,S\,cm^{-1}$)．プロトン伝導体の伝導度を図 8.33 にまとめる．

8.5.4.10 ■ イオン／電子混合伝導体

これまで，高いイオン伝導度を有する固体電解質に注目してきたが，それらは電子的には絶縁体である．固体電解質としての用途では，電子伝導は電池やセンサーの中で内部短絡させ，性能と精度の損失につながるので，避けなければならない．しかし，混合伝導 (mixed conductivity) を示す物質では，イオンと電子伝導が同時に起こる．これは，種々のデバイスの電極としての応用がある．

イオン伝導の要素，すなわち構造，組成，ドーピングについては，これまで議論したイオン伝導体と同じ性質をもつ．すなわち，空孔や欠陥のある構造であり，可動イオン位置が部分的に占められている．電子伝導を有意に高めるためには，存在する原子の 1 つが混合原子価である必要があるが，十分条件ではない．

混合伝導体において，イオン伝導と電子伝導がそれぞれ独立に起こるのか，あるいは，互いに何らかの影響があるのかは興味深い問題である．イオン伝導が，同時に起こる電子伝導によってどれくらい増加するのかを考えるためには，イオンのホッピングが起こるときには常に，局所的な電気的中性条件が乱されることに注意しなければならない．陽イオンがホッピングすると，負の電荷を運ぶ位置が残り，新しい位置は正の電荷を運ぶ．もとの位置の負の電荷は，さらにホッピングする陽イオンを引き込むように働く．これは，デバイ・ヒュッケルの「イオン雰囲気」(Debye-Hückel ion atomosphere) あるいは，**デバイ・ファルケンハーゲン効果** (Debye-Falkenhagen effect) として知られ，液体電解質の研究をしている電気化学者にはなじみ深いものである．もとの位置の電気的中性条件が保たれるように，帯電した空孔を取り囲むイオン種が引き続いて変位することにより，イオン雰囲気を減

少させることができる.他にも,もし物質が混合伝導体であれば,単純な移動あるいは陽イオンとともに電子がホッピングすることにより,イオン雰囲気を減少させることができる.イオンが引き続いてホッピングするまでの時間(すなわちその位置での滞在時間(site residence time),平均のイオンホッピング振動数(ion hopping frequency)の逆数は,電子伝導の存在によって減少し,実質的にイオンの移動度は上昇し,伝導度も上昇する.

酸化物イオン伝導体では,同一の物質でも周囲の雰囲気の O_2 分圧を変化させるとイオン伝導から混合伝導に転移する(図 8.31).リチウム正極物質では,電子伝導は正極物質の骨格構造中の遷移金属の混合原子価と関係している.部分的に充電した状態の $Li_{1-x}CoO_2$ は,Co^{3+} と Co^{4+} イオンの混合原子価の状態にあり,同様に $Li_{1-x}FePO_4$ では Fe^{2+} と Fe^{3+} の,$Li_{2-x}NiMn_3O_8$ では Ni^{2+} と Ni^{4+} の混合原子価をもっている.

8.5.4.11 ■ 固体電解質と混合伝導体の応用

固体電解質を含む電池には広範囲の応用があり,そのうちのいくつかは液体の電解質を含む電池では達成できない.図 8.34(a)に示した模式的な電池には,電池の2つの電極部分を分ける固体電解質膜がある.電極部分は,固体,液体あるいは気体の場合があり,それらは,同一の物質でも異なる物質でもよい.例えば,2つの異なる圧力の酸素ガスであってもよいし,ナトリウムと硫黄などの2つの成分であってもよい.混合伝導体には,電気化学セルにおける種々の応用があり,図 8.34(a)の一方あるいは両方の電極部分として使われる.このような電池では,電解質の中を動くイオンは,電極の中も動くことができる.しかし,電極は電子伝導体である.電気化学セルは,電源,センサー,スマートウィンドウ,熱力学測定などの多くの応用がある.次にいくつかの例を示す.

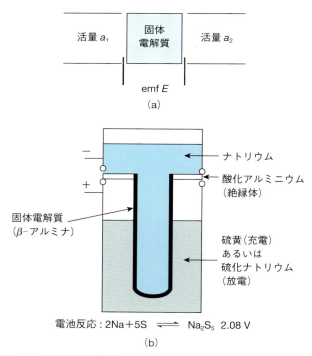

図 8.34 (a)固体電解質を含む電気化学セル.(b)ナトリウム−硫黄電池.

8.5 イオン伝導

熱力学測定

電池反応の起電力は，次に示すネルンストの式で与えられる．

$$E = E_0 + \frac{RT}{nF}\log_e\frac{[\mathrm{Ox}]}{[\mathrm{Red}]} \tag{8.42}$$

通常はこのような式がそれぞれの電極で起こる反応に対して 1 つ，すなわち合わせて 2 つ必要である．もし，負極で

$$\mathrm{M} \longrightarrow \mathrm{M}^+ + e^-$$

のような酸化が起こると，ネルンストの式は

$$E_1 = E_{0_{\mathrm{M/M}^+}} + \frac{RT}{F}\log_e\frac{[\mathrm{M}^+]}{[\mathrm{M}]} \tag{8.43}$$

となる．ここで，$E_{0_{\mathrm{M/M}^+}}$ はこの反応の標準酸化還元電位，$n=1$（移動する電子の数），$[\mathrm{M}^+]$ と $[\mathrm{M}]$ は 2 つの化学種の濃度，F はファラデー定数（$= 96500\,\mathrm{C}$）である．負極で生成した M^+ イオンは，固体電解質内を拡散し，次式で生成した X^- と正極で反応して

$$\mathrm{X} + e^- \longrightarrow \mathrm{X}^-$$

となる．この反応に対して，ネルンストの式は

$$E_2 = E_{0_{\mathrm{X/X}^-}} + \frac{RT}{F}\log_e\frac{[\mathrm{X}]}{[\mathrm{X}^-]}$$

となる．E_1 と E_2 を合計すると，$\mathrm{M} + \mathrm{X} \longrightarrow \mathrm{MX}$ の全体の反応の起電力が得られ，この起電力は MX の生成自由エネルギーと関係がある．

$$\Delta G = -nEF \tag{8.44}$$

固体電解質を用いた電気化学セルは，物質の熱力学データを得るために使われる．例えば，電池 $\mathrm{Ag(s)/AgI(s)/}$ 混合物 $\mathrm{Ag_2S(s)}, \mathrm{S(l)}, \mathrm{C(s)}$ は，AgS の生成自由エネルギーを求めるために用いられる．セルの反応は，$2\mathrm{Ag} + \mathrm{S} \longrightarrow \mathrm{Ag_2S}$ である．反応物 Ag と S は標準状態なので，

$$\Delta G^\circ(\mathrm{Ag_2S}) = -2EF \tag{8.45}$$

となる．起電力の温度依存性から，この反応の生成エントロピーとエンタルピーが求められる．

Na/S 電池およびゼブラ電池

固体電解質についての研究は，新型の電池への応用の可能性が動機になっている．Na/S 電池では，β–アルミナ固体電解質が用いられている（**図 8.34**(b)）．Na/S 電池は高密度な二次電池であり，質量あたりの高いエネルギー／出力の比（仕事率，出力密度）を有し，電気自動車への応用や，特に発電した電力の平準化にも使用され，大きく発展している．Na/S 電池は β–アルミナ固体電解質で隔てられた溶融 Na の負極と溶融 S の正極から構成される．通常，β–アルミナを一端が閉じた管状に成形し，内側は Na，外側は S（あるいは逆）とする．S は共有結合性の固体なので，電気的には絶縁体である．正極は S を含浸した導電性のグラファイトフェルトであり，電池の外側の容器はステンレス鋼で作られ，集電体として働く．電池の放電反応は，

405

第8章　電気的性質

$$2Na + xS \longrightarrow Na_2S_x$$

である．ここで，x は電池の充電の程度に依存する．放電の初期段階では，x は通常 5 である．この場合は，もっとも S が豊富な硫化ナトリウム（Na_2S_5）の化学式とほぼ一致するが，実際には，Na–S 系の相図に示した不混和ドームの一方の限界組成である（図 7.24）．

Na/S 電池は 300〜350℃，すなわち放電生成物が広い組成範囲で溶融するもっとも低い温度で動作する．相図から，$x \leqq 3$（すなわち 60% S, 40% Na）の段階に放電が達したとき，液相線は急激に上昇し，結晶 Na_2S_2 が生成し始めることがわかる．さらに放電すると，正極が徐々に固化する．

電池の開回路電圧（open-circuit voltage, OCV）は充電の程度と温度に依存する．完全に充電した電池の最大の OCV は，300℃ において 2.08 V である．最初の放電の間は，液体「Na_2S_5」が徐々に生成し，電池の OCV は 2.08 V で一定である．この間の正極は，「液体 S」と「液体 Na_2S_5」の 2 つの液体の混合物である．「Na_2S_5」の組成になると，正極は単一相の液体の領域に入り，ほぼ「Na_2S_3」の組成となるまで，OCV は 1.78 V まで徐々に低下する．正極は再び（Na_2S_2 + 液体）の領域に入り，一定の OCV になる．この段階では，正極で Na_2S_2 が析出して固化し，電池の放電は停止する．理論エネルギー密度（電池容量）は 750 Wh kg^{-1} である．実験値は通常 100〜200 Wh kg^{-1} であり，ほとんどの電池では，理論的な最大出力のうちごくわずかな割合しか与えることができないため，これ以上の改善は難しいだろう．

Na/S 電池が変化したものとして，$Na/FeCl_2$ あるいは $Na/NiCl_2$ 電池がある．これらはゼブラ電池あるいは「塩–鉄粉」電池として知られ，固体電解質として β–アルミナ管を用いる．全体の電池反応は，

$$2Na + FeCl_2 \longrightarrow 2NaCl + Fe$$

である．電池は 250℃ で動作し，OCV は 2.35 V である．250℃ で電極を溶融状態に保つために，正極（$Fe/FeCl_2$）は溶融 $NaAlCl_4$ に浸す．電池は通常，放電した状態で組み立てられる．すなわち，正極部分は NaCl と Fe の混合物として組み立てられる．これが塩–鉄粉電池の名前の由来である．

小型電池，心臓ペースメーカー

Na/S 電池とゼブラ電池は電力の安定化に用いられ，1 MW 以上の高出力が可能である．これと対極にあたる例として，室温で動作し，高出力ではなく長寿命を有する医療用あるいはマイクロエレクトロニクス用の小型電池がある．$Ag/RbAg_4I_5/I_2$（0.65 V）や $Li/LiI/I_2$（2.8 V）など十分な性能を有する種々の電池が開発されている．これらの電池において，ヨウ素は放電電流を保つための十分な電子伝導度を有していないため，単独では正極として使うことはできない．代わりに，ポリヨウ化物を含む $(CH_3)_4NI_5$ やヨウ素–ポリ（2–ビニルピリジン）電荷移動錯体などの複合ヨウ化物が用いられる．Li/I_2 電池は心臓ペースメーカーに広く用いられている．37℃ での動作では，1〜10 μA cm^{-2} の電流密度，0.8 Wh cm^{-3} のエネルギー密度が可能であり，電池は断続的な放電のモードで最低でも 10 年間動作する．

リチウム電池

　科学的にも実用的にも現在もっとも活発に発展しているのは Li 電池である．Li 二次電池の市場は大きく広がっており，特にモバイルコンピューター，携帯電話，ビデオカメラなどの用途において，軽量で高出力の電源として利用されているが，電気自動車(EV)やハイブリッド EV への応用も増加している．

　充放電ができる Li 電池の構成を，いくつかの電極と電解質の候補とともに，**図 8.35**(a)に示す．最適な電池の電圧を得るためには，高い Li 活量をもつ負極が必要である．理想的には，Li 金属を使いたいが，充放電時の樹枝状結晶(デンドライト)の成長による内部短絡など，安全性の問題がある．これは，現在の Li 電池においてよく知られている応用上の問題の原因である．代わりに，種々の Li ベースの合金が検討され，現在では Li–C 層間化合物がもっとも期待されている(この C は不規則なグラファイトのようなシート構造をもつ断片である)．

　現在商業的に使われている電解質は，プロピレンカーボナート(PC)あるいはエチレンカーボナート(EC)のような非水溶液に，CF_3COOLi(Li トリフラート)，$LiClO_4$，あるいは $LiPF_6$ などの塩を溶解させたものが基本になっている．次世代の Li 電池としては，トリフラートなどの Li 塩をポリエチレンオキサイド(PEO)のような極性高分子の中に溶解させた高分子電解質(polymer electrolyte)が有望である．電池の動作温度は，高分子のガラス転移温度(glass transition temperature, T_g：高分子が硬い固体から非常に粘性のある液体に変化する温度)以上であることも以下であることも考えられるが，もし T_g 以上ならば，電解質は「液体状」であり，伝導は陰イオンと陽イオンの両方により起こる．もし，T_g 以下で，高分子電解質がガラス状や非晶質でなく結晶質であれば，高分子は固体としての機械的性質を示し，Li^+ イオン伝導度は T_g 以上のときの値よりもかなり低くなる．ホストの電解質として使用できる新規な高分子の開発は期待のもてる研究分野であり，かなり硬質あるいは半硬質な機械的性質をもちながら，高い Li^+ イオン伝導度を有するものが求められている．現在のところ，実用化できるほど十分に高い Li^+ イオン伝導度を有する高分子電解質はない．

　Li 電池の正極の候補は，すべてインターカレーションできるホスト構造(intercalation host structure)であり，Li を受け入れる空いたチャンネルか層状構造を有する．受け入れた電子を収容する骨格構造には，混合原子価の元素をもつ．最初に研究された物質は，固溶体電極(solid solution electrode)といわれるホウィッティンハム(Whittingham)によって提案された TiS_2 などの層状カルコゲナイド構造である．TiS_2 は CdI_2 構造を有し(1.17.6 節)，隣接する TiS_2 層を隔てる八面体位置の空いた層の中に Li^+ イオンを受け入れる．同時に，電気的中性条件を保つため，電子が TiS_2 層中に入り，隣り合った Ti 原子上で重なり合っている d_{xy} 軌道を占める．

$$Ti^{4+}S_2 + xLi \longrightarrow Li_x^+Ti_{1-x}^{4+}Ti_x^{3+}S_2$$

　他にも多くの層間化合物が正極として働く．現在，実用的にもっとも重要なものは，グッドイナーフ(Goodenough)によって発見された $LiCoO_2$ である．これは，規則化した岩塩構造を有し，立方最密充填した酸化物イオンの配列中の八面体位置に Li^+ と Co^{3+} イオンが交互に層を形成している(**図 8.35**(c), (d))．化学式 $LiCoO_2$ は，Li^+ イオンが完全に層間に入り放電した状態を表す．充電の際は，Li^+ イオンが取り除かれ，Co^{3+} から Co^{4+} への酸化が起こる．Co^{3+}/Co^{4+} の酸化反応は，Li 金属に対して，約 4.0 V の電池の電圧を生じる．

　Co は比較的高価で有毒であるため，$LiCoO_2$ に代わる正極が求められている．$Li(Ni_{0.5}Mn_{0.5})O_2$ や $Li(Ni_{0.33}Mn_{0.33}Co_{0.33})O_2$ のような，安価で有毒ではない Mn をかなり含んだ他の層状岩塩構造物質には可能性がある．この物質では，Li を取り除いたり Li を層間に挿入したりできる．しかし，Mn^{3+} の割合が 50％である $LiMn_2O_4$(すなわち $LiMn^{3+}Mn^{4+}O_4$)になると，Li の挿入はますます複雑になる．

すなわち，Mn^{3+} は八面体配位のヤーン・テラー効果を生じるイオン(d^4)であり，立方晶から正方晶への構造の歪みが $Li_{1+x}Mn_2O_4$ の中で起こる．この歪みと，$LiMn_2O_4$ 結晶の形／体積の変化により，電解質－正極界面の健全性（integrity）が失われ，その結果，充放電の繰り返しにより電池特性が劣化する．最近注目されている正極物質はオリビン構造を有する $LiFePO_4$ であり（図 1.45），同じくグッドイナーフにより発見された．この物質は，Li の取り出しの際，Fe^{2+}/Fe^{3+} の酸化反応を用いる．この物質も，安価で無毒な Fe と P からなる．

　電気化学セルや電池を使用する際に生じる多くの困難な問題は，電極と電解質の界面に関係している．金属電極とイオン伝導性の電解質の界面では，電荷の集積によって界面分極が起こる．通常，そのような界面を経由して，連続した電流を流すことはできない．この問題は，Li_xCoO_2 のような**可逆電極**（reversible electrode）を使うことによって回避できる．可逆電極は，電子と電解質の可動イオンの両方を流すことができる．可逆リチウム電極を用いることにより，Li^+ イオンの分極の問題がほとんどあるいは完全になくなり，電極と電解質の界面を経由して動くことができる．

エレクトロクロミック素子，スマートウインドウ

　Na_xWO_3 などのタングステンブロンズは可逆電極として動作し，エレクトロクロミック素子やスマートウインドウとして使われる．タングステンブロンズでは，ペロブスカイトと同様に，WO_3 母構造は頂点共有した WO_6 八面体からなる骨格構造を有している（図 1.41）．その構造には三次元の互いにつながったチャンネルがあり，それに沿って Na^+（あるいは他のアルカリ金属陽イオン）が移動できるため，Na^+ は高い移動度を有する．タングステンの酸化状態は $+5$ 価と $+6$ 価の間で変化し，タングステンブロンズ固溶体電極が動作するときの化学反応は，次のように書ける．

$$x Na^+ + WO_3 + x e^- \longrightarrow Na_x W^V_x W^{VI}_{1-x} O_3$$

純粋な WO_3 は，薄膜の形状のときは，ほとんど無色透明である．Na^+ と e^- を挿入すると，電子は W の 5d 帯に入り（このバンドは，WO_3 では完全に空である），物質は d–d 遷移をともなう光の吸収によって暗くなる．この暗くなる現象が，素子へ応用されている（**図 8.36**）．この素子では電気的なパルスによって，可逆的に色が変化する．

ガスセンサー

　固体電解質を含む電気化学セルは，ガスの分圧あるいは液体中に溶解したガスの濃度を測定するのに用いられる．一端が開放した形の安定化ジルコニア固体電解質を用いた酸素濃淡セルを**図 8.37**(a)に模式的に示す．管の内側は，空気などの標準ガスである．管は多孔質の金属で被覆され，酸素ガスを吸脱着する触媒になる．被検ガス分圧 p_{O_2}' が標準ガス圧力 p_{O_2}'' よりも低ければ，(ii)に示した電極反応が起こり，酸化物イオンは固体電解質中を右から左に移動する．ネルンストの式から，酸素分圧の変化とセル電圧が次のように関係づけられる．

$$E = \frac{RT}{4F} \log_e \left(\frac{p_{O_2}''}{p_{O_2}'} \right) \tag{8.46}$$

ガスセンサーは，電流が流れない開回路の状態で動作する．その代わりに，内側と外側の電極の間の電圧差で p_{O_2}' を検出，測定する．

　酸素センサーは高温で使われ（O^{2-} イオンの輸送が十分速く起こり，ガス－固体界面での平衡に達するため），10^{-11} Pa もの低い酸素分圧を測定することができる．安定化トリア（ThO_2）固体電解質は YSZ よりも広い酸素分圧の範囲でイオン伝導するため，$p_{O_2} < 10^{-11}$ Pa でも使用できる．ジルコニア

8.5 イオン伝導

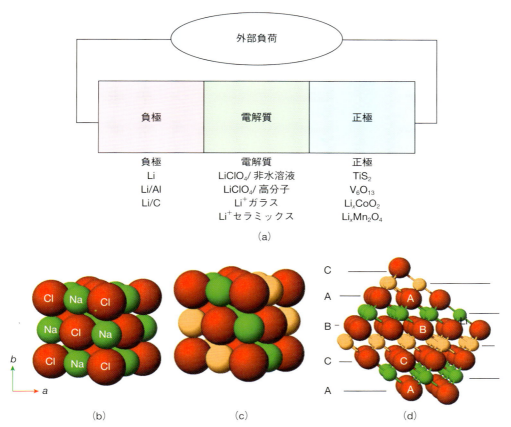

図 8.35　(a) リチウム二次電池の構成．(b) NaCl の結晶構造．Na$^+$ と Cl$^-$ イオン層を示す．(c) LiCoO$_2$ の結晶構造．酸化物イオンの最密充填配列内で Li$^+$ と Co^{3+} イオンが交互に積層している．(d) 別の方向から見た LiCoO$_2$ の結晶構造．六方最密充填酸化物層（赤）の間に交互に Li$^+$ イオン（橙）と Co^{3+}（緑）がある．

図 8.36　タングステンブロンズ層間化合物電極をもとにした薄膜電気化学素子．

第 8 章　電気的性質

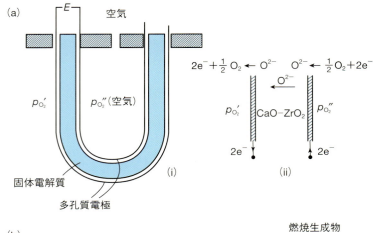

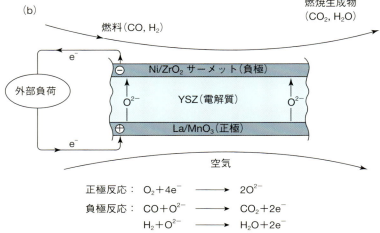

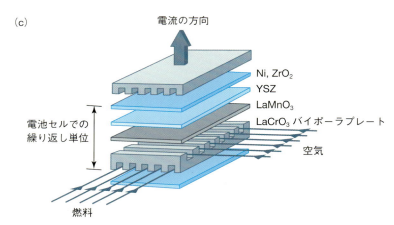

図 8.37　(a) 安定化ジルコニア固体電解質を用いた酸素濃淡電池セル．(b, c) 固体酸化物燃料電池．

検出器のような酸素濃淡セルは，自動車の廃ガスや大気汚染の分析，呼吸の間の酸素ガスの消費の測定，CO/CO$_2$，H$_2$/H$_2$O，金属／金属酸化物の平衡の研究などいろいろな用途がある．それらは，溶融鉄鋼の中に検出器を浸漬して酸素活量を測定するのにも用いられる．酸素濃度は校正曲線から読み取られる．なお，検出器の応答は通常，たいへん速い．

輸率測定

酸化物イオン伝導の膜では，2つの電極部分の間での酸素の活量の違いに依存して発生する電圧は式(8.46)で与えられる．しかし，酸化物イオン・電子混合伝導体の膜であれば，発生する電圧 E_{exp} は理論値 E_{theo} より小さくなり，イオン輸率 t_i は次式で与えられる．

$$t_i = E_{exp}/E_{theo} \tag{8.47}$$

したがって，図 8.37(a)のようなセルは輸率の測定にも用いられる．

固体酸化物燃料電池（SOFC）：蒸気電解槽，酸素ポンプ

安定化ジルコニアは，管あるいは薄膜の形状で，高温固体酸化物燃料電池(solid oxide fuel cell, SOFC)の電解質あるいはセパレーターとして用いられる．2つの電極部分は，(a)空気あるいは O$_2$ と(b)H$_2$，CO などの燃料ガスである．ジルコニアは，多孔質 Ni 負極と，混合伝導性のマンガン酸ランタン(LaMnO$_3$)正極によって挟む．セル反応は，例えば H$_2 + \frac{1}{2}$O$_2 \longrightarrow$ H$_2$O あるいは CO $+ \frac{1}{2}$O$_2 \longrightarrow$ CO$_2$ である．この型の燃料電池の利点は，電極での分極の問題が少なく，高電流密度(0.5 A cm^{-2})が達成されることである．多層 SOFC の動作機構と構成を**図 8.37**(b)と(c)に示す．

燃料電池は，電流の方向を逆にすると，蒸気電解槽およびエネルギーの貯蔵に用いることができる．すなわち，水蒸気を H$_2$ と O$_2$ に分解し，貯蔵することができる．これにより，例えば宇宙船で CO$_2$ から O$_2$ を作ったり，液体金属から酸素を取り除いたり，ガスの高純度化のためにある部分から O$_2$ を引き抜いて他の部分へ送ったりする(酸素ポンプ)のに用いることができる．

8.6 ■ 誘電体

誘電体の直流伝導度は，理想的にはゼロである．誘電体の性質は，その平行平板コンデンサーとしての挙動から定義される．平行平板コンデンサーは1対の導電性の板からなり，互いに平行で距離 d だけ離れており，d は板の横方向の大きさに比べて小さい（図 8.38(a)）．板の間が真空であれば，容量 C_0 は次で定義される．

$$C_0 = \frac{\varepsilon_0 A}{d} \tag{8.48}$$

ここで，ε_0 は真空の誘電率（$= 8.854 \times 10^{-12} \, \text{F m}^{-1}$），$A$ は板の面積である．ε_0 は一定なので，容量は A と d の大きさに依存する．2つの板の間に電位差 V を印加すると，蓄えられる電荷の量 Q_0 は次式で与えられる．

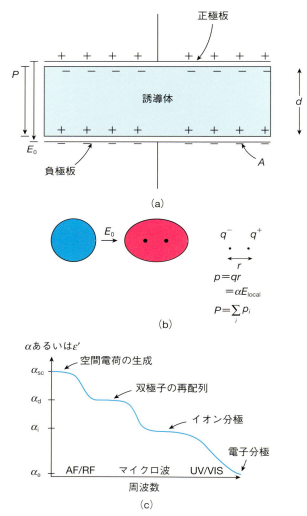

図 8.38　(a) 平行平板電極間の誘電体物質．(b) 電場中での誘起双極子の発生．(c) 分極率と誘電率の周波数依存性．

8.6 誘電体

表 8.7 誘電体で使われる用語と単位

項 目	記 号	単 位
印加電圧	E_0	$V\,m^{-1}$
局所電場	$E_{local}\,(=E_0+E_1+\cdots)$	$V\,m^{-1}$
電荷	Q	C
キャパシタンス	C	F or $C\,V^{-1}$
	$C/$単位面積$/$厚さ	$F\,m^{-1}$
	$C/$単位面積	$F\,m^{-2}$
比誘電率あるいは誘電定数	ε' or ε_r	無次元
真空の誘電率	ε_0	$F\,m^{-1}$
分極率	α	$C\,m^2\,V^{-1}$ あるいは $F\,m^2$
双極子モーメント	p	$C\,m$
分極	$P(\sum p/$体積$)$	$C\,m^{-2}$
誘電感受率	χ	m^3

$$Q_0 = C_0 V \tag{8.49}$$

板の間に誘電体を入れて同じ V を印加すると，蓄えられる電荷の量は Q_1 に増加し，容量は C_1 に増加する．これは V の効果によって電荷の電子雲がわずかな分極を引き起こすためであるが，誘電体中でのイオンや電荷の長距離の移動は起こらない．V を取り除けば分極も消える．誘電体の誘電定数（dielectric constant）あるいは比誘電率（relative permittivity）ε' と増加した後の容量との間には，以下の関係がある．

$$\varepsilon' = \frac{C_1}{C_0} \tag{8.50}$$

ε' の大きさは分極の度合いに依存する．空気に対しては $\varepsilon'=1$ である．Al_2O_3 や $NaCl$ などのほとんどのイオン性固体では，$\varepsilon'=5\sim10$ である．$BaTiO_3$ のような強誘電体では，$\varepsilon'=10^3\sim10^4$ である．

　誘電性をもつ物質に電圧を印加したときの効果に関係する用語はいろいろあり，混乱しやすい．用語，記号，単位（主に SI 単位）を**表 8.7** に示す．いくつかの用語は同じ意味であるのでまとめた．印加電圧（applied field）E_0 は，永久あるいは誘起双極子による内部電場によって局所的に変化し，局所電場（local field）E_{local} を生じる．容量は印加された電圧によって蓄えられた電荷であるため，電荷と容量の項は関係している．容量は単位面積あたり，あるいは面積$/$厚さあたり（体積と関係する）として定義される．分極は容量と関係し，正および負電荷の距離と電荷の大きさによって定義される．

　電場を印加したときの物質の応答は，誘電率，分極率，誘電感受率（dielectric susceptibility）の 3 つの項目によって表される．それらは，実質的に同じ現象を表しているが，異なる方法で定義される．誘電感受率は，比誘電率から真空の比誘電率を引いたものと同じである．すなわち，

$$\varepsilon_0\chi = \varepsilon_0\varepsilon' - \varepsilon_0\,;\, \chi = (\varepsilon'-1) \tag{8.51}$$

で表される．分極率 α は E_0 への応答によって生じる双極子モーメント p の尺度である（**図 8.38**(b)）．分極（polarization）は，個々に生成した双極子モーメントの総和である．すなわち，

$$P = \sum_i p_i = \sum_i \alpha_i E_{local,i} \tag{8.52}$$

で表される．ここでは，単位体積あたり i 個の双極子があるとする．

　ε'，α，χ は，一般には同じ物質でも一定の値とはならず，dc（直流）の条件で測定しない限り，測定周波数に依存する．**図 8.38**(c)に示したようなさまざまなプロセスが，異なる時間スケールで双極子モーメントの生成と配向に対して影響を及ぼしている．高周波数の紫外・可視光の領域では，それぞれの原子のわずかな電子雲に変位が起こり，電荷の分布の重心が正の原子核から変位する（図 8.36

413

（b））．これは電子分極率（electronic polarizability）α_e である．

　周波数の低下とともに，それぞれの原子とイオンの小さな変位が起こる．これは，特定の振動モードの解析に用いられる赤外／ラマン分光の既知のピークから示される．それらの周波数では，イオン分極率（ionic polarizability）α_i が測定される．さらに周波数が低いマイクロ波の領域では，分子の移動，回転，双極子の再配向が起こり，配向分極率（orientational polarizability）α_d を生じる．

　周波数のもっとも低いラジオ波の領域では，イオンあるいは電子の長距離の変位が可能であり，dc電流が流れなければ，電荷の分離によって空間電荷分極（space charge polarizability）α_{sc} を生じる．

　分極率と誘電率は，同様な周波数依存性を示し（図 8.38（c）），これらの間には互いに**クラウジウス・モソッティの式**（Clausius-Mossotti relation）が成り立つ．それはいろいろな方法で表現されるが，その 1 つを以下に示す．

$$\frac{\varepsilon'-1}{\varepsilon'+2}=\frac{N\alpha}{3\varepsilon_0} \tag{8.53}$$

ここで，N は永久双極子をまったく含んでいない均質で一様な物質における，単位体積あたりに分極する電荷種の数である．この式から ε' と α の関係が理解できるが，実際の ε' と α の周波数依存性は，図 8.38（c）に示したような明瞭なものとはならない．式（8.53）は半定量的な関係にすぎない．可視光領域の周波数では，$\alpha_{sc}, \alpha_d, \alpha_i$ の α への寄与はなく，比誘電率は，屈折率 n と次の関係がある．

$$\varepsilon'=n^2 \tag{8.54}$$

ほとんどの固体の n は 1.4〜2.9 の範囲にあるので，高周波数の極限での ε' の値は 2〜8 の範囲になる．$Al_2O_3, MgO, MgAl_2O_4$ などの絶縁体は，5〜10 の範囲の比誘電率を有する．よって，これらの物質では $\alpha_{sc}, \alpha_d, \alpha_i$ の寄与はほとんどない．

8.6.1 ■ 誘電体と導電体およびその中間の物質

　誘電体と導電体は電気的には両極端の挙動を示す．誘電体では，電荷種の電子雲に小さな変位が起こるだけで，何も移動しない．しかし，導電体では，イオンや電子の 1 つ以上の電荷種が長距離を移動する．その移動は，原子，イオン，電子の熱エネルギーに応じて乱雑に起こるが，電圧を印加するとその電圧の方向に正味の変位あるいは移動が起こる．

　これら 2 つの極端な挙動の中間として，図 8.39 にまとめたような短距離の変位を含む現象が起こり，多くの応用の可能性がもたらされる．まずこれらについてまとめよう．

　低損失誘電体（low-loss dielectric material）では何も移動しない．低損失誘電体は電子回路において不可欠な要素で，絶縁性基板として使われ，その上に薄膜の微細加工技術により電子回路の要素が成膜される．エンジンのスパークプラグや，電力の供給網における鉄塔から電力ケーブルをつり下げる絶縁体としても使われる．絶縁体として用いられるのはセラミックスだけではなく，ポリフッ化ビニリデン（PVDF）のような非導電性高分子が導電性の線材やケーブルの絶縁シースとして使われている．

　高誘電体（high-permittivity dielectrics）は，伝導度と誘電損失がきわめて小さく，比誘電率は 50〜150 の範囲と高い．マイクロ波誘電体として使われ，モバイル通信産業には必須である．携帯電話の中で使われるマイクロ波受信機の大きさは，マイクロ波誘電体の誘電率に反比例する．近年，新しい高誘電率マイクロ波誘電体が発見されたため，携帯電話の小型化がもたらされている．

　非極性誘電体（non-polar dielectrics）の結晶構造は中心対称であり，結晶格子中には陽イオンと陰イオンの配置により生じる双極子モーメントはない．非結晶性の極性誘電体の古典的な例は水分子であり（図 8.40（a）），電気的に陰性の酸素は，残留電荷 q^- を運び，水素は合計して q^+ の電荷をもって

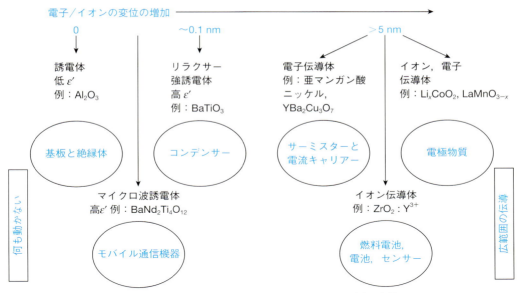

図 8.39 種々の電子セラミックスの小さな印加電圧に対する応答．

いる．水分子は線状構造ではなく非中心対称なので，負と正の電荷の空間的な分離による，双極子モーメントを有する．電圧 V が印加されると，水分子は**図 8.40**(b)に模式的に示したように回転し，液体の H_2O の誘電率は 81 になる．

対称中心がない構造をもつ結晶性誘電体は極性誘電体(polar dielectrics)とよばれ，印加された電場によって正味の分極あるいは双極子モーメントが変位するために，高い誘電率を示す．この古典的な例は強誘電体 $BaTiO_3$ である．$BaTiO_3$ の正方晶構造では，Ti^{4+} は TiO_6 八面体の中心からずれており，局所的な双極子モーメントが増大する(**図 8.40**(c)および(d))．Ti^{4+} イオンは八面体の中で実質的に「揺れ動き」，周囲の 6 つの酸素のいずれかに近づく．Ti^{4+} は外場に応答して変位し，比誘電率は 12000 にもなる．このような高い誘電率によって大量の電荷が貯蔵されるため(式(8.50))，コンデンサーとしてきわめて重要である($BaTiO_3$ のコンデンサーは年間 10^{12} 個以上生産されている)．こうした高い誘電率をもつことに加えて，強誘電体の双極子モーメントの配向は印加電圧によって逆転するため，**図 8.40**(e)に示したようなヒステリシスループ(履歴曲線)を示すことになる．強磁性体で表れるヒステリシスループと同様な電気的現象である．

極性誘電体は，誘電率が外部からの刺激に応じて変化するならば，他に 2 つの性質を示す．例えば，陽イオン−陰イオン結合距離あるいは結合角が温度によってわずかに変化するために誘電率が温度に依存する場合，この誘電体は**焦電体**(pyroelectric material)とよばれる．熱を放射している物質の温度変化は，焦電検出器に生じる電圧の変化によって検出できる．

これと関連した現象として**圧電効果**(piezoelectricity)があり，物質への機械的な圧力によって双極子モーメントあるいは双極子モーメントの変化が誘起される現象を指す．圧電効果には 2 種類の応用がある．1 つは機械的に印加した圧力によってガスライターに生じる放電や，(欧米で一般的な)トリックボールペンによるおだやかな電気ショックなどである．2 つ目の応用は，圧電体に交流の電圧を印加したときに連動して生じる機械的な変形で，水中での音波検出器には圧電トランスデューサー中での音波の発生が使われている．もっとも広く使われている圧電体はチタン酸ジルコン酸鉛ペロブスカイトであり，およその組成は $Pb(Zr_{0.48}Ti_{0.52})O_3$ である．

極性誘電体は 2 つのグループに分けられる．1 つは強誘電体であり，強誘電体中では外からの電場

第 8 章　電気的性質

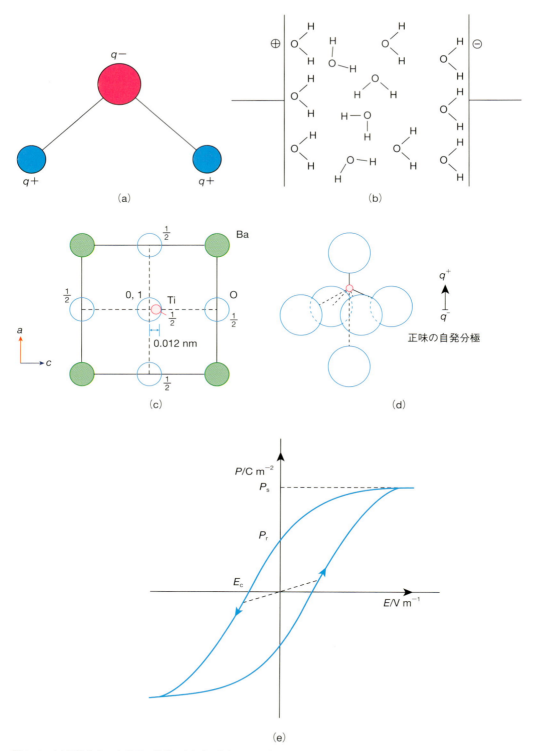

図 8.40　(a) 極性をもつ水分子の構造．(b) 電圧印加による水分子の再配列．(c) 正方晶をもつ強誘電体 $BaTiO_3$ の構造．(d) $BaTiO_3$ 中の TiO_6 八面体の自発分極．原理的には，6 つの等価な方向で自発分極が起こりうる．(e) 強誘電体のヒステリシスループ．原点を通る破線は通常の誘電体の挙動を示す．

に応じて双極子の配向に変化が起こる．もう 1 つは非強誘電体であり，双極子の成分の配向は変化しないが，大きさの変化が起こる．強誘電体中で起こる構造の変化は，現在ではよく理解されており，一般的には結合距離がわずかに（0.01〜0.03 nm）変化し，イオンが変位する（図 8.40(c), (d)）．一方，双極子の再配向が起こるが，強誘電体のようなヒステリシスループは示さない物質群もある．

　Ca ドープした NaCl のような異原子価ドープしたアルカリハロゲン化物では，2 価の Ca^{2+} イオンの置換による電荷を補償するため，同数の陽イオン空孔が生成する．全体的としては電気的中性が保たれるが，空孔は正味の負電荷 V_{Na}' を運び，置換した Ca イオンは正味の正電荷 $Ca_{Na}^{\cdot}$ を運ぶため，欠陥どうしは双極子対をつくる．実質的には固定されている Ca^{2+} イオンの周囲を陽イオン空孔がホッピングすることによって双極子は再配列する．空孔は，熱エネルギーによって無秩序に飛び移るが，電圧を印加すると，双極子が電場に沿って部分的に並ぶように，特定の方向にホッピングする．

　リラクサー（relaxor）物質のグループでは広範囲の強誘電体ドメインは生じないが，狭い範囲では平行に並んだ双極子のクラスターが存在する．その良い例がペロブスカイト構造をもつ $Pb(Mg_{1/3}Nb_{2/3})O_3$（PMN）である．Mg と Nb はペロブスカイト構造の八面体陽イオン位置に不規則に分散するが，Mg^{2+} は Nb^{5+} より大きく，Nb^{5+} イオンだけが八面体の中心からずれる傾向がある．MgO_6 八面体は中心対称であるため，実質的に広範囲の極性強誘電ドメインの生成を抑えることになる．PMN のようなリラクサーの有用な性質は，強誘電相から常誘電相への転移がブロードになり，誘電率が広い温度範囲にわたって高くなることである．これは，$BaTiO_3$ の誘電率が狭い温度範囲で鋭い極大を示すこととは異なる．コンデンサーでは，容量の値がある特定の温度範囲においてほとんど変化しないことが必要であり，したがってコンデンサーはリラクサーの主要な応用の 1 つになる．

　これまでは，電荷の変位が原子間距離に対してわずかに限定される誘電体と漏れ電流のある（あるいは損失のある）誘電体を扱ってきた．電子（あるいは正孔）とイオンのいずれか，あるいは両方が長距離の変位をすると dc 伝導が起こり（図 8.39），この章の前半で議論したような，半金属，金属，固体電解質，混合伝導体の範疇に入ることになる．

8.7 ■ 強誘電体

強誘電体は，通常の誘電体とは次の点で区別される．(1)非常に高い誘電率を有する．(2)電圧の印加を遮断した後でも，残留した電気的な分極がいくらか保たれる可能性がある．(3)電圧を逆に印加すると，分極 P あるいは双極子モーメントを逆にすることができ，P 対 V のヒステリシスループが得られる．誘電体に印加する電圧 V を増加させると，P あるいは貯蔵される電荷 Q がそれに比例して増加する．強誘電体では，図 8.40(e)に示したように，単純な P と V の比例関係は成り立たない．代わりに，より複雑な**ヒステリシスループ**(hysteresis loop)が見られる．電圧の増加により生じる分極は，その後電圧を低下させても可逆的には変化しない．強誘電体は高電場下で**飽和分極**(saturation polarization)P_S を示す(BaTiO$_3$ では，23℃ で $P_S = 0.26$ C m^{-2})．**残留分極**(remanent polarization)P_r は，飽和分極の後に，V をゼロにしたときの値である．P をゼロにするためには，逆の電場，すなわち抗電場(coercive field)E_c が必要である．

通常の誘電体(表 8.8)では，例えば BaTiO$_3$ 中の Ti^{4+} のように，陽イオンは隣接する陰イオンに対して 0.01 nm 程度の変位を生じる．この電荷の変位によって双極子が増大し，強誘電体に特徴的な高い誘電率を示す．

SrTiO$_3$ の単位格子は，BaTiO$_3$ と同じペロブスカイト構造である(図 1.41)．基本となる立方晶単位格子では，Ti は八面体位置の頂点に，酸素は立方体の稜の中心にあり，Sr は立方体の体心を占める．TiO$_6$ 八面体は，頂点共有して三次元骨格構造を形成する．Sr は骨格構造中の 12 配位の空隙を占める．単位格子は Sr が頂点で，Ti が体心位置にあるとして表すこともできる．

BaTiO$_3$ の立方晶構造は 120℃ 以上で安定であり，電荷が対称な位置にあるので，正味の双極子モーメントをもたない．したがって，この物質は非常に高い誘電率をもつにもかかわらず，通常の誘電体のようにふるまう．120℃ 以下では構造の歪みが起こる．TiO$_6$ 八面体は，Ti が中心位置から頂点の酸素の方向にずれるために対称ではなくなる(図 8.40(c))．これによって自発分極(spontaneous polarization)が発生する(図 8.40(d))．すべての TiO$_6$ 八面体で平行な変位が同様に起こり，固体の正味の分極が起こる．

強誘電体 BaTiO$_3$ では，それぞれの TiO$_6$ 八面体は常に分極している．電場を印加すると，それぞれの双極子が電場の方向にそろうようになる．すべての双極子の方向がそろうと飽和分極に達する(図 8.40(e))．P_s の大きさから，Ti は八面体中で中心から 1 つの酸素の方向に約 0.01 nm ずれていると計算される．これは X 線結晶構造解析でも確認されている．0.01 nm すなわち 10 pm の距離は，TiO$_6$ 八面体の平均 Ti–O 距離約 0.195 nm に比べるととても小さい．双極子の配置を模式的に図 8.41(a)に示す．それぞれの矢印は，1 つの歪んだ TiO$_6$ 八面体を示しており，すべてが共通の方向に歪んでいる．

強誘電体 BaTiO$_3$ では，隣り合う TiO$_6$ 双極子が平行にそろうようなドメイン(分域)構造(domain

表 8.8 強誘電体物質の例

金 属	T_C/℃
チタン酸バリウム，BaTiO$_3$	120
ロッシェル塩，KNaC$_4$H$_4$O$_6$·4H$_2$O	$-18 \sim +24$
ニオブ酸カリウム，KNbO$_3$	434
リン酸二水素カリウム(KDP)KH$_2$PO$_4$	-150
チタン酸鉛，PbTiO$_3$	490
ニオブ酸リチウム，LiNbO$_3$	1210
チタン酸ビスマス，Bi$_4$Ti$_3$O$_{12}$	675
モリブデン酸ガドリニウム(GMO)Gd$_2$(MoO$_4$)$_3$	159
ジルコン酸チタン酸鉛(PZT)Pb(Zr$_x$Ti$_{1-x}$)O$_3$	x に依存して変化

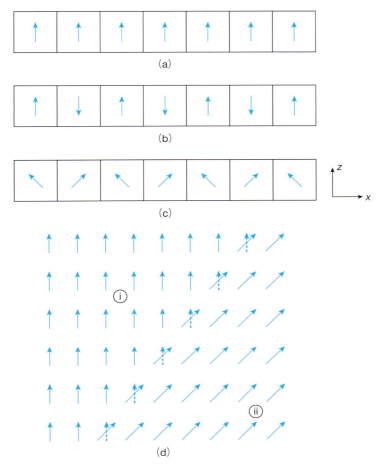

図 8.41 双極子の配列の模式図.(a)強誘電体.(b)反強誘電体.(c)フェリ誘電体.(d)ドメイン壁あるいは境界によって分けられた強誘電体ドメイン.

structure)が形成される(図 8.41(d)).そのドメインはさまざまなサイズをもつが,通常はかなり大きく,1 辺が数 nm から数十 nm である.1 つのドメイン内では,双極子は共通の方向を向いている.個々のドメインの分極のベクトルの和が正味の分極となる.

強誘電体へ電場を印加すると,P が変化する.これは,次に示すいくつかのプロセスからなる.

(1) ドメイン内での分極の方向が変化する.これはドメイン内のすべての TiO_6 双極子の方向が変わることで起こる.例えば,図 8.41(d)のドメイン(ii)の双極子が,ドメイン(i)の双極子と平行に配向した場合である.
(2) もし,電場を印加する前の双極子の配置がある程度ランダムである場合には,それぞれのドメインの中で P の大きさは増大する.
(3) 好ましい方向を向いているドメインが好ましくない方向を向いているドメインを吸収することでサイズが大きくなった場合には,**ドメイン壁**(domain wall)の移動が起こる.例えば,図 8.41(d)のドメイン(i)は,ドメイン壁が右方向に 1 列分移ることによって大きくなる.このとき,ドメイン(ii)の端の双極子は方向を変え,破線で示したようにドメイン(i)の一部になる.

第8章 電気的性質

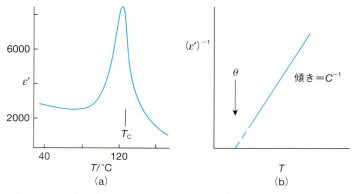

図 8.42 (a)チタン酸バリウムセラミックスの誘電率. (b)キュリー・ワイス則.

　強誘電体の状態は通常，低温で生じる．高温になって熱運動が増加すると，隣接する八面体間で同じであった変位がずれ，ドメイン構造も乱れてしまう．この乱れが生じる温度が強誘電キュリー温度 (ferroelectric Curie temperature) T_C である(表8.7)．T_C 以上では物質は常誘電体(非強誘電体)になる．誘電率は T_C 以上でも高いままであるが(**図 8.42**(a))，電場がなければ，残留分極は保持されない．T_C 以上では，ε' は通常**キュリー・ワイス則**(Curie-Weiss law)で与えられる．

$$\varepsilon' = \frac{C}{T-\theta} \tag{8.55}$$

ここで，C は**キュリー定数**(Curie constant)，θ は**キュリー・ワイス温度**(Curie-Weiss temperature)である．キュリー・ワイスの挙動は $(\varepsilon')^{-1}$ 対 T のプロットが直線関係になる(**図 8.42**(b))．通常，T_C と θ は一致するか，あるいはわずか数度だけ異なる．

　T_C での強誘電-常誘電相転移は規則-不規則相転移である．しかし，黄銅の規則-不規則転移などとは異なり，長距離のイオンの拡散は起こらない．むしろ T_C 以下での規則化は，八面体のある方向への歪みや傾きによるものであり，**変位型相転移**(displacive phase transition)である．高温の常誘電相では，多面体の歪みと傾きは，もし起こるとしても最終的には乱雑になる．

　結晶が自発分極を示し，強誘電体となるためには，その空間群は非中心対称でなければならない．T_C 以上の安定な常誘電相は中心対称であるが，冷却による規則化転移で生じる強誘電体は，対称性が低下し，空間群が非中心対称になる．

　現在，数百もの強誘電体が知られているが，それらの多くは歪んだ(非立方晶)ペロブスカイト構造である．これらの構造では，6つの酸化物イオンによって形成される八面体の内部にフィットする大きさよりも陽イオンはわずかに小さいため，陽イオンは歪んだ八面体の配位環境を好む．強誘電体構造の中で共通に見られる陽イオンとしては，Ti^{4+}，Nb^{5+}，Ta^{5+} がある．MO_6 八面体での非対称な結合によって，自発分極と双極子モーメントは増大する．

　すべてのペロブスカイト構造の結晶が強誘電体であるわけではない．$BaTiO_3$ や $PbTiO_3$ は強誘電体であるが，$CaTiO_3$ は異なる．この違いには，イオン半径が関係している．Ba^{2+} イオンは大きいため，$CaTiO_3$ に比べて，単位格子が大きくなる．$BaTiO_3$ 中では Ti-O 結合が長くなり，Ti^{4+} イオンは TiO_6 八面体中で，容易に動くことができるようになる．他に，外殻価電子に不対電子をもつために，陽イオンが非対称に結合する強誘電体酸化物もある．具体的には，グループ内の原子価数より2つ小さい酸化状態にある Sn^{2+}，Pb^{2+}，Bi^{3+} のような p ブロック重元素の陽イオンであり，いわゆる不活性電子対効果を示す．

　強誘電体酸化物は，T_C 付近では，高い誘電率のためにコンデンサとして用いられる(図 8.42)．実

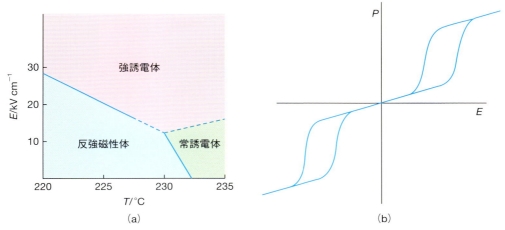

図 8.43 (a)PbZrO₃の反強誘電—強誘電転移と電場 E の関係．(b)転移の際の分極挙動．

用化のために ε' を最大にするには，キュリー温度を室温に近づける必要がある．BaTiO₃ のキュリー温度(120℃)は，Ba^{2+} あるいは Ti^{4+} を部分的に他のイオンで置き換えると低下し，ブロードになる．$Ba^{2+} \rightleftarrows Sr^{2+}$ の置換は，単位格子の収縮をもたらし，T_C を低下させる．「活性な」Ti^{4+} を「非活性な」4価の Zr^{4+} や Sn^{4+} と置き換えると，同様に T_C の急激な低下をもたらす．

反強誘電体(antiferroelectric material)では自発分極に関連した現象が起こる．反強誘電体中では，隣り合う双極子は反平行に並ぶ(図8.41(b))．その結果，正味の自発分極はゼロとなる．反強誘電体はキュリー温度以上では，通常の常誘電体に戻る．反強誘電体とそのキュリー温度の例として，PbZrO₂(233℃)，NaNbO₃(638℃)，NH₄H₂PO₄(−125℃)がある．

反強誘電体の特徴は強誘電体とはやや異なる．反強誘電体では，T_C 付近において誘電率の大きな増加が起こるが，非極性でヒステリシスループは示さない(PbZrO₃ では，200℃ において ε' は約100であるが，230℃ では約3000である)．反強誘電体中での双極子の反平行な配置は，強誘電体中の平行な配置よりもわずかに安定なだけであるため，条件が少し変化しただけで相転移が起こることがある．例えば，PbZrO₃ に電場を印加すると，図8.43(a)に示すように反強誘電性から強誘電性に転移する．必要な電場の大きさは温度に依存する．分極挙動を図8.43(b)に示す．低電場ではヒステリシスを示さず，PbZrO₃ は反強誘電性となる．正あるいは負の高電場を印加すると，PbZrO₃ はヒステリシスを示し，強誘電体になる．

ある方向にだけ反強誘電性を示すような分極現象を図8.41(c)に示す．x 方向には正味の分極はゼロであり，構造は反強誘電性であるが，z 方向には正味の自発分極が起こる．この種の構造は，フェリ誘電性(ferrielectric)として知られ，例えば Bi₄Ti₃O₁₂ と酒石酸アンチモニルリチウム水和物などで起こる．

強誘電体および反強誘電体中での水素結合の役割を図8.44 に示す．強誘電体 KH₂PO₄ と反強誘電体 NH₄H₂PO₄ は，ともに K^+ および NH_4^+ が水素とつながった孤立した PO₄四面体から構成される．水素結合により，隣り合う PO₄四面体の酸素どうしがつながっている．2つの構造では，主に水素結合中の水素の位置が異なる．それぞれの PO₄四面体は，4つの隣り合った PO₄四面体と水素結合を形成している．それぞれの水素結合では，水素はどちらか一方の酸素に近づくように変位している．すなわち，H 原子は2つの位置を選択でき，そのいずれも結合に沿った中心ではない．それぞれの PO₄四面体には，2つの水素原子が近づいており，他の2つの水素原子はいくらか離れている．

KH₂PO₄ と NH₄H₂PO₄ は高温では常誘電体の構造になり，2つの H 原子はいずれかの水素結合に

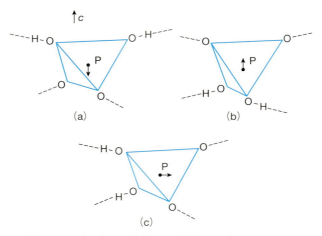

図 8.44 PO$_2$(OH)$_2$四面体内のPの変位による自発分極の発生.

ランダムに位置し，不規則化した構造になる．低温の強誘電体KH$_2$PO$_4$では，2つの水素はともにそれぞれのPO$_4$四面体の上端に結合するように規則化している(図8.44(a))．PO$_4$四面体中で，P原子はH原子から離れるように下方に変位しているため，水素が自発分極の間接的な原因になる．これにより双極子が形成され，その方向は結晶のc軸に平行となる．双極子の方向を反転させるために，四面体全体を逆転させる必要はない．水素結合の中でH原子が単純に動くだけで，同じ効果が得られる．図8.44(a)の上側の酸素に結合した2つの水素は，隣接する四面体の下側の酸素と協働して，横方向に離れるように動く．同時に2つのH原子は下側の酸素と協働して動く(図8.44(b))．こうしたc軸に垂直な方向へのH原子の動きにより，c軸に平行に双極子が反転することになる．

反強誘電体NH$_4$H$_2$PO$_4$では，それぞれの四面体の2つの水素は，1つは上方の，もう1つは下方の酸素と関係している(図8.44(c))．これは，c軸に垂直方向に双極子を形成する．双極子の方向は，隣どうしの四面体では逆となるので，結晶全体での正味の分極はゼロである．

8.8 ■ 焦電体

焦電体(pyroelectrics)は強誘電性と関係しており，同様に非中心対称で，正味の自発分極(P_s)をもつ．しかし，強誘電性とは異なり，電場により P_s の方向を反転できない．P_s は通常，温度に依存する．

$$\Delta P_s = \pi \Delta T \tag{8.56}$$

ここで，π は焦電係数(pyroelectric coefficient)である．焦電性は，加熱の際に起こる熱膨張が双極子の大きさ(すなわち距離)によって変わるために起こる．焦電体の良い例は，ウルツ鉱構造の ZnO である(図1.35)．この構造では O^{2-} イオンが六方最密充填し，Zn^{2+} イオンは同じ種類の四面体位置(T_+位置)にある．ZnO_4 四面体はすべて同じ方向を向いており，それぞれの四面体は双極子モーメントをもっているので，結晶も正味の分極を有する．反対に，ZnO 結晶の(001)面では，上端((001面)と下端((00$\bar{1}$)面)の面にそれぞれ Zn^{2+} と O^{2-} イオンだけを含み，極性をもつ．しかし通常は，それぞれ反対の極性をもつ不純物分子が表面に吸着して電荷を中和するので，結晶中での焦電性は，温度一定の条件では検出されないが，結晶を加熱して P_s を変化させると明瞭に現れる．

8.9 ■ 圧電体

圧電体(piezoelectrics)は機械的な圧力を印加すると分極し，圧力を印加するのと反対側の結晶面に電荷を発生する．強誘電性と焦電性をもつためには，空間群は非中心対称でなければならなかった．圧電性の発生は，結晶構造と印加した圧力の方向に依存する．例えば，石英では，[100]方向に圧縮応力を加え，[001]方向には圧力を加えないようにすると，分極が起こる．この分極 P と応力 σ は圧電係数 d と次式で関係している．

$$P = d\sigma \tag{8.57}$$

ZnO と ZnS などの多くの四面体群からなる結晶では，応力の印加によって四面体が歪むので，圧電性を示す．もっとも重要な圧電体の1つは，PZT(チタン酸ジルコン酸鉛)であり，$PbZrO_3$ と $PbTiO_3$ の間の固溶体の組成である．これらの固溶体は図8.45の部分相図に示すように，組成によっては反強誘電性あるいは強誘電性である．最大の圧電性の組成は，$x \approx 0.5$ である．

第 8 章　電気的性質

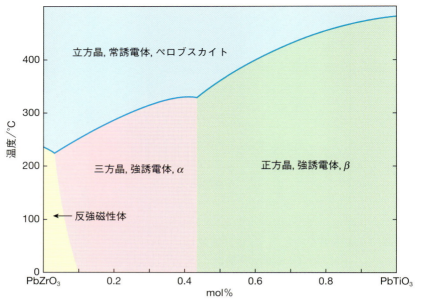

図 8.45　PZT 系の相図．［データは E. Sawaguchi, *J. Phys. Soc. Japan*, **8**, 615–629（1953）より］

8.10 ■ 強誘電体，焦電体，圧電体の応用

　強誘電体は通常，$10^2 \sim 10^4$ の範囲の高い誘電率 ε' を有するので，その主な応用はコンデンサーである．市販されている物質は主に $BaTiO_3$ と PZT で，緻密な多結晶体セラミックスか薄膜の形で使われる．TiO_2 や $MgTiO_3$ のような従来の誘電体は，ε' が $10 \sim 100$ の範囲である．したがって，同じ体積および形においては，$BaTiO_3$ コンデンサーは TiO_2 ベースのコンデンサーの容量の $10 \sim 1000$ 倍である．$BaTiO_3$ ベースの多層セラミックスコンデンサー（MLCC）を**図 8.46** に示す．これらの素子を

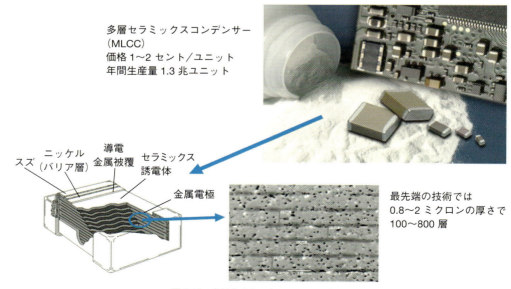

図 8.46　多層セラミックスコンデンサー．

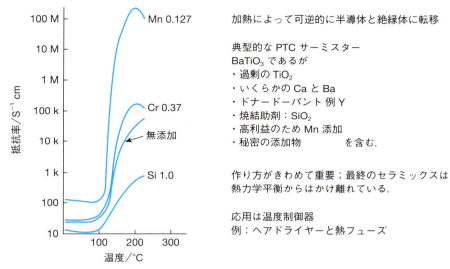

図 8.47 種々のドーパントを添加した強誘電体 BaTiO₃ サーミスターの正の温度係数.

作る技術は著しく進歩しており，たった 1 μm の厚さの BaTiO₃ と Ni ベース金属電極を数百層交互に積層したものを作ることができる．

BaTiO₃ や PbTiO₃ のような強誘電体の重要な用途としては，直接強誘電性には関係しないが，PTC サーミスター（positive temperature coefficient thermistor；正温度係数サーミスター）がある（図 8.47）．ほとんどの非金属物質の電気抵抗は温度の上昇とともに減少する．すなわち，電気抵抗は負の温度係数（negative temperature coefficient, NTC）を有する．しかし，BaTiO₃ などのいくつかの強誘電体は，加熱の際，温度が強誘電–常誘電転移温度 T_c に近づくにつれて，異常な大きな抵抗の増加を示す．この ρ の増加は，T_c に近づく際の ε' の増加に対応している．ただし，ρ の増加の理由は複雑である．PTC サーミスターは，スイッチに使うことができる．抵抗に電流を流すと，I^2R で与えられるジュール熱損失により物質が加熱される．BaTiO₃ サーミスターを用いると，加熱にともなって抵抗が著しく増大し，その結果電流は流れなくなる．応用としては，(1) 加熱・過電流防護素子（サーミスターは再利用フューズとして働く），(2) 時間遅延素子，(3) ヘアドライヤーなどがある．

焦電体は，主に赤外放射検出器に用いられる．必要であれば，適当な光吸収物質を結晶表面にコーティングして，波長選択性をもたせることもできる．検出器としては，π/ε' を最大にする必要がある．高い誘電率をもつ強誘電体物質は適していない．現在のところ，最適な検出器物質は硫化トリグリシンである．

圧電体は，機械的エネルギーを電気的エネルギーへの変換あるいはその逆の素子として，長い間使われてきた．マイクのバイモルフ，イアホン，大容量スピーカー，ステレオピックアップとして，あるいはヒューズ，ソレノイド点火器，タバコ用ライター，ソナー発生器，超音波洗浄機などとして広範囲の応用がある．トランス，フィルター，オシレーターなどさらに複雑な素子にも使われる．そうしたほとんどの応用においては，PZT セラミックス，石英，ロッシェル塩，$Li_2SO_4 \cdot H_2O$ などが用いられている．

第9章 磁気的性質

9.1 ■ 物理的性質

　反磁性はすべての物質がもつ性質である．無機固体には反磁性(diamagnetism)以外の磁性を示すものがあり，それらは外殻軌道に不対電子をもつ．一方，内殻電子は常に対を作って全軌道を満たしている．不対電子は，スピンと軌道の両方の動きによって磁気モーメントを生じる．磁気的な性質は主に不対 d, f 電子をもつ遷移金属およびランタノイドの化合物に限定される．原子核も磁気モーメントをもつが，電子の磁気モーメントより数桁小さい．磁性酸化物とりわけ $MgFe_2O_4$ のようなフェライトは，変圧器用磁心や磁気・情報記録装置に使われる．

　数種の磁気的な効果が可能である．図 9.1 に一次元結晶を用いて模式的に示す．不対電子のスピンはそれぞれの場所で無秩序な方向を向いて**常磁性**(paramagnetism)を示す場合(図 9.1(a))と，互いに相互作用して**協働的な磁気現象**(cooperative magnetic phenomenon)を示す場合がある．スピンが互いに平行に並び物質全体で磁気モーメントを生じるときには**強磁性**(ferromagnetism)(図 9.1(b))を，反平行に並び全体の磁気モーメントがゼロのときには**反強磁性**(antiferromagnetism)(図 9.1(c))を示す．スピンの並びは反平行ではあるがスピン数が 2 つの方向で同じでないときには，正味の磁気モーメントが生じ，**フェリ磁性**(ferrimagnetism)(図 9.1(d))を示す．また，磁気秩序は主に反強磁性的であるものの，結晶構造全体での秩序を形成していないときには**スピングラス**(spin glass)の挙動(図 9.1(e))が現れる．スピングラスでは，スピンの対が強磁性的に配列することにより結晶全体での秩序形成が妨害される．単純に平行や反平行ではなくスピンが段階的に回転するらせん状の磁気構造をもつときは，**らせん磁性**(helimagnetism)(図 9.1(f))となる．

　磁気的性質には，強誘電性のような電気的性質とよく似た点がある(第 8 章を参照)．しかしイオンや電子がもつ電荷に相当するような磁荷をもつ磁気単極子は存在せず，常に NS で対になっている．

　磁気的な挙動に関する理論には，専門用語や記号，単位が数多くあり，かなり複雑である．不対電子をもつイオンの磁気モーメントを見積もるには，変数のとり方や近似の仕方も含めて，いろいろな

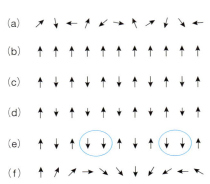

図 9.1　模式的な一次元結晶における磁気現象．(a)常磁性．(b)強磁性．(c)反強磁性．(d)フェリ磁性．(e)青丸で囲んだ強磁性的な相互作用により反強磁性的な配列が妨げられることで生じるスピングラスの挙動．(f)らせん磁性．

第 9 章 磁気的性質

方法がある. 絶縁体や半導体には不対電子の局在モデルを使うのが一般的であるが, 金属ではバンドモデルの方が適切である. ここでは十分な専門用語と理論を取り上げ, さまざまな磁性の種類およびそれらが結晶構造とどう関係するのかを理解する.

9.1.1 ■ 磁場中における物質の挙動

物質を磁場 H の中においたとき, 磁力線の密度である**磁気誘導**(magnetic induction)または**磁束密度**(magnetic flux density)B は, **透磁率**(permeability)μ によって H と次のように関係づけられる.

$$B = \mu H \tag{9.1}$$

$$B = \mu_0 H + \mu_0 M \tag{9.2}$$

ここで, μ_0 は真空の透磁率($= 4\pi \times 10^{-7}$ H m^{-1} ; H は単位のヘンリー), M は試料の**磁化**(magnetization)である. $\mu_0 H$ は磁場のみによって生じる磁気誘導であり, $\mu_0 M$ は試料による磁気誘導の寄与を表している. 電流がワイヤまたはコイルを流れて磁場が生じるので H の SI 単位は A m^{-1} であり, B の単位は T(テスラ)である.

磁化率(magnetic susceptibility)χ は, 磁化の磁場に対する比と定義される.

$$\chi = \frac{M}{H} \tag{9.3}$$

したがって,

$$\mu = \mu_0 (1 + \chi) \tag{9.4}$$

である. 比 μ/μ_0 は $1 + \chi$ に等しく, これを**比透磁率**(relative permeability)μ_r とよぶ. μ_r には単位はない. 磁化率 χ は印加磁場に対する試料の感受率であり, 磁気的性質を特徴づける主要な定数で, 一般的には単位はない. 電場に対する誘電率と分極率の関係にちょうど似ている.

磁気的性質は, χ と μ_r の値やそれらの温度, 磁場依存性によって**表 9.1** のように分類される. 反磁性物質では χ は非常に小さい負の値である. 反磁性は原子の中の電子の軌道運動と関係している. 軌道運動によって小さな電場が生じるが, 外部電場があると軌道運動はわずかな変化を受けて, 電磁気学におけるレンツの法則(Lenz law)で説明されるように外場に対して反対向きの磁気モーメントを生じる. 超伝導体は 8.3.2 節で説明したように磁場を完全に排除するため, きわめて特異な反磁性を示す. 超伝導体中では B はゼロなので, 式(9.2)から $H = -M$ であり, 式(9.3)より $\chi = -1$ である.

常磁性物質では, χ は小さな正の値である. 磁場中において物質を通り抜ける磁力線の数は, **図 9.2** のように常磁性体中では真空中に比べて多く, 反磁性体中ではわずかに少ない. よって常磁性物質は磁場中に引き込まれ, 反磁性物質はわずかに反発する. 超伝導体は完全な反磁性を示して磁場を完全に排除するために, マイスナー効果を生じたり, 磁気浮上に応用できる.

強磁性物質では $\chi \gg 1$ であり, 磁場に強く引き寄せられる. 反強磁性体では, χ は正であるものの

表 9.1　磁化率

磁性の種類	典型的な χ 値	温度の増加にともなう χ の変化	磁場依存性
反磁性	Cu : -8×10^{-6}, 超伝導体 : -1	なし	なし
常磁性	遷移金属化合物 : $0.1 \sim 0.001$	減少	なし
パウリ常磁性	Mn : 8.3×10^{-4}	なし	あり
強磁性	Fe : 5×10^{3}	減少	あり
反強磁性	$0 \sim 10^{-2}$	増加	(あり)

428

9.1 物理的性質

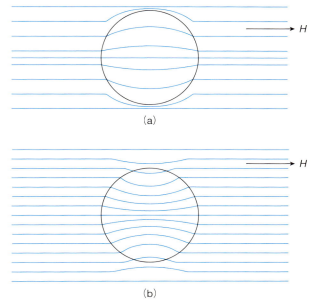

図9.2 磁場中における(a)反磁性体中および(b)常磁性体中の磁束密度または磁力線の数.

常磁性体と同等かわずかに小さい.

9.1.2 ■ 温度依存性：キュリー則およびキュリー・ワイス則

磁性体の磁化率は，磁気的性質の種類によって表9.1のようにその温度依存性と大きさが異なる．強磁性，フェリ磁性，反強磁性，らせん磁性，スピングラスといった磁気秩序構造は，ある温度以上で消失する．その温度を強磁性体とフェリ磁性体では**キュリー温度**(Curie temperature)T_C，反強磁性体およびらせん磁性体では**ネール温度**(Néel temperature)T_Nとよぶ．これらの温度以上ではスピンは次第に無秩序化して，物質は常磁性になる．これらの転移温度では，磁気モーメントの方向を無秩序化する熱エネルギーと，協働的に配列した構造を保とうとする交換相互作用がつり合っている．

T_CおよびT_Nでは秩序－無秩序転移が起こり，秩序構造から無秩序な常磁性体の構造へ変化する．すべてではないものの多くの常磁性体では冷却すると秩序転移が起こる．これは磁化率χの温度依存性から判断できる．常磁性物質は単純な**キュリー則**(Curie law)に従い，磁化率は温度の逆数に比例する．

$$\chi = \frac{C}{T} \tag{9.5}$$

ここで，Cは**キュリー定数**(Curie constant)である．隣接する不対電子の間に自発的な相互作用がまったくない場合には，キュリー則に従う．すなわち，磁場により整列しようとするものの，温度が高くなるとこの整列が次第に難しくなり，式(9.5)に従ってχが減少する．

隣接するスピン間に何らかの自発的な相互作用があると，秩序的な磁気構造をとる低温領域が広がる．高温では常磁性であり，その挙動は**キュリー・ワイス則**(Curie-Weiss law)に従う．

$$\chi = \frac{C}{T-\theta} \tag{9.6}$$

ここで，θは**ワイス定数**(Weiss constant)である．これら2種類のχ^{-1}のTに対する挙動を図9.3に示した．磁気秩序構造を形成する傾向のない常磁性体では，プロットを外挿すると0Kとなる．しか

429

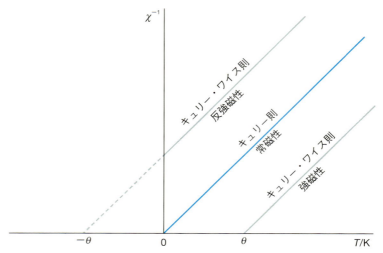

図9.3 常磁性および低温で磁気秩序をもつ物質における磁化率の逆数の温度変化．傾きは C^{-1}．

し強磁性的な秩序構造を形成する傾向のある常磁性体では，そもそも局所的には何らかのスピンの配列があり，χ は単純な常磁性体より大きい．強磁性体においては，強磁性キュリー温度（ferromagnetic Curie temperature）T_C で χ が無限大つまり χ^{-1} がゼロに近づき，この温度以下では強磁性となる．

反強磁性的な秩序構造を形成する傾向のある常磁性体では，χ の値は単純な常磁性に比べて小さい．このためキュリー・ワイス則のプロットはより低温側にずれ，外挿したときの横軸 T の切片の値は 0 K より低い．しかし 0 K 以下にはできないため，T_N 以下に冷却すると反強磁性が広がってキュリー・ワイス則の挙動から外れる．

常磁性体と，T_C および T_N 以上にある強磁性体，フェリ磁性体，反強磁性体の常磁性状態では図 9.3 に示す挙動が現れる．この図はやや理想化されており，実際とは異なる．T_C や T_N 以下ではキュリー・ワイス則の挙動は見られない．強磁性体は低温できわめて大きな磁化率を示し，加熱すると T_C に近づくにつれて χ^{-1} は**図 9.4**(a) のように急速に減少する．反強磁性体では，低温で十分に秩序化したときには磁化率 χ はたいへん小さいが，強磁性体の場合とは異なり，温度が上がるにつれて熱的な擾乱が導入されるため，χ は大きくなる．χ は T_N で最大になり，これより高温ではキュリー・ワイス則に従って減少する．キュリー温度およびネール温度の例を**表 9.2** に示す．

最近注目されている物質群は，スピングラスのような反強磁性体である．こうした物質では隣接する不対電子間での本来の相互作用は反強磁性であるが，十分に成長しても長距離の反強磁性構造は形成されない．交互に上向き・下向きスピンまたは下向き・上向きスピンと並ぶことはできず，上向き・上向きや下向き・下向きのスピン対がしばしば生じる乱れた状態になる．スピングラスの挙動は，図 9.1(e) に模式的に表した．

9.1.3 ■ 磁気モーメント

磁気的性質は磁気モーメント μ で表されることが多い．μ は不対電子の数に直接関係する．磁化率および磁気モーメントはグイ（Gouy）天秤を用いて実験的に決めることができる．試料を電磁石の入口付近に置き，印加する磁場に対する見かけの試料重量の変化を調べる．常磁性体では不対電子が磁場に引きつけられ，磁場を印加すると見かけの重量が増す．測定した磁化率には，試料と試料ホルダーによる反磁性などの補正を行う．量子数から磁気モーメントを計算するには，次のような手法が一般的にとられる．

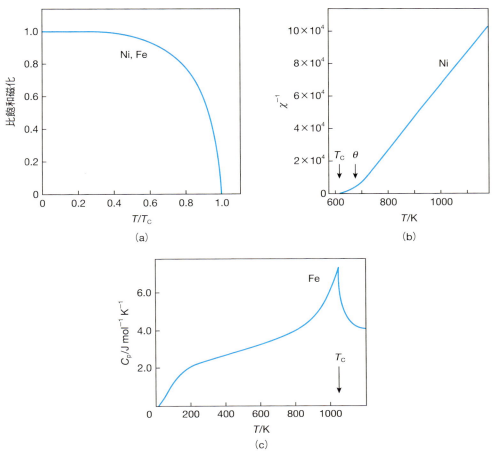

図 9.4 強磁性体の性質．(a)絶対零度の値に対する比飽和磁化値の換算温度依存性．(b)ニッケルの磁化率の逆数の温度変化を示すキュリー・ワイス則のプロット．T_C に近づくにつれて直線からずれる．(c)鉄の熱容量の温度変化．
［C. A. Wert and R. W. Thomson, *Physics of Solids*, McGraw-Hill(1970)より許可を得て転載］

表 9.2 さまざまな金属元素のキュリー温度およびネール温度

元 素	T_C/K	T_N/K
Cr		308
Mn		100
Fe	1043	
Co	1404	
Ni	631	
Ce		12.5
Pr		25
Nd		19
Sm		14.8
Eu		90
Gd	293	
Tb	222	229
Dy	85	179
Ho	20	131
Er	20	84
Tm	25	56

第9章 磁気的性質

表9.3 遷移金属イオンのもつ磁気モーメントの計算値および実験値.

イオン	不対電子の数	μ_S(計算値)	μ_{S+L}(計算値)	μ(実験値)
V^{4+}	1	1.73	3.00	~1.8
V^{3+}	2	2.83	4.47	~2.8
Cr^{3+}	3	3.87	5.20	~3.8
Mn^{2+}	5(高スピン)	5.92	5.92	~5.9
Fe^{3+}	5(高スピン)	5.92	5.92	~5.9
Fe^{2+}	4(高スピン)	4.90	5.48	5.1~5.5
Co^{3+}	4(高スピン)	4.90	5.48	~5.4
Co^{2+}	3(高スピン)	3.87	5.20	4.1~5.2
Ni^{2+}	2	2.83	4.47	2.8~4.0
Cu^{2+}	1	1.73	3.00	1.7~2.2

　まず，不対電子による磁気的性質には，電子のスピンと軌道運動の2つの起源がある．このうちスピンがもっとも重要である．1個の電子は，その軸上を自転する多数の負電荷の集団とみなされる．生じるスピンによるモーメントの大きさ μ_s は，ボーア磁子

$$1\,\mathrm{BM} = \frac{eh}{4\pi mc} \tag{9.7}$$

を用いて，1.73 BMと表される．ここで，e は電子のもつ電荷，h はプランク定数，m は電子の質量，c は光速である．1個の電子がもつ μ_s の計算式は

$$\mu_s = g\sqrt{s(s+1)} \tag{9.8}$$

である．ここで，s は**スピン量子数**(spin quantum number)$\frac{1}{2}$ であり，g は**磁気回転比**(gyromagnetic ratio)で，値は約2である．不対電子が1つの場合には s と g に値を入れると $\mu_s = 1.73\,\mathrm{BM}$ となる．複数個の不対電子をもつ原子やイオンでは，全体のスピン磁気モーメントは

$$\mu_S = g\sqrt{S(S+1)} \tag{9.9}$$

となる．ここで，S はそれぞれの不対電子がもつスピン量子数の和である．したがって5個の3d不対電子をもつ高スピンの Fe^{3+} では，$S = \frac{5}{2}$ で $\mu_S = 5.92\,\mathrm{BM}$ である．さまざまな不対電子数での μ_S の計算値を**表9.3**に示す．

　ランタノイドのような重金属イオンを含む物質では，原子核のまわりでの電子の軌道運動によってもモーメントが生じて全体の磁気モーメントに影響を与える．軌道運動によるモーメント(orbital moment)が大きく影響する場合には，磁気モーメントは

$$\mu_{S+L} = g\sqrt{4S(S+1) + L(L+1)} \tag{9.10}$$

となる．ここで，L はイオンの軌道角運動量子数である．式(9.8)～(9.10)は自由原子とイオンに適用できる．まわりの原子やイオンによる電場が電子の軌道運動を制限している場合には，軌道角運動量はすべてまたは部分的に消失(quench)してしまい，実際には式(9.10)に当てはまらない．そのような場合にはモーメントの観測値は，表9.3のようなスピンの寄与だけで計算される値と同じかやや大きい．

　磁気モーメントを計算する上述の方法は，量子力学に基づいている．その方法の詳細はきわめて難解であり，理論と実験の一致は表9.3のようにあまり良くない．そこで特に強磁性や反強磁性の場合には，別のもっと簡単な方法が使われる．具体的には1個の不対電子がもつ磁気モーメントを1 BMに等しいとする．n 個の不対電子をもつイオンでは，磁気モーメントは n BMである．したがって，高スピンの Mn^{2+} と Fe^{3+} はどちらも5 BMの磁気モーメントをもつ．この方法は次の簡単な式で表せる．

432

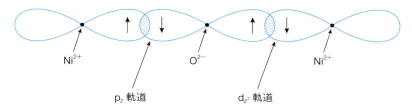

図 9.5　酸化物イオンの p 電子スピンと Ni^{2+} イオンの d 電子スピンの反強磁性相互作用.

$$\mu = gS \tag{9.11}$$

ここで，$g \approx 2.00$ で，イオンのスピン量子数の和 S は $\frac{n}{2}$ である．この方法で求めた値は，表 9.3 の第 3 列と第 5 列を比べるとわかるように，真の値より小さいことが多い．しかしながら μ の大きさを端的に与えてくれる．g を 2 以上の変数に変更すると軌道モーメントの寄与を有効に取り込める．Ni^{2+} の場合には，2.2〜2.3 の範囲の g 値が使われる．以後，フェライトの磁気的性質を論じる場合には，簡単のため μ を見積もるのに式 (9.11) を使う．

9.1.4 ■ 強磁性的および反強磁性的に秩序配列する機構：超交換相互作用

　常磁性状態では，不対電子をもつ各イオンの磁気モーメントは無秩序な方向を向いており，磁場を印加したときだけ部分的に配列する．ここでは詳しくは述べないが，磁気双極子と磁場の相互作用エネルギーは簡単に計算できる．その値は一般的にイオンや双極子がもつ熱エネルギー kT よりも大きい．

　強磁性および反強磁性状態では，磁気双極子が自発的に配列する．隣接するスピンは互いに平行または反平行になり，相互作用エネルギーに利得が生じる．こうしたスピン間のカップリングあるいは協働的な相互作用の起源は，量子力学にある．例えば強磁性の Fe や Co のふるまいを完全に説明するにはバンド構造の計算が必要であるものの，その効果は定性的には次のように理解することができる．

　例えば NiO などにおいて，反強磁性を生じるようにスピン対を形成する過程を **超交換相互作用**（superexchange）という（図 9.5）．Ni^{2+} イオンは 8 個の d 電子をもっている．八面体配位ではこのうちの 2 個が d_{z^2} と $d_{x^2-y^2}$ の e_g 軌道をそれぞれ占有する．これらの軌道は単位格子の軸と平行であり，そのため，隣接する酸化物イオンの方に直接向いている．これらの e_g 軌道にある不対電子は，酸化物イオンの p 軌道の電子と対を形成する．この電子対形成により，Ni^{2+} の e_g 軌道から酸素の p 軌道へ電子が移動した励起状態が生成する．あるいは，この状態は隣接する Ni と O の間で電子対がつくられた部分的な共有結合状態ともみなせる．O^{2-} イオンの p 軌道はそれぞれ 2 個の電子をもち，それらは互いに反平行な対を形成している．したがって，Ni^{2+} と O^{2-} イオンがそれらの間で電子対を形成できるほど十分に近づいていれば，図 9.5 のような鎖状の対形成が結晶構造全体にわたって生じる．結果として，O^{2-} イオンで隔てられた隣接する Ni^{2+} イオン間には，反平行な電子対が生じる．

9.1.5 ■ その他の定義

　強磁性体は，強誘電体のドメイン（domain；分域）構造と同じようなドメイン構造をもつ．各ドメイン内ではスピンは平行に並んでいるが，強磁性体が飽和（saturation）していなければドメイン間のスピンの方向はそろっていない．

　強磁性体は印加磁場 H に対して，強誘電体の印加電場に対する応答と似た応答を示す．磁化 M または磁束密度 B を磁場 H に対してプロットすると，図 9.6 のようなヒステリシスループとなる．電

第9章 磁気的性質

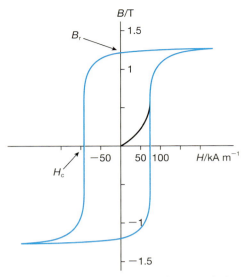

図 9.6 保磁力 H_c, 残留磁束密度 B_r(あるいは残留磁化 M_r)をもつ長方形のヒステリシスループ.

表 9.4 代表的な軟磁性材料および硬磁性材料の物性値

物 質	保磁力/kA m^{-1}	飽和磁化/kA m^{-1}	キュリー温度/K
γ-Fe$_2$O$_3$	~25	~370	873
Co 被覆 γ-Fe$_2$O$_3$	~50	~370	
CrO$_2$	~60	~500	401
Fe 粉末	~1.5	~170	

場に対する強誘電体の分極でも図 8.40(e) に似たループが見られる.交流磁場中で磁化と消磁を繰り返すと,通常は熱としてエネルギーが消費される.1 サイクルの間に消費されるエネルギー量は**ヒステリシス損**(hysteresis loss)または **BH 積**(BH procuct)とよばれ,ヒステリシスループの内側の面積に比例する.**残留磁束密度**(remanence)B_r あるいは**残留磁化**(residual magnetization)M_r はゼロ磁場に戻したときに残る磁化,**飽和磁化**(saturation magnetization)M_s は磁場を印加して到達できる最大の磁化である.

交流磁場中では**渦電流**(eddy current)とよばれる電流が物質中に流れて,さらにエネルギーを失う.変動磁場により変動電圧が生じ,渦電流は I^2R または V^2/R となる.エネルギー損失は $IV = (V/R) \times V$ で与えられる.ここで,V は電圧,I は電流である.したがって高抵抗な物質では,渦電流は減少する.Si を 2%含む Fe のような合金は,純粋な金属よりもずっと高抵抗である.多くの磁性酸化物が金属よりもすぐれる特徴の 1 つは,電気抵抗がはるかに大きいことである.

軟磁性体(soft magnetic material)では**保磁力**(coercivity)H_c が小さい.保磁力は消磁に要する逆磁場である.また軟磁性体は透磁率が高く,「幅の狭い」小さな面積のヒステリシスループをもつ.軟磁性体の利用方法は,直流か交流かによって変わる.直流で使用する際には大きな M_s が求められる.交流では H_c が小さいことが重要になる.交流で渦電流による損失を減らす必要があるときには,高抵抗が求められる.**硬磁性体**(hard magnetic material)は H_c が大きく,M_r あるいは B_r も大きい物質である.M_r あるいは B_r は磁場を切った後にも残る磁化である.つまり,硬磁性体は簡単には磁化を失わない.このため,硬磁性体は永久磁石として使われる.いくつかの軟磁性体および硬磁性体とその特性値を**表 9.4** に示す.

強磁性体には優先的に磁化するあるいは「磁化されやすい」方向があり,Fe の場合には**図 9.7** の

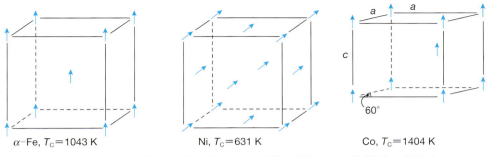

図 9.7 α–Fe（体心立方），Ni（面心立方），Co（六方晶最密充填）における強磁性的な磁気秩序.

ように立方晶単位格子の軸に平行な方向が該当する．**結晶磁気異方性**（magnetocrystalline anisotropy）は，この磁化容易軸から磁化を回転するのに要するエネルギーである．

ほとんどの磁性体は磁化すると形が変わる**磁歪**（magnetostriction）を示す．例えば Ni と Co はいずれも磁化方向に収縮し，直交する方向に膨張する．Fe の場合には低磁場では逆の現象が起こり，高磁場では Ni や Co と同様なふるまいをする．その大きさの変化は小さい．磁歪係数 λ_s は $\lambda_s = \Delta l/l_0$ で定義され，H とともに増加し，飽和磁化では $1 \sim 60 \times 10^{-5}$ 程度の最大値になる．この効果は物質体積の数度の温度変化に相当する大きさである．

9.2 ■ 磁性体の構造と特性

9.2.1 ■ 金属と合金

5 種類の遷移金属元素 Cr, Mn, Fe, Co, Ni とほとんどのランタノイドは，表 9.2 のように強磁性か反強磁性を示す．ランタノイドのうち Dy, Tb, Ho, Er は，らせん磁性を示す．その中には複数種類の磁気秩序相をあわせもつものもあり，例えば Tb では $T_C = 220$ K であり $T_N = 230$ K, Dy では $T_C = 85$ K であり $T_N = 180$ K である．したがってこれらの金属は温度が上がるにつれて，強磁性かららせん磁性を経て常磁性になる．多くの合金および金属間化合物もある種の磁気秩序を示す．

Fe, Co, Ni は，図 9.7 に示すように強磁性を示す．体心立方である α–Fe では，スピンは [100] 方向に向いており，立方格子の稜に平行である．面心立方である Ni では [111] 方向に向き，立方格子の体対角線に平行である．六方最密充填の Co では，スピンは単位格子の c 軸に平行である．これらの例から，強磁性がある特定の結晶構造だけと関係しているわけではないことがはっきりとわかる．

Cr と Mn は，ともに低温において反強磁性である．Mn は複雑な構造をとり，Cr は α–Fe と類似の体心立方構造をとる．Cr ではスピンは立方晶の単位格子の 1 つの方向に沿って反平行に並んでいる．

強磁性体のいくつかの特徴を図 9.4 に示した．図 9.4(a) は磁化または磁気モーメントの温度依存性に相当する．縦軸は，絶対零度での最大飽和磁化に対する相対的な磁化である．横軸はキュリー温度に対する実際の温度の比である「換算温度」である．よって，キュリー温度では $T/T_C = 1$ である．このような換算座標を使うと，異なるキュリー温度および磁気モーメントをもつ物質間での比較ができる．この方法でプロットすると Fe と Ni は同じようにふるまうことがわかる．すなわち，T/T_C が小さいときは温度が上がっても飽和磁化はほとんど変わらず，T_C に近づくと温度上昇とともに急激に減少する．

Fe, Co, Ni はキュリー温度以上の温度では常磁性である．T_C よりもずっと高い温度域ではキュリー・ワイス則に従うが，T_C に近づくと**図 9.4**(b) のようにずれを生じる．このずれはスピン間の短距離秩序に由来する．T_C よりも少し上の温度では長距離秩序は失われるが，わずかに短距離秩序が残る．

第 9 章　磁気的性質

表 9.5　鉄，コバルト，ニッケルにおける電子配置

金　属	基底状態の電子配置	強磁性状態	
		不対電子の数	電子配置
Fe	d^6s^2	2.2	$d^{7.4}s^{0.6}$
Co	d^7s^2	1.7	
Ni	d^8s^2	0.6	

したがって，ワイス温度 θ は T_C からやや離れている．図 9.4(b) には Ni のデータを示したが，Fe と Co でも同様のふるまいをする．

T_C における強磁性から常磁性への相転移挙動は，二次つまり λ 型相転移の特徴を多くもち，秩序－無秩序型相転移の古典的な例の 1 つである．完全な秩序状態は絶対零度でのみ実現する．つまり実際には，どんな温度でも無秩序な状態があり，温度が上がると急速に無秩序さを増す．この現象は熱容量で表され，熱容量は図 9.4(c) のように T_C で最大となる．

ここでは現象論的な説明をやめ，単純で直観的な説明ではないものの，いったん理解すれば合理的に考えることができる電子構造の計算結果に基づいて説明しよう．強磁性における疑問は，周期表の位置と強磁性の関係，特に強磁性を生じるには何個の不対電子が必要であるかという点である．事実は以下のとおりである．それぞれに対して，説明を与えてみよう．

第一遷移系列にある 3 種類の強磁性元素は，表 9.5 のような電子配置をとる．表の第 2 列は基底状態にある自由原子がもつ電子配置である．つまりどの元素でも 4s 準位は一杯に満たされている．強磁性状態では，第 4 列のように 4s 帯は満たされず 3d 帯にいくらか電子が移動している．第 3 列の不対電子数に比例する飽和磁化の値が，その証拠である．Fe は原子あたり 2.2 BM の正味のモーメントをもつので，平均 2.2 個の不対 d 電子をもつことがわかる．すなわち，合計 7.4 個の d 電子をもち，上向きスピンは 4.8 個，下向きスピンは 2.6 個となる．

電子は環境に応じて 4s と 3d 準位間で移動できると化学では考えられてきた．ここで確認しておくべき点は，3d 系列の元素や合金では強磁性に関与する不対電子の最大数はいくつかということである．その答えは明らかに，原子あたり 2.4 個である．3d 系列において，有効な不対電子数は全電子数によって変わり，最大数 2.4 は $Fe_{0.8}Co_{0.2}$ の組成をもつ合金で見られる．Co, Ni より全電子数が増えると，不対電子の数は徐々に減り，$Ni_{0.4}Cu_{0.6}$ 合金でゼロになる．Fe より左側の元素についても，不対電子数は Fe, Mn, Cr と，系統的に減少する．Mn と Cr はともに低温で反強磁性である．

強磁性の起源については，フェルミエネルギー E_F の付近での状態密度の計算値 $N(E)$ からも知見が得られる．$N(E)$ は個々のエネルギーバンドを形成する軌道の性質とその重なり具合に依存する．第一遷移金属元素では，3d と 4s, 4p 準位からなる 2 種類のエネルギーバンドがある．特に 4s, 4p 軌道は広がっており（diffuse, extended），隣接する原子の軌道との重なりが大きい．そのため広いエネルギー分布をもつ準位からなる幅の広いバンドが形成され，E_F 付近では比較的準位の数は少ない．3d 電子は核電荷から十分には遮へいされないので，3d 軌道の電子は原子番号が大きいほど個々の原子核に強くつなぎとめられる．このため部分的に満たされた 3d および 4s と 4p 帯をもつ遷移金属では，図 9.8 に模式的に示すように，軌道の重なりは少なく，大きな $N(E)$ をもつ幅の狭い d 帯ができる．

不対 d 電子数は次の 2 種類の因子に影響される．1 つはフェルミ準位の位置であり，特にこれが主に 4s, 4p 帯中にあるのか，それとも第一遷移元素の 3d 帯中にあるのかに影響される．2 つ目は E_F での状態密度であり，軌道の重なりが小さいと密に詰まった狭いバンドになり，$N(E)$ は大きい．d 電子が不対電子であるためには，E_F 付近にある準位を対形成せずに占有しなければならない．強磁性を発現するための協働的な相互作用には高濃度の不対電子が必要であるため，図 9.8 に示すようにバンドの真ん中に E_F がある狭い d 帯が必要となる．

436

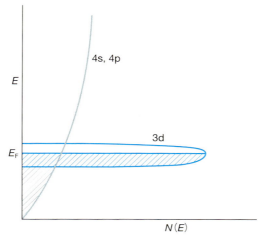

図9.8 Feのような第一遷移元素の3d, 4s, 4p帯において占有されるエネルギー準位と状態密度 $N(E)$. 斜線で示す.

つまり，d帯の幅とE_Fの位置の2種類の因子によって，磁気的性質は決まる．電子数の少ない遷移元素では，幅の広い3d帯がいくらか重なっている4s, 4p帯の中にE_Fがあり，不対d電子の濃度は低い．一方で電子数の多い遷移元素では，3d帯は実質的に一杯に満たされ，E_Fはこれよりも高エネルギーで，主として4s, 4p帯の中にある．Fe, Co, Niでは，E_Fは4s, 4p準位がいくらか重なっている3d帯の真ん中にあり，最適な数の不対3d電子をもち，平行なスピンをもつ電子間での協同的な電子－電子相互作用を生み出して強磁性となる.

第二および第三遷移元素では4dと5d帯はもっと広がっていることから，これらの元素ではE_Fでの不対d電子数が不足しており，強磁性相互作用が生じない.

ランタノイド元素は，不対4f電子が磁気的に秩序配列した構造をもつ．4f殻が空である($4f^0$)Laや，一杯に詰まった($4f^{14}$)YbとLuは例外である．Gd以外の多くのランタノイドは，室温以下で反強磁性である．特に後半のランタノイド元素は，強磁性および反強磁性の構造をそれぞれ異なる温度でとり，温度を下げるとともに常磁性→反強磁性→強磁性と変わる．表9.2にはキュリー温度およびネール温度の例を示した.

反強磁性体の中には**メタ磁性**(metamagnetism)を示し，十分に大きな磁場をかけると強磁性状態に変わるものもある．例えばDyは85 K以下で強磁性であるが，高温では反強磁性である．磁場を印加すると，85 Kよりはるかに高いネール温度の179 Kまで強磁性が残る.

希土類合金には現在のところ最強の永久磁石として注目されているものがある．$SmCo_5$と$Nd_2Fe_{14}B$がその例である．ランタノイド元素の互いに相互作用できるfおよびd電子によって，それらの化合物の強磁性は現れる．ランタノイド元素にはいくつかの5d軌道に加えて，不対電子を収容できる4f軌道が最大で7個あるため，ランタノイドは遷移金属に比べて磁気モーメントと磁化がずっと大きな値となる.

電子構造を計算すると，とりわけE_Fでのバンドギャップと状態密度を理解できるようになる．また磁性がなぜ遷移金属とランタノイド元素で見られ，sブロックとpブロック元素で現れないのかを定性的に説明できる．これらの金属では原子価軌道であるs軌道とp軌道の重なりが強く，完全に非局在化したsとp電子をもつ幅の広いsとp帯がある．金属中の幅の狭い3d帯に比べてE_Fでの状態密度は小さいので，E_F付近のエネルギー準位には十分な不対電子がなく，強磁性相互作用が生じない．したがって通常の環境下では，sブロックとpブロック元素は強磁性にならない.

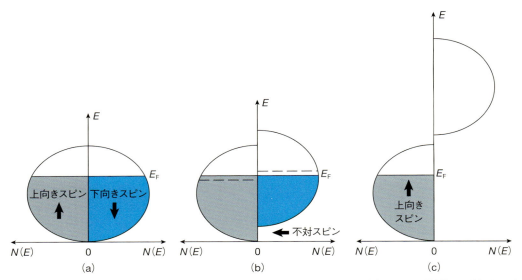

図 9.9 3d 帯が 2 個の副バンドに分裂することを示す模式図．(a)磁場がない場合．(b)パウリ常磁性体では磁場中で副バンド間のエネルギー差が生じる．(c)強磁性遷移金属では自然に分裂が生じる．

遷移金属がもつ強磁性および反強磁性的な強い相互作用に加えて，ほとんどの金属は**パウリ常磁性**(Pauli paramagnetism)として知られる，実質的に温度によって変化せず，式(9.5)のキュリー則に従わない弱い常磁性を磁場中で示す．この現象は，**図 9.9**(a)に示す最外殻が電子に部分的に満たされたバンドを考えると理解できる．E_F 以下のすべてのエネルギー準位が上向きスピンと下向きスピンをもつ電子で占められており，これらの電子は図 9.9(a)のように上向きスピンと下向きスピンの副バンドを占有していると考えることができる．磁場がないときには，2 つの副バンドは等しいエネルギーをもつ．協働的な磁気相互作用がなければ，後で議論するように 2 つの副バンドには同数の電子があり，金属は磁気モーメントをまったくもたない．

磁場をかけると，**図 9.9**(b)のように磁場 H に対して平行な上向きスピンとなる電子のエネルギーは安定化し，磁場 H に対して反平行な下向きスピンとなる電子のエネルギーは不安定化する．その結果 E_F 付近の下向きスピンをもつ電子は，E_F 付近の上向きスピンをもつ電子よりもわずかに高いエネルギーをもち，E_F が同じになるように副バンド間で移動する．漏れ出した電子はスピンの向きを変え，正味の上向きスピンによる小さな磁気モーメントが生じる．これがパウリ常磁性として知られる非局在化(遍歴)伝導バンド型の磁性である．E_F 付近にあるごくわずかな割合の伝導電子はパウリ常磁性に関係するだけでなく，電気伝導と熱容量にも関与する．パウリ常磁性は E_F 付近の準位にあるわずかな数の不対電子によるものであるため，温度によってほぼ変化しないが，副バンドは異なるエネルギーへ分離するため，磁場によって変化する．

パウリ常磁性では不対電子のスピンの間には，協働的な相互作用はない．一方，強磁性では外部磁場がなくても不対電子が協働的に並んで強い交換相互作用を示す．交換相互作用は上向きスピンと下向きスピンの副バンド間の相対的なエネルギーに大きな影響を与え，この現象は**交換分裂**(exchange splitting)とよばれる．しかしこの場合も，正味の磁化の値は上向きスピンと下向きスピンのエネルギー準位における占有率の差で決まる．極端な場合には，交換分裂によって**図 9.9**(c)に示すように副バンドが完全に分裂することもある．

9.2.2 ■ 遷移金属一酸化物

　第一遷移金属の一酸化物の性質は，原子番号つまり d 電子数によって系統的に大きく変わる．第 8 章で見たように，2 価金属酸化物 MO の電気的性質は，金属的な伝導性をもつ TiO から，絶縁的な性質をもつ NiO まで大きく変わる．磁気的性質も電気的性質と並行して大きく変わる．TiO, VO, CrO は d 電子が部分的に満たされた t_{2g} 帯に非局在化するために高い導電性をもち，局在化した不対電子がないので反磁性かパウリ常磁性を示す．遷移金属の後半にある元素の酸化物 MnO, FeO, CoO, NiO は，個々の原子核に d 電子が強くつなぎとめられて局在化している．これらの酸化物は電気的には半導体か絶縁体であるが，磁気的には常磁性体である．

　MnO, FeO, CoO, NiO を冷却すると興味深い磁気的な現象が起こる．具体的には隣接するイオンのもつ不対電子間での協働的な相互作用によって，秩序的な磁気構造を生じる．MnO, FeO, CoO, NiO はネール温度以下ではすべて反強磁性であり，T_N はそれぞれ $-153, -75, -2, +250$℃ である．これらすべての酸化物は岩塩構造をとり，高温では立方晶で，冷却すると菱面体晶へわずかに歪む．NiO と MnO では，［111］方向に平行な 1 つの 3 回軸に沿って構造がわずかに縮む．反対に FeO では［111］方向にわずかに延びる（図 1.10(c)と三方晶に関する議論を参照）．

　この菱面体晶への歪みは，M^{2+} イオンが図 9.5 の超交換相互作用で説明される反強磁性的な秩序配列をすることに由来している．岩塩構造では，M^{2+} と O^{2-} イオンは，(111)面に平行かつ［111］方向に直交する面に交互に積層する．NiO 中で同じ層にある Ni^{2+} イオンは，図 5.25 のようにすべてのスピンが平行に並び，隣り合う層にあるすべての Ni^{2+} イオンのスピンはこれと反平行に並ぶ．磁気モーメントをもつ中性子が不対電子および原子核によって散乱されることに基づいて，このように秩序配列した磁気構造を中性子回折法で明確に決定することができる．詳しくは 5.5.2 節を参照してほしい．

9.2.3 ■ 遷移金属二酸化物

　一酸化物のように系統的ではないが，同じルチル構造をとる TiO_2, CrO_2, MnO_2 の 3 種類については構造－性質の関係を簡単に比べることができる．周期表で Cr の左側にある元素は，3d 軌道が重なってバンドをつくる．つまり 3d 電子のない TiO_2 は絶縁体であるが，TiO_{2-x} に還元するとわずかに金属的になり 3d 軌道の重なりが大きい．Cr の右側にある元素では 3d 軌道は局在化し，MnO_2 は常磁性の半導体となる．CrO_2 はこれらの中間であり，軌道の重なりが小さくきわめて幅の狭い 3d 帯をもつ．$T_C = 392$ K の強磁性体である．上記は磁気的性質と電気的性質が密接な関係をもつことをはっきりと示している．特に協働的な磁気現象，なかでも強磁性は，幅の狭い d 帯の構造と関係している．d 帯における電子の性質が，高い電気伝導性と関連する非局在化（遍歴）電子から半導体や絶縁体的なふるまいと関連する局在化電子へ，あるいはその逆方向に変化して，性質が変化する．

9.2.4 ■ スピネル

　フェライトは商業的に重要な磁性スピネルであり，M が 2 価（Fe^{2+}, Ni^{2+}, Cu^{2+}, Mg^{2+}）である MFe_2O_4 の組成式をもつ．これらはすべて，部分的または完全な逆スピネルである（第 1 章を参照）．これは d^5 イオンである Fe^{3+} には，八面体位置での結晶場安定化エネルギー（CFSE；3.2.15 節を参照）がないためと考えられる．大きな 2 価イオンは優先的に八面体位置を占めるが，Fe^{3+} は四面体位置と八面体位置の両方に分布する．マグネタイトあるいは天然磁石とよばれるスピネル型 Fe_3O_4 は，中国で何百年も前に発見された磁性物質であり，磁性が実際にはじめて使われた例であるコンパスの針として発展した．

　マグネタイトは逆スピネル構造で，その化学式は $[Fe^{3+}]^{tet}[Fe^{2+}, Fe^{3+}]^{oct}O_4$ と書ける．$T_N = 119$ K

第 9 章 磁気的性質

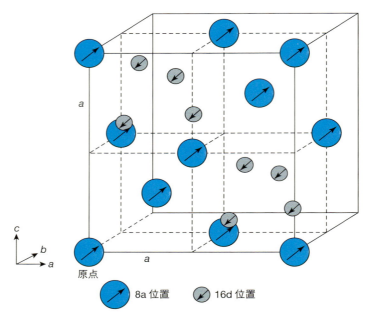

図 9.10 反強磁性およびフェリ磁性を示すスピネルフェライトの磁気構造. [111]方向に対して垂直な方向に交互に層をつくる 8a と 16d 位置には, 反対向きのスピンがあることに注意. 8 個の 1/8 単位格子のうちの 4 個についてのみ陽イオンを示す.

のフェリ磁性体であり, 八面体位置に混合原子価の Fe をもち, 電子伝導性が高い. これと密接に関連する酸化鉄 γ-Fe_2O_3 もスピネル構造をもつが, Fe : O 比が 3 : 4 ではなく 2 : 3 なので, Fe が欠損している. 酸化鉄には, スピネル中で通常占められている 24 個の四面体位置と八面体位置に, 合計 $(21 + 1/3)$ 個の Fe^{3+} がある. マグネタイトはすぐに酸化されて γ-Fe_2O_3 になるが, この反応は可逆的であり, 真空中 523 K で加熱することによりもとに戻る. γ-Fe_2O_3 は磁気記録媒体として重要である.

四面体位置 8a のイオンのもつスピンは八面体位置 16d のイオンのスピンと反平行であるため, フェライトは反強磁性あるいはフェリ磁性を示す. 1/8 に分割した単位格子の手前の 4 個について, イオンの位置とスピンを図 9.10 に示す. 8a イオンは原点にある. 酸化物イオンは示されていない. このように単位格子を書くと, 頂点と面心にある 8a イオンに加えて, 1 つおきの 1/8 単位格子の中心にある 8a イオンからなる面心立方充填となる. さらに 16d イオンは残る 4 個の 1/8 単位格子の内部にある四面体位置にある. 四面体位置は各 1/8 単位格子ごとに 4 個あるので, 単位格子あたり 16 個の 16d イオンがある. 8a と 16d イオンの磁気スピンは図に示したように反平行である. 次に式 (9.11) を使ってスピネルフェライトのもつ磁気モーメント μ を計算してみる.

はじめに, 好例である $ZnFe_2O_4$ について考える. 室温では正スピネルだが, 極低温では逆スピネルである. つまり,

$$[Fe^{3+}]^{tet}[Zn^{2+}, Fe^{3+}]^{oct}O_4$$

となる. 8a 位置と 16d 位置に逆向きスピンをもつ Fe^{3+} が同じ数あるので, 正味のモーメントはゼロである. Zn^{2+} には磁気モーメントがなく, 2 組の Fe^{3+} イオンは図 9.10 のように反平行なスピンをもつので, $ZnFe_2O_4$ はモーメントをもたない反強磁性体である. このことは実験的にも確かめられ, $T_N = 9.5$ K となる.

$MgFe_2O_4$ にも同様の結果が期待されるが, $MgFe_2O_4$ は全体として残余磁気モーメント μ をもつフェリ磁性体である. これについては, $MgFe_2O_4$ は完全には逆スピネル構造ではなく, 四面体位置より

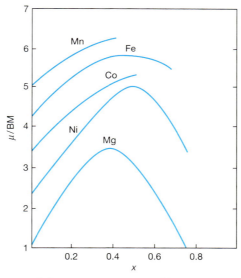

図9.11 フェライト固溶体 $M_{1-x}Zn_xFe_2O_4$ における磁気モーメントの組成による変化.
[E. W. Gorter, *Nature*, **165**, 798–800 (1950) より許可を得て転載]

も八面体位置に,より多くの Fe^{3+} イオンがあり,スピンが部分的にしか打ち消し合わないため,あるいは2種類の位置で Fe^{3+} イオンあたりの有効磁気モーメント μ_{eff} が異なるためという2種類の説明ができる.実験結果からは前者の説明が正しい.温度が高くなるにつれて,$MgFe_2O_4$ は次第に正スピネル構造に変わる.室温での逆スピネル構造の割合 (degree of inversion) は,熱履歴,特に合成した後の高温状態からの冷却速度に依存する.急冷した試料では徐冷した試料よりも逆スピネル構造の割合が少なく,μ が大きい.

マンガンフェライト $MnFe_2O_4$ は80%が正スピネル構造で,20%が逆スピネル構造である.Mn^{2+} と Fe^{3+} はともに d^5 イオンなので,μ は逆スピネル構造の割合と熱履歴の影響を受けない.$MnFe_2O_4$ は $\mu \approx 5$ BM のフェリ磁性体である.

陽イオン位置の占有率が重要となる固溶体効果の面白い例が混合フェライト $M_{1-x}Zn_xFe_2O_4$ (M = Mg, Ni, Co, Fe, Mn) である.これらは $x=0$ ではほぼ逆スピネルである.つまり

$$[Fe^{3+}]^{\mathrm{tet}}[M^{2+}, Fe^{3+}]^{\mathrm{oct}}O_4$$

となる.完全な逆スピネル構造の場合に期待される μ 値 (単位は BM) は,Mg では 0, Ni では 2, Co では 3, Fe では 4, Mn では 5 である.**図9.11** の左軸に示すように実験値はこれより少し大きい.この違いは式(9.11)の μ の計算法が単純化しすぎているためである.対照的に,$x=1$ の亜鉛フェライト $ZnFe_2O_4$ は,室温でほぼ正スピネル構造である.八面体位置にある Fe^{3+} イオンのスピンは整列せず無秩序であり,$ZnFe_2O_4$ は常磁性体である.M^{2+} を Zn^{2+} で部分置換してフェライト固溶体をつくると,徐々に逆スピネル構造から正スピネル構造に変わる.四面体位置へ Zn^{2+} が入ると,Fe^{3+} イオンは八面体位置に移動する.つまり

$$[Fe^{3+}_{1-x}Zn^{2+}_x]^{\mathrm{tet}}[M^{2+}_{1-x}Fe^{3+}_{1+x}]^{\mathrm{oct}}O_4$$

となる.固溶体が $x=0$ (MFe_2O_4) の反強磁性的な特徴をそのまま保つとすると,μ は直線的に変化し,$x=1$ ($ZnFe_2O_4$) での値は 10 になる.しかしながら $x=1$ になるずっと手前で,16d 位置と 8a 位置の反強磁性的な相互作用は失われ,磁気モーメント μ の値は図9.11のように減少する.x の値が小さ

第9章　磁気的性質

いときには，予想どおり μ の実験値は大きくなり，このことは反強磁性／強磁性的な秩序が残っていることを示している．しかし，μ は $x = 0.4 \sim 0.5$ において最大になる．

磁気モーメント以外に，飽和磁化 M_s，磁歪定数 λ_s，透磁率 μ，結晶磁気異方性定数 K_1 といった他のパラメータもフェライトの磁性として重要である．目的とする用途に応じて，適切なパラメータ値をもつフェライトが選ばれる．固溶体ではさまざまな磁気的性質を実現できる．例えば $MnFe_2O_4$ において Mn^{2+} を Fe^{2+} で部分置換して $Mn^{2+}_{1-x}Fe^{2+}_xFe^{3+}_2O_4$ にすると，磁気異方性はなくなる．これにより磁場を印加したときに磁気モーメントが再配列しやすくなる．磁気異方性が小さくなると透磁率が大きくなり，市販のフェライトに望まれる透磁率となる．ただし Fe^{2+} が増えると電気伝導性が増すという好ましくない副次的な影響もある．

9.2.5 ■ ガーネット

1.17.13 節で記述したガーネット（ざくろ石）は一般式 $A_3B_2X_3O_{12}$ であり，複酸化物である．なかには重要なフェリ磁性体もある．歪んだ立方晶中で A は 8 配位で，半径が 0.1 nm までの大きなイオン，B と X はそれぞれ 6 配位および 4 配位の小さなイオンである．磁気的に興味深いふるまいをするガーネットは，A = Y, Sm, Gd, Tb, Dy, Ho, Er, Tm, Yb, Lu；B, X = Fe^{3+} である．とりわけ重要なのはイットリウム鉄ガーネット（YIG）$Y_3Fe_5O_{12}$ である．他にも多くの A, B, X の組み合わせが可能で，そのうちのいくつかは 1.17.13 節に記載した．

YIG の結晶学的なデータは図 1.49 に示した．体心立方格子の格子定数は $a = 1.2376$ nm で，8 個の化学式を含む．骨格は頂点を共有する BO_6 八面体と XO_4 四面体からなり，その中にある 8 配位の空孔に A イオンがある．YIG および希土類鉄ガーネットでは，B と X イオンはともに Fe^{3+} である．

YIG および希土類鉄ガーネットは，548〜578 K の範囲にキュリー温度をもつフェリ磁性体である．μ の大きさを見積もるためには，24c, 24d, 16a 位置にある 3 種類のイオンを考える必要がある．24d イオンのスピンは，24c および 16a 両イオンのスピンと反平行に相互作用する．まず 24d 位置と 16a 位置にある 2 種類の Fe^{3+} について考えると，単位格子中には一方が 16 個，もう一方が 24 個あるので，それらのスピンは部分的に打ち消し合う．よって 1 個の化学式 $M_3Fe_5O_{12}$ あたりでは，Fe^{3+} イオン 1 個の正味のモーメントである 5 BM をもつことになる．Y^{3+} は d^0 イオンなので，$\mu = 0$ である．したがって YIG の μ は 5 BM である．

希土類鉄ガーネットでは全体のモーメントは $(3\mu_M - 5)$ BM と表される．ここで，μ_M は 24c イオンのモーメントであり，1 個の化学式あたり 24c イオンは 3 個ある．GdIG の Gd^{3+} は f^7 イオンで，$\mu_{Gd} = 7$ BM である．よって，GdIG の正味のモーメントは 16 BM と計算され，実験結果もこれと一致する．Lu^{3+} は f^{14} イオンで，$\mu_{Lu} = 0$ BM なので，LuIG の正味のモーメントは 5 BM と計算され，これも実験結果と一致する．Tb と Yb イオンでは軌道モーメントが完全には凍結されず，μ_M 値は $g = 2.00$ のスピンだけを考慮した式から得られる値よりも大きい．**図 9.12** に実験値と計算値を比較して示す．スピンだけを考慮した式とスピンと軌道モーメントを考慮した式に従って計算したものを示した．実験値はこれら 2 つの理論曲線の間にあり，これは軌道モーメントがごく部分的に凍結されることを示している．

希土類鉄ガーネットの磁気モーメントは，通常とは異なる興味深い温度変化を示す．絶対零度での自発磁気モーメントは，DyIG では**図 9.13** のように温度の増加とともに減少し，**反転温度**（compensation temperature）でゼロになる．さらに温度を上げると減少から増加に転じ，キュリー温度で再びゼロになる．これは希土類元素の副格子のスピンが，Fe^{3+} の副格子のスピンよりも早く無秩序化するためである．

ガーネット構造では多くのイオン置換が可能で，磁気的性質は体系的に変わる．例えば 24c 位置の

442

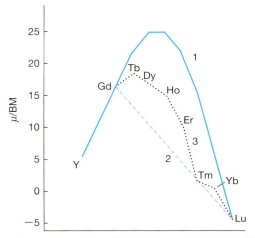

図 9.12 希土類鉄ガーネットの 0 K における磁気モーメントの希土類による変化．曲線 1：スピンと軌道のみを考慮した計算値，曲線 2：スピンのみを考慮した計算値，曲線 3：実験値．
[K. J. Standley, *Oxide Magnetic Materials*, Clarendon Press（1972）より許可を得て転載]

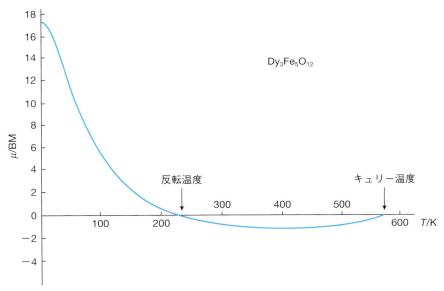

図 9.13 ジスプロシウム鉄ガーネットにおける自発磁気モーメント．

大きな 3 価イオンは Ca^{2+} で部分置換でき，このとき電荷は四面体位置の Fe^{3+} の一部を V^{5+} で次のように置換することで補償される．

$$[Y^{3+}_{3-2x}Ca^{2+}_{2x}]Fe^{3+}_2[Fe^{3+}_{3-x}V^{5+}_x]O_{12}$$

9.2.6 ■ イルメナイトとペロブスカイト

イルメナイト ABO_3（A ＝ Fe, Co, Ni, Cd, Mg；B ＝ Ti, Rh, Mn）は，コランダム $\alpha\text{-}Al_2O_3$ とよく似た構造をとる（1.17.11 節を参照）．対称性からいえば菱面体晶であるが，単位格子としてはもう少し大きくとって図 1.46 のように六方晶の単位格子を使って書いた方がわかりやすい．酸化物イオンは六方最密充填している．陽イオンは 6 配位位置の 2/3 を占め，c 軸方向に A および B 陽イオンが交互に

偏析して積み重なっている．イルメナイト構造は，ヒ化ニッケル構造の6配位位置の1/3を空にするとともに2種類の陽イオンを秩序配列した構造とも考えられる．

$SrTiO_3$のペロブスカイト構造は1.17.7節で示した．Fe^{3+}やMn^{3+}，Mn^{4+}を含むいくつかの酸化物はペロブスカイト構造をとり，興味深い強磁性を示す．これらは$La^{3+}Mn^{3+}O_3$と$A^{2+}Mn^{4+}O_3$が混ざり，二重置換した固溶体として以下のように記述される．

$$[La^{3+}_{1-x}A^{2+}_x][Mn^{3+}_{1-x}Mn^{4+}_x]O_3$$

大きなLa^{3+}とA^{2+}（$A^{2+}=Ca^{2+}$, Sr^{2+}, Ba^{2+}, Cd^{2+}, Pb^{2+}）イオンは12配位位置を，$Mn^{3+,4+}$は八面体位置を占める．これらの系の結晶化学，相図および磁性はかなり複雑である．

9.2.7 ■ マグネトプランバイト

マグネトプランバイトは$PbFe_{12}O_{19}$の組成式をもつ鉱物である．そのバリウム版にあたる$BaFe_{12}O_{19}$（BaM）は永久磁石として重要である．その構造はβ-アルミナ$NaAl_{11}O_{17}$（8.5.4.2節）とよく似ている．マグネトプランバイトでは酸化物イオンの最密充填層が5層ずつ繰り返されるが，β-アルミナでは最密充填層は4層である．5番目の層では酸化物イオン4個からなる単位構造の3/4はそのままで，残りの1/4を大きな2価イオンであるPb^{2+}あるいはBa^{2+}が占める．そのため繰り返し単位は，**図9.14**のように$(4\times4)+(1\times3)=19$個の酸化物イオンと5番目の層にある1個のBa^{2+}またはPb^{2+}からなる．

結晶学的には，Fe^{3+}イオンの位置は5種類あるため，BaMの磁気構造は複雑である．しかし1個の化学式$BaFe_{12}O_{19}$あたり8個のFe^{3+}イオンがある方向に向いており，残りの4個が逆方向を向いているとして，残る4個のFe^{3+}イオンから正味のμは$\mu=20$ BMとなる．

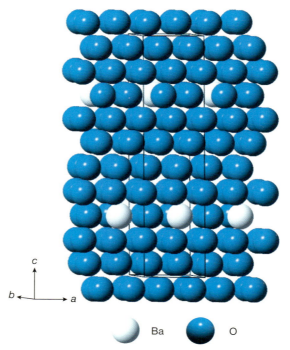

図9.14 バリウムマグネトプランバイト構造における酸素とバリウムの充填様式．

9.3 ■ 応用：構造と性質の関係

磁気的な性質には多くのパラメータが関係する．化学組成や作製プロセスを注意深く制御することによって，いわゆる「結晶工学(crystal engineering)」が可能となり，望んでいる性質をもつ物質を作ることができる．磁性材料には次のような3種類の主な応用がある．すなわち，電磁石に使われるような一定磁場H中で適切な磁束密度Bをもつ透磁率μが大きく保磁力H_cが小さな軟磁性体，永久磁石に使われるような透磁率μが小さく保磁力H_cと残留磁化M_rが大きな硬磁性体，さらに磁気記録に適したさまざまな性質をもつ材料である．以下にそれぞれについて説明する．

9.3.1 ■ 変圧器用磁心

強磁性体およびフェリ磁性体の主たる用途は，図9.15のような変圧器やモーターの磁心である．材料としては，大きな力を出せて損失が少ない軟磁性材料が求められる．軟磁性材料は透磁率が大きく，低磁場でも簡単に磁化できて保磁力が小さく，ヒステリシス損もしくはBH積が小さい材料である．このような材料には，小さな磁歪定数λ_sと結晶磁気異方性定数K_1，および磁壁が移動しやすいことが求められる．

高周波では，ヒステリシス損に加えて，渦電流損失も重要な問題である．これは渦電流が周波数の二乗に比例するためであり，とりわけ低抵抗な材料では問題になる．Feのような金属中での渦電流は，例えばNiやSiと合金化すると減らすことができる．合金は単一金属に比べると一般的に高抵抗である．フェライトやYIGのようなフェリ磁性酸化物の大きな利点は，高抵抗であるために渦電流が無視できるほど小さいことである．3価イオンのみからなるYIGでは電子伝導は簡単には起こらず，$\sigma_{25℃} \approx 10^{-12}$ S cm^{-1}である．ただし，すべてのFeが確実に+3価である必要があり，そうでない場合はFe^{2+} ⇌ Fe^{3+} + e$^-$の酸化還元反応によって高い電気伝導を生じる．例えばマグネタイトFe$_3$O$_4$（すなわちFe^{2+}Fe$_2^{3+}$O$_4$）は，室温で$10^2 \sim 10^3$ S cm^{-1}の伝導度をもつ．この値はYIGよりも15桁ほど大きく，鉄が混合原子価であることが原因である．

9.3.2 ■ 永久磁石

永久磁石では飽和磁化，エネルギー積BH，保磁力，残留磁化，キュリー温度，結晶磁気異方性のすべてが大きいあるいは高い材料が求められる．Fe, Co, Niのような金属，SmCo$_5$のような新しい合金，BaMのような硬磁性酸化物がこうした材料に該当する．

ピン止め，つまり磁壁の移動を止めると，磁石の硬さは増す．硬磁性材料を作るには，鋼では冷却時に炭化物相を析出したりマルテンサイト変態を起こしたりするCrやWのようなドーパントを加

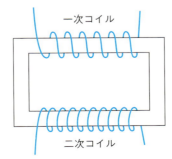

図9.15　変圧器用磁心に巻いた一次および二次コイル．

えるとよい．アルニコ磁石では，Al ベースの基材中に Co, Ni ベースの強磁性物質の微結晶が多数存在している．この微細な領域は同じ方向に磁化しており，消磁したり磁化の向きを変えたりしにくくしている．

前述した BaM のような酸化物磁石は比較的軽くて安価である．もともとの磁性は，一般的にはアルニコ磁石よりも劣るものの，磁気的に整列した微細組織をつくると向上する．このため，粉末状の出発物質を磁場中で成形したのちに焼結する．磁場を印加すると粒が磁気的に整列するので，材料の残留磁化が増す．

9.3.3 ■ 磁気記録

磁性による情報記録では，記録媒体は渦電流が小さく，図 9.6 のような正方形または長方形のヒステリシス曲線を示す硬磁性体でなければならない．こうした材料の磁化は，磁化した試料に逆磁場を印加しても保磁力 H_c を超えるまでは変化せず，H_c で突然反転する．＋と－の 2 種類の磁化の向きが 2 進法での 0 と 1 に相当する．

カセット，テープおよびフロッピーディスクでは，音声データなどが記録媒体表面での磁化の大きさの変化として記録される．記録媒体は通常，CrO_2 や γ-Fe_2O_3 などの磁性微粒子を埋め込んだ複合高分子膜か，高分子基板上に磁性体を析出させた複合薄膜のいずれかである．各粒子または磁区が，0 か 1 に相当する 2 つの方向のいずれかに磁化される．読み出し－書き込み用磁気ヘッドは，MnZn フェライトのような軟磁性体からなる小さな電磁石で，幅 8 μm 以下の小さな隙間がある．図 9.16 のように N 極と S 極が生じ，その間に磁場が誘起される．記録媒体は読み出し－書き込み用磁気ヘッドの近くを通過していく．書き込み時には，N 極と S 極の間から漏れ出したフリンジ磁場 (fringing magnetic field) が，すぐそばにある記録媒体を磁化する．磁化の強さは磁場に依存し，磁場はコイルの電流で制御される．読み出し時には，記録媒体表面でのフリンジ磁場の変化によってコイルの電圧が変化し，音声データの場合にはスピーカーが鳴る．

読み出し－書き込み用磁気ヘッドの材料と記録媒体の材料とでは，求められる磁性が異なる．ヘッドには，透磁率が高く，磁化が大きく，保磁力が小さな軟磁性体が使われる．記録媒体には，予期せず消去されることを避けるために大きな保磁力をもち，またその表面からの周辺磁場を磁気ヘッドで検出するために大きな磁化をもつ硬磁性体が求められる．

磁気記録媒体では，CD などの光記録媒体と同様な高記録密度が重要である．記録密度は面積あたりのビット（磁区または粒子）数で与えられる．とりわけ垂直記録できる微細組織を使うと，1 μm のドメインに対して 1 cm^2 あたり 10^8 ビットの記録密度が可能である．その場合には磁性粒子がテープ

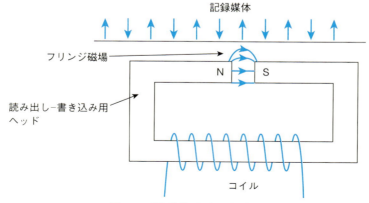

図 9.16　磁気記録における読み出し－書き込み用磁気ヘッド．

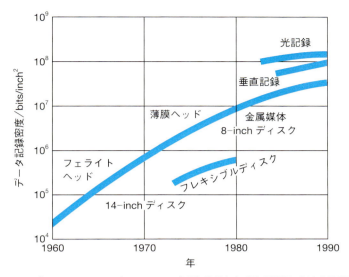

図 9.17 フロッピーディスク，ハードディスク，光磁気記録および垂直記録における情報記録密度向上の歴史．
[D. Jiles, *Introduction to the Electronic Properties of Materials*, Chapman and Hall (1994) より許可を得て改変]

面に対して垂直に並ぶために高記録密度で，鋭くフリンジ磁場に応答する．

MOでは光学的な読み出し－書き込みが使われる．「書き込みモード」では，集光したレーザーにより記録媒体をキュリー温度以上に，あるいは保磁力が小さくなって試料を再度磁化しやすくなるまで十分に加熱して，強磁性，すなわち記録されている情報を消去する．その後，試料を磁化もしくは再磁化するために，磁気ヘッドを通過させる．冷却すると保磁力が再び大きくなり，記録した磁化は半永久的に残る．「読み出しモード」では書き込み時より弱い強度のレーザー光を使い，磁気光学カー効果（Kerr effect）によって磁化の異なる状態を区別するが，強磁性構造は消去しない．カー効果では直線偏光であるレーザー光の偏光方向が，磁気媒体の表面から反射する際に回転する．回転方向は磁化の方向に依存し，一方，回転角の大きさは記録媒体に使った材料に依存する．

1960～1990年の間での情報記録密度の変遷を**図9.17**に示した．新しい技術が生まれるとさらに小型化が進み，光磁気記録が最高の記録密度を達成している[訳注1]．

情報記録の初期には，ガーネット薄膜が使われていた．非磁性基板の上に高温でエピタキシャルに析出させた厚さ数マイクロメートルの薄膜である．組成および，とりわけ格子定数を注意深く選択すると，冷却時には薄膜と基板の間にわずかな熱収縮の違いが生じる．これにより生じた応力によってガーネット薄膜中の磁化が膜面に垂直な方向へ優先的に配向し，偏光顕微鏡ではスピンが上向きと下向きの磁区構造が泡状に見える．これは**磁気バブル材料**（magnetic bubble material）とよばれ，0, 1の情報記録システムで記録構成要素として使われていたが，今や他の技術に取って代わられてしまった．

[訳注1] ハードディスクではすでにテラビット/平方インチ（10^{12} bits/inch^2）を超えている．

9.4 ■ 最近の発展

9.4.1 ■ 巨大磁気抵抗

磁気抵抗(magnetoresistance, MR)は物質の電気抵抗が印加磁場に応じて変化する現象をいう．磁気抵抗における抵抗の変化は通常，例えば1Tという高磁場中においても1%以下という小さなものである．磁気抵抗は印加磁場中で伝導電子の動きがわずかに変化することで生じる．**異方的な磁気抵抗**(anisotropic magnetoresistance, AMR)は，印加磁場に応じて磁性体の抵抗が変化するものの，磁場と試料の磁化の相対的な向きに強く依存する現象である．これも小さな効果にすぎないが，生じる抵抗変化は磁場の微小な変化に敏感であるため，磁気センサーとして利用されている．

フェール(Fert)とグリューンベルク(Grünberg)によって1988年に**巨大磁気抵抗**(giant magnetoresistance, GMR)が発見され，磁気抵抗への関心は格段に高まった．彼らは2007年のノーベル物理学賞を受賞している．GMRを観察するにはFeのような強磁性金属とCrのような非磁性金属を交互に積層した多層薄膜が必要である．層の厚さに依存するが，Cr層中の非局在化電子に媒介されたFe層間での交換結合により，反平行または平行スピンをもつ隣り合ったFe層では，それぞれ強磁性あるいは反強磁性的なカップリングが生じる(図9.18)．GMR素子ではCr層の厚さによりFe層間の反強磁性カップリングを制御している．図9.18(b)のように，Hに反平行なスピンが磁場中で向きを変え，Hに平行になる．

GMRの鍵となる部分は以下のように説明できる．印加磁場に平行な上向きスピンをもつ物質中を流れる電子の抵抗R_pは，印加磁場に反平行な下向きスピンの電子が強い散乱中心として作用して伝導電子の移動度が低くなるために，反平行な下向きスピンに対する抵抗R_aよりはるかに小さくなる．多層膜に垂直な方向に対する全抵抗は図9.18(a)のように反平行層によって制御され，図9.18(c)に示すように磁場が変化する．

フェールとグリューンベルクにより示された反強磁性カップリング以外にも，GMR効果を生み出す方法はいくつかある．その1つは非磁性なスペーサー層の代わりに，異なる大きさの保磁力をもつ強磁性層を交互に積み重ねる方法である．磁場を印加すると，まず軟磁性層のスピンが両側の強磁性層に対して反平行に向きを変えて抵抗を増す．さらに強い磁場をかけると硬磁性層も向きを変えて，両層の磁化は平行になって正味の抵抗は減る．

GMR効果を観察するためには，厚さがわずか数ナノメートルの磁性層からなる高品質の多層膜構造が求められる．こうした構造を実現するには，分子線エピタキシー法(molecular beam epitaxy,

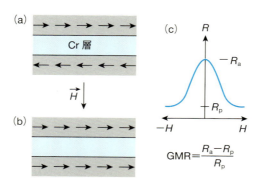

図9.18 FeCr多層構造での巨大磁気抵抗．隣り合ったFe層で反強磁性の結合が生じている状態(a)が，磁場により強磁性の結合が生じている状態(b)に変化する．(c)層に垂直な方向の電気抵抗の磁場による変化．

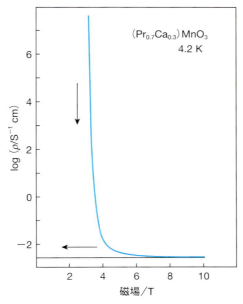

図 9.19 $(Pr_{0.7}Ca_{0.3})MnO_3$ における印加磁場による電気抵抗の劇的な減少.
[H. Yoshizawa *et al.*, *Phys. Rev. B*, **52**, 13145–13148 (1995) より許可を得て転載]

MBE) などの最先端の方法を使って成膜する必要がある. GMR 効果を説明するには, すでに強磁性を説明するために述べたように上向きスピンと下向きスピンの副バンドを考える必要がある. スピン分極したバンド構造により, 2 種類の独立した電子伝導の経路が効果的に生じる. GMR 効果は発見されてほどなく, GMR 素子に応用された. 図 9.18(c) のような磁場による抵抗変化は, 磁場センサー, 磁気メモリーチップやハードディスクの読み出しなどの分野ですでに利用されている.

磁気抵抗の現象はさらに, 並外れて大きな磁気抵抗 (colossal magnetoresistance, CMR) へと広がっている. この効果は $(La_{1-x}Ca_x)MnO_3$ などの複雑なペロブスカイトに見られる. キュリー温度 T_C 付近で, 数テスラほどの大きな磁場をかけたときに起こる金属−絶縁体転移と関係している. 1 つの例が図 9.19 に示した 4.2 K における $(Pr_{0.7}Ca_{0.3})MnO_3$ の電気抵抗の磁場による変化である. 3〜6 T の磁場をかけると, 反強磁性の絶縁体から 10 桁も抵抗が変化して強磁性金属になる. CMR にはきわめて大きな磁場を要することから, まだ実験室レベルの研究であり, 応用はもう少し先になるだろう.

もう 1 つの磁気抵抗効果は**トンネル磁気抵抗**(tunneling magnetoresistance, TMR) であり, **磁気抵抗接合**(junction magnetoresistance, JMR) とも呼ばれる. TMR では強磁性金属層は Al_2O_3 のような絶縁体薄膜層で隔てられている. 強磁性金属層は間にある絶縁体層を介してスピン分極によるトンネル効果によって磁気的に結合している. 間にある金属層を介して結合する GMR と対照的であり, また絶縁体層を介したトンネル効果によって超伝導体が結合する**ジョセフソン効果**(Josephson effect) と似ている.

9.4.2 ■ マルチフェロイクス

マルチフェロイック物質(multiferroics) は, 複数種類のフェロ的な秩序をあわせもつ物質である. もっとも興味がもたれているのは強磁性と強誘電性をあわせもつ物質, とりわけ一方の性質によりもう一方の性質が誘導されるあるいは変調されるような, 2 種類の性質に相互作用がある物質である. マルチフェロイクスには 2 種類あり, タイプ I は強誘電性と強磁性がほとんど関係しないもの, タイプ II は強誘電性が強磁性によって誘導されるものである. タイプ II のマルチフェロイクスには固有

第 9 章　磁気的性質

の磁気電気相互作用があり，印加電場による磁性の切り替えなどの実際的な応用がより関心を集めている．

　強誘電性物質は，すでに第 8 章で見たように電場で切り替わる自発的な電気分極を示す一方，強磁性物質は印加磁場で切り替わる自発磁化をもつ．マルチフェロイクスの第三のカテゴリーとして強弾性物質（ferroelastic material）がある．強弾性物質は力をかけると自発的に変形し，例としては灰長石 $CaAl_2Si_2O_8$ があげられる．$BiFeO_3$ 強磁性薄膜における巨大な強誘電性と $TbMnO_3$ における磁場で制御できる強誘電性という 2 つのマルチフェロイクスが発見された 2003 年以降，マルチフェロイクス分野が注目されるようになった．マルチフェロイクスは固体物理学と固体化学における今日のホットなトピックスである．

　強磁性と強誘電性が生じるための条件は異なるため，この 2 種類の性質をいかに結合するかが重要な科学的挑戦である．強誘電体は電気的には絶縁体であり，陽イオン－陰イオン結合に極性があり，対称中心のない構造をもつ．典型的な例は Ti^{4+}, Nb^{5+}, Ta^{5+} などの d 殻に電子がない遷移金属イオンを含む遷移金属化合物である．一方で多くの強磁性体は金属的な導電体であり，陽イオン－陰イオン結合は双極子モーメントをもたない．強磁性を示すには d と f 殻に不対電子が必要である．したがって強磁性は Mn, Fe, Co, Ni といった後半の遷移金属元素で起こりやすい．

　$BiFeO_3$ はもっともよくマルチフェロイクスが調べられている物質の 1 つである．T_N が 643 K で T_C が 1100 K であり，その強誘電性の起源は，Bi^{3+} 陽イオンと，Bi に非対称な配位環境を与えて極性な Bi–O 結合をつくる $6s^2$ 不対電子にある．Fe^{3+} イオンは Fe–O–Fe 交換結合により，$BiFeO_3$ 中での反強磁性を担う．スピン間にはらせん状の磁気構造の影響もあるため，反強磁性は現実には複雑である．

　$BiFeO_3$ はペロブスカイト構造をもつが，T_C 以下の強誘電相では菱面体歪みを生じて，高温安定相である立方晶単位格子の[111]方向に対して平行に自発分極する．$BiMnO_3$ や $PbVO_3$ などの他のペロブスカイト構造をもつ物質にもマルチフェロイックなものがある．

第10章　光学的性質：発光とレーザー

10.1 ■ 可視光と電磁波のスペクトル

まず「光とは何か？」ということについて考えよう．日常的に慣れ親しんでいる光ではあるが，いろいろな光の種類，およびそれらの性質やさまざまな応用について深く考えてみると，その現象を記述することはそれほど簡単ではない．しかし，ラジオ波やマイクロ波，紫外光，X線が同じ電磁波の別の形態であるということが一度わかってしまえば，これらのいろいろな電磁波を理解したり，記述したり，解析したりするために，共通の方法を使うことができる．それらは，単に波長範囲およびエネルギーが異なるだけなのである．図10.1(a)に示すように，可視光はエネルギーの低い方，すなわち，波長でいえば約700 nm，エネルギーでは約1.7 eVにあたる可視スペクトルの赤色端から，エネルギーの高い方，すなわち波長約400 nm，エネルギーでは約3.3 eVにあたる紫色端までの範囲にわたっている．

図10.1(b)に示すように，光は互いに直交して振動する電場と磁場が組み合わさって空間を伝搬する進行波と考えられる．波動が伝搬する方向は，電場と磁場の向きに対してともに垂直である．よって，大きさと方向で表される三次元のベクトル波である．しかし，多くの目的では，図10.1(c)に示すような伝搬する一次元のスカラー波で取り扱うことができる．私たちが日常目にする光は，あらゆる方向に伝搬する波動からなり，これらは，全波長のスペクトルから構成され，全体として白色光になり，異なる光波間にはコヒーレンス(可干渉性)はない．

図10.1(c)に示すように，進行する光波の電場ベクトルが，1つの面内で振動しているとき，すなわちすべての光波が同じ方向で振動していれば，その光は**直線偏光**(linealy polarized light)という．もし，光の各成分の波の振動方向に相関がない場合には，**無偏光**(unpolarized light)である．偏光の種類としては他に**円偏光**(circular polarized light)がある．円偏光では，電場ベクトルは伝搬方向に垂直で，連続的に回転している．回転方向が光の進行方向から見て反時計回りおよび時計回りのとき，それぞれ左円偏光，右円偏光となる．円偏光のより一般的な場合が**楕円偏光**(elliptical polarized light)である．楕円偏光では，電場ベクトルは回転をともないながら，その大きさ(振幅)が変化する．

10.2 ■ 光源，熱源，黒体放射と電子遷移

高温の物体や物質は，しばしば特徴的な色をもった放射を発する．例えば，街灯のナトリウムランプは黄色，残り火は赤橙色，太陽は白色といった具合である．光源によって，こうした光が幅広い波長のスペクトルをもっている場合も，とびとびの波長の集合からなる場合もある．光源のスペクトル分布は，光をプリズムに通すことによって調べることができる．図10.1(d)に示すように，プリズム中で光は波長ごとに分かれ，入射した光に対して異なる角度でプリズムから出てくる．

そのようなスペクトルは，X線の発生過程のところですでに説明したように，原子や分子，固体の電子構造において，許容されるエネルギー準位が存在するということに根本的に由来している．高温の物体では，さまざまなエネルギー準位の間を電子が絶え間なく連続的に移動しており，実験条件を

451

第10章 光学的性質：発光とレーザー

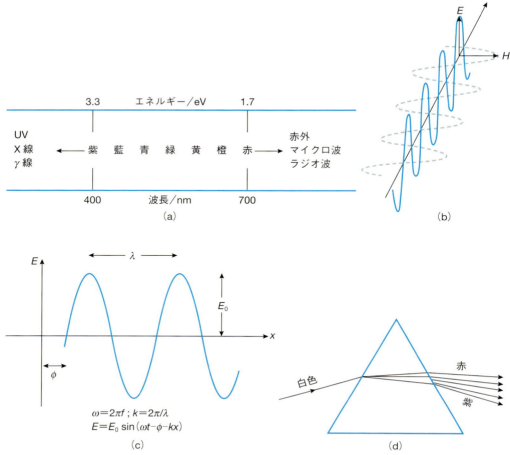

図10.1 (a)可視域の電磁波スペクトル．(b)互いに直交して振動する電場と磁場が伝搬する光を形成している．(c) x 軸方向に進む一次元の電磁波．(d)プリズムを通過することによって白色光がその構成成分の色に分離する様子．

適切に整えることによって**吸収スペクトル**(absorption spectrum)もしくは**発光スペクトル**(emission spectrum)を決定することが可能となる．ある温度において，外部刺激がまったくなければ，自発的に起こる吸収と発光の間には平衡が成り立つ．

図10.2(a)に示すように，エネルギー差 ΔE だけ離れた2つのエネルギー準位 E_0, E_1 という簡単な場合について，**準位**(level) E_0 の電子の**占有数**(population)を N_0 個とし，温度 T に依存して，N_1 個の電子が十分なエネルギーを得て，準位 E_1 に昇位しているとしよう．このことは，異なるエネルギー準位の占有数は温度に大きく影響されることを意味する．気体分子運動論から，単原子分子は近似的に $3kT/2$ の熱エネルギーをもち，このエネルギーは室温では約 0.038 eV に相当する．第一近似では，電子は，この単原子気体と同程度のエネルギーをもつとみなせる．

もし，E_0 のエネルギー準位に空きがあると，準位 E_1 にある電子は自然にエネルギーの低い準位に戻り，そのとき ΔE のエネルギーを放出する．これを**自然放出**(spontaneous emission)という．通常の状況では，電子がエネルギーの高い準位から低い準位に自然に緩和する際，高い準位には数ナノ秒程度しかとどまっていない．概して，高いエネルギー準位にはごくわずかな電子しかなく，この数は図10.2(a)に示すボルツマン分布で与えられるように，温度の上昇とともに増加する．

通常，気体と固体とでは，発光スペクトルはかなり異なる．水銀ランプの水銀のような気体状原子

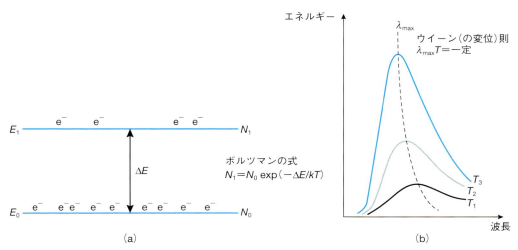

図 10.2 (a) 熱励起によるエネルギー準位の占有. (b) 黒体放射におけるエネルギー分布. (実験的に求められた) ウィーンの定数は 2.9×10^{-3} mK.

では，許容される電子エネルギー準位の数は比較的制限されており，とびとびの輝線スペクトルとなる．一方固体では，電子のエネルギー準位や，それらの占有のされ方，さらには結合の性質は，バンドモデルを使って記述される．金属では，もっとも外側にある価電子が伝導帯を一部満たした状態であるが，非金属固体では価電子帯を完全に満たし，バンドギャップだけ離れたところに空の伝導帯が存在する．いずれにしても，温度が高いほど，より多くの電子が伝導帯中のエネルギーの高い準位を占有することになり，部分的に満たされた連続的な準位が形成される．このため，吸収ー発光プロセスにおいてこのような準位からの発光をともなうとき，幅広の発光スペクトルとなる．

図 10.2(b)に，よく知られている**黒体放射**(black body emission)の発光スペクトルを模式的に示す．スペクトルは，**ウィーン則**(ウィーンの変位則; Wien law)で与えられるように温度によって変化し，温度が上がると短波長側にシフトする．アーク放電灯や白熱ランプなどの光源を構成する物質は，このようなブロードな発光スペクトルをもつ．スペクトルは幅広い波長の光からなり，時間的にも空間的にもランダムに放射される**インコヒーレント**(incoherent)な光源となる．後で述べるように，これは，本質的に単一波長で**コヒーレント**(coherent)な光を放出するレーザーの動作とはまったく対照的である．

これまでは，吸収や発光の過程が，エネルギー準位間の電子遷移にどのように直接関係するかについて見てきた．もし，遷移のエネルギーが可視域の範囲であれば，その遷移は**光学遷移**(optical transition)とよばれる．光が物質と相互作用するとき，吸収や発光以外にも，以下で述べるようなさまざまな散乱過程が起こる．

10.3 ■ 散乱過程：反射，回折，干渉

電磁波は任意の表面で**反射**(reflection)される．鏡面反射や正反射では入射角と反射角は等しいといったように，反射という現象はごく一般的なプロセスである．反射光は，入射光との可干渉性を保持しており，反射プロセスにおいて，個々の光波についてのエネルギーロスはない．反射は，吸収や発光と並んで物質が着色する主な原因の1つである．発光による色(emission color)は，発光により放出された光がもつ波長に由来し，その波長は，発光に関与する電子殻間の遷移に関係する．吸収に

第10章 光学的性質：発光とレーザー

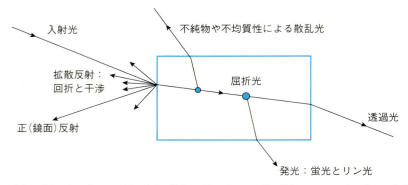

図 10.3 光と固体との相互作用．反射，透過，散乱，吸収がある．固体の外観はこれらの相互作用に依存する．
[R. Tilley, *Understanding Solids*, John Wiley & Sons (2004), p. 442 より STM 条項に基づいて転載]

よる色（absorption color）は，入射光のスペクトルから，ある波長帯の光が吸収により取り除かれて，残った色である．反射による色（reflection color）は，入射光からいかなる吸収プロセスでも取り除かれなかった色である．

光と固体との相互作用の結果として起こる多様なプロセスのいくつかを模式的に**図 10.3**に示す．反射過程が支配的となるのは，入射光が，なめらかつ平坦で入射光の波長に比べて十分に大きな表面と相互作用する場合である．一方，別のプロセスとして**回折**（diffraction）がある．これは，物体の物理的なサイズあるいは表面の形状が入射光の波長と同程度の場合に起こる．回折では，試料表面は電磁波の二次的な光源となる．第 5 章で最初に取り扱った回折格子による光の回折，2 番目に取り扱った結晶固体中の原子による X 線（中性子線や電子線も含む）の回折はこれに相当する．二次的な光源としての回折，あるいはより一般的には拡散反射により，光はすべての方向に効率的に散乱され，どの角度への反射についても入射ビームより強度が大幅に減少する．この現象はコンパクトディスク（CD）上に光学的に蓄積された情報を読み取るときに使われる手法の基礎となっている．光の波長程度の大きさのエッチピット（etch pit）が，それと隣接する反射面（land）からの非常に強い方向性のある反射に比べて，あらゆる方向に弱く光を散乱し，この散乱光の有無からデータを読み出している．また第 5 章で議論したように，回折が起こるときには，**強め合う干渉**（constructive interference）から完全に**弱め合う干渉**（deconstructive interference）まで，回折ビーム間での干渉が常に幅広く生じる．

10.4 ■ 発光および蛍光体

発光（luminescence）とは，物質がエネルギーを吸収した後，その物質によって光が放出されることである．いろいろなタイプの励起源が考えられ，それはルミネッセンスという言葉の接頭辞に示されている．**フォトルミネッセンス**（photoluminescence）では，励起のためにフォトンすなわち光が使われ，なかでも紫外光がよく用いられる．**エレクトロルミネッセンス**（electroluminescence；電界発光）では，注入された電気エネルギーが励起源となる．**カソードルミネッセンス**（cathodeluminescence）では，陰極線（電子線）が使われる．フォトルミネッセンスには 2 つのタイプがある．1 つは，励起と発光の間に 10^{-8} s 以下の非常に短い時間間隔しかない**蛍光**（fluorescence）である．蛍光は，励起源がなくなるとすぐに消失する．これよりずっと減衰時間が長い発光プロセスを**リン光**（phosphorescence）とよぶ．リン光は，励起源が除かれた後でもしばらく続く．

蛍光体（フォトルミネッセンスを示す物質）としては ZnS, CaWO$_4$, Zn$_2$SiO$_4$ などがあげられる．通常，これらの結晶は Mn^{2+}, Sn^{2+}, Pb^{2+}, Eu^{2+} のような陽イオンの**付活剤**（activator）を少量導入できる母結

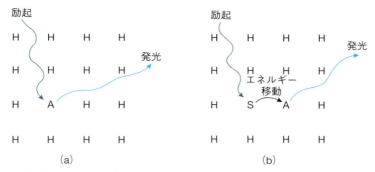

図 10.4 発光の様式を示す模式図．(a)ホスト結晶 H に付活剤 A のみが導入された場合．(b)増感剤 S と付活剤 A の両方が導入された場合．

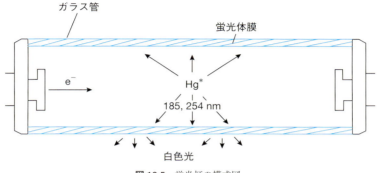

図 10.5 蛍光灯の模式図．

晶(host)となる結晶構造をもっている必要がある．**増感剤**(sensitizer)として働く第二の化学種が加えられることもしばしばある．一般的な無機蛍光体における発光の様式を**図 10.4**に模式的に示す．放出される光のエネルギーは通常，励起光のエネルギーよりも小さく，それゆえ，波長は長い．この長波長側への変化を**ストークスシフト**(Stokes shift)という．蛍光灯では，水銀の放電によって放出される紫外光が励起光に使われる．蛍光物質は，この紫外光を吸収し，「白色」光を放出する．**図 10.5**に蛍光灯の構成を示す．蛍光灯は水銀蒸気とアルゴンの混合気体で満たされたガラス管からなり，ガラス管の内側には蛍光物質が塗布されている．蛍光灯に電流が流れると，水銀原子と電子が衝突し，上の電子エネルギー準位に励起される．これが，基底状態に戻るときに，254 nm と 185 nm の2つの固有の波長の紫外光が放出される．この光は蛍光体に照射され，蛍光体が白色光を放出する．

ZnS 蛍光体の発光スペクトルの例を**図 10.6**に示す．それぞれの付活剤は，ZnS 中で，特徴的なスペクトルと色をもっている．いくつかの付活剤とそれに関連する電子状態を**表 10.1**にまとめた．

ホスト物質は，大きく2種類に分類される．

(1) イオン結合性の絶縁体．例として，$Cd_2B_2O_5$, Zn_2SiO_4, アパタイト $3Ca_3(PO_4)_2 \cdot Ca(Cl, F)_2$ などがある．これらのホスト物質中では，付活剤として働くイオンのとびとびのエネルギー準位の組は，ホスト物質の構造の局所的な環境によって変化する．イオン性蛍光体においては，配位座標モデル(configurational coordinate model)が発光過程を定性的に説明するのに有用である．

(2) 共有結合性の硫化物半導体．例として ZnS がある．これらのホスト物質では，付活剤の局所的なエネルギー準位が加わることによって，ホスト物質のバンド構造が変化する．

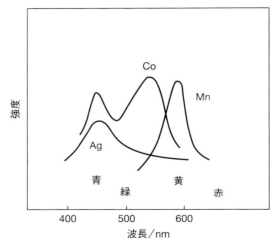

図 10.6 付活剤を含む ZnS 蛍光体の紫外光照射による発光スペクトル.

表 10.1 付活剤とそれらの電子状態.［Burrus, 1972 のデータより］

イオン	基底状態	励起状態
Ag^+	$4d^{10}$	$4d^9\,5p$
Sb^{3+}	$4d^{10}\,5s^2$	$4d^{10}\,5s\,5p$
Eu^{2+}	$4f^7$	$4f^6\,5d$

10.5 ■ 配位座標モデル

　配位(一般)座標に対する発光中心の電子基底状態のポテンシャルエネルギー(PE)の変化を，**図 10.7** に模式的に示す．配位座標は，たいていの場合，核間距離を表している．PE は，平衡核間距離 r_e で最低になる．図の電子基底状態において，イオンは v_0, v_1 などの量子化されたいろいろな振動状態をとることができる．

　発光中心のそれぞれの電子状態は，基底状態については図 10.7 に示したような，また励起状態については**図 10.8** に示したようなポテンシャルエネルギー曲線となる．この図を使うと，発光の多く

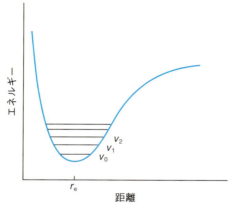

図 10.7 ホスト結晶中の発光中心の基底状態におけるポテンシャルエネルギー図.

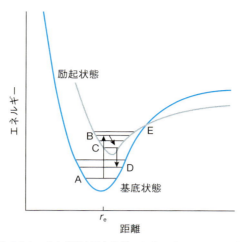

図10.8 発光中心の基底状態と励起状態におけるポテンシャルエネルギー図.

の特徴を説明することができる．はじめに，活性中心イオンが励起されると，基底状態の準位Aから，電子励起状態の高い振動準位Bに上がる．次に，イオンは，電子励起状態のより低い振動準位であるCにすぐに緩和し，それにともなって，エネルギーが散逸される．このエネルギーは，ホストの格子に熱として失われる．続いて，活性中心イオンは，電子基底状態の振動準位DかAに戻り，そのとき，光を放出する．C→Dの発光のエネルギーは，A→Bの励起のエネルギーに比べて小さいので，放出された光は，励起に使われた光に比べ長波長になり，これによりストークスシフトが説明できる．

　ある温度以上で，発光の効率が著しく低下する**熱失活**（thermal quenching；温度消光）も図10.8により説明することができる．電子基底状態と電子励起状態のポテンシャルエネルギー曲線は，点Eで交差しており，この点では励起状態にあるイオンが同じエネルギーの基底状態に移動し，その後，振動準位間の遷移によって，基底状態のより低い振動状態に緩和することができる．よって，点Eはスピルオーバーポイント（spillover point；溢流点）とよばれる．もし励起状態にあるイオンが点Eに到達するのに十分な振動エネルギーを有するならば，その励起状態は，基底状態にある振動準位にスピルオーバー（spill over, あふれ出る）するであろう．すると，すべてのエネルギーは振動エネルギーとして放出され，発光は起こらない．温度が上昇すると，イオンの熱エネルギーが増加し，次々とより高い振動準位に移動していくので，その結果，点Eに到達するイオンが増える．励起状態にあるイオンが，過剰のエネルギーをまわりのホスト結晶の格子に熱として放出するので，熱失活遷移は**無放射**（non-radiative）である．

　他のタイプの遷移として，**図10.9**に示すような無放射の**エネルギー移動**（energy transfer）がある．これには，(1)増感剤と付活剤の両イオンで励起状態のエネルギー準位が同程度であること，(2)ホスト結晶中で，増感剤と付活剤のイオンが比較的近くに存在していることが必要である．発光は次のようにして生じる．まず，励起光により増感剤イオンが励起状態に上がり，その後，これらのイオンがエネルギーをほとんどあるいはまったく失うことなく，隣にある付活剤イオンにエネルギーを移す．それと同時に増感剤イオンは基底状態に戻る．最後に付活剤イオンは，蛍光を放出して基底状態に戻る．

　無放射のエネルギー移動は，ある種の不純物によって起こる**失活**（poisoning）にも当てはまる．この場合は，エネルギーは，増感剤イオンまたは付活剤イオンから不純物による**失活サイト**（poison site）へと移動し，そこでホスト結晶構造の振動エネルギーの形で放出される．基底状態に無放射的に

第10章　光学的性質：発光とレーザー

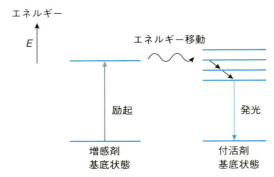

図10.9　増感剤を含む蛍光体で起こる無放射のエネルギー移動.

遷移してしまうために蛍光体の中に含まれるべきではない不純物イオンとしては，Fe^{2+}, Co^{2+}, Ni^{2+} があげられる．

10.6 ■ 蛍光体の例

蛍光灯において広く用いられている蛍光体(phosphor)は，Mn^{2+}とSb^{3+}を共ドープしたアパタイトである．Sb^{3+}，Mn^{2+}をドープしたフルオロアパタイトは，それぞれ，青色および橙色から黄色の蛍光を発する．両者が一緒になると白色光に近いブロードな発光スペクトルが得られる．F^-イオンの一部をCl^-イオンに置き換えることによって発光スペクトルの分布を変化させることができる．これは，このような置換によって発光イオンのエネルギー準位が変化し，それにともなって発光波長が変化するためである．組成を細かく調整することによって発光色を最適化することができる．蛍光灯に使われているその他の蛍光体を表10.2に示した．

3価のユウロピウムイオンは重要な付活剤であり，特にブラウン管テレビの赤色蛍光体に用いられていた．$YVO_4:Eu^{3+}$においては，陰極線管(cathode ray tube, CRT)中でバナジン酸塩がエネルギーを吸収するが，発光種はEu^{3+}である．バナジン酸塩とEu^{3+}との間での電荷移動の機構には，酸化物イオンが仲介する無放射の**超交換相互作用**(superexchange)が含まれる．この相互作用は，反強磁性を示すNiO中のNi^{2+}による秩序構造の形成を説明するために提案された超交換相互作用にも関係している．超交換相互作用による効率的なエネルギー移動を実現するために，金属－酸素－金属の結合はほぼ直線状にならなければならず，これによって軌道の重なりが最大となる．$YVO_4:Eu^{3+}$では

表10.2　蛍光灯用蛍光体の例[訳注1]
[出典：H. L. Burus, *Lamp Phosphors*, Mills and Boon (1972)]

蛍光体	付活剤	色
Zn_2SiO_4：ケイ亜鉛鉱（ウイレマイト）	Mn^{2+}	緑
Y_2O_3	Eu^{3+}	赤
$CaMg(SiO_3)_2$：透輝石（ディオプサイド）	Ti	青
$CaSiO_3$：ケイ灰石（ワラストナイト）	Pb^{2+}, Mn^{2+}	黄橙
$(Sr, Zn)_3(PO_4)_2$	Sn^{2+}	橙
$Ca_5(PO_4)_3(F, Cl)$：リン灰石（アパタイト）	Sb^{3+}, Mn^{2+}	白

[訳注1]　蛍光灯用蛍光体では多くの場合，光の3原色（赤，緑，青）の蛍光体を混合して用いる．表に示されていない蛍光体としては，$LaPO_4:Ce^{3+}$, Tb^{3+}（緑），$BaMg_2Al_{16}O_{27}:Eu^{2+}$（青）などがある．しかし，蛍光灯は，青色光を発するGaNをベースとした発光ダイオード(LED)と黄色の蛍光体($YAG:Ce^{3+}$がよく用いられる)，もしくは赤と緑の蛍光体を組み合わせた白色 LED に置き換わりつつある．

V–O–Eu の角度は 170° であり，速いエネルギー交換が起こる．

原理的には，Eu^{3+} では，いくつかの f 軌道準位間の遷移が考えられる．実際に観察される遷移（色）は，ホスト結晶の構造，とりわけ Eu^{3+} が占めているサイトの対称性に依存する．もし Eu^{3+} が $NaLuO_2$ や Ba_2GdNbO_6 のような中心対称性の高いサイトに存在すれば，$^5D_0 \to {}^7F_1$（これらの記号は，分光学的な状態を表す表記法の一種である）[訳注2] の遷移が優先的に起こり，その結果橙色となる．一方，$NaGdO_2 : Eu^{3+}$ のような中心対称性がないサイトを占有すれば，$^5D_0 \to {}^7F_2$ の遷移が優先的になり，発光は赤色となる．それゆえ，ホスト物質の結晶構造は発光色に大きな影響を与える．

ブラウン管カラーテレビの画面（CRT ディスプレイ）では光の 3 原色を発する蛍光体が必要となる[訳注3]．

(1) 赤は，上で述べた $YVO_4 : Eu^{3+}$ がよく用いられる．
(2) 青は $ZnS : Ag^+$
(3) 緑は $ZnS : Cu^+$

白黒の画面には，青色蛍光体である $ZnS : Ag^+$ と黄色蛍光体である $(Zn, Cd)S : Ag^+$ の混合物が用いられる．

10.7 ■ 反ストークス蛍光体

反ストークス蛍光体（anti-Stokes phosphor）は，入射した励起光よりも高エネルギー（短波長）の光が放出されるという際立った特徴をもつ．これを使うと，例えば，赤外光をよりエネルギーの高い可視光に**上方変換**（upconversion）することができる．もちろんエネルギー保存の法則は保たれるので，これには仕掛けがある．具体的には，**図 10.10** に模式的に示すように，2 つあるいはそれ以上の段階を経て励起が起こる．

これまでにもっとも研究がなされている反ストークス蛍光体は，増感剤として Yb^{3+} を，付活剤として Er^{3+} を共ドープした YF_3, $NaLa(WO_4)_2$, $\alpha-NaYF_4$ のようなホスト結晶である．これらは，赤外光を緑の発光に変換する．赤外光を照射すると，Yb^{3+} は 2 個の光子を近くにある Er^{3+} に移し，Er^{3+} は 2 段階励起され，可視光を発光して減衰する．

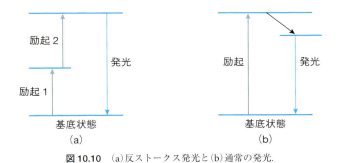

図 10.10 (a) 反ストークス発光と (b) 通常の発光．

[訳注2] $^5D_0$ や $^7F_1$ は項記号とよばれ，$^{2S+1}L_J$ に対応する．ここで，S, L, J はそれぞれ，合成スピン角運動量，合成軌道角運動量，合成全角運動量である．S は各電子のスピン角運動量 s_j の和 ($S = \sum s_j$)，L は軌道角運動量 l_j の和 ($L = \sum l_j$)，$J = S + L$ である．$L = 0, 1, 2, 3, 4, \cdots$ はそれぞれ S, P, D, F, G と表記される．

[訳注3] 現在では，CRT ディスプレイは，ほぼ液晶ディスプレイなどに置き換わっている．しかし，蛍光灯や CRT ディスプレイで用いられた蛍光体の技術は，白色 LED などに用いられる蛍光体の開発に応用されている．

10.8 ■ 誘導放出，光の増幅，レーザー

これまで，発光をエネルギーの吸収と自然放出の主な2つのプロセスの結果として考えてきた．そして，第三のプロセスであり，レーザーの発明とその広範囲にわたる応用につながっているのが**誘導放出**(stimulated emission)である．これについて2つの点を述べておく．まず，レーザーが発振するためには，自然放出による励起状態からの減衰が非常にゆっくり起こり，その一方で，**ポンピング**(pumping；強力な励起)によって，基底状態よりも励起状態にある電子が多くなるという**反転分布**(population inversion)が形成される必要がある．

励起状態の寿命は，電子配置と密接に関係している．特に，電子が低いエネルギー準位に減衰もしくは緩和するときに，そのスピンの向きを変える必要があるかどうかに大きく影響される．スピンの向きが変化しない遷移は許容遷移であり，短時間で起こるため，励起状態の寿命は短い．しかし，平行から反平行になるようなスピン禁制の遷移に対しては，励起状態は長寿命であり，反転分布が形成される可能性がある．

2つ目は，励起状態にある電子は，それと同じエネルギーをもった光子の入射によって，緩和が誘導され，同じエネルギーの光を放出するということである(誘導放出)．もし，多くの電子が励起状態にあれば，カスケード効果が働き，単色で位相がそろったコヒーレントな強い放射ビームが形成されるだろう．このプロセスによって入射光は効率良く増幅されるのだが，これが，**レーザー**(laser, light amplification by stimulated emission of radiation：誘導放出による光増幅)と名づけられた所以である．この作用は，可視光のみに限るものではなく，マイクロ波を放射する場合はメーザーとよばれる[訳注4]．

レーザー作用が始まるためには，少数の長寿命の電子が自然放出によって減衰する必要がある．ミラー系を使うことによって，自然放出により放たれた光子がレーザー媒質に再び照射される．これが，誘導放出の引き金となる．

ポンピングによって反転分布を形成するためには，2準位系では不十分である．2準位系では，吸収によって生じる励起状態の占有数と誘導放出によって生じる基底状態の占有数が最大でも等しくなるだけで，実質上光の増幅は起こらない．そのため，ルビー(Cr^{3+})レーザーシステムやネオジム(Nd^{3+})レーザーシステムのような，それぞれ3準位系や4準位系が必要となる．3準位系では，電子はもっとも高い準位にポンピングされ，そこから自然に中間準位に減衰し，**図10.11**のようにその中間準位が占有される．こうして誘導放出によりコヒーレントな放射が次々と生じる条件が整う．

4準位系では，**図10.12**に見られるように，レーザー作用はさらに向上する．4準位系では，第二，第一励起準位間でレーザー遷移が起こる．低い方のレーザー準位(終準位)は，自発的な速い緩和によって常に空の状態であり，上のレーザー準位(始準位)は，第三の励起準位(ポンプ準位)からの同様な速い緩和によって，常に満たされている．

レーザーの設計では，光増幅を最大にするために，誘導放出により生じた光子を，両端にミラーを置いた管に沿って往復させる．ミラーのうちの一方は全反射ミラーであるが，もう一方は，10～90％の範囲で調整した部分反射ミラーとなっており，これにより，レーザー光の一部が外に放出され，光出力として利用できる．**図10.13**に模式的に示したルビーレーザーでは，効率の良い縦長の光共振器(空洞共振器；resonant cavity)となっている(次節参照)．共振器内では，ある波長の光のみが許容

[訳注4] 誘導放出による電磁波の増幅は，最初はマイクロ波領域で確認され，microwave amplification by stimulated emission of radiation の頭文字を取って maser と名付けられた．

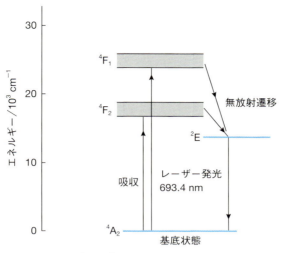

図 10.11 ルビー結晶内の Cr^{3+} イオンのエネルギー準位とレーザー発光.

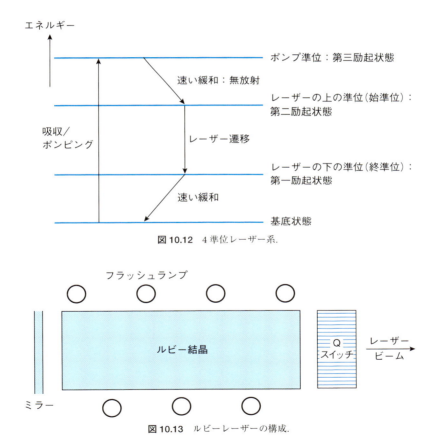

図 10.12 4 準位レーザー系.

図 10.13 ルビーレーザーの構成.

される．これは，電子が化学結合のような束縛された状況に置かれたとき，ある特定のエネルギー状態しか許容されないという「箱の中の粒子」のモデルを連想させる．両端が固定されたピンと張ったひもに生じる定在波を記述するときと同じ考え方である．共振器の長さが半波長の倍数となる波長の光（あるいはモード）しかレーザー共振器内では保持されず，他のすべてのモードは消えてしまう．こ

第 10 章　光学的性質：発光とレーザー

表10.3　レーザーの例

タイプ	レーザー媒質	波長(nm)	平均出力	モード
気　体	He–Ne	633	0.1～50 mW	cw（連続）
	Ar	488, 514	5 mW～20 W	cw
	CO_2	10600	20 W～15 kW	cw
固　体	ルビー	694	30 mJ～100 J	パルス
	Nd：YAG	1064	10 mJ～100 J	パルス
	Nd：YAG（半導体レーザー励起）	1064	1～10 mW	cw
	Nd：ガラス	1060	100 mJ～100 J	パルス
半導体	GaAlAs	750～905	1～40 mW	cw
エキシマー	ArF	193	50 W	パルス
	XeF	351	30 W	パルス
色素（波長可変）		300～1000	2～50 W	cw, パルス

の条件は，次のように表される．

$$L = \frac{n\lambda}{2} \tag{10.1}$$

ここで，L は共振器の長さ，n はモードを特定する整数である．各々のモードの振動数 f は，次式で与えられる．

$$f = \frac{nc}{2L} \tag{10.2}$$

典型的なレーザー共振器では，多くの数の振動モードが可能であるため，レーザー遷移に関連するスペクトル線は有限の線幅を有する．実際には，単色のレーザービームを得るためには，共振器の長さを微調整する必要があり，これは，ミラーをうまく傾けることによって達成される．こうして 1 つのモードのみが共振器の長さの条件を満たすことになる．

　最初のレーザーシステムはマイマン（Maiman）によって 1960 年に報告されたルビーレーザーである．これ以降，科学や技術におけるレーザーの応用分野は，写真，手術，通信，精密計測などへ広がり続けている．多くのタイプのレーザーシステムが発明されており，特に重要なものを表10.3 にいくつか列挙した．ここでは，主に，固体レーザーや半導体レーザーと，その動作に関連した化学を重視し，レーザーの一般的な解説はしない．現在のレーザーの設計は複雑であり，多くのさまざまなレーザーシステムを利用することができる．レーザーでは，パルス（pulse wave）か連続光（continuous wave；cw）モードで出力が得られる．パルスレーザーシステムでは，半導体レーザーにおける数ワット程度から，レーザー核融合に使われる固体レーザーにおける 10^{18} W までの出力が得られる．cw レーザーシステムでは，He–Ne レーザーの数ミリワットから CO_2 レーザーの数キロワットまでの出力範囲がある．

10.8.1 ■ ルビーレーザー

　ルビーレーザー（ruby laser）は最初に発明されたレーザーシステムであり，50 年以上経った現在でもなお重要である．もっとも重要な部品は，0.02～0.05 wt％程度の少量の Cr^{3+} を含有した単結晶 Al_2O_3 である．Cr^{3+} は，コランダムの結晶構造（1.17.11 節を参照）の歪んだ八面体位置にある Al^{3+} と置き換わっている．Al_2O_3 に Cr_2O_3 を加えていくと，色は Al_2O_3 の白色から，Cr^{3+} が少量のときは赤色に，Cr^{3+} の含有量が増加すると緑色に変わる．これらの固溶体については 1.3.1 節で議論した．

　この例は，少量の不純物が物質の性質全体に大きな影響を与えることを示す説得力のある例である．典型的には，コランダム結晶中の 3,000 個の Al^{3+} のうちの 1 個が Cr^{3+} にランダムに置き換わっている．このわずかな置換により，色は白色から赤色に劇的に変化し，また光の誘導放出によりレーザー動作

462

10.8 誘導放出，光の増幅，レーザー

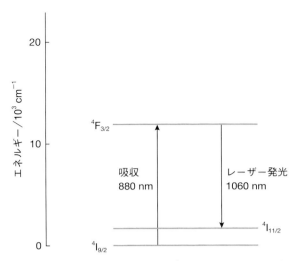

図10.14 ネオジムレーザーにおける Nd^{3+} イオンのエネルギー準位.

が可能になる．この例はさらに無機固体化合物と分子性物質の顕著な違いも示している．アルミナのような結晶格子の中に不純物を導入することは可能であるが，分子性物質にはそのようなことはできない．もし不純物原子が分子の中に導入されると，それは単に異なる分子となり，おそらく構造や性質も大きく違ってくるであろうし，またその分子は化学的な抽出法によって他の分子から分離することができるであろう．ルビー中の Cr^{3+} イオンは実質，コランダム結晶構造の一部であって，分離した相を形成しているとみなすことはできない．

ルビー中の Cr^{3+} イオンのエネルギー準位は図10.11に模式的に示したとおりである．図10.13に示すように，ルビー結晶にXeフラッシュランプからの強い可視光を照射すると，Cr^{3+} のd電子が，フラッシュランプの青緑領域の光を吸収し，基底状態である $^4A_2$ から上の準位である $^4F_2$, $^4F_1$ に励起される．これらの準位は，無放射過程によって ^2E 準位に急速に減衰する．励起状態である ^2E 準位の寿命は 5×10^{-3} s と相当長く，これは反転分布が形成されるには十分に長い時間である．こうして，多くのイオンが ^2E 準位から基底状態へ誘導放出により減衰してレーザー動作し，その結果位相のそろった，強いコヒーレントな波長693.4 nmの赤いパルス光が得られる．レーザーのパルス幅は約250 µsで，典型的には数ミリジュールから数百ジュールのエネルギーになる．

図10.13に示すように，ルビーレーザーは数cmの長さをもつ，直径1〜2 cmの結晶ロッドからなる．フラッシュランプがこのロッドを巻くように，あるいは，ロッドに沿って配置されており，いずれもロッドの全面が効率良く照射されるように，反射共振器の中に配置されている．ロッドの片側には，エタロンとよばれるミラーが置かれており，パルス光をロッドに返す．逆側にはQスイッチがあり，レーザービームを外へ出すか，もう1回反射して，ロッドに返す．簡単なQスイッチとしては回転ミラーがあり，レーザービームが最適な強度になったときにそれを外に出す．レーザーパルスはロッドに沿って往復しており，多くの活性中心イオンは，最初のパルスとコヒーレントな光を誘導放出し，徐々に強度を強めていく．Qスイッチを使えば，フリーランニング(free-running)モードに比べて，与えられたポンプエネルギーに対して非常に高いレーザー出力が得られる．

10.8.2 ■ ネオジムレーザー

レーザー活性種である Nd^{3+} のホスト物質としては，ガラスもしくはイットリウムアルミニウムガーネット ($Y_3Al_5O_{12}$, YAG；1.17.13節を参照) が使われる．後者では，少量の Y^{3+} が Nd^{3+} に置換されて

463

第10章 光学的性質：発光とレーザー

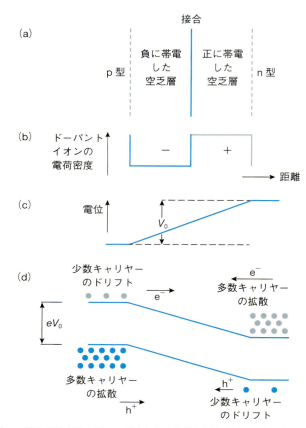

図10.15 (a)p–n接合の模式図．(b)p–n接合における電荷を帯びた2つの空乏層．(c)空乏層により生じる電位の勾配(電場)．(d)接合を横切って生じるキャリヤーの拡散とドリフト．

いる．ネオジムレーザーは，ルビーレーザーに代わり，主要な固体レーザーシステムとなった．その動作エネルギー準位と動作に関連する遷移を**図10.14**に示す．高エネルギーのランプで照射するときに起こる吸収遷移はいくつかあるが，図にはそのうちの1つを示した．すべての励起状態は $^4F_{3/2}$ 準位に無放射で緩和し，そこからの $^4I_{11/2}$ 準位への遷移がレーザー発振に寄与する．Nd^{3+}：ガラスレーザーの波長は1060 nmであり，Nd^{3+}：YAGでは1064 nmとなる．$^4F_{3/2}$ 準位は約 10^{-4} s程度の長い寿命をもつが，Nd^{3+} の濃度に多少依存する．このように，Nd^{3+} は高いレベルの反転分布を形成するため，高出力レーザーとして用いられる．

10.8.3 ■ 半導体レーザーと発光ダイオード

半導体レーザー(semiconductor laser, laser diode)はp–n接合を基本としたコンパクトなレーザー光源であり，光通信や光ディスクのような高密度記録システムに広く使われている．ここで，p–n接合の性質をおさらいしよう(8.4.2と8.4.4節を参照)．p型とn型の領域の間には**空乏層**(depletion layer)が自然に形成され，そこにはキャリヤーは存在しない．これは，伝導帯にある電子と価電子帯にあるホールは接合を横切って反対側まで拡散するのに十分なエネルギーをもち，そこで反対の電荷をもつキャリヤーと再結合するからである．

イオン化した不純物，あるいはドーパントはp–n接合のそれぞれの格子に固定されているため，n型(電圧が正)領域からp型(負)領域に向かって電位勾配(電場)ができる．この勾配は，移動可能なキャリヤーが接合を横切って移動することを妨げている．ただし，p–n接合のどちら側にも，熱的に活

性化されて，電子―ホールの対が継続的に形成される．このように熱的に生成した電子―ホール対は，p 側領域では電子に，n 側領域ではホールになり，少数キャリヤーとよばれる．これらの少数キャリヤーは，電場によって反対側の接合領域に引き寄せられる．平衡状態に達したとき，n 型から p 型の領域に接合部分を越えて拡散によって移動する電子（またはホール）の数は，ドリフトによって逆方向に移動する電子（またはホール）の数と等しい．このことを図 10.15 に模式的に描いた．

順 dc バイアス電圧 V_{bias} をかけると，障壁がバイアス電圧 V_{bias} の分だけ低くなり，接合部分やダイオード中での平衡は乱れる．すると多数キャリヤーが接合部分を容易に越えることができ，それゆえ拡散電流がドリフト電流よりも大きくなる．正味の電子の流れ，いわゆる注入電流が n 型から p 型の領域へ接合部分を越えて流れる．（電気回路では逆の慣例を使っており，電流があたかも逆の方向に流れているかのようにみなす点に注意．混乱の原因となる．）障壁を越えると，電子―ホールが再結合し，自然放出が起こる．自然放出光の波長は電子とホールのエネルギー差によって決まる．自然放出光の最大の波長は，伝導帯の底から価電子帯の頂上までの差に相当し，次式で与えられる．

$$\lambda_{max} = \frac{hc}{E_g} \tag{10.3}$$

ここで，E_g はバンドギャップである．もし，電子が伝導帯のより高い状態から緩和すると，より短い波長の光が発せられる．

p–n 接合が整流器（diode：ダイオード）として通常の動作をしているときには，そのような自然放出はエネルギー損失の要因であり，望まれないことであるので，最小限に抑えるように接合を設計する．しかし，半導体レーザーや**発光ダイオード**（light emitting diode, LED）ではこの注入型発光（injection luminescence）を最大にすることが望まれる．さらに，半導体レーザーでは，誘導放出の状態を作るために，伝導帯と価電子帯の間で反転分布を形成する必要がある．

最初の半導体レーザーは，シリコンではなくヒ化ガリウムをベースにしていた．これは，Si や Ge は**間接遷移型半導体**（indirect band gap semiconductor）であるのに対し，GaAs が**直接遷移型半導体**（direct band gap semiconductor）であるためである．つまり，GaAs では，伝導電子が直接光子を放出することによってエネルギーを失うので，間接遷移型半導体に比べてより効率的に発光が起こる．間接型では，電子は減衰の前に，まず過剰のエネルギーを失わなくてはならない．言い換えれば，間接型のバンドギャップの物質では，自然放出プロセスが起こる前に，図 10.11 に示したような無放射遷移が別途必要となる．

直接遷移型半導体のバンドギャップ遷移では，遷移に関係する 2 つの状態のエネルギーは，同じ波数ベクトル k（あるいは電子の運動量）を有している．このため，遷移が高い効率で起こる．ある価電子帯の頂上と，伝導帯の底が同程度のエネルギーをもつとき，p–n 接合を挟んで波数ベクトル k は同じとなる．赤や黄色の LED や半導体レーザーは GaAs をベースとしているが，これらにおいてもp–n 接合をまたいだ電子のバンドギャップ遷移は直接遷移である．青色光に対しては，GaAs は不向きであり，GaN をベースとしたシステムの開発に大きな関心が寄せられている[訳注5]．

GaAs レーザーでは，伝導帯における反転分布が非常に狭い空乏層で形成されるように設計されている．これは**活性層**（active layer）とよばれ，厚みは約 1 nm 程度である．この活性層を実現するためには，伝導帯中の占有された状態が価電子帯の空の状態の直接上にくるように，高いレベルでのドーピングをする必要があり，レーザーを作用させるためにはある特別なしきい値以上の注入電流を流す必要がある．それ以下の電流では，発光は自然放出となり，インコヒーレントなものとなってしまう．

[訳注5] GaN をベースとした発光ダイオードや半導体レーザーはすでに実用化されている．これらの開発には日本の研究者が多大な貢献をしており，赤﨑 勇，天野 浩，中村修二の 3 氏が 2014 年のノーベル物理学賞に輝いた．

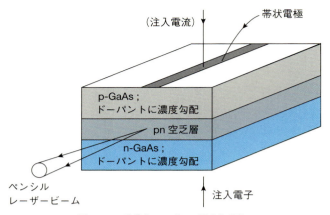

図 10.16 半導体レーザーの構成と動作.

レーザー光の波長は，GaAs へのドーピングによって調節することができ，例えば，$Ga_{1-x}Al_xAs$ で x を変えるとバンドギャップと λ が変化する．

　他のレーザーシステムと同様に，半導体レーザーを，レーザーショーからレーザーによる目の手術，ホログラフィに至るまで幅広く応用できるようにするためには，レーザー光を，波の位相はそろっていて弱め合う干渉が起こらないような細いペンシルビーム形状にする必要がある．それゆえレーザーシステムの設計では，ビームの広がりを抑え，光源を可能な限り小さくするという究極的な目標が設定される．半導体レーザーのビームの広がりを抑えるためには，接合構造をさらに複雑にしなければならない．具体的には，p 型，n 型の領域の組成を制御することによって，**図 10.16** に示すように，屈折率が活性層から離れるにともなって減少するようにする．するとレーザー光は，屈折率がより高い活性層の領域から，活性層に対して平行に放出される．同じ原理は，10.10 節で見る光ファイバー中の光の伝送にも利用されており，透過型の光学顕微鏡におけるベッケ線の観察においても利用されている．

　誘導放出過程の効率を高めるために，半導体レーザーの端面は鏡面のように研磨されている．端面が粗いと放出された光はランダムな散乱によって失われるためである．また反射光が p–n 接合にいくらか戻るようにしている．半導体レーザーは，大きさから考えると非常に強力な光源であるといえる．というのは，ルビーレーザーやネオジムレーザーでは，体積の 1% 以下しか占めていない低濃度のドーパントから発光しているのに対して，半導体レーザーでは p–n 接合の領域全体が誘導放出の光源として作用できるからである．

　LED では，コヒーレントな放射を得るための光共振器構造を必要としないので，半導体レーザーよりも簡単な設計である．LED の発光は，主として自然放出に基づき，発光色は半導体ホスト物質の組成により制御できる．例えば，化学式 $GaAs_{1-x}P_x$ で表されるヒ化ガリウム－リン化ガリウム固溶体では，バンドギャップ 2.26 eV の GaP ($x=1$) から 1.44 eV の GaAs ($x=0$) まで幅広く作製することが可能で，発光波長は 550〜860 nm の範囲に及ぶ．

10.9 ■ 光検出器

　これまでは，光源やレーザーからの光の放出について考察してきた．光の放出において鍵となるステップは，電子がエネルギーの高い準位から低い準位に減衰もしくは緩和することである．光検出器はその逆のプロセスに基づいており，光源から放出された光や物質からの放射を検出したり計測した

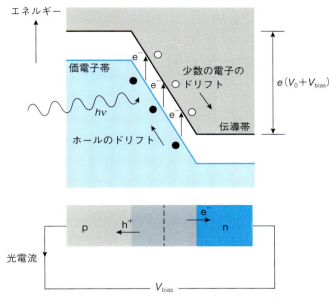

図 10.17 光伝導モードにおける接合ダイオードの動作.

りするときに使われる.光の検出にはいくつかの機構があり,いろいろな種類の光検出器が使い分けられている.

半導体検出器では,光を吸収することによって電子が価電子帯から伝導帯へ励起される.その電子は,半導体検出器の抵抗や電圧の変化として検出される.接合フォトダイオード(junction photodiode)は基本的にはp-n接合からなり,光が当たるとその電気的な性質が変化する.すでに議論したように,光が照射されていないときやdcバイアスがかかっていないときは,接合は平衡状態に達しており,図10.15に示したように,多数キャリヤーの一方への拡散と少数キャリヤーの逆方向へのドリフト(移動)の均衡が保たれている.この平衡は,順方向もしくは逆方向へバイアスをかけるか,光を照射することによって乱れる.光を照射すると,空乏層中のいくつかの電子が伝導帯に励起され,電子-ホール対ができる.平衡状態においては,p-n接合にはエネルギー障壁 eV_0 があるが,接合によって自然にできた電位差があるので,電子-ホール対は分離して反対方向にドリフトする.電子はp側からn側にドリフトし,逆にホールはn側からp側にドリフトするので,平衡状態における拡散電流とは反対方向に流れ,エネルギー障壁は eV_0 から $(eV_0 - eV_{hv})$ に減少する.ここで,eV_{hv} は入射した光のエネルギーである.この結果,再度平衡状態になるまでには,多くのキャリヤーが接合を越えて両方向に移動することができる.平衡状態では,光電流は,拡散による順方向の電流と厳密にバランスする.開回路においては,正味のdc電流は流れないが,接合障壁の高さは eV_0 から $(eV_0 - eV_{\text{reverse bias}})$ に減少する.接合を光起電力モード(photovoltaic mode)で動作させるときは,このエネルギー差が計測される.

一方,光伝導モード(photoconductive mode)では接合に逆バイアスをかけることで,拡散電流のエネルギー障壁を eV_0 から $(eV_0 + eV_{\text{reverse bias}})$ に上げている.光が照射されると,電子-ホール対が再び生成・分離し,接合が閉じた回路であれば,直流(dc)ドリフト電流となる.光伝導モードでは,接合部分の電位差ではなく光により発生した電流が測定される.光伝導モードの利点は,光起電力モードに比べて応答時間がかなり速いということである.なぜなら接合ポテンシャルが高くなるとチャージキャリヤーが接合を横切って電極に到達する時間が短くなるからである.しかしながら,このモードでは,少数キャリヤーの漏れ電流に関係するノイズが常に存在する.光伝導モードにおける接合ダ

第 10 章 光学的性質：発光とレーザー

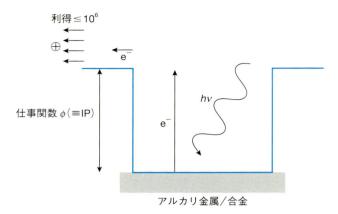

図 10.18 発光に基づく光電子増倍管の動作.

イオードの動作を，図 10.17 に模式的に示す.

　照射に対する応答時間をさらに減少させるために，基本的な p–n 接合の半導体だけではなく，より複雑な接合構造が工夫されている．**pin ダイオード**（pin diode）においては，n 型と p 型の空乏層が，幅の広い，ドープしていないもとの物質で隔離されており，p–i–n 接合（i は絶縁体層）を形成している．有効な空乏層の幅は，非常に大きい．p 型と n 型の領域のドーパントの濃度が低いときに小さな逆バイアス電圧をかけると，空乏層の領域は，端から端まで全体をカバーするくらい広がる．このことは，照射に対する応答を非常に速くするのに有効である．**アバランシェフォトダイオード**（avalanche photodiode）では，p–n 接合は逆に高濃度にドープされている．高い逆バイアス電圧がかけられており，接合を横切ってドリフトする少数キャリヤーは十分なエネルギーをもつので，さらに別のキャリヤーを活性化し，効率良くアバランシェ電流（avalanche current）が得られる.

　光電子放出検出器（photoemissive detector）では，**仕事関数**（work function）ϕ が低い物質が用いられており，光照射によって電子が放出される．仕事関数とは，孤立した原子におけるイオン化エネルギー（IP）と同等のものである．ϕ が低い物質としては，アルカリ金属やそれらの合金，六ホウ化ランタン LaB_6 があげられる．もし入射した光が，最小のしきい値エネルギーもしくは最大のしきい値波長を有するとき，価電子帯の一番エネルギーの高い電子は，イオン化するのに十分なエネルギーを吸収する．その後，電子は，増加する正の電位勾配の中を通過し，陽極に向かって加速される．陽極からはさらに電子が放出され，カスケード効果により電流もしくは利得が何桁も増加する．この単純な概念は，図 10.18 に示す**光電子増倍管**（photomultiplier）の動作原理となっている.

10.10 ■ ファイバー光学

　光は，2 つの異なる屈折率 n をもつ物質の界面を通過したとき，屈折を起こし，より高い n の媒質中で垂直方向に曲がる．図 10.19 に示すように，入射角 θ_1，屈折角 θ_2，2 つの媒質の屈折率 n_1, n_2 ($n_1 < n_2$) との関係は，**スネルの法則**（Snell law）によって与えられる．スネルの法則は，光が，通常ガラスでできたファイバーを側面から漏れることなく伝送するというファイバー光学のもとになる基礎的な原理である．これを達成するためには，より低い屈折率をもつ物質でファイバーを包み，内部全反射（total internal reflection, TIR）の条件を実現する必要がある．すると，図 10.20 のように，光線がファイバーを通るとき，内側で反射し，外側の媒質に屈折して出てくることはない．ガラス界面からファイバーに入った光線は垂直方向に屈折され，角度 θ_2 が臨界角 θ_c よりも大きければ，100%の効率で反射し，

10.11 太陽電池

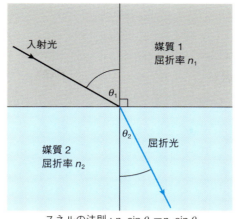

図 10.19　スネルの法則．屈折率が異なる媒質の界面を光が透過するときの入射角と屈折角の関係．

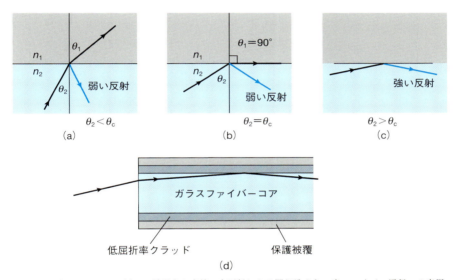

図 10.20　光ファイバーに沿って透過する光線の全反射による閉じ込めと，光ファイバー通信への応用．

本質的にロスなくファイバー中を透過する．

10.11 ■ 太陽電池

　太陽光エネルギーの電気への変換は，ますます重要性を増している．もう1つのp-n接合の応用といえる．太陽電池は，図10.15，図10.17に示した半導体ダイオードの原理に基づいている．p-n接合に光を照射すると，電子-ホール対が生成し，それぞれに分離して，接合のところで形成されているもともとの電位勾配によって反対側に引き寄せられる．高い電位勾配を作るために，p-n接合でのドーパント濃度を高く，空乏層は500 nm程度の厚みにしている．光照射により生成されたホールと電子は，自発的に離れるので，接合を外部電源につなげる必要はない．電子はn型の領域に，ホールはp型の領域にドリフトするので，太陽電池によって発生した電流は，逆バイアス電圧の印加と等価である．

付録 A　面間隔と単位格子の体積

指数(hkl)の隣り合った面間の距離は，次の式によって求められる.

立方晶：$\dfrac{1}{d^2} = \dfrac{h^2 + k^2 + l^2}{a^2}$

正方晶：$\dfrac{1}{d^2} = \dfrac{h^2 + k^2}{a^2} + \dfrac{l^2}{c^2}$

斜方晶：$\dfrac{1}{d^2} = \dfrac{h^2}{a^2} + \dfrac{k^2}{b^2} + \dfrac{l^2}{c^2}$

六方晶：$\dfrac{1}{d^2} = \dfrac{4}{3}\left(\dfrac{h^2 + hk + k^2}{a^2}\right) + \dfrac{l^2}{c^2}$

単斜晶：$\dfrac{1}{d^2} = \dfrac{1}{\sin^2\beta}\left(\dfrac{h^2}{a^2} + \dfrac{k^2 \sin^2\beta}{b^2} + \dfrac{l^2}{c^2} - \dfrac{2hl\cos\beta}{ac}\right)$

三斜晶：
$$
\begin{aligned}
\frac{1}{d^2} = \frac{1}{V^2}\big[& h^2 b^2 c^2 \sin^2\alpha + k^2 a^2 c^2 \sin^2\beta \\
& + l^2 a^2 b^2 \sin^2\gamma + 2hkabc^2(\cos\alpha\cos\beta - \cos\gamma) \\
& + 2kla^2 bc(\cos\beta\cos\gamma - \cos\alpha) \\
& + 2hlab^2 c(\cos\alpha\cos\gamma - \cos\beta)\big]
\end{aligned}
$$

ここで，Vは単位格子の体積である.

単位格子の体積は次のように求められる.

立方晶：$V = a^3$

正方晶：$V = a^2 c$

斜方晶：$V = abc$

六方晶：$V = (\sqrt{3}a^2 c)/2 = 0.866 a^2 c$

単斜晶：$V = abc\sin\beta$

三斜晶：$V = abc(1 - \cos^2\alpha - \cos^2\beta - \cos^2\gamma + 2\cos\alpha\cos\beta\cos\gamma)^{\frac{1}{2}}$

付録 B　模型の製作

　球と多面体を使った 2 種類の模型の作り方について概略を述べる.

■ 用意するもの

- ・ポリエチレン球(100〜200 個)：どんな大きさのものでもよいが 30 mm 程度が適当.
- ・スポイドまたはハケがついたビンに入れた溶媒(5〜10 ml)：クロロホルムが好ましい.
- ・厚手の紙(2〜3 m²)：できれば色の違う紙を用意したい.
- ・スティックのり

■ 球の充填配列

　ポリエチレン球を接着させるのにのりを使うこともできるが, しばしば煩雑な作業である. 代わりの手段として, ポリエチレンを溶かす溶媒を使うこともできる. 1 つの球の表面に, 溶媒を少量垂らすかハケで塗って, その部分に次の球を接着する. 溶媒が多すぎると広がってしまい, 球の形を損ねたりする. 球は通常, 接触させればただちに接着するが, 強固に接着させるために数時間置く. したがって, 大きな三次元の模型を作るには, 急がずにゆっくりと進めるとよい.

　まず cp 層を作り, その後, それらを積み上げていくと, hcp 配列や ccp 配列を容易に組み上げることができる. 実際に模型を作ることが役に立つ課題としては, 次のようなものがあるだろう.

ccp 構造と fcc 単位格子との関係を理解する

　6 個の球を接着して, 図 A.1(a)に示す cp 層の部品を作る. 次いで, 図 A.1(b)に示すように, その層の上に 1 つの球を付ける. 再び図 A.1(a)と(b)を繰り返して, 図 A.1(b)の配列の模型を 2 個作る. この際, 模型はしっかりと組んでおく. 1 つの模型を図 A.1(c)のように置き, もう 1 つの模型を図 A.1(d)のように向け, 2 つの模型を図のように重ねる. こうしてでき上がった構造は, 球が頂点と面心にある面心立方の単位格子になっているはずである. これを見れば, fcc 格子では単位格子の{111}面に平行に cp 層が存在することが理解できる. この模型を, cp 層が水平になるように 1 つの頂点で立ててみると, ABC の積み重なり方になっているのがわかるだろう.

fcc 単位格子中には 4 方向の cp 層があることを理解する

　ccp 配列では, cp 層は 4 方向に配列している. 図 A.2 に示すピラミッドを作れば, このことが理解できる. まず, 図 A.1(a)のように, 6 つの球で三角形底面を作り, 次いでその上に 2 番目の層として 3 つの球をのせ, さらに頂点に 1 つ球を足して図 A.2 のピラミッドを作ろう. この構造において繰り返しが ABC になっていること, つまり ccp であることを確認しよう. このピラミッドの他の 3 つの面を, 同じく底面にして置いてみると, 図 A.2 と同じ構造が得られるのがわかるだろう. このピラミッドにある 4 個の等価な配向は ccp 構造の 4 種類の cp 層の配向に対応している. 言い換えれば, cp 層は fcc 単位格子中の{111}面となっている.

付録 B 模型の製作

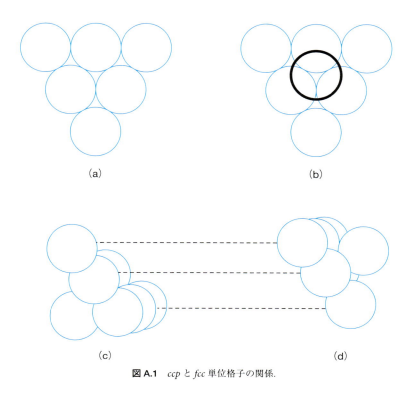

図 A.1 *ccp* と *fcc* 単位格子の関係.

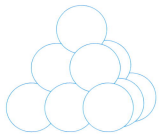

図 A.2 *ccp* 構造における *cp* 層.

cp 層と *hcp* 配列の単位格子の関係を理解する

ccp 配列と *hcp* 配列の大きな違いは，*hcp* 配列には *cp* 層が 1 つ，すなわち六方晶単位格子の底面に平行な方向にしか現れないことである．これを理解するために，図 A.1(a) に示した 6 個の球でできた三角形を 3 つ作ろう．この三角形の層を 3 枚積み重ねていくが，この際 3 番目の層が，直接最初の層の上にくるように重ねよう．つまり，ABA の積み重ね方である．こうすれば，*cp* 層は底面に平行な方向にしか現れないことが，明確になるであろう．

図 1.21(a), (b) のような *hcp* の単位格子は，8 個の球を使って単位格子の上部と下部の菱形（A 層）を作り，それら層の間に，B 層に対応する球を 1 個挟むと作ることができる．

多面体構造

四面体，八面体をはじめ，どのような多面体もボール紙で作ることができる．ここでは，図 A.3 の展開図の型紙を使おう．これをボール紙に写して，切り取り，折り曲げ，のりしろにのりを塗ると，多面体を作ることができる．かなりしっかりした多面体を作るには，多面体の稜の長さとして約

473

付録 B 模型の製作

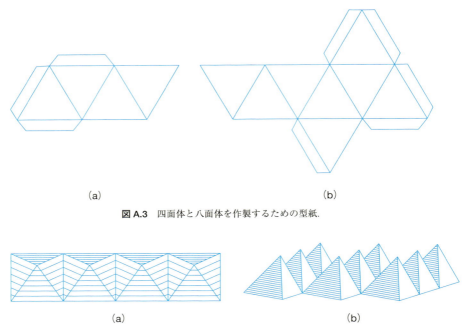

(a) (b)

図 A.3 四面体と八面体を作製するための型紙．

(a) (b)

図 A.4 多面体がつながっている様子．

5 cm は必要である．この多面体を，頂点，稜，面でのり付けしてつなげる．頂点だけをつなげるのは，少々難しい．このように組み立てた多面体のつながりの例を**図 A.4** に示す．多面体がつながっている他の例は，三次元の結晶構造の図として第 1 章に多数示してある．

付録 C　結晶化学における幾何学的考察

■ 四面体と八面体の幾何学

立方体と四面体の関係

図 A.5(a) に 1 つの四面体を内側にもつ立方体を示す．四面体の中心 M は立方体の体心であり，四面体の頂点は立方体の 1 つおきの頂点 X_1 から X_4 である．この関係を使えば，四面体の幾何学形状の計算は容易である．

四面体における M–X 距離と X–X 距離の関係

立方体の 1 辺の長さを a としよう．ピタゴラスの定理より，X–X 距離は立方体の面対角線，つまり，$\sqrt{2}a$ となる．M–X 距離は立方体の体対角線の半分で，$\sqrt{3}a/2$ となる．したがって，X–X/M–X 比は $\sqrt{2}a/(\sqrt{3}a/2) = \sqrt{8/3} = 1.633$ となる．シリカの構造の基本骨格は SiO_4 四面体からなる．その Si–O 距離は約 0.162 nm である．したがって，四面体の頂点にある O–O 間の距離は，$1.633 \times (Si-O) = 0.265$ nm となる．

四面体における XMX の角度

上記の結果と余弦の式（図 A.5(b)）を使うと，

$$(X_1-X_2)^2 = (M-X_1)^2 + (M-X_2)^2 - 2(M-X_1)(M-X_2)\cos \angle X_1MX_2$$

が得られる．したがって，

$$\{1.633(M-X_1)\}^2 = 2(M-X_1)^2 - 2(M-X_1)^2 \cos \angle X_1MX_2$$

よって，

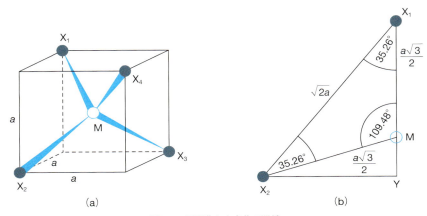

図 A.5　四面体と立方体の関係．

付録 C　結晶化学における幾何学的考察

$$\angle \, XMX = 109.48°$$

である.

四面体の対称性

　　四面体はそれぞれの M–X の方向に 3 回回転軸をもっている. これは立方体の体対角線の方向である. したがって, 四面体も立方体も 4 本の 3 回回転軸をもつことになる. また立方体は向かい合った面の面心を通る 3 本の 4 回回転軸ももっている. 四面体では, これらの軸は 2 回の回転軸になってしまうが, 4 回の回反軸 $\bar{4}$(すなわち, 90° 回転して四面体の中心を通って反転する)として, 4 回の対称性は保たれる.

四面体の重心

　　重心の位置を求めるには, 四面体の三角形底面から位置 M への高さを知る必要がある. 三角形の断面 $X_1 X_2 M$ を考えよう(図 A.5(b)). X_1–M の延長線上の点 Y は, X_2, X_3, X_4 がつくる底面の中心である. ここで,

$$\angle \, X_1 M X_2 = 109.48°$$

であるので,

$$\angle \, M X_1 X_2 = \angle \, M X_2 X_1 = 35.26°$$

となる. それゆえ,

$$\cos 35.26° = \frac{X_1 - Y}{X_1 - X_2} = \frac{X_1 - Y}{\sqrt{2}\,a}$$

すなわち,

$$X_1 - Y = 1.155a$$

よって,

$$Y - M = (X_1 - Y) - (X_1 - M) = 0.289a$$

となり, そして,

$$\frac{Y - M}{Y - X_1} = \frac{0.289a}{1.155a} = 0.25$$

となる. すなわち, 位置 M にある四面体の重心は, どの底面に対しても, 底面から頂点までの高さの 1/4 の高さであることがわかる.

立方体と八面体の関係

　　図 A.6 は, 内部に八面体が入った立方体であり, 立方体の面心位置に八面体の頂点がきて, その中心が立方体の体心に一致するように配置されている. 立方体の 1 辺の長さを a とすると, 八面体中の M–X の長さは $a/2$ である. また, ピタゴラスの定理から X–X の長さは $a/\sqrt{2}$ である.

　　八面体は直線 XMX の方向に 3 本の 4 回回転軸をもっている. この軸は立方体において向かい合った面を通る 4 回回転軸と同じである. また, 立方体は体対角線の方向に向かい合った頂点を通っている 4 本の 3 回回転軸をもつ. 八面体では, この 3 回回転軸は向かい合った面を通っている.

476

付録 C 結晶化学における幾何学的考察

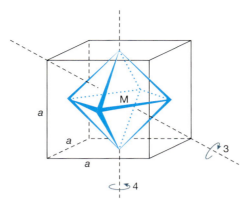

図 A.6 八面体と立方体の関係.

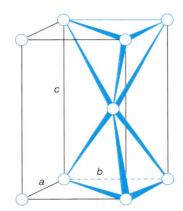

図 A.7 六方晶単位格子. $c/a = 1.633$.

六方晶単位格子：理想的な配列であれば c/a が 1.663 になることの証明

図 1.21 に示した六方晶の hcp 構造において，原子は単位格子の頂点と座標 $\frac{1}{3}, \frac{2}{3}, \frac{1}{2}$ の位置に存在している．a 軸と b 軸上で，原子は互いに接触している．したがって，a の長さは原子の直径と同じである．c/a を計算しやすくするため，**図 A.7** に示すような「四面体の配列」に注目しよう．この 2 つの四面体は位置 $\frac{1}{3}, \frac{2}{3}, \frac{1}{2}$ にある 1 つの頂点を共有している．したがって，c の長さは，四面体の垂直の高さの 2 倍になる．よって，

$$\frac{c}{a} = \frac{2(X_1-Y)}{X_1-X_2} = \frac{2 \times 1.155a}{\sqrt{2}a} = 1.633$$

付録 D　どのような場合に最密充填構造あるいは eutactic 構造が存在すると考えるのが適しているか？

　新しいあるいはなじみのない構造に出会ったとき，まず考えるのは，「この構造は最密充填しているのか？」であろう．ここでは，その構造が cp なのかそうでないのかを判断する指針を示そう．もちろん，厳密でしかも手っ取り早い規則を見出すのは難しい．主に，酸化物，塩化物，硫化物など，分子性でも，金属でもないイオン性の構造を扱うが，これらの指針は金属の構造や，分子性の構造にも適用できる場合もある．その指針は下記のようなものである．

(1)　一般式 $A_x B_y O_z$ をもつ最密充填構造あるいはその eutactic 構造の酸化物では，まず，酸化物イオンが cp 配列をしているのかどうかが最初に注目すべき点である．場合によっては，A または B 原子自身が cp 配列をしている場合も，ペロブスカイトのように陰イオンと陽イオンが混合した状態で cp 配列を形成している場合もある．

(2)　陽イオンを囲んでいる陰イオンの数を配位数とすると，その値は 4 か 6 である．

　(1)は，当然，cp(eutactic)構造で成り立つ条件であるが，同種の原子が充填配列しているのがはっきりわかるように，十分に広い範囲（しばしば，単位格子以上が必要）で視覚化して考えるのが難しいことが問題である．筆者が見つけた最適な検証方法は，最密充填層を 1 つ探すことである．すなわち，図 1.16(a)に示すように，ある中心原子を選び，隣接する 6 個の同じ種類の原子が等距離で，同一平面上に六角形の形でいるかどうかを調べる．もし，そのような層が見つかる場合は，比較的容易にその上下の層に 6 個(3 個ずつ)，さらに原子を見つけ出すことができ，12 個の近接原子からなる cp 配列が見つけられる．しばしば，1 つは cp だが他は cp でないというような，異なる種類の層が 1 つの構造内に存在する場合がある．また，陰イオンもしくは陽イオンからなる層がいずれも cp 層でない場合もかなりよくある．例えば，岩塩構造の単位格子の面では，原子が配列しているが，$Na^+(Cl^-)$ は近接する $Na^+(Cl^-)$ を 4 個しかもたないので cp 層ではない．一方，岩塩構造の {111} 面に平行な層は cp 配列をしている．すなわち，(i)それぞれの $Cl^-(Na^+)$ は 6 個の同種の最近接原子をもっており，(ii)同種のイオンが配列した層と，他種のイオンを含む層が交互に存在する．

　(2)は，陰イオンの cp 配列では，陽イオンは四面体と八面体の隙間の位置をとりうることによる．したがって，陽イオンの配位数は 4 か 6 である．陽イオンが陰イオンを取り囲んでいる場合には，配位数はさまざまな値をとりうる．以下に，例を示す．

(i)　Na_2O(逆蛍石構造)は，ccp 配列の酸化物イオンをもっていて，その酸化物イオンは Na^+ に四面体配位をしている．よって，Na^+ による酸素の配位数は 8 である．

(ii)　NiAs は hcp 配列の As^{2-} をもっていて，Ni^{2+} に八面体配位している．Ni^{2+} による As^{2-} の配位数もやはり 6 であるが，この場合は，三角柱状の配位である．

(iii)　Cu_2O(赤銅鉱)では，Cu^+ が ccp 配列をし，O^- は Cu^+ 四面体に配位している．O^- による Cu^+ の配位数は 2(直線配位)である．

付録 D　どのような場合に最密充填構造あるいは eutactic 構造が存在すると考えるのが適しているか？

　今まで述べたように，ペロブスカイトのような大きな陽イオンを含む構造では，その陽イオンが陰イオンの場所に置換して，両者が混合した cp 配列をつくりうる．その場合，陽イオンの配位数は，理想的には 12 になるが，cp 構造が歪むために 10 あるいは 8 に低下する可能性もある．まとめると，ある構造を cp 構造とみなしてよいと完全に言い切るには，陰イオンの充填配列と陽イオンの配位数を特に調べる必要がある．また，陽イオンの充填配列を考えるだけでなく，陰イオンと大きな陽イオンを合わせた充填配列を検討することも有効である．

付録 E　正と負の原子座標

　単位格子中の原子の位置に分率座標を割り当てる際，通常ある 1 つの単位格子の中には，分率座標が 0 から 0.999 の間にある原子を含める．負の座標や 1 以上の座標をもつ原子は，隣の単位格子に属すると考える．図 A.8 には 4 個の単位格子を用いて，このことを示す．右上の格子に注目しよう．この格子の原点を塗りつぶした青丸で，x, y, z 軸の正の方向を矢印で示す．図には，4 個の格子それぞれに，1 組の向かい合った面心位置を塗りつぶしていない青丸で示し，その座標も表示している．x の値に関しては右上の格子の原点より，右側にあるすべての面心位置は $x=\frac{1}{2}$ であり，左側は $x=-\frac{1}{2}$ である．すべての位置で，y の値に関しては正で $y=\frac{1}{2}$ である．z の値には 1，0，−1 の 3 種類がある．以上のことを考慮すると，右上の格子に含まれるのは $\frac{1}{2}, \frac{1}{2}, 0$ の位置の原子で，ほかの位置の原子はすべて隣接する単位格子に含まれるとみなされる．

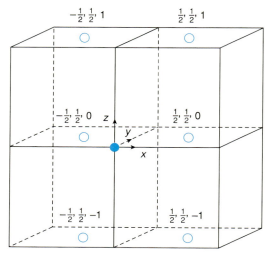

図 A.8　正と負の符号で示した原子の単位格子中の座標．

付録 F　元素といくつかの性質

　各元素の原子量，電子配置，酸素との結合距離，融点，結晶構造（単位格子，格子定数）などのデータを，アルファベット順で p. 482 から p. 485 に示す.

付録 F　元素といくつかの性質

元素	元素記号	原子量[a]	電子配置[b]	原子番号	主な酸化数[c]	いくつかの典型的な酸素との結合距離(nm)と配位数[d]	融点(℃)	結晶構造：晶系：格子定数(nm)(温度)[e]
Actinium	Ac	(227)	$(Rn)6d^1 7s^2$	89	3		1050	fcc; 0.5311(RT)
Aluminium	Al	26.98	$(Ne)3s^2 3p^1$	13	3	Al-O(4)0.179; Al-O(6)0.193	660	fcc; 0.40495(25℃)
Americium	Am	(243)	$(Rn)5f^7 7s^2$	95	3, 4	Am(III)-O(6)0.240; Am(IV)-O(8)0.235	850	hex, ABAC; 0.3642, 1.176(RT)
Antimony	Sb	121.75	$(Kr)4d^{10} 5s^2 5p^3$	51	3, 5		630	R3m; 0.45067, 57°6.5'(25℃)
Argon	Ar	39.95	$(Ne)3s^2 3p^6$	18			−189	fcc; 0.542(−233℃)
Arsenic	As	74.92	$(Ar)3d^{10} 4s^2 4p^3$	33	3, 5	As(V)-O(4)0.174; As(V)-O(6)0.190	814	R3m; 0.4131, 54°10'(25℃)
Astatine	At	(210)	$(Xe)4f^{14} 5d^{10} 6s^2 6p^5$	85	1			
Barium	Ba	137.34	$(Xe)6s^2$	56	2	Ba-O(6)0.276; Ba-O(12)0.300	710	bcc; 0.5019(RT)
Berkelium	Bk	(247)	$(Rn)5f^8 6d^1 7s^2$	97	3(4)	Bk(III)-O(6)0.236; Bk(IV)-O(8)0.233		
Beryllium	Be	9.01	$(He)2s^2$	4	2	Be-O(3)0.157; Be-O(4)0.167	1280	hcp; 0.22856, 0.35832(25℃)
Bismuth	Bi	208.98	$(Xe)4f^{14} 5d^{10} 6s^2 6p^3$	83	1, 3(5)	Bi(III)-O(6)0.242; Bi(III)-O(8)0.251	271	R3m; 0.47457, 57°14.2'(31℃)
Boron	B	10.81	$(He)2s^2 2p^1$	5	3	B-O(3)0.142; B-O(4)0.152	2300	tet; 0.873, 0.503(RT)
Bromine	Br	79.91	$(Ar)3d^{10} 4s^2 4p^5$	35	1(3, 5, 7)	Br(VII)-O(4)0.166	−7	orth; 0.448, 0.667, 0.872(−150℃)
Cadmium	Cd	112.40	$(Kr)4d^{10} 5s^2$	48	2	Cd-O(4)0.219; Cd-O(6)0.235	321	hcp; 0.29788 0.56167(21℃)
Cesium	Cs	132.91	$(Xe)6s^1$	55	1	Cs-O(8)0.322; Cs-O(12)0.330	29	bcc; 0.614(−10℃)
Calcium	Ca	40.08	$(Ar)4s^2$	20	2	Ca-O(6)0.240; Ca-O(8)0.247	850	fcc; 0.5582(18℃)
Californium	Cf	(249)	$(Rn)5f^{10} 7s^2$	98	3	Cf-O(6)0.235		
Carbon	C	12.01	$(He)2s^2 2p^2$	6	4	C-O(3)0.132		
Cerium	Ce	140.12	$(Xe)4f^2 6s^2$	58	3, 4	Ce(III)-O(9)0.255; Ce(IV)-O(8)0.233	804	fcc; 0.51604(20℃)
Chlorine	Cl	35.46	$(Ne)3s^2 3p^5$	17	1(3, 5, 7)	Cl(V)-O(3)0.152; Cl(VII)-O(4)0.160	−101	tet; 0.856, 0.612(−185℃)
Chromium	Cr	52.00	$(Ar)3d^5 4s^1$	24	3, 6	Cr(III)-O(6)0.202; Cr(VI)-O(4)0.170	1900	bcc; 0.28846(20℃)
Cobalt	Co	58.93	$(Ar)3d^7 4s^2$	27	2, 3	Co(II)-O(6)0.205-0.214; Co(III)-O(6)0.193-0.201	1492	hcp; 0.2507, 0.4069(RT)
Copper	Cu	63.54	$(Ar)3d^{10} 4s^1$	29	1, 2	Cu(I)-O(2)0.186; Cu(II)-O(6)0.197-0.266	1083	fcc; 0.36147(20℃)
Curium	Cm	(247)	$(Rn)5f^7 6d^1 7s^2$	96	3(4)	Cm(III)-O(6)0.238; Cm(IV)-O(8)0.235		
Dysprosium	Dy	162.50	$(Xe)4f^{10} 6s^2$	66	3(4)	Dy(III)-O(6)0.231	1500	hcp; 0.35923, 0.56545(20℃)
Einsteinium	Es	(254)	$(Rn)5f^{11} 7s^2$	99	3			
Erbium	Er	167.26	$(Xe)4f^{12} 6s^2$	68	3	Er(III)-O(6)0.229	1525	hcp; 0.3559, 0.5592(20℃)
Europium	Eu	151.96	$(Xe)4f^7 6s^2$	63	2, 3	Eu(III)-O(6)0.235; Eu(III)-O(7)0.243	900	bcc; 0.4578(20℃)
Fermium	Fm	(253)	$(Rn)5f^{12} 7s^2$	100	3			
Fluorine	F	19.00	$(He)2s^2 2p^5$	9	1		−220	
Francium	Fr	223	$(Rn)7s^1$	87	1			
Gadolinium	Gd	157.25	$(Xe)4f^7 5d^1 6s^2$	64	3	Gd-O(7)0.244	1320	hcp; 0.36315, 0.5777(20℃)
Gallium	Ga	69.72	$(Ar)3d^{10} 4s^2 4p^1$	31	(1)3	Ga-O(4)0.187; Ga-O(6)0.200	30	orth; 0.4520, 0.7661, 0.4526(20℃)
Germanium	Ge	72.59	$(Ar)3d^{10} 4s^2 4p^2$	32	(2)4	Ge-O(4)0.179; Ge-O(6)0.194	958	diam; 0.56575(20℃)

付録 F　元素といくつかの性質

元素	元素記号	原子量[a]	電子配置[b]	原子番号	主な酸化数[c]	いくつかの典型的な酸素との結合距離 (nm) と配位数[d]	融点 (℃)	結晶構造：晶系：格子定数 (nm)（温度）[e]
Gold	Au	196.97	$(Xe)4f^{14}5d^{10}6s^1$	79	(1) (3)	Au(III)–O(4)0.210	1063	fcc ; 0.40783 (25℃)
Hafnium	Hf	178.49	$(Xe)4f^{14}5d^26s^2$	72	4	Hf–O(6)0.211 ; Hf–O(8)0.223	2000	hcp ; 0.31946, 0.50511 (24℃)
Helium	He	4.00	$1s^2$	2	—		−270	
Holmium	Ho	164.93	$(Xe)4f^{11}6s^2$	67	3	Ho–O(6)0.230 ; Ho–O(8)0.242	1500	hcp ; 0.35761, 0.56174 (20℃)
Hydrogen	H	1.01	$1s^1$	1	1	H–0.102–0.122	−259	hex ; 0.375, 0.612 (−271℃)
Indium	In	114.82	$(Kr)4d^{10}5s^25p^1$	49	(1)3	In–O(6)0.218 ; In–O(8)0.232	156	tet ; 0.32512, 0.49467 (20℃)
Iodine	I	126.90	$(Kr)4d^{10}5s^25p^5$	53	1(3, 5, 7)	I(V)–O(3)0.183	114	orth ; 0.4792, 0.7271, 0.9773 (RT)
Iridium	Ir	192.22	$(Xe)4f^{14}5d^76s^2$	77	3, 4(6)	Ir(III)–O(6)0.213 ; Ir(IV)–O(6)0.203	2443	fcc ; 0.38389 (RT)
Iron	Fe	55.85	$(Ar)3d^64s^2$	26	2, 3(4, 6)	Fe(II)–O(6)0.218 ; Fe(III)–O(4)0.186	1539	bcc ; 0.28664 (20℃)
Krypton	Kr	83.80	$(Ar)3d^{10}4s^24p^6$	36	—			fcc ; 0.568 (−191℃)
Lanthanum	La	138.91	$(Xe)5d^16s^2$	57	3	La–O(6)0.246 ; La–O(10)0.268	920	hex ; ABAC ; 0.3770, 1.2131 (20℃)
Lawrencium	Lr	(257)	$(Rn)5f^{14}6d^17s^2$	103	3			
Lead	Pb	207.19	$(Xe)4f^{14}5d^{10}6s^26p^2$	82	2, 4	Pb(II)–O(4)0.234 ; Pb(IV)–O(6)0.218	327	fcc ; 0.49502 (25℃)
Lithium	Li	6.94	$(He)2s^1$	3	1	Li–O(4)0.199 ; Li–O(6)0.214	180	bcc ; 0.35092 (20℃)
Lutetium	Lu	174.97	$(Xe)4f^{14}5d^1s^2$	71	3	Lu–O(6)0.225 ; Lu–O(S)0.237	1700	hcp ; 0.35050, 0.55486 (20℃)
Magnesium	Mg	24.31	$(Ne)3s^2$	12	2	Mg–O(4)0.189 ; Mg–O(6)0.212	650	hcp ; 0.32094, 0.52105 (25℃)
Manganese	Mn	54.94	$(Ar)3d^54s^2$	25	2, 3, 4, 7	Mn(II)–O(6)~0.210 ; Mn(VII)–O(4)0.166	1250	cub ; 0.8914 (25℃)
Mendelevium	Md	(256)	$(Rn)5f^{13}7s^2$	101				
Mercury	Hg	200.59	$(Xe)4f^{14}5d^{10}6s^2$	80	1, 2	Hg(I)–O(3)0.237 ; Hg(II)–O(2)0.209	−39	$\overline{R3m}$; 0.3005, 70°32′ (−46℃)
Molybdenum	Mo	95.94	$(Kr)4d^55s^1$	42	(3, 4, 5)6	Mo(VI)–O(4)0.182 ; Mo(VI)–O(6)0.200	2620	bcc ; 0.31469 (20℃)
Neodymium	Nd	144.24	$(Xe)4f^46s^2$	60	3(4)	Nd–O(6)0.240 ; Nd–O(8)0.252	1024	hex ; ABAC ; 0.36582, 1.1802 (20℃)
Neon	Ne	20.18	$(He)2s^22p^6$	10	—		−249	fcc ; 0.452 (−268℃)
Neptunium	Np	(237)	$(Rn)5f^47s^2$	93	(2, 3)4(6, 7)	Np(II)–O(6)0.260 ; Np(IV)–O(8)0.238	640	orth ; 0.4723, 0.4887, 0.6663 (20℃)
Nickel	Ni	58.71	$(Ar)3d^84s^2$	28	2(3)	Ni(II)–O(6)0.210 ; Ni(III)–O(6)0.198	1453	fcc ; 0.3524 (18℃)
Niobium	Nb	92.91	$(Kr)4d^45s^1$	41	(4)5	Nb(V)–O(6)0.204 ; Nb(V)–O(7)0.206	2420	bcc ; 0.3006 (20℃)
Nitrogen	N	14.01	$(He)2s^22p^3$	7	(2, 3, 4)5	N(V)–O(3)0.128	−210	hex ; 0.403, 0.659 (−234℃)
Nobelium	No	(253)	$(Rn)5f^{14}7s^2$	102	3			
Osmium	Os	190.20	$(Xe)4f^{14}5d^66s^2$	76	4(6)8	Os(IV)–O(6)0.203	2700	hcp ; 0.27353, 0.43191 (20℃)
Oxygen	O	16.00	$(He)2s^22p^4$	8	(1)2		−219	cub ; 0.683 (−225℃)
Palladium	Pd	106.40	$(Kr)4d^{10}$	46	2(4)	Pd(II)–O(4)0.204 ; Pd(IV)–O(6)0.202	1552	fcc ; 0.38907 (22℃)
Phosphorus	P	30.97	$(Ne)3s^23p^3$	15	3, 5	P(V)–O(4)0.157	44	orth ; 0.332, 1.052, 0.439 (black) (RT)
Platinum	Pt	195.09	$(Xe)4f^{14}5d^96s^1$	78	4(6)	Pt(IV)–O(6)0.203	1769	fcc ; 0.39239 (20℃)
Plutonium	Pu	(242)	$(Rn)5f^67s^2$	94	3, 4, 6	Pu(III)–O(6)0.240 ; Pu(IV)–O(8)0.236		monocl ; 0.618, 0.482, 1.097, 101.81° (21℃)
Polonium	Po	(210)	$(Xe)4f^{14}5d^{10}6s^26p^4$	84	2, 4	Po(IV)–O(8)0.250	254	cub ; 0.3345 (10℃)
Potassium	K	39.10	$(Ar)4s^1$	19	1	K–O(6)0.278 ; K–O(12)0.300	63	bcc ; 0.532 (20℃)
Praseodymium	Pr	140.91	$(Xe)4f^36s^2$	59	3(4)	Pr(III)–O(6)0.241 ; Pr(IV)–O(8)0.239	935	hex ; ABAC ; 0.36702, 1.1828 (20℃)

483

付録 F　元素といくつかの性質

元　素	元素記号	原子量[a]	電子配置[b]	原子番号	主な酸化数[c]	いくつかの典型的な酸素との結合距離（nm）と配位数[d]	融点（℃）	結晶構造：晶系：格子定数（nm）（温度）[e]
Promethium	Pm	(147)	$(Xe)4f^5 6s^2$	61	3	Pm(III)–O(6)0.238	3000	tet；0.3935, 0.3238(RT)
Protactinium	Pa	(231)	$(Rn)5f^2 6d^1 7s^2$	91	4, 5	Pa(IV)–O(8)0.241；Pa(V)–O(9)0.235	700	
Radium	Ra	(226)	$(Rn)7s^2$	88	2		–71	
Radon	Rn	(222)	$(Xe)4f^{14}5d^{10}6s^2 6p^6$	86	—			
Rhenium	Re	186.23	$(Xe)4f^{14}5d^5 6s^2$	75	3, 4, 5, 7	Re(IV)–O(6)0.203；Re(VII)–O(6)0.197	3170	hcp；0.2760, 0.4458(RT)
Rhodium	Rh	102.91	$(Kr)4d^8 5s^1$	45	3(4, 6)	Rh(III)–O(6)0.207；Rh(IV)–O(6)0.202	1960	fcc；0.38044(20℃)
Rubidium	Rb	85.47	$(Kr)5s^1$	37	1	Rb–O(6)0.289；Rb–O(12)0.313	39	bcc；0.570(20℃)
Ruthenium	Ru	101.07	$(Kr)4d^7 5s^1$	44	4(6)8	Ru(III)–O(6)0.208；Ru(IV)–O(6)0.202	2400	hcp；0.27058, 0.42816(25℃)
Samarium	Sm	150.35	$(Xe)4f^6 6s^2$	62	(2)3	Sm(III)–O(6)0.236；Sm(III)–O(8)0.249	1052	R；0.8996, 23°13′(20℃)
Scandium	Sc	44.96	$(Ar)3d^1 4s^2$	21	3	Sc–O(6)0.213；Sc–O(8)0.227	1400	hcp；0.33080, 0.52653(20℃)
Selenium	Se	78.96	$(Ar)3d^{10}4s^2 4p^4$	34	(2)4, 6	Se(VI)–O(4)0.169	217	hex；0.43656, 0.49590(25℃)
Silicon	Si	28.09	$(Ne)3s^2 3p^2$	14	4	Si–O(4)0.166；Si–O(6)0.180	1410	diam；0.54305(RT)
Silver	Ag	107.87	$(Kr)4d^{10}5s^1$	47	1(2)	Ag(I)–O(2)0.207；Ag(I)–O(8)0.270	961	fcc；0.40857(20℃)
Sodium	Na	22.99	$(Ne)3s^1$	11	1	Na–O(4)0.239；Na–O(9)0.272	98	bcc；0.42906(20℃)
Strontium	Sr	87.62	$(Kr)5s^2$	38	2	Sr–O(6)0.256；Sr–O(12)0.284	770	fcc；0.60849(25℃)
Sulfur	S	32.06	$(Ne)3s^2 3p^4$	16	2, 4, 6	S(VI)–O(4)0.152	119	orth；1.0414, 1.0845, 2.4369(RT)
Tantalum	Ta	180.95	$(Xe)4f^{14}5d^3 6s^2$	73	(3, 4)5	Ta(III)–O(6)0.207；Ta(V)–O(6)0.204	3000	bcc；0.33026(20℃)
Technetium	Tc	98.91	$(Kr)4d^6 5s^1$	43	(3)4(5, 6)7	Tc(IV)–O(6)0.204	2700	hcp；0.2735, 0.4388(RT)
Tellurium	Te	127.60	$(Kr)4d^{10}5s^2 5p^4$	52	(2)4(6)	Te(IV)–O(3)0.192	450	hex；0.445666, 0.59268(25℃)
Terbium	Tb	158.93	$(Xe)4f^9 6s^2$	65	3, 4	Tb(III)–O(6)0.232；Tb(IV)–O(8)0.228	1450	hcp；0.3599, 0.5696(20℃)
Thallium	Tl	204.37	$(Xe)4f^{14}5d^{10}6s^2 6p^1$	81	1(3)	Tl(I)–O(6)0.290；Tl(I)–O(12)0.316	304	hcp；0.34566, 0.55248(18℃)
Thorium	Th	232.04	$(Rn)6d^2 7s^2$	90	(2)3	Th–O(6)0.240；Th–O(9)0.249	1700	fcc；0.50843(RT)
Thulium	Tm	168.93	$(Xe)4f^{13}6s^2$	69	2, 3	Tm(III)–O(6)0.227；Tm(III)–O(8)0.239	1600	hcp；0.35372, 0.55619(20℃)
Tin	Sn	118.69	$(Kr)4d^{10}5s^2 5p^2$	50	2, 4	Sn(II)–O(8)0.262；Sn(IV)–O(6)0.209	232	tet；0.58315, 0.31814(25℃)
Titanium	Ti	47.90	$(Ar)3d^2 4s^2$	22	(2)4	Ti(II)–O(6)0.226；Ti(IV)–O(6)0.201	1680	hcp；0.29506, 0.46788(25℃)
Tungsten	W	183.85	$(Xe)4f^{14}5d^4 6s^2$	74	(4)6	W(VI)–O(4)0.181；W(VI)–O(6)0.201	3380	bcc；0.31650(25℃)
Uranium	U	238.03	$(Rn)5f^3 6d^1 7s^2$	92	(3)4(5)6	U(IV)–O(9)0.245；U(VI)–O(4)0.188	1133	orth；0.2854, 0.5869, 0.4955(27℃)
Vanadium	V	50.94	$(Ar)3d^3 4s^2$	23	2, 3, 4, 5	V(II)–O(6)0.219；V(V)–O(4)0.176	1920	bcc；0.3028(30℃)
Xenon	Xe	131.30	$(Kr)4d^{10}5s^2 5p^6$	54	2, 4, 6		–112	fcc；0.624(–185℃)
Ytterbium	Yb	173.04	$(Xe)4f^{14}6s^2$	70	2, 3	Yb(III)–O(6)0.226；Yb(III)–O(9)0.238	824	fcc；0.5481(20℃)
Yttrium	Y	88.91	$(Kr)4d^1 5s^2$	39	3	Y–O(6)0.229；Y–O(9)0.250	1500	hcp；0.36451, 0.57305(20℃)
Zinc	Zn	65.37	$(Ar)3d^{10}4s^2$	30	2	Zn–O(4)0.200；Zn–O(6)0.215	419	hcp；0.26649, 0.49468(25℃)
Zirconium	Zr	91.22	$(Kr)4d^2 5s^2$	40	4	Zr(IV)–O(6)0.212；Zr–O(8)0.224	1850	hcp；0.32312, 0.51477(25℃)

[a] $^{12}C＝12.00$ を基準とした相対原子質量。原子量は、天然存在量がなく半減期の短いかっコ内で与えたものを除き、天然に存在する同位体比から求めた値を示した。

[b] 元素の基底状態での電子配置。遷移元素、ランタノイド元素やアクチノイド元素では、基底状態と第一励起状態との間のエネルギー差が小さいものもある。

付録 F　元素といくつかの性質

c 多くの元素は、安定な酸化数だけでなくさまざまな不安定酸化数を示す．この表には主として、酸化物やハロゲン化物の結晶で見られる酸化数を示した．

d シャノンとプルウィットによる論文 Acta Cryst., **B25,** 925–946(1969)；**B26,** 1046–1048(1970)から採用した値．一般に、結合距離は陽イオンの配位数が大きくなるほど増加し、陽イオンの酸化数が大きくなるほど減少する．酸素との結合距離は、通常 0.005 から 0.01 nm 短い．一方、塩素との結合距離は通常、0.02 から 0.04 nm 長い．

e 主として、*International Table for X-ray Crystallography*, *Vol. III*, p.278 から採用した値．fcc は面心立方(立方最密充填)，hex は六方晶，hcp は六方最密充填，*R3m*, *R̄3m* は菱面体晶(三方晶)．bcc は体心立方，tet は正方晶，orth は斜方晶，cub は立方，monocl は単斜晶，diam はダイヤモンド構造，RT は室温．

演習問題

解答例は Wiley 社の Companion Website(http://higheredbcs.wiley.com/legacy/college/west/1119942942/Answers/Answers_to_question_set.pdf)に掲載されている.（訳者注：ウエスト教授が作成した解答例は，たいへん充実していて有用である．本文に記載されていない多くの情報も含まれている．ぜひとも演習問題を解いて，解答例を参照していただきたい.）

■ 1 章

1.1 四面体の形をした次の分子はどのような対称要素をもっているか.

(a)CH_3Cl，　(b)CH_2Cl_2，　(c)CH_2ClBr，　(d)CH_4.

1.2 以下に示す日用品にはどのような共通の対称要素があるか.

(a)ティーポット，　(b)ズボン，　(c)三輪車.

1.3 立方体にはどのような対称要素があるか．子供用の積み木を使うとよい.

1.4 問題 1.3 の立方体で，反対側の面が異なる色をしている場合，どのような対称要素が存在することになるか.

1.5 この本はどのような対称要素をもっているか(すべての頁および表紙も真っ白と仮定する).

1.6 仮想的な八面体分子 MX_2Y_4 を考える．この分子には 2 つの異性体があり，1 つは対称中心をもち，他方はもっていない．この 2 種類の異性体を図示し，どちらが対称中心をもっているかを示せ．また，これらの分子はほかにどのような対称要素をもっているか.

1.7 以下の格子にはいくつの格子点があるか.

(a)単純格子，　(b)体心格子，　(c)C 底心格子，　(d)面心格子.

1.8 図 1.10(a)に示したカルシウムカーバイドのブラベー格子は何か.

1.9 表 1.1 に示した結晶系のリストでは，ある限られた単位格子と格子型の組み合わせ(すなわちブラベー格子)しか存在しない．なぜ，以下の組み合わせは存在しないのか.

(a)C 底心立方格子，　(b)面心正方格子，　(c)C 底心正方格子

1.10 以下の面のミラー指数を示せ．(a)立方晶単位格子の向かい合った ab 面を通る面，(b)b 軸と c 軸に平行で，a 軸を 0，$\frac{1}{2}$，1，$\frac{3}{2}$，…で切る面，(c)単位格子の体対角線に垂直な面で，a, b, c 軸を $\frac{1}{2}, \frac{1}{2}, \frac{1}{2}$；1, 1, 1；$\frac{3}{2}, \frac{3}{2}, \frac{3}{2}$；…で切る面.

1.11 単位格子の稜 b に平行で，(a)正の y 方向，(b)負の y 方向の結晶学的な方位指数を示せ.

1.12 立方晶物質の d 間隔を求める式(1.2)を使って，もっとも大きいものから順に 5 つの d 間隔に対応する hkl の値を示せ．また，$a = 0.500\,\mathrm{nm}$ として，d 値を計算せよ.

1.13 KCl は格子定数 $a = 0.62931\,\mathrm{nm}$ の岩塩構造をもつ．KCl の密度を求めよ.

1.14 TlBr は格子定数 $a = 0.397\,\mathrm{nm}$ の立方晶である．密度は $D = 7.458\,\mathrm{g\,cm^{-3}}$ である．単位格子中の式量 Z はいくらか．また，TlBr はどのような構造をとっていると考えられるか.

1.15 fcc/ccp 構造をとる金属について，次の問いに答えよ.

(a) 金属原子がつくる cp 層のミラー指数を示せ.

(b) 金属原子の cp 方向の方位指数を示せ.

(c) 単位格子の 1 辺の値を a として，原子の半径 r を示せ.

1.16 Au 金属と Pt 金属はいずれも *fcc* の単位格子をもち，格子定数はそれぞれ $a = 0.408\,\mathrm{nm}$ と $0.391\,\mathrm{nm}$ である．それぞれの金属原子の半径を求めよ．

1.17 *bcc* 構造をとる金属について次の問いに答えよ．

（a）原子の配位数はいくらか．

（b）最密充填構造をとるか．

（c）*cp* 方向の方位指数を示せ．

（d）単位格子の 1 辺の値を a として，原子の半径 r を示せ．

1.18 Fe は 20℃ では，$a = 0.2866\,\mathrm{nm}$ の格子定数をもつ *bcc* 構造の α–Fe が安定である．950℃ では，$a = 0.3656\,\mathrm{nm}$ の格子定数をもつ *fcc* 構造の γ–Fe が安定である．1425℃ では，再び *bcc* 構造で $a = 0.2940\,\mathrm{nm}$ の δ–Fe が現れる．このとき，(a)それぞれの Fe の密度を求めよ．(b)それぞれの Fe の原子半径を求めよ．

1.19 球を *bcc* 充填した際の密度が 0.6802 となることを示せ．

1.20 同様に，*fcc* 充填した際の密度が 0.740 となることを示せ．

1.21 陰イオンが *ccp* 配列になっているとき，以下の場合にはどのような構造が現れるか．

(a)四面体位置をすべて陽イオンが占有した場合，(b)四面体位置の半分，例えば T^+ 位置を陽イオンが占有した場合，(c)八面体位置をすべて陽イオンが占有した場合，(d)八面体が形成する層を交互に陽イオンが占有する場合．

1.22 陰イオンの *hcp* 配列について，問題 1.21 の(a)から(d)の場合にどのような構造が現れるか答えよ．これら 4 種類のカテゴリーのうちの 1 つは存在しないが，そのことについて説明せよ．

1.23 以下に立方晶構造をもつ化合物の原子座標を示す．どのような構造型になるか示せ．

（i）MX —— M：$\frac{1}{2},0,0$；$0,\frac{1}{2},0$；$0,0,\frac{1}{2}$；$\frac{1}{2},\frac{1}{2},\frac{1}{2}$
 X：$0,0,0$；$\frac{1}{2},\frac{1}{2},0$；$\frac{1}{2},0,\frac{1}{2}$；$0,\frac{1}{2},\frac{1}{2}$

（ii）MX —— M：$\frac{1}{4},\frac{1}{4},\frac{1}{4}$；$\frac{3}{4},\frac{3}{4},\frac{1}{4}$；$\frac{1}{4},\frac{3}{4},\frac{3}{4}$；$\frac{3}{4},\frac{1}{4},\frac{3}{4}$
 X：$0,0,0$；$\frac{1}{2},\frac{1}{2},0$；$\frac{1}{2},0,\frac{1}{2}$；$0,\frac{1}{2},\frac{1}{2}$

（iii）MX —— M：$\frac{1}{2},\frac{1}{2},\frac{1}{2}$
 X：$0,0,0$

（iv）MX$_2$ —— M：$0,0,0$；$\frac{1}{2},\frac{1}{2},0$；$\frac{1}{2},0,\frac{1}{2}$；$0,\frac{1}{2},\frac{1}{2}$
 X：$\frac{1}{4},\frac{1}{4},\frac{1}{4}$；$\frac{1}{4},\frac{3}{4},\frac{1}{4}$；$\frac{3}{4},\frac{1}{4},\frac{1}{4}$；$\frac{3}{4},\frac{3}{4},\frac{1}{4}$；$\frac{1}{4},\frac{1}{4},\frac{3}{4}$；$\frac{1}{4},\frac{3}{4},\frac{3}{4}$；$\frac{3}{4},\frac{1}{4},\frac{3}{4}$；$\frac{3}{4},\frac{3}{4},\frac{3}{4}$

（v）MX$_3$ —— M：$0,0,0$
 X：$\frac{1}{2},0,0$；$0,\frac{1}{2},0$；$0,0,\frac{1}{2}$

（vi）AMX$_3$ —— A：$\frac{1}{2},\frac{1}{2},\frac{1}{2}$
 M：$0,0,0$
 X：$\frac{1}{2},0,0$；$0,\frac{1}{2},0$；$0,0,\frac{1}{2}$

1.24 岩塩構造に次のような仮想的な操作をした場合，どのような構造が得られるか．

（i）同じ種類の原子またはイオンをすべて取り除く．

（ii）陽イオンの層を交互に取り除く．

（iii）O 位置(八面体位置)の陽イオンをすべて同じ数だけ，T^+ もしくは T^- 位置(四面体位置)に置き換える．

1.25 なぜヒ化ニッケル構造には金属的な性質の化合物が一般に見られ，イオン的な性質の化合物が存在しないのかを説明せよ．

1.26 MgO は格子定数 $a = 0.4213\,\mathrm{nm}$ の岩塩構造をとる．Mg–O 距離を求めよ．また，酸化物イオンのイオン半径を $0.126\,\mathrm{nm}$ とすると，Mg^{2+} イオンのイオン半径はいくらか．酸化物イオンど

うしは互いに接触しているか.

1.27 セン亜鉛鉱 ZnS の格子定数は $a = 0.5406$ nm である. Zn–S 距離を求めよ.

1.28 Li_2O は格子定数 $a = 0.4611$ nm の逆蛍石構造をとる.
(a)Li–O 距離を求めよ. (b)O–O 距離を求めよ. (c)Li–Li 距離を求めよ. (d)酸化物イオンどうしは接触しているか. (酸化物イオンの半径は 0.126 nm とする.)

1.29 $SrTiO_3$ は格子定数 $a = 0.391$ nm の立方晶ペロブスカイト構造をとる. 原子座標は Sr : $\frac{1}{2}, \frac{1}{2}, \frac{1}{2}$; Ti : $0, 0, 0$; O : $\frac{1}{2}, 0, 0 ; 0, \frac{1}{2}, 0 ; 0, 0, \frac{1}{2}$ である.
(a) xy 面上に構造を投影した図を描け.
(b) (i)Sr, (ii)Ti, (iii)O の配位環境はどのようになっているか.
(c) Sr–O, Ti–O 距離を求めよ. $SrTiO_3$ の密度を求めよ.
(d) この構造は最密充填構造か. もしそうなら, それについて説明せよ. また, 格子型は何か.
(e) 次のような性質を生み出すためには, $SrTiO_3$ にどのような組成上の変更を行えばよいか.
　　(i)強誘電性, (ii)超伝導性, (iii)イオン伝導性.

1.30 Si は格子定数 $a = 0.54307$ nm のダイヤモンド構造をとる. Si の半径を求めよ.

1.31 酸化銀 Ag_2O は $Z = 2$ の立方晶格子をとり, 格子定数は $a = 0.4726$ nm である. 原子座標は Ag : $\frac{1}{4}, \frac{1}{4}, \frac{1}{4}; \frac{3}{4}, \frac{3}{4}, \frac{1}{4}; \frac{3}{4}, \frac{1}{4}, \frac{3}{4}; \frac{1}{4}, \frac{3}{4}, \frac{3}{4}$; O : $0, 0, 0 ; \frac{1}{2}, \frac{1}{2}, \frac{1}{2}$ である. Ag 原子が原点となるように単位格子をとり直した場合, 原子座標はどのようになるか. この新しい原子座標をもとに, 構造を ab 面に投影した図を描け. 格子型は何か. Ag と O の配位数はいくらか. Ag–O 距離を求めよ. この構造は対称中心をもっているか.

1.32 理想的な岩塩構造の物質 MX では, 陰イオンどうしが接触している. 原子半径比 r_M/r_X を求めよ.

1.33 問題 1.32 と同様, 理想的なセン亜鉛鉱構造についても原子半径比 r_M/r_X を求めよ.

1.34 問題 1.32 と同様, 理想的な塩化セシウム構造についても原子半径比 r_M/r_X を求めよ.

1.35 問題 1.32 から 1.34 で計算された半径比が, それらの構造が安定に存在しうる最小の値であると仮定する. 配位数に関する半径比則を適用して, 以下の半径比をもつ MX がどの構造をとるかを推定せよ.
(a)$r_M/r_X = 0.3$, (b)$r_M/r_X = 0.6$, (c)$r_M/r_X = 0.8$.

1.36 岩塩構造と塩化セシウム構造の充填密度を比較せよ. いずれの場合も, 陰イオン−陰イオン, 陽イオン−陰イオンは直接接触しているとする.

1.37 以下のケイ酸塩鉱物の場合, どのような種類の複陰イオンが存在していると推定されるか.
(a)Ca_2SiO_4, (b)$NaAlSiO_4$(Al は四面体配位), (c)$BaTiSi_3O_9$, (d)メリライト(melilite ; 黄長石) $Ca_2MgSi_2O_7$, (e)透輝石(diopside)$CaMgSi_2O_6$, (f)透セン石(tremolite)$Ca_2Mg_5Si_8O_{22}(OH, F)_2$ (この角セン石(amphibole)では OH と F には Si との直接の結合はない), (g)マーガライト $CaAl_2(OH)_2(Si_2Al_2)O_{10}$(この雲母鉱物では, 2 つの Al が四面体位置に, 2 つの Al が八面体位置にある), (h)カオリナイト $Al_2(OH)_4Si_2O_5$(Al は八面体位置にあり, OH と Si には直接の結合はない).

1.38 フラーレン C_{60} は, C_{60} 分子による fcc 配列の隙間位置に希ガスを取り込んだ化合物を形成する($a = 1.417$ nm). (a)C_{60} 分子のファンデルワールス半径と(b)八面体位置と四面体位置の半径を求めよ(C_{60} 分子は球形をしていて最密充填の[110]方向で「接触している」と仮定せよ). 希ガスのファンデルワールス半径は, Ar では 0.191 nm, Kr では 0.198 nm, Xe では 0.205 nm である. これら希ガスフラライド化合物がとりうる組成と構造について, そして, それら Ar, Kr, Xe のうちどれが化合物を一番つくりやすいかを議論せよ.

1.39 ペロブスカイト構造は，化学量論組成，非化学量論組成を問わず，多くの物質に見出される．元素の組み合わせによって，ペロブスカイトにはさまざまな電気的，磁気的，光学的性質が現れる．(a)ペロブスカイト構造の特徴を述べよ．(b)この構造をとる典型的な化合物と組成を述べよ．(c)非化学量論性はどのようにして生じているか．(d)読者自身でペロブスカイトに現れる性質を3つ選び，化学量論，構造，性質と関連づけて議論せよ．

■ 2 章

2.1 高温で生成した結晶性固体の方が一般に欠陥の数が多いのはなぜか．

2.2 図 2.4 に示したデータを用いて，AgCl のフレンケル欠陥の生成エンタルピーを計算せよ．

2.3 次に示す結晶では，どのような欠陥が支配的であると考えられるか．
(a)$MnCl_2$ をドープした NaCl，(b)Y_2O_3 をドープした ZrO_2，(c)YF_3 をドープした CaF_2，(d)As をドープした Si，(e)ハンマーで叩いて薄く引き延ばしたアルミニウム，(f)還元雰囲気で焼成した WO_3．

2.4 タングステン金属より銅金属の方がはるかに柔らかいのはなぜか．

2.5 図 2.11 に示した β' 型黄銅中では Cu 原子と Zn 原子は規則配列をしているが，粉末 X 線図形にはどのような違いがあるか．例えば，β 型と β' 型の黄銅では粉末 X 線図形にどのような違いが見られるだろうか．

2.6 欠陥が低濃度の系では，欠陥平衡を解析するのに質量作用の法則が適用できる．この方法を欠陥濃度がより高い系に適用した場合，どのような問題が生じるか．

2.7 次のような場合，どの形式の転位として特徴づけられるか．
(a)バーガースベクトルが剪断応力の方向に平行で転位線に垂直．(b)バーガースベクトルが剪断応力の方向に垂直で転位線に平行．

2.8 次の物質の場合，すべりはどの方向にもっとも起こりやすいか．
(a)Zn，(b)Cu，(c)α–Fe，(d)NaCl．

2.9 NaCl 中のショットキー欠陥の生成エンタルピーを 2.3 eV，750℃ で生成した空孔位置と占有位置の比を 10^{-5} としよう．(a)300℃ と(b)25℃ における，平衡状態での NaCl 中のショットキー欠陥濃度を求めよ．

2.10 CaF_2 に YF_3 が固溶した系で，(a)陽イオンに欠損が生成するモデルと(b)格子間に F^- イオンが存在するモデルの双方について，組成の関数として密度を示せ．CaF_2 の格子定数の値は第 1 章を参照すれば得られる．単位格子の体積は固溶体組成に依存しないと仮定する．

■ 3 章

3.1 鉱物のグロッシュラー $Ca_3Al_2Si_3O_{12}$ はガーネット構造をもち，8 配位位置に Ca，八面体位置に Al，四面体位置に Si が存在する．酸素は 1 つの Si，1 つの Al，2 つの Ca に配位している．この構造がポーリングの静電気原子価則に従っていることを示せ．

3.2 ケイ酸塩構造では，3 個以上の SiO_4 四面体が決して同じ頂点を共有しないことを，ポーリングの静電気原子価則を用いて説明せよ．

3.3 BeF_2 は SiO_2 と同じ構造をとり，MgF_2 はルチル構造，CaF_2 は蛍石構造である．半径比則から考えると，理にかなった現象であろうか．

3.4 表 1.8 に岩塩構造をもつ酸化物 MO の格子定数を示した．(i)$r_{O^{2-}} = 0.126$ nm と(ii)$r_{O^{2-}} = 0.140$ nm の 2 種類の酸化物イオン半径を基準に用いて，(a)それぞれの場合の陽イオン半径 $r_{M^{2+}}$，(b)それぞれの場合の $r_{M^{2+}}/r_{O^{2-}}$ 比を求めよ．これらの酸化物の M^{2+} イオンが 8 配位位置

を占めることを推測するのに，半径比則が有効かどうかを評価せよ．同じことを，ウルツ鉱構造をもつ2つの酸化物（表1.12のBeOとZnO）と，蛍石構造と逆蛍石構造の酸化物（表1.10）についても評価せよ．

3.5 カプスティンスキーの式と表1.8に示したデータを用いて，アルカリ土類金属酸化物の格子エネルギーを計算し，得られた結果と表3.6の値を比較せよ．また，これらの酸化物の生成エンタルピーを推定せよ．

3.6 CuF_2とCuIは安定に存在する化合物であるのに対し，CuFとCuI_2は安定相として存在しない．この理由を説明せよ．

3.7 もっとも安定なリチウムの酸化物はLi_2Oであるが，ルビジウムやセシウムに関しては，単純酸化物M_2Oよりも，過酸化物M_2O_2や超酸化物M_2Oの方が安定である．これについて説明せよ．

3.8 サンダーソンの配位縮合モデルを用いてハロゲン化ナトリウムの部分電荷の見積もりをせよ．その後，構成原子の半径を計算し，格子定数a（すべて岩塩構造である）を求めよ．得られた結果と表1.8の値を比較せよ．

3.9 酸化物MnO, FeO, CoO, NiOは陽イオンが8配位位置を占める岩塩構造をとる．CuOの構造はそれらとは異なっていて，大きく歪んだCuO_6八面体を含んでいる．このことについて説明せよ．

3.10 多くの遷移金属化合物では，d電子は結合形成に直接的には関与しないが，それでも構造にかなりの影響を与える．このことを説明せよ．

3.11 Mg元素のバンド構造の概略図を示し，Mgの金属伝導を説明せよ．

3.12 TiOとNiOはともに岩塩構造をもつが，TiOは金属伝導を示すのに対し，純粋なNiOは電気的には絶縁体である．このことを説明せよ．

3.13 純粋なWO_3（ReO_3構造）は電気的には絶縁体であるが，$Na_{0.8}WO_3$のようなタングステンブロンズは金属的である．考えられるバンド構造の概略図を描き，Wのどのd軌道が電気的な性質と関係しているかを示せ．

3.14 岩塩構造は，LiF, NiO, TiO, LaN, TiCなど実に多様な物質に見られる．これらの物質で形成されているであろう結合の形について議論せよ．

3.15 カプスティンスキーの式とボルン・ハーバーサイクルを用いて，酸素の電子親和力（O/O^{2-}）を求めよ．以下にあげるMgOのデータ（単位：kJ mol^{-1}）を使用すること：$S_{Mg} = 148$，$IP_{Mg/Mg^{2+}} = 2188$，$D_{O_2} = 498$，$\Delta H_{fMgO} = -602$ および $r_{Mg^{2+}} = 0.086$ nm，$r_{O^{2-}} = 0.126$ nm．

■ 4章

4.1 ソフト化学的手法を用いた無機固体の合成について議論せよ．昔からの「混ぜて焼く」方法と比較したときの利点と欠点は何か．

4.2 $LiTiS_2$, $Li_{0.5}CoO_2$, $BaTiO_3$, $CoFe_2O_4$を合成するのに，ソフト化学的手法はどのように使うことができるか．

4.3 無機物質の固相反応においては，通常，高温での長時間の焼成を必要とする．その理由と，反応を促進するためにはどのような操作を行えばよいかを説明せよ．

4.4 結晶性物質の合成では，反応物質が原子のスケールで均一に混合されていると一般に反応は促進される．

（a）$BaTiO_3$試料を合成するのに使うことができる合成プロセスをいくつか（最低3種類以上）あげて説明せよ．

（b）CdS や GaAs のような半導体物質の薄膜を合成するのに適用できる方法について述べよ．

4.5 伝統的なダイヤモンドの合成法では，非常に高い温度と圧力を必要としてきた．しかし，最近は，常圧に近い圧力で気相から合成することも可能となった．これがどのようなことなのかを説明し，ダイヤモンド合成にかかわる熱力学的な因子と速度論的な因子について議論せよ．

4.6 結晶シリコンと非晶質シリコンに，（a）3 価元素と（b）5 価元素をドープした場合に見られる挙動を比較せよ．

4.7 TiS_2 は，基本的にはリチウム電池の正極として使用可能であるが，それはなぜか．またどのような反応プロセスが進行するのか．NiS はリチウム電池の正極として同じように使用可能か．

4.8 どのような方法を用いれば，ガラス基板上に $BaTiO_3$ 膜を作製することができるか．

4.9 ゼオライトの合成において，テンプレートはどのような役割を演じているか．

■ 5章

5.1 表 5.2 に示されている $K\alpha_1$ 線の値を使ってグラフを作成し，モーズリーの法則を検証せよ．Co $K\alpha_1$ 線の波長はどれくらいか．

5.2 以下のような反射を与える結晶の格子型は何か．
(a) 110, 200, 103, 202, 211
(b) 111, 200, 113, 220, 222
(c) 100, 110, 111, 200, 210
(d) 001, 110, 200, 111, 201

5.3 Cu $K\alpha$ 線を使って，格子定数 $a = 0.50$ nm の立方晶結晶の粉末 X 線回折図形を測定したとする．111 と 200 反射の 2θ のピーク位置と d 値を計算せよ．

5.4 ブラッグの法則において n の値は通常，1 に固定される．$n = 1$ より大きい次数の反射についてはどのように扱うか．

5.5 あるアルカリ金属ハロゲン化物の最初の 6 本のピークに対応する d 間隔は 0.408, 0.353, 0.250, 0.213, 0.204, 0.177 nm であった．各ピークにミラー指数を対応させ，格子定数を計算せよ．また，このアルカリ金属ハロゲン化物の密度は 3.126 g cm^{-3} である．この物質を同定せよ．

5.6 仮想的な斜方晶の結晶があり，単位格子に同種の 2 つの原子がそれぞれ 0, 0, 0 と $\frac{1}{2}, \frac{1}{2}, 0$ にあるとする．構造因子の式に原子の座標値を代入して，この結晶の構造因子を簡略化した式で表し，C 底心格子では消滅則が hkl に対して $h + k = 2n$ となることを示せ．

5.7 対称中心に原点がある $SrTiO_3$ のペロブスカイト構造について，その構造因子の基本式を簡略化した形で導き出せ．原子座標は $Sr : \frac{1}{2}, \frac{1}{2}, \frac{1}{2} ; Ti : 0, 0, 0 ; O : \frac{1}{2}, 0, 0$ である．

5.8 KCl の粉末 X 線回折図形における 111 反射の強度はゼロである．ところが，同じ結晶構造をもつ KF の粉末 X 線回折図形の回折強度はかなり強い．この理由を説明せよ．

5.9 高温では金－銅合金は面心立方の単位格子をとっていて，Au 原子と Cu 原子は単位格子の頂点と面心の位置をランダムに占有している．低温になると，規則配列化が起こり，Cu 原子は頂点と 1 対の面心位置を優先的に占有し，Au 原子は残りの 2 対の面心位置を占有するようになる．この規則配列化によって，粉末 X 線回折図形にどのような変化が見られるかについて述べよ．

5.10 斜方晶の Li_2PdO_2 の粉末 X 線回折図形には，以下のようなピークが観測される：0.468 nm（002），0.347 nm（101），0.2084 nm（112）．格子定数を計算せよ．この物質の密度は 4.87 g cm^{-3} である．単位格子中に何個の化学式が含まれるか．

5.11 あるハロゲン化アンモニウム NH_4X が室温では，格子定数 $a = 0.4059$ nm の塩化セシウム構造

をとっているとする．この物質は，138℃で，格子定数 $a = 0.6867$ nm の岩塩構造に転移する．

(a) 室温安定相の密度は 2.431 g cm^{-3} である．この物質は何か．

(b) それぞれの多形を粉末 X 線回折測定した際，はじめに現れる 4 本のピークの d 値を計算せよ．

(c) 2 つの多形間のモル体積の差を％で示せ．熱膨張の効果は無視する．

(d) NH$_4^+$ を有効イオン半径 0.150 nm の球形とし，陽イオンと陰イオンが接触しているとすると，それぞれの構造の陰イオンの半径はどれくらいになるか．この 2 つの構造では陰イオンどうしは接触しているだろうか．

5.12 「結晶固体はそれぞれ固有の粉末 X 線回折図形をもっていて，指紋照合のようにそれを物質の同定に使うことができる」という記述が正しい理由を議論し，なぜ同じ構造の物質，例えば NaCl と NaF がその粉末回折図形によって区別できるのかを示せ．

5.13 (a)NaCl，(b)金属 Fe，(c)反強磁性状態の NiO を，同じ波長の X 線と中性子を用いて粉末回折測定すると，回折図形上にはどのような相違が見られるか．

5.14 (a)NaCl と AgCl を 1：1 の比で機械的に混合した粉末と，(b)この粉末を均一な固溶体が形成されるまで加熱した試料がある．両者の粉末 X 線回折図形には，根本的にどのような違いが生じるのか，概略図を描いて説明せよ．

5.15 化学分析によると，ある水酸化アルミニウムの試料には数％の Fe^{3+} が不純物として含まれていた．Fe^{3+} イオンが，(a)独立した水酸化鉄相として存在する場合，(b)Al(OH)$_3$ 結晶構造中の Al^{3+} と置き換わっている場合について，粉末 X 線回折図形上にどのような変化が現れるかを述べよ．

■ 6 章

6.1 (i)光学顕微鏡法と(ii)粉末 X 線回折法によって固体物質の純度を決めるためには，その物質はどのような条件を備えていなければならないか．

6.2 (a)ヨードホルム CH$_3$I と(b)CdI$_2$ の結晶性試料の同定およびキャラクタリゼーションに使うことができる方法を比較検討せよ．

6.3 (a)SiO$_2$ ガラス，(b)水晶，(c)NaCl，(d)Cu 金属がある．これらを軽く砕いて偏光顕微鏡で観察したとき，どのような違いが見られるか．

6.4 電子顕微鏡中で，50 kV の電圧により加速された電子の波長を計算せよ．

6.5 以下の略称で示した項目について説明せよ．EXAFS, XANES, EELS, XRF, ESCA, XPS, UPS, MAS-NMR, SEM, TEM, AEM, EDS, EPMA.

6.6 以下の項目を明らかにするために，どのような技法が使えるか．

(a) 茶色と緑色に着色したガラス瓶中の鉄の酸化数と配位数．

(b) ルビー結晶中の Cr^{3+} の配位数．

(c) アルミニウム金属片の表面層の性質．

(d) 多結晶体の炭化ケイ素セラミックス片に含まれる微小な結晶の性質．

(e) 水和セメントの Ca：Si 比．

(f) 水素化パラジウム粉末試料中の水素原子の位置．

(g) MnO が磁気的に規則配列をした超構造をもっているかどうか．

6.7 (i)電子スピンの向きの反転，(ii)NiO 中の d-d 遷移，(iii)Cu 金属の K 吸収端，(iv)KCl の格子振動の各エネルギーを，(a)eV, (b)kJ mol^{-1}, (c)cm^{-1}, (d)Hz の単位で表すとおよそどの程度の値になるか．

6.8 以下について研究する場合，どのような顕微鏡を用いて調べればよいか．

(a)金属片の組織，(b)ガラス粉末試料の均質性，(c)転位，積層欠陥，双晶などの欠陥，(d)洗濯ソーダ(washing soda：訳者注：炭酸ナトリウムの水和物の俗称．洗濯に使われる)から得た塩の試料中の汚染物．

6.9 一般的に，非分子性の無機物質の性質を調べるより，有機物質の性質を調べる方がはるかに簡単な理由を説明せよ．

6.10 いま新規ペロブスカイト化合物の合成を試みているとしよう．最終的に白い固体が得られた．それが新しいペロブスカイト化合物であるかどうか，その構造，組成，純度を調べるのにどのような方法があるか．

6.11 DTA および TG 測定で次の試料を融点まで昇温した場合，どのような変化が DTA/TG 曲線に見られるか．

(a)海浜砂，(b)窓ガラス，(c)塩，(d)洗濯ソーダ，(e)エプソムソルト(訳者注：硫酸マグネシウムの水和塩の俗称．産地のイギリス・エプソムにちなんだ名前．入浴剤として使われる)，(f)金属 Ni，(g)強誘電性 $BaTiO_3$，(h)粘土鉱物．

6.12 (a)塩の溶融，(b)$CaCO_3$ の分解，(c)海浜砂の溶融，(d)Mg 金属の酸化，(e)$Ca(OH)_2$ の分解の現象を DTA 測定した場合，可逆変化を示すのはどの場合か．またそれらはヒステリシスをともなうか．

6.13 冬になると凍った道にしばしば塩がまかれる．DTA で氷に対する塩の効果を定量化することはできるだろうか．また，どのような結果になるだろうか．

6.14 (a)純鉄および(b)1 wt%の C を含む Fe–C 合金を昇温加熱したとき，DTA 曲線にどのような変化が見られるか．概略図を描け．

6.15 分光学的手法では，ラジオ波からマイクロ波，赤外光，可視光，紫外光，X 線，γ 線にわたる非常に広い波長域の電磁スペクトルが使われている．それぞれの波長域を使う主要な測定技術の概略を述べ，固体化学における(a)元素分析，(b)相の分析，(c)構造決定に適用できる可能性のある手法を示せ．

■ 7 章

7.1 以下の化合物中の成分における(i)モルパーセント，(ii)重量パーセントはいくらか．

(a)ムライト(mulite)$Al_6Si_2O_{13}$ 中の Al_2O_3，(b)デビトライト(devitrite)$Na_2Ca_3Si_6O_{16}$ 中の Na_2O，(c)イットリウム鉄ガーネット $Y_3Fe_5O_{12}$ 中の Y_2O_3．

7.2 相図では，重量パーセントかモルパーセントで組成を表示するのが一般的である．AB 二成分系に対して，両者の数値を変換する式を導き出せ．

7.3 CaO–SiO_2 系には，Ca_3SiO_5，Ca_2SiO_4，$Ca_3Si_2O_7$，$CaSiO_3$ の各相が存在する．それぞれの相について，組成を SiO_2 のモルパーセントで求め，CaO–SiO_2 の相図について組成軸を mol% SiO_2 として示せ．

7.4 問題 7.3 と同様のことを Na_2O–P_2O_5 系についても検討せよ．この系には，Na_3PO_4，$Na_4P_2O_7$，$Na_5P_3O_{10}$，$NaPO_3$ が含まれる．

7.5 以下のような特徴をもつ A–B 系の相図の概略図を描け：この系には 3 種類の二成分化合物 A_2B，AB，AB_2 が存在する．また，A_2B と AB_2 は合致溶融し，AB は分解溶融をして A_2B と液相になる．また AB は低温でも不安定になり室温では存在しない．

7.6 次の情報をもとに Al_2O_3–SiO_2 系の相図の概略図を描け．また，それぞれの領域に存在する相も記せ：Al_2O_3 と SiO_2 はそれぞれ 2060℃ と 1720℃ で溶融する．1850℃ で合致溶融する相

493

Al$_6$Si$_2$O$_{13}$ が Al$_2$O$_3$ と SiO$_2$ の間に存在する．共晶反応が約 5 mol％の組成の Al$_2$O$_3$ において 1595℃で，また約 67 mol％の組成の Al$_2$O$_3$ において 1840℃で起こる．

7.7 以下にあげる情報をもとに，グラフ用紙に Na$_2$O–Nb$_2$O$_5$ 系の相図を描け．また，それぞれの領域の存在する相も記せ：

次のような融点をもつ 4 種類の二成分の相が存在する．

Na$_3$NbO$_4$：合致溶融 992℃

NaNbO$_3$：合致溶融 1412℃

Na$_2$Nb$_8$O$_{21}$：分解溶融 1265℃（Na$_2$Nb$_{20}$O$_{51}$ と液相になる）

Na$_2$Nb$_{20}$O$_{51}$：分解溶融 1290℃（Nb$_2$O$_5$ と液相になる）

Na$_2$O の融点は約 1200℃，Nb$_2$O$_5$ の融点は 1485℃．

共晶点：10 mol％ Nb$_2$O$_5$, 830℃；31％ Nb$_2$O$_5$, 975℃；68 mol％ Nb$_2$O$_5$, 1220℃

NaNbO$_3$ は 368℃と 640℃で多形転移を示す．

7.8 純鉄は 910℃で α 型から γ 型への相転移を起こす．炭素を固溶させることで，相転移温度は 910℃から 723℃まで低下する．これらの情報をもとに Fe–C 系の Fe 側の相図の概略図を描け．

7.9 ある A–B 系は単純な共晶系で，両端の相はある限られた範囲の固溶域を形成しているとする．この系の相図の概略図を描け．この相図と，図 7.14 の Mg$_2$SiO$_4$–Zn$_2$SiO$_4$ 系の相図を比較せよ．また，以下の項目を実験的に決めるにはどのようにすればよいか．(a) 固溶限界の組成，(b) それぞれの場合の固溶体の形成機構，(c) 共晶温度．

7.10 例をあげながら，相と成分の違いを説明せよ．どのような条件であれば，成分となる物質が相として現れるか．

7.11 MgAl$_2$O$_4$–Al$_2$O$_3$ 系の相図において（**図 Q.1**），MgO が 40 mol％，Al$_2$O$_3$ が 60 mol％の組成の液相を，平衡条件を保持しながらゆっくりと冷却した場合，どのような反応が進行するか述べよ．また，急速冷却をした場合には，生成物にどのような違いが見られるか．

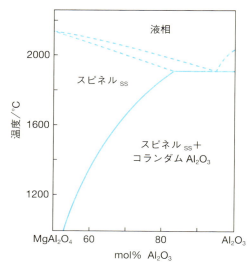

図 Q.1 MgAl$_2$O$_4$–Al$_2$O$_3$ 系の相図

■ 8章

8.1 ポリアセチレンは導電体であるのにポリエチレンは絶縁体なのはなぜか.

8.2 ポリピロールを(a)n型伝導体,(b)p型伝導体にするためにはどのような物質を添加すればよいか.

8.3 図8.8(a)に示された原子座標を用いて,$YBa_2Cu_3O_7$単位格子中の原子を,(a)ac面上と(b)bc面上に投影した図を描け.図8.8に示した格子定数の値を使って,Cu–O, Ba–O, Y–O距離を計算せよ.

8.4 バンドギャップ1.1 eVのシリコンのエネルギーバンド構造の概略図を描け.p型にするためにはどのような元素を加えればよいか.価電子帯の上端から0.01 eVの位置にアクセプター準位を含むエネルギーバンド構造を描け.室温ではアクセプター準位はどの程度占有されているか.励起の確率は,$\exp(-E/kT)$に比例するとせよ.不純物濃度が10^{-4}at%であるとすると,不純物に起因するキャリヤー.密度はどれくらいか.不純物が含まれない場合,室温での真性キャリヤー濃度はどれくらいになるだろうか.温度がどの程度になると,真性キャリヤー濃度が不純物に起因するキャリヤー濃度と同じになるか.

8.5 バンドギャップが0.7 eVのゲルマニウムについても,問題8.4と同じ検討をせよ.

8.6 実際に使われている半導体デバイスでは,価電子帯と伝導帯の間のバンドギャップは大きく,価電子帯や伝導帯と不純物準位のギャップは小さくなっているのはなぜか.

8.7 (a)1 cm^{3}あたり5×10^{18}個のB原子がドープされたSi片がある.(i)電子と(ii)ホールの濃度はどれくらいか.内因性欠陥濃度は1×10^{10} cm^{-3}とする.(b)試料の伝導度を計算せよ.ホールの移動度μ_hを0.05 m^2 V^{-1} s^{-1}とする.

8.8 (a)次のような不純物をNaCl結晶に少量添加した場合,NaClの伝導度にどのような効果が現れるだろうか.(i)KCl,(ii)NaBr,(iii)CaCl$_2$,(iv)AgCl,(v)Na$_2$O.(b)次のような不純物をAgClに少量添加した場合,AgClの伝導度にどのような効果が現れるだろうか.(i)AgBr,(ii)ZnCl$_2$,(c)Ag$_2$O.

8.9 図8.18に示すNaClの伝導度のデータを用いて,(a)陽イオン空孔の移動のエンタルピー,(b)ショットキー欠陥の生成エンタルピーの見積もりをせよ.得られた結果は表8.5に示された値と一致するはずである.

8.10 ある固体が,室温で10^{-5} S cm^{-1}の伝導度を示すとする.電気伝導をもたらすキャリヤー(電荷担体)が何であるかを決める方法を示せ.電気伝導が(a)電子,(b)Na$^+$イオン,(c)O^{2-}イオンによる場合,どのようにすればそれらを見分けることができるか.

8.11 図8.26にイオン交換によって合成された種々のβ–アルミナの伝導度が示してある.これらのデータを用いて,それぞれの頻度因子Aと活性化エネルギーEを求めよ.

8.12 図7.24を参考にして,Na/S電池をそれぞれ(a)200℃と(b)300℃の異なる温度で動作させた場合,その動作状況と電池としての実用性にどのような相違が見られるか説明せよ.

8.13 Na/S電池は電動用のバスや自動車の電源に応用するための開発が進められている(訳者注:現在では自動車用の電源としての開発は断念され,代わりに定置用の電力貯蔵電源としての開発が進められており,日本では実用化されている).自動車への応用を考えた場合,従来の鉛蓄電池と比較して,Na/S電池はどのような利点と欠点をもっているか.

8.14 固体電解質を使ったフッ素ガスセンサーのデバイス構造を提案せよ.

8.15 常誘電体(すなわち普通の誘電体),強誘電体,フェリ誘電体,反強誘電体間の違いは何か.

8.16 次の物質がコンデンサーの電極間に挿入された場合,1 kHzで測定される誘電率はどのような

値になるか．（a）Ar ガス，（b）水，（c）氷，（d）純粋な単結晶シリコン，（e）純粋な KBr 単結晶，（f）$CaBr_2$ がドープされた KBr 単結晶，（g）$Na\beta$–アルミナ，（h）$BaTiO_3$.

8.17 以下の結晶のうち，圧電性を示すと期待される物質はどれか．
（a）NaCl，（b）CaF_2，（c）CsCl，（d）ウルツ鉱構造の ZnS，（e）NiAs，（f）ルチル構造の TiO_2.

8.18 「焦電体は加熱により正味の自発分極を発生する物質である．」という記述の正当性を評価せよ．

8.19 誘電損失とは何か．何によって生じ，また電気絶縁体として使用する際にはどのようにして抑え込めばよいか．

8.20 固体電解質が高いイオン伝導度をもつために必須な構造上の要件は何か，例を用いて述べよ．

8.21 次の場合どのような欠陥が生成するか．（a）LiF に MgF をドープ．（b）NiO に Li_2O をドープ．これらのドープは電気的な性質にどのような影響を与えるだろうか．

8.22 以下の現象について説明せよ．

（a）LiF は電気的に絶縁体である．

（b）純粋な NiO は淡緑色の絶縁体であるが，空気中で加熱すると，黒色に変化し半導体となる．

（c）TiO は金属伝導を示す物質であるが，MnO は半導体であり，純粋な NiO は絶縁体である．これらはすべて，同じ岩塩構造をとっている．

8.23 化学量論組成の CsI に見られる主要な欠陥はショットキー欠陥である．ショットキー欠陥が生じる格子位置の割合は，温度に対して次のようになる：1.08×10^{-16}（300 K），1.06×10^{-12}（400 K），2.63×10^{-10}（500 K），1.04×10^{-8}（600 K），4.76×10^{-6}（900 K）．ショットキー欠陥の生成がアレニウスの式（またはボルツマンの式）で表せるかどうかを確認せよ．アレニウスの式に従う場合は，（a）1 個のショットキー欠陥と（b）1 モルのショットキー欠陥の生成エンタルピーを求めよ．

8.24 銅系高温超伝導体の化学式と構造についてその概略を述べよ．それらとペロブスカイト構造との関連を示し，Cu の配位環境が Cu の酸化状態を表す指標となることを説明せよ．

8.25 $LaBa_2Cu_3O_\delta$ のような物質の酸素量 δ を求めるには種々の方法がある．それらの欠点を示したうえで比較せよ．

8.26 固体電解質 YSZ を使った電池，Pt：Ni，Cu，NiO/YSZ/Ni，NiO：Pt の起電力（emf）は 1500 K で ＋0.2 V である．Ni と NiO の混合電極上の酸素分圧が 0.1 Pa であれば，Ni，Cu，NiO 混合電極上の酸素分圧はいくらになるか．

8.27 YSZ を用いた酸素センサーは非常に低い（$<10^{-15}$ Pa）酸素分圧や非常に高い（$>10^{15}$ Pa）酸素分圧の測定には不向きである．この理由について説明せよ．

■ 9 章

9.1 グイ天秤を使用して常磁性，強磁性，反強磁性の物質を測定した場合，それらの違いはどのように現れるか．

9.2 一酸化バナジウムは常磁性で高い電気伝導度を示すが，酸化ニッケルは常磁性/反強磁性転移をし，電気伝導度は低い．この現象を説明せよ．

9.3 次のスピネル化合物の磁気的挙動について説明せよ．

（a）$ZnFe_2O_4$ は反強磁性体である．

（b）$MgFe_2O_4$ はフェリ磁性を示し，その磁気モーメントは温度の上昇とともに増加する．

（c）$MnFe_2O_4$ はフェリ磁性を示し，その磁気モーメントは温度に対して変化しない．

9.4 情報記録媒体に使われている磁性体は，角張った長方形のヒステリシスループを示す．その理由を説明せよ．

9.5 純鉄が変圧器の磁心に使われないのはなぜか.

9.6 以下に示す Ni の磁化率のデータがキュリー・ワイス則に従っていることを示せ.

T/K	800	900	1000	1100	1200
$\chi \times 10^{-5}$	3.3	2.1	1.55	1.2	1.0

また, T_C, θ, C を求めよ.

9.7 $Ni_{1-x}Zn_xFe_2O_4$ において Ni を Zn で置き換えていくと, 飽和磁化は $x=0$ での 2.3 BM から $x=0.5$ の 5.2 BM へと増加する. 理由を説明せよ.

■ 10 章

10.1 ハロゲン化カリウムはすべて可視光で透明である. これらが不透明になる波長を計算せよ. バンドギャップのデータは表 3.19 の値を用いること.

10.2 固体材料がレーザー源として使用されるために, 備えていなければならない要件は何か.

10.3 反ストークス蛍光体は励起光より短い波長の光を放出する. なぜ, この現象がエネルギー保存の法則に反しないのか, 説明せよ.

参考文献

[全般的な内容に関して]

書　籍

D. M. Adams, *Inorganic Solids. An Introduction to Concepts in Solid-State Structural Chemistry*, John Wiley & Sons, Inc., New York（1974）

R. Cotterill, *The Material World*, Cambridge University Press, Cambridge（2008）

P. A. Cox, *The Electronic Structure and Chemistry of Solids*, Oxford University Press, Oxford（1987）；（日本語訳）魚崎浩平，米田 龍，高橋 誠，金子 晋 訳，固体の電子構造と化学，技報堂出版（1989）

P. A. Cox, *Transition Metal Oxides*, Oxford University Press, Oxford（2010）

P. K. Davies, A. J. Jacobson, C. C. Torardi and T. A. Vanderah（eds.）, *Solid State Chemistry of Inorganic Materials*, MRS Symposium Proceedings Series, Vol. 453, Materials Research Society, Warrendale, PA（1997）

B. D. Fahlman, *Materials Chemistry, 2nd Edition*, Springer, Dordrecht（2011）

W. Gao and N. M. Sammes, *An Introduction to Electronic and Ionic Materials*, World Scientific, Singapore（1999）

A. Guinier, *The Structure of Matter*, Arnold, London（1980）

A. Guinier and R. Jullien, *The Solid State : from Superconductors to Superalloys*, International Union of Crystallography, Oxford University Press, Oxford（1989）

P. J. F. Harris, *Carbon Nanotubes and Related Structures : New Materials for the Twenty-First Century*, Cambridge University Press, Cambridge（1999）

J. M. Honig and C. N. R. Rao（eds.）, *Preparation and Characterization of Materials*, Academic Press, New York（1981）

W. D. Kingery, H. K. Bowen and D. R. Uhlmann, *Introduction to Ceramics, 2nd Edition*, John Wiley & Sons, Inc., New York（1976）

W. J. Moore, *Seven Solid States*, W. A. Benjamin, New York（1967）

R. E. Newnham, *Structure–Property Relations*, Springer, New York（1975）

G. A. Ozin, A. C. Arsenault and L. Cademartiri, *Nanochemistry : a Chemical Approach to Nanomaterials*, RSC Publishing, Cambridge（2009）

S. K. Pati, T. Enoki, and C. N. R. Rao, *Graphene and its Fascinating Attributes*, World Scientific, Singapore（2011）

C. N. R. Rao（ed.）, *Chemistry of Advanced Materials*, Blackwell, Oxford（1993）

C. N. R. Rao and J. Gopalakrishnan, *New Directions in Solid State Chemistry*, Cambridge University Press, Cambridge（1997）

K. J. Rao（ed.）, *Perspectives in Solid State Chemistry*, Narosa Publications, New Delhi（1995）

R. E. Reed-Hill, *Physical Metallurgy Principles*, Van Nostrand Reinhold, New York（1964）

D. Sangeeta and J. R. LaGraff, *Inorganic Materials Chemistry Desk Reference, 2nd Edition*, CRC Press, Boca Raton, FL（2005）

L. E. Smart and E. A. Moore, *Solid State Chemistry, 4th Edition*, CRC Press, Boca Raton, FL（2012）

R. J. D. Tilley, *Understanding Solids : the Science of Materials*, John Wiley & Sons, Ltd., Chichester （2004）

M. T. Weller, *Inorganic Materials Chemistry*, Oxford University Press, Oxford （1994）

M. A. White, *Physical Properties of Materials*, CRC Press, Boca Raton, FL （2012）

A. Wold and K. Dwight, *Solid State Chemistry : Synthesis, Structure, and Properties of Selected Oxides and Sulfides*, Chapman and Hall, New York （1993）

J. D. Wright, *Molecular Crystals, 2nd Edition*, Cambridge University Press, Cambridge （1995）

H. Yanagida, K. Koumoto and M. Miyayama, *The Chemistry of Ceramics*, John Wiley & Sons, Inc., New York（1996）

戒能俊邦，菅野了次，材料科学 ―― 基礎と応用，東京化学同人（2008）

平尾一之 監修，ニューセラミックスガラス（ナノマテリアル工学大系 第 1 巻），フジテクノシステム（2005）

総説および原著論文

N. S. P. Bhuranesh and J. Gopalakrishnan, Solid state chemistry of early transition metal oxides containing d^0 and d^1 cations, *J. Mater. Chem.*, **7**, 2297（1997）

F. J. DiSalvo, Solid state chemistry ― a rediscovered chemical frontier, *Science*, **247**, 649 （1990）

［第 1 章　結晶構造と結晶化学／第 2 章　結晶の欠陥，非化学量論性および固溶体／第 3 章　固体における化学結合］

書　籍

桐山良一，桐山秀子，構造無機化学 I　第 3 版，共立出版（1979）

桐山良一，桐山秀子，構造無機化学 II　第 3 版，共立出版（1981）

桐山良一，構造無機化学 III　第 2 版，共立出版（1978）

桐山良一，固体構造化学，共立出版（1978）

小菅皓二，不定比化合物の化学，培風館（1985）

P. Atkins, T. Overton, J. Rourke, M. Weller, F. Armstrong 著，田中勝久，平尾一之，北川 進 訳，シュライバー・アトキンス無機化学（上）第 4 版，東京化学同人（2008）

J. E. Huheey 著，小玉剛二，中沢 浩 訳，ヒューイ無機化学（上），東京化学同人（1984）

中西典彦，坂東尚周 編著，小菅皓二，蘇我直弘，平野真一，金丸文一 著，無機ファイン材料の化学，三共出版（1988）

上村 洸，菅野 暁，田辺行人，配位子場理論とその応用，裳華房（1969）

小野寺嘉孝，群論入門，裳華房（1996）

F. Agullo-Lopez, C. R. A. Catlow and P. D. Townsend, *Point Defects in Materials*, Academic Press, New York （1988）

S. L. Altmann, *Band Theory of Solids : an Introduction from the Point of View of Symmetry*, Oxford University Press, Oxford（1994）

L. W. Barr and A. B. Lidiard, Defects in ionic crystals, in *Physical Chemistry : an Advanced Treatise, Vol. 10*（H. Eyring, D. Henderson and W. Jost eds.）, Academic Press, New York （1970）

J. K. Burdett, *Chemical Bonding in Solids*, Oxford University Press, Oxford （1995）

J. K. Burdett, *Chemical Bonds : a Dialog*, John Wiley & Sons, Ltd., Chichester （1997）

C. R. A. Catlow, *Computer Modelling in Crystallography*, Academic Press, New York （1997）

J. M. Dubois, *Useful Quasicrystals*, World Scientific, Singapore（2005）

L. Eyring and M. O'Keeffe（eds.）, *The Chemistry of Extended Defects in Non-Metallic Compounds*, North-Holland, Amsterdam（1970）

N. N. Greenwood, *Ionic Crystals, Lattice Defects and Nonstoichiometry*, Butterworths, London（1968）

D. T. Griffin, *Silicate Crystal Chemistry*, Oxford University Press, Oxford（1992）

R. M. Hazen and L. W. Finger, *Comparative Crystal Chemistry*, John Wiley & Sons, Ltd., Chichester（1984）

R. Hoffmann, *Solids and Surfaces : a Chemist's View of Bonding in Extended Structures*, Wiley-VCH Inc., New York（1988）

B. G. Hyde and S. Andersson, *Inorganic Crystal Structures*, John Wiley & Sons, Inc., New York（1989）

H. W. Jaffe, *Crystal Chemistry and Refractivity*, Cambridge University Press, Cambridge（1988）

C. Janot, *Quasicrystals : a Primer*, Oxford University Press, Oxford（1992）

P. Kofstad, *Non-Stoichiometry, Electrical Conductivity and Diffusion in Binary Metal Oxides*, John Wiley & Sons, Inc., New York（1972）

F. A. Kröger, *The Chemistry of Imperfect Crystals*, North-Holland, Amsterdam（1974）

F. Liebau, *Structural Chemistry of Silicates*, Springer, Berlin（1985）

H. D. Megaw, *Crystal Structures, a Working Approach*, Saunders, Philadelphia, PA（1973）

U. Müller, *Inorganic Structural Chemistry*, John Wiley & Sons, Ltd., Chichester（1992）

D. Pettifor, *Bonding and Structure of Molecules and Solids*, Oxford University Press, Oxford（1995）

J. C. Phillips and G. Lucovsky, *Bonds and Bands in Semiconductors, 2nd Edition*, Momentum Press, New York（2009）

A. L. G. Rees, *Chemistry of the Defect Solid State*, Methuen, London（1954）

M. Senechal, *Quasicrystals and Geometry*, Cambridge University Press, Cambridge（1995）

R. J. D. Tilley, *Defect Crystal Chemistry and its Applications*, Blackie, Glasgow（1987）

A. F. Wells, *Structural Inorganic Chemistry*, Oxford University Press, Oxford（1984）

M. J. Winter, *Chemical Bonding*, Oxford University Press, Oxford.（1994）

R. W. G. Wyckoff, *Crystal Structures, Vol. 1-6*, John Wiley & Sons, Inc., New York（1971）

E. Zolotoyabko, *Basic Concepts of Crystallography*, Wiley-VCH Verlag GmbH, Weinheim（2011）

総説および原著論文

D. Arnold and F. Morrison, B-cation effects in relaxor and ferroelectric tetragonal tungsten bronzes, *J. Mater. Chem.*, **19**, 6485（2009）

T. P. Beales, Properties and substitutional chemistry of layered lead cuprate superconductors, *J. Mater. Chem.*, **8**, 1（1998）

L. Bindi, P. J. Steinhardt, N. Yao and P. J. Lu, Natural quasicrystals, *Science*, **324**, 1306（2009）

J. K. Burdett, Some aspects of the metal–insulator transition, *Chem. Soc. Rev.*, **23**, 299（1994）

A. Corma and A. Martinez, Zeolites and zeotypes as catalysts, *Adv. Mater.*, **7**, 137（1995）

J. Darriet and M. A. Subramanian, Structural relationships between compounds based on the stacking of mixed layers related to hexagonal perovskite structures, *J. Mater. Chem.*, **5**, 543（1995）

W. I. F. David, R. M. Ibberson, J. C. Matthewman, *et al.*, Crystal structure and bonding of ordered C_{60}, *Nature*, **353**, 147（1991）

R. C. Ewing, W. J. Weber and J. Lian, Nuclear waste disposal — pyrochlore（$A_2B_2O_7$）: nuclear waste form for the immobilization of plutonium and 'minor' actinides, *J. Appl. Phys.* **95**, 5949（2004）

L. Howes, Quasicrystals scoop prize, *Chem. World, November*, 38（2011）

M. Kawaguchi, B/C/N semiconductors based on the graphite network, *Adv. Mater.*, **9**, 615（1997）

H. W. Kroto, A. W. Allaf and S. P. Balm, C_{60} : buckminsterfullerene, *Chem. Rev.*, **91**, 1213（1991）

J. Nolting, Disorder in solids, *Angew. Chem. Int. Ed. Engl.*, **9**, 989（1970）

B. Raveau, C. Michel, M. Hervieu and A. Maignan, Crystal chemistry of superconducting mercury-based cuprates and oxycarbonates, *J. Mater. Chem.*, **5**, 803（1995）

M. J. Rosseinsky, Fullerene intercalation chemistry, *J. Mater. Chem.*, **5**, 1497（1995）

R. D. Shannon and C. T. Prewitt, Effective ionic radii in oxides and fluorides, *Acta Crystallogr.*, **B25**, 925（1969）；Revised values of effective ionic radii, *Acta Crystallogr.*, **B26**, 1046（1970）；Revised effective ionic radii and systematic studies of interatomic distances in halides and chalcogenides, *Acta Crystallogr.*, **A32**, 751（1976）

M. A. Subramanian, G. Aravamudan and G. V. Subba Rao, Oxide pyrochlores, *Prog. Solid State Chem.*, **15**, 55（1983）

R. Tenne, Doped and heteroatom-containing fullerene-like structures and nanotubes, *Adv. Mater.*, 7, 965（1995）

J. M. Thomas, Topography and topology in solid state chemistry, *Philos. Trans. R. Soc. London, Ser. A*, **277**, 251（1974）

［第 4 章　合成，プロセッシング，製造法］

書　籍

庄野安彦，床次正安，入門 結晶化学　増補改訂版，内田老鶴圃（2009）

中西典彦，坂東尚周 編著，小菅皓二，蘇我直弘，平野真一，金丸文一 著，無機ファイン材料の化学，三共出版（1988）

R. M. Barrer, *Hydrothermal Chemistry of Zeolites*, Academic Press, London（1982）

L. C. Klein（ed.）, *Sol–Gel Technology for Thin Films, Fibers, Preforms, Electronics and Speciality Shapes*, Noyes Publications, Park Ridge, NJ（1988）

J. Rouxel, M. Tournoux and R. Brec, *Soft Chemistry Routes to New Materials : Chimie Douce*, Materials Science Forum, Vol. 152 and 153, Transtech Publications, Zürich（1994）

U. Schubert and N. Hüsing, *Synthesis of Inorganic Materials, 3rd Edition*, Wiley-VCH Verlag GmbH, Weinheim（2012）

D. H. Segal, *Chemical Synthesis of Advanced Ceramic Materials*, Cambridge University Press, Cambridge（1994）

R. A. Street, *Hydrogenated Amorphous Silicon*, Cambridge University Press, Cambridge（1991）

J. D. Wright and N. A. J. M. Sommerdijk, *Sol–Gel Materials : Chemistry and Applications*, Gordon and Breach Science, New York（2001）

総説および原著論文

J. C. Angus and C. C. Hayman, Low pressure growth of diamond, *Science*, **241**, 913（1988）

S. T. Aruna and A. S. Mukasyan, Combustion synthesis and nanomaterials, *Curr. Opin. Solid State Mater. Sci.*, **12**, 44（2008）

M. N. R. Ashfold, P. W. May, C. A. Rego and N. M. Everitt, Thin film diamond by chemical vapor deposition methods, *Chem. Soc. Rev.*, **23**, 21（1994）

J. H. Bang, W. H. Suh and K. S. Suslick, Quantum dots from chemical aerosol flow synthesis : preparation, characterization and cellular imaging, *Chem. Mater.*, **20**, 4033(2008)

A. R. Barron, CVD of SiO_2 and related materials : an overview, *Adv. Mater. Opt. Electron.*, **6**, 101(1996)

I. Bilecka and M. Niederberger, Microwave chemistry for inorganic nanomaterials synthesis, *Nanoscale*, **2**, 1358(2010)

J. Bill and F. Aldinger, Precursor-derived covalent ceramics, *Adv. Mater.*, **7**, 775(1995)

M. Binnewies, R. Glaum, M. Schmidt and P. Schmidt, Chemical vapor transport reactions — a historical review, *Z. Anorg. Allg. Chem.*, **639**, 219(2013)

J.-O. Carlsson and U. Jansson, Progress in chemical vapor deposition, *Prog. Solid State Chem.*, **22**, 237 (1993)

L.-H. Chen, *et al.*, Hierarchically structured zeolites synthesis, mass transport properties and applications, *J. Mater. Chem.*, **22**, 17381(2012)

W. Choi, *et al.*, Synthesis of graphene and its applications : A review, *Crit. Rev. Solid State and Mat. Sci.*, **35**, 52(2010)

A. H. Cowley and R. A. Jones, Single source III/V precursors, *Angew. Chem. Int. Ed. Engl.*, **28**, 1208 (1989)

P. B. Davies and P. M. Martineau, Diagnostics and modelling of silane and methane plasma CVD processes, *Adv. Mater.*, **4**, 729(1992)

M. K. Devaraju, D. Rangappa and I. Honma, Controlled synthesis of nanocrystalline Li_2MnSiO_4 particles for high capacity cathode application in lithium-ion batteries, *Chem. Commun.*, **48**, 2698(2012)

W. Du, X. Jiang and L. Zhu, From graphite to graphene : direct liquid-phase exfoliation of graphite to produce single-and few-layered pristine graphene, *J. Mater. Chem.*, **A1**, 12695(2013)

E. G. Gillan and R. B. Kaner, Synthesis of refractory ceramics via metathesis reactions between solid state precursors, *Chem. Mater.*, **8**, 333(1996)

C. Greaves and M. G. Francesconi, Fluorine insertion in inorganic materials, *Curr. Opin. Solid State Mater. Sci.*, **3**, 144(1998)

A. Gurav, T. Kodas, T. Pluym and Y. Xiong, Aerosol processing of materials, *Aerosol Sci. Technol.*, **19**, 411(1993)

J. F. Hamet and B. Mercey, Laser ablation for the growth of materials, *Curr. Opin. Solid State Mater. Sci.*, **3**, 144(1998)

M. J. Hampden-Smith and T. V. Kodas, Chemical vapor deposition of metals, *Chem. Vap. Deposition*, **1**, 8–23 ; 39–48(1995)

M. L. Hand, M. C. Stennett and N. C. Hyatt, Rapid low temperature synthesis of a titanate pyrochlore by molten salt mediated reaction, *J. Eur. Ceram. Soc.*, **32**, 3211(2012)

A. C. Jones, Developments in metalorganic precursors for semiconductor growth from the vapor phase, *Chem. Soc. Rev.*, **26**, 101(1997)

A. I. Khan and D. O'Hare, Intercalation chemistry of layered double hydroxides : recent developments and applications, *J. Mater. Chem.*, **12**, 3191(2002)

L. C. Klein, Sol–gel processing of silicates, *Annu. Rev. Mater. Sci.*, **15**, 227(1985)

F. F. Lange, Powder processing science and technology for increased reliability, *J. Am. Ceram. Soc.*, **72**, 3(1989)

H. Lange, G. Wötting and G. Winter, Silicon nitride — from powder synthesis to ceramic materials, *Angew. Chem. Int. Ed. Engl.*, **30**, 1579(1991)

H. Schäfer, Preparative solid state chemistry : the present position. *Angew. Chem.*, **10**, 43(1971)

M. Leskelä and M. Ritala, Atomic layer deposition chemistry : recent developments and future challenges, *Angew. Chem. Int. Ed.*, **42**, 5548(2003)

J. Livage, Sol–gel processes, *Curr. Opin. Solid State Mater. Sci.*, **1**, 132(1996)

J. Livage, M. Henry and C. Sanchez, Sol–gel chemistry of transition metal oxides, *Prog. Solid State Chem.*, **18**, 259(1988)

V. Miikkulainen, M. Leskelä, M. Ritala and R. L. Puurunen, Crystallinity of inorganic films grown by ALD ; overview and general trends, *J. Appl. Phys.*, **113**, 021301(2013)

H. Morkoç, III-nitride semiconductor growth by MBE : recent issues, *J. Mater. Sci. Mater. Electron.*, **12**, 677(2001)

R. E. Morris and S. J. Weigel, The synthesis of molecular sieves from non-aqueous solvents, *Chem. Soc. Rev.*, **26**, 309(1997)

L. Niinstö, Atomic layer epitaxy, *Curr. Opin. Solid State Mater. Sci.*, **3**, 147(1998)

P. O'Brien and R. Nomura, Single molecule precursors for deposition of semiconductors by MOCVD, *J. Mater. Chem.*, **5**, 1761(1995)

K. Ohtsuka, Preparation and properties of two-dimensional microporous pillared interlayered solids, *Chem. Mater.*, **9**, 2039(1997)

R. T. Paine and C. K. Narula, Synthetic routes to boron nitride, *Chem. Rev.*, **90**, 73(1990)

I. P. Parkin, Solvent-free reactions in the solid state : solid state metathesis, *Transition. Met. Chem.*, **27**, 569(2002)

J. Prado-Gonjal, A. M. Arévalo-López and E. Moran, Microwave-assisted synthesis : a fast and efficient route to produce LaMO$_3$: M = Al, Cr, Mn, Fe, Co perovskite, *Mater. Res. Bull.*, **46**, 222(2011)

C. N. R. Rao, Chemical synthesis of solid inorganic materials, *Mater. Sci. Eng.*, **B18**, 1–21(1993)

C. N. R. Rao and J. Rouxel, Synthesis and reactivity of solids, *Curr. Opin. Solid State Mater. Sci.*, **1**, 225 (1996)

K. J. Rao, B. Vaidhyanathan, M. Ganguli and P. A. Ramakrishnan, Synthesis of inorganic solids using microwaves, *Chem. Mater.*, **11**, 882(1999)

J. Robertson, Hard amorphous(diamond-like)carbons, *Prog. Solid State Chem.*, **21**, 199(1991)

R. Roy, S. Komarneni and L. J. Yang, Controlled microwave heating and melting of gels, *J. Am. Ceram. Soc.*, **68**, 392(1985)

R. Safi and H. Shokrollahi, Physics, chemistry and synthesis methods of nanostructured bismuth ferrite, BiFeO$_3$, as a ferroelectric-magnetic material, *Prog. Solid State Chem.*, **40**, 6(2012)

A. B. Sawaska, M. Takamatsu and T. Akashi, Shock compression synthesis of diamond, *Adv. Mater.*, **6**, 346(1994)

R. Schöllhorn, Intercalation systems as nanostructured functional materials, *Chem. Mater.*, **8**, 1747 (1996)

P. G. Schultz and X.-D. Xiang, Combinatorial approaches to materials science, *Curr. Opin. Solid State Mater. Sci.*, **3**, 153(1998)

D. Segal, Chemical synthesis of ceramic materials, *J. Mater. Chem.*, **7**, 1297(1997)

V. Šepelák, S. M. Becker, I. Bergmann, *et al.*, Nonequilibrium structure of Zn$_2$SnO$_4$ spinel nanoparticles, *J. Mater. Chem.*, **22**, 3117(2012)

J. Shim, *et al.*, Atomic layer deposition of thin-film ceramic electrodes for high performance fuel cells, *J.*

Mater. Chem., **Al**, 12695(2013)

M. K. Singh, Y. Yang and C. G. Takoudis, Synthesis of multifunctional multiferroic materials from metal organics, *Coord. Chem. Rev.*, **253**, 2920(2009)

F. T. J. Smith, Low pressure organometallic epitaxy of the III–V compounds, *Prog. Solid State Chem.*, **19**, 111(1989)

K. E. Spear, Diamond — ceramic coating of the future, *J. Am. Ceram. Soc.*, **72**, 171(1989)

R. Strobel and S. E. Pratsinis, Flame aerosol synthesis of smart nanostructured materials, *J. Mater. Chem.* **17**, 4743(2007)

K. S. Suslick and G. J. Price, Applications of ultrasound to materials chemistry, *Annu. Rev. Mater. Sci.*, **29**, 295(1999)

M. T. Weller and S. E. Dann, Hydrothermal synthesis of zeolites, *Curr. Opin. Solid State Mater. Sci.*, **3**, 137(1998)

H. C. Yi and J. J. Moore, Self-propagating high-temperature(combustion)synthesis(SHS)of powder compacted materials, *J. Mater. Sci.*, **25**, 1159(1990)

F. Zaera, The surface chemistry of thin film atomic layer deposition processes for electronic device manufacturing, *J. Mater. Chem.*, **18**, 3521(2008)

V. V. Zyranov, Mechanochemical synthesis of complex oxides, *Russ. Chem. Rev.*, **7**, 105(2008)

[第 5 章　結晶学と回折法]

書　籍

早稲田嘉夫，松原英一郎，X 線構造解析―原子の配列を決める，内田老鶴圃(1998)

S. M. Allen, E. L. Thomas 著，斎藤秀俊，大塚正久 訳，物質の構造―マクロ材料からナノ材料まで，内田老鶴圃(2003)

桜井敏雄，X 線結晶解析の手引き(応用物理学選書)，裳華房(1983)

B. D. Culity 著，松村源太郎 訳，X 線回折要論，アグネ承風社(1999)

G. E. Bacon, *Neutron Diffraction*, Oxford University Press, Oxford(1975).

P. Coppens, *Synchrotron Radiation Crystallography*, Academic Press, New York(1992)

B. D. Cullity, *Elements of X-ray Diffraction*, *2nd Edition*, Addison Wesley Reading, MA(1978)

W. I. F. David, K. Shankland, L. B. McCuster and C. Baerlocher(eds.), *Structure Determination from Powder Diffraction Data*, IUCr Monographs on Crystallography 13, International Union of Crystallography, Oxford University Press, Oxford(2003)

M. De Graef and M. E. McHenry, *Structure of Materials : an Introduction to Crystallography, Diffraction and Symmetry*, *2nd Edition*, Cambridge University Press, Cambridge(2012)

L. S. Dent Glasser, *Crystallography and its Applications*, Van Nostrand Reinhold, New York(1977)

R. E. Dinnebier and S. J. L. Billinge(eds.), *Powder Diffraction*, *Theory and Practice*, RSC Publishing, Cambridge(2008)

T. Hahn(ed.), *International Tables for X-ray Crystallography*, *Vol. A*, *5th Edition*, John Wiley & Sons, Ltd., Chichester(2005)

C. Hammond, *The Basics of Crystallography and Diffraction*, IUCr texts on Crystallography 3, International Union of Crystallography, Oxford University Press, Oxford(1997)

A. Kelly and K. M. Knowles, *Crystallography and Crystal Defects*, *2nd Edition*, John Wiley & Sons, Ltd., Chichester(2012)

D. McKie and C. McKie, *Essentials of Crystallography*, Blackwell, Oxford（1986）

V. K. Pecharsky and P. Y. Zavalij, *Fundamentals of Powder Diffraction and Structural Characterization of Materials*, Kluwer, Dordrecht（2003）

J. Wormald, *Diffraction Methods*, Clarendon Press, Oxford（1973）

R. A. Young（ed.）, *The Rietveld Method*, IUCr Monographs on Crystallography 5, International Union of Crystallography, Oxford University Press, Oxford（1993）

E. Zolotoyabko, *Basic Concepts of Crystallography*, Wiley-VCH Verlag GmbH, Weinheim（2011）

［第6章 顕微鏡法，分光法，熱分析法］
書 籍

太田俊明，X線吸収分光法―XAFSとその応用，アイピーシー（2002）

日本分光学会 編，X線・放射光の分光（分光測定入門シリーズ），講談社（2009）

D. C. Apperley, R. K. Harris and P. Hodgkinson, *Solid-State NMR : Basic Principles and Practice*, Momentum Press, New York（2012）

G. M. Bancroft, *Mössbauer Spectroscopy*, McGraw-Hill, New York（1973）

A. Bianconi, L. Incoccia and S. Stipcich（eds.）, *EXAFS and Near Edge Structure*, Springer, Berlin（1983）

R. W. Cahn（ed.）, *Concise Encyclopedia of Materials Characterization, 2nd Edition*, Elsevier, Amsterdam（2005）

A. K. Cheetham and P. Day（eds.）, *Solid State Chemistry : Techniques*, Oxford University Press, Oxford（1987）

T. Daniels, *Thermal Analysis*, Kogan Page, London（1973）

M. J. Duer, *Introduction to Solid-State NMR Spectroscopy*, Blackwell, Oxford（2004）

G. Engelhardt and D. Michel, *High Resolution Solid State NMR of Silicates and Zeolites*, John Wiley & Sons, Ltd., Chichester（1987）

J. García Solé, L. E. Bausá and D. Jaque, *An Introduction to the Optical Spectroscopy of Inorganic Solids*, John Wiley & Sons, Ltd., Chichester（2005）

J. T. Grant and D. Briggs, *Surface Analysis by Auger and X-Ray Photoelectron Spectroscopy*, IM Publications, Chichester（2003）

P. J. Grundy and G. A. Jones, *Electron Microscopy in the Study of Materials*, Arnold, London（1976）

N. H. Hartshorne and A. Stuart, *Practical Optical Crystallography*, Arnold, London（1971）

P. C. H. Mitchell, S. F. Parker, A. J. Ramirez-Cuesta and J. Tomkinson, *Vibrational Spectroscopy with Neutrons*, World Scientific, Singapore（2005）

R. E. Newnham and R. Roy, Structural characterization of solids, in *Treatise on Solid State Chemistry*, *Vol. 2*（N. B. Hannay ed.）, Plenum Press, New York（1975）, p. 437

K. Oura, V. G. Lifshits, A. A. Saranin, *et al.*, *Surface Science : an Introduction* Springer, Berlin（2003）

K. Siegbahn, C. Nordling, A. Fahlman, *et al.*, *ESCA : Atomic, Molecular and Solid State Structure Studied by Means of Electron Spectroscopy*, Almquist and Wicksells, Uppsala（1967）

P. van der Heide, *X-Ray Photoelectron Spectroscopy : an Introduction to Principles and Practice*, John Wiley & Sons, Inc., Hoboken, NJ（2012）

W. W. Wendlandt, *Thermal Methods of Analysis*, John Wiley & Sons, Inc., New York（1974）

D. B. Williams and C. B. Carter, *Transmission Electron Microscopy*, Plenum Press, New York（1996）

A. H. Zewail and J. M. Thomas, *4D Electron Microscopy*, Imperial College Press, London（2010）

J. Zussman（ed.）, *Physical Methods in Determinative Mineralogy*, Academic Press, New York（1977）

総説および原著論文

C. W. T. Bulle-Lieuwma, W. Coene and A. F. de Jong, High resolution electron microscopy of semi-conductors and metals, *Adv. Mater.*, **3**, 368（1991）

L. Eyring, The application of high-resolution electron microscopy to problems in solid state chemistry, *J. Chem. Edu.*, **57**, 565（1980）

S. Hackwood and R. G. Linford, Physical techniques for the study of solid electrolytes, *Chem. Rev.*, **81**, 327（1981）

W. Jones and J. M. Thomas, Applications of electron microscopy to organic solid state chemistry, *Prog. Solid State Chem.*, **12**, 101（1979）

L. Kihlborg, High resolution electron microscopy in solid state chemistry, *Prog. Solid State Chem.*, **20**, 101（1990）

M. W. Roberts, Photoelectron spectroscopy and surface chemistry, *Chem. Br.*, **510**（1981）

M. Rühle, Microscopy of structural ceramics, *Adv. Mater.*, **9**, 195（1997）

B. G. Williams, Electron energy loss spectroscopy, *Prog. Solid State Chem.*, **17**, 87（1986–1987）

［第 7 章　相図とその解釈］

書　籍

田中一義，田中庸裕，物理化学（化学マスター講座），丸善（2010）

橋本謙一，一・二成分系状態図，（社）窯業協会（1951）

橋本謙一，三成分系状態図，（社）窯業協会（1956）

耐火物技術協会講座委員会 編，山口明良 総括著者，すぐ使える状態図──高温セラミックスの実例を中心に，耐火物技術協会（1990）

山口明良，高温セラミックス材料を中心とした相平衡状態図の読み方，耐火物技術協会（1992）

R. A. Swalin 著，上原邦雄，笠原英志，佐田登志夫，篠崎 襄，中山一雄，花田桂一，水野万亀雄，吉川弘之 訳，固体の熱力学，コロナ社（1965）

P. Gordon 著，平野賢一，根元 實 訳，平衡状態図の基礎，丸善（1971）

H. B. Callen 著，山本常信，小田垣 孝 共訳，キャレン熱力学（上）（下）──平衡状態と不可逆過程の熱物理学入門，吉岡書店（1978）

A. M. Alper（ed.）, *High Temperature Oxides, Vol. 1–4*, Academic Press, New York（1971）

A. M. Alper, *Phase Diagrams, Vol. 1–5*, Academic Press, New York（1976）

C. G. Bergeron and S. H. Risbud, *Introduction to Phase Equilibria in Ceramics*, American Ceramic Society, Westerville, OH（1984）

W. G. Ernst, *Petrologic Phase Equilibria*, Freeman, San Francisco, CA（1976）

A. Findlay, *The Phase Rule and Its Applications, 9th Edition*, Dover, New York（1951）

P. Gordon, *Principles of Phase Diagrams in Materials Systems*, McGraw-Hill, New York（1968）

Phase Diagrams for Ceramists, 1964 Edition, 1969 Suppl., 1975 Suppl., 1981 Suppl., American Ceramic Society, Columbus, OH : the standard work of reference for phase diagrams of non-metallic inorganic materials.

総説および原著論文

S. V. Ushakov and A. Navrotsky, Experimental approaches to the thermodynamics of ceramics above 1500℃, *J. Am. Ceram. Soc.*, **95**, 1463（2012）

[第 8 章　電気的性質]

書　籍

岡崎　清，セラミックス誘電体工学　第 4 版，学献社（1992）

中嶋貞雄，超伝導入門（新物理学シリーズ 9），培風館（1985）

田川博章，固体酸化物燃料電池と地球環境，アグネ承風社（1998）

齋藤安俊，丸山俊夫 編訳，固体の高イオン伝導—電気化学的エネルギー変換・センサーへの基礎（JME 材料科学），内田老鶴圃（1999）

K. Seeger 著，山本恵一，林　真至，青木和徳 共訳，セミコンダクターの物理学(上)(下)，吉岡書店（1991）

V. S. Bagotsky, *Fuel Cells : Problems and Solutions, 2nd Edition*, John Wiley & Sons, Inc., Hoboken, NJ（2012）

S. Blundell, *Magnetism*, Oxford University Press, Oxford（2009）

P. G. Bruce(ed.), *Solid State Electrochemistry*, Cambridge University Press, Cambridge（1995）

J. C. Burfoot and G. W. Taylor, *Polar Dielectrics and Their Applications*, University of California Press, Berkeley, CA（1979）

G. Burns, *High-Temperature Superconductivity : an Introduction*, Academic Press, San Diego, CA（1992）

P. Colomban(ed.), *Proton Conductors : Solids, Membranes and Gels — Materials and Devices*, Cambridge University Press, Cambridge（1992）

P. A. Cox, *The Electronic Structure and Chemistry of Solids*, Oxford University Press, Oxford（1987）

R. M. Dell and D. A. J. Rand, *Understanding Batteries*, Royal Society of Chemistry, Cambridge（2001）

P. P. Edwards and C. N. R. Rao(eds.), *Metal–Insulator Transitions Revisited*, Taylor and Francis, London（1995）

D. A. Fraser, *The Physics of Semiconductor Devices*, Oxford University Press, Oxford（1986）

W. Gao and N. M. Sammes, *An Introduction to Electronic and Ionic Materials*, World Scientific, Singapore（2006）

P. J. Gellings and H. J. M. Bouwmeester, *Solid State Electrochemistry*, CRC Press, Boca Raton, FL（1997）

K. Huang and J. B. Goodenough, *Solid Oxide Fuel Cell Technology*, Woodhead Publishing, Cambridge（2009）

R. A. Huggins, *Advanced Batteries*, Springer, New York（2009）

D. Jiles, *Electronic Properties of Materials*, Chapman and Hall, London（1994）

A. K. Jonscher, *Universal Relaxation Law*, Chelsea Dielectrics Press（1996）

工藤轍一，笛木和雄，固体アイオニクス，講談社（1986）；T. Kudo and K. Fueki, *Solid State Ionics*, VCH Verlag GmbH, Weinheim（1990）

P. Knauth and M. L. DiVona(eds.), *Solid State Proton Conductors*, John Wiley & Sons, Ltd., Chichester（2012）

J. Maier, *Physical Chemistry of Ionic Materials : Ions and Electrons in Solids*, John Wiley & Sons, Ltd., Chichester（2004）

M. D. McCluskey and E. E. Haller, *Dopants and Defects in Semiconductors*, CRC Press, Boca Raton, FL（2012）

N. B. McKeown, *Phthalocyanine Materials : Synthesis, Structure and Function*, Cambridge University Press, Cambridge（1998）

D. V. Morgan and K. Board, *An Introduction to Semiconductor Microtechnology*, John Wiley & Sons,

Ltd., Chichester(1983)

A. J. Moulson and J. M. Herbert, *Electroceramics : Materials, Properties, Applications, 2nd Edition*, John Wiley & Sons, Ltd., Chichester(2003)

G. Schopf and G. Kossmehl, *Polythiophenes — Electrically Conductive Polymers*, Springer, Berlin(1997)

R. B. Seymour, *Conductive Polymers*, Plenum Press, New York(1981)

L. Solymar and D. Walsh, *Electrical Properties of Materials*, Oxford University Press, Oxford(2004)

J. L. Sudworth and A. R. Tilley, *The Sodium Sulfur Battery*, Chapman & Hall, London(1985)

S. M. Sze, *Semiconductor Devices*, John Wiley & Sons, Inc., New York(1985)

G. Vidali, *Superconductivity : the Next Revolution?*, Cambridge University Press, Cambridge(1993)

C. A. Vincent, *Modern Batteries : an Introduction to Electrochemical Power Sources*, Arnold, London (1984)

総説および原著論文

H. Asahi, Self-organised quantum wires and dots in III–V semiconductors, *Adv. Mater.*, **9**, 1019(1997)

A. Battacharya and A. De, Conducting composites of polypyrrole and polyaniline, *Prog. Solid State Chem.*, **24**, 141(1996)

K. Bechgard and D. Jerome, Organic superconductors, *Sci. Am.*, **247**, 50(1982)

D. Bloor, Plastics that conduct electricity, *New Sci.*, **1981**, 577(1982)

P. G. Bruce, S. A. Freunberger, L. J. Hardwick and J.-M. Tarascon, $Li-O_2$ and Li-S batteries with high energy storage, *Nature Materials*, **11**, 19(2012)

M. R. Bryce and L. C. Murphy, Organic metals, *Nature*, **309**, 119(1984)

R. M. Dell(ed.), Materials for electrochemical power systems : a discussion, *Philos. Trans. R. Soc. London, Ser. A*, **354**, 1513(1996)

V. Etacheri, R. Marom, R. Elazari, G. Salitra and D. Aurbach, Challenges in the development of advanced Li-ion batteries : a review, *Energy and Environ.*, **4**, 3243(2011)

O. Gunnarsson, Superconductivity in fullerides, *Rev. Mod. Phys.*, **69**, 575(1997)

P. He, H. Yu, De Li and H. Zhou, Layered lithium transition metal oxide cathodes towards high energy lithium-ion batteries, *J. Mater. Chem.*, **22**, 3680(2012)

H. E. Katz, Organic molecular solids as thin film transistor semiconductors, *J. Mater. Chem.*, **7**, 369 (1997)

V. V. Kharton, F. M. B. Marques and A. Atkinson, Transport properties of solid oxide electrolyte ceramics : a brief review, *Solid State Ionics*, **174**, 135(2004)

P. Knauth, Inorganic solid Li ion conductors : An overview, *Solid State Ionics*, **180**, 911(2009)

P. M. Levy and S. Zhang, Spin dependent tunnelling, *Curr. Opin. Solid State Mater. Sci.*, **4**, 223(1999)

N. Martin, Tetrathiafulvalene : the advent of organic metals, *Chem. Commun.*, **49**, 7025(2013)

P. J. Nigrey, D. McInnes, D. P. Nairs, *et al.*, Lightweight rechargeable storage batteries using poly-acetylene$(CH)_x$ as the cathode active material, *J. Electrochem. Soc.*, **128**, 1651(1981)

S. C. O'Brien, The chemistry of the semiconductor industry, *Chem. Soc. Rev.*, **25**, 393(1996)

M. O'Keeffe and B. G. Hyde, The solid electrolyte transition and melting in salts, *Philos. Mag.*, **B3**, 219 (1976)

J. R. Owen, Rechargeable lithium batteries, *Chem. Soc. Rev.*, **26**, 259(1997)

C. N. R. Rao and A. K. Ganguli, Structure–property relations in superconducting cuprates, *Chem. Soc. Rev.*, **24**, 1(1995)

H. Rickert, Solid ionic conductors — principles and applications, *Angew. Chem. Int. Ed. Engl.*, **17**, 37（1978）

P. R. Slater, J. E. H. Sansom and J. R. Tolchard, Development of apatite-type oxide ion conductors, *Chem. Rec.*, **4**, 373（2004）

K. Takeda, Progress and prospective of solid-state lithium batteries, *Acta Mat.*, **61**, 759（2013）

T. Takahashi, Solid silver ion conductors, *J. Appl. Electrochem.*, **3**, 79（1973）

K. Tanigaki and K. Prassides, Conducting and superconducting properties of alkali metal C_{60} fullerides, *J. Mater. Chem.*, **5**, 1515（1995）

J. Tirado, Inorganic materials for the negative electrode of lithium-ion batteries : state-of-the-art and future prospects, *Mater. Sci. Eng.*, **R40**, 103（2003）

A. E. Underhill, Molecular metals and superconductors, *J. Mater. Chem.*, **2**, 1（1992）

A. Vayrynen and J. Salminen, Lithium ion battery production, *J. Chem. Thermodynamics*, **46**, 80（2012）

A. R. West, Solid electrolytes, *J. Mater. Chem.*, **1**, 157（1991）

M. Winter, J. O. Besenhard, M. E. Spahr and P. Novák, Insertion electrode materials for rechargeable lithium batteries, *Adv. Mater.*, **10**, 725（1998）

F. Wudl, G. M. Smith and E. J. Hufnagel, bis-1,3-dithiolium chloride : an unusually stable organic radical cation, *Chem. Commun.*, 1453（1970）

［第 9 章　磁気的性質］
書　籍

近角聡信，強磁性体の物理（上）—物質の磁性（物理学選書 4），裳華房（1978）

近角聡信，強磁性体の物理（下）—磁気特性と応用（物理学選書 18），裳華房（1978）

近角聡信，太田恵造，安達健五，津屋　昇，石川義和，磁性体ハンドブック，朝倉書店（1975）

S. Blundell, *Magnetism*, Oxford University Press, Oxford（2012）

D. J. Craik（ed.）, *Magnetic Oxides, Parts 1 and 2*, John Wiley & Sons, Ltd., London（1975）

J. Crangle, *Solid State Magnetism*, Arnold, London（1991）

J. B. Goodenough, *Magnetism and the Chemical Bond*, John Wiley & Sons, Inc., New York（1963）

D. Jiles, *Introduction to Magnetism and Magnetic Materials*, Chapman and Hall, London（1991）

K. J. Standley, *Oxide Magnetic Materials*, Clarendon Press, Oxford（1972）

R. S. Tebble and D. J. Craik, *Magnetic Materials*, John Wiley & Sons, Inc., New York（1979）

R. Valenzuela, *Magnetic Ceramics*, Cambridge University Press, Cambridge（1994）

総説および原著論文

J. M. D. Coey, M. Viret and S. von Molnár, Mixed-valence manganites, *Adv. Phys.*, **48**, 167（1999）

D. Gatteschi, Molecular magnetism, *Adv. Mater.*, **6**, 635（1994）

H. Hibst, Hexagonal ferrites from melts and aqueous solutions, magnetic recording materials, *Angew. Chem. Int. Ed. Engl.*, **21**, 270（1982）

J. S. Moodera, J. Nassar and G. Mathon, Spin-tunneling in ferromagnetic junctions, *Annu. Rev. Mater. Sci.*, **29**, 381（1999）

C. N. R. Rao and A. K. Cheetham, Giant magnetoresistance, charge ordering and related aspects of manganates and other oxide systems, *Adv. Mater.*, **9**, 1009（1977）

M. Sugimoto, The past, present and future of ferrites, *J. Am. Ceram. Soc.*, **82**, 269（1999）

E. Y. Tsymbal and D. G. Pettifor, Perspectives of giant magnetoresistance, *Solid State Phys.*, **48**, 113

（2001）

W. E. Wallace, Rare earth–transition metal permanent magnet materials, *Prog. Solid State Chem.*, **16**, 127（1985）

C.-H. Yang, *et al.*, Doping $BiFeO_3$: approaches and enhanced functionality, *Phys. Chem. Chem. Phys.*, **14**, 15953（2012）

［第 10 章　光学的性質：発光とレーザー］

書　籍

櫛田孝司，光物性物理学，朝倉書店（1991）

蛍光体同学会 編，蛍光体ハンドブック，オーム社（1987）

足立吟也 編著，希土類の科学，化学同人（1999）

G. Blasse and B. C. Grabmaier, *Luminescent Materials*, Springer-Verlag（1994）．

H. L. Burrus, *Lamp Phosphors*, Harlequin Mills and Boon Ltd.（1972）

T. R. Evans, *Applications of Lasers to Chemical Problems*, John Wiley Interscience, New York（1982）

A. Kitai, *Principles of Solar Cells, LEDs and Diodes*, John Wiley & Sons, Ltd., Chichester（2011）

S. W. S. McKeever, *Thermoluminescence of Solids*, Cambridge University Press, Cambridge（1988）

J. Watson, *Optoelectronics*, van Nostrand Reinhold（1989）

総説および原著論文

G. Blasse, Luminescence of inorganic solids, *Prog. Solid State Chem.*, **18**, 79（1988）

J. A. DeLuca, An introduction to luminescence in inorganic solids, *J. Chem. Edu.*, 57, 541（1980）

M. Gratzel, Conversion of sunlight to electric power by nanocrystalline dye-sensitized solar cells, *J. Photochem. Photobiol. A : Chemistry*, **164**, 3（2004）

T. H. Maiman, Stimulated optical radiation in ruby, *Nature*, **187**, 493（1960）

Y. Tokura, Optical and magnetic properties of transition metal oxides, *Curr. Opin. Solid State Mater. Sci.*, **3**, 175（1998）

索　引

■ 欧　文

AEFS（吸収端微細構造解析）　295

AES（オージェ電子分光法）　268

ALD（原子層堆積）　214

ALE（原子層エピタキシー）　214

AMR（異方的な磁気抵抗効果）　448

BCS 理論　351

BEDT-TTF（ビセチレンジチオテトラチアフルバレン）　348

BH 積　434

$BiFeO_3$　340

CBD（集束電子線回折）　275

ccp（立方最密充填）　19

CCTO　56

CMR　448

cp（最密充填）　17, 478

CVD（化学気相析出）　208

DSC（示差走査熱量測定）　302, 303

DTA（示差熱分析）　302, 303

d 間隔　13, 15

EDS, EDX, EDAX（エネルギー分散 X 線分析）　227, 268

EELS（電子エネルギー損失分光法）　268, 277

ELNES（エネルギー損失吸収端微細構造）　278

ENDOR（電子核二重共鳴）　291

EPMA（電子プローブ微小分析）　227, 268

EPR 分光法（電子常磁性共鳴分光法）　289

ESCA　297

ESR 分光法（電子スピン共鳴分光法）　289

eutactic 構造　19, 478

EXELFS（広域エネルギー損失微細構造）　278

EXAFS（広域 X 線吸収微細構造）　227, 295

E 合成図　255

GMR（巨大磁気抵抗）　448

HAADF（高角環状暗視野）　279

hcp　18

HREM（高分解能電子顕微鏡）　267

HUP（ウラニルリン酸水和物）　402

ITO（酸化インジウムスズ）　190

K_2NiF_4 構造　72

$K\alpha$ 線　224

$K\beta$ 線　224

LDH（層状複水酸化物）　200

Li_4SO_4　184

Li^+ イオン伝導体　399

MAS（マジック角回転）　287

$MgAl_2O_4$　189

MgB_2　355

MOVPE（有機金属気相エピタキシー）　209

MR（磁気抵抗）　448

MRI（磁気共鳴画像法）　354

MSS（溶融塩法）　205

Na/S 電池　336, 405

$Na\beta/\beta''$-アルミナ　185

NMR 分光法（核磁気共鳴分光法）　287

n 型半導体　369

PILC（柱状化粘土）　200

pin ダイオード　468

p-n 接合　373

PZT（チタン酸ジルコン酸鉛）　423

PTC サーミスター　425

Q 値　288

ReO_3 構造　58

R 因子　250

SAD（制限視野回折）　275

SCS（溶液燃焼合成）　204

SEM（走査型電子顕微鏡）　266, 270

snowing effect　209

SOFC（固体酸化物燃料電池）　411

SQUID　365

STEM（走査透過電子顕微鏡）　275

swinging shear plane　103

s 波一重項超伝導体　354

TCNQ（テトラシアノキノジメタン）　348

TEM（透過型電子顕微鏡）　275

TG（熱重量分析）　302, 303

TMA（熱機械分析）　303

TMPD（テトラメチル-p-フェニレンジアミン）　348

TMTSF（テトラメチルテトラセレナフルバレン塩）　349

TTF（テトラチアフルバレン）　348

UPS（紫外線光電子分光法）　297

USP（超音波噴霧熱分解）　215

VSEPR（原子価殻電子対反発）　153

XAFS　295

XANES（X 線吸収端近傍構造）　227, 295

XPS（X 線光電子分光法）　297

XRD（X 線回折法）　221

XRF（蛍光 X 線分析）　227

X 線回折法　98, 221

X 線管球　225

X 線吸収端近傍構造解析　295

X 線吸収微細構造　227

X 線光電子分光法　297

YAG（イットリウムアルミニウム

索　引

ガーネット）　71, 463
YBCO　184, 359
YSZ（イットリア安定化ジルコニア）　190, 339, 396
Zコントラスト　279
γ線分光法　300
π軌道　156
σ軌道　156

■ 和　文

ア

アクセプター準位　367
アチソン法　185
圧電効果　415
圧電体　423, 425
アップコンバージョン　459
アノルサイト　75, 327
アバランシェフォトダイオード　468
アモルファスシリコン　210
亜粒界　104
アルコキシドに基づくゾル−ゲル法　188
アルバイト　75, 327
β−アルミナ　185, 386
アルミナファイバー　189
アルミノケイ酸塩　96, 191, 288
アレイ型格子間原子　86
アレニウスの式　83
暗視野　270
アンジュレーター　226
アンチモン酸　402
安定性の上限と下限　326
イオン　118
イオン移動　375
イオン拡散　375
イオン結合　117
イオン結晶　24
イオン性　142
　　——エネルギー　142
イオン／電子混合伝導体　403
イオン伝導　344, 375
　　NaCl結晶の——　379
　　アルカリ金属ハロゲン化物

の——　376
アルカリ土類金属フッ化物の——　383
塩化銀の——　381
イオン伝導体
　　銀——　393
　　高速　344, 384
　　酸化物——　396
　　超——　344, 384
　　　　ナトリウム——　391
　　　　リチウム——　400
　　銅——　393
　　フッ化物——　395
　　リチウム——　399
イオンによる補償　93
イオン半径　118
イオン分極率　414
イオンホッピング　375
異原子価置換　93, 379
異原子価不純物　85
位　相　245
一成分系　315
イットリア安定化ジルコニア　190, 339
イットリウムアルミニウムガーネット　71
イットリウム鉄ガーネット　71, 442
溢流点　457
移動度　366
異方性温度因子　249
異方的な磁気抵抗　448
イメージングプレート　232
イルメナイト（構造）　66, 443
色収差　277
色中心　84
インコヒーレント　453
インターカレート　197
ウィグラー　226
ウイレマイト　91, 329
ウイーン則　453
ヴェガード則　99
渦状態　354
ウスタイト　87, 315
渦電流　434
ウラニルリン酸水和物　402

ウルツ鉱構造　40
永久磁石　445
映進面　8
エネルギー移動　457
エネルギー損失吸収端微細構造　278
エネルギー分散X線分析　227, 268, 271
エネルギー分散方式　268
エピタキシー　181
エレクトロクロミック素子　408
エレクトロルミネッセンス　454
塩化カドミウム構造　49
塩化セシウム構造　44
延　性　105
円偏光　451
オキシ水酸化物　190
　　——を用いたゾル−ゲル法　190
オージェ電子　272, 298
オージェ電子分光法　268, 272
オーステナイト　335
オパール　338
オリビン構造　65
オルソクレース　76
オルトスコープ観察　264
温度因子　249

カ

外因性欠陥　78
ガイガーカウンター　232
開口数　262
回　折　454
回折計　234
回折格子　228
回折次数　229
回折分光法　291
回転軸　4
回転相　400
回転対陰極　225
回反軸　7
化学気相析出法　208
化学シフト　288, 298, 301
化学量論　78
化学量論性欠陥　78
可干渉性　227
可逆電極　408

索 引

架橋酸素　75
核磁気共鳴分光法　287
核生成　180
カーケンドール効果　182
加工硬化　106
ガスセンサー　408
カソードルミネッセンス　274, 454
活性層　465
合致溶融　324
カテネーション　203
価電子帯　164
ガーネット（構造）　71, 442
カプスティンスキーの式　132
ガラス製造　337
カルコゲナイド　36
カルシライト　76
岩塩構造　33, 35
含水酸化物　190
間接格子間機構　381
間接遷移型半導体　465
完全結晶　77
完全反磁性　352
擬似対称　10
気　相　314
気相輸送法　205
規則－不規則転移現象　24, 88
軌道拡張　163
軌道混成　162
ギニエカメラ　237
ギニエ集中法　234
逆位相境界　104
逆スピネル構造　64
逆蛍石構造　33, 37
キャリヤー　343
吸　収　227
吸収スペクトル　452
吸収帯　286
吸収端　226
吸収端微細構造解析　295
吸収分光法　292
球面収差　277
キュリー温度　429
キュリー則　429
キュリー・ワイス則　420, 429
強磁性　427
強磁性キュリー温度　430

凝縮相律　313
共晶／共晶反応　322, 323
共析点／共析反応　332
強束縛近似　165
強弾性物質　449
協働的な磁気現象　427
共沸点　328
鏡　面　6
共有結合　117
強誘電性キュリー温度　420
強誘電体　344, 424
供与結合　161
局所構造　221
極性誘電体　415
巨大磁気抵抗　448
許容因子　53
銀イオン伝導体　393
禁制帯　168
金　属
　――結合　117
　――伝導　343
　――の構造　23
　――の磁性　435
　――のバンド構造　170
空間群　4
空間対称　8
空間電荷層　374
空間電荷分極　414
空孔伝導　376
空乏層　374, 464
クエン酸ゲル法　193
屈折率　263
屈折率楕円体　264
クーパー対　351
クラウジウス・モソッティの式　414
グラファイト　74
グラフェン　202
クレーガー・ビンクの表記法　80
グレーザーの表記法　54
クローニッヒ微細構造　296
系　313
蛍　光　227, 454
蛍光X線分析　227, 291
蛍光体　458
ケイ酸塩構造　75, 288

形状因子　241
形　態　262
ケギンイオン　201
欠　陥　77
結合原子価　143
　――総和則　143
結合次数　143, 157
結合性軌道　156
結　晶　9
結晶化学　1
結晶学的剪断　102
結晶系　2
結晶工学　445
結晶構造　1
結晶構造解析　258
結晶磁気異方性　434
結晶相　314
結晶の密度　16
結晶場安定化エネルギー　134, 148
結晶場分裂　147
結晶場理論　147
結晶モノクロメーター　235
結晶粒界　115
原子価殻電子対反発　153
原子価結合理論　153, 161
原子座標　17
原子散乱因子　241
原子層エピタキシー　214
原子層堆積　214
高圧法　217
広域X線吸収微細構造　227, 295
広域エネルギー損失微細構造　278
高温固体酸化物燃料電池　411
高角環状暗視野　279
光学顕微鏡　262
光学軸　264
光学遷移　453
鉱化剤　195
交換分裂　438
合　金　24
格　子　10
格子エネルギー　128
格子間位置　78
格子間伝導　381

513

索　引

硬磁性体　434
格子点　10
格子面　12
高スピン　147
合成金属　346
構造因子　247
構造振幅　247
高速イオン伝導体　344, 384
光電子倍増管　468
抗電場　418
降伏点　112
高分解能電子顕微鏡　267
高誘電体　414
小型電池　406
黒体放射　453
固相線　322
固相反応　179
固体電解質　344, 384, 404
コッホクラスター　87
ゴニオメーター　264
コノスコープ観察　264
コヒーレント　227, 453
固溶体　89, 308
コランダム　293
コランダム構造　66
孤立電子対　161
混　合　183
混合アルカリ効果　391
混合状態　354
コンプトン散乱　227

サ

最近接　17
最高被占分子軌道　157
最大接触距離　128
最密充填　17
　　——構造　22, 478
　　——層　17
　　——方向　17
サニジン　289, 293
サーミスター　375
3回回転軸　4
酸化インジウムスズ　190
酸化セシウム構造　50
酸化物イオン伝導体　396
酸化物半導体　371

三元系　314
残差因子　250
三斜晶　2
三成分系　314
酸素センサー　408
酸素ポンプ　411
サンダーソンの配位縮合モデル
　　141
三方晶　3, 9
散　乱　227
残留磁化　434
残留磁束密度　434
残留分極　418
シェブレル相　355
シェーンフリースの表示法　4
磁　化　428
紫外・可視分光法　285
紫外線光電子分光法　297
磁化率　428
磁気回転比　290, 432
磁気共鳴画像法　354
磁気記録　446
磁気構造解析　258
磁気超微細ゼーマン分裂　302
磁気抵抗　448
　　——接合　449
磁気バブル材料　447
磁気浮上　352, 354
磁気モーメント　428, 430
磁気誘導　428
四極子分裂　302
時　効　397
自己拡散係数　381
仕事関数　166, 468
自己燃焼合成　186
示差走査熱量測定　302, 303
示差熱分析　302, 303
磁　心　445
磁　性
　　スピネルの——　439
　　遷移金属一酸化物の——　438
　　遷移金属二酸化物の——　439
自然放出　452
磁束のピン止め　354
磁束密度　428
失　活　457

失　透　307
自発分極　418
四面体位置　24
斜消光　264
斜長石　76, 327
遮へい定数　139
斜方晶　2, 10
十字条線　265
十字ニコル　263
集束電子線回折　275
集中カメラ　232, 237
自由電子理論　166
自由度　313, 315
重フェルミオン化合物　355
縮　退　157
出発物質　183
シュレーディンガー方程式　154
準安定　98
準結晶状態　5, 9
準格子間機構　381
準対称性　5
蒸気電解槽　411
晶　系　2
小傾角粒界　116
上限共溶温度　330, 333
消　光　228, 264
常磁性　427
消　失　432
上　昇　113
少数キャリヤー　369
焼　成　184
条　線　265
状態密度　168
焦点深度　266
焦電体　415, 423, 425
上方変換　459
消滅則　243
初　晶　322
ジョセフソン効果　365, 449
ショットキー欠陥　79
シリカ　75, 95, 319
シリカガラス　189
磁　歪　75,
刃状転位　106
真性半導体　171
シンチレーションカウンター　232

侵入型固溶体　89, 92
振　幅　245
水素結合　118
水熱合成　194
スイング剪断面　103
スティショバイト　75
ストイキオメトリー　78
ストークス散乱　283
ストークスシフト　455
ストックバーガー法　218
スネルの法則　468
スパッタリング　213
スパレーション　258
スピネル構造　62
スピノーダル線　317
スピノーダル分解　317
スピルオーバーポイント　457
スピングラス　70, 427
スピン量子数　432
すべり　107
　　──のステップ　107
　　──面　107
スポジメン　76
スマートウインドウ　408
制限視野回折　275
正　孔　171
正スピネル構造　62
静電気原子価則　123
静電結合力　123
制動放射　270
成　分　314
正方充填　47
正方晶　2, 9
セイヤーの等式　255
整流効果　374
ゼオライト　191
石　英　319, 423
赤外スペクトル　281
積層欠陥　104
絶縁体　170, 344
接合フォトダイオード　467
ゼブラ電池　406
セメンタイト　335
セメント製造　335
ゼロ抵抗　350
セン亜鉛鉱構造　33, 36

線欠陥　79
全率固溶系　326
相　314
相関係数　381
増感剤　455
走査型電子顕微鏡　266, 270
走査透過電子顕微鏡　267, 275
双　晶　265
層状複水酸化物　200
相　図
　　Bi_2O_3-Fe_2O_3 系の──　340
　　CaO-SiO_2 系の──　334
　　Fe-C 系の──　333
　　H_2O 系の──　318
　　Li_2O-SiO_2 系の──　338
　　Na_2O-SiO_2 系の──　337
　　Na-S 系の──　336
　　SiO_2 系の──　319
　　ZrO_2-Y_2O_3 系の──　339
　　一成分凝縮系の──　320
　　──の作成方法　341
相転移　260
相　律　313
組　成　321
ゾノトライト　288
ソフト化学的手法　98, 188
ソフトモード　260
ゾルーゲル法　188

タ

帯域溶融精製法　219
　　──による Si の高純度化　339
帯域溶融法　218
第一原理計算　277
対称操作　4
対称中心　7
対称要素　4
体心格子　11
体心立方　11
タイトバインディング近似　165
ダイヤモンド　211
ダイヤモンド構造　40
太陽電池　469
タイライン　323
楕円偏光　451
多　形　19, 314

多重度　239
多数キャリヤー　369, 467
脱ガラス化　307
タルク　76
単位格子　1
単位胞　1
タングステンブロンズ　408
ダングリングボンド　210
単斜晶　2, 10
単純格子　11
弾性変形　112
炭素熱還元法　185
チオリシコン　402
置換型固溶体　89, 90
蓄積リング　226
柱状化粘土　200
中性子回折法　257
超イオン伝導体　344, 384
　　ナトリウム──　391
　　リチウム──　400
超音波噴霧熱分解法　215
超交換相互作用　433, 458
超伝導　343, 350
　　第 1 種──　352
　　第 2 種──　354
　　──体の応用　364
超微細分裂　290
超臨界状態　194
直接遷移型半導体　465
直接法　255
直線偏光　263, 451
チョクラルスキー法　218
直交ニコル　263
対形成エネルギー　147
対相関関数　88
詰め込みケイ酸塩　95
強め合う干渉　228, 454
底心格子　11
低スピン　147
低損失誘電体　414
デインターカレート　198
テコの法則　322
デバイ・シェラーカメラ　232
デバイ・シェラー法　232
デバイ・ファルケンハーゲン効果
　　403

515

索　引

テルミットプロセス　186
転　位　79, 105
　　──芯　379
　　──線　106
　　──ループ　108
電荷移動吸収帯　285
電荷担体　343
電気陰性度の平均化の原理　139
電気伝導度　366
点　群　4
点欠陥　78
電子エネルギー損失分光法　268, 277
電子・核二重共鳴　291
電子顕微鏡法　256
電子常磁性共鳴分光法　289
電子親和力　138
電子スピン共鳴分光法　289
電子線回折法　256
電子線プローブ微小分析　271
電子伝導　343
電子による補償　96
電子－フォノン衝突　345
電子プローブ微小分析　227, 268
電子分極率　414
電子分光法　296
電子密度図　255
展　性　105
点対称　8
伝導帯　171, 286
銅イオン伝導体　393
同位体効果　351
透過型電子顕微鏡　266, 275
等極バンドギャップ　142
動径分布関数　155
透磁率　428
同素体　318
等方性温度因子　249
ドナー準位　369
ド・ブロイの式　153
トポケミカル反応　181, 197
トポタキシー　181
トポタクティク反応　197
トムソンの式　241
ドメイン　433
　　──壁　419

トリジマイト　95, 319
トリフィライト　65
ドリフト速度　369
トンネル磁気抵抗　449

ナ

内因性欠陥　78
ナシコン　391
ナトリウム超イオン伝導体　391
ナノ構造　221
軟磁性体　434
ニオブ酸リチウム構造　66
二元系　315
二次回折　256
二成分系　314
二ホウ化アルミニウム構造　74
ネオジムレーザー　463
熱化学半径　132
熱機械分析　303
熱失活　457
熱重量分析　302, 303
熱速度　370
熱分析　302
熱膨張測定　302
ネフェリン　289
ネール温度　429
ネルンスト・アインシュタインの
　　式　381
燃焼合成　186
ノックオン効果　68
ノンストイキオメトリー　78

ハ

配位結合　161
配位座標モデル　456
配位数　17
配向分極率　414
ハイゼンベルクの不確定性原理
　　154
配置エントロピー　77
背面反射電子　270
バイヤー法　195
パイロクロア構造　68
パウリ常磁性　437
バーガースベクトル　107
白色X線　223

波数空間　168
パターソン図　254
八面体位置　24
波長分散方式　268
バックグラウンド散乱　227
発　光　454
発光スペクトル　452
発光ダイオード　465
ハーベン比　381
パーライト　335
バリアンス　317
パルスレーザー　462
反強誘電体　421
半金属　175
半径比則　125
反結合性軌道　156
反　射　453
反射顕微鏡　263, 266
反ストークス蛍光体　459
反ストークス散乱　283
反転温度　442
反転分布　460
半導体　366
　　──の応用　372
　　──の電気的性質　369
　　──のバンド構造　171
　　──レーザー　464
バンドギャップ　169, 367
バンド構造
　　金属の──　170
　　グラファイトの──　175
　　絶縁体の──　170
　　遷移金属化合物の──　173
　　半導体の──　171
　　フラーレンの──　176
　　無機固体物質の──　172
バンドの曲がり　374
非化学量論的欠陥　78
非架橋酸素　75
ヒ化ニッケル構造　40
光起電力モード　467
光伝導　367
光伝導性　286
光伝導モード　467
光ファイバー　265
光放出検出器　468

516

非極性共有結合 137
非極性誘電体 414
非結合性 156
飛行時間 371
飛行時間法 258
ヒステリシス 306
　——損 434
　——ループ 415, 418
歪み硬化 110
非弾性散乱 260
非点収差 277
比透磁率 428
ビームライン 226
ピロール 348
ファンアルケル法 206
ファンデルワールス結合 117
フェライト 335
フェリ磁性 427
フェリ誘電性 421
フェルミエネルギー 166
フェルミ準位 166
フォトルミネッセンス 454
フォノン 343
フォルステライト 65, 91, 329
付活剤 454
不活性電子対効果 152
複合欠陥 79
不混和液相 314
不混和ドーム 330
フッ化物イオン伝導体 395
不定比性 78
部分共有結合 137
不変点 322
ブラウンミレライト構造 57
ブラッグ角 230
フラックス法 219
ブラッグの法則 230
ブラベー格子 11
フラライド(化合物) 30, 362
フラーレン 29
フーリエ図 255
ブリッジマン法 218
プリデライト 393
ブリュアンゾーン 169
フリンジ磁場 446
フレンケル欠陥 79

フロゴパイト 76
プロトン伝導体 402
分域 433
分解能 262
分解溶融 325
分極率 413
分光結晶 271
分子軌道 156
　——理論 153
分子性結晶 29
分子ふるい 192
分析電子顕微鏡法 276
フントの最大多重度の規則 158
分別結晶化 327
粉末回折データベース 221, 234
粉末法 232
噴霧熱分解法 215
分率座標 14
分裂型格子間原子 86
平均構造 221
平均自由行程 345
平衡 316
平行ニコル 263
並進 8
ヘスの法則 133
ペチーニ法 192
ベッケ線 263, 266
ヘテロ接合 373
ベルヌーイ火炎溶融法 220
ヘルマン・モーガンの表示法 4
ベール・ランバート則 287
ペロブスカイト(構造) 51, 358, 444
　——型タングステンブロンズ
　　(構造) 59
　——-岩塩混成構造 72
変位型相転移 420
偏光因子 241
偏光顕微鏡 263
偏向電磁石 226
偏晶 333
ペンローズのタイル張り 5
ボーア磁子 290
方位指数 15
放射分光法 291
包晶点/包晶反応 325

包析点/包析反応 333
飽和磁化 434
飽和蒸気圧曲線 194
飽和分極 418
飽和溶解度曲線 323
ボーキサイト 195
保磁力 434
蛍石構造 33, 37, 68
ホッピング半導体 371
ほぼ自由な電子の理論 168
ホモ接合 373
ホーランダイト 393
ポリアセチレン 346
ポリピロール 348
ポリ(p-フェニレン) 348
ポーリング
　——の第一法則 124
　——の第三法則 32
　——の第二法則(静電気原子価
　　則) 123
ボルツマンの式 77
ボルン・ハーバーサイクル 133
ボルン反発力エネルギー 129
ボルン・マイヤー式 131
ポンピング 460

マ

マイクロ波合成 196
マイスナー効果 352
マグネタイト 152, 445
マグネトプランバイト 391, 444
マジック角回転 287
マチーセンの法則 345
マーデルング定数 129
マルチフェロイック物質 449
ミクロエマルション 204
ミクロ構造 221
ミクロポーラス固体 191
ミラー指数 13
ムーサー・ピアソンプロット 142
無反跳放射 300
無偏光 451
無放射 457
明視野 270
メカノケミカル合成 187
メスバウアー分光法 300

517

索　引

メタ磁性　437
面間隔　13
面欠陥　79
面心格子　11
モスコバイト　76
モーズリーの法則　225
モリブデンブロンズ　59
モンド法　206

ヤ

ヤーン・テラー効果　149
有機金属　346
有機金属気相エピタキシー　209
有効核電荷　139
有効質量　370
融　剤　324
誘電感受率　413
誘電体　344, 412
誘電率　413
誘導放出　460
ユークリプタイト　76
輪率測定　411
溶液燃焼合成　204
ヨウ化カドミウム構造　48

容　器　184
溶媒熱合成　195
溶融塩法　205
弱め合う干渉　228, 454

ラ・ワ

ラウエの式　230
らせん磁性　427
らせん転位　107
ラマン散乱　282
ラマン分光　213, 282
ランタノイド収縮　121
リシコン　400
リチウムイオン伝導体　399
リチウム超イオン伝導体　400
リチウム電池　407
立方最密充填　19
立方晶　2, 9
リートベルト解析　250
量子渦　354
　——ガラス　354
　——格子　354
量子磁束　354
量子ドット　216

菱面体晶　3
リラクサー　417
履歴曲線　415
臨界イオン化エネルギー　294
臨界温度　352
臨界磁場　352
臨界電流　352
臨界半径比　127
臨界分解剪断応力　113
リン光　454
ルチル構造　46, 47
ルドルスデン・ポッパー相　73
ルビーレーザー　462
励起子帯　285
レイリー散乱　282
レーザー　460
連続光レーザー　462
六方最密充填　18
六方晶　3
　——単位格子　20
ローブ　155
ロンドン浸透深さ　352
ワーズレイ欠陥　103

518

訳者紹介

後藤 孝 工学博士
1977年　東北大学大学院工学研究科金属材料工学専攻博士前期課程修了
現　在　東北大学未来科学技術共同研究センター客員教授

武田 保雄 理学博士
1972年　大阪大学大学院理学研究科無機及び物理化学専攻修士課程修了
現　在　三重大学大学院工学研究科特任教授

君塚 昇 理学博士
1966年　早稲田大学大学院理工学研究科応用化学専攻修士課程修了
現　在　Universidad de Sonora, Mexico 客員教授

菅野 了次 理学博士
1980年　大阪大学大学院理学研究科無機及び物理化学専攻修士課程修了
現　在　東京工業大学大学院物質理工学院教授

池田 攻 理学博士
1968年　北海道大学大学院理学研究科修士課程修了
現　在　山口大学名誉教授

吉川 信一 理学博士
1979年　大阪大学大学院理学研究科無機及び物理化学専攻博士課程修了
現　在　北海道大学名誉教授

角野 広平 工学博士
1984年　京都大学大学院工学研究科工業化学専攻博士前期課程修了
現　在　京都工芸繊維大学材料化学系教授

加藤 将樹 博士（理学）
1994年　京都大学大学院理学研究科化学専攻博士後期課程中退
現　在　同志社大学理工学部機能分子・生命化学科教授

NDC 430　　542 p　　26 cm

ウエスト固体化学　基礎と応用

2016年2月25日　第1刷発行
2020年7月30日　第7刷発行

原著者　A. R. ウエスト
訳　者　後藤　孝・武田保雄・君塚　昇・菅野　了次・
　　　　池田　攻・吉川信一・角野広平・加藤将樹
発行者　渡瀬昌彦
発行所　株式会社　講談社
　　　　〒112-8001　東京都文京区音羽2-12-21
　　　　　　販　売　(03) 5395-4415
　　　　　　業　務　(03) 5395-3615
編　集　株式会社　講談社サイエンティフィク
　　　　代表　堀越俊一
　　　　〒162-0825　東京都新宿区神楽坂2-14　ノービィビル
　　　　　　編　集　(03) 3235-3701
印刷所　株式会社双文社印刷
製本所　大口製本印刷株式会社

落丁本・乱丁本は，購入書店名を明記のうえ，講談社業務宛にお送り下さい．送料小社負担にてお取替えします．なお，この本の内容についてのお問い合わせは講談社サイエンティフィク宛にお願いいたします．定価はカバーに表示してあります．

©T. Goto, Y. Takeda, N. Kimizuka, R. Kanno, K. Ikeda, S. Kikkawa, K. Kadono, M. Kato, 2016

本書のコピー，スキャン，デジタル化等の無断複製は著作権法上での例外を除き禁じられています．本書を代行業者等の第三者に依頼してスキャンやデジタル化することはたとえ個人や家庭内の利用でも著作権法違反です．

Printed in Japan

ISBN 978-4-06-154390-4

講談社の自然科学書

エキスパート応用化学テキストシリーズ

触媒化学 基礎から応用まで	田中庸裕・山下弘巳／編 薩摩 篤ほか／著	本体 3,000 円
錯体化学 基礎から応用まで	長谷川靖哉・伊藤 肇／著	本体 2,800 円
光化学 基礎から応用まで	長村利彦・川井秀記／著	本体 3,200 円
物性化学	古川行夫／著	本体 2,800 円
量子化学 基礎から応用まで	金折賢二／著	本体 3,200 円
有機機能材料 基礎から応用まで	松浦和則ほか／著	本体 2,800 円
分析化学	湯地昭夫・日置昭治／著	本体 2,600 円
機器分析	大谷 肇／編著	本体 3,000 円
高分子科学 合成から物性まで	東 信行・松本章一・西野 孝／著	本体 2,800 円
コロイド・界面化学 基礎から応用まで	辻井 薫ほか／著	本体 3,000 円
生体分子化学 基礎から応用まで	杉本直己／編著	本体 3,200 円

分光法シリーズ

ラマン分光法	濱口宏夫・岩田耕一／編著	本体 4,200 円
近赤外分光法	尾崎幸洋／編著	本体 4,500 円
NMR 分光法	阿久津秀雄・嶋田一夫・鈴木榮一郎・西村善文／編著	本体 4,800 円
赤外分光法	古川行夫／編著	本体 4,800 円
X 線分光法	辻 幸一・村松康司／編著	本体 5,500 円
X 線光電子分光法	髙桑雄二／編著	本体 5,500 円

初歩から学ぶ固体物理学	矢口裕之／著	本体 3,600 円
ナノ材料解析の実際	米澤 徹・朝倉清髙・幾原雄一／編著	本体 4,200 円
物質・材料研究のための透過電子顕微鏡	木本浩司ほか／著	本体 5,000 円
熱分析	吉田博久・古賀信吉／編著	本体 7,200 円
プラズモニクス	岡本隆之・梶川浩太郎／著	本体 4,900 円
X 線物理学の基礎	雨宮慶幸ほか／監訳	本体 7,000 円
XAFS の基礎と応用	日本 XAFS 研究会／編	本体 4,600 円
高分子の合成（上）	遠藤 剛／編	本体 6,300 円
高分子の合成（下）	遠藤 剛／編著	本体 6,300 円
高分子の構造と物性	松下裕秀／編著	本体 6,400 円
たのしい物理化学 1	加納健司・山本雅博／著	本体 2,900 円

※表示価格は本体価格（税別）です。消費税が別途加算されます。 「2020 年 7 月現在」

講談社サイエンティフィク http://www.kspub.co.jp/